空天科学技术系列教材

导弹动力系统故障机理分析与诊断技术

杨正伟　明安波　田　干　张　炜　编著

西北工业大学出版社

西　安

【内容简介】 本书系统全面地介绍了导弹动力系统故障机理分析与诊断技术所涉及的基本知识、基本理论、机理分析方法、故障检测与信号处理技术、物理诊断技术与方法、典型装备故障诊断技术与方法、状态识别与预测技术、智能诊断技术等内容。本书既注重知识的系统介绍,又突出了工程应用的特色。

本书主要作为高等学校"航空宇航推进理论与工程"学科研究生教材,也可供相关专业高年级本科生、研究所和部队从事装备故障诊断与维修的工程技术人员参考。

图书在版编目(CIP)数据

导弹动力系统故障机理分析与诊断技术 / 杨正伟等编著. — 西安 : 西北工业大学出版社,2022.4
ISBN 978-7-5612-8162-8

Ⅰ.①导… Ⅱ.①杨… Ⅲ.①导弹-动力系统-故障检测 ②导弹-动力系统-故障诊断 Ⅳ.①TJ760.3

中国版本图书馆 CIP 数据核字(2022)第 078389 号

DAODAN DONGLI XITONG GUZHANG JILI FENXI YU ZHENDUAN JISHU
导弹动力系统故障机理分析与诊断技术
杨正伟 明安波 田干 张炜 编著

责任编辑:蒋民昌 **策划编辑**:蒋民昌
责任校对:朱晓娟 **装帧设计**:董晓伟
出版发行:西北工业大学出版社
通信地址:西安市友谊西路 127 号 邮编:710072
电　　话:(029)88491757,88493844
网　　址:www.nwpup.com
印 刷 者:陕西向阳印务有限公司
开　　本:787 mm×1 092 mm 1/16
印　　张:22.75
字　　数:597 千字
版　　次:2022 年 4 月第 1 版 2022 年 4 月第 1 次印刷
书　　号:ISBN 978-7-5612-8162-8
定　　价:75.00 元

前　言

动力系统是导弹等飞行器的“心脏”，对其开展状态监测、性能评估和故障诊断等贯穿其研制、生产、储存、使用乃至延寿、退役的全过程，这是导弹等飞行器所担负使命任务的重要性对其高可靠性所提出的必然要求。同时，导弹动力系统故障机理分析是找出薄弱环节的依据，能为设计提供正确的理论依据和思想，为改进工艺指明方向，为各种试验条件的选取提供依据，故障诊断可为导弹武器储存使用提供重要保障，可起到节省经费、缩短研制周期的重要作用。因此，各航空、航天大国都十分重视这方面的研究工作，投入了巨大的人力、物力和财力，取得了丰硕的成果。这些成果推广到核能、化学等领域后也取得了重大的经济效益和社会效益，极大地推动了设备故障机理分析和诊断技术的发展。

近年来，故障机理分析与诊断技术已成为一个相对独立的综合学科，涉及失效物理、力学、可靠性、信息技术、检测技术、计算机应用技术、模式识别和人工智能等学科的理论和技术，在实际工作中通常需要综合各学科的知识、理论、技术和成果，利用故障诊断技术所特有的分析方法，根据实际对象的特点确定解决问题的方案，建立故障诊断系统，进行故障的分析和诊断是具有显著工程应用价值的研究。

为此，本书系统全面地介绍了导弹动力系统故障机理分析与诊断技术所涉及的基本知识、基本理论、机理分析方法、故障检测与信号处理技术、物理诊断技术与方法、典型装备故障诊断技术与方法、状态识别与预测技术、智能诊断技术等内容，以导弹动力系统典型故障分析与诊断技术为主线，以基本知识和理论、故障诊断的方法为基础，将故障诊断基本知识、导弹动力系统常见故障的分析、导弹动力系统常见故障的诊断方法等内容分成若干相对独立的专题，突出基本概念和基本原理，同时体现新理论、新技术、新的诊断方法在导弹动力系统状态监测与故障诊断中的应用。本书是为高等学校“航空宇航推进理论与工程”学科研究生编写的教材，同时也考虑到从事装备管理、使用技术、工程技术等人员的需要，因此，在编写过程中，既注重系统、全面地介绍理论知识，又力求反映本学科的最新成果和发展，强调工程实际应用。

本书由火箭军工程大学杨正伟、田干，西北工业大学明安波，广州理工学院张炜共同编著。绪论、第 1 章、第 4 章由张炜编写，第 2 章由田干编写，第 3 章、第 6～8 章由明安波编写，第 5 章由杨正伟编写，全书由杨正伟统稿，张炜主审。

本书涉及的科研项目得到陕西省自然科学基金（2020JM－354）、国家自然科学基金（52075541）、国家自然科学基金重大研究计划（92060106）的资助，同时，也受到陕西省科技创新团队（2022TD－62）和西北工业大学科研启动基金（G2021KY05104）的大力支持，在此一并表示衷心的感谢！

由于笔者水平有限，书中不足之处在所难免，恳请读者批评指正。

编者

2021 年 10 月

目　录

绪　论

导弹动力系统故障机理分析和诊断技术是一门新兴的包含多种新科技内容的综合技术，其基本原理是根据机械、电气等部件运行过程中产生的各种信息，判断动力系统运行是否正常，识别导弹动力系统是否发生了故障。它能实现动力系统在带负荷运行或基本不卸载的情况下，通过对其状态参数的检测和分析，判定是否存在异常，并对故障进行定位、分析异常和故障产生的原因，并对未来状态进行预测。

导弹动力系统机理分析和诊断技术包括三个基本环节和四项基本技术。三个基本环节为检查发现异常、诊断故障状态和部位、分析故障类型；四项基本技术为检测技术、信号处理技术、识别技术和预测技术。导弹动力系统诊断技术涉及多方面知识领域和对导弹动力系统故障机理的研究，必须根据导弹动力系统在使用过程中的故障机理、劣化过程及机理，通过采用对各种状态参数的检测与分析，劣化程度的检测分析，性能强度的检测和分析等各种方法，分析和判断设备的运行状态，确定导弹动力系统故障部位和劣化程度，预测导弹动力系统的可靠性与寿命，制定最合适的修理方案和维修周期。

0.1　导弹动力系统故障机理分析与诊断的意义

随着科学技术的进步，人类的空间技术活动日益频繁。航天技术作为当今科学技术中发展最快的尖端技术之一，在军事、政治、经济和科技等许多领域中正发挥着越来越重要的作用。同时，随着人们对航天器、运载器及其推进系统要求的提高，整个系统也变得更加复杂。大力神 Ⅱ 运载火箭大约有 50 万个零部件，土星火箭约有 100 万个零部件，阿波罗飞船的零部件数目则高达 720 万个。在如此庞大复杂和投资巨大的系统中，人们迫切需要提高航天器、运载器及其动力系统的可靠性和安全性。否则，系统的一次故障可能导致灾难性的后果和巨大的经济损失。例如，1986 年 1 月美国“挑战者”号航天飞机失事，导致 7 名宇航员全部遇难；1990 年“阿里安”火箭发射时发生爆炸，造成 3 亿美元的经济损失。作为航天技术发展的重要产物，导弹及其动力系统也面临同样的挑战。

动力系统是一种复杂的流体热动力系统，由大量相互联系但工作过程又彼此不同的部件组成。作为航天器、运载器和导弹推进系统的重要组成部分，恶劣的工作条件（高温、高压、强腐蚀、高密度的能量释放）使其成为整个系统中故障的敏感多发部位，其故障的发生和发展具有快速和破坏性极大的特点。据统计，在 1990 年至 1994 年期间，全世界有 15 次重大运载火箭发射失败中，其中 14 次是由动力系统故障导致的。因此，提高动力系统的运行可靠性，是航天器、运载器和导弹及其动力系统可靠性和安全性的重要环节。

导弹动力系统故障机理分析和诊断技术是传感器技术、发动机技术和人工智能、自动控制等相结合的产物，它的研究对提高动力系统的可靠性、安全性以及降低发射费用有着非常重要的作用。由于相关科学技术的迅速发展和对航天器、运载器导弹及其动力系统性能、可靠性和费用等要求的提高，对导弹动力系统故障机理分析和诊断技术的研究正越来越受到重视。

导弹动力系统的故障机理分析与诊断包括故障检测、故障诊断和故障控制等内容，其核心是故障检测与诊断的理论、方法和技术。故障检测是利用由传感器测量得到的反映发动机当前工作状态的测量数据，经特征提取后对动力系统是否工作正常做出可靠的判断。故障诊断则是根据已有的异常状态信息对故障的类型、程度、部位做出判断，以确定故障发生的时间、判别故障模式以及评估故障的程度。故障控制是根据故障诊断的结果对动力系统的工作状态进行控制，以减小损失，提高安全性。

0.2 导弹动力系统故障机理分析与诊断的目的

导弹动力系统工作在高温、高压、强腐蚀、高密度的能量释放等特定的物理和化学条件下，因此，导弹动力系统故障机理分析与诊断的目的是：

(1) 能及时、正确地对各种异常状态或故障状态做出诊断，预防或消除故障，对动力系统的运行进行必要地指导，提高动力系统运行的可靠性、安全性和有效性，尽力把故障损失降低到最低水平。

(2) 保证动力系统发挥最大的设计能力，制定合理的检测维修制度，以便在允许的条件下充分挖掘系统潜力，延长服役期限和使用寿命，降低系统全寿命周期费用。

(3) 通过检测监视、故障分析、性能评估等，为设备结构修改、优化设计、合理制造及生产过程提供数据和信息。

总体来说，导弹动力系统故障机理分析和诊断既要保证导弹动力系统的安全可靠运行，又要获取更大的经济和社会效益。

0.3 动力系统故障机理分析与诊断的现状与发展

0.3.1 动力系统故障机理分析与诊断的现状

故障诊断技术作为一门学科，是在20世纪60年代以后才发展起来的。最早开展故障诊断技术研究的是美国。美国在1961年执行阿波罗计划后出现了一系列的设备故障，促使在美国航天局倡导下，由美国海军研究室主持美国机械故障预防小组(MFPG)，积极从事故障诊断技术的研究和开发。1971年MFPG成为一个官方领导的组织，下设故障机理研究、检测、诊断，预测技术，可靠性设计和材料耐久性评价四个小组，平均每年召开两次会议。在此后的20年里，故障检测及诊断技术得到了世界范围的广泛重视，在理论研究和实际应用上都取得了丰硕的成果，并且仍以异常活跃的生命力在不断成长。故障检测与诊断技术已经在飞机、人造卫星、航天器、核反应堆、汽轮发电机组、输油和输气管线、大型电网系统、汽车、船舶发动机、冶金和石化等多个领域得到实际应用，创造了巨大的经济效益和社会效益。

动力系统故障机理分析和诊断技术在早期的火箭发动机系统中就得到了应用。20 世纪 70 年代初,美国就对 Atlas、Titan 等一次性使用的发动机的一些关键参数进行了上、下限控制。20 世纪 70 年代研制成功的航天飞机主发动机 SSME(Space Shuttle Main Engine) 采用了工作参数红线阈值检测与报警的技术。20 世纪 80 年代中期,用于 SSME 地面试车监控的 SAFD(System of Anomaly and Fault Detection) 加强了红线阈值监控的检测能力。20 世纪 80 年代末期以后,又相继在故障模式、故障检测与诊断算法、故障控制措施和专用传感器技术等方面进行了大量的研究工作,现已有多个系统投入使用。例如,用于地面试车故障检测的 SAFD, FASCOS (Flight Acceleration Safety Cutoff System) 等, 用于事后分析的 EDISE(Engine Data Interpretation System),PTDS(Post Test Diagnostic System), APDS(Automated Propulsion Data Screening) 等。

自 1990 年起,国防科技大学、北京航空航天大学、航天科技集团第一研究院第 11 研究所以及第六研究院第 11 研究所等单位针对我国大型火箭推进系统的健康监控技术进行了大量的研究工作,在应用神经网络、模糊数学、专家系统、故障树分析方法及遗传进化理论等进行故障检测与诊断算法的研究方面取得了一些重要的成果。

0.3.2　动力系统故障机理分析与诊断的发展

动力系统是一种复杂的非线性动态系统,具有工作过程的特殊性和性能指标的高要求等特点。动力系统作为航天器及运载器的主要系统,建立故障检测和诊断系统将会有利于提高发动机对故障的控制能力,减少由故障引起的损失。然而,鉴于动力系统是一个高阶、非线性、运行条件恶劣且运行时间短的系统,目前基于一般动态系统开发的一系列故障检测与诊断方法应用于动力系统尚存在较大困难。尽管每一种方法都有其优越性,能适应于求解某一类问题,但对于液体火箭发动机的故障诊断问题,又各有其缺陷。因此,关于动力系统的故障监控主要集中于工作过程的故障检测和报警方面,而且所研究的新型故障诊断方法,如基于神经网络、遗传和进化理论以及专家系统的方法,强烈地依赖于数据信息和经验知识。

纵观故障诊断领域长期以来的发展,自动控制、人工智能等相关领域中的研究成果不断在故障机理分析与诊断中得到应用,故障诊断已从简单走向复杂、从低级走向高级、从单一走向综合的智能综合化方向发展。因此,综合利用动力系统所包含的各种信息和知识(包括数据、语言和符号信息等),发展相应的故障诊断理论和方法,是对动力系统这样的复杂系统进行有效故障诊断的关键,也是发动机故障诊断技术的发展趋势。

1. 智能化

随着人工智能技术的迅速发展,特别是知识工程、专家系统和神经网络在诊断领域中的不断应用,人们对智能诊断问题进行了更加深入与系统的研究。智能故障诊断技术可以有效地获取、传递、处理、再生和利用诊断信息,从而具有对给定环境下的诊断对象进行成功状态识别和状态预测的能力。

智能诊断技术是当今的研究热点之一。在专家系统已具有较深厚基础的国家,机械、电子设备等的智能故障诊断专家系统已基本完成了研究和试验的阶段,开始进入应用。如汽车故障诊断系统 FIXER、发动机专家系统 REFDES、航天器故障诊断试验专家系统 ATFDES 等。

基于知识的智能故障诊断系统主要包括基于浅知识(如人类专家的经验知识) 的故障诊断系统和基于深知识(如模型知识) 的故障诊断系统。

基于浅知识的故障诊断系统是以启发性经验知识为基础，包括表达故障与征兆之间联系的因果性符号知识，反映故障与征兆间因果关系成立程度的数值性知识，如模糊性度量、信任度、可能度等，通过演绎式推理或产生式推理来寻找能对一个给定的征兆集合产生的原因做出最佳解释的故障集合。基于浅知识的诊断推理具有知识表达直观、形式统一、模块性强、推理速度快等优点。但是这种方法没有表达诊断对象深层次的知识，诊断知识集不完备，因而对知识库中没有考虑到的情况不能加以判别。

基于深知识的故障诊断系统，则是根据诊断对象领域中具有明确科学依据的第一定律知识(诊断对象所满足的物理定律和定理等) 及其结构内部特定的约束关系，采用一定的算法，生成引起诊断对象的实际输出与期望输出之间不一致的原因集合，从而找出可能的故障源。基于深知识的诊断推理，在知识的表达与组织上比基于浅知识的诊断推理具有更大的优越性：知识获取更方便，维护更简单，更易于保证知识库的一致性和完备性。但是这种诊断推理方法要求诊断对象的每一个环节具有明确的输入/输出关系，而且诊断时搜索空间大，推理速度慢。

2. 综合化

动力系统故障诊断技术的综合化是指通过将神经网络、专家系统、模糊逻辑和定性推理等方法有机结合，发挥每一种方法在处理诊断问题上的优势，从而更有效地求解复杂的诊断问题。

(1) 神经网络和故障诊断专家系统相结合。

1) 把传统专家系统基于符号的推理变成基于数值运算的推理，提高专家系统的执行效率，并利用神经网络的学习能力解决专家系统的学习问题。

2) 将神经网络视为一种知识的表达与处理模型，与其他知识表达模型一起表达专家的知识。

基于神经网络和专家系统结合的故障诊断方法为专家知识的获取和表达以及推理提供了全新的方式。通过对经验样本的学习，将专家知识以权值和阈值的形式存储在网络中，并且利用网络的信息保持性来完成不精确的诊断推理，较好地模拟了专家凭经验、直觉而不是复杂的计算推理过程。

(2) 基于模糊逻辑和神经网络集成的故障诊断。由于模糊逻辑易于获得和表示专家的经验和知识，能适用于难以建立精确诊断模型的系统，同时，神经网络技术能更有效地利用系统本身的信息，且具有并行处理和自学习的能力，因此，在集成神经网络和模糊逻辑的故障诊断系统中，神经网络可用于处理低层感知数据，模糊逻辑可用于描述高层的逻辑框架，使之能同时具有模糊逻辑和神经网络的优点，表现在既能表示定性知识又能具有强大的自学习能力和数据处理能力。

(3) 定性推理和定量仿真集成的技术。已知一个由定性微分方程 QDE 描述的系统以及该系统的初始状态 Qstate(t_0)，定性推理方法能够预测出系统的实际可能行为($B_1,B_2,\cdots,B_k$)中一个或几个行为，其中有些行为将是系统的虚假行为。因此，为了进一步区分这些行为，就需要集成定性和定量的知识，而且，在许多情况下，系统是有可用的定量知识的。

第1章　设备故障机理与诊断的基本知识

1.1　设备故障机理与诊断的基本概念

由于各种设备的结构组成及其工作方式具有非常大的差别，因此不同诊断领域所使用的诊断方法也不可能完全相同。在一个领域一类设备成功的诊断方法对另一个领域、另一类设备可能不适用或不完全适用。因此，不同的诊断领域、不同类型的设备，在诊断问题的描述、诊断知识的使用与组织、诊断信息的类型与获取，甚至诊断任务的性质，都会有差异。在这种情况下，设备故障诊断技术作为一个统一的学科，必须建立起针对不同诊断领域、不同类型设备，在一定广泛的范围内的统一的诊断理论、方法与策略。为此，研究设备故障诊断问题的基本概念体系，探究各种诊断问题的共同特性，建立适应于各个诊断领域的普遍方法是建立统一的诊断理论、方法和策略的必然选择。

1.1.1　设备故障诊断的基本概念

设备故障诊断问题包含较多的基本概念，这些概念是对不同设备、不同领域诊断问题的共同概括。

1. 设备的系统构成

由系统论的观点，设备是由有限个"元素"通过元素之间的"联系"，按照一定的规律聚合而构成的。系统中的"元素"与"元素间的联系"这一总体称为系统的"构造"。系统的元素可以是子系统，而子系统的元素又可以是更深层次的子系统，直至其元素是物理元件。层次性是系统的一种基本特性。

系统的基本性质(或状态)取决于元素的性质(或状态)及其之间联系的性质(或状态)，而系统的行为(输出)则取决于系统的基本性质以及系统同外界的关系(输入、客观环境的影响和作用等)。系统的行为中人们所需要的，即设计中所要求实现且能完成一定任务的部分称为系统的"功能"。

工程中的设备种类繁多，繁简不一，但基于其构造与功能，可分为以下3类：

(1) 简单系统。在构造上，简单系统由若干物理元件组成，元件间的联系是确定的；在功能上，系统的输出与输入之间存在着由构造所决定的定量的或逻辑的因果关系。

(2) 复合系统。在构造上，复合系统由多个简单系统组合而成。这种组合可以是多层次的，层次之间的联系都是确定的，因而在功能上，复合系统的特点与简单系统的特点是相同的。

(3) 复杂系统。在构造上,复杂系统由多个子系统组合而成,这种组合是多层次的,在子系统内,层次之间的联系可能是不确定的;在功能上,系统的输出与输入之间存在着由构造所决定的一般并非严格的定量的或逻辑的因果关系。现代大生产中设备越来越复杂,例如一台大型汽轮发电机组由汽轮机、发电机、转子系统、汽缸系统、定子系统、支承系统、基础系统、真空系统、调节系统和供油系统等许多分系统组成;液体推进剂导弹动力系统则由液体火箭发动机、推进剂输送系统、燃气增压系统、涡轮泵系统、测试及其附属设备等分系统组成。而每一分系统又由许多子分系统或部件组成,这些分系统之间在构造上和功能上都存在众多的联系或耦合作用,随着工况的变化(例如转速、负荷等),系统的输入与输出之间的关系也随之发生变化。故障诊断面临的就是这样的物理对象。

2. 设备故障诊断的基本概念

设备在运行中不可避免地会发生各种故障。下面是有关设备故障诊断的若干基本概念。

(1) 设备的故障。设备的故障是指设备在运行过程中出现异常,不能达到预定的性能要求,或者表征其工作性能的参数超过规定界限,有可能使设备部分或全部丧失功能的现象。但要赋予严格的定义,必须明确指出故障的条件、故障的程度以及故障的部位等。这里所说的设备是广义的,可以是大型装备或产品、系统、子系统、部件、零件、元件。

有时也应用特定词"失效"(Failure),如设备因腐蚀而失效,也属故障范畴。在一般情况下两者是同义词。但严格地说,失效与故障是有区别的。对于可修复的产品发生的问题,称为故障;而不可修复的产品发生的问题,称为失效,如密封材料的老化、固体推进剂的老化等。一般来讲,所有失效都属故障,但不是所有的故障都是失效。

从层次关系上看,原级系统的故障必来源于相应的元素或联系处于不正常状态,某级子系统有故障,必来源于该级子系统相应元素或联系处于不正常状态。或者说,上一级系统元素的故障必来源于其下一级相应元素及其联系的不正常状态。但是,上一系统的联系有故障,并不一定来源于下一级的元素及其联系。

系统的元素及其联系的不正常的原因有:

1) 其工作环境变化不正常,即系统的输入超过允许的范围。

2) 在其正常工作环境下,元素及其联系的状态变化超过允许的范围。

3) 上述两者的联合作用。

(2) 设备的故障诊断。设备的故障诊断是指在一定工作环境下查明导致设备功能失调的,所指定层次的子系统或联系的不正常状态(潜在的或出现的)的过程。上一级系统的故障来源于下一级子系统的故障。原则上说,故障源应查到最底层次,即元件级的故障,才能采取措施排除设备的故障。但有时当故障源查到某一部件层次,而必须整体地更换此部件,或调整此部件的参数,才能排除设备故障时,故障源查到此层次即已满足要求。因此,进行故障诊断,必须要同系统的层次相关联,不指定诊断所应达到的层次,则故障诊断的概念是不清楚的,故障诊断的内容是不确定的。

(3) 特征信号。特征信号是指系统的行为(输出)中同系统的功能紧密相联系的那部分信号。对设备而言,所关心的功能往往是特征信号的一部分。系统无故障、有故障时的输出分别称为正常的、异常的输出。相应地,有故障、无故障时的特征信号分别称为正常的、异常的特征信号。显然,特征信号必然包含与系统中相应的元素、联系有关的状态信息。因此,如何选取包含信息量最多的特征信号，是设备故障诊断技术中的一个重要问题。

(4) 系统的征兆。系统的征兆是指对特征信号加以处理而提取的、直接用于诊断故障的信息。征兆是诊断故障的基本信息。故障诊断的过程就是从已知征兆到判定设备或其子系统级的故障类型及其所在部位的过程。有效地提取征兆是故障诊断中一个非常重要的问题。

(5) 故障的传播过程。故障的传播过程是指系统中异常输出与异常特征信号的传播过程。系统中某元素或同它有关的联系处于故障状态后，不论此元素的输入如何，其输出必为异常；而这种异常输出又反过来成为同它相关元素的异常输入，从而可能导致这些元素、联系的状态不正常，由此可能进一步激发上一层次系统的故障，直至设备的故障。更复杂的情况是：当异常输出有多个，传播途径有多条，传播同时进行时，不但异常信号混叠，而且异常信号传播中还可能交互影响，产生更为复杂的现象。

(6) 其他设备故障诊断与诊断技术的一些概念和名词。

1) 加性故障。故障加性地作用在系统的输入输出上，对残差信号的影响也是加性的。

2) 严重故障。在特定的操作条件下，由于故障使系统持续丧失了完成给定任务的能力。

3) 失灵。在系统完成特定的任务时，出现了间断性的不规则现象。

4) 残差。系统测量值与模型计算值的差。

5) 症状。由故障引起的系统可观测的特性与其正常的特性相比所出现的异常变化。在基于知识的故障诊断方法中，操作人员通过观察(如设备振动情况、声音信息等) 用语言描述的故障现象也是重要的症状信息。

6) 故障检测。确定系统是否发生了故障的过程。

7) 故障分离。在故障检测之后，确定故障的种类及故障发生的部位。

8) 故障辨识。在故障分离之后，确定故障的大小及故障发生的时间。

9) 监视。通过记录信息、识别与指示系统行为的异常现象，持续与实时地确定某一物理系统的运行状态。

10) 监控。对物理系统进行监视，并且当它发生故障时采取适当的措施，以维持其运行。

11) 误报。系统没有发生故障而报警。误报率是衡量故障诊断性能的基本指标之一。

12) 漏报。系统发生了故障而没有报警。漏报率是衡量故障诊断系统特性的又一个基本指标。

13) 诊断模型。为一组静态或动态关系，它把特定的输入变量 —— 症状与特定的输出变量 —— 故障联系了起来。诊断模型可以有许多不同的表示方法，以与不同的故障诊断方法相对应。例如，解析模型是人们熟悉的诊断模型，而神经网络、模糊逻辑系统等以其特有的方式存储、表示诊断模型。

14) 解析冗余。与硬件冗余相对应，指通过用解析方式表示的系统数学模型来产生冗余的信号。冗余信号的产生往往是成功实现故障诊断的一个关键。

15) 安全性。系统不对人员、设备或环境造成损害的性能。

3. 设备故障的分类

由于设备多种多样，因而故障的形式也有所不同，必须对其进行分类研究，以确定采用何种诊断方法。故障按不同的标准也存在很多不同的分类形式，主要有以下几种。

(1) 按故障存在的程度分类：

1) 暂时性故障。这类故障通常带有间断性，是在一定条件下，系统所产生的功能上的故障,通过调整系统参数或运行参数,不需更换零部件就可恢复系统的正常功能。

2）永久性故障。这类故障是由某些零部件损坏而引起的,必须经过更换或修复后才能消除故障。这类故障还可分为完全丧失应有功能的完全性故障及导致某些局部功能丧失的局部性故障。

（2）按故障发生和发展的进程分类：

1）突发性故障。出现故障前无明显征兆,难以靠早期试验或测试来预测。这类故障发生的时间很短暂,一般带有破坏性,如转子的断裂,人员误操作引起设备的损毁等属于这一类故障。

2）渐发性故障。设备在使用过程中某些零部件因疲劳、腐蚀、磨损等使性能逐渐下降,最终超出允许值而发生的故障。这类故障占有相当大的比例,具有一定规律性,能通过早期状态监测和故障预报来预测和预防。

以上两种类别的故障虽有区别,但彼此之间也可转化,如零部件磨损到一定程度也会导致突然断裂而引起突发性故障,这一点在设备运行中应予以注意。

（3）按故障严重程度分类：

1）破坏性故障。它既是突发性的又是永久性的,故障发生后往往危及设备和人身安全。

2）非破坏性故障。一般它是渐发性的又是局部性的,故障发生后暂时不会危及设备和人身的安全。

（4）按故障发生的原因分类：

1）外因故障。因操作人员操作不当或环境条件恶化而造成的故障,如调节系统的误操作,设备的超速运行等。

2）内因故障。设备在运行过程中,因设计或生产方面存在的潜在隐患而造成的故障。如设计上的薄弱环节,制造上残余的局部应力和变形,材料的缺陷等潜在的因素导致的故障。

（5）按故障相关性分类：

1）相关故障。也可称间接故障。这种故障是由设备其他部件引起的,如轴承因断油而烧瓦的故障是因油路系统故障而引起的,这一点在故障诊断中应予以注意。

2）非相关故障。也可称直接故障。这是因零部件的本身直接因素引起的,对设备进行故障诊断首先应诊断这类故障。

（6）按故障发生的时期分类：

1）早期故障。这种故障可能是由设计、加工或材料上的缺陷导致的,通常在设备投入运行的初期暴露出来,或者是有些零部件如齿轮箱中的齿轮对及其他摩擦副须经过一段时期的“磨合”,使工作情况逐渐改善。这种早期故障经过暴露、处理、完善后,故障率会下降。

2）使用期故障。这是产品在有效寿命期内发生的故障,这种故障是由于载荷(外因、运行条件等）和系统特性(内因、零部件故障、结构损伤等）无法预知的偶然因素引起的。设备大部分时间处于这种工作状态。这时的故障率基本上是恒定的。对这个时期的故障进行监视和诊断具有重要意义。

3）后期故障(耗散期故障）。它往往发生在设备的后期,由于设备长期使用,甚至超过设备的使用寿命后,因设备的零部件逐渐磨损、疲劳、老化等原因使系统功能退化,最后可能导致系统发生突发性的、危险性的、全局性的故障。这期间设备故障率呈上升趋势,通过监视、诊断,发现失效零部件后应及时更换,以避免发生事故。

上述对故障的各种分类方法在工程中应用较普遍，尚有其他不同分类方法，如按故障模式分为结构型故障和参数型故障等。对故障进行分类的目的是为了弄清不同的故障性质，从而采取相应的诊断方法。当然，人们特别关心的是破坏性的或危险性的、突发性的、全局性的故障，以便及早采取措施，防止灾难性事故的发生。

4. 故障类型和故障模式

设备及其各分系统、各部件、各元器件的故障种类繁多，表现形式多样。深入研究故障的类型(Category of Faults) 及故障摸式(Fault Mode or Failure Mode) 是很必要的。

(1) 故障类型。设备的故障有多种类型和模式。有结构型故障(如裂纹、磨损、腐蚀、配合松动等) 和参数型故障(如共振、流体涡动、过热等)。若按故障的机理来分，则常见的故障模式有磨损(包括磨擦磨损、黏着磨损、磨黏磨损、腐蚀磨损、微动磨损、冲蚀和气蚀及接触疲劳磨损等)、腐蚀(如气液腐蚀、化学腐蚀、应力腐蚀等)、老化(如变脆、变软或软化发粘等)、结构失效(如失稳、断裂、疲劳、变形过大等)、系统失效(如机械装备中的松、堵、挤、漏、不平衡、不对中等，电气系统中的失灵、失控、接触不良等)、污染(如燃烧剂、毒气、放射性等) 等。

(2) 故障模式。故障模式是故障发生的具体表现形式，是故障形式上的分类，但并不揭示故障的实质原因。通过故障机理的研究，才有可能从根本上找到提高元、部件可靠性的有效方法。故障模式并不解决产品为何故障的问题，为提高产品的可靠性，还必须分析故障机理。

(3) 故障机理。故障机理是引起故障的物埋、化学或其他过程，是故障的内因。故障模式因产品的种类、使用条件而异，不能一概而论，但往往以磨损、疲劳、腐蚀和氧化等简单形式表现出来，宏观地显现出若干故障现象。

5. 故障模型

上述故障模式发生的机理有多种多样，可概括为不同的故障模型(Fault Model)。如果已知某种故障模式的故障模型，就可对设备在给定层次上的子系统故障进行预测。常用的故障模型有界限模型与耐久模型、应力-强度模型、反应论模型、故障率模型、最弱环模型与串联模型、指数分布与正态分布模型、极值分布与威布尔(Weibull) 分布模型、绳子模型与伽玛(Γ) 分布模型、比例效应模型与对数正态分布模型、退化模型与损伤积累模型等。

1.1.2　设备故障的基本特性

设备的故障有多种多样，有的其行为和特征较明显，可用某种物理方法直接检测，而多数故障情况比较复杂。特别是对复杂的系统，由于故障和征兆之间不存在一一对应的简单关系，使问题更为复杂化。一般说，设备故障具有以下特性：

(1) 层次性。对复杂的设备，其结构可划分为系统、子系统、部件、元件等各个层次，其功能也可划分为若干层次，因而其故障和征兆也有不同的层次，由此在故障诊断中可设计某种层次诊断模型和层次诊断策略。

(2) 传播性。有两种传播方式：横向传播，例如某一元件的故障引起层内其他元件的功能失常；纵向传播，即元件的故障相继引起部件 — 子系统 — 系统的故障。

(3) 放射性。某一部位的故障可能引起其他部件出现异常，例如转子轴系某轴承的故障有时会导致其他轴承的振动增大，而该轴承本身的振动变化反而不明显。

(4) 相关性。某一故障可能对应若干征兆，而某一征兆可能对应若干故障，它们之间存在着错综复杂的关系。这种故障与征兆间并非一一对应的关系是造成故障诊断困难的一个主要原因。

(5) 延时性。故障的发生和发展及故障的传播,都有一定的时间过程。根据故障的传播时间,可判断故障的性质和位置;根据故障由量变到质变的发生和发展,可进行状态预测和早期诊断。因此,构成故障空间,除纵向传播和横向传播两个坐标轴外,还有时间轴需加以考虑。

(6) 不确定性。故障和征兆信息的随机性、模糊性,加上某些信息的不确知性,组成了信息的不确定性。

1.2 设备故障机理与诊断的基本方法和过程

由于设备故障的复杂性和设备故障与征兆之间关系的复杂性,导致设备故障诊断是一种探索性的过程。就设备故障诊断技术这一学科来说,重点不在于研究故障本身,更在于研究故障诊断的方法。故障诊断过程由于其复杂性,不可能只采用单一的方法,而要采用多种方法,可以说,凡是对故障诊断能起作用的方法都应该利用。必须从各种学科中广泛探求有利于故障诊断的原理、方法和手段,这就使得故障诊断技术呈现多学科交叉这一特点。

1.2.1 设备故障机理与诊断的基本方法

1. 传统的故障诊断方法

首先,传统的故障诊断方法通常是利用各种物理的和化学的原理和手段,根据伴随故障出现的各种物理和化学现象,直接检测故障。例如,可以利用振动、光、热、电、磁、射线和化学等多种手段,观测其变化规律和特征,用以直接检测和诊断故障。这种方法形象、快速,十分有效,但只能检测部分故障。

其次,利用故障对应的征兆进行诊断是最常用、最成熟的方法。以旋转机械为例,振动及其频谱特性的征兆是最能反映故障特点、最有利于进行故障诊断的手段。为此,需深入研究各种故障的机理,研究各种故障所对应的征兆。在诊断过程中,首先分析设备运转中所获取的各种信号,提取信号中的各种特征信息,从中获取与故障相关的征兆,利用征兆进行故障诊断。由于故障与各种征兆间并不存在简单的一一对应的关系,因此利用征兆进行故障诊断往往是一个反复探索和求解的过程。

2. 故障的智能诊断方法

在传统的诊断方法的基础上,将人工智能(Artificial Intelligence,AI)的理论和方法用于故障诊断,发展智能化的诊断方法,是故障诊断的一条全新的途径。目前智能诊断方法已广泛应用于各个领域,已成为设备故障诊断的主要方向。

人工智能的目的是使计算机去做原来只有人才能做的智能任务,包括推理、理解、规划、决策、抽象和学习等功能。专家系统(Expert System)是实现人工智能的重要形式,目前已广泛用于诊断、解释、设计、规划和决策等各个领域。现在国内外已发展了一系列用于设备故障诊断的专家系统,获得了很好的效果。

专家系统由知识库、推理机及工作存储空间(包括数据库)组成。实际的专家系统还应有知识获取模块,知识库管理维护模块,解释模块,显示模块及人-机界面等。

专家系统的核心问题是知识的获取和知识的表示。知识获取是专家系统的瓶颈,合理的知识表示方法能合理地组织知识、提高专家系统的能力。为了使诊断专家系统拥有丰富的知识,必须进行大量的工作,要对设备的各种故障进行机理分析,其中有的可建立数学模型,进行理论分析;有的要进行现场测试和模型试验;特别要总结领域专家的诊断经验,整理成适合于计算机所能接受的形式化知识描述;还要研究计算机的知识自动获取的理论和方法。这些都是使专家系统有效工作所必需的。

设备故障诊断技术作为一门学科,尚处在形成和发展之中,必须广泛利用各学科的最新科技成就,特别要借助各种有效的数学工具,包括基于模式识别的诊断方法,基于概率统计的诊断方法,基于模糊数学的诊断方法,基于可靠性分析和故障树分析的诊断方法,以及神经网络、小波变换、分形几何等新发展的数学分支在故障诊断中的应用,等等。

1.2.2　设备故障机理与诊断的过程

1. 设备诊断的过程

故障诊断是根据故障征兆信息确定系统故障原因的过程,设备的故障诊断一般是一个有穷递归的过程,如图 1.1 所示。

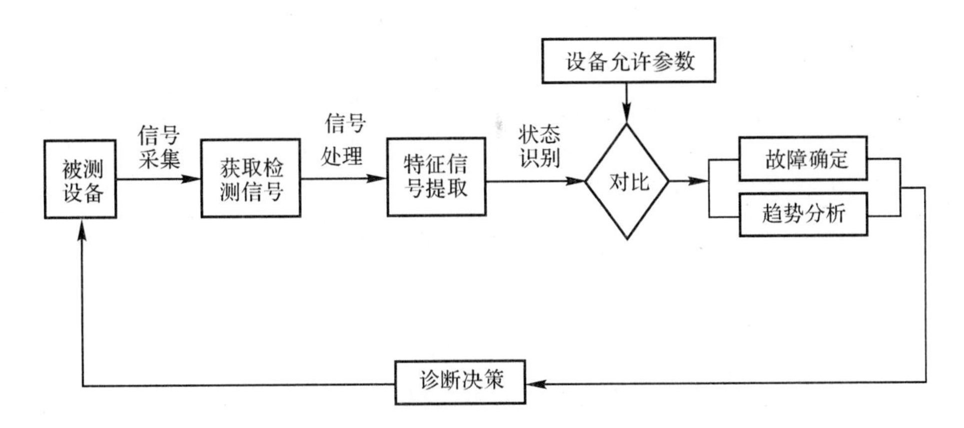

图 1.1　故障诊断过程流程图

设备故障诊断的内容包括状态监测、分析诊断和故障预测。其具体实施过程可以归纳为以下 4 个方面:

(1) 信号采集。设备在运行过程中必然会有力、热、振动及能量等各种量的变化,由此会产生各种不同信息。根据不同的诊断需要,选择能表征设备工作状态的不同信号,如振动、压力、温度等是十分必要的。这些信号一般是不同的传感器来拾取的。

(2) 信号处理。这是将采集的信号进行分类处理、加工,获得能表征机器特征的过程,也称特征提取过程,如对振动信号从时域变换到频域进行频谱分析即是这个过程。

(3) 状态识别。将经过信号处理后获得的设备特征参数与规定的允许参数或判别参数进行比较、对比以确定设备所处的状态,是否存在故障及故障的类型和性质等。为此应正确制定相应的判别准则和诊断策略。

(4) 诊断决策。根据对设备状态的判断,决定应采取的对策和措施,同时应根据当前信号预测设备状态可能发展的趋势,进行趋势分析。

2. 工况监视与故障诊断系统的主要环节

由于诊断方法和诊断对象工作特性的要求不同,监视诊断系统的结构亦有差异。现将以模式识别为基础的计算机辅助监视诊断系统的主要环节来说明,如图 1.2 所示。

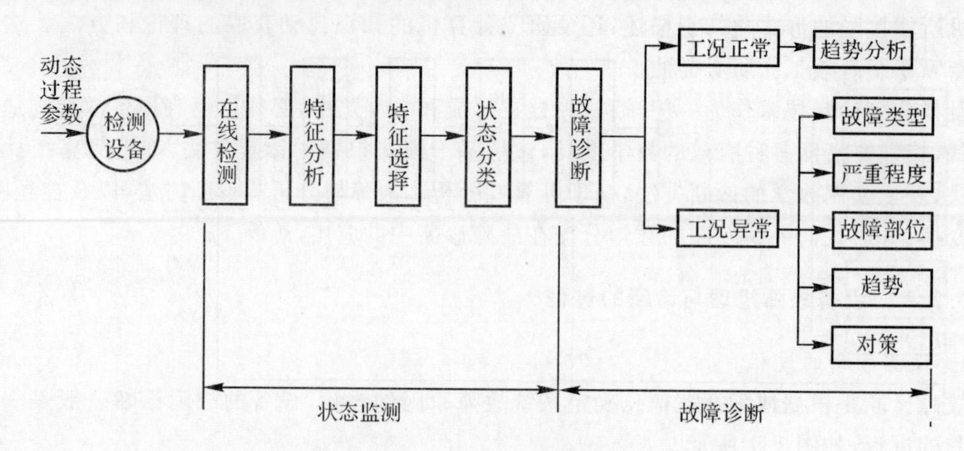

图 1.2　工况状态监视与故障诊断系统主要环节

(1) 信号的在线检测。它必须满足两方面的要求:一是在线(On-line),这是针对系统而言,对于连续运行的机械设备是指机器运行(生产)过程(系统)中的检测,是在线上进行的,故属于在线检测。有些机械设备的运动,既有连续,又有中断。例如,机床加工一个零件可看成是一个系统,则切削、换刀、上下料和测量都是系统的组成环节。但除了切削之外,在进行换刀、上下料等其他环节时,机床并不运动,刀具也不加工,但都属于系统的组成部分,故仍属在线。二是动态过程具有多方面的信息,没有必要都检测,所选择的信号及其在机器上的部位都要能敏感地反映工况特征信息的变化。

(2) 信号的特征分析。直接检测信号大都是随机信号,它包括大量与故障无关的信息,一般不宜用作判别量。需要用现代信号分析和数据处理方法把直接检测信号转换为能表达工况状态的特征量。对于某些具有规律的信号,也可从波形的形式提取特征量。特征分析的目的是用各种信号处理方法作为工具,找到工况状态与特征量的关系,把反映故障的特征信息和与故障无关的特征信息分离开来,达到去伪存真的目的。因此,信号处理是特征分析的一种工具,但不是唯一的工具。用作特征分析的方法有频域分析、时域分析、统计分析、小波分析及波形分析,等等。

(3) 特征量的选择。用上述方法可以得到很多可表达系统动态行为的特征量,但没有必要都用来判别工况状态。因为实际生产中,各个特征量对工况状态变化的敏感程度不同,应当选择敏感性强、规律性好的特征量,达到去粗取精的目的。对此,只有在系统建成之后,结合机组运行做实验,进行特征分析,才能知道哪一个特征量敏感或不敏感。实验室试验所得到的某种规律可作参考。选择对具体机器最敏感的特征量,才能加强监视诊断的针对性,提高诊断的准确性。特征量的选择还要考虑判别的实时性,要求计算简单,如果能在一定程度上表达工况状态的物理含义,就更有利于对工况状态变化原因的分析。用模式识别方法进行状态分类时,特征量的数量以 2～3 个为宜,1 个太少,误判率大;而特征量太多,又使得判别函数复杂,计算量大,实时性差,且误判率并不因特征量的数量增多而单调地减少。实验证明,当特征量的数量增至 3 个以上时,计算复杂,实时性差,对降低误判率并无明显的改善。

(4) 工况状态识别。工况状态识别就是状态分类问题，分类与诊断往往是一个概念，此处从生产过程不同的目的考虑，把“分类”分成监视与诊断两个问题。工况监视的目的是区分工况状态是正常还是异常，或者哪一部分不正常，便于进行运行管理，强调在线和实时性。因为主要是正常与异常两种状态，用模式识别及模型参数判别都很有效。

(5) 故障诊断。故障诊断是根据监视系统提供的信息，对当前工况状态及其发展趋势做出确切的判断。故障诊断主要任务是针对异常工况，查明故障部位、性质、程度，这不仅需要根据当前机组的实际运行工况，而且还需要考虑机组的历史资料及领域专家的知识做出精确诊断。诊断和监视的不同之处是诊断精度放在第一位，而实时性是第二位。

1.3　故障诊断与设备可靠性、安全性和维修性的关系

1.3.1　概述

评价设备的质量指标有以下几方面：

(1) 性能指标。性能指标是产品能完成自身具有的某种规定功能的指标，由产品设计师设计及产品工艺师在制造过程中保证，可用测量仪器和仪表测定。

(2) 产品性能的可靠性。按 GB3187/T—1982 规定，可靠性定义为产品在规定条件下和规定时间内完成规定功能的能力。一台机械产品从使用开始到报废为止，其技术性能的保持能力是指机械设备的技术性能是否已经丧失，并非是哪一个零部件或整机遭受破坏(Breakdown)。这里所指的规定条件及功能，不同的产品都有其具体规定。可靠性又称为耐久性，耐久性好即机器运行可靠，也就是说机器技术性能保持性好。产品可靠性分固有可靠性和使用可靠性。固有可靠性属于产品的内在特性，取决于产品制造厂的水平。使用可靠性是与机器设备在使用过程中的运行状况、工作条件、维修方式及使用单位技术水平有关。

(3) 产品的可维修性。产品的可维修性是指产品发生故障后是否易于诊断及修复的特性。

以上三种指标主要是由产品设计制造决定的。性能先进、经久耐用、便于维修是设计者的基本指导思想。工况监视与故障诊断并不能直接解决这个问题，那么工况监视与故障诊断与机器设备的可靠性和维修性有无影响呢？答复是肯定的。它们的关系就像病人与医生的关系，如果人均寿命是 70 岁，相当多的人不到 70 岁就死了，但也有相当多的人超过 70 岁。随着医疗条件的改善，人均寿命都在提高，但人均寿命的提高离不开医疗设备和医生，机器设备可靠性的提高，也离不开故障诊断设备和领域专家。

1.3.2　设备可靠度与故障诊断的关系

可靠度是产品在规定的条件下和规定的时间内完成规定功能的概率，也可理解为无故障工作的概率。它并不能具体地预测某台设备在某一时间域内肯定发生或不发生故障。例如，某型号产品(如灯泡)5 000 h 的可靠度为 98%，即该产品在规定条件下工作到 5 000 h，平均每 100 个产品中，会有 98 个产品仍具有规定功能。因此，可靠度是指一批产品从开始使用($t=0$)至某一规定时刻，尚有百分之多少个产品没有发生故障的剩余概率。因此，设备可靠度不是依靠仪器、仪表来测定，而是同批产品的统计分析的结果。

故障概率可以表示为

$$F(t)=P \quad (t \leqslant T)$$

式中　t—— 机器从开始工作至发生故障时的连续正常工作时间，它是一个随机变量；

T—— 某一额定时间。

如 $f(t)$ 为概率密度函数，则

$$F(t)=\int_0^T f(t)\mathrm{d}t$$

因此，$F(t)$ 就是变量 t 的分布函数，它描述着故障概率随时间 t 的变化。于是可得设备无障碍工作时间，即可靠度函数为

$$R(t)=1-F(t)$$

$R(t)$ 与 $F(t)$ 是对立事件，设备可靠度与故障概率的关系如图 1.3 所示。

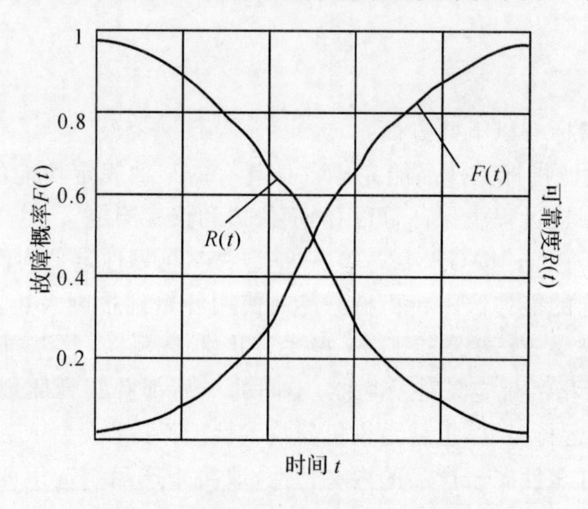

图 1.3　设备可靠度与故障概率的关系

图 1.3 中，在 $t=0$ 时，N 台设备都是好的，不发生故障的设备台数 $N_r(0)=N$，可靠度 $R(0)=1$，发生故障的设备台数 $N_f(0)=0$，故障概率 $F(0)=0$。随着使用时间不断增加，发生故障设备台数增加，故障分布函数 $F(t)$ 单调递增，而可靠度函数 $R(t)$ 单调递减，因此，$N_r(\infty)=0$，$R(\infty)=0$，$N_f(\infty)=N$，$F(\infty)=1$。

以上是从理论上分析可靠度和故障概率的概念。应该注意的问题如下：

(1)$R(t)$ 和 $F(t)$ 是针对产品台数而言，即一批产品(同一批制造的机器)，不是针对某一台机器设备。这对用户来说，计算 $R(t)$ 和 $F(t)$ 是不可能的，只能由机器制造厂根据其出厂产品，向所有用户调查统计才能得到。

(2) 从统计观点看，产品台数 N 愈大，$R(t)$ 和 $F(t)$ 愈可信，而大型机器设备一般是根据用户订货制造，批量很小，还有新产品和科研产品都属于单件小批量生产，取得必要的统计数据是有困难的。

(3) 工作条件不同，$R(t)$ 曲线的位置会发生变化。

(4) 一台设备的工作条件是由使用者的产品工艺决定的，工况监视与故障诊断技术也不能改变机器的运行条件。

以上说明了可靠度的概念及其与条件因素间的关系，进一步理解故障诊断与可靠度的关

系，即采用故障诊断技术之后对提高机器的可靠度具有以下作用：① 及时发现故障并及时排除，延长了不发生故障的正常工作时间，即提高了可靠度。② 防止故障扩大，延长机器寿命。

1.3.3　机器设备维修性与故障诊断的关系

1. 维修性与有效性

可靠性表示产品是否经久耐用，而维修性则表示产品发生故障后是否容易诊断和修复。提高可靠性主要是延长产品的正常工作时间，而提高维修性就是要缩短产品停机检修（非工作）时间，二者综合在一起，能表示修复产品在某一时间域内，能维持其规定功能的属性即有效性（或利用率）。

$$A = \frac{t_{n,0}}{t_{n,0} + t_w}$$

式中　A—— 有效性；

$t_{n,0}$—— 平均无障碍工作时间，设备从开始使用到首次发生故障前的平均工作时间，设备一般都是可修复的，则 $t_{n,0}$ 应指相邻故障之间工作时间的平均值；

t_w—— 停机维修时间，由式可知，采用故障诊断技术之后能产生经济效益乃是由于它能使 $t_{n,0}$ 增加，并且在检修前，已知故障性质，使停机检修时间 t_w 减少，故可提高设备的利用率。

2. 预知维修的意义

产品的维修性是产品的固有特性，取决于产品的合理设计。故障诊断对维修的意义是预知维修。现有大型设备一般是定期维修，到了大检修时间，不论机器有无故障都要停机检修，不到大检修时间，即使工况不正常，只要设备没有严重故障，也得带病运行。这种检修方法的缺点有两个：一是机器无故障还可继续运行，但被人为地减少正常工作时间；二是机器已有故障而不停机，使故障扩大，停机维修时间必然增加。这两方面恰恰都是使机器利用率降低。采用故障诊断技术之后，应该做到该停则停，不该停就继续运行，这叫作预知维修，从根本上充分发挥机器设备的潜力，是提高设备利用率的重要途径。

1.4　故障的信息获取、检测方法和评定标准

1.4.1　设备故障信息的获取方法

信息是提供人们判断或识别状态的重要依据，是指某些事实和资料的集成。信号是信息的载体，因而设备故障诊断技术在一定意义上是属于信息技术的范畴，充分地检测足够量的能反映系统状态的信号对诊断来说是至关重要的。一个良好的诊断系统首先应该能正确地、全面地获取监测和诊断所必须的全部信息。下面介绍信息获取的几种方法。

1. 直接观测法

应用这种方法对机器状态做出判断主要靠人的经验和感官，且限于能观测到的或接触到的机器零部件。这种方法可以获得第一手资料，更多的是用于静止的设备。在观测中，有时使用了一些辅助的工具和仪器，如倾听机器内部声音的听棒，检查零件内孔有无表面缺陷的光学

窥镜，探查零件表面有无裂纹的磁性涂料及着色渗透剂等，来扩大和延伸人的观测能力。

2. 参数测定法

根据设备运行的各种参数的变化来获取故障信息是广泛应用的一种方法。机器运行时由于各部件的运动必然会有各种信息，这些信息参数可以是温度、压力、振动或噪声等，它们都能反映机器的工作状态。为了掌握机器运行的状态，可以利用一种或多种信号。例如：根据机器外壳温差的变化，可以掌握其变形情况；根据轴瓦下部油压变化，可以了解转子对中情况；分析油中金属碎屑情况，可以了解轴瓦磨损程度等等。在运转的设备中，振动是最重要的信息来源，在振动信号中包含了各种丰富的故障信息。任何机器在运转时工作状态发生了变化，必然会从振动信号中反映出来。对旋转机械来说，目前在国内外应用最普遍的方法是利用振动信号对机器状态进行判别。从测试手段来看，利用振动信号进行测试也最方便、实用。要利用振动信号对故障进行判别，首先应从振动信号中提取有用的特征信息，即利用信号处理技术对振动信号进行处理。目前应用最广泛的处理方法是进行频谱分析，即从振动信号中的频率成分和分布情况来判断故障。

其他参数(如噪声、温度、压力、变形、残差和阻值等) 也是故障信息的重要来源。

3. 磨损残渣测定法

测定机器零部件如轴承、齿轮、活塞环等的磨损残渣在润滑油中的含量，也是一种有效的获取故障信息的方法。根据磨损残渣在润滑油中含量及颗粒分布，可以掌握零件磨损情况，并可预防机器故障的发生。

4. 设备性能指标的测定

设备性能包括整机及零部件性能。通过测量机器性能及输入 / 输出量的变化信息来判断机器的工作状态，也是一种重要方法。例如，柴油机耗油量与功率的变化，机床加工零件精度的变化，风机效率的变化等均包含着故障信息。

对机器零部件性能的测定，主要反映在强度方面，这对预测机器设备的可靠性，预报设备破坏性故障具有重要意义。

1.4.2 设备故障的检测方法

机器设备有各种类型，因而出现的故障也多种多样。不同的故障需要采用不同的方法来诊断。本节将对具体的各种故障应采用的方法及各种诊断方法的应用范围作介绍。

1. 振动和噪声的故障检测

这是大部分机器所共有的故障表现形式，一般采用以下方法进行诊断：

(1) 振动法。对机器主要部位的振动值(如位移、速度、加速度、转速及相位值等) 进行测定，与标准值进行比较，据此可以宏观地对机器的运行状况进行评定，这是最常用的方法。

(2) 特征分析法。对测得的上述振动量在时域、频域、时-频域进行特征分析，用以确定机器各种故障的内容和性质。

(3) 模态分析与参数识别法。利用测得的振动参数，对机器零部件的模态参数进行识别，以确定故障的原因和部位。

(4) 冲击能量与冲击脉冲测定法。利用共振解调技术(IFD)，测定滚动轴承的故障。

(5) 声学法。通过对机器噪声的测量，可以了解机器运行情况并寻找振动源。

2. 材料裂纹及缺陷损伤的故障检测

材料裂纹包括应力腐蚀裂纹及疲劳裂纹，一般可采用下述方法进行检测：

(1) 超声波探伤法。该方法成本低，可测厚度大，速度快，对人体无害，主要用来检测平面型缺陷。

(2) 射线探伤法。该方法主要采用X射线和γ射线。该法主要用于检测体积型缺陷，适用于一切材料，测量成本较高，对人体有一定损害，使用时应注意。

(3) 渗透探伤法。该方法主要有荧光渗透与着色渗透两种。该方法操作简单，成本低，应用范围广，可直观显示，但仅适用于有表面缺陷的损伤类型。

(4) 磁粉探伤法。该方法使用简便，较渗透探伤更灵敏，能探测近表面的缺陷，但仅适用于铁磁性材料。

(5) 涡流探伤法。这种方法对封闭在材料表面下的缺陷有较高检测灵敏度，它属于电学测量方法，容易实现自动化和计算机处理。

(6) 激光全息检测法。它是20世纪60年代发展起来的一种技术，可检测各种蜂窝结构、叠层结构、高压容器等。

(7) 微波检测技术。它也是近几十年来发展起来的一种新技术，对非金属的贯穿能力远大于超声波方法，其特点是快速、简便，是一种非接触式的无损检测。

(8) 声发射技术。它主要对人型构件结构的完整性进行监测和评价，对缺陷的增长可实行动态、实时监测且检测灵敏度高。目前在压力容器、核电站重点部位、放射性物质泄漏、输送管道焊接部位缺陷等方面的检测获得了广泛的应用。

3. 设备零部件材料的磨损及腐蚀故障检测

这类故障除采用上述无损检测中的超声探伤法外，尚可应用下列方法：

(1) 光纤内窥技术。它是利用特制的光纤内窥技术，直接观测到材料表面磨损及腐蚀情况。

(2) 油液分析技术。油液分析技术可分为两大类，一类是油液本身的物理、化学性能分析，另一类是油液所含杂质成分的分析。具体的方法有光谱分析法与铁谱分析法。

4. 温度、压力、流量变化引起的故障检测

机器设备系统的有些故障往往反映在一些工艺参数(如温度、压力、流量)的变化中。在温度测量中除常规使用的装在机器上的热电阻、热电偶等接触式测温仪外，目前在一些特殊场合使用的非接触式测温方法有红外测温仪和红外热像仪，它们都是依靠物体的热辐射进行测量的。

1.4.3　设备故障的评定标准

1. 判断标准

为了对设备的状态做出判断，判断其是否存在故障及故障的程度如何，必须对表征设备状态的测量值与规定的标准值进行比较。常用的有三种标准，即绝对判断标准、相对判断标准和类比判断标准。

(1) 绝对判断标准。要求在设备的同一部位或按一定的要求测得的表征设备状态的值与某种相应的判断标准相比较，以评定设备的状态。国内外和一些国际机构针对某些设备(如旋转机械)制定了相应的绝对标准，供设计、生产、使用者共同参考。

(2) 相对判断标准。采用这种判断标准时,要求对设备的同一部位(同一工况)同一种量值进行测定,将设备正常工作情况的值定为初始值,按时间先后将实测值与初始值进行比较来判断设备状态。

(3) 类比判断标准。若有数台机型相同、规格相同的设备,在相同条件下对它们进行测定,经过相互比较做出判断,用这种方法对机器设备的状态进行评定而制定的标准称为类比判断标准。

本书附录中对设备故障评定标准尤其是旋转机械的绝对判断标准做了详细的介绍,可供参考。

第 2 章　导弹动力系统部件的故障机理分析与防护

2.1　动力系统典型结构与组成

2.1.1　系统组成

导弹动力系统由推进剂供应系统和推力室两部分组成。大型液体导弹发动机到目前为止一般采用双组元推进剂，其供应系统一般由泵压式供应系统构成。组成推进剂供应系统的主要部件为涡轮泵、阀门、管路及燃气发生器，等等。推进剂供应系统将贮箱供应的氧化剂与燃料分别增压输送到燃烧室、预燃室或燃气发生器。推力室将燃料与氧化剂进行混合燃烧产生高温、高压燃气，并经喷管将燃气的热能转化为动能，从而产生推力。大型液体导弹发动机的推力室一般采用推进剂进行再生冷却。液体导弹发动机系统的工作过程包括涡轮泵系统的高速转动，阀门等控制元件的机械运动，供应管路中的流体或气体的流动过程，各种换热器中的热交换以及推力室、预燃室或燃气发生器中的燃烧过程。发动机的结构在这些机械、流体及热过程的作用下经受着强烈的振动、冲击和热负荷。这些结构或部件的失效所引起的发动机工作过程的异常或者发动机结构的进一步破坏就是液体导弹发动机的故障。大型液体导弹发动机系统主要采用双组元燃气发生器循环系统与高压补燃循环系统。根据本书故障检测与诊断技术研究的对象重点，只讨论双组元燃气发生器循环系统。采用自燃推进剂的双组元燃气发生器循环系统组成如图 2.1 所示。

图 2.1 所示的发动机系统，采用 N_2O_4 作为氧化剂，UDMH 作为燃料。发动机的推力室用燃料进行再生冷却。涡轮泵用来对燃料和氧化剂增压，包括一台双级涡轮和两个离心泵；两泵之间配备有齿轮箱，为伺服机构提供动力。燃气发生器用来产生作为涡轮工质的燃气，其采用与推力室相同的燃料与氧化剂组合，但其余氧系数较低，以便使作为涡轮工质的富燃燃气温度较低。在燃料和氧化剂泵前供应管路中设置泵前阀，把推进剂储箱与发动机隔开，使发动机在储箱加注推进剂的情况下可以安全储存。在泵后至推力室的供应管路中，安装主阀门和节流圈。在泵后至燃气发生器的供应管路中，安装气蚀文氏管、单向阀门和副阀门。涡轮的起动工质由火药起动器提供。两种推进剂组元在燃气发生器与推力室中自燃燃烧。系统设置有两个换热器。一个换热器设置在涡轮排气管中，其作用是将 N_2O_4。汽化后供给氧化剂贮箱进行增压；另一个换热器置于燃料泵与推力室隔板之间的供应管路中，其将燃气发生器的部分富

燃燃气用燃料降温后供给燃料贮箱进行增压,泵前阀为电爆阀门。主阀门为电动气动阀,采用高压氮气作为控制气源。副阀门为电动阀。

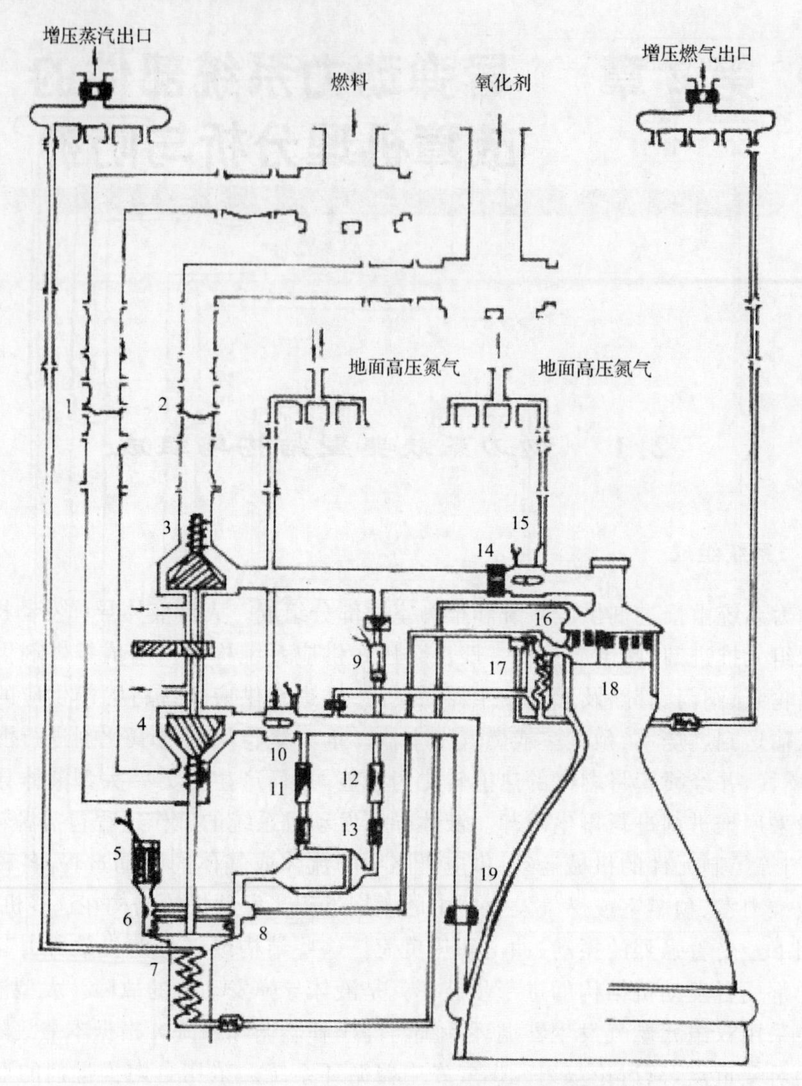

图 2.1　双组元燃气发生器循环发动机系统组成原理图

1,2 —燃料和氧化剂泵前阀;3,4 —氧化剂和燃料泵;5 —涡轮起动器;6 —涡轮;7 — N_2O_4 蒸发器;8 —增压燃气喷嘴;9 —氧化剂副阀;10,15 —燃料和氧化剂主阀;11,12 —气蚀管;13 —燃气发生器;14,19 —节流圈;16 —增压用 N_2O_4 气蚀管;17 —增压用燃气降温器;18 —推力室

2.1.2　工作原理

在发动机起动之前,泵前阀 1,2 均处于关闭状态,两种组元的推进剂均填充到泵前阀之前的供应管路,主阀门 10,15 和副阀门 9 处于开启状态。

当发动机开始启动时,首先给燃料供应系统的泵前阀 1 通电,引爆电爆管,使泵前阀 1 开启。经过一段短暂的延迟后,再给氧化剂供应系统的泵前阀 2 的电爆管通电,使泵前阀 2 开启。于是燃料和氧化剂在贮箱增压压力和液柱压力作用下充填发动机供应管路及推力室和预燃室的冷却通道及集液腔。泵前阀1,2在开启时间上的先后顺序是由燃料和氧化剂供应管路的尺寸布局确定的,主要是为了保证两种组元的推进剂进入推力室的时间符合发动机稳定启动的要求。两个泵前阀都开启后,再经过一段短暂的延迟后给火药起动器5上的电爆管通电点燃火药起动器,火药起动器产生的燃气推动涡轮6转动,泵3,4在涡轮的驱动下对推进剂组元增压,使泵后的燃料及氧化剂压力升高,双组元推进剂在泵的增压作用下进入推力室18和燃气发生器13并自燃燃烧。燃气发生器产生的燃气接替火药起动器的燃气继续推动涡轮工作。N_2O_4 蒸发器7和燃气降温器17分别向氧化剂贮箱和燃料贮箱供应增压气体使贮箱增压。

主级工作状态是发动机完成启动过程后所进入的稳定工作状态。在主级工作状态,发动机的推力、流量及涡轮泵转速等参数达到额定值。主级工作状态的推力和混合比由节流圈14,19和气蚀文氏管11,12所控制,增压气体流量由气蚀文氏管16和燃气喷嘴8所控制。

在关机过程中,首先关闭氧化剂副阀门19,发动机的推力流量等参数迅速衰减,经过短暂延迟后同时关闭燃料主阀门10和氧化剂主阀门15。氧化剂副阀关闭后,燃气发生器中的氧化剂供应随之终止,涡轮泵系统的功率迅速下降,随后同时关闭主阀门切断推进剂供应,由于供应管路泵后压力已经衰减因而避免了关机时的水击压力。在副阀门及主阀门均关闭后,阀门后的供应系统中的推进剂仍向推力室18和燃气发生器13中流动,从而产生后效冲量。

2.2　导弹部件的故障模式、机理及失效率

任何部件发生故障(失效)的过程既是原子、分子的微观过程,又是整体上的宏观过程。这种由正常状态向不正常状态的转化,随着时间的推移,最终将不可逆地退化为失效(故障)。导弹部件故障的机理成因非常复杂,要想从部件故障的庞杂因素中分门别类地分析故障的特性,就必须首先研究故障模式和故障机理。故障模式和故障机理是探索故障的规律,寻求预防故障途径的重要环节。

2.2.1　故障模式

现代化设备的特点是技术密集、系统庞杂,仅靠人们累积的经验判断零件失效局限性很大。为了加快失效分析,提高设备作用的有效性,需要找到一种系统的、全面的并且标准的分析程序,于是就产生了失效模式分析。20世纪60年代后期,美国政府把失效模式规范化,纳入军用标准MIL-STD-785A中,这项军用标准很多国家都加以借用。

彻底弄清导弹在各种条件下的故障模式和故障机理是很重要的,因为它们是进行故障分析的基础,同时也是其他一些故障分析方法(如故障树分析法、故障诊断专家系统等)所必不可少的。

1. 常见的故障模式

在工程实际中,每种故障模式均可归入一种或多种分类之中。若按工作时间分类,故障模式可分为提前运行、在规定的时刻开机故障、在规定的时刻关机故障及运行中故障四种。一般地说,上述的分类显得太粗。表2.1列出了任一部件或系统单元可能发生的故障模式。

为了定量计算的方便,表2.2提供了电气机械零部件的故障模式及其比率。

故障模式比率或称故障模式频数比,是指产品 i 出现的故障模式 j 的百分比。表中每列数

据的和应为100％。

某些零部件同时存在几种故障模式时，了解其发生的频率和相对比是很重要的。如表2.2中的离合器，有83.4％的故障是由磨损引起的，这个比率是离合器本身的工作性质所决定的，另外还有16.6％是由形变所引起的，这种故障只能说是设计不当的结果。

表2.1　可能发生的故障模式

顺　序	故障模式	顺　序	故障模式	顺　序	故障模式
1	结构故障(破损)	12	超出允许下限	23	滞后运行
2	物理性质的变化	13	意外运行	24	输入过大
3	颤振	14	间断性工作不稳定	25	输入过小
4	不能保持正常位置	15	漂移性工作不稳定	26	输出过大
5	不能开始	16	错误指示	27	输出过小
6	不能停止	17	流动不畅	28	无输入
7	错误开机	18	错误动作	29	无输出
8	错误关机	19	不能关机	30	电短路
9	内漏	20	不能开机	31	电开路
10	外漏	21	不能撤换	32	电泄漏
11	超出允许上限	22	提前运行	33	其他

表2.2　电气机械零部件的故障模式及其比率　　单位：％

故障模式	零部件												
	传动器	轴承	电缆	离合器	连接器	耦合器	齿轮	马达	电位器	继电器	螺线管	转换器	平均比率
腐蚀	7.1	18.7			6.3			6.3	27.5	12.3	19.2	33.1	11.5
形变	7.1	2.5	7.3	16.6	23.7	10	20	2.1		0.4	3.8	0.7	8.31
侵蚀		3.1											0.26
疲劳		4.4	2.4		1.7					2.3	3.1	1.23	
摩擦	21.4	10.6						1.5		2.6			3.19
氧化												—5.5	0.46
绝缘击穿			26.8		1.6			12.3	10	12.3	23.1	3.4	7.90
裂痕		0.5											0.04
磨损	14.3	60.2	22	83.4	8.1	45	60	25.1	25	5.4	27	12.1	34.32
断裂	7.1		19.5		47.1	20	20	4.6	15.0	17.5	15.4	24.8	16.80
其他	43		22		11.5	25		16.1	22.5	11.9	11.5	17.3	15.90

2. 故障模式的不定性

零部件的故障模式在工程实际中并非不变，它是储存、使用、维护等环境条件以及时间的函数，且与设计、制造、试验等因素密切相关，还常因厂家、批量的不同而各有差异。在产品研制各个阶段上所出现的主要故障模式亦有所变化，研制初期常见的故障大多是工艺上的缺陷，尔后装配工艺的缺陷将逐渐居多；在使用时期，其操作、维护上的失误也会导致产品的故障。这种现象统称为故障模式的不定性。

研究故障模式不定性的最简易办法是：以百分比形式绘出故障模式的分布图（又称故障模式模型），然后针对主要故障模式，采取措施，降低产品的故障率。对比较成熟的制造工艺，其故障模式的分布比较稳定；采用新工艺时，其分布将有较大的变化。

故障模式分布可以从材料或部件的抽样试验中得到，但比较准确的还是从现场使用产品的可靠性数据中得到。当然，无论是抽样试验还是现场数据，都应在相同的前提下进行。因此，为了研究、解决故障模式的不定性，不仅关心故障零部件的本身，还需综合考虑零部件所在系统的结构，使用维护条件、研制、生产及使用各阶段的履历等，从而有效地进行产品的质量反馈，以达到产品质量的不断提高。

图 2.2 是针对一条集成电路的工艺线，在不同时期集成电路故障模式分布图。由图可见，该产品在不同时期芯片键合点问题与表面沟道漏电的故障模式占很大比例，但经过工艺上采取措施，用铝-铝超声焊代替金-铝热压焊，并增加磷处理工序，使得这两种故障模式大为减少，甚至消除（如第一种故障模式）。又如，第四种故障模式（铝膜划份），由于采用工艺筛选，使该模式所占的百分比大大减少。因此，及时绘制出故障模式分布图，是十分必要的。

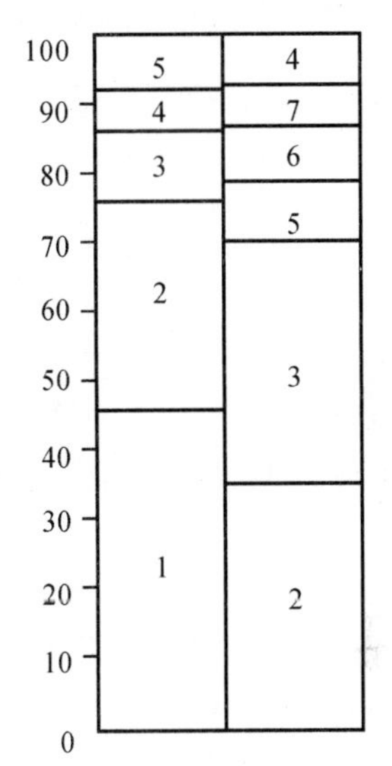

图 2.2　不同时期集成电路故障模式分布图

1— 芯片键合点问题；
2— 表面沟道漏电；3— 氧化层针孔；
4— 铝膜划份；5— 管壳漏气；
6— 氧化硅龟裂；7— 芯片表面玷污

2.2.2　故障机理

1. 故障机理与故障模式的关系

与人类以生病类似，故障机理相当于病理，即使故障机理不明，而故障模式总可以观察到。可以说，故障机理是故障的内因，故障模式是故障的现象，而环境条件则是故障的外因。人们总希望能观察到产品或系统结构上出现故障的实情，如故障的出现部位、发生的时间、现象（故障模式）及原因（故障机理）。但实际上人们未必都能明确区分故障模式和故障机理，这时只有根据不同的对象来规定各自特定的分类。材料的故障机理分类示例可用表 2.3 说明。

放射性损伤表面上看来是类似的故障模式，但都有可能是由完全不同的故障机理引起的。相反，故障模式即使不同，也有可能是由相同的原因引起的。再者，故障部件未必就是发生故障的原因，必须区别是一次故障还是二次故障。因此，产品的故障模式、故障机理及其相互关系必须根据实际情况具体分析，不能一概而论。

表 2.3 材料的故障机理分类示例

机械因素(弹性变形、塑性变形、蠕变、疲劳、断裂、滑移)
平衡状态的变化(相变化、应力松弛)
热应力
渗透(湿气、气体)
化学反应(腐蚀、氧化、有机化合物的形成、链的反转分裂)
电应力(电介质击穿、脉冲)
机械磨损
内部(表面)结合力(清洁度、结合性、吸湿、温度系数的差异)

2. 常见故障机理的分类及其频率

由以上分析还可看出,一种故障机理还会诱发另外的故障机理,从而产生复杂的交互作用,此时就不能单项地描述了。例如,由于其他部分蒸发出来的物质、磨损的粉末或者是发热、振动等导致的二次故障就是这类情况。

根据调查统计,机械、电气机械零部件所发生的故障机理有 6 类:① 蠕变或应力断裂(S);② 腐蚀(C);③ 磨损(W);④ 冲击断裂(I);⑤ 疲劳(F);⑥ 热(T)。上述分类方法简称为“SCWIFT 分类”。

表 2.4 是按上述分类法,以轴承、齿轮、电刷为例列举了这些产品的故障机理及其频率。从表中可见,“磨损”一项所占的比例最大。

表 2.4 故障机理及其频率(CM 为事后维修,PM 为预防维修) 单位:%

故障机理	现场鉴定	轴承		齿轮	现场鉴定	电刷
		PM	CM	CM		PM,CM
磨损(W)	磨损	49	70	58	异常磨损	70
	侵蚀	4	2		开孔	4
					电弧	2
	断裂	13	9		烧损	4
					硬变而难动	2
疲劳(F)	疲劳				其他	18
	表面裂痕	8	1			
	断裂			21		
蠕变、应力断裂(S)和冲击(I)	形变	3	2	21		
	断裂					
	蠕变					
腐蚀(C)		23	16			

3. 故障机理的演变过程

除了产品本身，其他方面(如软件不好，软件与硬件不匹配，人为差错等)也会导致产品故障，而有无维修措施，故障的情况亦有所不同。然而，它们有一个共同点，即来自环境、工作条件等能量积蓄并且超过某个界限，产品就要开始退化。这些环境、工作条件等(即产品退化的外因)，就是所谓的“应力”。

以应力和时间作为产生故障的外因，导致发生故障的物理、化学或其他过程，并进而宏观地显现出若干故障现象。图 2.3 表示故障机理的演变途径。

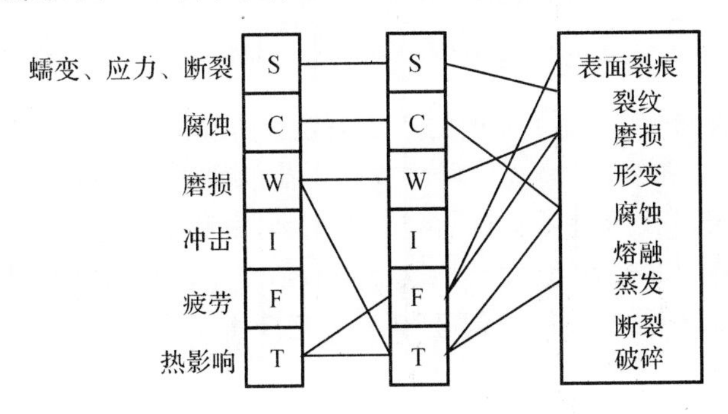

图 2.3　故障机理的演变途径

表 2.5 表示产品在各种应力(S_1，S_2，S_3，…)作用下，若按 SCWIFT 分类时的失效机理及其表现形式(模式)，同时产生某些故障机理(M_1，M_2，M_3，…)，进而还会由某一机理衍生出另一种机理(如 $M_1 \rightarrow M_2$)，随着时间的推移，这种衍生将会增多，最后就表现出若干个故障模式(MO_1，MO_2，MO_3，…)。值得提及的是，即使同一应力，也能够同时诱发两个以上的故障机理，例如湿度应力既可促使表面氧化、气特性退化，又可使结构的强度下降。

表 2.5　故障机理的衍生

应力作用	故障原因	故障现象	
环境、工作条件、时间	故障机理(频率)	故障模式(频率)	1. 表面退化过程的特征值的选择及特性值的变化； 2. 故障时间分布(寿命分布)、故障率、加速度系数等； 3. 理化分析
S_1 S_2 S_3	M_1 M_2 M_3	MO_1 MO_2 MO_3	

4. 故障机理的不定性

产品的故障机理与故障模式一样，都不是固定不变的，是有一定的不定性。它也是储存、使用、维护等条件以及时间的函数，并且与设计、制造试验等因素密切相关。故障模式不定性的论述基本适用了故障机理的不定性。

2.2.3　失效率

1. 失效率的定义

产品失效率的概念最初是从人的生死现象定义的，人的死亡率的定义是：到某时间尚未死亡的人当中，在这个时间以后，每年发生死亡的比率（概率）。按照这个定义，产品的失效率应定义为：工作到某时刻 t 尚未失效的产品，在该时刻后单位时间发生故障的比率（概率）。失效率是导弹可靠性技术中的重要特征参数。在已知产品的失效率后，产品可靠度的大小就很容易地计算出来了。

2. 一般情况下的失效率曲线

在已知产品的失效率后，产品可靠度的产品失效率曲线也和人的死亡率曲线相似。图 2.4 表示了人的死亡率变化曲线，该曲线也可看成是产品的失效率曲线。图中可见，人的幼年时期，由于抗病能力较弱，死亡率很高。随着年岁的增加，抗病能力也增强了，死亡率下降了，到青壮年时期，死亡率稳定在最低值，并保持较长时间不变。随着年龄的继续增加，在人进入老年后，由于人体机能的老化，抗病能力衰退，死亡率逐渐增高。

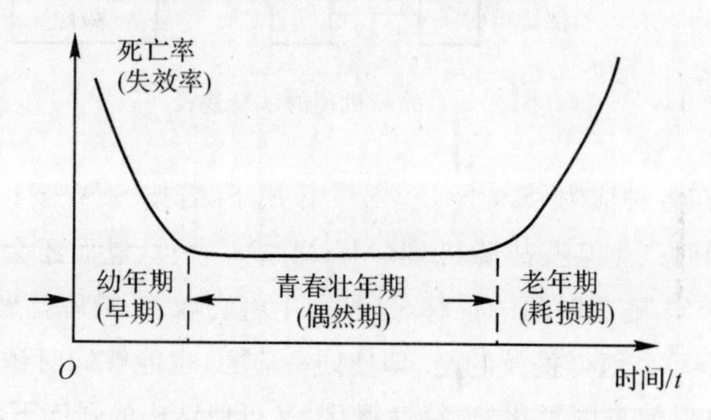

图 2.4　死亡率(失效率)变化曲线

对产品的失效率来说，经过人们的长期观测、统计和分析，其失效率随时间的变化规律也和人的死亡率曲线相似。只要把图 2.4 中的死亡率换成失效率，即可表征失效率的变化规律。在产品出厂装备到使用单位开始使用阶段，由于产品检验时材料缺陷的漏检，次品的混入，加之装配不当和包装、运输的损伤等，导致产品初期使用的失效率很高，这相当于人的幼年时期，称早期失效期。随着产品储存使用时间的延长，机件经过磨合，各部件的配合间隙已相互适应了，而且那些不可靠的部件已在早期失效而被剔除了，因而故障率也就降低了。这和人的青壮年期相像。这阶段称偶然失效期，其失效的因素主要由偶然的（即预先难以预计的）因素决定，如环境的温、湿度和振动的偶然变化，电流、电压的偶然变高变低等等。随着产品使用（或储存）的延长，有些部件开始劣化，如非金属材料的老化，金属材料的磨损、变形、裂纹扩展等，失效率自然就增高了。这相当于人的老年阶段，称耗损失效期。

3. 特殊情况下的失效率曲线

实践表明，如图 2.4 所示的失效率曲线只是一般情况。实际上，对导弹武器来说，由于它的可靠性要求很高，各系统使用的元部件多种多样，以及长期储存一次使用的特点，它的失效率曲线也就多种多样。如下是 4 种典型的失效率曲线。

(1) 对于经过严格检验和严格筛选的产品，由于在装配时已把带缺陷的元器件严格剔除，在装配成产品后，又经过时间较长的试机，然后才交付使用单位进行使用。这样的产品一般不存在早期失效率，如图 2.5(a) 所示，很多电子设备属于这种情况。

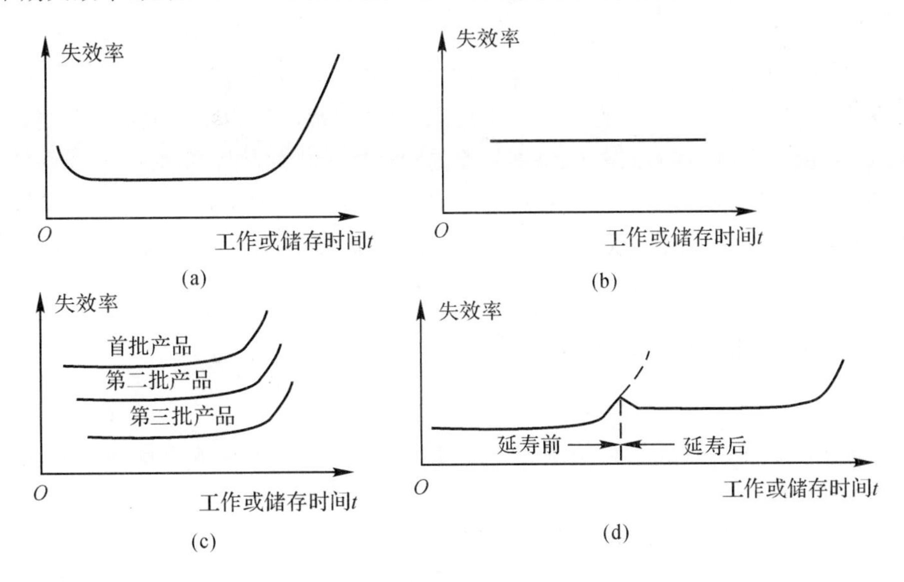

图 2.5　不同情况下导弹的失效率曲线

(2) 对于符合情况(1) 的产品，又没有经过很长时间的储存即投入使用(如导弹上的部件)，使用(飞行) 时间很短暂，可能不存在耗损阶段。对这种情况，计算飞行可靠度时，失效率可按常数计算，其失效率曲线如图 2.5(b) 所示。

(3) 批次不同的导弹系统技术设备，一般来说先生产的产品失效率高，后生产的产品由于吸取了经验，采取了工艺和设计上的改进，失效率变低，如图 2.5(c) 所示。

(4) 对于符合情况(1)(2) 的产品，在长期储存中，必然会进入耗损阶段，失效率存在耗损期。但是，对导弹武器来说，当耗损劣化到可靠度低于临界值时，则进行延寿技术措施，更换失效部件，修理某些受污染和缺损部件等。这种延寿技术和措施世界各国都在使用。采取延寿措施后的失效率曲线如图 2.5(d) 所示，延寿整修后的导弹产品，又形成偶然失效期和耗损期。

总之，导弹武器系统的技术设备比较复杂，有电子设备、机械设备和专用车辆等，究竟哪类属于何种失效率变化曲线，有待进一步研究。

应当说明的是，在一般的资料中，如果给出的故障率是某个定值，就是给出的偶然失效期内的故障率数值。若给出的故障率是随时间的变化关系式或曲线数表，凡随时间延长失效率增大者为耗损期失效率，随时间延长失效率下降者为早期失效率。给出早期失效率的情况，通常很少见。这些，在本书以后的章节中可以看得很清楚。

2.3　泵的失效及常见故障的排除方法

泵是用途广泛的流体机械，它能把机械能传递给它所抽送的液体，提高液体的压力，并按一定的流量输出。在导弹技术设备中，泵的用途很大。液体导弹发动机泵是把液体燃料输送到推力室的关键设备。它被称为“导弹的心脏”，泵的工作性能稍有偏差，会导致导弹飞行性能变坏甚至飞行失败。导弹的其他技术设备上也使用了很多形式的泵，如起竖车上的齿轮泵和活塞泵，加注设备中的齿轮泵和喷射泵，坑道中抽水用的离心泵和叶片泵等。

1982年，欧洲发射阿里安 L_5 火箭时，泵的转速由61 500 r/min下降到30 000 r/min，造成发射失败。其原因是齿轮泵的润滑不良，润滑剂由于储存时间较长而变稠。

我国导弹的地面设备上的泵也经常出现故障，表现出输出压力不够或抽不上液体，或汽蚀引起刺激噪声、敲击声甚至强烈振动，特别是泄漏和摩擦造成的故障很多。

国外导弹和运载火箭由于泵的故障造成的失败，多数原因是叶轮振动、次同步振动、疲劳裂纹、涡轮叶片断裂、轴承磨损、烧蚀、脆化、汽蚀、过载加热、焊接质量差、材料有缺陷等。这些故障原因有设计制造上的原因，也有储存、使用管理的原因。

2.3.1 导弹武器系统中泵的分类

泵通常分为两大类：正排量泵和动力泵。

(1) 正排量泵。泵内液体的流动量与泵体内容量的增加和减少成正比例。正排量泵主要有往复式泵、回转泵。

(2) 动力泵。将能量传递给液体的泵，主要是将能量不均匀地施加给液体，随后将能量分布在液体内。动力泵的主要种类有离心泵和圆周泵，还有一些特殊形式的泵，如喷射泵、喷气助推泵和柱塞式泵等。

从结构上泵又可分为以下4类：

(1) 往复式泵。一种正排量泵，其内的液体是借助于泵内的容量通过活塞或柱塞的往复运动而变化，把机械能传于液体，如图2.6所示。

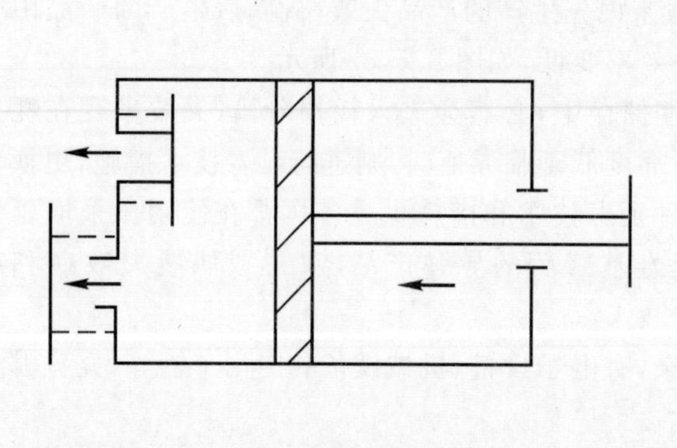

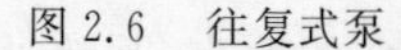

图2.6　往复式泵

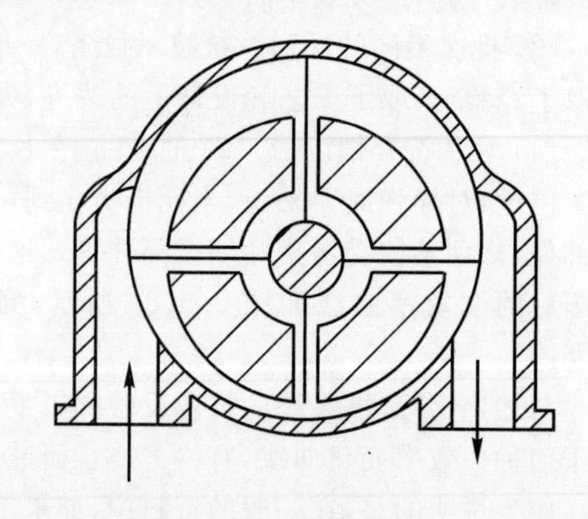

图2.7　旋转式泵

(2) 回转泵。一种正排量泵，其内的液体依靠旋转装置引起的排量流动，该装置引起从抽气到排气运动的旋涡，迫使液体沿着旋涡流动。回转泵的主要形式有旋转式泵、齿轮泵、叶片式泵和凸轮泵，如图2.7～图2.9所示。

(3) 离心泵。一种动力泵，能量主要依靠离心力的作用施加于液体。离心泵的主要形式有径向流动、轴向流动和混合流动形式，如图2.10所示。

(4) 射流泵。属于正排量泵，其内的液体依靠不溶混的气体和液体从容器内产生排量流动，如图2.11所示。

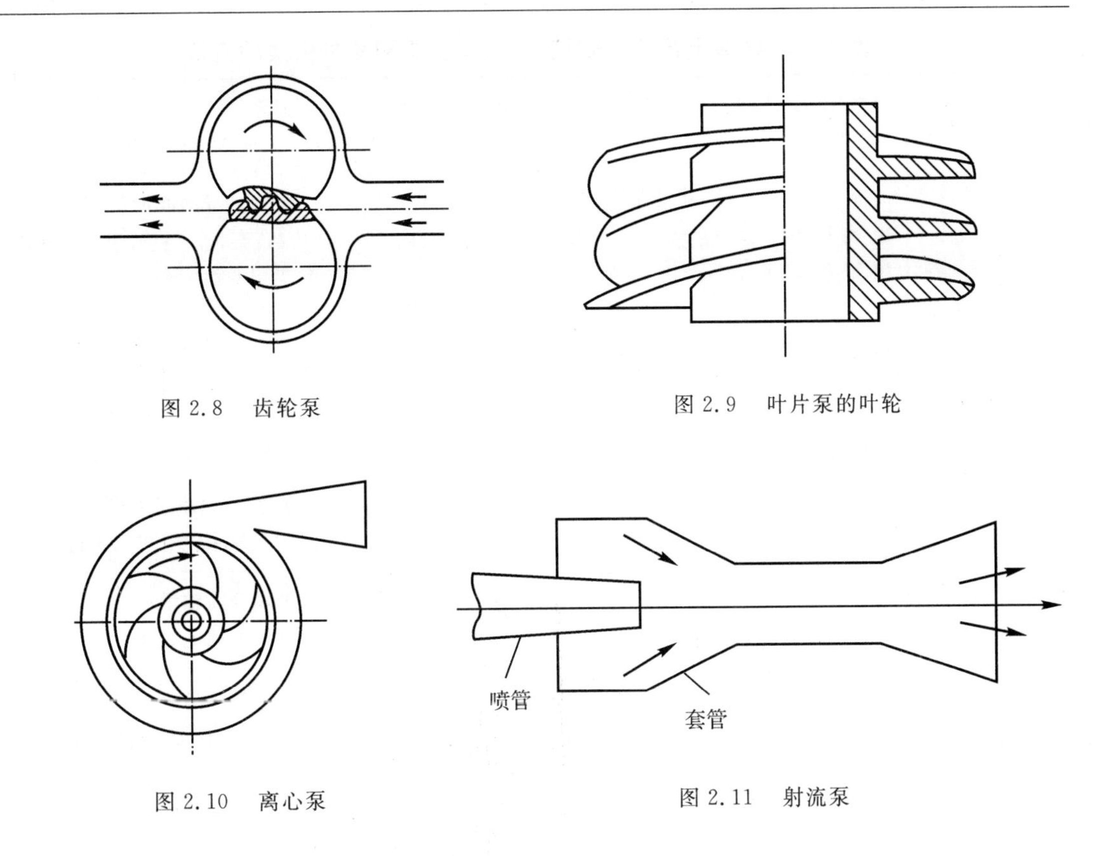

图 2.8　齿轮泵

图 2.9　叶片泵的叶轮

图 2.10　离心泵

图 2.11　射流泵

2.3.2　导弹上泵的失效原因和减少失效的方法

表 2.6 表示导弹上泵的失效模式、机理分析和减少失效的方法。表 2.7 表示美国在各种环境下对泵进行的试验所统计的失效率数据。表 2.8 为各种不同的泵储存条件下(储存时间为 10^6 h)的失效率数据。表 2.9 为各类泵的失效率在工作情况和储存情况的比较值。上述各表中的数据,系美军对 874 枚导弹及其地面设备的现场统计数据和大量特殊环境下的专门试验数据。从表 2.8 可以看出,齿轮泵失效率最高,为 439.9 菲特[1 菲特等于单位时间内(1 h)10^{-9} 的失效数];活塞泵次之,为 350 菲特;一般液压泵失效率最低,为 95.3 菲特。

从表 2.6 可以看出,泵的失效模式和失效机理可归纳为:

(1) 由于扭矩增大(即泵运转的阻力增大),使泵消耗能量过多,效率降低。这种情况的危险性在于:当马达产生的动力不能带动泵运转时,则发生“停泵”故障,导致导弹不能发射。

这种失效模式一般称为效率损耗。其机理可归纳成:① 湿润滑剂干涸或干润滑剂变质;② 沾污;③ 工作振动。这三种原因均可造成泵转动阻力增大。

(2) 泄漏。包括:外泄漏和内泄漏。外部泄漏主要是壳体有针眼(小孔)和裂纹造成;而内部泄漏主要是经久使用(导弹储存中泵每年要启动检查)磨损造成的。

美军为了验证泵的失效情况,在导弹可能遇到的各种环境(包括地面,空中,海面,船上,沙漠,高温、高湿环境)下,投入巨额经费进行了大量试验。不同环境、不同种类的泵的失效率统计在表 2.7 中。这些耗费资金大,花费时间长的试验成果可供我们借鉴。

表 2.6　导弹上泵的失效模式、机理分析和减少失效的方法

序号	零件	失效模式	失效机理	检测方式	消除和减少失效的方法
1	轴承	由于高的启动扭矩或运转扭矩引起的能量损失	干薄膜润滑变坏(储存)	缓慢启动和马达电流增高	(1) 选择稳定的干燥剂润滑；(2) 更换潮湿的润滑剂；(3) 降低泵,压气机或风扇的转速；(4) 采用滚珠轴承
			湿润滑损失(储存)	肉眼检验	(1) 用滑脂润滑剂取代油；(2) 采用蒸发速度低的润滑剂；(3) 更换滚珠护圈,以便除去浸渍油剂
			沾污	肉眼检查	(1) 在薄片状的滚动工作台上装配；(2) 防止外来粒子进入部件
			振动(工作)	扭矩不稳定	(1) 采用套筒轴承；(2) 采用振动绝缘体
2	密封 静密封 动密封	泄漏	磨损(工作)	肉眼观察或装置效率低	(1) 采用较多的静密封；(2) 采用焊接结构的正面密封壳体
3	壳体	外部泄漏	壳体有孔应力侵蚀造成不良；壳体裂缝(工作、储存和质量控制)	肉眼检查；对流体系统中采用的壳体进行耐压试验	(1) 用密封剂浸渍铸件；(2) 采用真空熔炼处理的材料；(3) 焊接壳体零件；(4) 增大壳体设计安全系数

表 2.7　泵的失效率

	零件说明	功能应用	环　境	零件数	失效数	时间 10^6 h	失效数 10^6	90% 置信上限
1	活塞式泵	可变排量	海面、船上		77	110.0	0.7	0.812
2	叶片式泵	可变排量	海面、船上		55	110.0	0.5	0.598
3	液压泵	沙漠	飞机	2	1	0.297 8	3.3	7.760
4	液压泵	外界		121	0	2.135 3	<0.468	
5	液压泵	在 55% 相对湿度,70 ℉	储存航空地面设备	2	5	0.175 2	28.538 0	53.5
6	液压泵	未知		30	0	0.788 4	<1.268	2.93

续　表

	零件说明	功能应用	环境	零件数	失效数	时间/10^6 h	失效数/10^6	90% 置信上限
7	液压泵	外界	储存	630	0	7.314 6	<0.139 9	0.316
8	液压泵	外界	储存	2 538	1	34.549 4	0.028 9	0.113
9	液压泵	外界	储存	2 600	6	46.953 6	0.127 78	0.225
10	泵	燃料	地面		0	8.070	<0.114	0.286
11	泵	液压	地面		0	21.375	<0.043	0.108
12	泵	液压	地下		3	2.004	1.497	3.33
13	齿轮式泵	固定排量	海面	1	64	110.05	0.581 5	0.688
14	活塞式泵	固定排量	海面、空中		25	50.0	0.50	0.654
15	叶片式泵	固定排量	海面、空中		15	50.0	0.30	0.449
16	齿轮式泵	固定排量	海面、空中		15	50.0	0.3	0.426
17	离心式泵	固定排量	海面、空中		15	50.0	0.3	0.426
18	活塞式泵	固定排量	海面、空中		10	50.0	0.2	0.309
19	活塞式泵	可变排量	海面、空中		10	50.0	0.2	0.309
20	活塞式泵	固定排量	海面、空中		55	110.0	0.5	0.598
21	叶片式泵	固定排量	海面、空中		33	110.0	0.3	0.379
22	齿轮式泵	固定排量	海面、空中		55	110.0	0.5	0.598
23	离心式泵	固定排量	海面、空中		33	110.0	0.3	0.397
24	离心式泵	固定排量	海面		22	110.0	0.2	0.266
25	活塞式泵	固定排量	海面、空中		22	110.0	0.2	0.266

美军的实验和各种现场统计的失效率数据列于表 2.8 和表 2.9 中，表 2.8 中的置信度为 90%。置信度的含义在这里可机械地理解为“失效数据可信的程度”。表 2.8 与表 2.9 中的数据是根据不同环境下经过环境因子折算到相同的常规环境下的失效率，因而表中未出现环境因素。

表 2.8　按泵的类型分类的储存失效率

类型			失　效	储存时间 /(10^6 h)	失效率 / 菲特	90% 置信度
Ⅰ		正排量泵				
	A	固定排量	327	860.05	380.2	408.2
		齿轮式	167	380.05	439.9	486.4
		活塞式	112	320.0	350.0	396.2
		叶片式	48	160.0	300.0	363.4
	B	可变式排量	152	320.0	475.0	528.0
		活塞式	87	160.0	543.7	626.1
		叶片式	65	160.0	406.2	477.1
Ⅱ		动力泵	32	160.0	200.0	253.0
		离心泵	32	160.0	200.0	253.0
Ⅲ		液压泵（一般的）	3	31.482	95.3	105.9
Ⅳ		燃料泵	0	8.070	＜123.9	＜286.5

表 2.9　工作和储存失效率比较

泵类型	工作失效率 $\lambda_{工作}$ / 菲特	储存失效率 $\lambda_{储存}$ / 菲特	$\lambda_{工作}/\lambda_{储存}$
正排量泵			
固定排量	4 219	380.2	11
齿轮式	4 219	439.9	10
活塞式	4 219	350.0	12
叶片式	4 219	300.0	14
可变排量	4 219	475.0	9
活塞式	4 219	543.7	8
叶片式	4 219	406.2	10
动力泵	12 058	200.0	60
离心式	12 058	200.0	60
液压泵（一般的）	4 219	95.3	44
燃料泵	24 390	＜123.9	＞197

2.3.3　弹用涡轮泵系统常见故障的机理和特征表现

涡轮泵工作的条件十分恶劣，涡轮在高温、高压、高速下工作，泵在高压、高速、易燃、易爆、剧毒、强腐蚀的推进剂中工作，且启动、关机时间短，工作条件变化快，易发生故障，多以振动方式表现出来，因此，涡轮泵故障监测与诊断以振动参数为主。不论地面试验还是上天飞行，对涡轮泵的振动监测都是十分重要的。涡轮泵系统常见故障的机理和特征表现如下。

1. 转子不平衡

转子不平衡故障分为转子质量偏心及转子部件缺损两种状态。质量偏心是由转子的制造误差、装配误差、材质不均匀等原因造成的。转子部件缺损是指转子在运行中零部件(叶轮、叶片等)局部损坏、脱落、碎块飞出等造成的转子不平衡，特别是涡轮叶片、诱导轮叶片易发生这种故障。

系统的振动是由质量偏心而产生的强迫振动，振动频率与转子的角频率相同。当发生质量块部件缺损时，偏心质量将发生相应变化，系统的振型、固有频率等也将发生变化，但变化不大。在涡轮泵系统中常发生以下部件缺损故障：

(1) 转子叶片断裂。叶片裂纹、加工刀痕以及转子材料缺陷等是转子叶片的疲劳源，转子高速旋转时，叶片承受交变载荷，导致疲劳破坏、产生断痕。由于涡轮腔间隙小，断裂的叶片极易卡死转子和导致转子四周叶片掉光，使涡轮失去做功能力，导致发动机瞬间失效。

(2) 泵诱导轮断裂。加工刀痕深，产生应力集中和材料抗疲劳性能差。这些缺陷的存在，使诱导轮在反复交变载荷作用下产生疲劳断裂。

(3) 涡轮叶冠脱落。由于涡轮盖与涡轮卫带间的间隙小，工作时涡轮盖受热变形，引起摩擦，导致涡轮的叶冠脱落，造成涡轮转子不平衡，涡轮泵振动加剧。

2. 转子弯曲

涡轮泵系统转子弯曲是由转轴结构设计不合理、制造误差大、材质不均匀、长期存放不当原因造成的，对于已安装在火箭和导弹中的涡轮泵来讲，主要是由于长期存放不当，转子发生塑性变形，致使转轴弯曲。弯曲产生与质量偏心类似的旋转激振力，所以转子弯曲故障与质量偏心而引起的质量不平衡故障的特征表现一样。但是，转子弯曲时产生轴向振动，振动频率与转速频率一致，有时伴随有2倍频振动。

3. 转子碰摩

转轴与固定件接触而发生碰摩是由于动静间隙的不断缩小，运行过程中不平衡等因素的影响而引起的。碰摩分为两种情况：一是由转子外缘(如叶轮外缘)与静止件接触而引起的摩擦，称为径向碰撞；二是转子在轴向与静止件接触而引起的摩擦称为轴向碰摩。对涡轮泵系统来说，最常见的是叶轮外缘与静止件间的径向碰摩、转轴与密封件的径向碰摩、转轴与端面密封的碰摩，严重时导致断面失效，推进剂窜腔，使涡轮泵失效或发生爆炸。

转子与静止件发生碰摩时，转轴内产生不断变化的应力，同时伴有非常复杂的振动现象，剧烈的振动使得机器无法正常运转。碰摩时的简化模型如图2.12所示，设叶轮外缘与静止件间的间隙为 δ，则碰摩时正向碰摩力 F_N 与切向碰摩力 F_T 可以表示为

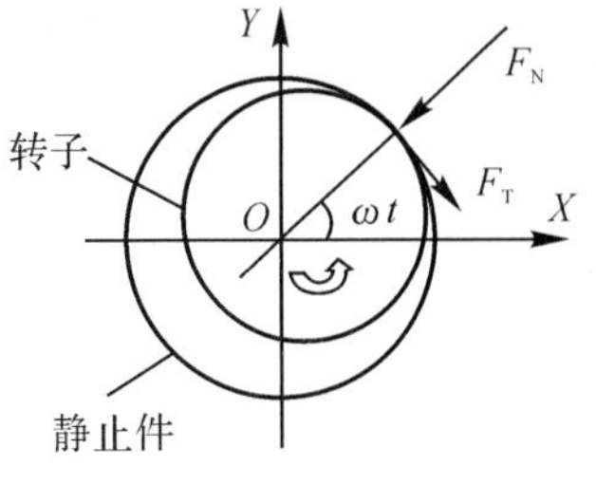

$$F_N=\begin{cases}0 & (e<\delta)\\(e-\delta)K_C & (e\geqslant\delta)\end{cases} \tag{2-1}$$

$$F_T=fF_N$$

图2.12　碰摩时的简化模型

式中　f—— 转子与静止件间的摩擦因数；

K_C—— 静止件的径向刚度；

$e=(X^2+Y^2)$—— 转子的径向位移。

在转子与静止件发生接触的瞬间，转子刚度增大；被静止件反弹后脱离接触，转子刚度减小，并且发生横向自由振动。因此，转子刚度在接触与非接触两者之间变化，变化的频率就是转子涡动频率，这样就会产生特有的复杂的振动响应频率。

4. 转轴裂纹

涡轮泵工作在高温、高压、强腐蚀性坏境中，且载荷变化梯度大，转轴温度变化梯度也大，极易产生裂纹，甚至断裂现象，导致重大事故发生。其原因是高周疲劳、蠕变和应力腐蚀开裂，特别是在强腐蚀性、高温环境中及复杂的转子运动，造成了恶劣的机械应力状态，最终导致轴裂纹的产生。

5. 机械部件松动

在涡轮泵系统中，由于安装质量不高，发动机工作振动导致部分组件振动特性发生变化；温度影响导致不同材料收缩量不一致；长期存放造成固定螺栓应力松弛及密封件老化等常导致壳体连接松动、轴承座松动、诱导轮和离心轮松动，振动加剧直至转子破坏。

松动发生时，在不平衡力的作用下，引起壳体轴承座的周期性跳变，导致系统的刚度变化并伴有冲击响应，引起振型及固有频率的变化。当松动间隙增大时，振动加剧，冲击效应增大，易引发各阶固有频率的共振，振动为非线性振动。

6. 流体密封激振

在涡轮泵转子系统中，为了满足各工作介质之间的隔离的需要，采用了多种形式的密封装置，而流体密封在转子相对于固定件存在偏心的情况下，将引发次同步进动，致使涡轮泵转子破坏。

在迷宫式密封中，制造、安装、运行的误差致使各密封齿隙不一致，转子在密封腔中倾斜时，若转子因受初始扰动而处于涡动状态，转子与密封件间的密封间隙发生周期性的变化，各密封腔内的压力也将产生周期性的变化，将激励转子加剧涡动，使转子失效。

对于高速燃气涡轮来讲，当转子发生弯曲或涡轮偏心使叶尖与机匣之间间隙在周向不均匀时，各叶片受轴向力的总和除力偶外，还有垂直于转子位移的横向力，促使转子进动，使转子失效，其振动特征表现与流体密封激振类似。

7. 泵汽蚀

在泵工作过程中，当某处静压力低于当时温度下的截止饱和蒸汽压力时，将产生气泡，体积膨胀，进入高压区时，气泡又凝结成液体，体积收缩，压力升高，形成巨大的水力冲击，叶轮表面受到这种交变的压力冲击，从而产生裂纹、剥蚀，这种现象称为泵的汽蚀。汽蚀发生时，气泡的产生、生长及破裂过程每秒钟内将达数万次之多，局部压力可达数百兆帕，致使流量、出口压力、效率下降，直至断流、叶轮损坏；振动扩展至整个转子系统，产生自激振荡；泵出口压力产生低频振荡、广谱机械振动和噪声，易诱发转子系统的共振。在涡轮泵研制和生产过程中，多次发生泵汽蚀现象。在使用过程中，如果工作条件不能满足(如泵前压力比较低)，也将诱发泵汽蚀故障。在实际运行中，应严格控制汽蚀的发生。

汽蚀发生的特征为：振动表现为广谱机械振动，具有突发性；开始时，表现为轻度噪声和“叭叭”声；剧烈时，振动加剧，伴有爆鸣声；泵出口压力产生低频振荡；流量、效率和扬程均迅速下降。

8. 轴承损坏

涡轮泵中使用的轴承为同时承受径向及轴向载荷的滚珠轴承，工作环境恶劣，常出现疲劳剥落、损伤、断裂等失效形式。轴承失效，转子系统的刚度、阻尼、外部激振力均发生变化，导致转子系统失稳，振动加剧，并产生轴向窜动，转子与其他零部件的剧烈摩擦，推进剂窜腔，产生爆炸。因此，在转子失稳前就应当把轴承损坏的故障检测出来。

9. 流体压力脉动

流体压力脉动是指流体在流动过程中，由于某种干扰而产生的压力变化而产生的脉动现象。在泵压式液体火箭发动机系统中，引起压力脉动的因素有离心泵的有限叶片数，燃气发生器的燃烧不稳定性，弹体纵向振动引起的储箱压力脉动，推进剂输送管网的水力冲击，燃烧室燃烧不稳定性，泄漏等。现在，在液体火箭发动机系统对抑制中低频不稳定燃烧的技术已相当成熟，但当出现故障，当泄漏，节流圈、液容器等堵塞，管路仍将产生压力脉动。压力脉动如与管路系统、零部组件固有频率相同时，将产生共振，事故将是灾难性的，压力脉动还影响燃烧剂的燃烧过程，引起不稳定工作过程。

压力脉动的频率较低，一般在 1 kHz 以下，这时激励为压力脉动激励。转子对系统压力脉动响应的特征频率为压力脉动频率，当压力脉动频率与转子系统的固有频率重合时，将导致转子系统失稳，振动加剧；振动方向为轴向，产生叶片通过频率的振动。

10. 结构共振

涡轮泵转子系统与发动机固连在一起，在发动机工作过程中，高低频不稳定燃烧，出现剧烈振动，通过连接装置传递给涡轮泵系统；推进剂输送系统管路振动等也将振动通过连接传递给涡轮泵系统，导致涡轮泵转子系统振型的变化。当这些外部激振力频率与转子系统固有频率相同时，转子系统发生结构共振，将导致灾难性的事故。

11. 齿轮损坏

涡轮泵中的齿轮一般均在高转速、大功率和腐蚀介质中工作，而且离高温涡轮以及两泵都很近，温差很大。损坏的主要原因是由于齿轮节圆速度高、离心力大，啮合面接触应力大，啮合表面润滑和冷却不良引起的严重疲劳或剥落；发动机启动过程中，载荷变化大，齿轮传动所受载荷冲击大，齿轮易发生弯曲疲劳和断齿。对涡轮泵来讲，其齿轮箱零件的主要故障是齿轮的自由剥落引起的点蚀和弯曲疲劳、冲击引起的断齿。

齿轮箱具有质量、弹性，啮合的齿轮副是一个振动系统，当齿轮旋转时，啮合齿所受的传递力作周期变化，这种变化具有冲击性，齿轮发生振动，无故障情况下，齿轮传动也产生振动，称为常规啮合振动，振动近似正弦波的啮合波形，频率为啮合频率为主及其谐分量。

当齿轮出现故障时，齿面载荷波动引起振动幅值的变化，从而产生复杂的调幅调频振动信号，对于“点蚀”和“断齿”故障来讲，会产生以回转频率为主要特征的频谱特征。以固有频率为主的振动激振力，将引起涡轮泵系统振动的加剧，特别是当与转子系统的某固有频率重合时，将引起转子系统失稳。

2.3.4　使用过程中泵出现的主要问题和应采取的措施

在使用过程中，地面设备中的泵出现故障很多。下面把典型故障和应采取的措施归纳如下：

地面设备泵的故障模式主要有：泄漏、噪声、异常声响、振动和流量不足等。产生的机理主要是摩擦、腐蚀、部件松动、汽蚀、密封件失灵以及杂质混入等。应吸取的教训是：严格按操作规程进行操作，定期检修，严格净化被抽吸的介质等。

2.3.5 泵的渐发性耗损失效机理分析

地面设备中的泵是属于长期多次使用的设备。由于经久使用，泵的叶片或活塞等活动工作部件，与泵所输送的液体相摩擦，时间较长则活动部件尺寸变小，而泵的壳体与液体相摩擦，则使内腔变大。两种尺寸的变化将造成活动（转动或滑动）件与固定件（壳体）之间的间隙变大。间隙的变大将造成流量损失。这就是泵的内回漏现象，这种现象将导致泵的效率降低。降低的程度随时间的增加而增加。

图 2.13 表示某种高精度叶片式燃料泵的一个实验研究例子，由于使用过程中磨损的作用，使泵的效率 Q 相对其初生产效率 Q_0 下降。图中可见，磨损间隙 $\Delta(\mu m)$ 随时间增大（见图 2.13(a)），而效率的比值 Q/Q_0 则随时间的增大而减小[见图 2.13(b)]。当 Q/Q_0 降低到允许值以下时，泵发生失效而不能使用。这种失效是难以避免的。

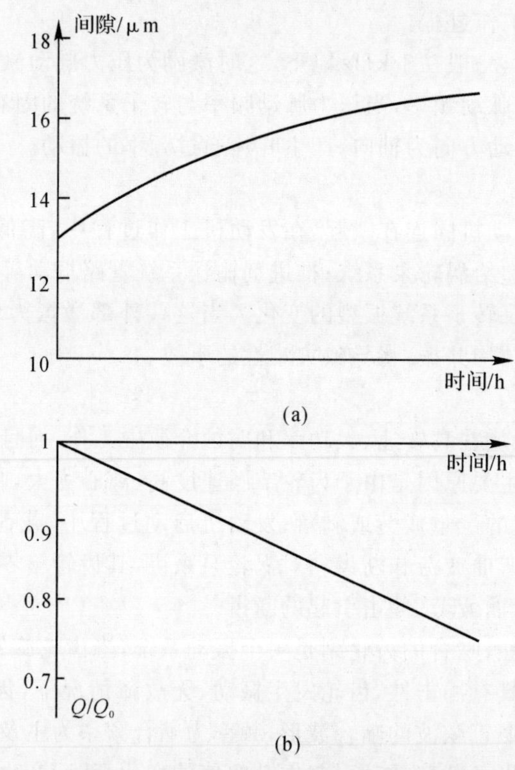

图 2.13 高精度泵工作性能损耗过程

(a) 磨损间隙随时间变化图；(b) 效率的比值随时间变化图

2.4 阀门的失效及常见故障的排除

由阀门故障而造成的发射失败的例子是很多的。1993 年 3 月 22 日，美国在肯尼迪发射中心发射哥伦比亚号航天飞机，升空 3 s，发动机即熄火，火箭自毁爆炸，损失 10 亿美元。这次失败就是由于三号主发动机的阀门故障引起。据美国《运载火箭故障资料》称：土星火箭研制试验过程中，曾发生重大事故 422 起，其中机械系统有 130 起，而阀门故障有 79 起，足见阀门故障之多。

2.4.1　导弹武器系统阀门的分类

导弹及其地面设备上使用的阀门种类很多，分类方法也多种多样，主要有液压阀门、气动阀门、电磁阀门、马达驱动阀门 4 大类：

(1) 液压阀门。是指流过阀门的工质是液体，对阀门产生开启压力(作用在阀门体上的压力) 的是液体。这种阀门的失效(故障) 和液体工质有关。液压阀门又分以下几种：

1) 加泄阀门。加泄阀门是用于加注或泄出导弹储箱或地面设备的液罐等容器内的液体，其结构如图 2.14 所示。

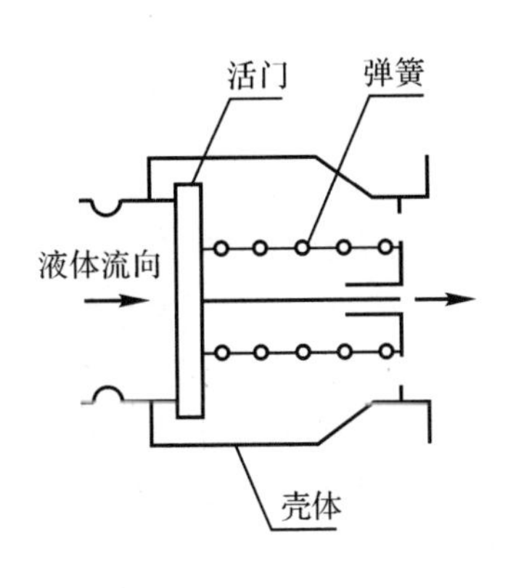

图 2.14　加泄阀门

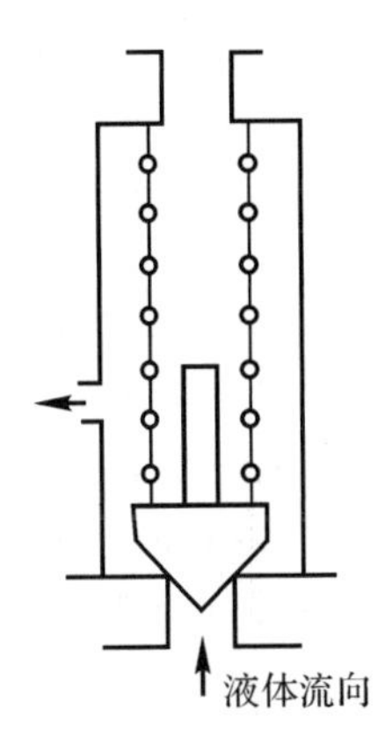

图 2.15　单向阀门

2) 单向阀门。单向阀门允许液体向一个方向流动，当液体压力换向时，压力将活门紧压在活门座上，阻止液体向相反方向流动，典型单向阀门原理如图 2.15 所示。

3) 安全阀门。当容腔中液体的压力高于规定值时，安全阀门能自动放出流体以减压到规定值，一般适用于不可压缩流体如水、液体推进剂等。

4) 控制阀门。控制阀门用于控制、稳定或调节液体管路中的压力、流量或流速等。弹上的压调器和稳压器就是控制与稳定流量的典型控制阀门。

5) 伺服阀。伺服阀用于液压伺服系统中控制流体的阀门，如弹上伺服机构和地面起竖车辆的伺服机构中的伺服阀门。

6) 关闭阀门。关闭阀门用于液压系统中的闭锁，主要用于地面设备起竖装置和车辆中液路系统中的作动汽缸。

(2) 气动阀。气动阀是指流过阀门为气体介质，对阀门产生的开启压力(作用在阀门体上的压力) 是气体。它的作用和使用与液压阀相似。典型的气动阀门如图 2.16 所示。

(3) 电磁阀门。阀门上装有电磁线圈，线圈通电产生磁力，用磁力控制阀门的关闭与开启，其失效(故障) 率与电磁线圈有关。这种阀门多用于按程序工作的气、液系统，如导弹上的断流活门等。典型的电磁阀门如图 2.17 所示。

(4) 马达驱动阀。马达驱动阀是用马达力使阀门开启度大小随程序变化的阀门，多用于导弹程序阀、氟利昂或燃料控制阀等。

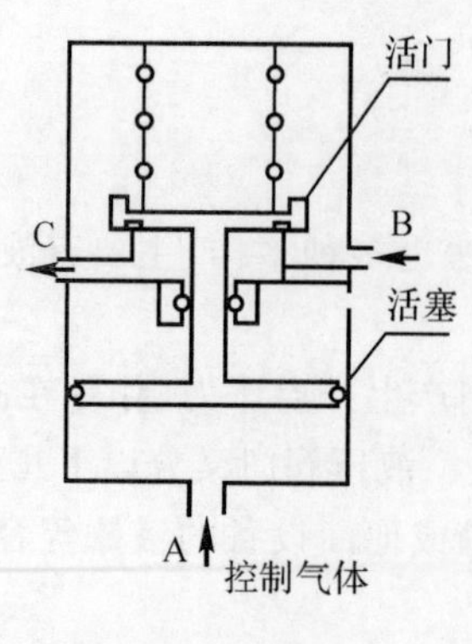

图 2.16　气动阀

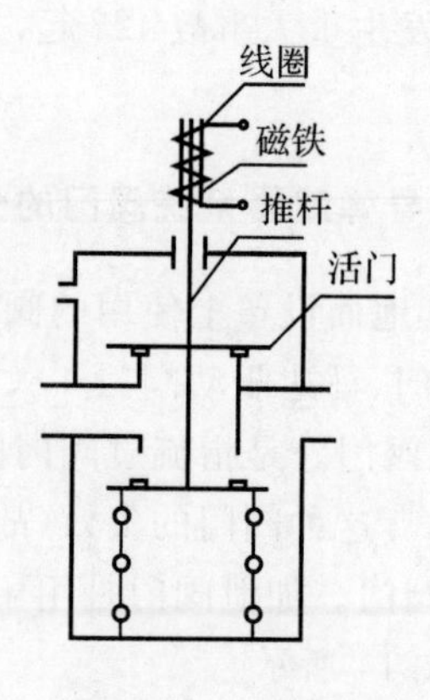

图 2.17　电磁阀

2.4.2　阀门失效原因和减少失效的方法

美军在 20 世纪六、七十年代曾完成了一项导弹失效研究计划，对 874 枚导弹及地面设备进行了长达 20 年的现场统计和大量的特殊情况下的专门试验，获得了大量数据，有关阀门的数据列于表 2.10 和表 2.11 中。大量调查表明，不管哪种形式的阀门，其失效模式归纳起来基本上属于漏气和开关卡死，而其失效机理大多数为：磨损造成泄漏及污染造成开关卡死，个别是由于零件损坏造成的泄漏和开、关失灵。表 2.10 中的序号同时表示了阀门失效模式发生频率的相对顺序。

表 2.10 ～ 表 2.13 中的数据，是美军导弹试验的阀门储存失效数据，是在相同环境下的每类阀门的失效数据和工作的小时数。括号内的数字表示根据至少一个阀门失效时显示的单个原因计算的最高和最低失效率。其环境属正常的工作和储存环境。这些数据首先是按阀门类型和使用环境进行组合的，然后考虑到环境的不同，用环境因子进行环境折算，变成相同的规定环境下的失效率数据。因此，表中不再出现环境的差别。

表 2.10　阀门失效模式、机理及消除和减少失效的方法

序号	零件及功用	失效模式	失效机理	检测方法	消除和减少失效的方法
1	阀座（用于容纳密封、流动介质）	内部泄漏	内部泄漏原因： 沾污； 阀座损坏； 阀座磨损	安装前： 用试验和阀门运转的方法检测； 安装后： 可用系统压力方法，确定阀门是否泄漏	保持零件、部件和系统的清洁，能够被污染的区域应从阀门设计中消除，使用中尽量封闭，以减少污染
2	提升阀组件（控制流量）	开或关失效（卡滞）	提升阀因下列原因阻塞在中间行程位置： 沾污； 提升阀不重合； 螺线管失效	安装前： 在阀门装入系统前用试验测定 安装后： 用阀门指示器或系统压力测量方法确定	对阀座开关采用较大的作用力，安全系数运转试验或安全系数试验应显示出这种失效形式

续　表

序号	零件及功用	失效模式	失效机理	检测方法	消除和减少失效的方法
3	阀体(支撑阀门的部件并容纳介质)	外部泄漏	通过下列部位泄漏: 静止阀座; 鼓起的连接部位; 阀体(有气孔)	安装前: 试验; 安装后: 系统压力(流体)损失	控制这些失效的方法有: 采用焊接的外壳结构; 采用永久性的机械连接法将阀装入系统内; 用密封剂浸透铸件; 采用真空熔融金属控制熔渣或黏性

表 2.11　电磁阀失效数据表

类　型	储存时间 /(10^6 h)	失效数 / 个	储存失效率 λ_z/ 菲特	90% 的单侧置信限时的 λ_z/ 菲特
2 位-2 通道	10	0	<100	231
2 位-3 通道	2.1	0	<500	1 100
2 位-4 通道	0.55	0	<1 800	4 200
通用电磁阀	808	7	8.6	14.6
总计	820.65	7	8.5	14.4

1. 电磁阀的失效率数据

在四种形式的阀门中,美军对三种类型阀门的数据进行了鉴定:2 位-2 通道、2 位-3 通道、2 位-4 通道。

所收集到的储存数据是根据七项导弹储存计划和三项空间试验计划得到的,数据概括在表 2.11 中,用 90% 的单侧置信限计算。

表 2.11 中 λ_z 为储存失效率,可以看出,在 820×10^6 零件储存小时中,有 7 个失效,失效率为8.5 菲特。2 位-2 通道电磁阀的数据是由一项导弹计划获得的,该项计划在 10×10^6 零件储存小时中无失效。

2. 液压阀的失效率数据

液压类型阀门收集到的数据概括在表 2.12 中。伺服阀因其复杂性不同,其数据是单独计算的。

表 2.12　液压阀失效数据表

类　型	储存时间 /(10^6 h)	失效数 / 个	储存失效率 λ_z/ 菲特	90% 的单侧置信限时的 λ_z/ 菲特
排泄阀	210.4	0	<4.8	11
防逆阀	131.0	3	22.9	51

续 表

类　型	储存时间 /(10^6 h)	失效数 / 个	储存失效率 λ_z/ 菲特	90% 的单侧置信限时的 λ_z/ 菲特
控制阀	150.2	0	＜6.7	15
安全阀	712.8	1	1.4(499)	5.5
开关阀	214.8	0	＜4.6	11
总计	1 419.2	4	2.8	5.6
伺服阀	109.7	16(68)	145.8	205

3. 气动阀的失效率

气动阀失效数据表如表2.13所示，这些数据根据5项计划获得。在57.05×10^6 零件小时中，有一个失效，得出失效率为17.5 菲特。

表 2.13　气动阀失效数据表

类　型	储存时间 /(10^6 h)	失效数 / 个	储存失效率 λ_z/ 菲特	90% 的单侧置信限时的 λ_z/ 菲特
通用	4.67	1	214.0	833.0
单向	4.14	0	＜214.0	588.0
压力	0.628	0	＜1 590.0	3 690.0
歧管	47.61	0	＜21.0	48.5
总计	57.05	1	17	63.2

2.4.3　阀门的常见故障及排除方法

1. 美军“土星”导弹研制过程中阀门的失效情况

美国宇航局马歇尔宇航中心，为了总结“土星”火箭研制过程中的经验教训，编写了一份故障报告。在机械设备故障中活门组件故障最多，共79个(占机械装备故障的34%)，足见阀门故障的严重性。对79例阀门故障情况，该报告中都进行了简单分析，指出了故障状态、起因、后果和应采取的措施。

79例阀门故障中，泄漏(原资料未区分内、外泄漏)故障有32例，占阀门总故障的40%。泄漏的原因很多，大致包括：① 密封面磨损，或有擦伤、划痕；② 密封件老化变形；③ 金属密封面接触不良或受到腐蚀；④ 弹簧蠕变变形；⑤ 紧固件松动，造成密封接触面接触力不足；⑥ 污染物造成密封接触面不密合；等等。

卡滞(阀门提升和下降不灵)故障有27例，占34%。造成卡滞的主要原因有3种：① 污染、腐蚀造成阀门导杆与导向件之间摩擦，使阀门上下活动受阻；② 应力蠕变造成导杆或阀门体变形，使阀门上下活动受阻；③ 对电磁阀门，电磁线管失效而失去阀门件的升降力。人为操作造成的故障有13例，占16%，多数是由于阀门超差操作造成故障。设计不当(包括使用材料不当，形状尺寸不当，原理有问题)而造成的故障有7例，占8%。还有其他故障1例。

从“土星”研制中阀门故障情况可看出，其故障模式基本上有两种，即泄漏和卡滞。这和美军所完成的“导弹储存失效研究计划”中对 874 枚导弹的统计数据不谋而合(见表 2.10)。

“土星”研制中所统计的故障机理，主要是污染、变形、磨损和紧固件松动等造成的泄漏和卡滞。这也和表 2.10 中的失效机理相符合。

总的来看，由于污染造成的阀门失效最严重。污染可以造成加速腐蚀和磨损，腐蚀和磨损又可造成渗漏和卡滞；污染物黏附于阀门密封面可直接造成渗漏。污染的原因主要有：① 装配时或换件安装时，清洁操作不当，造成密封面带有颗粒杂质；② 介质通过阀门，带进液路或气路中的铁锈、镀层剥落物或焊渣等物；③ 检漏时肥皂溶液造成污染。由变形造成的故障也较多。变形主要是：① 导杆或弹簧件应力蠕变导致变形；② 振动导致的变形。振动包括正常工作中的振动和偶然的外界或内部冲击。变形使阀门卡滞。应力蠕变又可使紧固件松动，造成密封接触面的接触力减小，形成渗漏。非金属密封圈或密封垫片的老化，造成密封力减小和龟裂(形成裂纹)，使密封件变形，这些都是形成渗漏的原因。

“土星”研制过程中，对阀门故障后果都进行了统计，最严重的后果有两起：一起是因阀门卡滞失灵造成火箭发射坠落；一起是因为渗漏造成自燃燃料着火爆炸。

阀门故障的排除方法：① 属于设计问题和故障屡出难以防止的阀门，进行重新设计，重新选择材料、加工工艺和形状尺寸。② 属于污染造成的故障，多数是设法安装过滤器，增加定期检查次数，改进检查办法。例如，把视觉检查改用 10 倍以上放大镜检查或对溶液进行显微镜检查等。③ 进行预防性定期维修，严格规定拆卸安装规程，有的制定了更新零件周期和步骤；有的规定了检查和操作程序，并制定出规则手册，发给使用人员，要求严格遵守。

2. 操作训练中装备阀门故障情况及预防措施

在我国导弹部队的操作训练和实弹发射中，弹上阀门故障经常出现在导弹气密性检查和推进剂加注过程中，主要的故障形式是漏气和卡滞，故障的机制和成因与美军总结(见表 2.10)的规律大致相同。

导弹弹上阀门故障最多的是加注阀门、保险阀门、清洗泄出阀门、启动阀门、溢出阀门、增压阀门和单向阀门。凡是在操作中规定检查的阀门，都发生过漏气故障。漏气的原因有：① 阀门与阀门座之间有杂质；② 阀门关闭时，由于活动零件变形或间隙中有杂物引起阀门与阀门座接触偏离，常称为“偏漏”现象；③ 密封件损伤，如划痕、老化变硬及腐蚀等；④ 由于多次使用产生了磨损；⑤ 弹簧或紧固件发生蠕变(即永久性变形)，造成关闭压力不足；⑥ 阀门工艺质量差，密封面有划痕或多余物，橡胶密封圈有毛边，造成容易渗漏；等等。排除故障的措施一般有：① 对严重漏气者进行更换(整体阀门更换或零件更换)；② 对轻微漏气者取下阀门进行校验，校验的同时进行修理，合格者可继续使用；③ 对有污染造成的漏气进行吹除，或用洗涤剂清洗。除漏气外，还发现过少数阀门受腐蚀和打不开的故障。受腐蚀的原因是：① 大气环境腐蚀。储存时间长，大气环境湿度高而造成腐蚀。② 阀门加泄推进剂后未冲洗干净，或冲洗后未吹干。排除腐蚀故障的方法：① 用碳酸氢钠溶液清洗并用四氯化碳除锈；② 腐蚀严重者更换阀门。对阀门打不开的故障，一般原因是阀门储存中处于关闭状态时间长久，阀门与阀门座接触贴合太紧，用于打开阀门的弹簧力或气动力不足以克服贴合力，排除方法：用橡皮锤轻敲阀门壳体，使阀门受振动。

3. 阀门的密封失效原理及防泄漏

阀门的内、外泄漏是最常见的故障形式，必须对泄漏故障的机制成因进行较深入的分析。

阀门的密封形式及泄漏原因。阀门与阀门座之间的密封形式，常见的如图 2.18 所示。阀门与阀门座之间的密封性好坏，是造成阀门内部泄漏量大小的主要原因。从图 2.18(a)(b) 表示软质的非金属材料形成的非金属材料与金属相接触的密封面，这种形式的密封面破坏，主要原因是非金属材料的老化和密封件污染。图 2.18(c) ～ (f) 表示密封接触面为金属与金属之间的接触产生密封，这种形式的密封面破坏主要原因是腐蚀与磨损及密封面的划痕等。

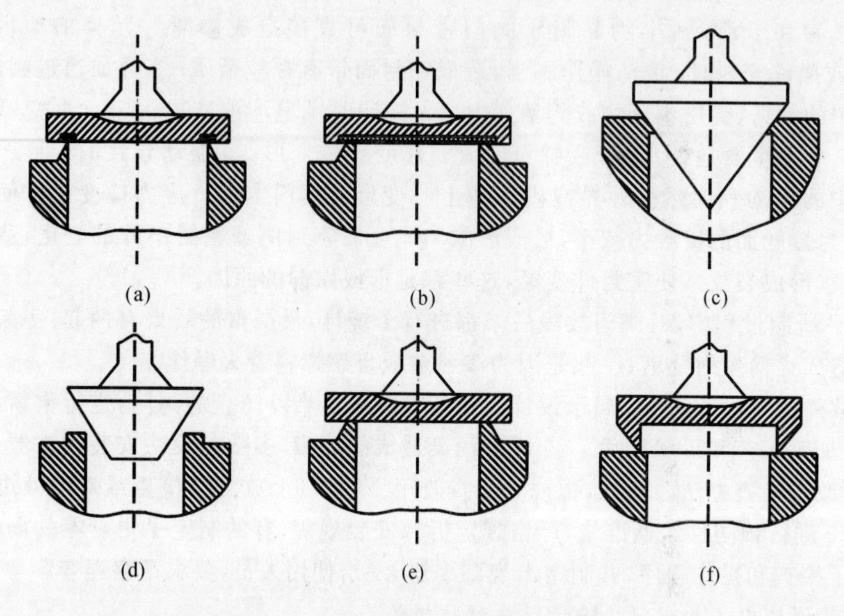

图 2.18　阀门与阀门座之间的密封形式

(a) 用软质环的平面密封；(b) 镶软块非金属材料的密封；(c) 锥面密封；(d) 针形密封；(e) 金属平面密封；(f) 金属锐边密封

阀门的密封除密封面的损伤外，还取决于密封力。一般情况下密封力由弹簧产生的压力作用到阀门上，使阀门与阀门座上的非金属密封件产生接触力而形成密封，因此，弹簧的弹性降低及受到卡滞等都会使密封性降低，金属的蠕变、非金属密封件的老化使其弹性降低，密封力减小，也会造成阀门密封失效。

2.5　密封部件的失效与防护

2.5.1　导弹密封部件的种类及常见失效模式

据统计，美国“土星”导弹试制过程中发生的 422 个故障中，密封组合件失效造成的故障占 34%。苏联联盟 11 号飞船，曾因密封舱的密封装置出现故障，三名航天员惨死于舱内。更有甚者，1986 年 1 月 18 日，“挑战者”号航天飞机点火升空后 73 s 即爆炸焚毁，机上七名宇航员全部遇难，成为世界航天史上最大悲剧。造成这次灾难的原因是固体助推火箭发动机上的一个价值几美元的叉形密封环产生了泄漏。这次事故的发生，进一步唤起了火箭专家对密封组合件的极大重视。

1. 常用的密封组合件结构形式

密封组合件是导弹气压液压系统的关键部件，导弹密封件的失效是导弹失效的薄弱环节。一发中程导弹使用 250 ～ 300 项密封组合件，其中处于关键部位的有 150 多项。密封件结构形式有密封环、复合密封件、双通密封件及橡胶金属密封件等。

(1) 密封环。密封环也叫“O”形环，属环式密封件，多数为橡胶材料，少数为金属材料制成。其结构简单，成本低廉，有较好的密封性，广泛用于发动机、弹体和头部等系统，占导弹总体密封件的 80% 左右。如发动机上的断流活门、泵进出口导管、弹体上的管路接头、减压器、分离机构、作动筒等关键部位上，均采用了环式密封环。

(2) 密封皮碗。其结构如图 2.19 所示。这种密封件动密封性较好，由两种材料制成：一种是橡胶皮碗，多用于阀门及减压器的动密封部位；另一类是氟塑料皮碗，用于涡轮泵及旁通活门上。

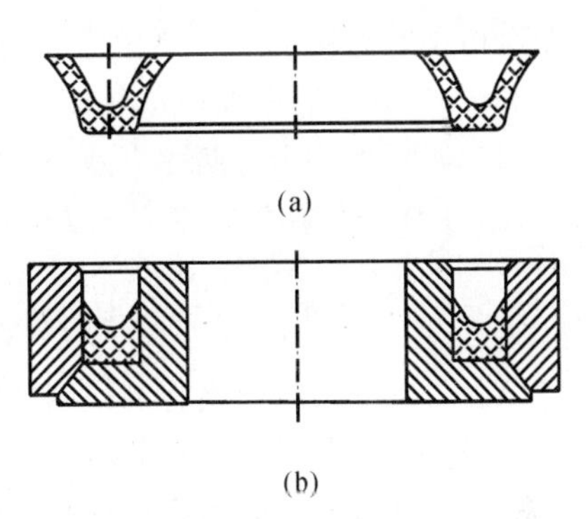

图 2.19　密封皮碗

(a) 皮碗结构示意图；

(b) 皮碗在模拟夹具中的装备状态

(3) 复合密封件。它是橡胶圈为夹芯，氟塑料为包皮构成的(见图 2.20)。此种密封件是靠橡胶的弹性产生密封性，靠氟塑料的耐腐蚀性的特点来实现对腐蚀介质的密封。因此，多用于接触腐蚀介质的密封部位。

(4) 双道密封件。顾名思义，它是由两道密封件组合而成，其构成如图 2.21 所示。第一道密封是内充气体的空心铝环，起第一道防漏作用；第二道密封为橡胶圈，其作用是密封第一道“防线”不严而漏出的那部分介质。此类密封组件适用于密封高压介质，如用于推进剂高压输送管路上。

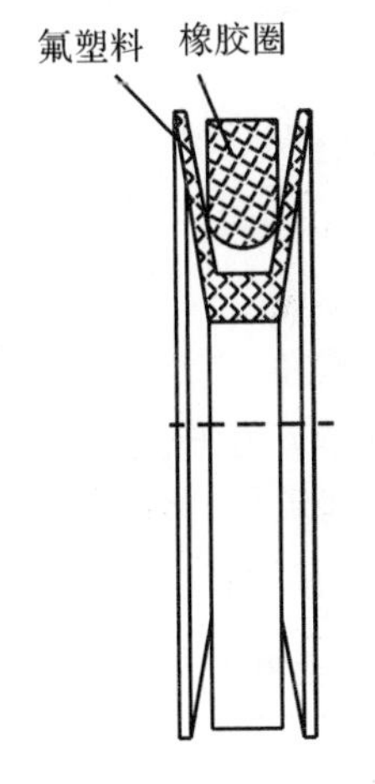

图 2.20　复合密封件

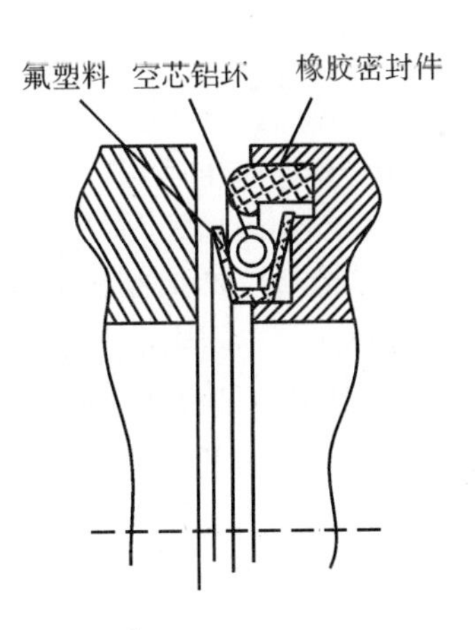

图 2.21　双道密封件

(5) 橡胶、氟塑料金属密封件。它是把橡胶或氟塑料嵌入金属件而成的密封件，靠橡胶或氟塑料起密封作用，一般用于活门体上。

(6) 其他形式的密封件。导弹上起密封件作用的还有垫圈、橡胶条等，这些大部分用在非关键部位，起一般的密封、防尘和隔振作用。

2. 密封组合件的失效模式

一枚中程导弹，使用 1 000 个左右的各种垫片，它们的故障率虽然较低，但由于其应用数量较多，故在导弹的试制和储存使用中，垫片故障也屡次出现。美国的导弹储存试验中，把垫片与密封圈的失效模式和失效率统计在一起，说明垫片与密封圈有类似的失效原因。下面是美军归纳的失效模式和失效率数据。

失效模式可归纳为 10 种：① 泄漏；② 物理破损；③ 撕裂；④ 切口擦伤；⑤ 磨损；⑥ 锻痕；⑦ 裂纹；⑧ 破裂；⑨ 过分擦伤；⑩ 变形。

上述失效模式是操作和储存中发生的。储存中的主要失效模式为泄漏和磨损。很多工作失效是由于缺乏质量控制，验收不严造成的。

3. 密封圈和垫片的失效率数据

(1) 动密封圈(垫)储存失效率为 5 000 菲特，静密封圈(垫)的 9.9 菲特；

(2) 工作与储存失效率之比为 494.1 : 1，即工作的失效率比储存失效率高 494.1 倍。

2.5.2 密封性能随储存时间的劣化及寿命评定

以静止密封“O”形圈为例说明其密封原理。这种形式的密封装置在导弹发动机上使用数量很多，约占密封件总数的 60%。

“O”形橡胶密封圈的密封性能是依靠装配时的预变形及其对介质压力的传递而产生的，由压力和橡胶圈对金属表面产生的附着力而实现的，其密封力 P 的计算公式为

$$P = P_0 + KP_{介} + f(t, T) \tag{2-2}$$

式中 P_0—— 预变形产生的接触压力，由紧固螺栓产生；

$P_{介}$—— 工作介质的压力；

$f(t,T)$—— 橡胶与金属表面的黏附力，与时间 t 及温度 T 有关；

K—— 与橡胶材料有关的压力传递系数，$K=\dfrac{\mu}{1-\mu}$，μ 为橡胶材料的泊松系数。

可靠的密封还必须满足下式：

$$P_0 + KP_{介} + f(t,T) \geqslant P_{介}\cos\alpha$$

式中 α—— 接触平面与“O”形圈接触变形的曲率切线之间的夹角。

图 2.22 表示橡胶“O”形圈密封原理。可以看出，当紧固螺栓产生的预紧力 P 减小时，将会使密封力 P 减小；当预紧力 P_0 小到一定值时，密封力将得不到满足，因而使密封失效。

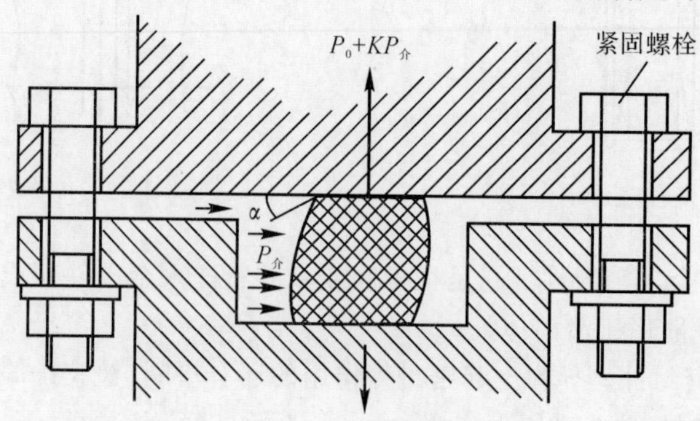

图 2.22 密封原理图

对于火箭发动机上的阀门的密封，其密封预紧力是由压缩的弹簧提供的，当弹簧的弹性力减小到预设值时，活门失去密封。

1. “O”形密封圈加速老化试验

密封圈的老化直接影响组件的密封寿命。判断其寿命，确定密封圈的老化规律，主要用加速试验。下面简要介绍老化加速试验原理及衡量密封性能的参数。

试验胶料：8101 橡胶等密封件材料。

试验条件：温度 60℃，70℃，80℃，90℃，100℃，110℃，120℃，试件形状为 ϕ10 mm × 10 mm 圆柱形。

测试性能指标：压缩残余变形积累值 ε。

试验步骤：校正烘箱温度。有资料报道，如果烘箱老化温度波动 ± 2℃，有可能使估计结果相差 15%。

将试样按对应的压缩比安放在夹具内，如图 2.23 所示。在 30℃ 烘箱内放置 24 h。然后打开夹具，在 30℃ 烘箱内自由恢复 1 h，测试高度 h。有关资料指出，这段时间产生的变形不是化学变形引起的，而是物理变化。有人把它称为表现永久变形，这段时间称为物理松弛阶段。因此，应尽量使其物理松弛，提高试验数据的准确性。

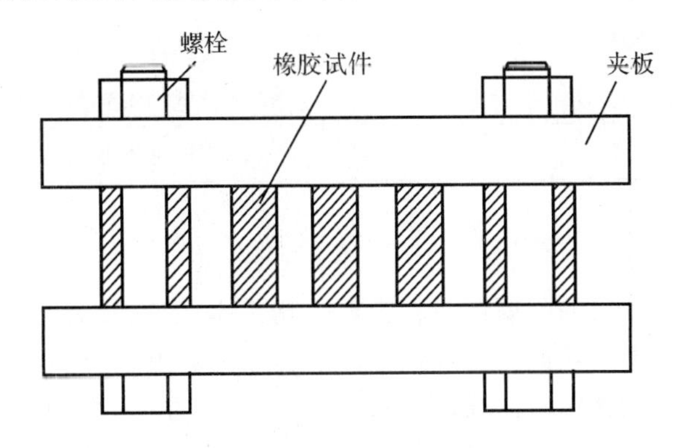

图 2.23　试验夹具

将已物理松弛的试样装回原夹具内，投入高温老化箱中试验，按一定周期取出夹具，冷却至室温取出试样，放入 30℃ 恒温箱恢复 1 h，测试高度 h。如此反复，然后按公式换算成 ε 值，三个试样的 ε 值取均值作为胶料的 ε 值。

残余变形计算式为

$$\varepsilon = \frac{h_0 - h_2}{h_0 - h_1}$$

式中　ε—— 残余变形积累；

h_0—— 限制器高度；

h_1—— 橡胶试件原始高度；

h_2—— 橡胶试件经老化后的高度。

2. 储存失效实例

某导弹在我国自然环境下进行了长期储存，其储存过程有仓库储存、简易仓库储存、野外高温和低温储存。对储存后的弹上某活门进行典型试验，测试结果见表 2.14。

表 2.14　某活门储存后典型试验结果

名称	储存时间	物理化学性能	典型试验结果	备　注
密封皮碗 A	四年零三个月	残余变形值： $\varepsilon_{内1}=77.7\%$ $\varepsilon_{内2}=77.7\%$	符合技术条件要求情况	经过野外低温储存三个月
	五年零三个月	$\varepsilon_{内1}=80.1\%$ $\varepsilon_{内1}=78.3\%$	常温漏气量不合格介质试验时合格	经过野外低温储存三个月
	六年零六个月	$\varepsilon_{内1}=85.1\%$ $\varepsilon_{内1}=83.0\%$	常温漏气量不合格介质试验时合格	经过野外低温储存试验三个月
	八年	$\varepsilon_{内1}=86.3\%$ $\varepsilon_{内1}=83.5\%$	都不合格	该皮碗 ε 临界值 $\varepsilon_{临}=86\%$
密封皮碗 B	四年零十个月	$\varepsilon_{内1}=69.6\%$ $\varepsilon_{内1}=75.7\%$	符合要求	经过野外高温储存三个月
	六年零六个月	$\varepsilon_{内1}=83.2\%$ $\varepsilon_{内1}=84.7\%$	低温试验漏油 高温试验合格	$\varepsilon_{临}=86\%$
密封皮碗 C	五年零四个月		一个试件不合格	共 10 个试件，只进行密封测试，未进行残余变形测量
	六年		四个试件不合格	
	七年零两个月		六个试件不合格	

3．氟塑料的老化问题

目前，我国导弹上所使用的耐腐蚀材料为聚四氟乙烯、聚三氟氯乙烯、聚全氟乙丙烯等氟塑料制品，其中耐腐蚀性能以聚四氟乙烯最佳。聚四氟乙烯由于合成的方法不同而具有不同的类型，但不论哪种类型的聚四氟乙烯，它们都具有一系列的共同优良特性。它的最大特点是具有无与伦比的化学稳定性，能耐任何浓度的强酸和强碱，可耐各种溶剂及化学药品，因此获得“塑料王”的美称。长期使用温度为－200～＋250℃，短期使用温度 300℃，在这个使用温度范围内，仍能保持其物理性能和电性能。

高分子化合物的老化分为两种情况：一是主链断链产生降解，使分子变小，其性能变为发黏；另一种是被氧化，形成过氧化物，过度交联而变脆。

以氟塑料为基础的塑料由于原子间键多为 C—F 键和 C—C 键以及含氟塑料的特殊结构，整个分子被氟原子所包围，形成强大的电子云阻止其他物质与其接触，且整齐排列，分子间产生强大的次价力，因而不易老化。

在储存状态下，氟塑料密封件受到的外部冲击很小，只受装配应力作用，受到机械损伤的概率不大。由上述情况，导弹长期储存中对氟塑料的老化及机械损伤可以不考虑，只考虑阀门弹簧的应力变化。

4．弹簧和螺栓应力松弛随储存时间的变化规律

一般认为，导弹储存中密封组合件的失效，是由于橡胶密封材料老化造成的。这种看法当然没错，不过，橡胶密封材料的老化造成密封组合件产生泄漏，这只是一个方面的原因。绝对不是全部原因，大量试验和实践表明：橡胶材料没有老化，而密封装置照样产生泄漏。研制单

位做的试验表示，对某种模拟密封组合件经过12.5年的储存后，通过多方分析鉴定，证明其橡胶密封圈并无显著老化，储存前后的老化指标变化甚微，但是，对12个这种密封组合件进行试验，结果全部产生泄漏。在试验现场，对泄漏的试验件的紧固螺栓进行力矩检查，发现螺栓紧度下降，并且同一密封件的几个螺栓的拧紧力矩很不均匀，在按通常装配紧度把螺栓拧紧后，再进行相同介质压力的试验，结果均未泄漏。这次试验说明，密封组合件的泄漏并不是由于橡胶件的老化造成的。刚出厂不久的一组密封组合件中，试验时有的泄漏有的不泄漏；同一组储存的密封组合件，有的储存时间很短就泄漏，而有的储存时间很长则不泄漏。

要研究的问题是，密封组合件在安装时，把紧固螺栓拧得很紧，并且还打上了防松动的锁紧铁丝，为什么储存时间内螺栓会产生松动造成紧固力矩减小？螺栓松动有无规律性？为解决这个问题，必须解释应力松弛原理。

(1) 金属应力松弛原理。材料的应力松弛是指在恒定总应变条件下，随时间的延长应力不断减小的过程。应力松弛不仅存在于高温高压条件下工作的弹性元件，而且存在于室温下工作的弹性零件中。

处于松弛条件下的零件，在一定温度下随时间的延长，弹性应变和塑料应变的变化如图2.24(b)所示。在松弛试验过程中的任何时刻，其全应变 ε 可表示为

$$\varepsilon = \varepsilon_e + \varepsilon_p = 常数 \tag{2-3}$$

式中　ε_e—— 弹性形变；

　　　ε_p—— 塑性应变。

在试验的初始时刻，$\varepsilon_e = \varepsilon$，$\varepsilon_p$ 为零；随着时间的延长，ε_p 增加，ε_e 减少，ε_e 减少部分 $\Delta\varepsilon_e$ 对应于应力 σ 的变化量，且

$$\Delta\varepsilon_e = -\Delta\varepsilon_p \tag{2-4}$$

$$\Delta\sigma = E\Delta\varepsilon_e = E(-\Delta\varepsilon_p) = -\Delta\varepsilon_p E \tag{2-5}$$

松弛值与微观塑性变形值 $\Delta\varepsilon_p$ 成正比例。

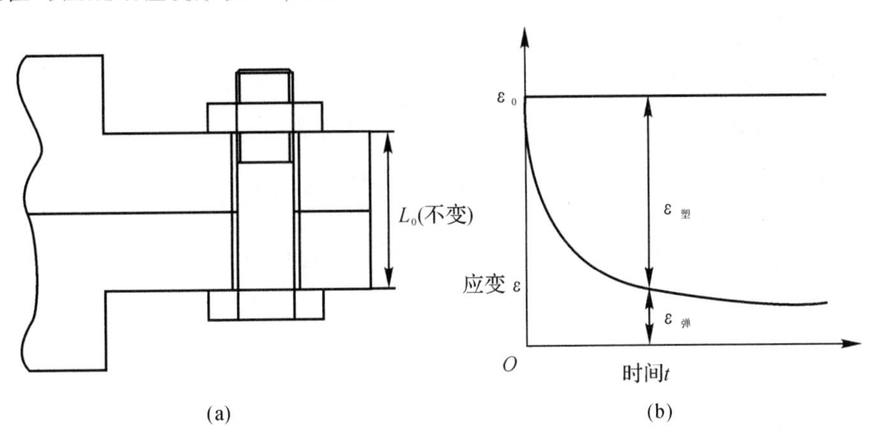

图2.24　金属中的应力松弛现象

(a) 结构示意图；(b) 应力松弛变化趋势

应力松弛3种典型情况为：① 弹性刚体预载的减少；② 残余应力的减少；③ 具有复杂几何形状的功能部件应力的重新分布。

金属的应力松弛过程常用松弛曲线来描述。金属的应力松弛曲线是在给定温度 T 和总变形

量不变条件下的应力随时间而降低的曲线。金属材料的应力松弛曲线一般如图 2.25 所示。

在低温情况下，应力松弛和时间成对数关系式，即

$$\frac{\Delta\sigma}{\sigma_0}=K_1\ln(1+rt) \tag{2-6}$$

式中 t—— 松弛时间；

K_1,r—— 松弛常数。

对数规律最早是由 Felthan 建立起来的，它表明了应力松弛与时间的关系，认为应力松弛与时间的对数成直线关系。它是现阶段应用之中最为普遍的关系式。

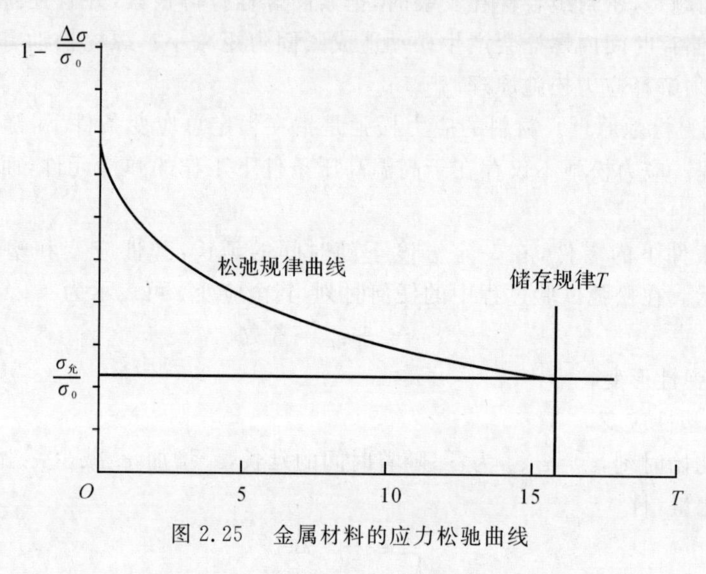

图 2.25 金属材料的应力松弛曲线

当弹簧的应力松弛相对值$\frac{\Delta\sigma}{\sigma_0}$和$\frac{\sigma_{允}}{\sigma_0}$的相交点，即为弹簧的储存寿命 t_1，其中 $\sigma_{允}$ 为活门组件技术条件规定的允许压缩量的最小应力值。

(2) 密封对接面寿命综合评定。综合评定采用下述方法并得出结论：

1) 由加速老化试验得出的"O"形橡胶圈老化失效规律。

2) 由螺栓应力松弛试验得出的应力松弛相对量$\frac{\Delta\sigma}{\sigma_0}$，求出螺栓弹性剩余量$\left[1-\left(\frac{\Delta\sigma}{\sigma_0}\right)\right]$，用$[1-(\frac{\Delta\sigma}{\sigma_0})]$值作为密封力的修正系数，求出储存某年后密封力尚具有的值，与临界密封力允许值相比较。

2.5.3 导弹密封结构的防失效措施

(1) 导弹储存中密封组件随储存时间的延长而失效程度加大，其变化规律取决于两个方面：一是橡胶密封圈的老化规律；二是金属紧固件的应力松弛规律。这种规律可由试验结果拟合出的数学公式计算出。因此，判断或计算导弹密封件的储存寿命应从这两个规律考虑。若老化失效时间比应力松弛失效时间短，则密封组件寿命由老化寿命决定；若应力松弛失效的寿命短，则密封组件的寿命由应力松弛时间决定。通常情况下由密封件的老化和紧固件的松驰综合决定。

(2) 验收产品时应把好质量关，对密封件的组装预紧力应严格检查和监督，保证合格。

(3) 当储存时间较长的导弹进行发射时，发射前应对密封组件的紧固件进行整修，对能调整预紧力的螺栓及活门的弹簧，用限力板手进行紧固，并对法兰盘等多螺栓紧固件的紧固力的均匀性进行调整。对有可靠锁紧的紧固螺栓，同样存在应力松弛问题，其锁紧只是相当于图 2.24(a) 中的两端固定。工程实际中需要消除两端紧固螺栓不会松动的错误观念。

(4) 导弹运输过程或操作使用过程中的振动，会加剧紧固件的应力松弛。因为振动会对受力的紧固螺栓附加振动载荷。紧固件承受载荷越大，应力松弛越快速，导致密封组合件加速失效。因此，在导弹运输中要尽力采取隔振措施。

(5) 导弹吊装、运输过程中的振动，会加剧紧固件的松动，振动载荷越大，振动时间越长，松动越快。因此，在导弹运输和操作使用中，要尽可能采取隔振措施。

(6) 对活门中的弹簧件，在允许范围内，尽量把预压力调高些，以预防长期储存中的金属弹簧的松弛效应。

(7) 对某些密封件(如橡胶“O”形圈和皮碗等)，遇有维修换件时，在换件后的装配中应考虑合适的预紧力，不能过大和过小。过大，会压伤密封橡胶件，过小则易降低密封失效寿命。

(8) 对活门等密封件进行修理，在分解检查再装配时，应对弹簧进行预压处理，即在安装弹簧前，使弹簧处于全部压缩状态，并在较高温度的等温箱内进行等温处理几小时。处理的温度和时间，根据弹簧材料参考相关标准确定。

(9) 控制储存环境。密封件的老化受环境温、湿度影响很大，因此导弹储存应尽量避开高温高湿环境。

2.6　导弹动力系统附属装置的失效原因与防失效措施

除泵、阀门与密封装置外，导弹动力系统中还有压力调节器、过滤器、作动装置、压力容器、点火和解脱等装置。

2.6.1　调节器的失效机理、失效率及防失效措施

1. 调节器的功用

液体导弹 / 火箭发动机除保证燃烧室内的稳定燃烧外，还必须利用调节器来阻抗各种内外界因素的干扰，以保持其工作状态的定常和基本性能参数(燃烧室压力、组元比、推力和比冲等)的精度要求。干扰发动机性能参数的因素很多，可分为两大类：一类是偶然性干扰因素，如喷嘴的烧蚀、堵塞，管路和机械元件的变形和振动，飞行中的外界温度变化和飞行状态的改变，以及发动机工作元件的制造偏差等；另一类干扰因素属于恒定的干扰因素，如导弹 / 火箭飞行中推进剂液柱高度的变化而引起泵入口压力的变化，增压气体的消耗引起的增压压力的变化，涡轮泵工作中的效率下降引起的转速变化，外界温度引起的推进剂相对密度的变化等。上述这些干扰因素引起的发动机性能参数的变化，要靠调节器来调节。调节器在导弹的储存使用中稍有劣化，将导致发动机输出参数偏差增大或超值。

近代导弹 / 火箭发动机上使用的调节器类型很多，有流体介质压力调节器、负载压力调节器、液氧气泡调节器、温度调节器、氮气调节器等。流体介质压力凋节器简称“压力调节器”，它在导弹 / 火箭发动机上使用最广。因此，本书主要分析压力凋节器的失效问题。

2. 压力调节器的自动调节原理

压力调节器的主要功能零件是节流元件，如图 2.26 所示。节流元件(如节流咀)在发动机

的其他系统中使用广泛，用来改变流过的推进剂的压力和流量。这些节流元件的形式虽然不同[见图 2.26 中的(a)(b)(c)(d)]，但工作原理是一样的。

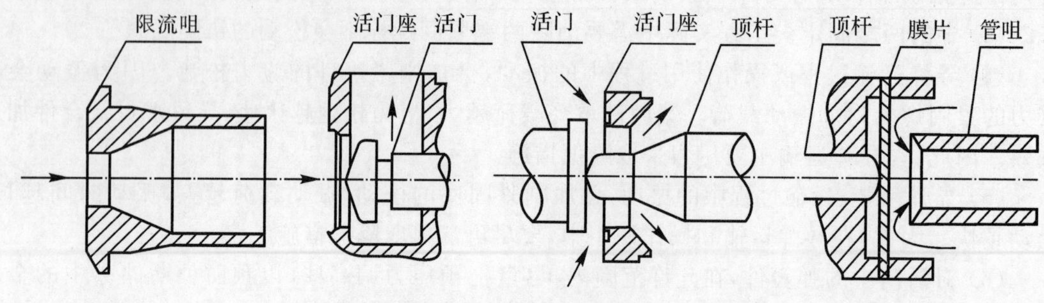

图 2.26　节流元件简图

节流元件构成小孔或窄缝(称节流面)，流体进入节流面以前，呈高压状态，高压流体顺图 2.26 中的箭头方向流经节流面时，流通面积突然变小，流体流过节流面后，流通面积又突然变大。由于流体的惯性和黏性作用，流体的流动状态会发生变化，流体内部发生了碰撞和剧烈的摩擦，产生旋涡，造成能量损失，这种损失称局部阻力损失，主要是把流动的动能转变成摩擦热而散失了。这种损失使得流经节流面后的流体的压力不能恢复到原来的数值，压力降低，流体变成了低压。因此，流体从高压腔箭头指向，通过节流面进入了低压腔，变成了低压流体，达到了由高压变低压的压力调节目的。

当节流面(小孔或窄缝)很小时，流体由高压变成低压的幅度就很大；反之，当节流面较大时，则流体由高压降成低压的幅度就小。

从图 2.26 可以看出，完成自动节流过程，不光靠小孔和窄缝，还需要有一整套自动装置。实际上，整体的调节器除了图 2.26 中示出的活门、活门座、膜片和顶杆等部件外，还有弹簧及其固定装置、润滑机构、壳体、调套螺钉、过滤元件等部件。一个完整的压力调节器约有 50 个零件组成。这些零件能保证调节器的自动工作：当需要通过节流面后的压力较高时，流通节流面就大些；当需要通过节流面后的压力较低时，流通节流面就较小些，整个过程是自动完成的。一些零件出现损伤或故障都会导致压力调节器失灵，这就是调节器易失效而酿成导弹 / 火箭事故的原因。

3. 压力调节器的失效模式、机理及防失效措施

压力调节器的失效模式和失效机制成因以及应采取的防失效措施，列于表 2.15 中。

由表 2.15 可知，压力调节器的失效模式主要为内、外部泄漏和开、闭路失效，而其失效机理主要为密封连接部位的磨损、沾污及损伤。其失效部位多为密封圈、弹簧及连接部位。

表 2.15　压力调节器失效分析

零件和功能	失效模式	序号	失效机理	检测方法	消除和减小失效的方法
活门 / 座组件(密封流体介质)	内部泄漏	1	沾污； 密封圈损坏； 密封圈磨损	安置前： 零件检验运转试验； 安置后： 用耳听或压力传感器检测	控制零、部件及系统的清洁度；制定合理的定期维修计划，按时更换敏感元件；修改检漏试验规程，把调节器浸入去离子的水中，随后真空干燥，消除污染；更换隔膜片等

续　表

零件和功能	失效模式	序号	失效机理	检测方法	消除和减小失效的方法
敏感和动作元件（控制压力）	调节器开路失效或调节高了	2	各活动零件之间的沾污能使作动装置放慢速度，引起压力损失（可能由于安全阀失效）	安置前：运转试验和校准测程仪；安置后：用调节器上的显示器或在压力调节器下游检测失效	控制零、部件及系统的清洁度；不要再无压力输入下调整压力调节器；调节器在维修装配过程中进行严密的检验控制；采取包装等方法防止储存污染
弹簧（调节节流面大小）	调节器闭路失效或调节低了	3	弹簧蠕变或松弛，引起压力调节损失		进行运转试验，测定敏感元件是否有超出极限的趋向
调节器壳体（支持作动元件和包含流体介质）	外部泄漏	4	通过下列部位泄漏：静密封圈；泵连接部位；调节器壳体（有孔）	安置前：部件压力试验可显示出这种失效模式；安置后：在载人飞行时检测系统压力损失	控制这些失效的方法包括：用焊接壳体结构；用永久性的机械连接将调节器组件安置在系统中；更换损伤的阀门座；采取防腐蚀措施

4. 压力调节器的失效数据

失效率数据可评估部件的可靠性，可评定部件的寿命，是导弹发射时的重要资料数据，美国对导弹进行了大量储存试验，总结出了压力调节器的储存失效率和储存与工作失效率的比值，由此比值可确定压力调节器工作中的失效率。这些数据虽是美军装备试验的结果，但由于我国压力调节器的原理和结构与美军的相仿，故可为我们借鉴。以下示出的是压力、温度两种调节器的失效率数据，这些数据是由上千发导弹的调节器储存 0.37×10^{6} h 至 5×10^{6} h 而获得的，见表 2.16 和表 2.17。

表 2.16　温度调节器和压力调节器储存失效率

类　型	λ/ 菲特
温度调节器	199
压力调节器	1 330

表 2.17　不同环境下压力调节器的储存与工作失效率比值

环　境	λ/ 菲特	$\lambda_{工作}/\lambda_{储存}$
储存	173.1	
工作（地面）	393 856.0	2 275
工作（空中）	367 306.0	2 122
工作（直升机）	126 930.0	733

2.6.2　过滤器的失效原因与失效数据

1. 过滤器的失效模式和机理

过滤器主要失效模式可分下述几种：① 泄漏；② 超出公差；③ 破裂；④ 过分磨损；⑤ 裂纹；⑥ 阻塞；⑦ 歪曲；⑧ 结构失效。

失效主要是操作或质量问题。然而，长期储存的过滤器具有相同的问题，如泄漏、裂纹和阻塞等。

2. 过滤器的储存失效率

过滤器的储存失效率数据概括在表 2.18 中。

表 2.18　过滤器的储存失效率

类型	失效率 λ/ 菲特
过滤器(细)	＜6.2
过滤器(粗)	＜2.1
其他类型	＜17.7
总计	＜1.4

3. 过滤器工作和储存失效率比较

表 2.19 表示在不同工作环境下的工作与储存失效率之比。为了比较，使用组合过滤器失效率。

表 2.19　工作和储存失效率之比

环境	λ/ 菲特	$\lambda_{工作}/\lambda_{储存}$
储存	0.87	
工作(地面)	94 640	108.781
工作(直升机)	214 790	246.885
工作(空中)	9 860	11.333

2.6.3　动力作动装置的失效原因与防失效措施

导弹的分离机构、伺服机构和舵机等多数使用动力作动装置，地面起竖、吊装设备和保障车辆，更离不开动力作动装置。美国陆军对导弹的作动装置进行了储存试验，储存期从几年到 17 年，储存零件数从几个到数十个，最后对失效原因进行了归纳整理，得出了失效模式、失效机理和失效率数据。

1. 失效原因

失效原因主要有内部过分泄漏、迟滞和外部过分泄漏。

(1) 内部过分泄漏。与阀门一样,作动器也存在泄漏问题,这个问题对长期储存的作动器来说尤其严重。因为小的泄漏速度能够漏尽流动的介质。这种流动的介质会对设备起腐蚀作用和损坏作用,甚至对操作人员伤害。过大的内部漏泄主要归因于活塞密封失效,杂质的沾污亦能增加磨损和泄漏。

(2) 迟滞。迟滞是活动零件之间过分磨损的结果。包装会引起这种影响,因为包装时必须达到足够密封以使流体能保持在本体内呈线性流动。非常精密的抛光杆因沾污原因在导槽内产生附加摩擦,作动器中的活塞密封环亦常常阻碍运动并引起某些迟滞。

其他的活动件(如柱塞、隔板和杆件)因为沾染和磨损均可能造成迟滞。它们长期储存后,因为冷焊、润滑不良、沾污、设计不当等原因均能够引起阻塞、滑动阻滞或接触摩擦。

(3) 外部过分泄漏。外部泄漏是密封圈不密封所致,这是因为橡胶密封圈或固定密封圈老化引起的。为消除这种失效,最好采用焊接的本体结构和永久性焊接。

液压作动器失效率较高,为 199 菲特,而气压作动器失效率较低,为 88 菲特。

2. 气压作动器储存数据

气压作动器储存数据是 238.988×10^{6} 零件中,21 个失效,失效率为 87.9 菲特。对于至少一个失效的计划来说,观察到的失效率范围从 9.8 菲特到 256 菲特。

3. 工作和储存失效率比较

对液压和气压作动器工作 $\lambda_{工作}$ 与储存失效率 $\lambda_{储存}$ 之比进行了计算,见表2.20。

表 2.20　液压和气压作动器 K 因子($\lambda_{工作}/\lambda_{储存}$)数据

类型	$\lambda_{工作}$(菲特)	$\lambda_{储存}$(菲特)	$\lambda_{工作}/\lambda_{储存}$
液压	15 288	199	77
气压	1 507	8 817	

4. 防失效措施

由于作动装置的失效为内、外部泄漏和迟滞等原因,这些原因和导弹阀门的泄漏和卡滞相同,因此防失效措施也类似。

2.6.4　压力容器的失效原因及防失效措施

压力容器是储能器的一种。压力容器储存具有压力势能的气体或液体,并能在具有间断性工作周期系统中提供压力。

1. 失效机理和失效模式

各类储能器通常具有相似的失效特性。储存中储能器的失效机理是:① 沾污;② 零件损坏(裂纹);③ 斑点;④ 不一致问题或材料膨胀。储存失效模式通常是:① 内部泄漏;② 外部泄漏;③ 膨胀。

失效模式、失效机理、检测方法及消除失效的方法列在表 2.21 中。

2. 压力容器失效率

压力容器的失效率见表 2.22。

表 2.21 压力容器失效机理分析及防失效方法

零件与作用	失效模式	序号	失效机理	检测方法	消除和减小失效的措施
储能器座	内部泄漏	1	由于下列原因引起内部泄漏： (1) 沾污； (2) 物理特性损坏； (3) “O”形环老化； (4) 污点； (5) 压力； (6) 弯曲； (7) 材料膨胀	安置前： 用试验和运转的方法检验这种失效模式； 安置后： 采用系统压力测量装置检测	保持零、部件及系统的清洁。能够产生沾污的区域应从储能器的设备中消除
分离器材料	膨胀和弯曲	2	分离器由下列原因阻塞在中间位置： (1) 沾污； (2) 不均匀性； (3) 材料膨胀； (4) 材料老化； (5) 材料弯曲(过分)	安置前： 用试验方法测定这种失效模式； 安置后： 采用储能器位置指示器或系统压力测量装置	对储能器采用保守的作用力安全系数。 运转试验或安全系数试验应显示这种失效模式
储能器本体(支撑部件和包含介质)	外部泄漏	3	通过下列部位泄漏：静密封“O”形环鼓起的连接处储能器本体(多孔)； 污点； 压力	安置前： 试验部件将显示这种失效模式； 安置后： 系统压力(流体)损失或肉眼检验泄漏	控制这些失效的方法： (1)焊接的外体结构； (2)用永久的机械连接方法将储能器装入系统； (3)用密封渗透铸件； (4)采用真空熔炼的金属以控制杂质

表 2.22 压力容器的储存失效率

零件说明(数据点)	功能应用	工作环境	零件总数/个	失效数/个	零件时间/10^6 h	失效率/10^{-6}	90% 置信上限
1. 液压	储存	海面				0.01	
2. 液压流体	储存	空中		1	0.148 92	6.715	26.119
3. 液压流体活塞	储存	地面	600	600	10.512	57.077	60.178
4. 液压		地面		0	3.051	＜0.327	0.757
5. 储能器		海面		2	50	0.04	0.106

续　表

零件说明（数据点）	功能应用	工作环境	零件总数 个	失效数 个	零件时间 10^6 h	失效率 10^{-6}	90% 置信上限
6. 储能器	飞机	空中		20	100	0.2	0.2
7. 储能器	液压流场数据	海面		3	110	0.027	0.061
8. 液压贮能器	潜在的	海面		1	9.351	0.106	0.985
9. 储能器	储存	海面		0	21.516	< 0.046 4	0.180
10. 液压储能器	弹道导弹	海面	30	13	0.525 6	24.733	36.069
11. 液压储能器	潜在的	海面		1	8.332	0.120	1.461
12. 液压储能器	空-空导弹	海面	874	0	12.76	< 0.078 4	0.181

3. 工作和储存失效率的比较

工作失效率与储存失效率之比计算见表 2.23。

表 2.23　压力容器 $\lambda_{工作}/\lambda_{储存}$ 数据

环境	λ/ 菲特	$\lambda_{工作}/\lambda_{储存}$
工作	54 000	
储存	33	1 636

2.6.5　点火器和保险与解脱保险装置的失效原因及失效数据

固体导弹 / 火箭发动机和液体导弹 / 火箭发动机的火药启动器，必须使用火药点火器，并且为了防止过早点火和滞后点火，都必须具有保险与解脱保险装置。点火装置是导弹和宇航运载火箭的重要构成部分。1992 年 3 月，我国为澳大利亚发射澳星的运载火箭，因点火装置故障而未能使火箭升空。

1. 点火器和保险解脱装置的功用

点火器是快速燃烧装置，它突然放出热量和气体或在某些情况下放出热粒子体。

点火器用电发火管点燃。为了可靠，每个点火器至少采用两个发火管。发火管基本由下列几部分组成：壳体（其中嵌有二根导线）、桥丝（使电线断路并通过电流加热）、热敏感材料（通常用作桥丝的熔珠）。

保险与解脱保险装置使点火器电绝缘，以防止发动机或气体发生器过早点火，并使点火电路能进行电气试验。在点火前，按时间要求解脱，以保证点火成功。在某些情况下，该装置亦可使起爆管（发火管和点火剂）与烟火药或发热型点火器进行机械隔离。

2. 失效模式

表 2.24 为点火器静止点火试验期间的失效模式。突然失效定义为达不到功能的失效，而

规范失效定义为达不到原始验收规范的失效。突然失效由质量和操作所致，而与装置的老化无关。表 2.25 为保险与解脱保险装置在试验期间呈现的失效模式。

表 2.24　点火器失效模式

突然失效：

a. 烟火型点火器

2 个装置 —— 导线中有断丝。

1 个装置 —— 发火管桥丝折断。

1 个装置 —— 点火器电路因屏蔽而短路。

规范失效：

b. 烟火型点火器

1 个装置超过了最大峰压规定

2 个装置没有达到最小点火延时规定

c. 气体发生器点火器

6 个装置没有达到低电阻规定

表 2.25　保险与解脱保险装置失效模式

突然失效：

a. 惯性保险与解脱保险装置:1 个装置一个开关罩制造不合适造成阻断开关松动；

b. 马达驱动的保险与解脱保险装置:57 个装置超过了使用的解脱保险时间要求；

规范失效：

c. 惯性保险与解脱保险装置:6 个装置超过了最大解脱保险时间规定，4 个装置没有达到最小解脱保险时间规定；

d. 马达驱动的保险与解脱保险装置:147 个装置没有达到最大解脱保险时间规定

3. 失效机理

(1) 点火器。点火器通常经受两类失效机理。第一类是与起爆管有关的失效，包括导线及发火管中的桥丝的失效。这些失效通常导致不发火。失效是质量疵病、处理损伤、污染或腐蚀。

第二类是老化特性，烟火药和推进剂因老化变质。这种变质通常造成点火器压力下降和点火延迟期增长。烟火药和推进剂变质可以发展到不发火。

老化性能下降可以由几种原因造成。密封不良引起的包装漏气或有裂纹的壳体都可能使材料受潮而变质；发热剂承受长期分解作用。

(2) 保险与解脱保险装置。该装置呈现的失效机理，如同在其他应用中一样是开关失效。这些失效机理包括接点和接触弹簧变形、断裂或松弛、焊接或焊缝疵病、污染、接点腐蚀，以及导线疵病或破损。

2.7　固体推进剂的失效机理与防护

在固体导弹 / 火箭发动机的储存使用中，药柱的储存失效、危险性是最引人注意的。药柱在储存中，力学性能的变化会引起各种各样的机械性能和几何形状的变化，药柱的老化会引起燃烧性能和使用性能的变化。

2.7.1　固体药柱储存中力学性能的变化

药柱是机械承力部件，固体导弹的失效，很多原因是由于力学性能的变化造成的。在固体导弹的储存使用中，所规定的很多技术规范是考虑药柱的力学性能而做出的规定，诸如导弹的定期翻身、支承位置的选择、运输速度和公路等级、起竖吊装加速度、温度变化范围、裂纹临界尺寸、脱黏允许面积、储存保持药柱几何形状等。

由于力学性能变化而导致的导弹发射失败，在世界导弹史上是很多的。脱黏面积的产生和扩展，其重要原因是温度应力生成。脱黏造成的固体导弹发射失败，占总失败数的 31.9%。药柱储存使用中的变形造成的失败占总失败数的 15.8%。《宇航日刊》于 1991 年 4 月 24 日报道，美国大力神 4 发生爆炸，原因是固体药柱向内塌陷，造成口锥局部堵塞，壳体内燃烧压力升高而形成爆炸。该药柱的塌陷，是由储存运输振动力造成的。

1. 药柱的强度破坏特点

任何机械部件在储存使用中都要受到力的作用，当它受到的作用力超过它的强度值时，要遭破坏。由金属材料制成的机械部件，从受力到变形直到破坏这个过程的分析计算是由金属材料受力后的性能变化及变形的强度理论为依据的。目前金属材料的力学性能的强度理论已很成熟，并为广大工程技术人员所掌握。而对于固体导弹药柱材料的力学和强度问题，虽然还没有像金属材料那样成熟，但已有公认的分析理论和经验结果。

固体导弹在储存使用中时时刻刻都受到力的作用，如躺放状态时的支承和自重作用，运输中的振动和冲击，搬运吊装中的弯曲扭转，发射飞行中的点火压力、热循环作用等过程，都可能受到超限度的力而使药柱破坏。特别是在长期储存中，药柱会由于外界环境造成的局部内应力导致裂纹和脱黏，这是固体导弹储存中的最使人们关注的问题之一，也是造成固体导弹失效率高的重要原因。

局部内应力还可以导致导弹自燃甚至爆炸。例如，运输振动时，局部应力集中处可能出现交变过载，交变过载造成局部塑性反复变形，而塑性变形会造成局部温度升高。温度的累积升高称积温现象。累积温度达到一定值会导致药柱自燃。世界导弹史上发生过很多次药柱自动起火燃烧事故，专家一般认为是局部内应力造成的塑性应变能（温度）而导致自燃。

固体导弹的强度设计是通过药柱完整性分析来完成的。导弹储存使用是以设计单位对药柱的完整性分析为依据的。根据药柱的完整性分析，可以确定出导弹发动机正常燃烧所需要的各种力学参数和形状尺寸参数，并规定出参数变化造成的失效判断准则。导弹的储存使用人员，应在储存使用过程中力图保持各种力学参数不致变化过大而超出允许值，掌握各种参数依何种规律变化，受何种因素的影响等问题。

固体药柱储存使用中的失效分析，是根据药柱各部位的温度、应力、应变和变形后，把这些值与测定的材料的极限值相比较，来判断药柱的破坏情况。进行药柱的失效分析，需要知道药柱受力后很多参数的变化情况。例如线胀系数、泊松比，药柱的几何尺寸、药柱的内孔形状的应力集中系数、推进剂与壳体交界面上的黏结应力、推进剂模量等。施加应力后，上述这些参数的响应是非线性的。因此，描述各参数的响应规律是复杂的，也就是说，判断药柱受力后和失效演变过程是复杂的。

固体药柱在设计制造阶段，要进行结构分析和破坏性质分析，这两种分析通称药柱结构完整性分析。药柱结构完整性分析至少提供药柱材料的 3 种性质：

(1) 热性质。计算发动机内各处温度和热引起的体积变化所必要的性质。

(2) 机械性质。计算加速度引起的惯性力及应力、应变和温度之间的关系所必要的性质。

(3) 破坏性质。表征破坏发生的条件及评定材料对破坏敏感性所必要的性质。

可以把表征固体推进剂力学性能的物理量分成两类：一类是描述药柱在受到各种外力作用时所产生的响应的量。这一类量描述材料的变形过程，把应力和应变联系起来，如模量、柔量、泊松比等。另一类是在给定的力和变形范围内提供预测结构破坏判据的量。这一类量描述材料抵抗外力的极限能力，反映材料的破坏过程，例如屈服强度、断裂强度、临界应力强度因子、临界能量释放率、裂纹扩展阻力、表面能等。这类也是材料本身固有性质的参数。也就是说，材料的力学性能包括本构方程（把应力、应变联系起来的方程）和破坏判据（把破坏发生的物理状态与材料固有的极限性能参数联系起来的公式）两个方面所给出的材料性能参数。

2. 药柱的强度特性及劣化规律

由于药柱在加工、勤务处理及使用过程中和壳体经受同样的环境条件，而两种材料的性质又不同，所以对药柱的强度更强调的是结构完整性的保持。也就是说，要找到在什么样的材料性质下药柱在储存使用中能维持其原来设计形状不变。虽然在壳体结合式发动机中，药柱被看做是一个承力部件，但更主要的是强调它储存使用受力后是否能维持其形状不变。药柱并不是主要承力部件。

在药柱的结构完整性分析中，认为硫化降温、温度循环、点火内压、飞行过载及储存重载是影响维持药柱设计形状的主要的危险受力环境。例如，硫化降温时，星孔装药的星尖处常发生裂纹，造成燃烧面增大；硫化降温时，还会造成发动机装药两头脱黏，这也使燃烧面增大，以致烧穿壳体。如果推进剂有高的延伸率，则可减少或防止这种因硫化降温收缩引起的药柱设计形状的破坏。所以对推进剂配方指导提出的延伸率指标是根据对硫化降温时的主要危险部位的收缩应变值乘以安全系数提出来的。若硫化温度是 70℃，降至使用温度 −40℃ 时，冷缩对药柱造成的应变经计算为 $\varepsilon_p = 10\%$。再考虑一个保守安全系数等于 3，则提出最大的延伸率 $\varepsilon_{max} \geqslant 30\%$。最危险的部位能维持形状不变，其他部位也将维持形状不变。但是由于应变不仅是温度、应力的函数，而且还是应力状态、应力作用时间的函数，所以即使取了大的安全系数，在实际发动机工作过程中也不一定安全无误。曾经有过这样的一次经验，某配方 20℃，应变速率为 10 mm/min 时，$\varepsilon_{max} \geqslant 30\%$，工作时发动机没有坏。但同一推进剂不同配方 20℃，应变速率为 100 mm/min 时，$\varepsilon_{max} \geqslant 30\%$，工作过程中发动机破坏。所以在使用一些规定指标作基准时，应该时刻考虑温度、应力状态、应力作用时间所固有的影响，特别是温度、低温和高温的性能指标一定要考虑。了解固体药柱的强度特点后才能在储存使用中正确地预防其强度破坏事故，才会在储存使用中采取使药柱尽量少受力，受力时间短等措施，这是因为药柱材料为黏弹性材料，它既有弹性又有黏性，它的力学性质比金属材料复杂，求解它的力学性质既用到弹性理论又用到黏性理论。材料处于黏弹态时与理想弹性金属有 3 点不同：① 弹性固体对外力的响应不依赖于加载历史、作用力速率，而黏弹性固体对外力的响应是加载历史、作用力速率的函数，所以黏弹材料构成的关系式应包括时间或频率。② 在弹性固体中应力、应变的所有状态都是可逆的，但在黏弹材料中变形是非平衡态的，不可逆的，是松弛过程变形。③ 在弹性固体中，小应变时有胡克定律的线性关系，在黏弹态和高弹态，一般情况下不存在线性关系，而是非线性关系。黏弹态与高弹态的不同在于：在高弹态时，外力超过比例极限仍可以可逆地回复到没有永久变形的状态，而黏弹态则不能可逆地回复到原来状态。

强度指标是根据发动机起飞时所受的平均剪应力确定的。若起飞时平均剪应力等于 $1.38\ kg/cm^2$，受拉力最大的地方是发动机头部车轮型内齿的顶点，一般最大拉应力为平均剪应力的 5 ～ 6 倍，$\sigma_{max} \geqslant 5\tau = 5 \times 1.38\ kg/cm^2 = 6.9\ kg/cm^2$，$6\tau = 8.28\ kg/cm^2$。所以，提出单轴单一极限强度 $\varepsilon_{max} \geqslant 8\ kg/cm^2$。实际上，如果再取一保守的安全系数 2.5，则 $\varepsilon_{max} \geqslant 1.38 \times 6 \times 2.5 = 17\ kg/cm^2$。可知，通常筛选配方参考的基准强度 $\varepsilon_{max} \geqslant 8\ kg/cm^2$ 并不是令人满意的基准，这实际上是 ε_{max} 与 σ_{max} 不能两全的情况下的一个折衷指标。

尽管如此，还是可以沿用：

(1) 在发动机的工作温度 $-54 \sim 60$℃ 下，推进剂的最大延伸率 $\varepsilon_{max} \geqslant 30\%$。

(2) 在发动机起飞温度下，推进剂的单轴最大强度 $\varepsilon_{max} \geqslant 8 \sim 17\ kg/cm^2$。

(3) 为了保证药柱在发动机工作温度范围处于黏弹态，要求固体推进剂有足够低的玻璃化转变温度，一般小于或等于 -50℃。

上述指标是根据星孔装药时的结构完整性分析计算情况提出来的，由于不同的装药形状，计算方法不同(危险部位也不同)，计算出的界限值也会不同(如翼柱形装药)，所以不可把上述指标看成绝对的，唯一不变的，这只是一个定性的基准指标。

如图 2.27 所示是弹性固体和黏弹性固体受力响应的特征图线。当弹性体受到不随时间改变的应力 σ 时[见图 2.27(a)]，其应变 ε 也不随时间 t 改变，应力 σ 和应变 ε 无论加载时和卸载时均按比例变化，即呈线性变化；而对黏弹性材料来说，当受到不随时间变化的应力 σ 使用时[见图 2.27(b)]，其应变率不呈线性变化，即随时间的变化应变率不是常数而是时间的函数，故记为 $\varepsilon(t)$，当卸载时 $\varepsilon(t)$ 不能按加载路径回复到原来的位置，而是只回复到 A 点，这样，黏弹材料在受到一次应力 σ 的作用后，就形成了永久性变形 $\Delta\varepsilon$。更应注意的是，永久性变形可以累积叠加，当一次次受力变形叠加到一定程度时，则药柱的形状和尺寸失去规定值而失效。

对弹性材料来说，当处于弹性范围内时，材料的应变和应力之间的关系遵守胡克定律，即

$$\sigma = E\varepsilon \tag{2-9}$$

式中　σ—— 应力；

ε—— 应变；

E—— 为弹性模量，表征单位变形所需的应力。

而且弹性模量 E 和弹性柔量 D 之间成倒数关系，剪切模量 G 和剪切柔量 J 之间也成倒数关系，即

$$E = \frac{1}{D}, \qquad G = \frac{1}{J} \tag{2-10}$$

对黏弹性材料来说，应力与应变都是时间的函数，上述关系不成立，即

$$E(t) \neq \frac{1}{D(t)}, \qquad G(t) \neq \frac{1}{J(t)} \tag{2-11}$$

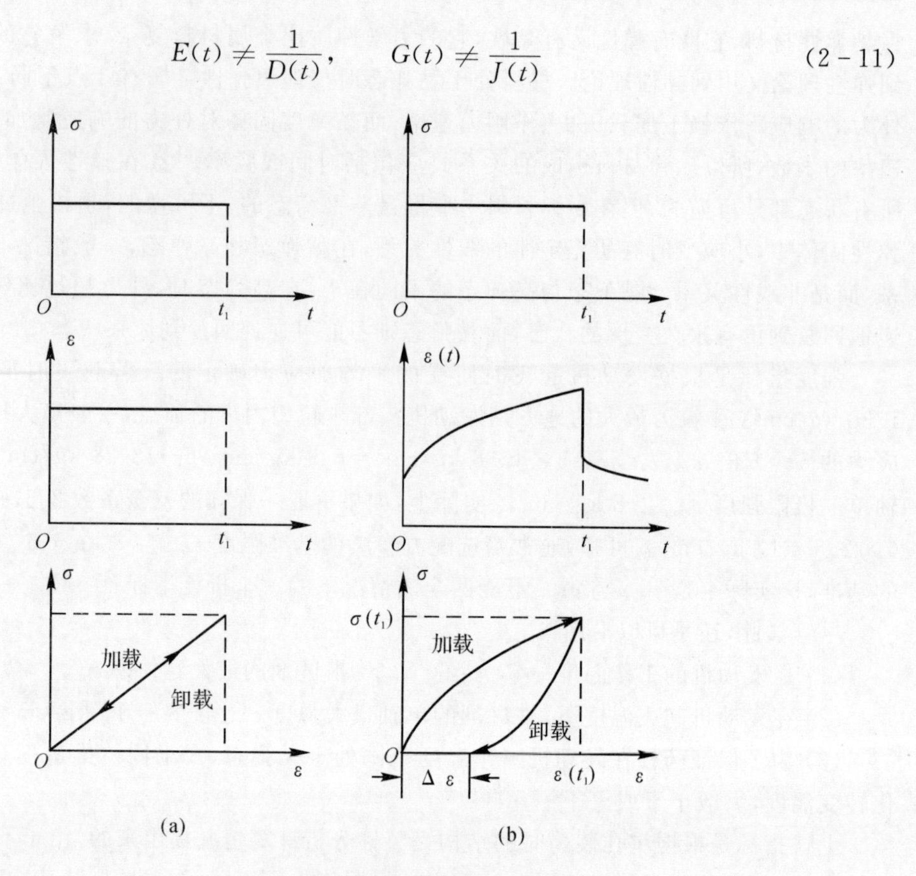

图 2.27　弹性固体与黏弹性固体响应特征图

(a) 弹性固体;(b) 黏弹性固体

3. 药柱材料的蠕变和应力松弛失效

金属材料制成的部件,在一定的应力作用下它的形状和尺寸会慢慢改变。受力部件的这种缓慢变化现象称蠕变现象。这种形状尺寸的变化,在所受的力去掉后,也不会可逆地回复到原先的形状和尺寸,因而这种变化为塑性变化,是由于物质的晶粒在应力作用下慢慢相对滑移的结果。一般来说,金属材料在温度较高的环境下蠕变才较显著,但对钢铁及铝合金来说,即使在常温下,力的作用时间较长时也会出现蠕变现象。现代工业中,由于蠕变现象发生过不少事故,蠕变过程必然形成应力的松弛,如两端拉紧而固定的铁丝,当时间较长时,由于铁丝形成蠕变,尺寸增长了,而紧度变小了,也就是拉紧的铁丝的应力变小了。这种应力变小的过程称应力松弛,或叫弛逸过程。工程实践证明,很多安装很紧的机构往往随时间的延长而变松,螺栓紧固件经常变松即为其例。

这里要说明的是,药柱材料的蠕变和应力松弛现象,其原理和物理过程与金属材料相同,但比金属材料更复杂,而且蠕变参数随环境温度的变化更显著。根据理论推导和试验验证,得出了药柱材料的蠕变的计算式。计算式的推导过程很复杂,需要通过数学叠加原理和拉氏变换以及复杂的积分关系才能导出,因此这里不多做介绍,仅给出静松弛模量 $E(t)$ 与修正因子 a_T 之间的关系曲线图,以供对药柱材料的应力松弛进行粗略估算。

图 2.28 为在不同温度下试验测定的松弛模量 $E(t)$ 与时间 t 的关系曲线。横坐标为时间

的对数值除以修正因子 a_T，a_T 的计算公式为

$$\lg a_T = \frac{-C_1(T - T_s)}{C_2 + (T - T_s)}$$

式中　C_1，C_2——药柱材料常数，它们随材料配方不同而略有不同，可近似看作常数，对同一种材料来说，当参照温度 T_s 变化时，常数 C_1，C_2 也随之变化。美军固体导弹复合推进剂，当 T_s 取 300 K 时，$C_1 = -7$，$C_2 = 150$ K；

T_s——参照温度，它一般取为实际环境温度的平均值，单位为 K；

T——环境温度，单位为 K。由于黏弹性材料的蠕变现象，药柱在储存使用中每次受力都会形成不同程度的形状和尺寸的改变。

特别是在某些应力集中部位，蠕变量形成较快。由于药柱的蠕变是不可恢复的变化，因此变形量随着一次次受力而累积，累积到一定程度，药柱就超出了设计要求而失效。

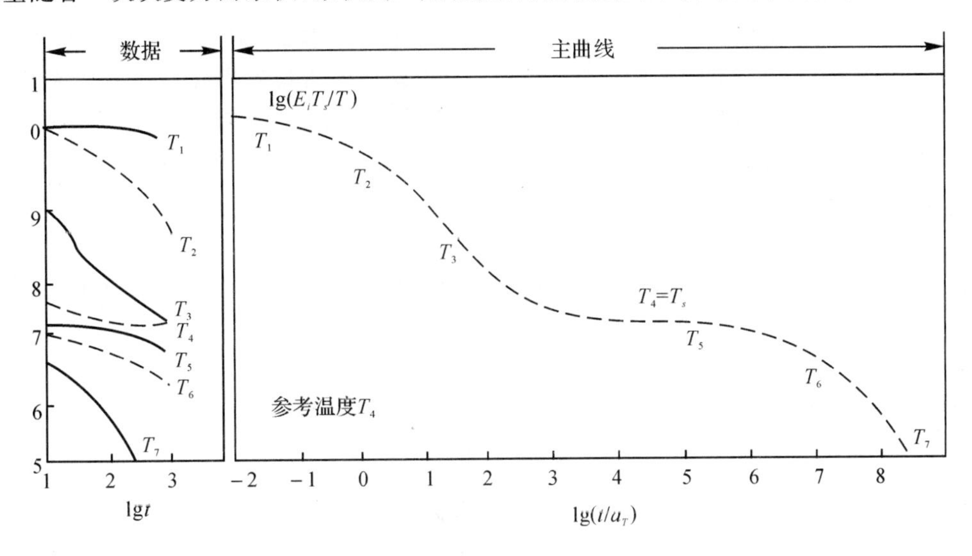

图 2.28　在不同温度下试验测定的松弛模量与时间的关系曲线

2.7.2　固体药柱储存使用失效情况及失效率分析

早在 1965 年，美国 Aerojet 公司就统计了 32 类任务中 14 000 多发中小型固体导弹发射情况，总失效率为 10.02%。其中发生致命故障的发动机有 336 台，占 2.33%，而由于固体药柱结构完整性破坏导致失败的占发动机失败总数的 98.4%。其中：① 固体发动机脱黏引起发动机爆炸约占 31.9%；② 装药缺陷如产生孔洞、裂纹或推进剂严重劣化而引起的燃烧面激增、穿火爆炸约占 8.8%；③ 接头、密封件损坏、工艺不良或材料质量差引起的约占 31.7%；④ 原因未查清者约占 25.9%。

我国大型固体火箭发动机试制中曾发生过发动机初始压力峰值过高，装药头、尾部严重脱黏，装药壳体与后盖嘴管组合件对接法兰盘附近穿火，后盖耐烧蚀套入口段石墨碎裂飞出，在低温高湿环境下出现头部脱黏和星尖裂纹等严重事故，造成严重损失。

我国某型固体发动机，在三年储存分解拆装中，发现问题很严重，其中脱黏面积和裂纹尺寸均大大超过了临界值。

1. 国外固体火箭发动机储存试验情况及失效率数据

我国各军兵种的固体导弹发动机，其推进剂的成分、药柱制成形式及固体发动机构造大体上同美军的相似。美国对固体发动机的储存可靠性已投入过巨额资金进行了长时间的研究，完成了八项导弹储存监控计划，获得了大量资料数据。

典型的固体火箭发动机装置具有下列主要部件：推进剂、金属部件及点火器。金属部件包括发动机壳体、燃烧室、喷管或安装垫。固体推进剂是化学物质，成塑性块状物，它借助燃烧过程产生热的高压气体。推进剂可分为两大类：复合和双基推进剂。复合推进剂的主要成分是燃料和氧化剂。这种推进剂常常由分散在燃料化合物基体中的细粒氧化剂晶体组成。双基推进剂包含不稳定的化合物，如硝化棉和硝化甘油，这些化合物能在没有其他物质的情况下燃烧。这类推进剂有时称为均质推进剂，它不包含晶体推进剂，但它利用化学燃料中含有足够的化学结合的氧化剂，以此维持燃烧。

大部分固体推进剂包含4～8种不同的化学物质。除了主要成分(燃料和氧化剂)外，采用少量添加剂控制固体推进剂的物理和化学性质。采用添加剂达到下列目的：①提高或降低燃速(催化剂)；②提高化学安定性以免在储存期间变质；③控制推进剂在制造期间的各种工艺性质(固化时间、浇铸时的流动性、湿润性等等)；④控制燃烧推进剂的辐射吸收特性；⑤提高物理强度和减少弹性变形；⑥使温度敏感性降到最低。

(1)失效原因分析：

1)复合推进剂。由运输和极端温度引起的机械应力以及反复的温度应力能使推进剂的性能劣化。

推进剂中的裂纹、空隙及撕裂是应力环境造成的主要后果。在复合推进剂中产生这些疵病的主要原因是：推进剂药柱和发动机壳体及包覆层之间的热膨胀不同以及氧化剂-填料界面上产生的温度应力。

在低温下，物理变化使推进剂变得硬而脆，因此对振动负载引起裂纹是非常敏感的。

当推进剂处在这种变脆的条件下时，因温度上升而发生的膨胀或其他物理变化也会引起裂纹。壳体黏结的装药在低温下的硬化会使装药脱离壳体。因温度周期性变化而产生的反复膨胀和浓缩能使装药变质。随着暴露与给定周围条件下的持续时间的增长，装药的性质变得更坏，并在极端温度下，会加速恶化。

在复合推进剂中，氧化剂-填料界面处的拉应力会导致氧化剂粒子周围形成空隙。空隙一旦形成，它就向临近粒子的附近蔓延，产生了空隙失效带或失效区。

在高温下，推进剂的化学和物理变化会使弹性系数值严重下降。包覆层在高温下亦变坏。当发动机点火时，装药会过分变形或部分脱落。这种情况可能会使燃面和压力增加，使推力和燃烧时间超过规定值，甚至引起发动机爆炸。脱落的推进剂部分亦会阻塞发动机喷管而造成突然失效。湿度有时亦能加速装药变质。发动机常常装有防潮密封垫以防止湿气侵入推进剂。推进剂中的裂纹将使燃面增加，从而增加压力，并使其超出规定条件。

2)双基推进剂。双基推进剂除了氧化剂-填料界面处形成空隙外，其他变质形式与所描述的复合推进剂相同。双基推进剂为均质混合物，在药柱中没有固体推进剂。

然而，在双基推进剂中，硝化棉缓慢而连续的分解，释放出氮的氧化物。这些氧化物的存在加速分解作用。称为“安定剂”的某些物质能与氧化物化合并将其除去。“安定剂”不妨碍分解，但在开始分解后，减缓分解速度。这种分解作用可使药柱产生气泡或裂纹。

(2)失效模式和机理。

1)双基推进剂。对于双基推进剂,76%的失效超过了最大工作时间规定,57%的没有达到最小总冲规定。在双基推进剂中,工作时间增加和性能参数降低的趋向是由于推进剂成分因老化而产生一般的分解。虽然主要的推进剂成分本来是不安定的,但加到推进剂混合物中的安定剂一般可阻止快速分解,并保持适合导弹寿命的弹道参数。

2)复合推进剂。对于复合推进剂,失效模式遵循工作时间和总冲减小及最大推力和压力增大的趋向。

一般来说,这些趋向可能归因于推进剂药柱中的裂纹、空隙或撕裂,药柱和壳体或包覆层之间的脱黏及推进剂弹性系数的变化。在所有这些情况下,可能增加的燃面会使燃烧时间缩短,压力和推力增高及总冲减小。

3)其他推进剂疵病。美军除了由静止点火试验鉴定失效模式外,推进剂装置的其他疵病也在监控试验中进行了鉴定。试验结果概括在表 2.25 中。

表 2.25　固体推进剂的疵病

类别	疵　　病	试验方法
单推力,双基推进剂发动机	尾翼垫焊接裂纹(返修); 药柱收缩(返修); 点火器位置处的热气密封失效(返修); 在潮湿的,盐伤的环境下储存 10 年后严重生锈和腐蚀; 抗拉强度增加,延伸率降低	目视 静止点试验 目视 X 射线 机械
双推力,双基推进剂发动机	安定剂因老化含量降低; 推进剂因老化变脆; 包覆层附近的燃速降低	化学 机械 药条燃速仪
单推力,复合推进剂发动机	包覆层和发动机壳体之间,推进剂和衬里之间,前封头和推进剂之间脱黏; 裂纹:后酚醛垫部位;后封头;绝热层; 不平的衬里及反常厚度的衬里; 断裂时的延伸率增加; 运输容器中的缓冲垫滑动; 运输容器中不适当的电接地; 药柱中的空隙和气泡; 尾翼槽弄脏和腐蚀	X 射线 X 射线 目视 目视;X 射线 目视 目视 X 射线 目视
双推力,复合推进剂发动机	轻微腐蚀; 推进剂中的空隙; 燃烧不稳定:绝热层松弛;保留有防潮密封垫; 有裂纹的药柱	目视 X 射线 静止点火试验 X 射线

(3)可靠性及储存寿命预测。推进剂老化随时间的延长而变坏,推进剂老化将导致有一定的变质,故以储存的小时数为基础进行失效率预测就没有意义。因此,计算了以 5 年和 10 年期间

成功数的两种置信度为基础的可靠性。表 2.26 列出了置信度为 50%和 90%时的可靠性。

表 2.26 中的可靠性变化与每种分类采用的数据子样数有密切的关系，并认为这些预测值是保守的。对全部发动机测得的可靠性为 1.000。

表 2.26 不同推进剂发动机的可靠性

分 类	可靠度			
	置信度为 50%		置信度为 90%	
	5 年	10 年	5 年	10 年
双基，单推力	0.930	0.925	0.795	0.790
双基，双推力	0.952		0.850	
复合，单推力	0.992	0.924	0.972	0.790
复合，双推力	0.944		0.827	
全部发动机	0.994	0.964	0.981	0.890

(4)储存寿命试验数据。美军对固体导弹进行储存统计，其老化寿命统计见表2.27。

表 2.27 不同分类的储存老化寿命数据

分 类	发动机数	发动机储存总小时数	按规定失效		发动机平均老化寿命
			数 量	百分数/(%)	
双基					
单推力	123	5 848 760	13	10.6	65 个月
双推力	30	1 208 808	20	66.7	55 个月
复合					
单推力	135	5,537,780	5	3.7	56 个月
双推力	38	1,040,980	5	13.2	37 个月

(5)固体气体发生器药柱的储存失效。导弹/火箭发动机启动时，要求能迅速达到额定推力，以减少启动阶段推进剂的消耗，避免导弹/火箭在发射台上停留过久而烧坏地面设备。因此要求涡轮能够迅速启动。使涡轮能迅速启动的装置，一般采用固体推进剂气体发生器，也叫火药启动器，它实际上是小型固体火箭发动机。

典型的固体推进剂气体发生器具有下列主要部件：推进剂、金属部件和点火器。金属部件包括发生器壳体、燃烧室、热气出口管或安装垫、过滤器及安全阀门。

燃气发生器采用固体推进剂提供作为能源的热燃气，主要用于驱动涡轮或辅助动力装置。通常，燃气发生器推进剂的火焰温度明显低于火箭发动机，因此它产生的气体可用在非冷却的管子和非冷却的机械装置中。这意味着这种推进剂通常包括较多燃料和较少的氧化剂。

在单个发生器中可以使用两种或两种以上推进剂或燃料来形成规定的压力-时间曲线。通常在气体发生器工作初期采用传爆药柱以推动涡轮。

所使用的推进剂类型同样分为两大类：复合推进剂和双基推进剂。它们的成分和制造工艺以及长期储存效应都和固体发动机药柱相似，只不过药柱尺寸较小，推进剂成分中含氧化剂较少，燃烧剂较多。其储存失效情况可参考固体发动机药柱进行分析。

2. 我国固体火箭发动机储存试验情况及性能参数的变化

(1)固体推进剂药柱长期储存后出现的缺陷情况。某型号固体导弹储存后进行分解检查发现的问题是：①脱黏。脱黏部位主要出现筒体绝热层脱黏，燃烧室前开口封口锥脱黏，发动机限燃层脱黏，药柱尾端面的包复层脱黏，发动机后盖绝热层脱黏。从近几年分解检查的情况来看，脱黏是一个较严重的问题。有的药柱脱黏面积很大，而且随着储存时间的延长，脱黏面积都有扩展。②裂纹。裂纹主要出现在点火燃烧室。在药柱的星形尖处和几何形状变化处，由于应力集中，常见有微裂纹式宏观较大的裂纹。③药柱软化。药柱变形较大。个别地方由于自重而变形，并发现自重作用的流淌迹象。有的药柱尾端有少许下沉，形成上端向内收缩下端向内微突现象。

(2)固体推进剂药柱长期储存后力学性能变化。固体发动机推进剂药柱储存试验证明，在多种因素影响下，药柱的力学性能下降很多，主要针对常温强度而言，其他性能也有很大的下降。

2.7.3　固体导弹防失效措施

1. 改善储存条件，加强使用管理

(1)严格控制储存条件。

(2)建设正规储存库房，应有能保证温度、湿度条件的相应措施。

(3)加强技术管理，严格规章制度，建立和完善产品技术档案。

2. 提高产品包装质量，改进密封包装措施

(1)为减小储存环境对装药性能的影响，在防湿方面除将药柱的一层塑料袋包装改为二层外，还应着重在袋口的密封包扎方面进一步改进。

(2)改进产品包装箱。

2.8　导弹附属部件的失效机理与防护

2.8.1　继电器的失效与防护

继电器主要担负导弹控制系统的电能传输和信息控制与传递，其作用十分重要。一般继电器由触点、引线、电枢弹簧、磁芯和线圈组成。但由于其所具有的电磁及机械可动系统，影响其可靠性的因素很多，继电器是被国内外公认的可靠性最差的机电器件之一，现多采用无触点继电器。

1. 失效现象

军用继电器是一种结构复杂的微型机电产品，其机械结构与功能具有高精度性与可靠性。在使用中出现两种失效现象：一是属于机械结构性故障；二是属于电气功能性传递故障。其失效性质，一种属于继电器自身制造生产的固有质量缺陷，另一种则属于用户选用、使用、试验不当的不可靠因素。从实用观点考虑，继电器失效现象有：①电信号突然中断，触点组呈开路状态或呈高阻状态，触点通断不正常；②电信号失控，触点组呈断路状态，线包绕组断路；③错误传递电信号，信号电平不变，触点组呈短路状态；④电信号失落，漏电现象严重；⑤继电器腔体

内存有多余物，造成信号随机失效；等等。下面具体分析其失效问题。

2. 失效机理及原因

军用继电器主要失效原因属于固有质量缺陷方面的有：簧片弹力不足或发生脆性断裂，线包引出导线和外引线断裂；推动杆断裂、变形和动作不到位；定片变形、位移；焊接不良；焊点脱落；金属和非金属的异物；有机物沾污；等等。分析其失效原因，多数属于生产制造工艺的质量问题。属于使用不当方面的原因有：因电应力过大，触点烧毁、熔合黏连；因继电器安装固定方式方法不正确或焊接引线工艺不当造成绝缘性能下降，出现漏电现象、电磁干扰现象、机械损伤现象等。究其原因，主要是在设计、选择继电器时，考虑不全面，只注重电功能参数，对结构与环境适应性等影响因素重视不够。在储存使用中，对环境条件和应力的水平异常情况不重视、不预防，从而降低了使用可靠性。

3. 失效防护措施

为确保储存期间的性能和使用时稳妥可靠，尽可能地采用密封产品，并进行严格的密封性检查，以确保其密封性。

电磁式继电器应进行定时的检验和操作。检验时应特别注意发现锈蚀迹象，周期操作时注意检查短路和断路；并不一定要求在负载情况下，对继电器进行操作；触点如果装配在密封的盒子里，充填气体应含有氮气；在储存时，锈蚀引起的各种失效模式是重要的。此外，线圈必须绝缘，这样线圈和触点封装进普通盒子时，就出现一些气化问题，这些问题是由接触面上绝缘材料和密封化合物的有机物质产生的。

2.8.2 机电开关的失效与防护

导弹上的控制、发动机和弹体系统中均使用了很多的开关。机电开关对电流电压的定时定向、打开关闭起控制作用。小小的机电开关的失效，会导致重大的事故。

机电开关可按驱动力（惯性力、压力、推力）分类，也可按机械特性（扭转、步进、旋转）分类。

1. 机电开关的失效模式及机理

机电开关的失效模式及机理见表2.28。

表2.28 机电开关储存失效模式和失效机理

序号	开关类型	失效模式和失效机理
(1)	惯性开关	锈蚀
(2)	惯性开关	机械打滑
(3)	惯性开关	外界尘粒
(4)	惯性开关	不适当的间隙
(5)	惯性开关	盖板制造不良
(6)	惯性开关	齿轮系列错位
(7)	马达驱动开关	膨胀、破裂、“O”形环材料性能降低、包装和绝缘材料质量下降
(8)	马达驱动开关	轴承、接触点、开关零件、齿轮组件和马达电枢锈蚀
(9)	马达驱动开关	螺旋压缩弹簧负载减小
(10)	马达驱动开关	摩擦板结合组件黏结
(11)	按钮开关	片簧弯曲接触不良

2. 机电开关的防失效措施

机电开关的防失效措施见表 2.29。

表 2.29　机电开关的防失效措施

序号	失效机理	防护措施
(1)	接点表面尘埃沉积	1)加强各生产环节的工艺卫生； 2)储存、运输过程中采用防尘包封； 3)使用时加防尘罩等措施
(2)	有害气体吸附膜	1)确保足够的接触压力以破坏膜层； 2)接点表面涂导电润滑剂以隔绝有害气体
(3)	摩擦粉末堆积	1)采用耐磨的金属镀层； 2)接点表面涂导电润滑剂以减小摩擦
(4)	焊剂污染	1)控制焊接时的助焊剂用量； 2)焊后进行及时清洗
(5)	接点腐蚀	1)改进电镀工艺，确保镀层厚度及质量； 2)接点表面涂复导电润滑剂，以隔绝水及有害气体所形成的"电解液"与接点金属表面的直接接触
(6)	接触簧片应力松弛	1)选用伸缩率小的弹性材料； 2)改进接触簧片的热处理工艺； 3)加强稳定化处理工艺
(7)	火花及电弧烧损	同(6)中 1)～3)，以防止簧片应力松弛；4)接点表面浸涂灭弧性的导电润滑剂
(8)	谐振	1)设计抗机械应力的弹簧结构及其他部件； 2)选用性能好的弹性材料，并采用合理的热处理及稳定化处理工艺
(9)	材料疲劳、破坏	同上
(10)	脆裂	1)进行高温除氢处理，防止镀后氢脆； 2)装调时，防止过多钳扭接触簧片造成损伤或局部应力集中； 3)调整后应进行时效处理
(11)	机械磨损	1)采用硬态加工工艺； 2)适当增加材料的厚度； 3)增加镀层厚度及采用镀硬金属的电镀工艺； 4)表面涂导电润滑脂
(12)	焊接热应力	控制焊接温度

第3章　故障检测与数据前处理技术

3.1　故障检测常用传感器及其使用

3.1.1　概述

1. 设备故障诊断中传感器的作用

传感器在设备状态检测、监测和故障诊断中占有首要地位。没有稳定可靠且精确灵敏的传感器,就谈不上有效的监测和准确的诊断。

机械设备的诊断,尤其是大型、高速、重载、精密和关键设备的故障诊断,是一项非常复杂的任务,既要综合运用各领域的理论基础,又要采用科学的诊断方法,而这些都离不开先进的测试手段。传感器是测试与诊断系统中的首要环节。

传感器的作用是采集并转换设备在运行中的各种信息,传输给仪器或计算机加以处理、显示、记录、分析,给出诊断结果,或为人们判断设备状态的正常或异常提供参考消息。

2. 用于设备诊断的传感器的基本要求

设备故障诊断用的传感器种类繁多,工作环境复杂,使用时间长,所捕捉的信号往往很微弱,所以对这类传感器的基本要求如下:

(1)灵敏度高,测量范围宽。灵敏度是指传感器输出量的变化值与对应的被测量变化值之比。测量范围是指由传感器的测量上限值和下限值所确定的被测量的范围。

(2)分辨率高,精度高。传感器的分辨率为可能检测出的被测量的最小变化值。精度为测量值与真值的偏差以及与重复性的综合结果。

(3)稳定性好,漂移小。稳定性指传感器在较长时间保持其性能的能力。漂移包括时漂和温漂。时漂为在规定的工作条件下,输出指向对于输入值随时间的缓慢变化;温漂为在规定的工作温度范围内,输出值相对于输入值随温度的变化,以每升高1℃的变化值除以满量程表示。

(4)可靠性高,工作寿命长。可靠性为传感器在规定的时间,规定的环境条件、维护条件和使用条件下正常工作的可能性。工作寿命为传感器在规定的时间和条件下可靠地工作的总时间或总次数。

(5)响应快,迟滞小。传感器在感受阶跃信号时,其输出值从稳定的规定的起始值到最大值所需的时间为响应时间。传感器所感受的被测量在逐步增加并减小后,在规定的测量范围内的某一被测处输出量的最大差值为迟滞。

(6)频率响应和动态范围。频率响应和动态范围为传感器所测得的具有一定精度要求的振动信号的频率范围和能力。

除了上述基本要求外，传感器的重量轻、体积小、安装调试方便、标定容易和价格合适等在实际应用中都是很重要的。

3.1.2　测温传感器

目前广泛应用于实验室和工业生产中的温度传感器多为热电式传感器。它是利用感温元件和电磁参数随温度变化而变化的特性，将温度变化转换为电量变化，从而达到温度测量的目的。

1. 热电阻

绝大多数金属具有正的电阻温度系数 α_t，温度越高，电阻越大。利用这一规律，可制成温度传感器。按材料不同，热电阻式温度传感器分为金属热电阻与半导体热电阻两种。

(1) 金属热电阻及其温度特性：

1) 铂热电阻。用高纯铂丝制作的铂热电阻的电阻值和温度的关系为

$$R_t = R_0(1 + At + Bt^2) \tag{3-1}$$

式中　R_t——t(℃) 时的电阻值；

R_0——0℃ 时的电阻值；

A——$3.968\,7 \times 10^{-3}$℃$^{-1}$(国家标准)；

B——-5.4×10^{-7}℃$^{-2}$(国家标准)。

上述公式适用于温度在 0 ～ 650℃ 之间。

由于铂的稳定性好，易于提纯加工，所以标准热电阻均采用铂热电阻。

2) 铜热电阻。工业用铜热电阻的测量范围为 －50 ～ 150℃，在此范围内它的电阻-温度特性为

$$R_t = R_0(1 + At + Bt^2 + Ct^2) \tag{3-2}$$

式中　R_t——t(℃) 时的电阻值；

R_0——0℃ 时的电阻值；

A——$4.288\,99 \times 10^{-3}$℃$^{-1}$；

B——-2.133×10^{-7}℃$^{-2}$；

C——1.233×10^{-9}℃$^{-3}$。

(2) 金属热电阻的结构：

1) 普通型。工业用热电阻温度传感器的外形结构与普通型热电阻的外形结构基本相同。热电阻体的组成部分有引出线、热电阻丝、骨架、保护云母片和绑带。

2) 铠装热电阻。铠装热电阻的主要特点是体积小，直径为 1 ～ 8 mm，响应速度快，耐振抗冲击。其感温元件、连接导线及保护套管全封闭并连成一体，使用寿命长。

(3) 半导体热电阻及其特性。半导体热电阻材料是将各种氧化物(如锰、镍、铜和铁的氧化物) 按一定比例混合压制成型的。

半导体热电阻阻值与温度的关系为

$$R_T = R_{T_0} e^{B(1/T - 1/T_0)} \tag{3-3}$$

式中　R_T—— 温度为 T 时的电阻值；

R_{T_0}—— 温度为 T_0 时的电阻值；

e—— 自然对数底数；

B—— 与半导体材料有关的常数，在 1 500 ～ 5 000 之间。

半导体热电阻测量范围在 −100 ～ 300℃ 之间。主要特点是电阻温度系数大，比金属热电阻高 10 ～ 100 倍，电阻率高。感温元件可做得很小，结构简单，可根据需要做成片状、棒状和珠状。珠状外形尺寸仅 3 mm，可用于测量空隙、腔体、内孔等处的温度。

2. 热电偶

在机械设备的温度测量中，热电偶是广泛应用的一种传统式温度传感器。热电偶与显示仪表配套可以直接测量出 0 ～ 1 820℃ 范围内液体、气体内部以及固体表面的温度。这种传感器具有精度高，测量范围宽，便于远距离和多点测量等优点。

(1) 工作原理。热电偶是基于热电效应原理进行测量的。当两种不同材料的导体组成一个闭合回路时，如果两端结点温度不同，则在两者之间会产生电动势，并在回路中形成电流。其电动势大小与两种导体的性质和节点温度有关。这一物理现象称为热电效应。根据热电效应，将两种电极配制在一起即可组成热电偶。

热电偶由两根不同材料的导体 A,B 焊接而成，如图 3.1 所示。焊接的一端 T 为工作端（热端），用以插入被测介质的测温，连接导线的另一端 T_0 为自由端（冷端）。若两端所处温度不同，仪表则指示出热电偶所产生的热电动势。

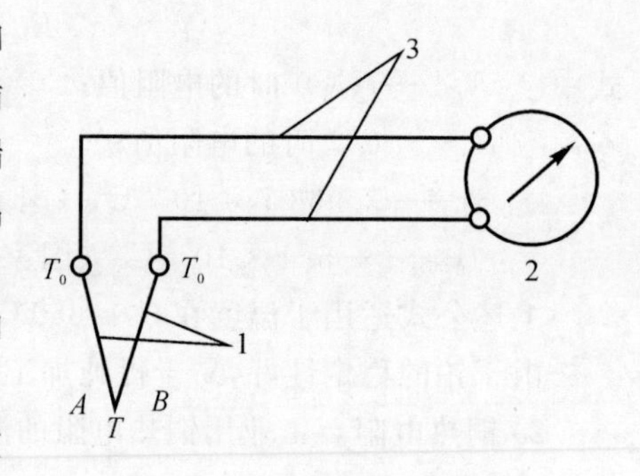

图 3.1　热电偶测温原理图

1— 热电偶；2— 测量仪表；3— 导线

热电偶的热电动势与热电偶材料、两端温度 T 和 T_0 有关，而与热电极长度、直径无关。若冷端温度 T_0 不变，在热电偶材料已定的情况下其热电势 E 只是被测量温度的函数。根据所测得 E 的大小，便可确定被测温度值。

热电势的大小为

$$E_{AB}(T,T_0)=\frac{k}{\mathrm{e}}\int_{T_0}^{T}\ln\frac{N_{At}}{N_{Bt}}\mathrm{d}t \tag{3-4}$$

式中　N_{At}，N_{Bt}——A,B 两导体电子密度。

若 N_{At}，N_{Bt} 与温度 t 的关系已知，则式(3-4)可以简化为

$$E_{AB}(T,T_0)=F(T)=f_{AB}(T)-f_{AB}(T_0) \tag{3-5}$$

当热电偶冷端温度(T_0)保持恒定时，$f(T_0)$ 一定，热电偶的热电势 $E_{AB}(T,T_0)$ 与被测温度 T 就有了单值函数关系。

(2) 热电势的测量方法。由于热电偶输出的信号电压较高，所以一般不需要再进行放大，可直接接毫伏计或电位差计进行测量。

1) 毫伏计测量热电势。如图 3.2 所示，采用毫伏计测量热电势时，将热电偶回路冷端拆开或中间断开，接入毫伏计，利用毫伏计的指示电压可以换算出热端温度。

2) 电位差计测量热电势。当测量精度要求较高时，常使用电位差计测量热电势。直流电位差计采用的是一种电位差平衡法，当回路处于平衡状态时，测温回路无电流，因此连接线路

电阻对测量结果无影响。

目前较为先进的测量方法是采用电子电位差计。它可以通过自动平衡系统,使电路始终保持平衡状态。

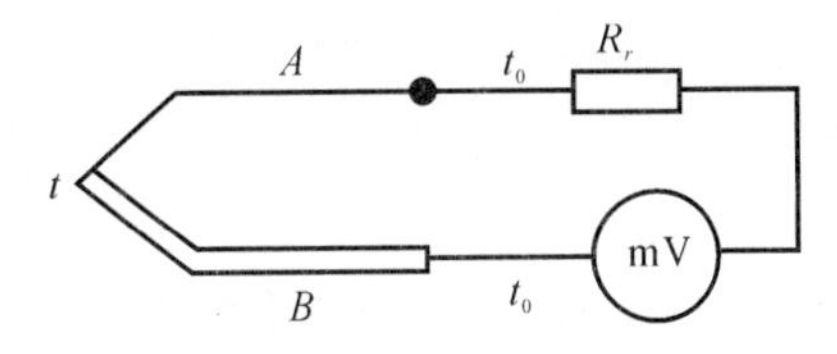

图 3.2　用毫伏计测量热电势

实际工程中对温度进行测量时,是利用上述两种测量方式的原理制成多通道显示记录仪器或直接送 PLC 和 DCS 系统进行记录、显示与控制。对于在线状态监测系统,一般也是将上述信号直接送至多通道数据采集卡,进行 A/D 转换和数据采集。

3. 超声波热电偶

超声波热电偶用于测量通过燃烧室发射的超声波脉冲的传播时间,根据该传播时间即可确定声速和燃气温度。一对压电发射器交替地发射并接受通过燃烧室送出的超声脉冲波,然后通过电路决定这些脉冲的传播时间,根据声速决定气体的温度。通过在燃烧室两个方向上测量传播时间,声速的决定和温度的测量与气流速度无关。

这种仪器的优点是能适应高温,冷却的发射器可测量高于1 650℃ 的温度。超声波热电偶与其他温度传感器不一样,它测量燃烧室的平均温度。此外,它还具有非接触、非破坏等优点。

4. 光学温度传感器

光学扫描高温计用于测量发动机推力室内壁的壁温及温度分布。光学高温计测量辐射谱的频率与振幅,测量燃烧室壁的辐射率及温度。高温计采用滤光器,用以将热辐射分隔成选定的窄频带。然后,将该辐射通过半导体转换成电流,由电路系统将该电流值进行测量并转换成温度读数。高温计可通过机械与光学驱动装置的联合作用,在燃烧室各方向上自动地扫描,扫描数据可以以温度分布或坐标形式给出。

3.1.3　测振传感器

1. 压电式加速度传感器

(1) 工作原理与特性曲线。这种传感器在振动测试领域中应用最广泛,它具有工作频率宽、体积小、重量轻、可靠性高、安装方便等优点。压电传感器有几种结构形式,基本原理都相同,其力学模型可简化为一个单自由度质量-弹簧系统,压力加速度传感器力学模型如图 3.3 所示。

设 k 为简化的弹簧刚度,它是预压弹簧刚度 k_1 与压电片等效刚度 k_2 之和;m 为质量块质量和压电晶体片质量之和;c 为系统的等效阻尼。

设加速度传感器的基座随被测物体的绝对运动规律为 $u=u_0\cos(\omega t)$,质量块相对于基座的强迫振动规律为 $x=X\cos(\omega t-\theta)$。

根据牛顿第二定律,可以推得

$$X=\frac{\left(\frac{\omega}{\omega_n}\right)^2}{\sqrt{\left[1-\left(\frac{\omega}{\omega_n}\right)^2\right]^2-\left(2\xi\frac{\omega}{\omega_n}\right)^2}}u_0 \qquad (3-6)$$

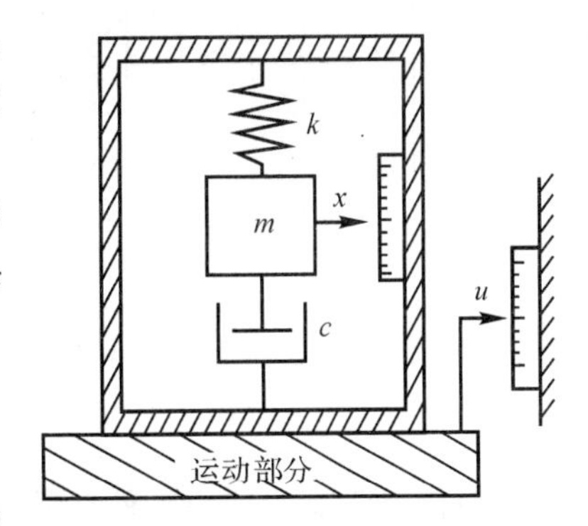

图 3.3　压电式加速度传感器力学模型

$$\theta = \arctan \frac{2\xi \frac{\omega}{\omega_n}}{1-\left(\frac{\omega}{\omega_n}\right)^2} \tag{3-7}$$

式中　ω_n—— 无阻尼固有频率，$\omega_n = k/m$；

ξ—— 简化系统的阻尼比，$\xi = \frac{c}{2\sqrt{km}}$；

θ—— 质量块的位移与基座位移之间的相位差；

u_0—— 传感器基座位移幅值。

因为 u 是余弦运动，故其加速度 a 的幅值为 $A = \omega^2 u_0$，而 a 与 u 的相位相反。由此可得质量块的相对位移幅值 X 与被测物体的绝对加速度幅值 A 之间的关系为

$$\frac{X}{A} = \frac{1}{\omega_n^2 \sqrt{\left[1-\left(\frac{\omega}{\omega_n}\right)^2\right]^2 + \left(2\xi \frac{\omega}{\omega_n}\right)^2}} \tag{3-8}$$

X 与 A 之间的相位差为

$$\varphi = \arctan \frac{2\xi \frac{\omega}{\omega_n}}{1-\left(\frac{\omega}{\omega_n}\right)^2} \tag{3-9}$$

以式(3-8)作出的曲线称为传感器的幅频特性；以式(3-9)作出的曲线表示质量块相对于基座位移与绝对加速度的相位滞后，称为传感器的相频特性，传感器的幅频特性和相频特性如图 3.4 所示。

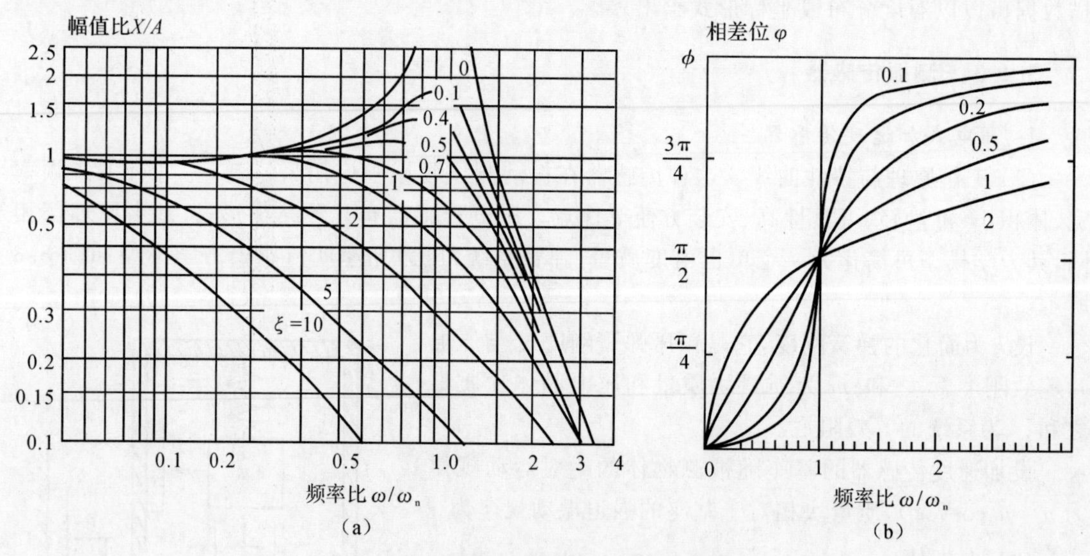

图 3.4　传感器的幅频特性和相频特性

(a) 幅频特性；(b) 相频特性

相对位移 X 就是压电元件在质量块的惯性力 F 作用下所产生的变形。可以推得，当 $\omega_n \gg \omega$ 时，即加速度传感器的固有频率远远大于其工作频率时，则相对位移的幅值 X 正比于被测正弦振动加速度幅值 A，而两者之间的相位差趋近于零度。由此可见，对于给定的加速度传感器

和测量系统,传感器的电荷输出量 Q 正比于被测振动的加速度幅值 A。

(2) 测量电路。由于压电式传感器的输出信号是很微弱的电荷,而且传感器本身有很大内阻,故输出能量甚微,这给后续测量电路带来一定困难。为此,通常把传感器信号先输到高输入阻抗的前置放大器,经过阻抗变换后,再用一般的放大、检波电路将信号输给指示仪表或记录器。

前置放大器的电路有两种形式:一种是用电阻反馈的电压放大器,其输出电压与输入电压(即传感器的输出)成正比;另一种是带电容反馈的电荷放大器,其输出电压与输入电荷成正比。电压放大器与电荷放大器相比,电路简单,价格便宜,但电缆分布电容对传感器测量精度影响很大,因此限制了其应用。电荷放大器电路比较复杂,但电缆长度变化的影响几乎可以忽略不计,故而电荷放大器的应用日益增多。电荷放大器是一个高增益带电容反馈的运算放大器,当略去传感器漏电电阻及放大器输入电阻时,它的等效电路如图 3.5 所示。忽略漏电电阻,假定电荷放大器开换放大倍数为 K,则

$$e_y = \frac{-Kq}{(C + C_f) + KC_f} \tag{3-10}$$

式中,$C = C_a + C_c + C_i$。

如果放大器开环增益足够大,则 $KC_f \geqslant (C + C_f)$,式(3-10) 可简化为

$$e_y \approx \frac{-q}{C_f} \tag{3-11}$$

此式表明,在一定条件下,电荷放大器的输出电压与传感器的电荷量成正比,并且与电缆分布电容无关。因此,采用电荷放大器时,即使连接电缆长度达百米以上时,其灵敏度也无明显变化,这是电荷放大器突出的优点。

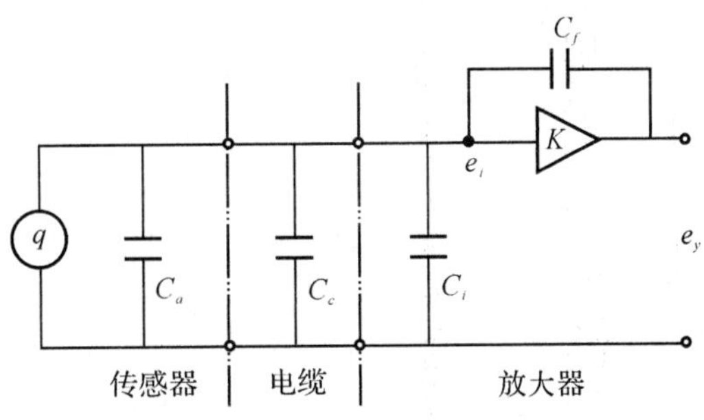

图 3.5　电荷放大器等效电路

随着微电子技术的发展,目前已经可以制作成体积很小、能封装在压电加速度传感器壳体内的集成放大器,由它来完成阻抗变换的功能。这类内装集成放大器的加速度传感器可使用长电缆而无衰减,并直接与大多数通用的输出仪表(如示波器、记录仪、数字电压表等) 连接。这类传感器的压电晶体的输出直接送给内装的微型场效应源输出电路,将高阻抗的晶体电压信号转变成低阻抗(约 100 Ω) 的电平。这类传感器通常使用专用电源(4 ~ 20 mA 恒流源)。

(3) 性能指标。

1) 灵敏度。压电式加速度传感器属于发电型传感器,所以可以把它看成电压源或电荷源。因此,灵敏度有电压灵敏度和电荷灵敏度两种表示方式。

电压灵敏度定义为传感器输出电压与所承受的加速度之比,即 $S_u = \frac{U_a}{A}$,常用传感器一般为 0.04 ~ 1 000 mV/(m · s^{-2});

电荷灵敏度定义为传感器输出电荷与所承受的加速度之比，即 $S_q = \frac{Q}{A}$，常用传感器一般为 $0.1 \sim 500\ \mathrm{pC/(m \cdot s^{-2})}$。

2）横向灵敏度。对于一个理想的压电加速度传感器来说，只有当传感器沿轴向振动时，压电材料受变形而呈现电荷，才有信号输出。而在其他方向的振动，应该没有信号输出。然而实际的传感器并非如此，因此需要了解其横向灵敏度。

横向灵敏度是与加速度传感器轴向成直角方向的振动所输出的电压或电荷量。

横向灵敏度通常用传感器主轴方向灵敏度的百分数来表示，并且要求尽可能地小。对于一个良好的加速度传感器，它的最大横向灵敏度应小于主轴方向灵敏度的3%。

3）幅频特性。图3.6所示为压电加速度传感器的电荷灵敏度 S_q 随频率变化的情况，即传感器的幅频特性。由图可知，曲线的上限受到加速度传感器固有频率的限制。

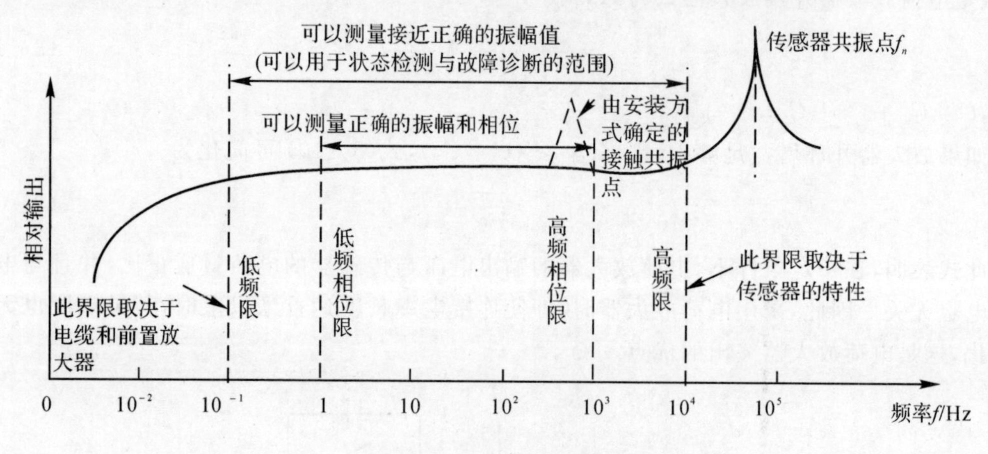

图3.6　压电式加速度传感器的幅频特性

通常传感器仅使用频响特性的直线部分，因此有效工作频率上限远低于其共振频率 ω_n。一般测量的上限频率取传感器固有频率的1/3，这时测得的振动值误差不大于12%（约1 dB）。对于灵敏度较高的通用型加速度传感器，其固有频率在30 kHz左右，故测量上限频率约为10 kHz。轻小型加速度传感器的固有频率可高达180 kHz，因此频率上限可达60 kHz左右。

当然，对于某些着重考虑重复性而对线性度要求不高的场合，例如振动测量用于机器设备监测时，所采用的频率范围可适当放宽一些。

2. 磁电式速度传感器

磁电式速度传感器是把被测物体的振动速度转换为感应电动势的一种传感器，它的输出电压与被测对象的振动速度成正比。常用的磁电式速度传感器按其运动部件来分有动圈式和动磁式，按其测量方式来分有惯性式和相对式。

(1) 结构形式。磁电式速度传感器的基本组成包括磁路系统、惯性质量、线圈和弹簧阻尼系统等四部分。磁路系统用以产生恒定的直流磁场，为减小体积，一般采用永久磁铁。线圈在磁场中切割磁场产生感应电动势，而感应电动势与磁通变化率或线圈与磁场相对运动速度成正比。运动部件为线圈的称为动圈式，运动部件为磁铁的称为动磁式。质量-弹簧阻尼系统的刚度直接影响传感器的频率响应，决定传感器的测量范围。

目前使用较多的磁电式速度传感器的结构形式为线圈-磁铁活动型。它可以构成绝对式和相对式速度传感器。

1）绝对式速度传感器。图 3.7 是 CD-1型磁电式绝对速度传感器（速度拾振器）的结构，它的壳体与磁钢构成一体，并在它们之间的气隙形成强磁场。芯轴、线圈和阻尼环构成惯性系统的质量块，并用两弹簧片支持在壳体中。沿径向弹簧片有很大的刚度，能可靠地保持线圈的径向位置；沿轴向弹簧片的刚度很小，以保证惯性系统具有较低的固有频率。当速度拾振器承受沿其轴向的振动时，包括线圈在内的质量块与壳体发生相对运动，线圈在壳体和磁钢之间的气隙中切割磁力线，产生感应电动势 e，感应电动势 e 的大小与相对速度成正比。如前所述，当$\omega \gg \omega_n$ 时，相对速度可以看成壳体的绝对速度，所以，输出电压实际上与壳体的绝对速度成正比。

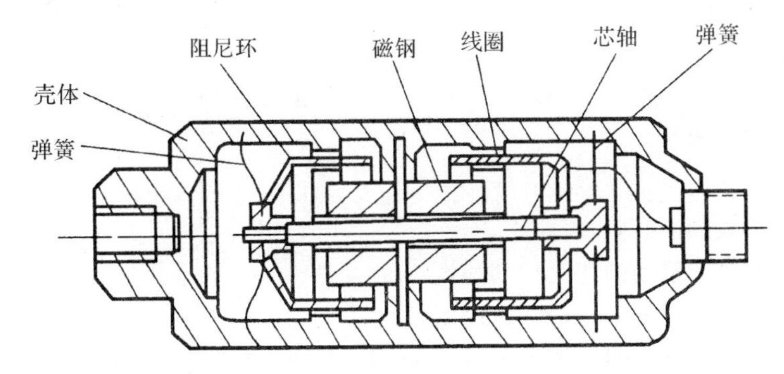

图 3.7　CD－1 型磁电式绝对速度拾振器

阻尼环一方面可以增加质量块的质量，另一方面利用这样的闭合铜环在磁场中运动将产生一定的阻尼作用，使振动系统有较大的阻尼率，以减小共振对测量精度的影响，并能扩大速度拾振器的频率范围，同时有助于衰减意外引起的自由振动和冲击。

2）相对式速度传感器。磁电式传感器也常用来将两被测物体之间的相对速度变换成电压信号，这种相对速度拾振器的结构如图 3.8 所示。使用时，壳体固定在一个被测件上，而顶杆压在另一个被测件上，两被测件之间的相对速度就被变换成线圈与壳体和磁钢之间的相对速度，而最终在线圈中产生与相对速度成正比的电动势。由于顶杆是靠预加的弹簧力顶在被测件上的，因此拾振器正常工作时顶杆不能与被测件脱开，这就要求预加弹簧力必须大于线圈-顶杆组件的惯性力。考虑到惯性力与 $\omega^2 X$（ω 为振动角频率；X 为振幅）成正比，因此，这种拾振器能够测量的最大振幅将随振动频率的增加而急剧减小。

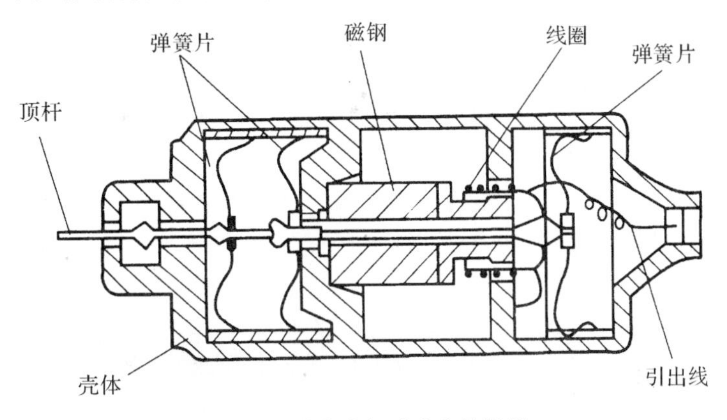

图 3.8　磁电式相对速度拾振器

(2) 工作原理与特性曲线。由电工学可知,对于一个匝数为 W 的线圈,当穿过该线圈的磁通量 Φ 发生变化时,其感应电动势

$$e=-W\frac{\mathrm{d}\Phi}{\mathrm{d}t} \tag{3-12}$$

由此可见,线圈感应电动势的大小取决于匝数和穿过线圈的磁通量变化率。磁通量变化率与磁场强度、磁路磁阻、线圈的运动速度有关,故改变其中一个因素,就会改变线圈的感应电动势。

动圈式速度传感器结构如图 3.9 所示。其惯性质量 m 下面有一线圈 L,当传感器与被测物体一起振动时,m 相对于外壳的运动为 $x=b\sin(\omega t-\varphi)$,即在用磁铁的磁路缝隙中按此规律运动。根据电磁感应原理,线圈中将产生与相对运动速度 $\mathrm{d}x/\mathrm{d}t$ 成正比的电动势 ,即

$$e=WBL(\mathrm{d}x/\mathrm{d}t)\sin\theta=WBLv\sin\theta \tag{3-13}$$

式中 W—— 线圈匝数;

B—— 磁场的磁感应强度;

L—— 单线圈的有效长度;

v—— 线圈与磁场的相对运动速度;

θ—— 线圈运动方向与磁场方向的夹角。

由式(3-13)可知,当传感器结构一定时,B,W,L 均为常数,因此感应电动势 e 与线圈相对于磁场的运动速度 v 成正比,测得 e 值便可求得振动速度值。

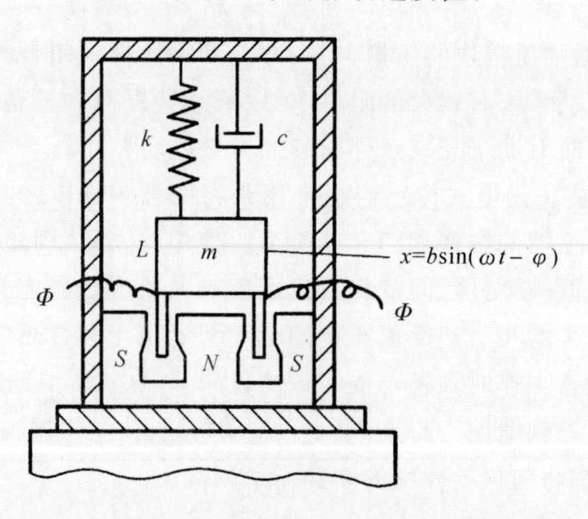

图 3.9 动圈式速度传感器结构图

在实际工程中,应用较多的是绝对式速度传感器,又称惯性式速度传感器。下面以此为例来分析其幅频特性和相频特性。

绝对式速度传感器与压电加速度传感器同属惯性式传感器,参考压电加速度传感器幅频特性、相频特性分析过程,可以得到绝对式速度传感器的幅频特性 $A(\omega)$、相频特性 $\varphi(\omega)$:

$$A(\omega)=\frac{\left(\frac{\omega}{\omega_{\mathrm{n}}}\right)}{\sqrt{\left[1-\left(\frac{\omega}{\omega_{\mathrm{n}}}\right)^{2}\right]^{2}+\left[2\xi\left(\frac{\omega}{\omega_{\mathrm{n}}}\right)\right]^{2}}} \tag{3-14}$$

$$\varphi(\omega)=-\arctan\frac{2\xi\left(\frac{\omega}{\omega_n}\right)^2}{1-\left(\frac{\omega}{\omega_n}\right)^2} \tag{3-15}$$

式中　ω—— 被测振动的角频率；

ξ—— 简化阻尼系数，$\xi=\frac{c}{2\sqrt{mk}}$；

ω—— 惯性系统的固有角频率，$\omega_n=\sqrt{\frac{k}{m}}$。

典型的速度传感器的幅频特性如图 3.10(a) 所示，相频特性如图 3.10(b) 所示。

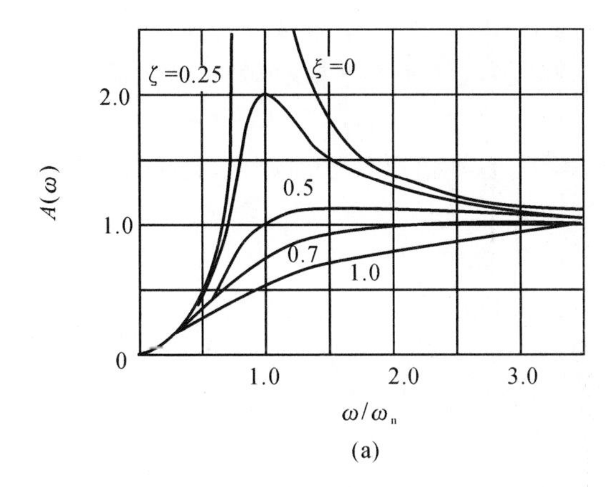

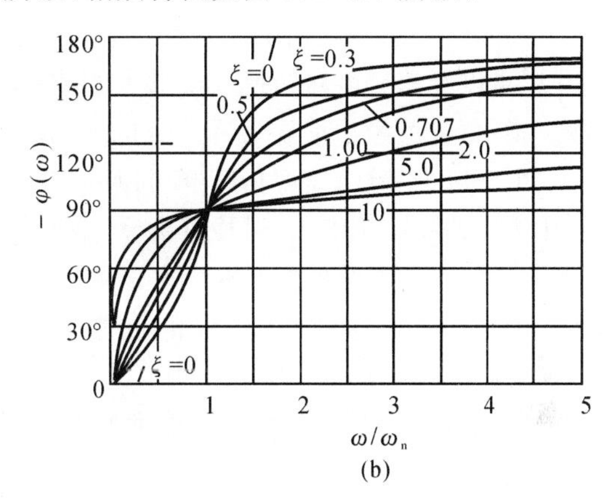

图 3.10　速度传感器的幅频特性与相频特性

(a) 幅频特性；(b) 相频特性

由幅频特性可以看出，只有在 $\omega \gg \omega_n$ 的情况下，$A(\omega)\approx 1$，相对速度的大小近似为壳体振动速度。因此惯性式速度拾振器的固有频率都比较低，一般为 10 ～ 15 Hz。为了抑制共振峰值，从减小幅值误差来扩大工作频率范围，一般需要采用较大的阻尼，使 $\xi=0.5\sim0.7$。这样的阻尼率也有助于衰减由意外扰动所引起的冲击振动。

由相频特性可以看出，在低频范围内，惯性式速度传感器的相频特性很差，例如，对于 $\xi=0.6$ 的速度传感器，在 $\omega>1.7\omega_n$ 时，其幅值误差一般不超过5%，但有130°左右的相位差，这样大的相位差无法满足振动相位的测量要求。此外，速度传感器在 ω 大于又接近于 ω_n 的一段频率范围内，其相位差也不与频率成线性关系。因此，在这一频率范围内它也无法保证含有多频率成分的波形不失真。只有在 $\omega>(7\sim8)\omega_n$ 时，这些缺点才能够得到克服，这时相位差接近于180°。

根据以上分析，常用惯性式速度传感器($f_n\approx15$ Hz；$\xi=0.5\sim0.7$) 用来测量低频($1.7\omega_n<\omega<6\omega_n$) 振动只能保证幅值精度，无法保证相位精度和多频成分的波形不失真。在低频范围内，惯性式速度传感器的相频特性较差，在涉及相位测量时应特别注意，确认其是否适用，以免产生过大的误差。

(3) 性能特点及应用领域。磁电式速度传感器的性能特点如下：

1) 输出信号与振动速度成正比，因此较好地兼顾了高频和低频振动，符合目前 ISO 标准对旋转机械的振动评判标准。

2）由永久磁铁感应出电动势，传感器本身不需要电源，使用方便。

3）磁钢-线圈型结构，容易获得高灵敏度，可测量微小振动。

4）输出信号大，输出阻抗低，电气稳定性好，不受外部噪声干扰，有较高的信噪比，对后接电路无特殊要求。

由于本身结构特点所限，磁电式速度传感器也有其相应的缺点：

1）体积大，重量大，不适用于狭小空间的振动测量和轻小型设备。

2）动态范围有限，低频线性差，尺寸和重量较大，弹簧件容易失效。

3）对安装角度要求较高，使用时应注意有些型号仅适用于垂直安装，而有些型号只适用于水平安装。

由速度传感器输出的电压信号除了可以直接用于测量、显示、记录被测物体的振动速度外，还可以经积分电路转换成位移振幅或经微分电路转换成加速度振幅，再经过放大后，送至检波指示，也可经功率放大后送至记录仪表。

由于以上特性，速度传感器可以固定安装在机器上，长期监测其振动速度，也可以临时安装在机器的相应测点上，巡检其振动速度。

3. 压电式内置积分电路速度传感器

由于磁电式传感器的体积和重量都比较大，具有易损的运动部件，因此其使用范围受到了一定的限制。例如在测量过程中，其过大的重量会改变测量对象的振动频率和振幅，内部运动、易损部件又限制了其安装角度和使用寿命，特别是其低频特性较差，也限制了其使用范围。

近年来，集成电路的发展已使积分电路的体积大大减小，以至于可以安装到压电式加速度传感器的内部并可以稳定、长期工作，因此在压电加速度传感器的基础上，又派生出了压电式内置积分电路的速度型传感器。目前这种传感器在工业现场也得到了广泛的应用。

（1）工作原理。前面已经述及，加速度信号经过一次积分便可以得到速度信号。那么，只要在压电加速度传感器的基础上增加一个积分电路，便可得到压电式速度型传感器，如图3.11所示。

图3.11　内置积分电路速度传感器结构框图

（2）特点与应用。压电式速度型传感器整合了压电式传感器和磁电式速度传感器的优点，同时克服了二者的缺点。其主要特点如下：

1）体积小，重量轻，安装方便。

2）结构简单，价格低廉。

3）极低频特性和高频特性都比较好。

4）没有运动部件，无易损件，使用寿命长，工作稳定可靠。

5）信噪比高，易于远距离传输，便于后续仪器仪表的连接使用。

由于以上优势，目前这种传感器已广泛应用于蒸汽透平、压缩机、风机、水轮机组等大型关键设备的状态监测与故障诊断系统，并且大有逐步替代磁电式传感器的势头。

4. 非接触式电涡流位移传感器

世界上第一支电涡流位移传感器由美国人Donald E. Bently于1954年研制并应用于工业生产，由于它可以实现非接触测量、能够直接测量转轴等物体的振动，并且具有灵敏度高、抗干扰能力强、低频特性好、响应速度快、不受油水等介质影响、长期工作稳定可靠等诸多优点，多年来一直是大型旋转机械振动测量、轴向位移测量的首选。随着相关技术的发展，目前电涡流位移传感器的应用领域已不再局限于振动、位移的测量，在其他行业、相关领域的应用也十分广泛。

(1) 工作原理。电涡流位移传感器的工作原理是电涡流效应。当接通传感器系统电源时，在前置器内会产生一个高频电流信号，该信号通过电缆送到探头的头部，在头部周围产生交变磁场 H_1，如图3.12所示。如果在磁场 H_1 的范围内没有金属导体材料接近，则发射到这一范围内的能量会全部释放；反之，如果有金属导体材料接近探头头部，则交变磁场 H_1 将在导体的表面产生电涡流场，该电涡流场也会产生一个方向与 H_1 相反的交变磁场 H_2。由于 H_2 的反作用，就会改变探头头部线圈高频电流的幅度和相位，即改变了线圈的有效阻抗。这种变化既与电涡流效应有关，又与静磁学效应有关，即与金属导体的电导率、磁导率、几何形状、线圈几何参数、激励电流频率以及线圈到金属导体的距离等参数有关。假定金属导体是均质的，则线圈-金属导体系统的物理性能通常可由金属导体的磁导率 μ、电导率 δ、尺寸因子 r、线圈与金属导体距离 d、线圈激励电流强度 I 和频率 f 等参数来描述。

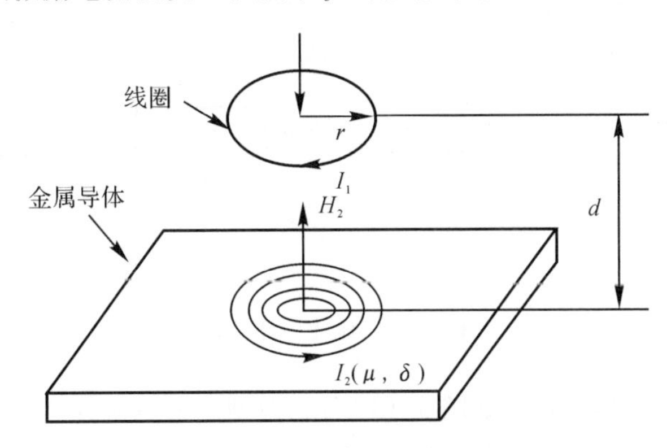

图3.12　电涡流作用原理

因此，线圈的阻抗可表示为

$$Z=F(\mu,\delta,r,d,I,f) \tag{3-16}$$

对于特定的传感器，线圈的尺寸因子 r、线圈的激励电流强度 I 和频率 f 恒定不变；对于特定的测试对象，金属导体的磁导率 μ、电导率 δ 恒定不变，那么阻抗 Z 就成为距离 d 的单值函数。由麦克斯韦尔公式可以求得此函数为一非线性函数，其曲线为"S"形曲线，在一定范围内可以近似为一线性函数，如图3.13所示。

在实际应用中，通常是将线圈密封在探头中，线圈阻抗的变化通过封装在前置器中的电子线路的处理转换成电压或电流输出。这个电子线路并不是直接测量线圈的阻抗，而是采用并联谐振法(见图3.14)，即在前置器中安装一个固定电容 C_0：

$$C_0=\frac{C_1C_2}{C_1+C_2}$$

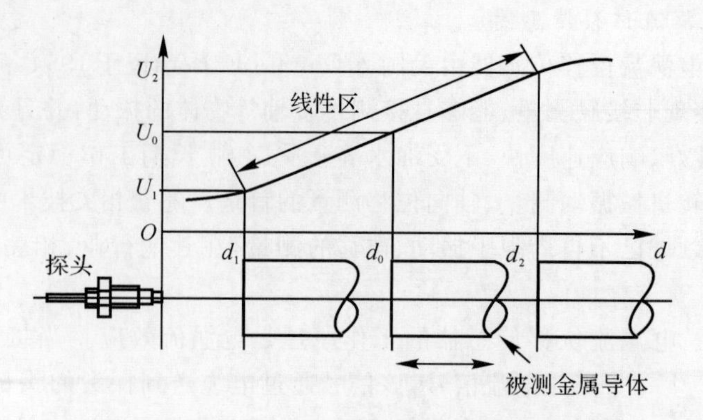

图 3.13　电涡流传感器输出特性曲线

C_0 和探头线圈 L_x 并联，与晶体管 T 一起构成一个振荡器，振荡器的振荡幅度 U_x 与线圈阻抗成正比，因此振荡器的振荡幅度 U_x 会随探头与被测间距 d 改变。U_x 经检波滤波、放大、非线性修正后输出电压 U_0，U_0 与 d 的关系曲线如图 3.14 所示。可以看出，该曲线在线性区中点 d_0 处（对应输出电压 U_0）线性最好，其斜率（即灵敏度）较大；在线性区两端，斜率（灵敏度）逐渐下降，线性变差。

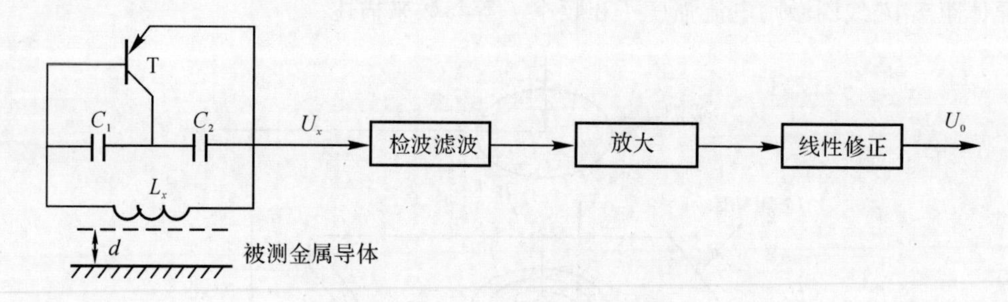

图 3.14　电涡流传感器原理框图

(2) 系统组成与传感器结构。如图 3.15 所示，典型的电涡流传感器系统主要包括传感器（又称探头）、延伸电缆和前置放大器三部分。根据使用场合不同，也有延伸电缆与探头一体的（不带中间接头）；随着微电子技术水平的提高，也有将前置放大器直接做在传感器内部的。

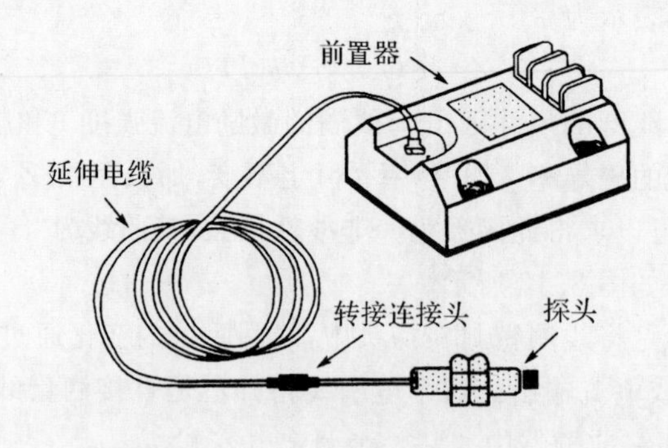

图 3.15　电涡流传感器系统的组成

1）探头。一套典型的探头如图 3.16 所示，通常由线圈、头部、壳体、高频电缆、高频接头组成。线圈是探头的核心，它是整个传感器系统的敏感元件，线圈的物理尺寸和电气参数决定传感器系统的线性量程以及探头的电气参数稳定性。

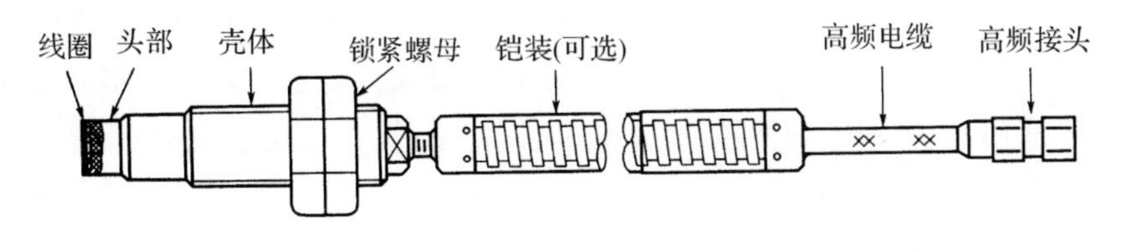

图 3.16　探头示意图

国产传感器头部一般采用耐高低温的 PPS 工程塑料，头部直径取决于其内部线圈直径。由于线圈直径决定传感器系统的基本性能 —— 线性量程，因此通常用头部直径来分类和表征各型号探头，一般情况下传感器系统的线性量程大致是探头头部直径的 1/4 ～ 1/2。常用传感器的头部直径有 $\phi5$ mm，$\phi8$ mm，$\phi11$ mm，$\phi25$ mm 几种。探头壳体用于支撑探头头部，并作为探头安装时的装夹结构。壳体采用不锈钢制成，一般上面加工有螺纹，并配有锁紧螺母。螺纹分公制螺纹（如 $\phi8$ mm 传感器的螺纹为 M 10×1 mm）和英制螺纹（如 $\phi5$ mm 传感器的螺纹为 1/4″－28 牙），以适合不同的应用和安装场合。

传感器尾部电缆是用于连接到延伸电缆，再通过延伸电缆与前置放大器连接的。尾部电缆与延伸电缆之间通过特制的中间接头连接。尾部电缆是用氟塑料绝缘的射频同轴电缆。传感器总长（包括尾部电缆）通常有 0.5 m，0.8 m，1 m 等多种选择。

2）延伸电缆。延伸电缆是用于连接探头和前置放大器的，也是用氟塑料绝缘的射频同轴电缆，长度需要根据传感器的总长度配置，以保证系统总的长度为 5 m 或 9 m。至于选择 5 m 还是 9 m 系统，应根据前置器与安装在设备上的探头二者之间的距离来确定。

采用延伸电缆的目的是为了缩短探头尾部电缆长度，因为通常安装时需要转动探头，过长的电缆不便随探头转动，容易扭断电缆。

也有不使用中间接头和延伸电缆的情况（即探头电缆直接同前置放大器连接），这时的系统总长度也应为 5 m 或 9 m。

根据探头的使用场合和安装环境，可以选用带有不锈钢铠甲的延伸电缆。

3）前置放大器。前置放大器简称前置器，它实际上是一个电子信号处理器。一方面，前置器为探头线圈提供高频交流电源，另一方面，前置器感受探头前面由于金属导体靠近引起探头参数的变化，经过前置器的处理，产生随探头端面与被测金属导体间隙线性变化的输出电压或电流信号。

目前前置放大器的输出有两种方式：一种是未经进一步处理的、在直流电压上叠加交流信号的“原始信号”，这是进行状态监测与故障诊断所需要的信号；另一种是经过进一步处理得到的 4 ～ 20 mA 或 1 ～ 5 V 的标准信号。

前置放大器要求具有容错性，即电源端、公共端（信号地）、输出端任意接线错误不会损坏前置器；同时具有电源极性错误保护、输出短路保护。

（3）被测体尺寸与材料的影响。前面介绍了被测金属导体的磁导率 μ、电导率 δ、尺寸因子 r 对测量也有影响，因此除了探头、延伸电缆、前置器决定传感器系统的性能外，严格地讲被测体也是传感器系统的一部分，即被测体的性能参数也会影响整个传感器系统的性能。

1）被测物体表面尺寸的影响。探头线圈产生的磁场范围是一定的，在被测物体表面形成的涡流场也是一定的。试验表明，当被测面为平面时，以正对探头中心线的点为中心，被测面直径应当大于探头头部直径1.5倍以上；当被测体为圆轴而且探头中心线与轴心线正交时，一般要求被测轴直径为探头头部直径的3倍以上，否则灵敏度就会下降。一般当被测面大小与探头头部直径相同时，灵敏度会下降至70%左右。

2）被测物体厚度的影响。被测物体的厚度也会影响测量结果。在被测物体中电涡流场作用的深度由频率、材料电导率、磁导率决定。

3）被测物体表面加工状况的影响。不规则的被测体表面会给实际的测量值造成附加误差，特别是对于振动测量，这个附加误差信号与实际的振动信号叠加在一起，很难进行分离，因此被测表面应该光洁。通常，对于振动测量表面粗糙度Ra要求在0.4～0.8 μm之间（API670标准推荐值），一般需要对被测面进行打磨或抛光；对于位移测量，由于指示仪表的滤波效应或平均效应，可稍放宽，一般表面粗糙度Ra不超过0.8～1.6 μm。

4）被测体材料的影响。传感器特性与被测体的电导率和磁导率有关，当被测体为导磁材料（如普通钢、结构钢等）时，由于磁效应和涡流效应同时存在，而且磁效应与涡流效应相反，要抵消部分涡流效应，使得传感器感应灵敏度低；而当被测体为非导磁或弱导磁材料（如铜、铝、合金钢等）时，由于磁效应弱，相对来说涡流效应要强，因此传感器感应灵敏度要高。因为大多数的汽轮机、鼓风机等设备的转轴都是用40CrMo材料或者与之相近的材料制造的，因此传感器系统一般都用40CrMo材料做出厂校准，当被测体的材料与40CrMo成分相差很大时，则须进行重新校准，否则可能造成较大的测量误差。

5）被测体表面残磁效应的影响。电涡流效应主要集中在被测体表面，由于加工过程中形成的残磁效应，以及淬火不均匀，硬度不均匀，结晶结构不均匀等都会影响传感器特性，API670标准推荐被测体表面残磁不超过0.5 μT。当需要更高的测量精度时，应该用实际被测体进行校准。

6）被测体表面镀层的影响。被测物体表面的镀层对传感器测量的影响，相当于改变了被测物体材料。如果镀层均匀，且厚度大于涡流渗透深度，则将传感器按镀层材料重新校准，不会影响使用，否则应考虑镀层的影响。

5．复合式振动传感器

通常我们利用安装在机壳上的压电式传感器或磁电式传感器来测量机壳的振动，用电涡流位移传感器来测量转轴相对于机壳的振动，而实际上无法直接测量转轴相对于惯性空间的绝对振动。为此，人们将一支电涡流传感器和一只磁电式绝对速度传感器固定在一起，构成一种复合式传感器，用来测量转轴相对于惯性空间的绝对振动。

（1）工作原理。图3.17所示为一个复合式传感器，它由一个电涡流位移传感器和一个磁电式绝对速度传感器组合而成。

图中电涡流传感器与速度传感器固接在一起，安装在轴承架上。当轴转动时，其径向振动能被电涡流传感器感受，又因为电涡流传感器与轴承座固定在一起，所以它所测量的运动是轴相对于轴承座的相对运动。速度传感器的壳体同时也与轴承座固定在一起，则速度传感器测得的是轴承座的绝对振动。这两路所测得的信号通过电路合成，就可得到转轴相对于惯性空间的绝对振动。

(2) 传感器的结构。复合式振动传感器的结构如图3.17所示。图中电涡流传感器1固定在长套管2上，长套管的作用是使传感器穿过轴承座安装在轴表面附近。速度传感器和电涡流传感器一起固定在一个密闭的金属壳体3内，4为固定座。

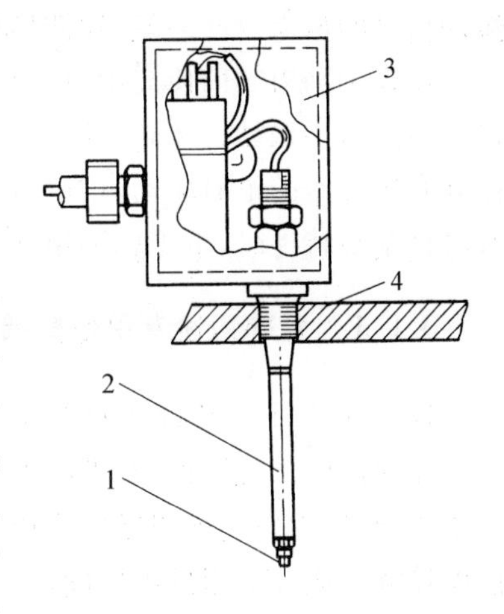

图 3.17　复合式振动传感器结构
1—传感器；2—长套管；
3—金属壳体；4—固定座

(3) 测量电路框图。图3.18是复合式振动传感器及其测量仪器的电路原理框图。电涡流传感器测量的位移变化经前置器转换为振动位移信号电压 。速度传感器所测得的正比于振动速度的信号经积分转换器，把速度信号变换为位移信号，再经放大后获得振动位移信号电压 。为了得到正确的幅值和相位关系，要在频响范围的低频段进行相位补偿。两个振动位移信号电压同时输入到加法器上。加法器输出的便是轴的绝对振动位移信号，再经过高通滤波、峰-峰值检波后送表头显示。

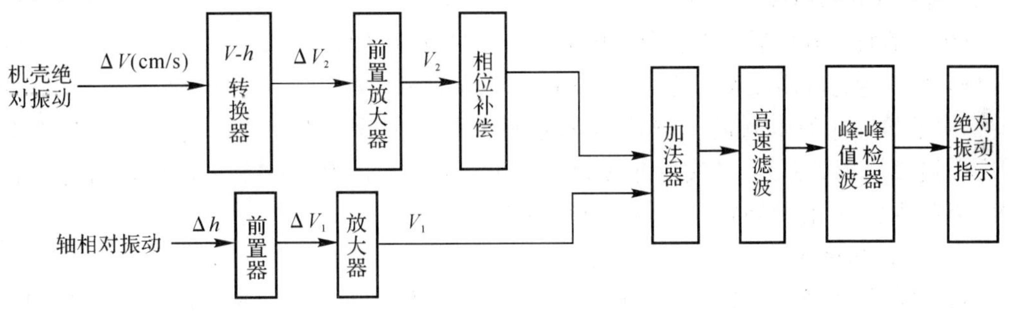

图 3.18　复合式传感器电路方框图

(4) 复合式振动传感器的特性和应用。复合式振动传感器的主要性能指标见表3.1。

表 3.1　复合式振动传感器性能

性　能	电涡流传感器	速度传感器	性　能	电涡流传感器	速度传感器
频率范围	0 ~ 10 kHz	20 ~ 1 000 kHz	线性范围	2 mm	800 μm
灵敏度	8 mV/μm	100 mV/(cm · s^{-1})	线性度	5%	±3%

复合式振动传感器的优点是非接触测量、无磨损、牢固可靠。它能够测量：

1) 轴的绝对振动。

2) 轴相对于轴承座的振动。

3) 轴承座的绝对振动。

4) 轴在轴承内的径向位移。

复合式振动传感器多用于大型气轮机、燃气轮机、大型鼓风机、大型泵等旋转机械的振动监测上。

为了测得准确的振动信号，复合式振动传感器应牢固地安装在轴承座上，其测量方向应与振动信号的最大方向一致，被测转轴表面应光滑。

在转子动力学的研究中，用复合式振动传感器同时测量轴和壳体的振幅，就能得知壳体的振动是由转子振动力还是由壳体的谐振所引起的，或存在其他影响因素。此外，比较轴的相对振动和轴承座的绝对振动，可以分析系统的机械阻抗。在确定轴承阻尼、支承刚度、惯性参数及机械系统特性时，也需要测出两个振动的幅值和相位关系。

3.1.4 特殊用途专用传感器

1. 测量轴承工作情况的光纤挠度传感器

光纤挠度计的原理为：光源发出的光经发送光纤射向被测物体的表面上，反射光由接收光纤收集，并传送到光探测器转换成电信号输出，从而测出物体表面的位移量(挠度变化)。光纤挠度计特别适合于测量小挠度，具有非接触、探头小、频响高的特点。

可利用光纤挠度计来测量轴承外环因转子转动而产生的挠度，它需要打一个通孔到轴承外环。

2. 测量磨损粒的激光传感器

该传感器技术有可能和声发射传感器技术一起应用到HMS的轴承信号分析上。UTRC已经研制出一种光纤激光振动传感器(Fiber Optic Laser Vibration Sensor，FOLVS) 来测量那些因质量和尺寸的限制而不能使用压电加速度计的场合的振动。通过多路调制技术，FOLVS既能以接触方式，又能以非接触方式测量振动。作为SSME-ATD计划的一部分，FOLVS技术已被用来检测HPFTP的轴承故障。

3. 固态泄漏传感器

固态泄漏传感器大多采用气敏半导体。气敏半导体在一些工业场合已得到应用，现在正在把它应用到导弹/火箭发动机的环境上来。气敏半导体的导电性在氢、一氧化碳、甲烷、丙烷等燃气环境中会增加，由于固态半导体的小尺寸，它们作为监测SSME中氢泄漏的传感器阵列是很理想的。

4. 声发射传感器

声发射传感器的工作原理是利用超声波传播过程中的声学特性(声速、衰减、声阻抗等)的变化与某种待测的非声量(如密度、浓度、强度、硬度、黏度、温度、厚度、缺陷等)之间的直接或间接的关系来进行测量的。已有研究利用声发射传感器来监测SSME高压涡轮泵轴承元件之间相互作用而产生的高频应力波。因为监测的应力波频率范围(100 Hz～1 MHz) 大大高于由齿轮、密封以及流体流动而产生的噪声信号的频率，所以，和加速度计相比，声发射传感器能更早地检测到轴承的磨损和故障，并能更具体地给出轴承磨损和故障的程度。

5. 羽流电诊断

羽流电诊断是基于带静电的羽流气体的通过信号来判定发动机的故障事件，它是一种非接触的测量技术。

动力系统发生故障时，如涡轮泵叶片摩擦或燃烧器烧蚀，将产生带静电的碎片颗粒。羽流电诊断利用静电探测器来检测这些带电颗粒。正常情况下，羽流气体将带有正常水平的静电。当故障发生时，静电探测器检测到静电信号的变化，通过相应的信号处理和分类技术，可以检测到该故障。

3.1.5　传感器的选用原则

前面介绍了几种常见的传感器，实际应用中，针对某一个参数进行测量时，可供选择的传感器型号非常多。如何根据监测对象、监测参数与实际条件，合理地选用传感器，得到真实可信的数据，达到监测诊断的目的，这是实际工程应用中非常重要的一项工作。在此，就选用传感器时应考虑的一些基本原则做一简单介绍。

1. 灵敏度

从一定角度讲，传感器的灵敏度越高越好，因为灵敏度越高，意味着传感器能够感知的变化量越小，即被监测参数稍有微小变化，传感器就会有较大的响应，系统马上就能检测到。

在实际测试过程中，不可能人为地改变系统的变化量，使其无限增大，因为这需要改变系统的正常工作状态。此外，高精度的机械系统，其运动误差量值往往是非常微小的，甚至在微米级以下，如果要检测或辨别这样微小量值的变化，就要求传感器具有较高的灵敏度。

然而，传感器的灵敏度并非越高越好，因为当灵敏度很高时，与测量信号无关的外界噪声很容易混入，并且噪声会被电子系统进一步放大。这时必须考虑既要检测微小量值，又要尽量降低噪声。为此，往往要求信噪比愈高愈好，即要求传感器本身噪声小，且不易从外界引进干扰噪声。

限制传感器灵敏度的另一个因素是量程范围，当输入量增大时，除非有专门的非线性校正措施，传感器不应进入非线性区域，更不能进入饱和区域。某些测试工作要在较强的噪声干扰下进行，这时对传感器来讲，其输入量不仅包括被测量，也包括干扰量，必须保证两者的叠加不能进入非线性区。显然，过高的灵敏度会影响其适用的测量范围。

此外，当被测量是一个向量，并且是一个单向向量时，那么要求传感器单向灵敏度愈高愈好，而横向灵敏度愈低愈好；如果被测量是二维或三维向量，那么对传感器还应要求交叉灵敏度愈低愈好。

2. 精确度

传感器的精确度表示其输出与被测物理量的对应程度。由于传感器处于测试系统的最前端，因此，传感器能否真实地反映被测量值，对整个测试系统具有直接影响。

与精确度相对应的是误差，在工程测量中经常用误差指标来代替精确度指标。

精确度（误差）有绝对精确度（绝对误差）和相对精确度（相对误差）两个指标。

相对精确度（相对误差）表示测量值与真实值的偏离程度，通常用百分数（%）、千分数（‰）来表示。

绝对精确度（绝对误差）表示测量值与真实值的偏差绝对值，例如位移测量误差 1 μm，温度测量误差 1℃ 等。

实际工程中，传感器的精确度（误差）通常用相对精确度（相对误差）即百分数（%）来表示；而系统的精确度（误差）通常用相对精确度（相对误差）与绝对精确度（用绝对误差）之和来表示，例如温度测量误差为 0.5%±1℃，位移测量误差为 0.2%±1 μm 等。

从一定角度讲，精确度越高越好，而在实际应用中，并非在所有场合下使用的传感器的精确度愈高愈好，因为还应考虑到经济性。传感器的精确度越高，价格越高，因此应从实际需要出发来选择传感器精度。首先应了解测试的目的，判定是定性分析还是定量分析。如果是属于相对比较性的试验研究，只须获得相对比较值即可，那么应要求传感器的重复精度高，而无须要求绝对量值。当然，在某些情况下，例如现代超精密切削机床，其运动部件、主轴回转运动误差往往要求测量精确度在0.1～0.01 μm范围内，欲测得这样的量值，必须有高精确度的传感器。

在实际工程测量中，一般情况下要求精度达到1.5%左右即可，有时甚至3%～5%也是可以接受的。

3. 线性范围

线性即传感器输出与输入成比例关系，任何传感器都有一定的线性工作范围，线性范围愈宽，则表明传感器的工作量程愈大。

传感器在线性区内工作，是保证测量精度的基本条件。例如，惯性速度式传感器中弹性元件，其材料的弹性极限是决定测量量程的基本因素，当超出测量元件的允许范围时，将产生非线性误差。

然而，对任何传感器，保证其绝对工作在线性区内是不容易的，在某些情况下，在许可限度内也可以取其近似线性区域。例如，变间隙型的电容、电涡流传感器，其工作区域选在初始间隙附近，选用时必须考虑被测量变化范围，保证其非线性误差在允许限度以内。

4. 稳定性

稳定性表示传感器经过长期使用以后，其输出特性不发生变化的性能。影响传感器稳定性的因素主要有时间、环境等。

为了保证稳定性，在选择传感器时应考虑其使用环境，以选择合适的传感器类型。例如，变间隙型的电容传感器，在环境湿度较大的场合工作或油剂浸入间隙时，会改变电容器介质。工程实际应用往往要求传感器能长期使用而不需经常更换或校准，在这种情况下，对传感器的稳定性有严格的要求。

5. 频率响应特性

传感器的频率响应特性是其主要动态指标。所谓频率响应特性是指在所测频率范围内，传感器的输出能够真正反映被测参数而不失真。在实际工程测量中，要求所有的测试都应在所测的频率范围内保持不失真，例如对振动测量时，要求实际传感器的工作频率范围要宽于机器振动的频率范围。做到这一点是有困难的，有时甚至是不可能的，因为任何传感器的频率范围都有一定的限定范围。例如，位移传感器的频率响应一般为0～10 kHz，能给出准确的低频振幅及相位。速度传感器的频率响应一般为5～2 kHz，能对中频的振动产生较强的信号。加速度传感器的频率响应一般为5～20 kHz，高频范围信号较强。因此，应根据被测对象及其可能发生故障的性质，选择适用的传感器。

6. 测量方式与使用场合

传感器的测量方式也是选用传感器时应考虑的重要因素。例如，接触与非接触测量，在线测量与离线测量等，条件不同，对传感器的要求亦不同。

对运动部件的测量一般应采用非接触测量方式。因为对运动部件的接触测量有许多实际困难，诸如测量头的磨损、接触状态的变动、信号的采集等问题，都不易妥善解决，也容易造成测量误差。这种情况下采用电容式、电涡流式等非接触传感器比较方便。

同时，测试对象的不同与使用场合的不同，所采用的传感器往往也不同。例如，对大型设备、高精度设备、价值高的设备和关键设备，测试时往往选用精度高、稳定性好的传感器；对一旦工作失灵会造成重大影响的监测系统，对长期连续工作的监测系统，应重点考虑传感器的稳定性;高温场合应重点考虑传感器的耐温性能;强电磁干扰场合,不应选用磁电式传感器;等等。

7. 其他

除了以上介绍的选用传感器时应充分考虑的一些因素外,实际应用中还应尽可能兼顾结构简单、体积小、重量轻、价格便宜、易于更换等因素。

3.2　信号处理的基础知识

信号或动态数据的处理与分析,是设备故障诊断的前提和基础。本节所说的信号是指测量信号,它是对系统的物理量,如位移、速度、加速度、应力、应变等,进行观测获得的数据。其共同特点是随时间而变化,它们代表了系统的状态和特征。这里的“时间”是泛指概念,有时可以是空间坐标或时空坐标。

3.2.1　测量信号分类与描述

1. 概述

按照信号的特性,可对信号进行分类,如图3.19所示。

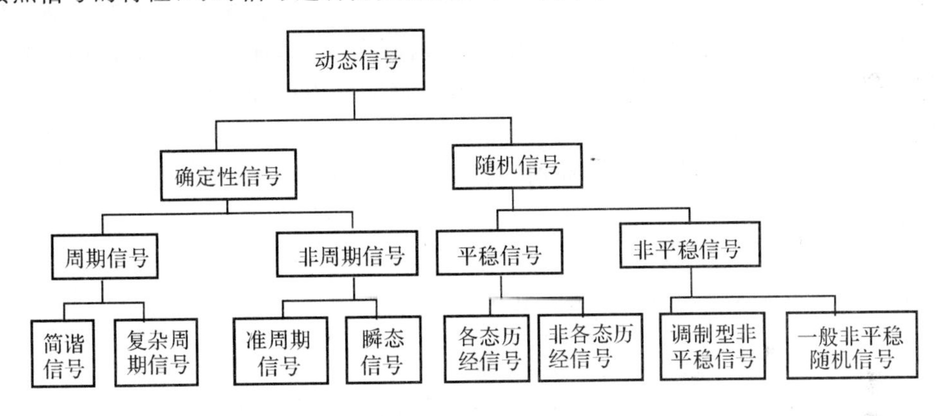

图3.19　信号的分类

如果描述系统情态的状态变量可以用确定的时间函数来描述,则称这样的物理过程是确定性的,而描述他们的测量数据就是确定性信号,如图3.20所示。

周期信号包括简谐信号和复杂周期信号。表述简谐信号的基本物理量是频率、振幅和初相位;复杂周期信号可借助傅里叶级数,展开成一系列离散的简谐分量之和,其中任两个分量的频率比都是有理数。

非周期信号包括准周期信号和瞬态信号。准周期信号也是由一些不同离散频率的简谐信号合成的信号,但它不具有周期性,组成它的简谐分量中总有一个分量与另一个分量的频率比为无理数;瞬态信号的时间函数为各种脉冲函数或衰减函数,如有阻尼自由振动的时间历程就是瞬态信号。瞬态信号可借助傅里叶变换而得到确定的连续频谱函数。

如果描述系统情态的状态变量不能用确切的时间函数来表述,无法确定状态变量在某瞬时的确切数值,其物理过程具有不可重复性和不可预知性,则称这样的物理过程是随机的,而描述它们的测量数据就是随机信号,在数学上称为随机过程。随机信号虽然具有不确定性,但

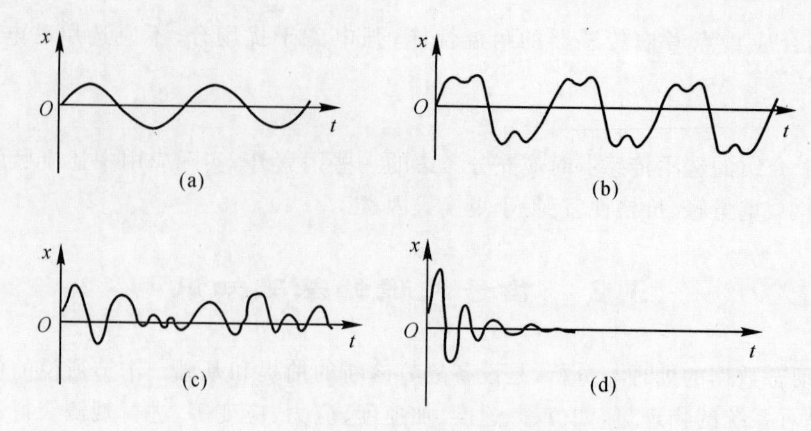

图 3.20　确定性信号

(a) 简谐信号；(b) 复杂周期信号；(c) 准周期信号；(d) 瞬态信号

却具有一定的统计规律性，可借助概率论和随机过程理论来描述。

在工程实践中通常是在相同的条件下，对某台设备(或同一型号的设备）进行大量的重复试验所得的试验数据进行统计分析，来研究其规律性。图 3.21 所示是其随机试验各次观测所得的时间历程函数，这些函数的集合总体（母体、系集）就表达了该随机过程，并记为 $X(t)=\{x_1(t),x_2(t),\cdots,x_N(t),\cdots\}$。其中的时间函数称为样本函数(子样，样本)。随机过程的随机性是通过各个样本函数之间的区别以及这种区别的不可预测性体现出来的。因此，从理论上讲，要由许许多多乃至无穷的、且时间区间应为无限长的样本函数组成的总体才能完整地表述随机过程。但在信号处理和分析时，我们只能获得有限数目(N 个）的、有限长度的样本记录，即

$$X(t)=\{x_1(t),x_2(t),\cdots,x_N(t),\cdots\} \tag{3-17}$$

因此，以后我们就不再区分随机过程和随机信号了。

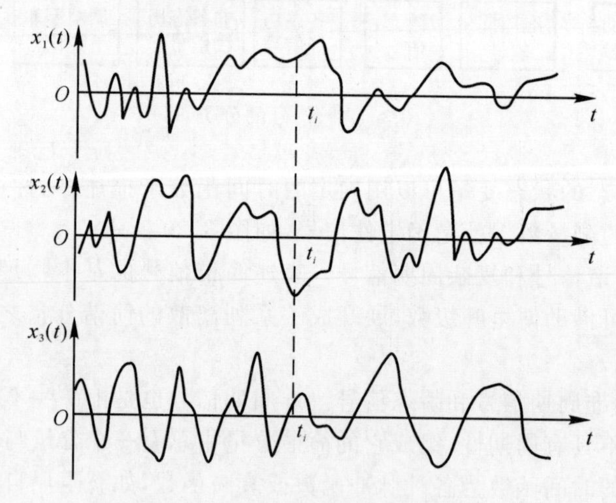

图 3.21　随机过程的样本函数

若随机信号 $X(t)$ 的概率结构不随时间原点的选取而变化，则称 $X(t)$ 为平稳随机信号；反之，称为非平稳随机信号。

2. 周期信号与离散谱

周期信号具有下列性质，即

$$x(t)=x(t+nT)\quad(n=1,2,\cdots)\tag{3-18}$$

其中，T 为周期。根据傅里叶级数的性质，它可展开为

$$x(t)=\frac{a_0}{2}+\sum_{n=1}^{\infty}[a_n\cos n(\omega_0 t)+b_n\sin n(\omega_0 t)]\tag{3-19}$$

式中　$a_n=\frac{2}{T}\int_0^T x(t)\cos n(\omega_0 t)\mathrm{d}t$；

$b_n=\frac{2}{T}\int_0^T x(t)\sin n(\omega_0 t)\mathrm{d}t$；

$n=1,2,\cdots$。

基频 $\omega_0=2\pi f_0=2\pi/T$，式(3-19)还可进一步表示为

$$x(t)=A_0+\sum_{n=1}^{\infty}A_n\cos(n\omega_0-\varphi_n)\tag{3-20}$$

式中　$A_0=a_0/2$；

$A_n=\sqrt{a_n^2+b_n^2}$；

$\varphi_n=\arctan b_n/a_n$；

$n=1,2,\cdots$。

即周期性信号可以表示为直流分量 A_0 及一个或几个乃至无穷多个谐波分量之和。

以 ω 为横坐标、A 为纵坐标作图，称为幅值谱[见图3.22(a)]。以 ω 为横坐标、φ 为纵坐标作图，称为相位谱[见图3.22(b)]。

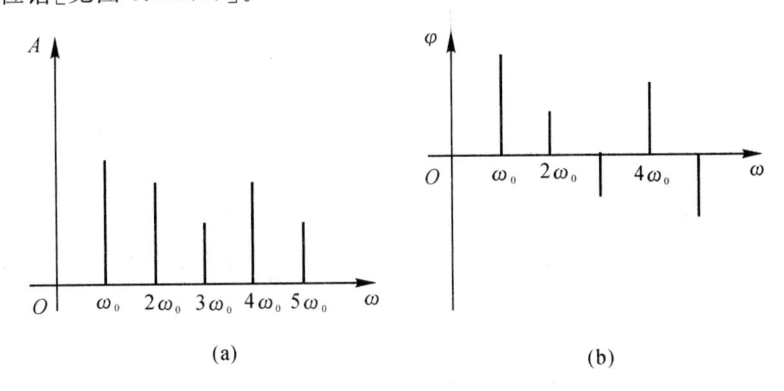

图3.22　周期信号的幅值谱与相位谱

(a) 幅值谱；(b) 相位谱

由于 n 为正整数，所以各频率成分都是 ω_0 的整数倍。各频率成分所对应的谱线是离散的，称为线谱。通常称 ω_0 为基频，而称 ω_n 为 ω_0 的 n 次谐波。

3. 非周期信号与傅里叶变换

(1) 准周期信号。周期信号一般可分解为一系列频率成比例的简谐波；反之，几个频率成比例的正弦波叠加起来，可以组成一个周期信号。但是，几个频率之比不是有理数的简谐波叠加的结果将不是周期信号，例如：

$$x(t)=X_1\sin(\sqrt{5t}+\varphi_1)+X_2\sin(3t+\varphi_2)+X_3\sin(\sqrt{13t}+\varphi_3)$$

各谐波的频率比分别是$\sqrt{5}/3, 3/\sqrt{13}, \sqrt{5}/\sqrt{13}$，它们不是有理数，并且它们之间没有公共的整数倍，因此不能合成一个周期信号，这样的信号称为准周期信号。它可表示为

$$x(t)=\sum_{n=1}^{\infty}X_n\sin[(\omega_n t)+\varphi_n] \tag{3-21}$$

式中任何两个频率的比值$\omega_1/\omega_2, \omega_1/\omega_3, \cdots, \omega_n/\omega_m, n\neq m$不是有理数。

(2) 瞬变信号及其频谱。非周期信号中的另一类是瞬变信号，它是指除准周期信号以外的非周期信号。产生瞬变信号的物理现象很多。瞬变非周期信号不能像周期信号那样用离散谱来表示，其频谱结构为由傅里叶积分所表示的连续谱。

(3) 傅里叶变换及其性质。傅里叶变换是进行频谱分析的重要工具，它可以辨别和区分组成任意波形的一些不同频率的正弦波和它们各自的振幅。对傅里叶正变换，有

$$F(\omega)=\int_{-\infty}^{\infty}x(t)e^{-i\omega t}dt \tag{3-22}$$

或

$$F(f)=\int_{-\infty}^{\infty}x(t)e^{-i2\pi ft}dt \tag{3-23}$$

对傅里叶逆变换，有

$$x(t)=\frac{1}{2\pi}\int_{-\infty}^{\infty}F(\omega)e^{i\omega t}dw \tag{3-24}$$

或

$$x(t)=\int_{-\infty}^{\infty}F(f)e^{i2\pi ft}dw \tag{3-25}$$

式中　　ω——$2\pi f$；

$x(t)$——被分解为正弦函数之和的波形；

$F(\omega)$ 或 $F(f)$——$x(t)$的傅里叶变换。

上述逆变换中出现了$1/(2\pi)$，若欲使其对称，可在正、逆变换前都加一个$1/\sqrt{2\pi}$因子，即

$$F(\omega)=\frac{1}{\sqrt{2\pi}}\int_{-\infty}^{\infty}x(t)e^{-i\omega t}dt \tag{3-26}$$

$$x(t)=\frac{1}{\sqrt{2\pi}}\int_{-\infty}^{\infty}x(t)e^{i\omega t}d\omega \tag{3-27}$$

有时也可把$1/(2\pi)$因子加在正变换上，即

$$F(\omega)=\frac{1}{2\pi}\int_{-\infty}^{\infty}x(t)e^{-i\omega t}dt \tag{3-28}$$

$$x(t)=\int_{-\infty}^{\infty}F(\omega)e^{i\omega t}d\omega \tag{3-29}$$

一般情况下，工程上较多采用不对称形式。另外，变换式中e指数的正、负号也可以不同。不过，工程上一般是将负号加于正变换上。

根据欧拉公式

$$e^{\pm i\omega t}=\cos(\omega t)\pm i\sin(\omega t)$$

式(3-29)可变为

$$F(\omega)=R(\omega)-iI(\omega) \tag{3-30}$$

$$R(\omega)=\int_{-\infty}^{\infty} x(t)\cos(\omega t)\,\mathrm{d}t$$

$$I(\omega)=\int_{-\infty}^{\infty} x(t)\sin(\omega t)\,\mathrm{d}t$$

式中　$R(\omega)$——$x(t)$ 的实部；

$I(\omega)$——$x(t)$ 的虚部。

傅里叶变换是把信号从时域转换到频域，此时频域包含的信息和原信号时域包含的信息完全相同，不同的仅是信息的表示方法。

概括起来，非周期信号频谱具有以下特点：

1）非周期信号利用傅里叶变换可分解为多个不同频率的简谐分量之和，其基频无限小，一般包含了从零到无限高的所有频率分量。

2）非周期信号的频谱是连续的，称为连续谱。

3）非周期信号频谱的量纲与周期信号频谱的量纲不同，它不是信号幅值的量纲，而是单位频宽上的幅值。

频谱分析中经常会用到一些频谱定理，或者说是傅里叶变换的一些性质，它们集中反映了信号同其频谱之间的一些基本关系。

1）线性叠加。如果信号 $x(t)$ 有傅里叶变换 $X(f)$，即

$$x(t)\Leftrightarrow X(f)$$

信号 $y(t)$ 有傅里叶变换 $Y(f)$，即

$$y(t)\Leftrightarrow Y(f)$$

则它们的和的傅里叶变换满足

$$x(t)+y(t)\Leftrightarrow X(f)+Y(f) \tag{3-31}$$

这表明，在线性系统分析中，傅里叶变换是完全适用的。

2）对称性。如果 $x(t)$ 和频域函数 $F(f)$ 是一个傅里叶变换对，即

$$x(t)\Leftrightarrow F(f)$$

则

$$F(\pm t)\Leftrightarrow x(\mp f) \tag{3-32}$$

这表明，若 $F(f)$ 是信号 $x(t)$ 的傅里叶变换谱，那么 $F(\pm t)$ 的傅里叶变换谱就是 $x(\mp f)$。

对称性也称对偶定理，应用这个性质，可以利用已知的傅里叶变换得出相应的变换对，而免去繁杂的数学推导。图 3.23 表明了这种对称关系。

3）时间频率尺度变化特性。若信号 $x(t)$ 的傅里叶变换为 $F(f)$，即

$$x(t)\Leftrightarrow F(f)$$

则

$$x(kt)\Leftrightarrow \frac{1}{|k|}F\left(\frac{f}{k}\right) \tag{3-33}$$

这表明，如果时间尺度扩展（或压缩）k 倍，则对应的频率尺度压缩（或扩展）k 倍。

傅里叶变换的时间尺度变化特性是非常重要的，时间频率尺度变化特性举例如图 3.24 所示。当时间尺度压缩 k 倍（$k>1$），频谱的频带加宽，幅值减小；当时间尺度扩展时，频谱的频带变窄，幅值增大。例如，为了提高处理信号的效率，磁带记录仪器慢录快放，放演信号的频带

就会变宽。相反,快录慢放,则放演信号的频带就会变窄。

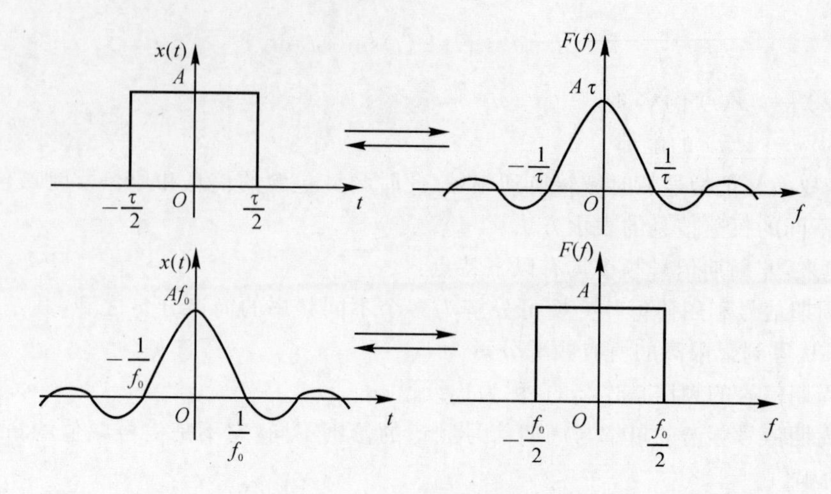

图 3.23　对偶性举例

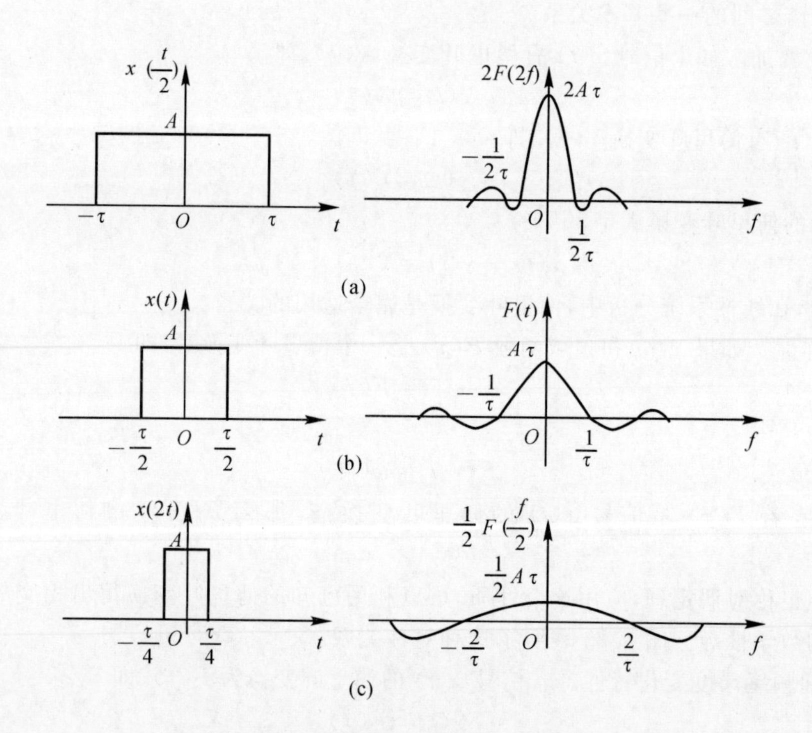

图 3.24　时间频率尺度变化特性举例

(a)$k=0.5$;(b)$k=1$;(c)$k=2$

4) 时移特性。如果信号 $x(t)$ 中 t 被移动一个常量 t_0,则

$$x(t-t_0)\Leftrightarrow F(f)\mathrm{e}^{-i2\pi f_0} \tag{3-34}$$

该性质表明,在时域中信号沿时间轴平移一常值 t_0 时,在频域里引起相角移动,但其频域幅值的大小不变。图 3.25 清楚地说明了这一特性。

5）频移特性。若

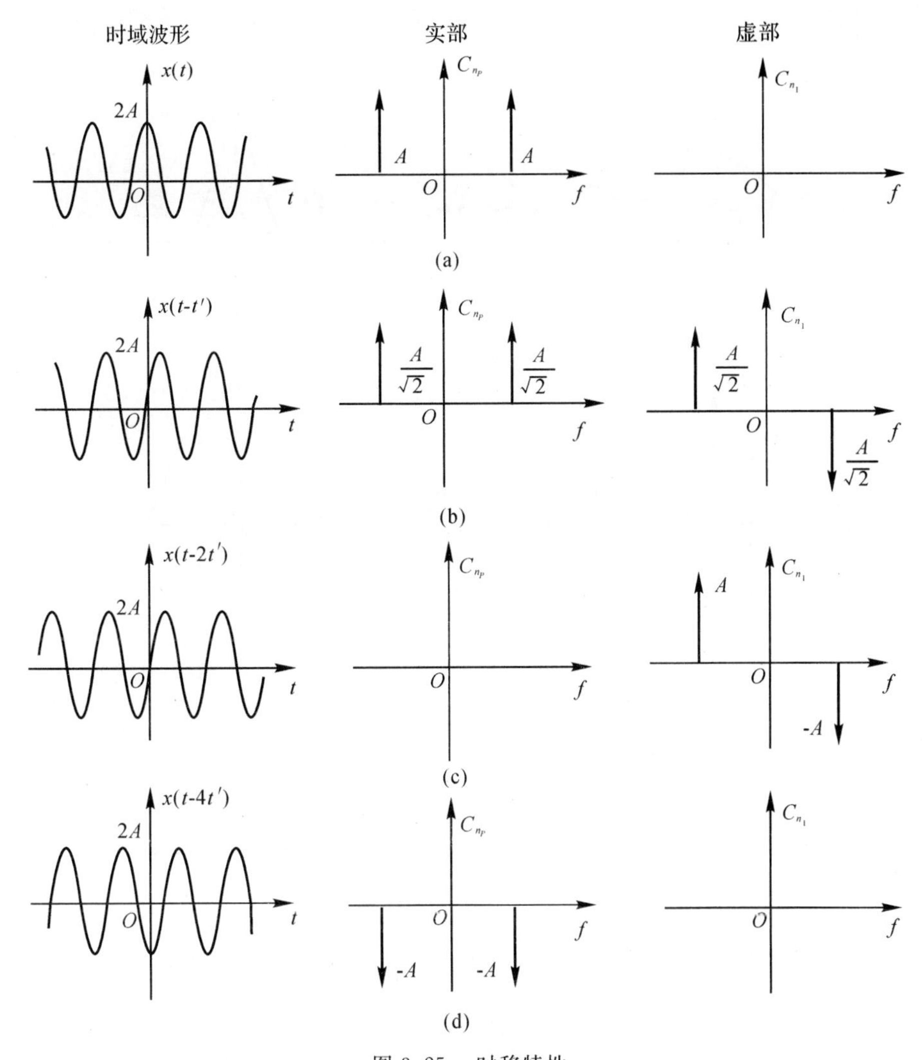

图 3.25 时移特性

（a）没有移动；（b）时移 45°；（c）时移 90°；（d）时移 180°

$$x(t) \Leftrightarrow F(f)$$

则

$$x(t)\mathrm{e}^{\pm i2\pi f_0 t} \Leftrightarrow F(f \mp f_0) \tag{3-35}$$

频移特性说明，时域中信号 $x(t)$ 乘以 $\mathrm{e}^{\pm i2\pi f_0 t}$，则频域 $X(f)$ 平移 $\mp f_0$，这一过程为调制。从图 3.26 中可以清楚地看出这种效应。

6）微分特性。若信号 $x(t)$ 的傅里叶变换为 $F(\omega)$，即

$$x(t) \Leftrightarrow F(\omega)$$

则

$$x^{(n)}(t) \Leftrightarrow (i\omega)^n F(\omega) \tag{3-36}$$

$$F^{(n)}(\omega) \Leftrightarrow (it)^n x(t)$$

这表明，相对低频分量来说，时域函数的微分加强了谱的高频分量，消去了直流分量，并且具有 $\pi/2$ 的相移。

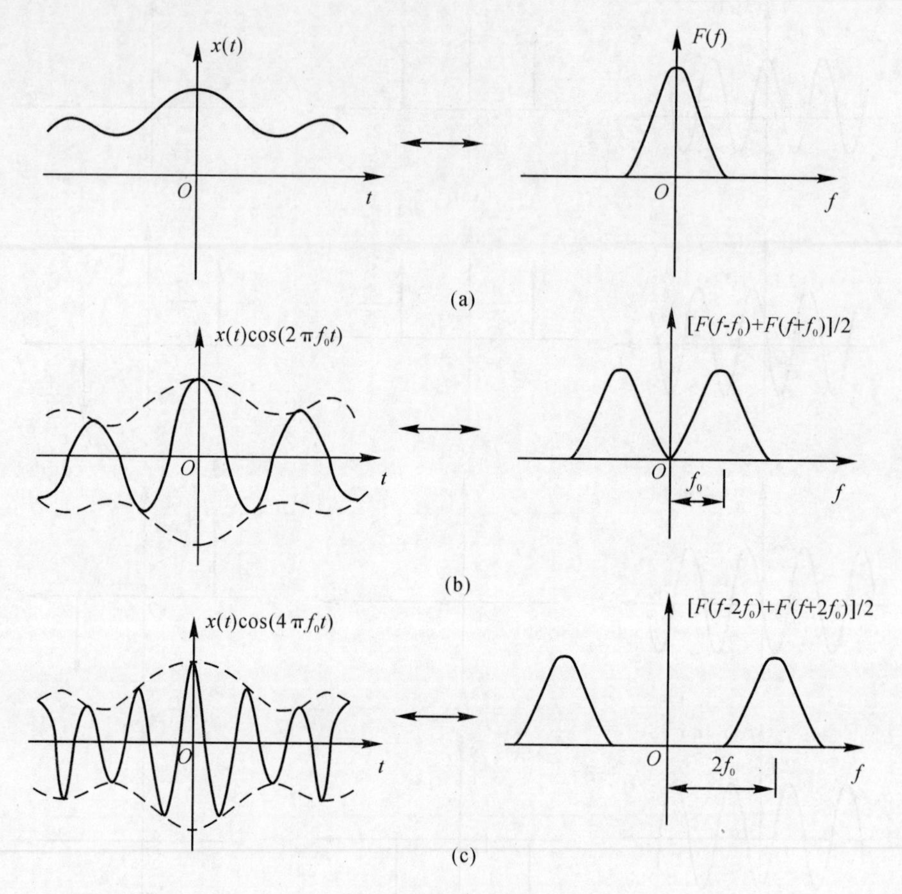

图 3.26　频移特性

(a) 没有频移；(b) 频移 f_0；(c) 频移 $2f_0$

7）积分特性。若信号 $x(t)$ 的傅里叶变换为 $F(\omega)$，即

$$x(t)\Leftrightarrow F(\omega)$$

则

$$\int_{-\infty}^{t} x(t)\,\mathrm{d}t \Leftrightarrow \frac{1}{i\omega}F(\omega) \tag{3-37}$$

利用这一性质，加速度信号经过积分可以转变为速度和位移值。

3.2.2　随机过程及其统计特性

完全地掌握随机过程的概率分布函数是刻画随机过程全部统计特性的基础。但是，在实际问题中要确定随机过程的分布函数并加以分析往往比较困难，甚至是不可能的。而且，从实际应用上看，也常常没有必要这样做。因而，在很多情况下，只要知道随机过程的某些数字特征就可以了。这些数字特征既能刻画随机过程的重要特征，又具有运算简单和测量方便的优点。下面简要引入随机过程的一些常用数字特征。

1. 数学期望(均值函数)

设 $X(t)$ 是一随机过程,其数学期望定义为

$$E_x(t)=E[X(t)]=\int_{-\infty}^{\infty}xp_1(x,t)\mathrm{d}t \tag{3-38}$$

式中　$p_1(x,t)$——$X(t)$ 的一阶概率密度函数。

$X(t)$ 的均值有时简记为 $\mu_x(t)$ 或 $a(t)$。注意,$E[X(t)]$ 是随机过程 $X(t)$ 的所有样本函数 $x_j(t)(j=1,2,\cdots)$ 在各个时刻 t 的函数值的平均,可认为是随机过程在各个时刻的摆动中心。

2. 均方值

定义随机过程 $X(t)$ 的二阶原点矩

$$\Psi_x^2=E[X^2(t)]=\int_{-\infty}^{\infty}x^2p_1(x,t)\mathrm{d}t \tag{3-39}$$

为 $X(t)$ 的均方值。均方值反映了随机过程的能量特征,其正平方根值称为均方根值。

3. 方差(均方方差)

定义随机过程 $X(t)$ 的二阶中心矩

$$\sigma_x^2(t)=D[X(t)]=E\{[X(t)-E_x(t)]^2\}=\int_{-\infty}^{\infty}[x(t)-E_x(t)]^2p_1(x,t)\mathrm{d}t \tag{3-40}$$

为 $X(t)$ 的方差。方差的正平方根 $\sigma_x(t)$ 称为 $X(t)$ 的标准偏差,它表示随机过程 $X(t)$ 在时刻 t 对于均值 $E_x(t)$ 的偏离程度,是数据分散度的测度,在信号分析中代表了信号电平的大小。

如果把均值作为描述随机过程的静态分量,那么标准偏差就是描述随机过程的动态分量。利用式(3-38) ~ 式(3-40),容易推得

$$\sigma_x^2(t)=\Psi_x^2(t)-E_x^2(t) \tag{3-41}$$

4. 相关函数

设 $X(t_1)$ 和 $X(t_2)$ 是随机过程 $X(t)$ 在任意两个时刻 t_1 和 t_2 时的状态,$p_2(x_1,x_2;t_1,t_2)$ 是相应的二阶概率密度函数,定义二阶原点混合矩

$$R_{xx}(t)=E[X(t_1)X(t_2)]=\int_{-\infty}^{\infty}\int_{-\infty}^{\infty}x_1x_2p_2(x_1,x_2;t_1,t_2)\mathrm{d}x_1\mathrm{d}x_2 \tag{3-42}$$

为随机过程 $X(t)$ 的自相关函数,简称相关函数。

类似地,定义 $X(t_1)$ 和 $X(t_2)$ 的二阶中心混合矩

$$C_{xx}(t_1,t_2)=E\{[X(t_1)-E_x(t_1)][X(t_2)-E_x(t_2)]\} \tag{3-43}$$

为随机过程 $X(t)$ 的自协方差函数,简称协方差函数,它就是已中心化的自相关函数。

引入无量纲的标准化相关系数函数

$$r_{xx}(t_1,t_2)=\frac{C_{xx}(t_1,t_2)}{\sigma_x(t_1)\sigma_x(t_2)} \tag{3-44}$$

式中　$\sigma_x(t_i)(i=1,2)$——$x(t)$ 在 t_i 时刻的标准偏差;

　　$r_{xx}(t_1,t_2)$——自相关系数。

可以证明:

$$-1\leqslant r_{xx}(t_1,t_2)\leqslant 1 \tag{3-45}$$

当 $r_{xx}(t_1,t_2)=\pm 1$ 时,称过程的两个状态 $X(t_1)$ 与 $X(t_2)$ 是完全线性相关的;当 $r_{xx}(t_1,t_2)=0$ 时,称过程是完全不相关的;而 $-1<r_{xx}(t_1,t_2)<1$ 时,称过程是部分相关的。

在以后的讨论中，如果不特别指出，就不再区分自相关函数和自协方差函数，认为自相关函数已中心化为自协方差函数，并通称为自相关函数。

将上述各式进行推广，可得随机过程的高阶矩函数，在此不再赘述。

在工程上，随机过程的均值和自相关函数是描述随机过程的最重要的统计特性。这是因为，对某些随机过程，例如高斯随机过程，如果已知一阶和二阶统计特性，就能完全决定该过程的全部概率结构；从试验数据的统计计算来看，一阶和二阶统计量近似表达了过程的主要特性，且易于获得和计算分析。

推广到两个或两个以上的随机过程，可获得描述多个随机过程之间相互依赖关系的互相关函数，包括两个随机过程 $X(t)$ 和 $Y(t)$ 在任意两个时刻 t_1 和 t_2 的互相关函数 $R_{xy}(t_1,t_2)$、互协方差函数 $C_{xy}(t_1,t_2)$、互相关系数函数 $r_{xy}(t_1,t_2)$。

3.2.3 试验数据处理方法的分类

试验数据是定量地描述客观事物的物理量。在进行试验的测量和分析时，其信号中都含有两部分：一部分是与所研究的事物存在着直接和间接关系的有用部分，即信息；另一部分是与所研究的事物无关的干扰，即噪声，如观测误差和环境噪声等。试验数据处理的目的就是去伪存真、去粗取精、由表及里、由此及彼的加工过程，以便最大限度地抑制或消除噪声，突出或提取有用信息，提高信噪比，找出客观事物本身的内在规律和客观事物之间的相互关系。按照不同的分类方法，试验数据处理的方法分为如下几类。

(1) 按任务分主要包括：

1) 预处理。包括数据准备、编辑和检验，以及剔除野点、零均值化和消除趋势项等。

2) 二次处理。如数据压缩和变换等。由于信号的频率结构更能反映事物的本质，因此快速傅里叶变换(FFT) 得到了广泛的应用。

3) 最终处理。获得最终有用的信息，并进行显示、记录和打印。

(2) 按是否在线可分为：

1) 在线处理(On－line Processing)。在进行在线实时状态监测与故障诊断时，常常要求信号的产生和分析的结果几乎同时完成，既不舍弃观测信号，又不使数据“积压”。为此，就必须使信号处理与分析的时间小于或等于相应信号变化所需的采集时间，以便使信号分析的速度能赶上输入信号的变化，具有良好的同时性。

对于 FFT 分析仪，处理时间通常指计算 N 点(一般常用 $N=1\,024$ 复数点) 的快速博里叶变换所需要的运算时间。这个时间标志着分析仪的计算速度、性能指标、规模大小和应用场合。一台 FFT 分析仪能实时分析的最高频率为

$$f_{\max}=\frac{N}{kt_A} \tag{3-46}$$

式中 N—— 采样点数；

t_A—— 处理 N 点所需的时间；

k—— 采样频率与被分析信号最高频率 $f_{\max}$ 的比值，一般取 $k=2.56$。

例如 CF－920FFT 分析仪能在 10 ms 内处理 1 024 点谱分析，由式(3－46) 可算得该分析仪 FFT 实时处理的最高频率 $f_{\max}=40$ kHz，为中速 FFT 分析仪。

2) 离线处理(Off－line Processing)。一般是分析那些处理时间不受限制的信号。它是首

先把现场信号记录下来(一般用磁带记录仪或数据存储记录仪等),然后再对记录下来的数据进行事后分析加工的过程。

(3) 按信号处理手段可分为:

1) 模拟式分析。对时间和幅值都连续的时间历程信号采用各种模拟式仪器来进行的分析,其主要器件是模拟式滤波器和各种记录仪。

2) 数字式分析。对时间历程信号经过时间上离散化和幅值上量化后的数字信号进行的分析,其主要内容是频谱分析和数字滤波。数字式信号处理的基本组成如图 3.27 所示。

图 3.27　数字式信号处理的基本组成

数字式信号处理具有高精度(14 位字长可达 10^{-4} 的精度),高性能指标(分辨率高、动态范围大、线性相位特性好等),高速度,高灵活性,高可靠性,以及便于集成化、小型化、自动化等特点,在现代故障诊断系统中一般采用数字式信号处理。

3.2.4　数据分析基本的流程

图 3.28 所示是分析单个样本记录的试验数据基本的流程图,它指出了信号分析的一般内容和大体步骤。图中所列各项在某些应用中可以省略,也可以根据需要另外增加一些项目。图中虚线框起来的内容是属于数据检验的任务。

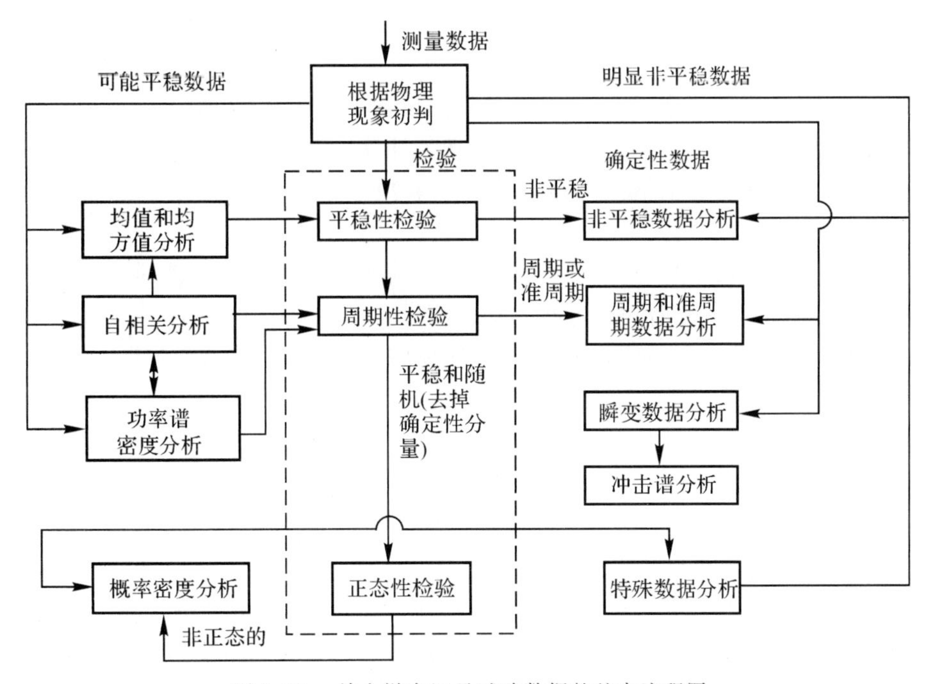

图 3.28　单个样本记录试验数据的基本流程图

图 3.29 所示是分析一组样本数据的典型分析流程图。

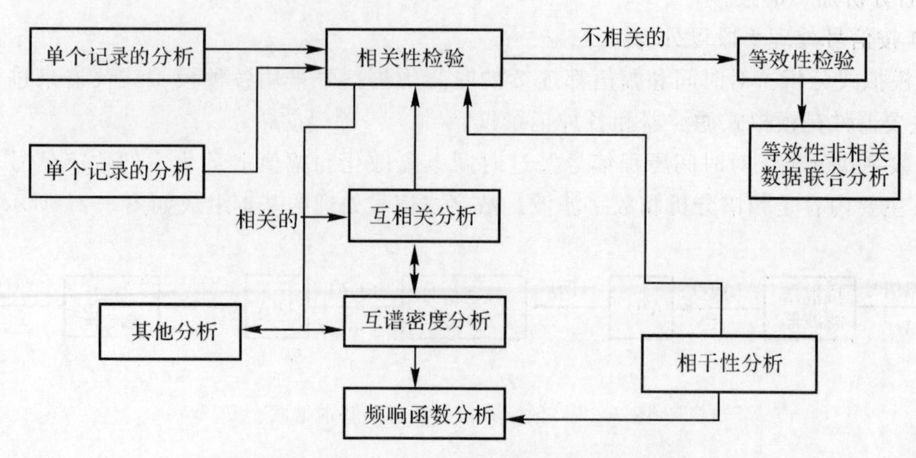

图 3.29　两个以上样本数据的典型分析流程图

3.3　数据采集与数字信号处理

随着数字计算技术的发展,数字信号处理技术得到越来越广泛的应用,它已成为现代科学技术所不可缺少的重要工具。现在除了在通用计算机上发展各种数字处理软件以外,还发展了有专用硬件的数字信号处理机。在运算速度、分辨能力、功能等方面,数字信号处理技术都优于模拟处理技术。

3.3.1　数据采集

由于数字信号处理的诸多优点,同时也是目前设备状态监测工作计算机化的发展趋势,监测参数的模拟信号通常都要转换成数字信号并送入计算机内,这个过程就是数据采集。

数据采集的过程主要包括信号预处理和 A/D 转换采样。

1. 信号预处理

状态监测所监测到的信号主要是机器或零部件在运行中的各种信息,通过传感器把这些信息变换成电信号或其他物理信号,这些信息和信号中,有些是有用的,能反映设备故障部位的症状,而有些并不是诊断所需要的信号,因此需要将这部分影响排除,也就是对信号进行预处理。

信号预处理是指在数字处理前,对信号用模拟方法进行的处理。对信号处理的目的是把信号变成适于数字处理的形式,以减小数字处理的难度。信号预处理主要包括以下几种设备、仪器或电路。

(1) 解调器。在测试技术中,许多情况下需要对信号进行调制。例如被测物理量经传感器变换以后为低频缓变的微弱信号时,需要采用交流放大,这时需要调幅;电容、电感等传感器都采用了调频电路,这时是将被测物理量转换为频率的变化;对于需要远距离传输的信号,也需要先进行调制处理。因此,在对上述信号进行 A/D 转换,数据采集之前,需要先进行解调处理,以得到信号的原貌。

(2) 放大器(或衰减器)。对输入信号的幅值进行处理,将输入信号的幅值调整到与 A/D 转换器的动态范围相适应的大小。实际工程中,这一部分功能一般通过接口箱内的插卡电路来实现。

(3) 滤波器。滤波器是一种选频装置,可以使信号中特定的频率成分通过(或阻断),而极大地衰减(或放大)其他频率成分。在测试装置中,利用滤波器的这种选频作用,可以滤除干扰噪声或进行频谱分析。

(4) 隔直电路。由于很多信号中混有较大的直流成分,会造成信号超出 A/D 转换的动态范围,但对故障诊断又没有意义,因此需要使用隔直电路滤掉被分析信号中的直流分量。

除解调器外,后三种设备或电路几乎是所有的数字信号处理系统中都有的,特别是放大(衰减)器和抗频混滤波器,是信号预处理的关键部分。

信号预处理通常采用以下方法和途径:

(1) 异常数据的剔除。在采样过程中,由于突然发生传感器失灵、线路抖动、噪声干扰等偶然影响,信号中有时会混进一些杂乱值,产生过高或过低的突变点 —— 异常点。如果这些异常点不预先剔除,将会歪曲分析结果。

在工程实践中,一般通过时间波形、数据列表或画出图形目视检查等手段来发现异常点的存在并将其剔除。认真、细致的方法是计算各采样值的标准偏差 σ,按统计概率理论将偏差大于 3σ 以上的数据剔除。

(2) 趋势项的提取或去除。在信号分析处理过程中,通常把周期大于记录长度的频率成分称为趋势项,它代表数据缓慢变化的趋势。产生趋势项的原因大致有两类。

一类是测量系统或采样系统仪器仪表的性能漂移、环境温度等条件的变化造成的,由于趋势项在时间序列上表现为线性的、缓慢变化的趋势误差,它的存在可能会使低频的谱分析出现较大的畸变,甚至完全失去真实性,严重影响监测诊断结果,所以在信号分析前应从样本记录中将这类趋势项消除。

另一类则是原始信号中本来包含的成分,是由于设备本身缓慢发展的故障造成的。这种趋势项包含着机器的状态信息,对监测诊断非常有用,应加以提取利用。

在信号进行 A/D 变换之前,即对模拟信号去除或提取趋势项可以使用模拟电路(去除趋势项用高通滤波器;提取趋势项用低通滤波器)。在数据离散化之后,对数字信号去除或提取趋势项则采用数字处理方法。

图 3.30 表示了趋势项的提取和去除。图 3.30(a) 为原始信号,有明显趋势,图 3.30(b) 为提取的趋势项,图 3.30(c) 为去除了趋势项以后的信号。

(3) 滤波方法。一般取得的信号中总混有噪声,因此要用滤波方法去除或减小噪声以提高信噪比。所谓信噪比就是信号功率与噪声功率之比,一般用分贝(dB) 表示,即

$$\mathrm{SNR} = 10\log(P_s/P_n) \tag{3-47}$$

式中　SNR—— 信噪比(Signal Noise Ratio);

P_s,P_n—— 分别为有用信号功率与噪声功率。

滤波的实质是去除或抑制某些频率范围内的信号成分。信号中有用成分 $s(t)$ 与噪声 $n(t)$ 的关系大体上有以下几种关系:

1) 相加关系:

$$x(t) = s(t) + n(t) \tag{3-48}$$

2）相乘关系：

$$x(t)=s(t)n(t) \tag{3-49}$$

3）卷积关系：

$$x(t)=s(t)*n(t) \tag{3-50}$$

第一种情况可用线性滤波的方法解决。但对于第二、三种情况，由于信号和噪声的叠加方式是非线性的，所以要使用非线性滤波，即同态滤波方法解决。

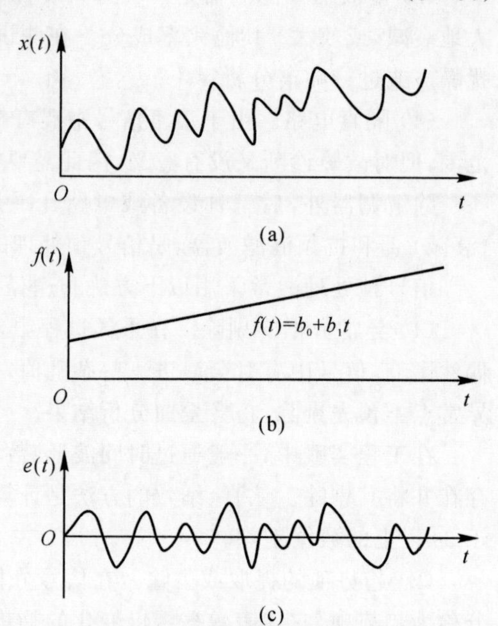

图 3-30　趋势项的提取和去除

(a) 原始信号；(b) 提取的趋势项；(c) 去除趋势项的信号

1）线性滤波方法。滤波器最简单的形式是一种具有选择性的四端网络，其选择性就是能够从输入信号的全部频谱中分出一定频率范围的有用信号。为了获得良好的选择性，滤波器应以最小的衰减传输有用频段内的信号（称为通频带）；而对其他频段内的信号（称为阻频带），则给予最大的衰减。位于通频带与阻频带界线上的频率称为截止频率。

滤波器根据通频带可分为：

低通滤波器　能传输 $0\sim f_0$ 频带内的信号；

高通滤波器　能传输 $f_0\sim\infty$ 频带内的信号；

带通滤波器　能传输 $f_1\sim f_2$ 频带内的信号；

带阻滤波器　不能传输 $f_1\sim f_2$ 频带内的信号；

滤波器工作特性的好坏主要表现为衰减、相移、特性阻抗及频率特性的优劣。

衰减频率特性决定着通频带与阻频带分隔的程度，而阻频带内衰减的大小则决定着邻近通频带的信号所产生的干扰电压的大小，阻频带内衰减特性的陡度与衰减数值越大，滤波器的选择性越好。低通滤波器的衰减频率特性衰减特性如图 3.31 所示。低通滤波器的衰减频率特性衰减特性一般是以每倍频程衰减的分贝数来衡量的。

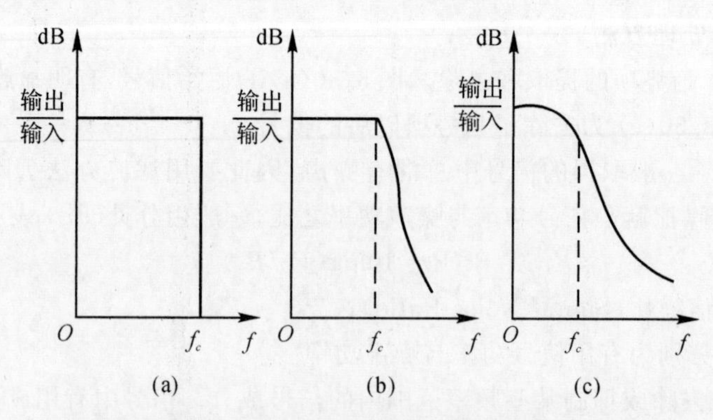

图 3.31　低通滤波器的衰减频率特性

(a) 理想的低通滤波器；(b) 理想的没有损耗的频率特性曲线

(c) 滤波器元件有损耗的特性曲线

滤波器通频带中的相位移特性，可以判定由滤波器所引起的频率 —— 相位移畸变，相频特性和组成滤波器的元件有关。

滤波器有特性阻抗的频率特性，对滤波器性能有很大影响。所谓特性阻抗，可以看做滤波器四端网络的输入和输出阻抗。按照通频带内特性阻抗的变化，可以判定滤波器同负载阻抗的匹配程度。若阻抗失配，则会引进反射，使滤波器的衰减特性和相位移特性发生变化。

下面来讨论用滤波方法提高信噪比的方法，对式(3－48) 作傅里叶变换得到功率谱：

$$S_x(f) = S_s(f) + S_n(f)$$

式中　$S_x(f)$—— 原始信号的功率谱；

　　$S_s(f)$—— 有用信号的功率谱；

　　$S_n(f)$—— 噪声的功率谱。

滤波可提高信噪比，上述的几种滤波器在这种情况下的作用可见表 3.2。

表 3.2　数据记录或采样前进行滤波的作用

滤波器种类	目　　的
低通滤波	(1) 去掉信号中不必要的高频成分，降低采样率，避免频率混淆； (2) 提取趋势项； (3) 降低对记录设备的要求(如调频式磁带记录仪高频响应差)； (4) 去掉高频干扰
高通滤波	(1) 去除趋势项，得到较平稳的数据； (2) 去除低频干扰(通常外界的机械振动干扰的频率较低)； (3) 去掉信号中不必要的低频成分可减少记录长度或降低对记录设备的要求(如直录式磁带机低频响应差)
带通滤波	(1) 抑制感兴趣频带以外的频率成分，提高信噪比； (2) 用窄带滤波器从噪声中提取周期性成分； (3) 调制信号的检测
带阻滤波	(1) 抑制某一特定频率的干扰，如电源干扰

如果 $S_s(f)$ 和 $S_n(f)$ 的分布范围或分布特性不同，就有可能用这种基本的滤波方法将噪声分离或抑制，否则是不可能的。现讨论以下两种情形：

①$S_s(f)$ 和 $S_n(f)$ 不重叠：这很容易用前述的一种滤波器将它们分离。如图 3.32(a) 所示的情形，可用一截止频率为 f_0 的低通滤波器(频率特性如图中虚线所示) 将噪声去掉，但这种情况很少。

②$S_s(f)$ 和 $S_n(f)$ 部分重叠：如图 3.32(b) 所示的情形，如用合适的滤波器将非重叠部分的噪声去除，也能改善信噪比。

2) 其他类型的滤波方法。如果 $S_s(f)$ 和 $S_n(f)$ 重叠，且统计分布特性不同，当 $S_s(f)$ 为若干个周期信号分量的谱时，$S_n(f)$ 为宽带随机噪声谱。周期分量在频谱上会呈现尖峰而易于辨认。但当噪声很强，宽带噪声谱起伏也很大时(见图 3.33)，就很难从噪声中辨认出周期分量来。出现这种情形，则必须用其他滤波方法提取有用信号。

① 窄带滤波。如周期分量的频率 ω_0，用中心频率为 ω_0 带宽为 $\Delta\omega$ 的窄带滤波器对原始信号进行滤波。对周期分量，它的谱峰值在滤波后不随带宽而变化，但宽带随机噪声的能量是大致均布在一定频率范围内的，滤波后它的输出会随着带宽的减小而减小，因此窄带滤波器能有效地抑制这种噪声。

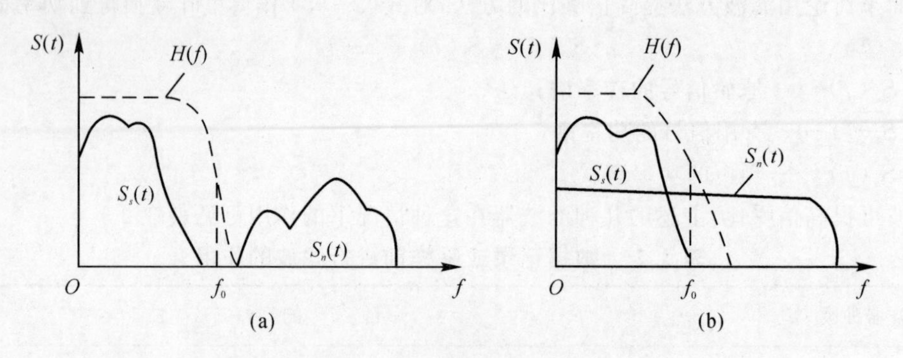

图 3.32　用滤波器去除噪声

(a) $S_s(f)$ 与 $S_n(f)$ 不重叠；(b) $S_s(f)$ 与 $S_n(f)$ 部分重叠

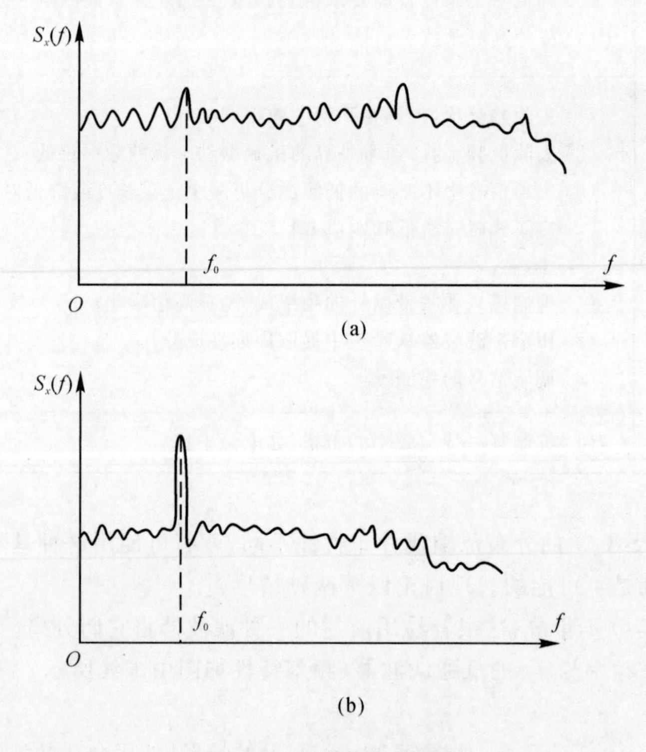

图 3.33　周期信号的提取

(a) 周期信号淹没在噪声中；(b) 窄带滤波器抑制了噪声

然而，若事先不知道周期分量的频率，则要不断改变带通滤波器的中心频率，以检测出有用的周期分量，这种方法比较费事，比较好的方法是利用频率细化。

② 相关滤波。因为周期分量的自相关函数也是周期的，而宽带随机噪声的自相关函数在时延足够大时将衰减掉，所以利用自相关函数可以把噪声从周期信号中去掉。

③ 时域平均滤波。这是从叠加有白噪声干扰的信号中提取周期性信号的一种很有效的方法。假如信号 $x(t)$ 由周期信号 $s(t)$ 和白噪声 $n(t)$ 组成，即

$$x(t)=s(t)+n(t)$$

以 $s(t)$ 的周期去截取信号 $x(t)$，共截得 N 段，然后将各段对应点相加，由于白噪声的自相关性，可得到

$$y(t_i)=N_s(t_i)+\sqrt{N_n(t_i)} \tag{3-51}$$

其中 $N_s(t)$ 是 $s(t)$ 各点的和，$N_n(t_i)$ 是 $n(t)$ 的各点的和。对 $y(t_i)$ 平均，便得到输出信号 $x(t_i)$

$$x(t_i)=s(t_i)+n(t_i)/\sqrt{N} \tag{3-52}$$

此时输出的白噪声是原来输入信号 $x(t)$ 中的白噪声的 $1/\sqrt{N}$，因此信噪比将提高 $\sqrt{N}$ 倍。

图 3.34 所示是截取不同的段数 M，进行同步时域平均的结果。由图 3.34 可见，虽然原来图像($M=1$) 的信噪比很低，但经过多段平均后，信噪比大大提高。当 $N=128$ 时，可以得到几乎接近理想的周期(正弦) 信号，而原始信号中的周期分量，几乎完全被其他信号和随机噪声所淹没。

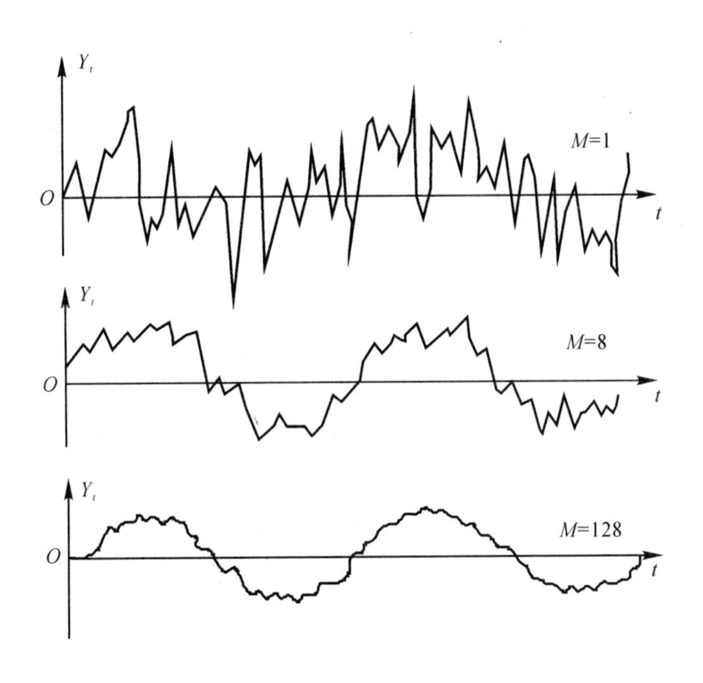

图 3.34　用时域平均法提高信噪比

3) 同态滤波。如前所述，对于有用信号 $s(t)$ 与噪声 $n(t)$ 之间关系为相乘与卷积时，用现行滤波方法无法将它们分开，要用同态滤波方法。这种方法的特点是先将相乘或卷积混杂在一起的信号用某种变换将它们变成相加关系，然后用线性方法去掉不需要的成分，最后用前述变换的逆变换把滤波后的信号恢复出来。

① 解乘积的同态滤波方法。实际中往往会遇到两个或多个分量相乘的信号。例如调幅

信号可以表示为载波信号和调制信号(包络信号)的乘积。

$$x(t)=A[1+m\cos(2\pi f_m t)]\cos(2\pi f_0 t+\theta) \quad (3-53)$$

式中 f_0—— 载波频率;

f_m—— 调制信号频率,通常 $f_m \ll f_0$;

m—— 调制系数。

一般地,对于乘积形式的信号

$$x(t)=s(t)n(t)$$

可以用对数变换将相乘变为相加关系,即

$$\log x(t)=\log s(t)+\log n(t) \quad (3-54)$$

如果 $\log s(t)$ 和 $\log n(t)$ 的频谱没有严重的重叠(如对调幅信号,f_m 和 f_0 相差较多),就可以用线性滤波方法将它们分离开,然后对滤波后分离出来的 $\log s(t)$ 作对数变换的逆变换——指数变换就可得到。

解乘积的同态滤波过程可用图 3.35 的框图表示。

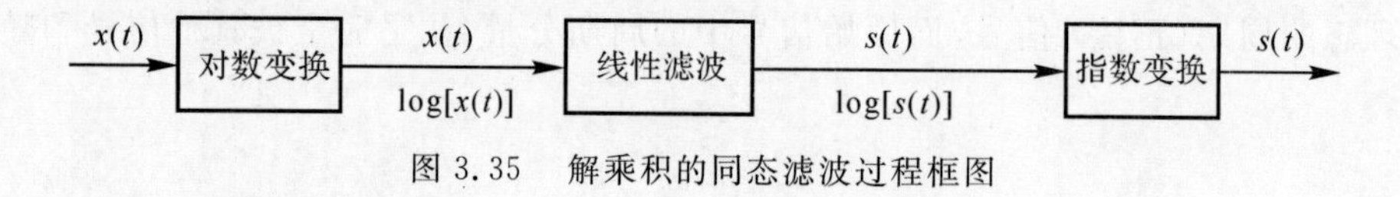

图 3.35 解乘积的同态滤波过程框图

② 解卷积的同态滤波。设

$$x(t)=s(t)*n(t)$$

在有多径反射和混响环境下做声强分析,会出现干扰与所需信号的卷积。在测量齿轮故障时,故障源引起的冲击为激励信号,在箱体上测到的是该激励通过轴—轴承—箱体传递途径得到的振动响应信号,因此这振动信号就是激励信号与传递特性的卷积。我们往往需要将它们分开,分别研究故障源的特性和传递特性。

对上述卷积式作傅里叶变换,可将卷积形式变成相乘关系,得到

$$X(f)=S(f)N(f) \quad (3-55)$$

式中 $X(f)$,$S(f)$ 和 $N(f)$—— 信号 $x(t)$,$s(t)$ 和 $n(t)$ 的傅里叶变换。

对式(3-55)作对数变换,将相乘关系变成相加关系,然后再作傅里叶逆变换,得到

$$\log X(f)=\log S(f)+\log N(f) \quad (3-56)$$

$$F^{-1}\log X(t)=F^{-1}\log S(t)+F^{-1}\log N(t) \quad (3-57)$$

这个过程叫倒谱分析,式(3-57)可写成

$$C_x(\tau)=C_s(\tau)+C_n(\tau) \quad (3-58)$$

式中 $C_x(\tau)$—— 原始信号的倒频谱;

$C_s(\tau)$—— 有用信号的倒频谱;

$C_n(\tau)$—— 噪声信号的倒频谱。

如果在倒频谱域 τ 上,$C_s(\tau)$ 和 $C_n(\tau)$ 不重叠,就可以通过线性滤波将它们分离开。对分离出来的 $C_s(\tau)$ 做上述变换的逆变换,即傅里叶变换—指数变换—傅里叶逆变换,最后就可将 $S(\tau)$ 分离出来。其信号处理框图如图 3.36 所示。

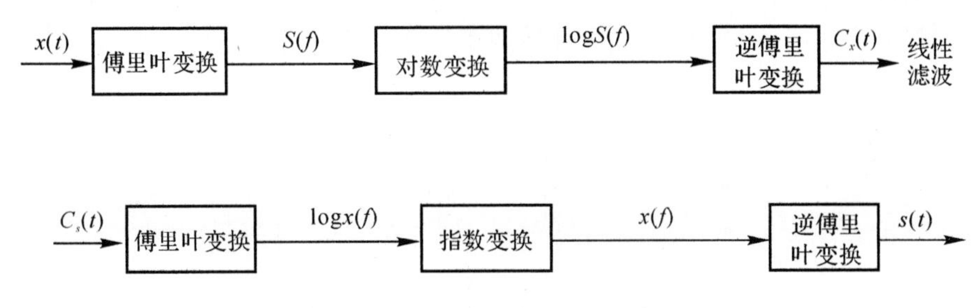

图 3.36　解卷积同态滤波过程框图

2. 信号采集

信号采集是将处理后的模拟信号变换为数字信号，存入指定的位置。其核心是 A/D 转换器。信号采集系统的性能指标（精度、采样速度等）主要由 A/D 转换器来决定。

围绕 A/D 转换器，还有以下几部分电路或器件。

(1) 采样保持电路。这个电路在 A/D 转换器之前，是为保证 A/D 转换期间保持输入信号不变而设置的。对于模拟输入信号变化率较大的信号通道，一般都需要采样保持电路，而对于直流或者低频信号通道，则不需要。采样保持电路对系统精度起着决定性的影响。

(2) 时基信号发生器。产生定时间间隔的脉冲信号，控制采样。

(3) 触发系统。这个系统决定了采样的起点，有了它才有可能捕捉到瞬时的脉冲输入信号或将采下的信号进行同步相加。

(4) 控制器。对多通道数据采集进行控制。控制 A/D 转换器的工作状态（同时采集或顺序采集等）。

3. 采样与量化

把模拟信号转换为与其相对应的数字信号的过程称之为模数（A/D）转换过程，这是数字信号处理的必要程序。

如图 3.37 所示，A/D 转换过程主要包括采样、量化、编码三部分。

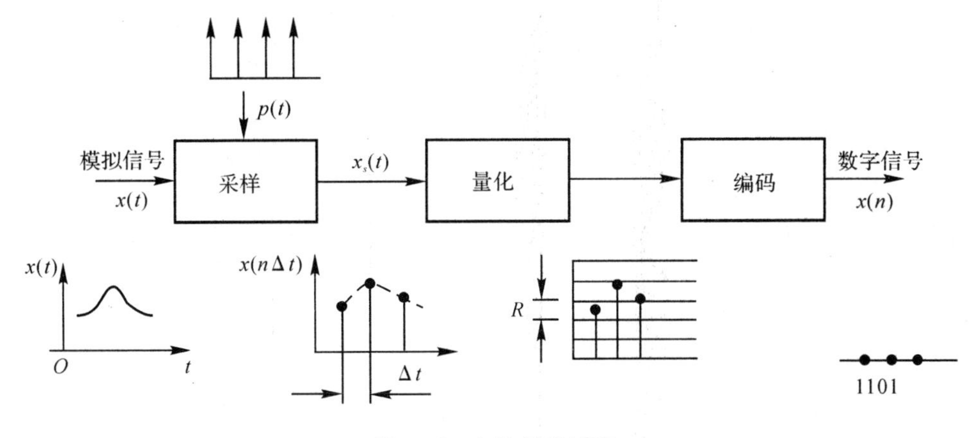

图 3.37　A/D 转换过程

(1) 信号采样。将连续信号变成离散信号的过程叫采样。它将一个连续信号 $x(t)$ 按一定的时间间隔 Δt 逐点取得其瞬时值 $x(t_1), x(t_2), \cdots, x(t_n)$。$t_n = n\Delta t$。用电子开关每隔 Δt 短暂地闭合一次实现。

理想脉冲采样如图 3.38 所示，其采样脉冲序列：

$$p(t)=\sum_{-\infty}^{\infty}\delta(t-n\Delta t) \tag{3-59}$$

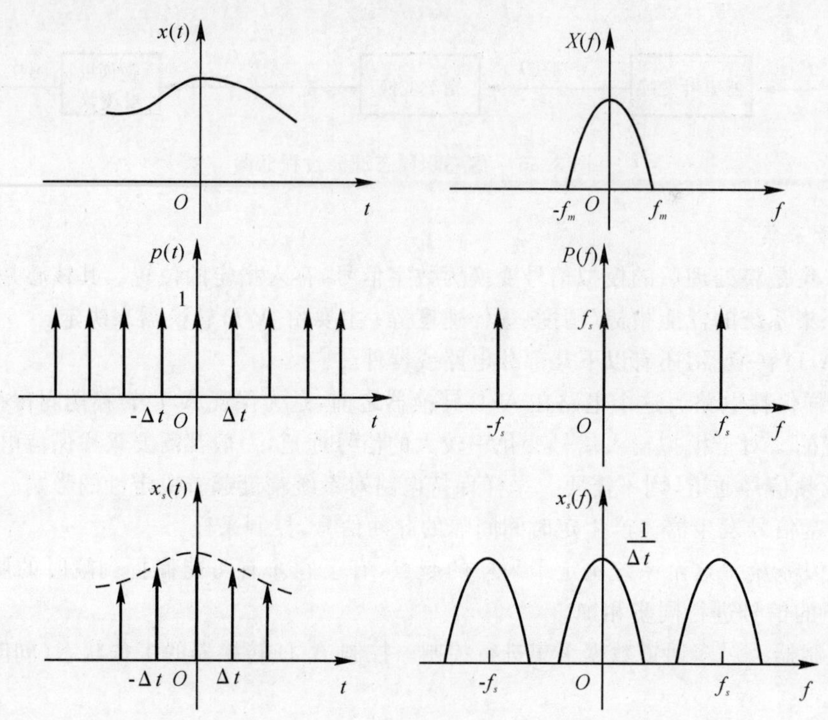

图 3.38　理想脉冲采样

乘以模拟信号 $x(t)$ 就得到离散 x 序列 $x_s(t)$，即

$$x_s(t)=x(t)p(t) \tag{3-60}$$

通常把采样脉冲序列 $p(t)$ 两离散点之间的时间间隔 Δt 称为采样间隔，而把其倒数称为采样频率。

$$f_s=1/\Delta t,\qquad \omega_s=2\pi/\Delta t \tag{3-61}$$

(2) 量化。量化又称幅值量化，把采样信号 $x(n\Delta t)$ 经过舍入或截尾的方法变为只有有限个有效数字的数，这一过程称为量化。

若取信号 $x(t)$ 可能出现的最大值 A，令其分为 D 个间隔，则每个间隔长度为 $R=A/D$，R 称为量化增量或量化步长。当采样信号 $x(n\Delta t)$ 落在某一小间隔内，经过舍入或截尾方法而变为有限值时，则产生量化误差，如图 3.39 所示。

量化误差呈等概率分布，其概率密度函数 $p(x)=1/R$。当舍入量化时，最大量化误差为 $0.5\pm R$；截尾量化时，最大量化误差为 $-R$。舍入量化时的均方差

$$\sigma_x^2=\int_{-\infty}^{\infty}(x-\mu_x)^2p(x)\mathrm{d}x=\int_{-0.5R}^{0.5R}(x-\mu_x)^2p(x)\mathrm{d}x \tag{3-62}$$

将 $p(x)=1/R$，$\mu_x=0$ 代入，则

$$\sigma_x^2=R^2/12 \tag{3-63}$$

或
$$\sigma_x = 0.29R$$

同理，可得到截尾量化时的均方差。

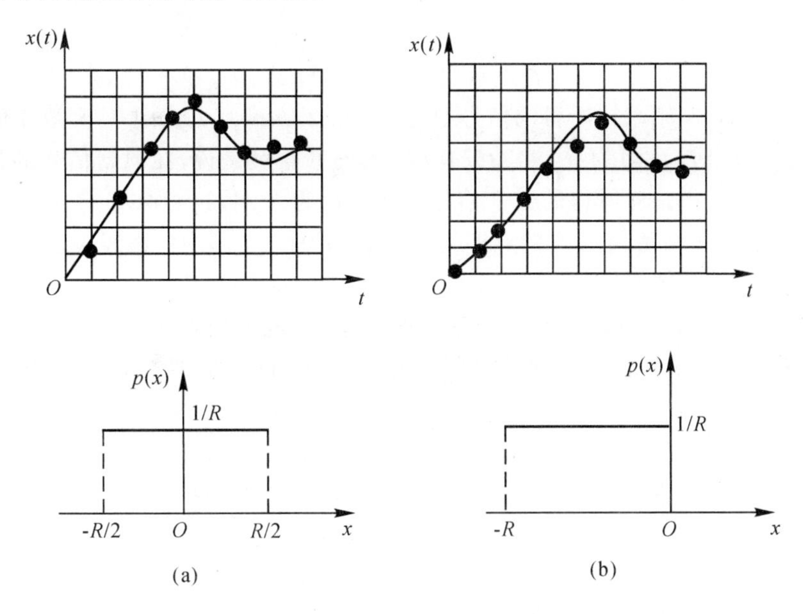

图 3.39　舍入量化及截尾量化

(a) 舍入量化；(b) 截尾量化

也可以把量化误差看成是模拟信号作数字处理时的附加噪声，故而又称为舍入噪声或截尾噪声。

以上分析表明，量化增量 R 愈大，则量化误差愈大。量化增量的大小一般取决于计算机位数，其位数越高，量化增量越小，误差也越小。比如，8 位二进制为 $2^8=256$，即量化增量为所测信号最大电压幅值的 1/256；12 位二进制为 $2^{12}=4\,069$。由此可见，12 位 A/D 转换器的精度要远高于 8 位 A/D 的精度。目前，采样过程都是通过专门的模数转换器件实现的。

(3) 编码。将离散幅值经过量化以后变为二进制数字称为编码，即

$$A = RD = R\sum_{i=1}^{m} a_i \times 2^i \tag{3-64}$$

式中　a_i——“0”或“1”。

信号 $x(t)$ 经过上述变换以后，即成为时间上离散，幅值上量化的数字信号。

4. 采样间隔和频率混淆

采样的基本问题是如何确定合理的采样间隔 Δt 以及采样长度 T，以保证采样所得的数字信号能真实地代表原来的连续信号 $x(t)$。

一般来讲，采样频率 f_s 越高，采点越密，所获得的数字信号越逼近原信号。然而，当采样长度 T 一定时，f_s 越高，数据量 $N=T/\Delta t$ 越大，所需的计算机存储量和计算量就越大；反之，当采样频率降低到一定程度，就会丢失或歪曲原来信号的信息。

香农采样定理给出了带限信号不丢失信息的最低采样频率为 $f_s \geqslant 2f_{\max}$。

此处，$f_{\max}$ 为原信号中最高频率成分的频率。如果不能满足此采样定理，将会产生频率混淆现象。这可以用谐波的周期性加以说明。

$$\cos(2\pi fn\Delta t)=\cos(2\pi nm\pm 2\pi fn\Delta t)=\cos[2\pi n\Delta t(m/\Delta t\pm f) \tag{3-65}$$

式中　$m=0,1,2,\cdots$。

如果原来的连续信号是 $\cos 2\pi f'nt$，并且有

$$f'=m/\Delta t\pm f=mf_s\pm f \tag{3-66}$$

式中　$m=0,1,2,\cdots$，则采样所得的信号都可为 $\cos(2\pi fn\Delta t)$（上式中 f' 只取正值）。

例如当 $f=f_s$ 时，f' 可为 $f_s/4,3f_s/4,7f_s/4,\cdots$。也就是说，在原始信号的频率为 $f_s/4$，$3f_s/4,7f_s/4,\cdots$ 时，经采样所得的数字信号的频率均为 $f_s/4$，这意味着发生了频率混淆。这从图 3.40 可以看得很清楚，有"○"的点即为取样值，下面三个图中的虚线表示采样后的波形均产生了频率混淆。如果限制 $f'\leqslant f_s/2$，就不会发生频率混淆现象。

从信号的傅里叶变换可以从另一个角度来理解频率混淆的机理。

频率混淆是由于采样以后采样信号频谱发生变化，出现高、低频成分发生混淆的一种现象，如图 3.41 所示。

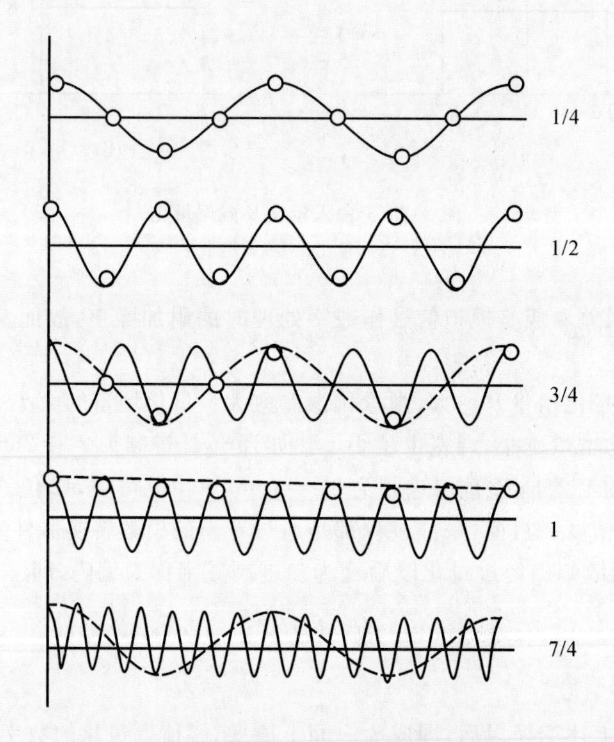

图 3.40　频率混淆与采样频率的关系

图 3.41(a) 表明，信号的傅里叶变换为 $X(f)$，其频带范围为 $-f_m\sim f_m$，采样信号 $x_s(t)$ 的傅里叶变换是一个周期性谱图，周期为 Δt，且 $f_s=1/\Delta t$。

图 3.41(b) 表明，当满足采样定理，即 $f_s>2f_m$ 时，周期谱图相互分离。

图 3.41(c) 表明，当不满足采样定理，即 $f_s<2f_m$ 时，周期谱图相互重叠，即谱图之间高频与低频部分发生重叠，这是信号复原时产生混淆。

状态监测与故障诊断工作需要真实的数字信号，因此必须解决频率混淆的问题。从上述理论反推，可以知道解决频率混淆的方法如下：

(1) 提高采样频率，以满足采样定理，工程应用中一般取 $f_s=(2.56\sim 4)f_m$。

(2) 用低通滤波器滤掉不必要的高频成分以防频混产生，此时的低通滤波器也称为抗频混滤波器。若滤波器的截止频率为 f_{cut}，则 $f_{\mathrm{cut}}=f_{\mathrm{s}}/(2.56\sim4)$。

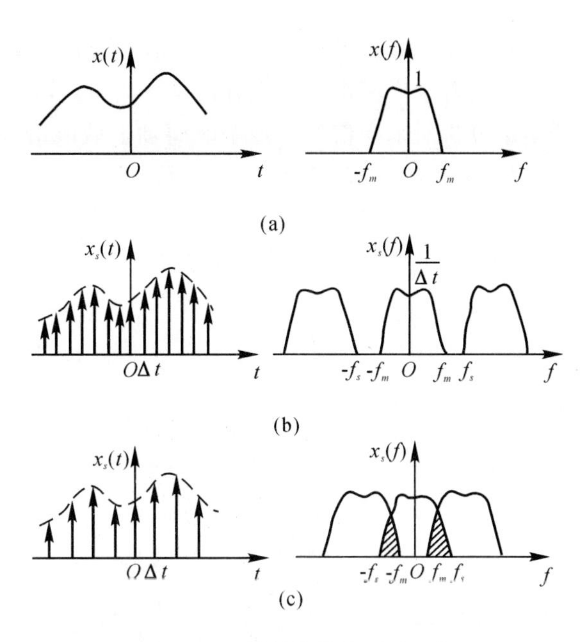

图 3.41　采样信号的混淆现象

(a) 信号 $\lambda(t)$ 及频谱；(b) $f_{\mathrm{s}}<2f_m$ 时的采样信号及频谱；(c) $f_{\mathrm{s}}<2f_m$ 时的采样信号及频谱

5. 采样长度与频率分辨率

当采样间隔 Δt 一定时，采样长度 T 越长，数据 N 就越大。为了减少计算量，T 不宜过长。但是若 T 过短，则不能反映信号的全貌，因为在作傅里叶分析时，频率分辨率 Δf 与采样长度 T 成反比，即

$$\Delta f=1/T=1/(N\Delta t) \tag{3-67}$$

显然，需要综合考虑合理解决采样频率与采样长度之间的矛盾。

一般在信号分析中，采样点数 N 选取 2^n，使用较多的有 512，1 024，2 048 点等。若各档分析频率范围取 $f_{\mathrm{c}}=f_{\mathrm{s}}/2.56=1/(2.56\Delta t)$，则

$$\Delta f=1/(\Delta tN)=2.56f_{\mathrm{c}}/N=(1/200,1/400,1/800)f_{\mathrm{c}} \tag{3-68}$$

在旋转机械状态监测和故障诊断系统中，多采用整周期采样。假定对旋转频率为 f 的机组每周期均匀采集 m 个点，共采 J 个周期，则采样点数 N 为

$$N=mJ$$

因为

$$\Delta t=\frac{1}{f}\,\frac{1}{m}=\frac{1}{mf}$$

所以

$$\Delta f=\frac{1}{N\Delta t}=\frac{mf}{mJ}=\frac{f}{J}$$

即

$$J\Delta f=f$$

这就保证了关键频率的准确定位。例如，对于每周期采 32 个点，每次采样 32 个周期的信号，有 $N=1\ 024$，$\Delta f=f/32$，$32\Delta f$ 正好是旋转频率 f。

3.3.2 窗函数及其选择

1. 信号的截断与泄漏

信号的时间历程是无限的，用计算机处理数据受内存容量及计算速度的限制，不可能对无限长的信号进行处理，所以需沿着采样函数的时间轴设置一个窗口，把落入窗口内的采样值取出来，以截断的信号为样本来分析所采样信号。这个时间轴上截取信号的过程称为“截断”。由于截断是在时间轴设置窗口进行的，因此其窗称为“时间窗”。

对信号加窗截断必然带来以后的分析误差，下面以最简单的矩形窗为例，说明时间窗截断对信号所产生的影响。矩形窗函数（见图 3.42）为

$$w(t)=\begin{cases}1, & |t|\leqslant\tau/2\\0, & |t|>\tau/2\end{cases} \tag{3-69}$$

其频谱为

$$w(\omega)=\frac{\sin(\omega\tau/2)}{\omega/2} \tag{3-70}$$

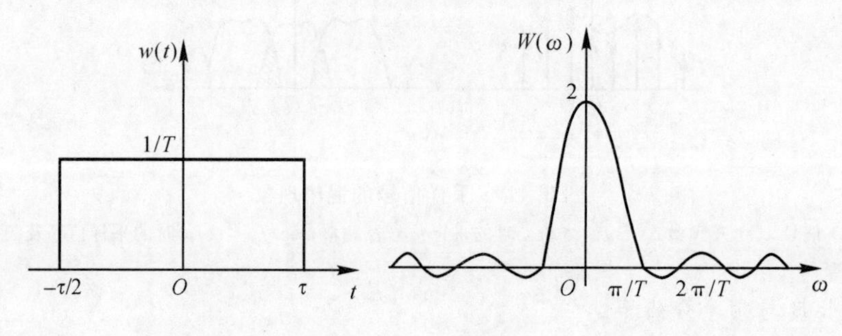

图 3.42 矩形窗

对信号 $x(t)$ 加矩形窗截断一段 $(-\tau/2,\tau/2)$，就相当于在时域对 $x(t)$ 乘以 $w(t)$，即

$$X_w(\omega)=x(t)w(t) \tag{3-71}$$

由卷积定理得

$$X_w(\omega)=X(\omega)*w(\omega) \tag{3-72}$$

由于时间窗函数 $w(t)$ 的频谱 $w(\omega)$ 是一个频带无限的函数，所以即使 $x(t)$ 为有限带宽信号，而截断以后必须成为无限带宽信号，这说明由于截断使信号能量分布扩展了。这样无论采样频率多高，只要信号一经截断，在频域中就不可避免地引起混叠，因此信号截断必然导致误差。通常把由所加时间窗的频谱旁瓣而引进的误差称为“泄漏”。

如果增大截断长度，则频谱 $w(\omega)$ 将压缩变窄，虽然仍有旁瓣且其频谱范围仍为无穷宽，但旁瓣衰减较快，因而泄漏误差将减小。当 τ 趋近于无穷大时，$w(\omega)$ 将变为 $\delta(\omega)$ 函数，而 $\delta(\omega)$ 函数与 $X(\omega)$ 的卷积仍为 $X(\omega)$。这说明，如果不截断，就没有泄漏误差。深入分析会发现，用同样宽度 τ 的矩形窗截断同一信号，当所截断得到的信号两端幅值小时，其泄漏就小。

研究表明，截断引起的误差主要是由泄漏效应引起的，如果能有效地抑制泄漏，就能使截断所造成的影响降低到最低点。抑制泄漏的唯一方法是平滑矩形窗波形两端的剧烈变化。因为波形变化越剧烈，其频谱包含的高频分量就越多，幅值也越大。从窗函数频谱来看，频谱的旁瓣较小，相应的泄漏误差就小。

2. 常用窗函数

平滑矩形窗两端的剧烈变化，通常是对窗口进行加权，加权函数不同，窗口形状不同。工程上常用的窗函数有矩形窗、海明窗、海宁窗、高斯窗等。将各种窗函数的连续和离散性以及窗的频谱分别给出如下：连续函数定义于$(-\tau/2,\tau/2)$，离散函数定于$0\leqslant k\leqslant N-1$区间（$N$为$\tau$区间上的采样点数）。

(1) 矩形窗(Rectanglar window)，其表达式为

$$w_R(t)=\begin{cases}1, & |t|\leqslant\tau/2\\0, & |t|\leqslant\tau/2\end{cases}\tag{3-73a}$$

$$w(\omega)=\frac{\sin(\omega\tau/2)}{\omega/2}\tag{3-73b}$$

$$w_R(k)=\begin{cases}1, 0\leqslant k\leqslant N-1\\0, 其他\end{cases}\tag{3-73c}$$

这种窗属于时间变量的零次幂窗，实际工程中使用最多，实际上不加窗就是使函数通过了矩形窗。这种窗的优点是主瓣比较集中，缺点是旁瓣较高，并有负旁瓣，导致变换后带进了高频干扰和泄漏，甚至出现负谱现象。

(2) 汉宁窗(Hanning window)，其表达式为

$$w_N(t)=w_R(t)[0.5+0.5\cos(2\pi t/\iota)]\tag{3-74a}$$

$$W_N(\omega)=0.5\frac{\sin\omega\tau/2}{\omega/2}+0.25\left[\frac{\sin(\omega\tau/2-\pi)}{\omega/2-\pi/\tau}+\frac{\sin(\omega\tau/2+\pi)}{\omega/2+\pi/\tau}\right]\tag{3-74b}$$

$$w_M(k)=0.5-0.5\cos\frac{2\pi k}{N-1},\quad 0\leqslant k\leqslant N-1\tag{3-74c}$$

汉宁又称升余弦窗，可以看作是3个矩形时间窗的频谱之和，或者说是3个$\sin t$型函数之和，它可以使旁瓣互相抵消，消去高频干扰和能量泄漏。图3.43表示汉宁窗与矩形窗的谱图对比，图3.43(a)为$w(\omega)-\omega$关系，图3.43(b)为相对幅度(相对于主瓣衰减)-$\log\omega$关系。可以看出，汉宁窗主瓣加宽(第一个零点在$2\pi/T$处)并降低，旁瓣则明显降低。第一个旁瓣衰减-32 dB，而矩形窗第一个旁瓣衰减-13 dB。此外，汉宁窗的旁瓣衰减速度也较快，约60 dB/10oct，而矩形窗为20 dB/10oct。由以上比较可知，从减小泄漏的观点出发，汉宁窗优于矩形窗，但汉宁窗主瓣加宽，相当于分析带宽加宽，频率分辨率下降。

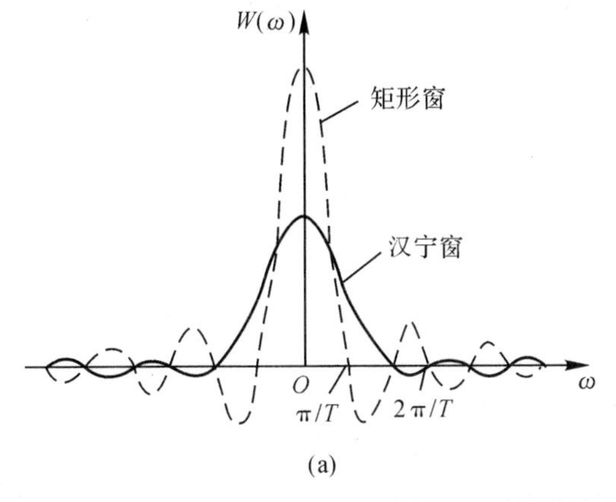

(a)

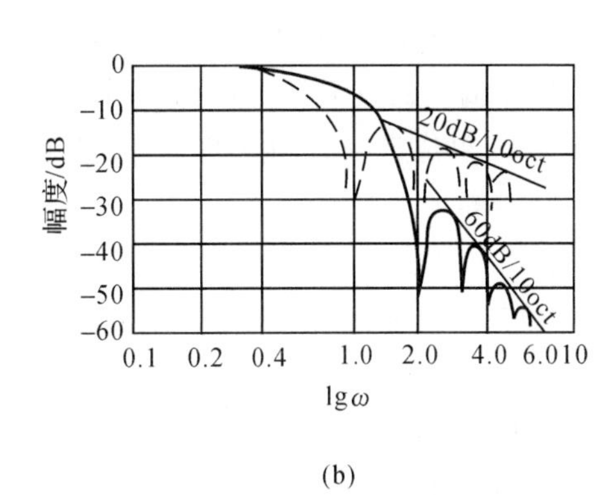

(b)

图3.43　汉宁窗与矩形窗的谱图对比

(a) 谱图；(b) 相对幅度

(3) 海明窗(Hamming window),其表达式为

$$w_M(t)=w_R(t)\left[0.54+0.46\cos(2\pi t/\tau)\right] \tag{3-75a}$$

$$w_M(\omega)=0.54\frac{\sin(\omega\tau/2)}{\omega/2}+0.23\left[\frac{\sin(\omega\tau/2-\pi)}{\omega/2-\pi/\tau}+\frac{\sin(\omega\tau/2+\pi)}{\omega/2+\pi/\tau}\right] \tag{3-75b}$$

$$w_M(k)=0.54-0.46\cos\frac{2\pi k}{N-1},\quad 0\leqslant k\leqslant N-1 \tag{3-75c}$$

海明窗也是余弦窗的一种,又称改进的升余弦窗,只是加权系数与汉宁窗不同。海明窗的加权系数与汉宁窗不同,使旁瓣达到更小。分析表明,海明窗的第一旁瓣衰减为 −42 dB。海明窗的频谱也是由 3 个矩形时窗的频谱合成,但其旁瓣衰减速度为 20 dB/10oct,这比汉宁窗衰减速度慢。海明窗与汉宁窗都是很有用的窗函数。

(4) 高斯窗(Gaussian window),其表达式为

$$w_G(t)=w_R(t)\exp\frac{2n^2}{\tau^2}t^2 \tag{3-76a}$$

$$w_G(\omega)=\frac{\tau}{2n\sqrt{2\pi}}\exp\frac{\pi\tau^2}{2n^2}\omega^2 \tag{3-76b}$$

$$w_G(k)=\exp\left(\frac{2n^2}{(N-1)^2}k^2\right),\quad 0\leqslant k\leqslant N-1 \tag{3-76c}$$

高斯窗是一种指数窗(采用指数时间函数,如 e^{-at} 形式),其指数 a 为常数,决定了函数曲线衰减的快慢。如果 a 值选取适当,可以使截断点(T 为有限值)处的函数值比较小,从而使截断造成的影响比较小。高斯窗谱无负的旁瓣,第一旁瓣衰减达 −55 dB。高斯窗谱的主瓣较宽,故而频率分辨率低。高斯窗函数常被用来截断一些非周期信号,如指数衰减信号等。

除了以上几种常用窗函数外,尚有多种窗函数,如帕仁(Parzen)窗、布拉克曼(Blackman)窗、凯塞(Kaiser)窗等。

窗函数的指标有下面几个方面:

1) 最大旁瓣值与主瓣峰值之比。用对数表示,即 $20\log(A_{旁}/A_{主})$,以分贝(dB)为单位。这个值越小越好,此值为负值。

2) 旁瓣衰减率。用 10 个相邻旁瓣峰值的衰减比的对数表示,记为 dB/10oct。这个值大,则旁瓣误差小,即泄漏少。

3) 主瓣宽。以下降 3 dB 时的带宽表示,通常用 3 dB×带宽 Δf 给出,Δf 为谱分析时的频率分辨率,单位为 Hz。主瓣窄,则可精确定出其峰值频率。

4) 主瓣顶点最大误差。以 % 表示。

表 3.3 给出了常用的几种窗函数的指标。矩形窗泄漏最严重,主瓣顶点误差最大,但主瓣最窄,故只用在要精确定出主瓣峰值频率的时候。海明窗的旁瓣比矩形窗小,因此海明窗在分析较小幅值的频率分量方面优于矩形窗。汉宁窗的旁瓣幅值衰减更快,对那些海明窗进行频谱分析不能辨别的较小幅值的频率分量,采用汉宁窗就可以检测出来。高斯窗主瓣宽,旁瓣最小,其性能最好。

表3.3　常用窗函数的对比

窗函数	最大旁瓣值 dB	旁瓣衰减率 dB/10oct	主瓣宽 3dB带宽×Δf	主瓣顶点最大误差 %
矩形窗	13 (21%)	−20	0.89	−39.34
海明窗	−13.47 (2.7%)	−60	1.44	−15.12
汉宁窗	−43.19 (0.7%)	−20	1.34	−18.14
指数数			宽	

3. 离散信号的频域分析

(1) 离散傅里叶变换(DFT)。离散信号的时域-频域转换是依靠离散傅里叶变换(DFT)来实现的。设时域中的离散信号为 $x(n)$，$n=0,1,\cdots,N-1$，其离散频谱为 $X(k)$，则有

$$X(k)=\sum_{n=0}^{N-1}X(n)\mathrm{e}^{-\mathrm{j}2\pi nk/N},\qquad k=0,\cdots,N-1 \tag{3-77}$$

$$x(n)=1/N\sum_{n=0}^{N-1}x(k)\mathrm{e}^{\mathrm{j}2\pi nk/N}$$

离散傅里叶变换是从连续傅里叶变换推演而来的，其推导过程比较复杂，在此省略。

(2) 快速傅里叶变换(FFT)。目前，广泛使用的一种离散傅里叶变换的算法是快速傅里叶变换FFT，它的特点是大大节约了计算时间。例如，当数据数目为 $N=1\,024$ 时，计算时间可节约100倍以上。快速傅里叶变换FFT的基本原理如下：设有一信号

$$x(0),x(1),\cdots,x(N-1)$$

其长度为 N，需要计算离散傅里叶变换。首先应将上述信号分解为两个信号：$y(n)$ 是 x 中的偶样本(假定 N 是偶数)，则

$$y(n)=x(2n),\quad n=0,1,\cdots,N/2-1 \tag{3-78}$$

而 $z(n)$ 是 x 的奇样本，则

$$z(n)=x(2n+1),\quad n=0,1,\cdots,N/2-1 \tag{3-79}$$

假设计算了信号 $y(n)$ 的离散傅里叶变换，设为 $Y(k)$，它是一个 $N/2$ 个点的变换

$$Y(k)=\sum_{n=0}^{N/2-1}y(n)\mathrm{e}^{-\mathrm{j}2\pi nk/(N+2)},\qquad k=0,\cdots,N/2-1$$

注意，这里用 $N/2$ 来代替 N。这是因为信号的长度为 $N/2$。并且，在式中，如果用 $k+N/2$ 代替 k，则式(3-80)的计算式不会改变(因为在指数中增加了 $2\pi\mathrm{j}$ 的整数倍，其值不会改变)。这样，当 $k=N/2,N/2+1,\cdots,N-1$ 时，$Y(k)$ 是由

$$Y(k+N/2)=Y(k) \tag{3-80}$$

所定义的。

用同样的方法可以计算 $z(k)$，即

$$Z(k)=\sum_{n=0}^{N/2-1}z(n)\mathrm{e}^{-\mathrm{j}2\pi nk/N},\qquad k=0,\cdots,N/2-1 \tag{3-81}$$

k 值同上面一样，可以延伸到 $k=N/2,N/2+1,\cdots,N-1$

$$Z(k+N/2)=Z(k) \tag{3-82}$$

式(3-81)的计算需要$(N/2)^2$ 次乘法，与式(3-82)计算一起，共需 $2(N/2)^2$ 次乘法运算以得到

$$Y(k)\quad k=0,\cdots,N-1$$
$$Z(k)\quad k=0,\cdots,N-1$$

下面可以看到 $Y(k)$，$Z(k)$ 组合起来可以求出 $X(k)$。考虑

$$Y(k)+\mathrm{e}^{-\mathrm{j}2\pi nk/N}z(k)=\sum_{n=0}^{N/2-1}y(n)\mathrm{e}^{-\mathrm{j}2\pi nk/N/2}+\mathrm{e}^{-\mathrm{j}2\pi nk/N}\sum_{n=0}^{N-1}z(n)\mathrm{e}^{-\mathrm{j}2\pi nk/N/2}$$
$$k=0,\cdots,N-1 \tag{3-83}$$

将 $y(n)=x(2n)$，$z(n)=x(2n+1)$ 代入式(3-83)，并将指数因子移入右端的求和符号内，则

$$Y(k)+\mathrm{e}^{-\mathrm{j}2\pi nk/N}z(k)=\sum_{n=0}^{N/2}x(2n)\mathrm{e}^{-\mathrm{j}2\pi nk/N}+\sum_{n=0}^{N/2}x(2n+1)\mathrm{e}^{-\mathrm{j}(2n+1)\pi k/N} \tag{3-84}$$

式(3-84)左端的和就是离散傅里叶变换中的偶数项，右端的和是奇数项

$$X(k)=Y(k)+\mathrm{e}^{-\mathrm{j}2\pi k/N}Z(k) \tag{3-85}$$

这就是说两个子变换 Y，Z 可以合并得到原来的变换 X，这个用两个 $N/2$ 点变换组合起来计算一个 N 点变换的过程，称为数据合并过程。合并过程需要增加附加的 N 个乘法运算，即总共要算 $2(N/2)^2+N$ 次乘法，这比起直接计算一个 N 点变换要节省 $N^2-(N^2/2+N)=N^2/2-N$ 次乘法运算。

Y 和 Z 两个子变换还可以分成奇部和偶部，再经过合并过程求出 Y 和 Z，这样，Y 和 Z 分别需要$[2(N/4)^2+N/2]$ 次乘法运算。为得到 Y，就需要作

$$4(N/4)^2+2N$$

次运算。如果 N 是 2 的指数，则这一分解过程可以一直继续，直到最后，当 $N=1$ 时就不需要乘法运算。

上式中乘法运算次数 N^2 将会消失，但每次分解为奇部和偶部时，将引入新的 N 次乘法运算。由于分解了 $\log_2 N$ 次，故需要 $N\log_2 N$ 次乘法运算。这样新的乘法运算次数仅为原来乘法运算次数的 $N(\log_2 N)/N^2=(\log_2 N)/N$ 倍。

3.4 时频分析技术

前几节讨论了平稳随机信号，所谓平稳信号，其主要特点是信号的均值、方差及均方都不随时间变换，其自相关函数仅和两个观察时间的差有关，而和观察的具体位置无关。但是，在实际中的确存在着非平稳信号，而且信号的频率也会随时间变化。

如果一个信号不是广义平稳的，则称为非平稳信号。如果用统计量来描述，各阶统计量与时间无关的信号称为平稳信号，而某阶统计量随时间改变的信号则称为非平稳信号或时变信号。

由于傅里叶变换在信号分析中自身就存在着不足，即缺乏时频定位功能。现重写傅里叶

变换的表达式为

$$X(j\omega)=\int_{-\infty}^{\infty}x(t)\mathrm{e}^{-\mathrm{j}\omega t}\,\mathrm{d}t=\langle x(t),\mathrm{e}^{\mathrm{j}\omega t}\rangle$$

$$x(t)=\frac{1}{2\pi}\int_{-\infty}^{\infty}X(\mathrm{j}\omega)\mathrm{e}^{\mathrm{j}\omega t}\,\mathrm{d}\omega=\frac{1}{2\pi}\langle X(\mathrm{j}\omega),\mathrm{e}^{-\mathrm{j}\omega t}\rangle \tag{3-86}$$

显然，对给定的某一个频域（如 ω_0），为求得该频率处的傅里叶变换 $X(\mathrm{j}\omega_0)$，式（3-86）对 t 积分需要从 $-\infty$ 到 ∞，即需要整个 $x(t)$ 的“知识”。反之，如果要求出某一时刻处的值，由式，需要将 $X(\mathrm{j}\omega)$ 对 ω 从 $-\infty$ 至 ∞ 作积分，同样也需要整个 $X(\mathrm{j}\omega)$ 的“知识”。实际上，由式（3-86）所得到的 $X(\mathrm{j}\omega)$ 是信号 $x(t)$ 在整个积分区间的时间范围内所具有的频域特征的平均表示。因此，如果想知道在某一个特定时间所对应的频率是多少，或对某一个特定的频率所对应的时间是多少，那么傅里叶变换则无能为力。也就是说，傅里叶变换不具有时间和频率的“定位”功能。

因此，对非平稳信号，人们希望能有一种分析方法，把时域分析和频域分析结合起来。

3.4.1　短时傅里叶变换

1. STFT 的定义

短时傅里叶变换（short-time Fourier transform，STFT）反映了信号的频谱随时间和频率的分布，对于信号 $s(t)$，其 STFT 可表示为

$$\mathrm{STFT}(t,f)=\int_{-\infty}^{\infty}[s(u)\ g(u-t)]\mathrm{e}^{-\mathrm{j}2\pi uf}\,\mathrm{d}u \tag{3-87}$$

式中　$g(u-t)$—— 窗函数。

称为信号 $x(t)$ 的短时傅里叶变换。

2. 性质

(1)STFT 为一局部谱。

(2)STFT 的时间、频率分辨率直接和窗函数有关。

(3)STFT 在 f 的值（序列）是信号 $s(u)$ 通过一个带通滤波器的结果。

窗函数 $g(u)$ 的作用可以从下述的角度来解释：

(1) 当窗函数 $g(u)$ 沿着 t 轴移动时，它可以不断地截取一小段又一小段的信号，然后对每一小段的信号作傅里叶变换，因此可得到二维函数 $\mathrm{STFT}(t,f)$。

(2) 尽管信号 $x(t)$ 是非平稳的，但将它分成许多小段后，可以假定它的每一小段都是平稳的，因此可用经典谱估计的方法。因此，$g(u)$ 的作用是尽可能地保证所截取的每一小段都是平稳的。

(3)STFT 可以看做用基函数

$$g_{t,f}(u)=g(u-t)\mathrm{e}^{\mathrm{i}fu} \tag{3-88}$$

来代替傅里叶变换中的基函数 $\mathrm{e}^{\mathrm{i}ft}$，即

$$\langle x(u),g_{t,f}(u)\rangle=\langle x(u),g(u-t)\mathrm{e}^{\mathrm{i}fu}\rangle=\int x(u)g\ (u-t)\mathrm{e}^{-\mathrm{i}ft}\,\mathrm{d}u=\mathrm{STFT}_x(t,f) \tag{3-89}$$

由此可以看出，$g(u)$ 的宽度越小，则时域分辨率越好，同时局部平稳性的假设越成立。在频域，由于 $\mathrm{e}^{\mathrm{j}ut}$ 为一 δ 函数，因此仍可保持较好的频域分辨率。显然，STFT 和用 $\mathrm{e}^{\mathrm{j}ut}$ 作基函数的 Fourier 变换相比，可得到更多的时域信息，即提高了时域的分辨率，这对于时变信号来说是特别

有利的。

3.4.2 小波变换

小波的概念首先由地质学家J. Morlet和A. Grossmann在处理地震数据时引入并成功地应用于地震信号的分析。目前，小波分析（Wavelet Analysis）已发展成为一个新的数学分支，成为国际上极为活跃的研究方向之一。小波分析已被广泛地应用于信号处理、图像分析、模式识别、量子场论及众多非线性学科领域，是近年来在研究工具及方法上的重大突破。在设备故障诊断领域也得到了成功应用，并正向广泛的应用发展。

概括地说，小波是一个满足条件$\int_R h(x)\mathrm{d}x=0$的函数h通过平移和缩放产生的一个函数族$h_{a,b}(x)$：

$$h_{a,b}(x)=\frac{1}{|a|^{1/2}}h\left(\frac{x-b}{a}\right) \tag{3-90}$$

式中　a,b—— 伸缩和平移因子，统称尺度因子；

h—— 小波母函数（Mother Wavelet）；

$h_{a,b}(x)$—— 由小波母函数h生成的依赖于参数a，b的分析小波（Analyzing Wavelet）或连续小波。

用这一可变宽度的函数作变换基，即可得到一系列不同分辨率的变换，即小波变换。

1. 小波变换原理

(1) 小波变换的定义和性质。信号$f(x)$的小波变换定义为

$$W_{a,b}=\int_R h_{a,b}^{*}(x)f(x)\mathrm{d}x \tag{3-91}$$

式中　$h_{a,b}^{*}$——$h_{a,b}$的复共轭；

$W_{a,b}$——$f(x)\in L^2(R)$在函数族$h_{a,b}(x)$上的分解。

设$h\in L^1\cap L^2$满足

$$W_h=\int_R |H(\omega)|^2|\omega|^{-1}\mathrm{d}\omega<+\infty \tag{3-92}$$

式中　$H(\omega)$——$h(x)$的Fourier变换。

式(3-92)称为容许(Admissible)条件，满足容许条件的小波称为容许小波。

对容许小波，有反演公式

$$f(x)=(1/W_h)\int_R(1/a^2)\int_R W_{a,b}h_{a,b}(x)\mathrm{d}a\mathrm{d}b \tag{3-93}$$

函数的小波变换可解释为对其进行带通滤波，即将信号分解到一系列带宽和中心频率不同的频率通道的过程。图3.44是SINC函数及其小波分解，显示时采用全剖面标定方式，图中横坐标表示时间，纵坐标表示频率，由图可见，SINC函数被分解成很多频率通道，频率通道中心起始及终止值分别为$2^{-4}\omega_0$和$2^8\omega_0$（ω_0表示带通滤波器的中心频率），各频道中心频率按对数尺度线形增加，每个频道频率变化范围比较小（波形频率接近通道中心频率）。

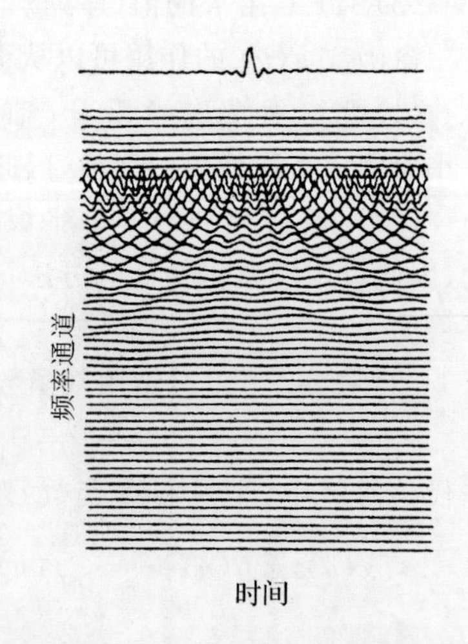

图3.44　SINC函数及其小波变换

小波变换 $W_{a,b}$ 从信号中所提取的成分主要由小波 $h_{a,b}(x)$ 和其 Fourier 变换 $H(\omega)$ 在时域和频域的波形决定。图 3.45 是一类典型的小波函数当 a 取不同值时的波形。当 a 减少时，$h_{a,b}(x)$ 的局部性增强，而 $H(\omega)$ 的局部性下降；当 a 增大时，$h_{a,b}(x)$ 的局部性下降，而 $H(\omega)$ 的局部性增强，并由此可见其波动性及带通性。

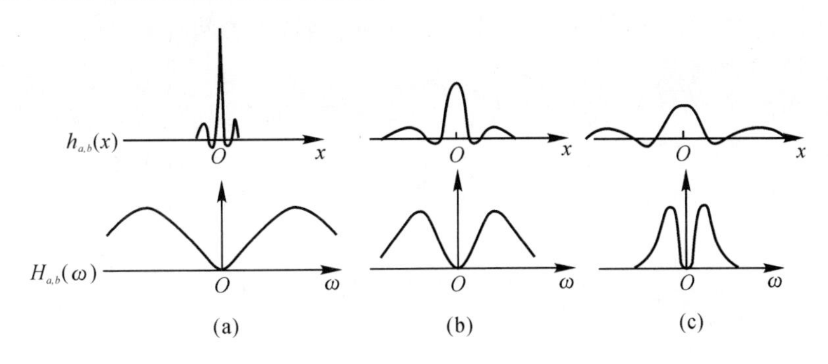

图 3.45　小波函数图形

(a)$a=0.5$；(b)$a=1$；(c)$a=2$

(2) 从分辨率看小波变换的特点。设 h 是一个对称双窗函数，当 h 的中心及半径分别为 t^* 和 Δh 时，$h_{a,b}(x)$ 的中心在 $b+at^*$，半径为 $a\Delta h$(设 $a>0$)，同时，当 $H(\omega)$ 的中心和半径分别为 ω^*(只考虑正半频率轴 $\omega^*>0$) 及 $\Delta^* h$ 时，$H(\omega)$ 的中心在 ω^*/a，半径为 $(1/a)\Delta^* h$，亦及其时频窗由

$$(t^*-\Delta h,t^*+\Delta h)[\omega^*-\Delta^* h,\omega^*+\Delta^* h]$$

变为

$$(b+at^*-a\Delta h,b+at^*+a\Delta h)[(\omega^*/a)-(1/a)\Delta^* h,(\omega^*/a)+(1/a)\Delta^* h]$$

式中　a—— 频率参数；

　　　b—— 时间参数。

如图 3.46 所示，固定 b，则当 a 减小时，窗的中心逐步从 b 的右边向 b 靠近，而逐步向 $|\omega|$ 增大方向移动，窗的宽度减小，高度增加，即在高频段采用低的频率分辨率和高的时间分辨率。反之，在低频段有高的频率分辨率和低的时间分辨率，较好地解决了时间和频率之间的矛盾，比之于加窗 Fourier 变换，小波变换在频率高的区域上，时间局部化程度也高，因而形象地称为对高频成分有"显微"能力(Zooming)，被誉为"数学显微镜"。

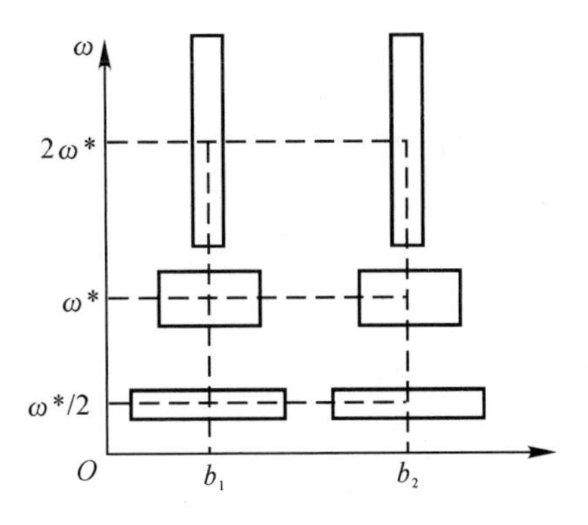

图 3.46　小波窗口与尺度的关系

(3) 连续小波变换的基本性质：

1) 小波变换是一个线性运算，因为它是信号与小波之间的一个内积，而且一个矢量函数的连续小波变换是一个矢量，这个矢量的分量是不同分量的连续小波变换。

2) 小波变换满足能量守恒方程，这意味着当将信号施以小波变换时信息没有损失。

3) 与加窗 Fourier 变换相同，它是冗余的。由于 a,b 是连续变化的，一个分析窗与另一个分析窗绝大部分内容是重叠的，即其相关性很强。

综上所述,连续小波变换非常适用于分析一个函数的局域可微性,适于监测及表征该函数可能的奇异性。如何选用具有某些特征的小波母函数,使小波变换能更方便地刻画函数 $f(x)$ 的性质,取决于我们想要从信号中提取的信息的种类。

小波分析技术的进一步介绍涉及许多较深的数学概念,一些与工程上应用有关的内容如多元小波、小波包算法、多分辨分析与小波基本理论等请读者参阅有关文献。

2. 离散小波变换简介

在实际运用中,特别是在计算机实现上往往需要把上面介绍的连续小波及其变换离散化,具体做法是通过对其伸缩标度因子 a 和平移标度因子 b 的采样而离散化。取

$$a=a_0^m(a_0>1),\quad b=nb_0a\quad(b_0\in R),\quad(m,n)\in Z$$

由式(3-90),则有

$$h_{m,n}(x)=a_0^{-m/2}h(a_0^{-m}x-nb_0) \tag{3-94}$$

离散小波变换可定义为

$$W_{m,n}(f)=\int_R f(x)h_{m,n}(x)\mathrm{d}x \tag{3-95}$$

这里 m,n 分别称为频率范围指数和时间步长变化指数,当 f 给定时,$h_{m,n}$ 正比于 a_0,高频时,$m\ll 0$,$h_{m,n}$ 则高度集中,步长的变化则与 n 成正比。

作为特例,取 $a_0=2$,$b_0=1$,相当于把连续参数 a 离散化为$\{2^m\}$,$m\in\mathbf{Z}$,则

$$h_{m,n}(x)=2^{-m/2}(2^{-m}-n)\quad m,n\in\mathbf{Z} \tag{3-96}$$

构成 $L^2(R)$ 的一个标准正交基(Genuine Orthogonal Basis)。

经过这种离散化后的小波和相应的小波变换称为二进小波变换,记为W_2。对离散化后的小波变换,目前已研究出许多快速小波变换程序,可供使用。在某些情况下,小波变换可借助FFT 来实现。

正交小波变换是小波分析领域的重要组成部分,通过选择小波,使其相应的小波族构成一组 $L^2(R)$ 上的正交基,可以构造快速算法以及具有无多余分解的优点。通常为了满足正交性、归一性条件,小波函数须经特别选择,因而形状也可能很特别。

对于非平稳信号还有一些其他处理方法,如Gabor展开、Radon-Wigner变换、分数阶傅里叶变换、线调频小波变换、循环平稳信号分析、调幅-调频信号分析等,这些方法在有关数字信号处理方法的书籍上有详细介绍,本书不再赘述。

第4章　基于振动和声学的诊断技术

振动是工程中普遍存在的现象。机器只要运转，就不可避免地存在振动。机械设备的振动往往会影响其工作精度，加剧机器的磨损，加速疲劳破坏；而随着磨损的增加和疲劳损伤的产生，振动将更加剧烈，如此恶性循环，直至设备发生故障、破坏。由此可见，振动加剧往往是伴随着机器部件工作状态不正常，乃至失效而发生的一种物理现象。因此，根据对机械振动信号的测量和分析，不用停机和解体方式，就可对机械的劣化程度和故障性质有所了解。另外，振动的理论和测量方法比较成熟，且简单易行。所以振动监测是机械设备的状态监测和故障诊断技术的一种重要手段。

利用振动信号对故障进行诊断，是设备故障诊断方法中最有效、最常用的方法。机械设备和结构系统在运行过程中的振动及其特征信息是反映系统状态及其变化规律的主要信号。通过各种动态测试仪器拾取、记录和分析动态信号，是进行系统状态监测和故障诊断的主要途径。统计资料表明，由于振动而引起的设备故障，在各类故障中占60%以上。据国内外报道，用振动的方法可以发现使用中的航空发动机故障的34%，可节约维修费用70%。

利用振动检测和分析技术进行故障诊断的信息类型多，量值变化范围大，便于进行识别和决策。例如频率范围可以从0.01 Hz到几万赫兹，加速度可以从0.01 g到成百上千g，这就为诊断不同类型的故障提供了基础。随着近代传感技术、电子技术、微处理技术和测试分析技术的发展，国内外已制造了各种专门的振动诊断仪器系列，在设备状态监测中发挥了主要作用。振动检测方法便于自动化、集成化和遥测化，便于在线诊断、工况监测、故障预报和控制，是一种无损检验方法，因而在工程实际中得到广泛应用。

振动检测和诊断系统的框图如图4.1所示，可以实现对设备的在线监测和诊断，可直接检测系统的动态响应信号作为原始信息，利用系统上某些对故障敏感点振动信号的变化规律来检测系统的状态或寻找判断故障源。当需要对结构进行故障诊断时，尚需利用激振系统使被诊断对象产生某种振动。当进行系统的动态实验时，被检测的振动信号可直接连到不同类型的检测仪或分析仪上进行实时状态监测和诊断，也可录到磁带记录仪上或连于数据采集、记录和存储器上，以备进行深入的故障诊断分析。其中振动诊断系统如图4.2所示，该系统既可与前述的检测系统联机在线使用，也可脱机离线使用。

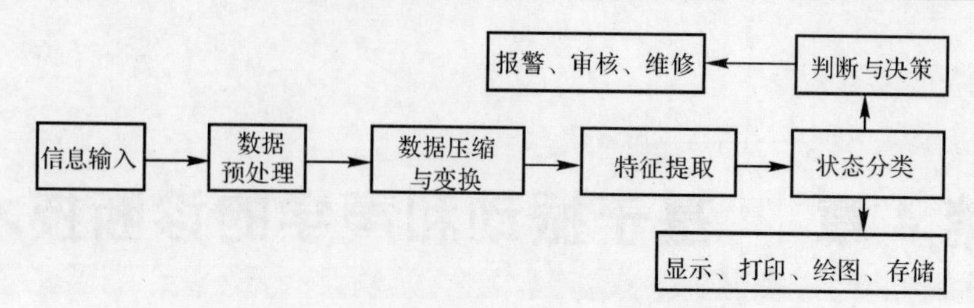

图 4.1　振动检测和诊断系统的框图

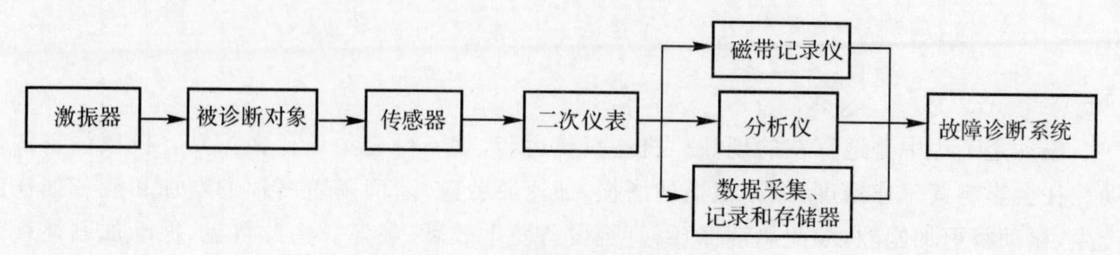

图 4.2　振动检测和诊断系统框图

声音是振动在介质中的传播，声学监测与故障诊断和振动监测与故障诊断的原理、方法是一致的。

4.1　机械振动基础

机械振动是指机械系统在其平衡位置附近所做的往复运动。由于各种系统的结构、参数不同，系统所受的激励不同，系统所产生的振动规律也各不相同。根据振动规律的性质及其研究方法，振动可分为确定性振动和随机振动两大类。

确定性振动的运动规律可以用某个确定的数学表达式来描述，其振动的波形具有确定的形状。

随机振动不能用确定的数学表达式来描述。其振动波形呈不规则的变化，可用概率统计的方法来描述。

在机械设备的状态监测和故障诊断中，常遇到的振动多为周期振动、准周期振动、窄频带随机振动和宽频带随机振动等，以及其中几种的组合。各种振动的分类如图 4.3 所示。

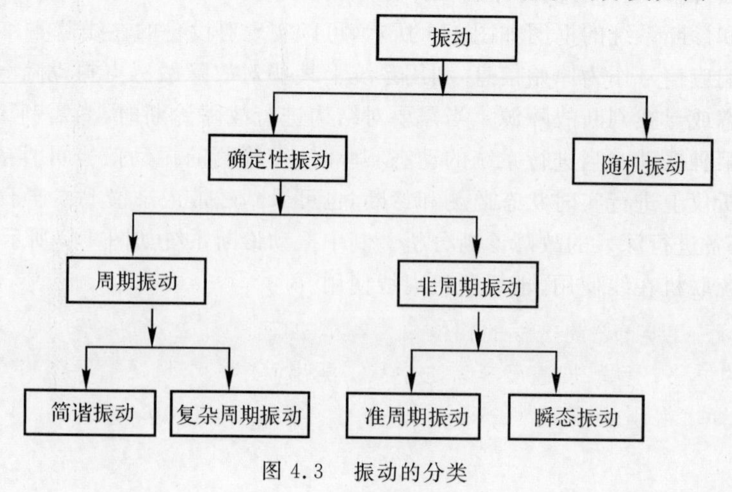

图 4.3　振动的分类

4.1.1　确定性振动

1. 简谐振动

简谐振动是机械振动中最简单最基本的振动形式。若物体振动时其位移随时间变化的规律可用正弦(或余弦)函数表示,则这种周期振动就称为简谐振动。其数学表达式为

$$x = A\sin(\omega t + \varphi) \tag{4-1}$$

式中　x—— 物体相对平衡位置的位移;

A—— 振幅,表示物体偏离平衡位置的最大距离;

ω—— 振动的角频率;

φ—— 振动的初始相位角,用以表示振动物体的初始位置,单位为弧度(rad)。

振动周期的倒数称为振动频率,单位为 Hz,即

$$f = \frac{1}{T} \tag{4-2}$$

频率又可以用角频率来表示,即

$$\omega = \frac{2\pi}{T} \tag{4-3}$$

ω 和 f 的关系为

$$\omega = 2\pi f, \qquad f = \frac{\omega}{2\pi} \tag{4-4}$$

振幅 A 表示振动的大小,而角频率 ω 表示振动的快慢。如果已知某物体做简谐振动,且已知(或测出)A,ω 与 φ,就可以完全确定该物体在任何瞬时的位移 x。所以简谐振动是确定性振动,A,ω 及 φ 总称为简谐振动的三要素。

简谐振动除可用式(4-1)位移表示外,同样可用相应的速度和加速度表示。三者具有下列简单关系(见图 4.4):

$$\left.\begin{aligned}
&\text{位移} \quad x(t) = A\sin(\omega t + \varphi) \\
&\text{速度} \quad v(t) = \frac{\mathrm{d}x}{\mathrm{d}t} = \omega A\cos(\omega t + \varphi) = \omega A\sin(\omega t + \varphi + \pi/2) \\
&\text{加速度} \quad a(t) = \frac{\mathrm{d}v}{\mathrm{d}t} = \frac{\mathrm{d}^2 x}{\mathrm{d}t^2} = -\omega^2 A\sin(\omega t + \varphi) = \omega^2 A\sin(\omega t + \varphi + \pi)
\end{aligned}\right\} \tag{4-5}$$

由式(4-5)或图 4.4 可以看出,简谐振动的位移、速度、加速度三者波形的形状相似,其频率完全相同。它们之间的不同之处在于幅值和相位。

三者的幅值分别为

$$x_{\max} = A, \qquad v_{\max} = \omega A, \qquad a_{\max} = \omega^2 A \tag{4-6}$$

即速度幅值是位移幅值的 ω 倍,加速度幅值是位移幅值的 ω^2 倍,振动频率越高,三者之间的差别就越大。

从式(4-5)或图 4.4 中还可以清楚地看出:速度超前位移的相位角为 $\pi/2$;加速度超前速度的相位角也是 $\pi/2$,而超前位移的相位角为 π,即加速度与位移的方向相反。由上述分析可知,简谐振动的位移、速度、加速度三者之中只需测出其中一个量及振动频率,则其余两个量通过简单的运算即可得到。

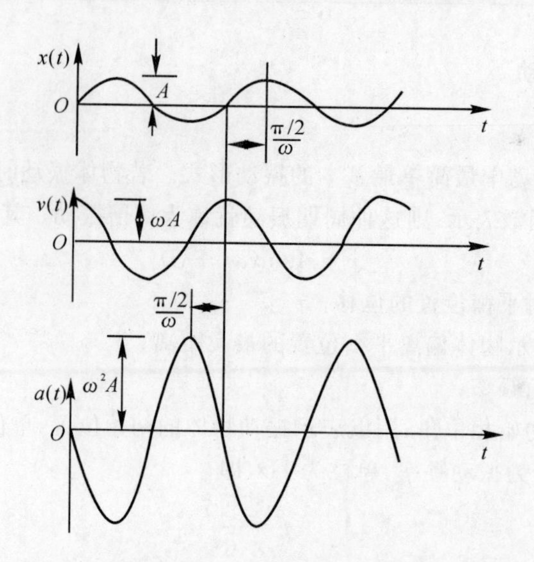

图 4.4 简谐振动的位移、速度、加速度间的关系

(1) 振动的幅值。实测的机械振动信号，其振幅值如前所述有三种特征量，即位移 $x(t)$、速度 $v(t)$ 和加速度 $a(t)$。

幅值有三种表示法，即峰值(单峰值 X_{p}、双峰值 X_{pp})、平均值 $\overline{X}$ 和有效值 X_{rms}。幅值的大小表示故障劣化的程度，因此，检测幅值是状态监测的主要内容。

(2) 振动频率。频率是振动的重要特性之一。不同的零部件，不同的故障源，可能产生不同频率的振动。因此，在设备状态监测与故障诊断技术中，振动的频率分析是重要内容之一。

(3) 相位 φ。如上所述，简谐振动的 x 与 v，x 与 a 之间的相位差分别为 $\pi/2$ 和 π。对于两个振源，相位相同可使振幅叠加，x 产生严重后果；反之，相位相反可能引起振动抵消，起到减振作用。因此，相位也是振动特征的重要信息。相位测量可用于：① 谐波分析；② 动平衡测定；③ 振型测量；④ 判断共振点。

2. 周期振动

若振动波形按周期 T 重复出现，也就是

$$x(t)=x(t+nT) \quad (n=0,1,2,\cdots) \tag{4-7}$$

成立，称为周期振动。相对简谐振动而言，一般它是一个复杂的周期振动，是若干个简谐振动叠加合成的结果。

任意周期振动 $x(t)$ 可以用傅里叶级数表示

$$\begin{aligned}x(t)=&a_0/2+a_1\cos(2\pi f_0 t)+a_2\cos(4\pi f_0 t)+a_3\cos(6\pi f_0 t)+\cdots+a_n\cos(2n\pi f_0 t)+\\&b_1\cos(2\pi f_0 t)+b_2\cos(4\pi f_0 t)+b_3\cos(6\pi f_0 t)+\cdots+b_n\cos(2n\pi f_0 t)\end{aligned} \tag{4-8}$$

这些余弦波(或正弦)的频率为一个基本频率(主频或基频)的整数倍，基本频率的余弦波称为基波，基波频率 2,3,4,… 倍频率的余弦波称为谐波。

3. 准周期振动

在滚动轴承、齿轮装置和往复机械的振动监测中，经常遇到如图 4.5(a) 所表示的振动形式。这种周期脉冲振动，严格地说不是周期振动。在故障诊断中，多数情况下都希望知道周期脉冲的周期 T_s，但频谱上反映不出对应的频率 f_s 分量。

对周期脉冲波形进行绝对值处理，则波形带有周期性，出现了与冲击周期 T_s 相当的频率，如图 4.5(b) 所示，由于这也不是完全的周期信号，所以不像三角波和矩形波那样成为整齐的离散频谱。

对这种绝对值处理后的信号再通过低通滤波器进行包络线处理，如图 4.5(c) 所示。这个信号大体具有周期信号性质，频谱图上，f_s，$2f_s$，$3f_s$ 处出现峰值分量。

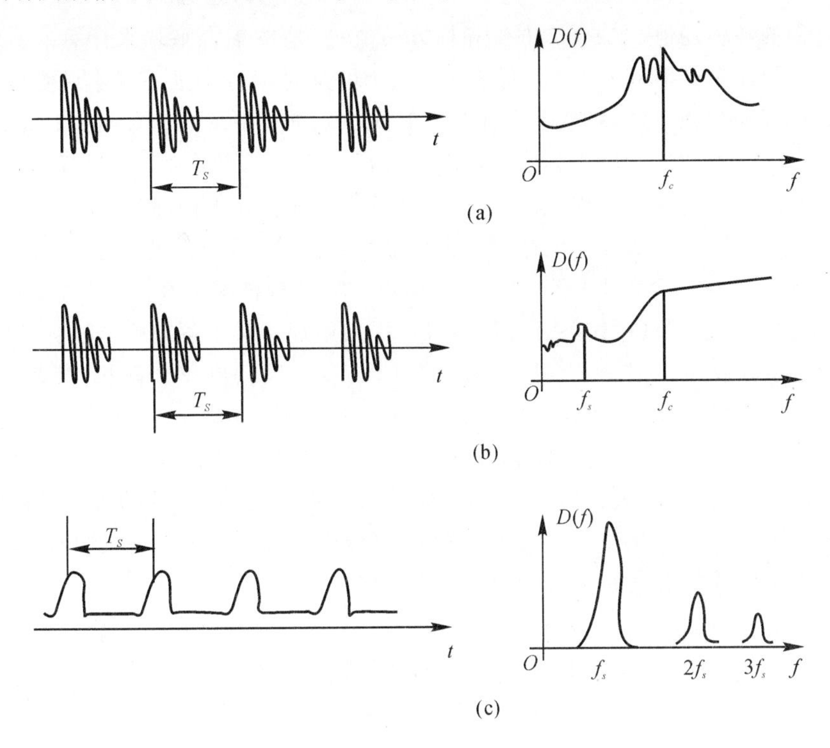

图 4.5　准周期振动波形与频谱

(a) 随机冲击信号和频谱；(b) 绝对值信号和频谱；

(c) 经过低通滤波器用包络线处理的波形和频谱

从图 4.5 中可以明显地看出，不同类型的振动其谱线的分布有着显著的区别。如周期振动与准周期振动的谱图虽然都是由一些离散的谱线构成，但两者是有区别的。周期振动的各谱线(代表相应的简谐分量) 之间的间隔(频率间隔) 均是相等的；而准周期振动的各谱线间的频率间隔是不等的，而且至少存在一个 $f_i(i=2,3,\cdots,n)$，使得 f_i/f_1 为无理数。瞬态振动的频谱是连续分布的，而且其分布曲线可用某个确定的数学式表示，因此是很容易与其他类型的振动区分开来。由此，我们可以根据振动信号的频谱图准确地确定该振动的类型。

当一个机械系统正常运转时，该系统的振动具有一定的频谱，一旦系统中某个零部件发生故障，往往伴随着振动的变化，产生新的振动成分或使原有的振动成分加剧。所以系统发生故障时其频谱必随之有相应的变化(增加新的谱线或使原有谱线的幅值增大)，因此振动信号的频谱分析是对机器进行故障诊断的一种重要方法。

4.1.2　随机振动简介

随机振动与通常所说的确定性振动不同，其振动过程既不能预知，也不重复。但随机振动有着一定的统计规律,因此可以用概率和统计的方法来研究随机振动,用统计特征参数来描述随机振动的特性,用随机信号来描述随机振动。对随机信号按时间历程所做的各次长时间观测记录称为样本函数,记为 $x_i(t)$,在有限时间区间上的样本函数称为样本记录。在同一试验条件下,全部样本函数的集合(总体)就称为一个随机过程,记作$\{x(t)\}$,即

$$\{x(t)\}=\{x_1(t),x_2(t),\cdots,x_i(t),\cdots\} \tag{4-9}$$

随机过程的各种均值、方差、均方位和均方根值等,是按集合平均来计算的。集合平均的计算不是沿某个样本的时间轴进行,而是在集合中的某时刻 t_i 对所有样本函数的观测值取平均。为了与集合平均相区别,称按单个样本的时间历程进行平均的计算叫作时间平均。

随机过程又有平稳随机过程和非平稳随机过程之分。所谓平稳随机过程是指其统计特征参数不随时间而变化的随机过程,否则为非平稳随机过程。在平稳随机过程中,若任一单个样本函数的时间平均统计特征等于该过程的集合平均统计特征,这样的平稳随机过程叫各态历经(遍历性)随机过程。工程上所遇到的很多随机信号具有各态历经性,有的虽不见得是严格的各态历经过程,但也可以当作各态历经随机过程来处理。对于各态历经随机过程,只需得到一个或几个有限长的样本记录,对其进行时间平均,就可以得到整个随机过程的统计特征参数,因此可以大大减少试验和计算的工作量;对于非各态历经随机过程就要求进行无限多次实验或观测,然后对这些样本进行集合平均,才能得到随机过程的统计特征参数,这在实际工作中是很难实现的。因此,在试验时,应尽量使实验条件不变,则这样的随机振动一般可认为是各态历经的。随机信号按各种参量之间的关系,可分成幅域、时域、频域、倒频域等类信息。由振动信号中提取各种域信息的方法称为信号分析技术。

4.2 振动诊断方法

4.2.1 振动诊断的时域分析方法

1. 波形分析及示性指标

直接对振动时域信号的时间历程进行分析和评估是状态监测和故障诊断最简单和最直接的方法,特别是当信号中含有简谐信号、周期信号或短脉冲信号时更为有效。直接观察时域波形可以看出周期、谐波、脉冲,利用波形分析可直接识别共振现象和拍频现象。当然,这种分析对比较典型的信号或特别明显的信号以及较有经验的人员才比较适用。此外,还可利用各种示性指标来进行诊断。

(1) 时域故障诊断的概率分析法。对于各态历经的随机过程可用其时间历程的概率分布来描述。图 4.6 所示是某一信号的时间历程及其概率密度函数 $p(x)$,$p(x)$ 可由下列关系式计算

$$p(x)=\lim_{\Delta x\to 0}\frac{P[x<x(t)\leqslant x+\Delta x]}{\Delta x}=\lim_{\Delta x\to 0}\frac{1}{\Delta}[\lim_{T\to\infty}\frac{T_x}{T}] \tag{4-10}$$

式中 T_x—— 在总的观测时间 T 中信号 $x(t)$ 位于$(x,x+\Delta x)$ 区间内的所有时间之和。

图 4.7 为一高速滚动轴承工作时振动加速度幅值的概率密度函数 $p(x)$ 图,其中实线为正常轴承,虚线为某故障轴承的 $p(x)$ 图。由于磨损、腐蚀、压痕等使振幅增大,谐波增多,反映到 $p(x)$ 图上使其变峭,两旁展宽。

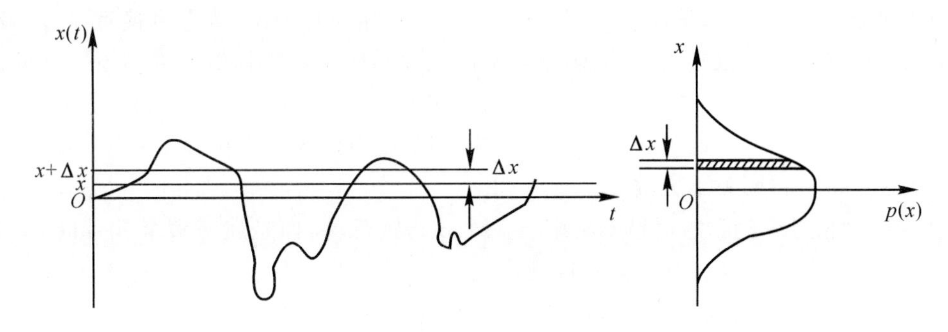

图 4.6　信号及其概率密度函数

(2) 作为故障诊断特征量的一些示性指标：

1) 峰值：$\hat{X}_p = \max|x(t)|$。

2) 峰-峰值：X_{p-p} 最大峰值与其相邻的最低谷值之间的幅值。

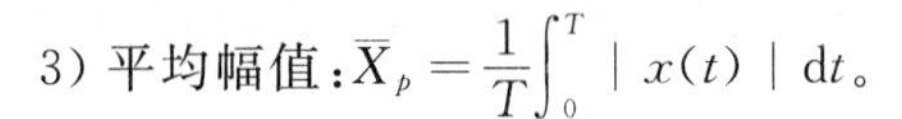

3) 平均幅值：$\overline{X}_p = \dfrac{1}{T}\int_0^T |x(t)|\,\mathrm{d}t$。

4) 均方根幅值：$X_{\mathrm{rms}} = \sqrt{\dfrac{1}{T}\int_0^T x^2(t)\mathrm{d}t}$。

5) 方根幅值：$X_r = \left(\dfrac{1}{T}\int_0^T |x(t)|^{1/2}\mathrm{d}t\right)^2$。

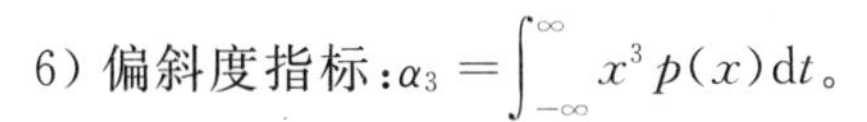

6) 偏斜度指标：$\alpha_3 = \int_{-\infty}^{\infty} x^3 p(x)\mathrm{d}t$。

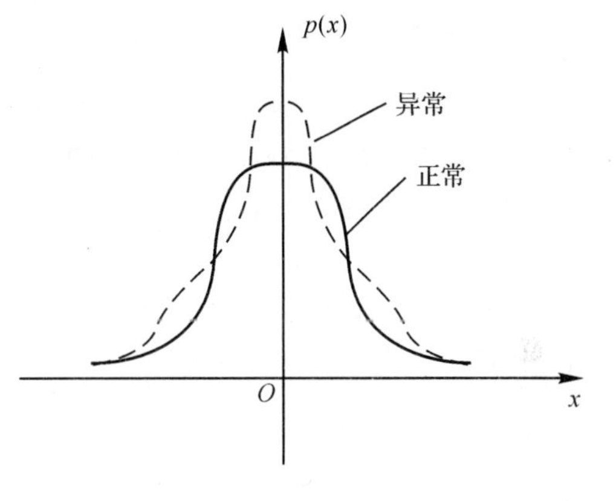

图 4.7　高速滚动轴承振动信号的概率密度

7) 峭度指标：$\alpha_4 = \int_{-\infty}^{\infty} x^4 p(x)\mathrm{d}t$。

8) 偏态因数：$\dfrac{\alpha_3}{\sigma_x^3}$ 概率密度函数不对称性程度的度量。

9) 峰态因数：$\dfrac{\alpha_4}{\sigma_x^4}$ 峭度程度的度量。

式中　$x(t)$—— 系统中某特征点的振动响应；

T—— 采样时间；

$p(x)$——$x(t)$ 的概率密度函数。

1) 在旋转机械振动监测和故障诊断中，对波形复杂的振动信号，常常采用其峰-峰值(双振幅)，记为 X_{p-p} 即最大峰值与其相邻的最低谷值之间的幅值作为振动大小的特征量，称为振动的通频幅值。峰-峰值的提取十分方便。

2) 利用系统中某些特征点振动响应的均方根幅值作为故障诊断的判断依据是最简单、最常用的一种方法。均方根值诊断法多适用作稳态振动的情况，当机器振动不平稳，振动响应随时间变化时，可用振幅-时间图诊断法。该方法在研究系统的过渡过程(开机和停机)中是有效的，根据曲线的变化可判断系统的状态和故障。

3) 比值$\dfrac{\alpha_3}{\sigma_x^3}$ 称为偏态因数(简称偏态)，此处 σ_x 为标准偏差。偏态是概率密度函数不对称性程度的度量。比值$\dfrac{\alpha_4}{\sigma_x^4}$ 或$\left(\dfrac{\alpha_4}{\sigma_x^4} - 3\right)$ 称为峰态因数(简称峰态)，是概率密度分布峭度程度的度

量。对于正态分布来说，其偏态等于零，对于一般的实际信号来说，偏态也接近于零。高阶偶次矩对信号中的冲击特性较敏感，而峭度是不够敏感的低阶矩与较敏感的高阶矩之间的一个折衷特征量，它可以用作滚动轴承故障诊断用。如轴承圈出现裂纹，滚动元件或滚珠轴承边缘剥裂等在时域波形中都可能引起相当大的脉冲，用峭度作为故障诊断特征量是很有效的，但用于滑动轴承的故障诊断就不灵敏了。

4）当时间信号中包含的信息不是来自一个零件或部件，而是属于多个元件时，例如在多级齿轮的振动信号中往往包含有来自高速齿轮、低速齿轮以及轴承等部件的信息，在这种情况下，可利用下列的一些无量纲示性指标进行故障诊断或趋势分析。

波形因数 $K=\dfrac{X_{\text{rms}}}{\bar{X}_p}$ 脉冲因数 $I=\dfrac{\hat{X}_p}{\bar{X}_p}$

峰值因数 $C=\dfrac{\hat{X}_p}{X_{\text{rms}}}$ 裕度因数 $L=\dfrac{\hat{X}_p}{X_r}$

在选择上述各示性指标时，按其诊断能力由大到小顺序排列，大体上为峰态因数 — 裕度因数 — 脉冲因数 — 峰值因数 — 波形因数。

图 4.8 是一轴承外圈在工作到 21 h 出现损伤以后，峰态因数和峰值因数的变化趋势。由图 4.8 可见，当轴承正常工作时，两者都接近于 3；当出现损伤时，峰态因数的变化趋势非常明显，其值可达 13，这是因为信号中脉冲成分比较明显的缘故。而峰值因数比峰态因数变化得不够明显。

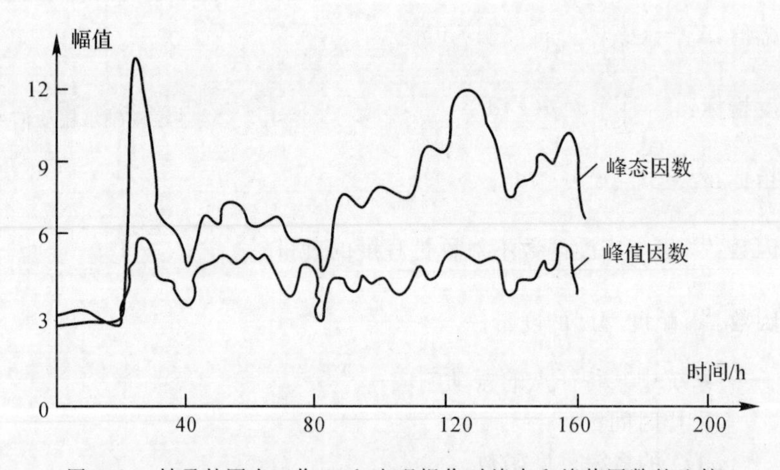

图 4.8 轴承外圈在工作 21 h 出现损伤时峰态和峰值因数的比较

2. 时域同步平均法

时域同步平均法是从混有噪声干扰的信号中提取周期性分量的有效方法，也称相干检波法。

我们知道，一个随机信号的时域平均起着滤波的作用，当平均次数 N 无穷大（或相当大）时可得信号的直流分量，即平均值。当随机信号中包含有确定性的周期信号时，如果截取信号的采样时间等于周期性信号的周期 T，将所得的信号叠加平均，就能将该周期信号从随机信号、非周期信号以及与指定周期 T 不一致的其他周期信号中分离出来，而保留指定的周期分量及其高频谐波分量，提高欲研究周期信号的信噪比。即使该周期信号较弱也可分离出来，这是谱分析法所不及的，这就是时域同步平均法的基本思路。如果事先不知道周期信号的周期，可通过相关分析来确定信号的周期。对于旋转机械，截取的周期应和机器运行的转动周期同步起来。例如转一圈采一帧(或整转几圈采一帧),如此循环采集若干帧信号进行平均,故该方法称为时域同步平均法。

设观测得到的信号为

$$x(t)=d(t)+n(t) \tag{4-11}$$

式中　$d(t)$—— 欲提取的周期信号,其周期为 T,频率为 $f_0=1/T$,角频率 $\omega_0=2\pi f$;

$n(t)$—— 噪声信号。

可以证明,时域信号的平均相当于在频域上设置一个频域窗函数。经 N 次平均后,输出噪声能量降为输入噪声能量的 $1/\sqrt{N}$,从而所得到的输出信号 $y(t)$ 为

$$y(t)=d(t)+\frac{n(t)}{\sqrt{N}} \tag{4-12}$$

图 4.9 所示是某一信号经不同平均次数后的时域波形。

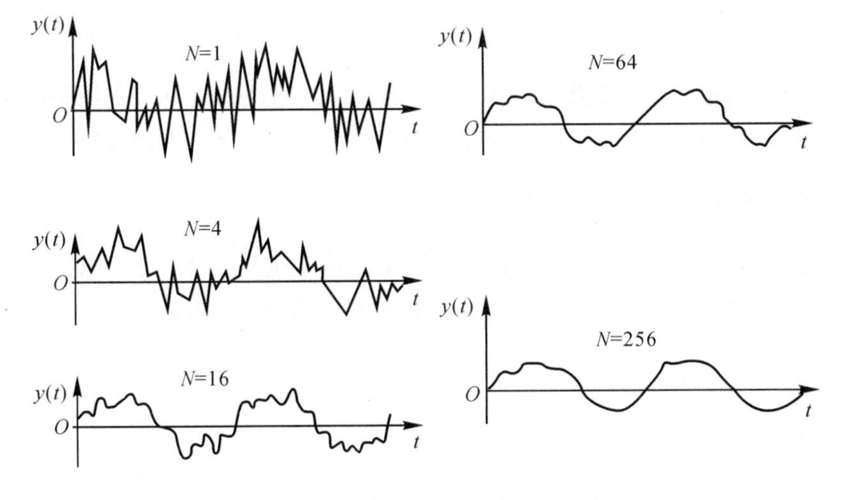

图 4.9　用时域平均法提取周期信号

3. 相关函数诊断法

相关函数是振动信号在时延域上的描述,在系统的振源识别和故障诊断中有着广泛的应用。

(1) 利用自相关函数可检测过程信号中是否混有周期性的确定性函数。

设测得的信号为

$$x(t)=d(t)+r(t) \tag{4-13}$$

式中　$d(t)$—— 我们欲寻求的某一确定性的、被检测的周期性故障信号;

$r(t)$—— 某一平稳随机信号,如果 $r(t)$ 与 $d(t)$ 不相关,对于零均值化的平稳随机信号,当 $\tau\to\infty$ 时,$R_{rr}(\tau)\to 0$。

对实际问题来说,经过足够长的测量时间以后:

$$R_{xx}(\tau)\approx R_{dd}(\tau)\qquad(\tau\text{ 足够大}) \tag{4-14}$$

利用式(4-14)就可把隐藏在随机信号中的确定性周期信号检测出来,$R_{dd}(\tau)$ 的周期等于被测周期信号的周期。这样利用自相关函数就可观测出由于故障而产生的周期性信号的大小和位置。例如,当诊断某机器状态时,正常运行下机器的振动或噪声一般是大量的、无规则的、大小接近的随机扰动的结果,因而具有较宽而均匀的频谱;对于不正常运行状态下的振动信号,通

常是在随机信号中会出现有规则的周期性的脉冲,其大小也往往比随机信号强得多。利用这个特点可诊断轴承磨损造成的间隙增大,轴与轴承盖的撞击,滚动轴承滚边的剥蚀,齿轮齿面的严重磨损,花键配合间隙的增加以及切削颤振等故障。

(2) 利用互相关函数检测和回收隐藏在外界噪声中的有用信号的时延。与自相关函数不同,这里欲提取的信号不一定是周期性的,可以是感兴趣的的随机信号,尽管滤波法也是为了提取信号,但当信号与噪声的频带相同时,普通滤波法就无能为力了,而利用相关法则是改善信噪比提取有用信号的有效方法。

设欲测的有用信号为 $x(t)$,而观测得到的信号为 $y(t)$,信号 $y(t)$ 滞后 $x(t)$ 一段时间 τ_d;$n(t)$ 为随机噪声信号,一般认为 $n(t)$ 与 $x(t)$ 不相关,则有

$$y(t)=ax(t-\tau_d)+n(t) \tag{4-15}$$

式中 a—— 信号传输过程中的吸收系数。

参照式(4-14),可得

$$R_{xy}(\tau)\approx aR_{xx}(\tau-\tau_d) \tag{4-16}$$

当 $\tau=\tau_d$ 时,$R_{xx}(0)$ 有最大值。于是根据测量出来的 $R_{xy}(\tau)$ 的峰值,可求得 τ_d。若已知 $x(t)$ 的传播速度 v,则可计算 $x(t)$ 与 $y(t)$ 之间的距离。根据此距离的大小即可判断故障的位置和原因。

4.2.2 振动诊断的频域分析方法

通过振动信号的频谱分析揭示振动过程的频率结构是进行故障诊断的重要途径,特别是随着快速傅里叶变换(FFT)算法的出现和近代谱分析仪的推出,频域分析现已被广泛采用。

1. 响应频谱诊断法

利用频谱分析进行故障诊断越来越得到广泛的应用。最初是靠熟练技师进行人工的定性分析,以后研制了各种便携式的谱分析仪,现已进入微机化和智能化阶段。

不同的机械设备和结构系统,在不同的工况下其响应谱的幅值和形状是不同的,只要积累大量的现场实测资料,并做一定的分析对比试验,经统计分析后就可利用频谱进行振动诊断。在很多机械中已给定了进行诊断维护的标准谱图,如图 4.10 所示,图中曲线 1 是在一定条件下机器在某给定点上响应的频谱维护极限,即机器振动频谱值超过曲线 1 就应停机维修。曲线 2 和曲线 3 分别表示机器运行良好状态和正常状态下的频谱包络线。维护极限和良好状态曲线形成一定宽度的谱标,它是根据机器振动的基本统计特征,并考虑一定的许用极限形成的,把观测到的频谱和这一谱标进行有规则的比较,就会判断系统的故障。

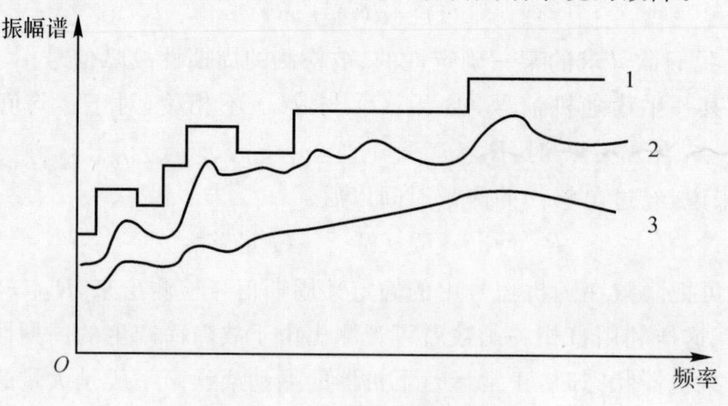

图 4.10 某机器的典型频谱图

对于转速变化很大的信号，常采用宽带谱标，对于转速只有较小浮动的信号，常采用窄带谱标。频率为了补偿转速的变化，可用等百分比带宽分析代替等带宽分析来获得谱图。

在进行故障诊断时，既可以用傅里叶频谱及其包络谱，又可以用功率谱密度函数；既可以用二维谱图，又可以用三维瀑布图。有关这些方法的具体应用将在以后各章中详细介绍。

2. *高阶谱诊断法*

功率谱分析是线性系统最基本的分析工具之一，也是故障诊断最有效的方法之一。但自功率谱估计丢失了相位信息，抗噪声干扰的能力不强，在故障发生初期信号变化不大。当信号中混有高斯噪声时，利用功率谱分析就难以得到令人满意的结果，而利用三阶谱或高阶谱进行故障诊断现已引起人们的重视。

(1) 三阶谱的定义和计算。对于平稳随机过程 $x(t)$，其三阶自相关函数为

$$R_{xxx}(\tau_1,\tau_2)=E[x(t)x(t+\tau_1)x(t+\tau_2)] \tag{4-17}$$

三阶自相关函数 $R_{xxx}(\tau_1,\tau_2)$ 与三阶谱 $S_{xxx}(\omega_1,\omega_2)$ 是一种二重傅里叶变换对，还可类似地定义三阶互相关函数和三阶互谱。

随机信号 $X(t)$ 的三阶谱等于该信号的一维傅里叶变换的三次乘积的数学期望，即

$$S_{xxx}(\omega_1,\omega_2)=E[X(\omega_1)\cdot X(\omega_2)\cdot X^*(\omega_1+\omega_2)] \tag{4-18}$$

同理，系统的输入 $X(t)$ 与输出 $Y(t)$ 之间的三阶互谱也有类似的公式。信号的一维傅里叶变换可利用快速算法 FFT 完成，显然，$\omega_1+\omega_2$ 也应满足 Shannon 采样定理，即 $-\pi/(2\Delta t)<\omega_1+\omega_2<\pi/(2\Delta t)$。

(2) 三阶谱的特点及应用：

1) 对于零均值平稳高斯过程，其三阶矩恒等于零，三阶谱也恒等于零，据此可检验一随机过程是否为高斯过程。

2) 三阶谱表示三个谱元之间的相关性。对于线性系统，若系统的输入为高斯平稳过程，系统的输出也为高斯平稳过程，三阶谱恒等于零；当系统为非线性系统时，系统的输出为非高斯平稳过程，在某些频率处会表现出较强的相关性，在 $\omega_1-\omega_2$ 坐标下的三维图形上出现较高的谱峰。这些谱峰显露出非线性系统本身的频域特性，因此，三阶谱分析为非线性输出信号的谱分析及识别非线性系统提供了一个比较有效的方法。图 4.11(a) 与图 4.11(b) 为柴油机正常运转与发生故障时，在汽缸盖上检测的振动响应信号的三阶谱。从图可见，两个谱图已清楚地表明了正常工作状态与故障状态的显著差异。不等于零的三阶谱保留了相位信息。

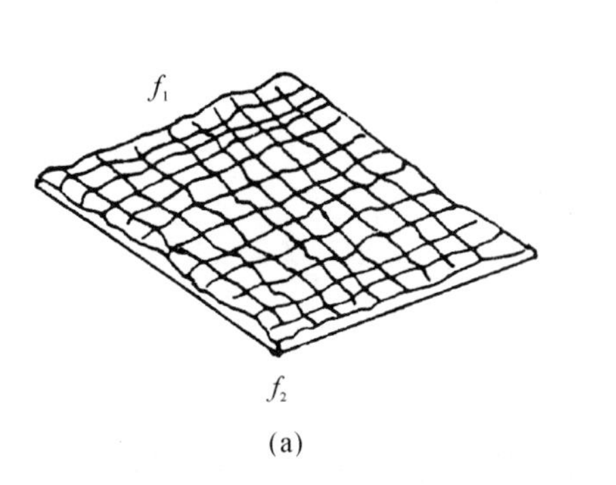

(a)

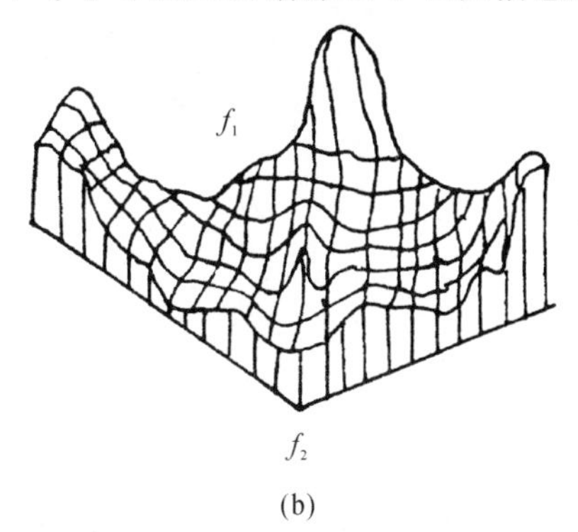

(b)

图 4.11　柴油机的三阶谱图

(a) 正常状态；(b) 故障状态

3）三阶谱对高斯噪声不敏感。设 $x(t)$ 和 $y(t)$ 分别表示非高斯随机输入和输出，则输出 $y(t)$ 的三阶谱能有效地抑制高斯噪声，这是三阶谱用于故障诊断的有利因素。

4）三阶谱对故障的敏感程度大。通过频响函数的三阶谱作为故障诊断的特征量是一种可行的方法。

以上介绍了三阶谱分析法，利用大于三阶的高阶谱作为故障诊断的特征量同样会得到有效的方法。在工程实际中，还可根据具体情况，选用其他各种不同类型的谱形式。

3. 旋转机械的振动特征与阶比谱分析

旋转机械的振动往往与转速有关，工作状态可以由与转速成正比的振动信号各阶频率分量之间的相互关系识别出来，从而来研究它们的变化特征和发展趋势，以便确定旋转机械的工作状态和故障情况。

阶比谱是一种研究旋转机械振动特征的，在 FFT 分析技术基础上发展起来的信号分析技术。其特点是充分利用转速信号，因为旋转机械的振动信号中多数离散频率分量与主旋转频率（基频）有关。若用转速信号作跟踪滤波和等角度采样触发，则可建立振动与转速的关系，排除了由转速波动所引起的谱线模糊和信号畸变，因而广泛应用于旋转机械的动态分析、工况监测与故障诊断。

如果将频谱图横坐标的每个频率值 f_i 除以某个参考频率值 f_r，这样横坐标的单位就成为无量纲的，称为阶比，简称为阶。频率和阶比的转换关系为

$$\mathrm{ORDER}=f_i/f_r \tag{4-19}$$

阶比的分辨率 $\Delta R=\Delta f/f_r$，其中 Δf 为频率分辨率。当 $f_i=nf_r(n=0,1,2,3\cdots)$ 时，阶比即为 n，它们是 f_r 的高次谐波分量。

阶比谱对旋转机械具有特殊的重要意义，因为许多故障特征频率都与转频成正比例关系。如不平衡时振动信号的基频即转频，滚动轴承和齿轮的故障特征频率与转速成正比。但实际工作时转速不可能恒定，因此上述特征频率也随之波动，不便于分析比较。如果取旋转频率为参考频率 f_r，则用阶比表示的特征频率就不会随转速的变化而变化。如图 4.12 所示，转速为3 600 r/min 和 2 600 r/min 时的阶比谱基本相同。

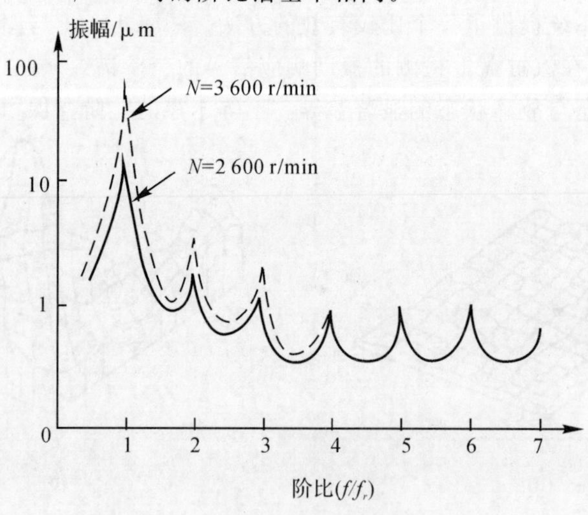

图 4.12　阶比谱分析的示例

阶比谱还可以抑制与转速无关的频率成分和随机噪声，使与转速有关的故障特征频率更加清晰可辨。

需要说明的是，为了在转速变化时实现阶比谱分析，不能采用等时间间隔采样，而应按等转角间隔采样。为此需要有专门的装置和传感器，根据转速信号提供采样时钟脉冲，转速变化，采样频率随之而变，以实现等转角采样。

4. 谱图的常用表示方法

谱图具有直观、易于分析和比较的特点。在不同场合，谱图有不同的表达形式。对于复数形式可以用虚部、实部来表示，也可以用幅值和相角来表示。它们可以用直角坐标，也可以用极坐标来表示。

谱图的坐标可以用线性坐标，也可以用对数坐标来表示。横坐标一般为频率，也可以为转速或阶比等。

对非平稳过程，如机器的启动、停车或故障发生等过程，信号的谱图会随时间或转速变化。对于这种时变谱，可以用不同时刻或不同转速时的谱图组成谱阵图。前者称为时间谱阵图，后者称为转速谱阵图。

上述各种谱图的表达式形式及特点如下：

(1) 坐标的刻度。谱图的纵坐标和横坐标都可以以线性或对数来刻度。线性坐标的优点是符合习惯、直观，其缺点是当坐标值变化范围很大时，感兴趣的那部分往往很难表达清楚，这时用对数刻度就可以看得比较清楚。

对数刻度一般以分贝(dB)来表示，其定义为 $A_d = 20\log\dfrac{A}{A_r}$，其中 A 为幅值，A_r 为基准幅值。由此可见，幅值每增加 10 倍，分贝值增加 20；幅值之比为 1 000，分贝值之差为 60。显然，对数刻度扩大了小幅值的范围，压缩了大幅值的范围。图 4.13 为某设备振动信号的线性幅值谱与对数幅值谱的比较，下边为线性刻度，只有三四个峰，突出了主要频率分量；上部为对数刻度，有更多的峰，便于查找振动的频率分量。

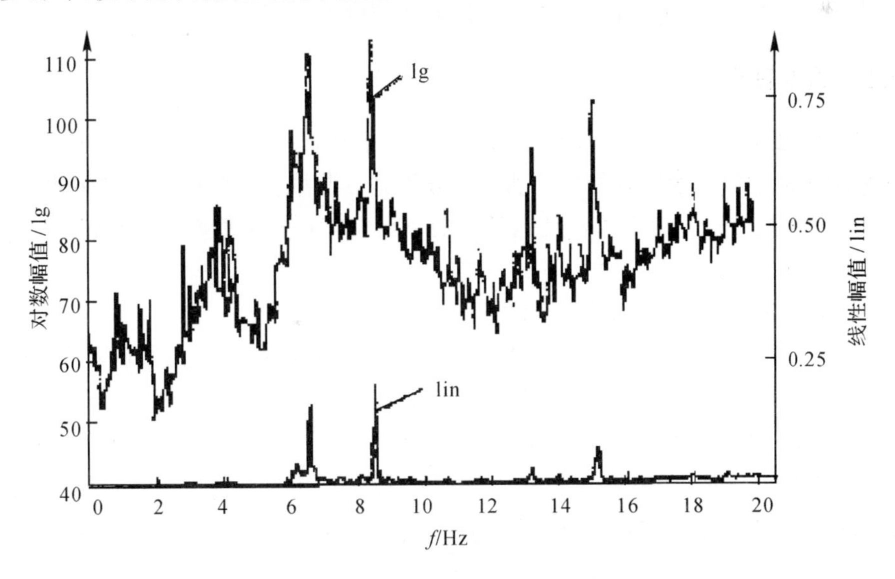

图 4.13　线性幅值谱与对数幅值谱的比较

相位角的变化范围为 $-180^\circ \sim 180^\circ$，变化范围不大，因此相位谱一般都是用线性刻度。

频率刻度一般都是线性的，但对于倍频程谱分析却采用对数刻度。因为在噪声分析及某些振动分析中只要求确定信号能量在一些相继的频带中的分布。这些频带的划分是根据人耳对噪声的感觉，即对数原则。在低频段频带窄些，高频段频带宽些，但在频率轴按对数刻度时，图中这些频带的宽度是相同的。如图 4.14 所示，以信号在各个频段中的功率作为谱值，以每个频段的中心频率为横坐标（对数刻度），所做出的功率谱图称为倍频程频谱图（Octave Spectrum，简写为 Oct）。

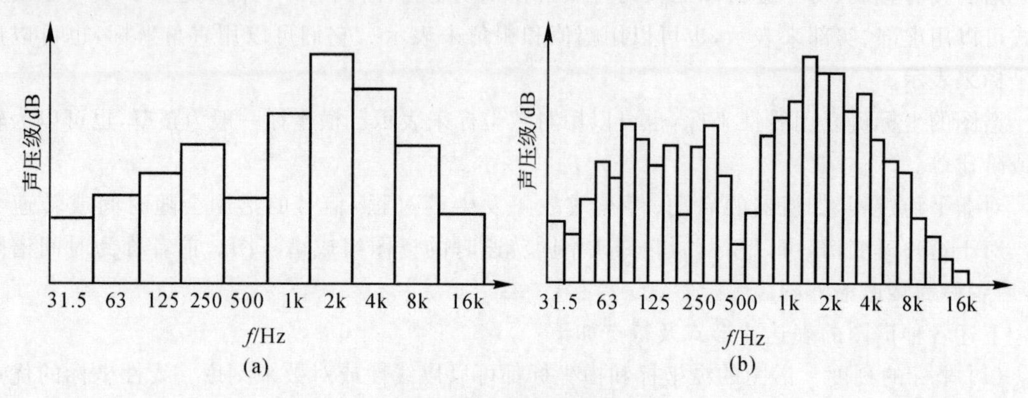

图 4.14　倍频程谱分析

(a) 倍频程谱分析；(b) 1/3 倍频程谱分析

如果要分析得更精细些，则可将每个频段再划分为三段，称为 1/3 倍频程频谱。

（2）坐标形式。直角坐标为谱图的最常用形式。由于谱函数是单值的，所以在直角坐标系中不会发生谱图图形的重叠，这方面表达得比较清楚。但幅值和相角无法在同一个谱图中表示，它们的对应关系不如极坐标表达得清楚。

在极坐标谱图中表达的是 $X(f)$[或 $H(f)$] 的矢量端点轨迹，矢量的模和幅角即 $|X(f)|$ 和 $\phi(f)$。极坐标图在振动参数识别、系统的稳定性分析中应用较多。

4.2.3　功率谱分析

在信号分析处理中，除了需要了解信号的幅值频谱外，还需要用具有均方值的频率分量，即用功率密度来描述信号的频率结构。功率谱分析是目前故障诊断中使用最多的分析方法之一，应用非常广泛和有效。功率谱密度包括自功率谱密度（简称功率谱）和互功率谱密度，也称交叉功率谱，简称互谱。

1. 自功率谱密度函数的定义与数值分析

（1）自功率谱密度函数的定义。自功率谱密度函数可由自相关函数的傅里叶变换来定义，也可以由 FFT 分析技术和模拟滤波的方法来定义。

1）由自相关函数的傅里叶变换定义自功率谱。对于零均值的随机信号 $x(t)$ 的自相关函数 $R_x(\tau)$，当 $|\tau| \to \infty$ 时，自相关函数 $R_x(\tau) \to 0$。所以自相关函数 $R_x(\tau)$ 满足傅里叶变换的条件，$x(t)$ 的自功率谱密度函数 $S_x(f)$ 定义为

$$S_x(f) = \int_{-\infty}^{\infty} R_x(\tau) e^{-i2\pi f\tau} d\tau \tag{4-20}$$

如用 $\omega/2\pi$ 代替 f，则自功率谱函数为

$$S_x(\omega)=\frac{1}{2\pi}\int_{-\infty}^{\infty}R_x(\tau)\mathrm{e}^{-\mathrm{i}\omega\tau}\mathrm{d}\tau \tag{4-21}$$

可以导出

$$S_x(f)=\int_{-\infty}^{\infty}R_x(\tau)\cos 2\pi f\tau\,\mathrm{d}\tau \tag{4-22}$$

该式表明，自功率谱函数亦为实偶函数，故有

$$S_x(-f)=S_x(f) \tag{4-23}$$

考虑到 $\tau=0$ 的特殊情况，可以看出自功率谱密度函数的物理意义

$$R_x(0)=\Psi_x^2=2\int_{-\infty}^{\infty}S_x(f)\mathrm{d}f=\sigma_x^2+\mu_x^2 \tag{4-24}$$

由此可以看出，信号 $x(t)$ 的自功率谱函数曲线和频率轴所包围的面积就是信号的均方值，或者为信号的方差加上信号均值的平方。式(4-20)定义在$(-\infty,\infty)$范围内，在正负频率轴上都有谱图，故称为双边谱。这种定义给理论上的分析与运算带来方便，但是负频率在工程上无实际物理意义，因此仅考虑 ω 或 f 在$(0,\infty)$范围内变化，就可以得到单边谱，定义为

$$G_x(f)=2\int_{-\infty}^{\infty}R_x(\tau)\mathrm{e}^{-\mathrm{i}2\pi f\tau}\mathrm{d}\tau \tag{4-25}$$

单边谱与双边谱的关系为

$$G_x(f)=2S_x(f)\qquad (f\geqslant 0)$$

单、双边功率谱如图4.15所示。

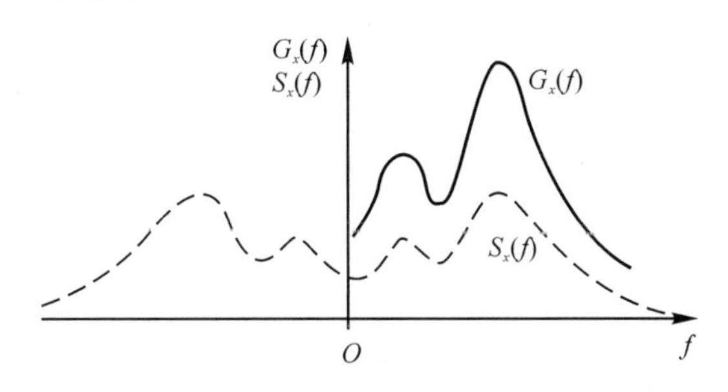

图4.15　单、双边功率谱

自功率谱函数与自相关函数之间一一对应，可以相互换算，知道其中一个就可以知道另一个。但是自功率密度函数 $G_x(f)$ 与其时域信号 $x(f)$ 并不直接相互对应，由 $x(t)$ 可求得 $G_x(f)$，但由 $G_x(f)$ 并不能直接求得原来的 $x(t)$。因为 $G_x(f)$ 虽然保留了 $x(t)$ 的幅值信息和频率信息，却失去了相位信息，所以不同的 $x(t)$ 可以有相同的 $G_x(f)$。另外，对一般平稳随机信号的功率谱，密度函数也不足以确定概率密度函数和概率分布函数，因为功率谱密度函数虽然给出了信号 $x(t)$ 的均方值，但是并没有给出幅值分布信息。

2) 用滤波、平方、平均运算定义自功率谱。设信号 $x(t)$ 通过中心频率为 f，带宽为 B_e 的滤波器的输出为 $x(t,f,B_e)$，当平均时间为 T 时，经过滤波、平方和平均运算之后得到信号 $x(t)$ 分量的均方根值为

$$\lim_{T\to\infty}\frac{1}{T}\int_0^T x^2(t,f,B_e)\mathrm{d}t=\Psi_x^2(f,B_e) \tag{4-26}$$

若该均方值除以带宽 B_e，便得到 B_e 带宽中的平均功率谱密度，为此定义

$$G_x(f)=\lim_{B_e\to\infty}\frac{\Psi_x^2(f,B_e)}{B_e}=\lim_{T\to\infty}\frac{1}{TB_e}\int_0^T x^2(t,f,B_e)\mathrm{d}t \tag{4-27}$$

这种定义实际是数据经过滤波、平方、平均和归一化处理的过程。

3）用样本记录的有限傅里叶变换定义自功率谱。研究功率谱密度函数的第三种方法，也就是目前采用较多的一种方法，是用 FFT 分析技术直接来计算功率谱密度函数。若考虑各态历经随机过程[$x(t)$]，对代表过程的长度的第 k 个样本记录直接进行 DFT 处理。

$$X_k(f,T)=\int_0^T x_k(t)\mathrm{e}^{-\mathrm{i}2\pi ft}\mathrm{d}t \tag{4-28}$$

随机过程的单边功率谱密度函数定义为

$$G_x(f)=\lim_{T\to\infty}\frac{2}{T}E[X_k^*(f,T)X_k(f,T)]=\lim_{T\to\infty}\frac{2}{T}E[\mid X_k(f,T)\mid^2] \tag{4-29}$$

式中，期望值运算子符号 E 表示对样本 k 的一种平均运算，而 $X_k^*(f,T)$ 为 $X_k(f,T)$ 的共轭复数。

（2）自功率谱密度函数的数值分析。

1）直接傅里叶变换法。自功率谱密度函数的计算，目前采用较多的是通过对原始信号的有限傅里叶变换进行，主要原因是这种方法计算效率高，而且数据容量越大，其计算效率越高。自功率谱密度函数可以直接用傅里叶变换的平方求得。单个样本 $x(t)$ 的任意功率谱密度函数的估计为

$$G_x(f)=\frac{2}{T}\mid X_n(f,T)\mid^2 \tag{4-30}$$

式中　$T=N\Delta t$。

式(4-30)的离散形式为

$$X(f,T)=\Delta t\sum_{k=0}^{N-1}x_k\mathrm{e}^{-\mathrm{i}2\pi fk\Delta t} \tag{4-31}$$

可以导出自功率谱密度函数计算公式

$$G_x(f)=\frac{2}{N\Delta t}\mid X(f_n,T)\mid^2=\frac{2\Delta t}{N}\mid\sum_{k=0}^{N-1}x_k\mathrm{e}^{-\mathrm{i}\frac{2\pi nk}{N}}\mid^2\quad(n=0,1,2,\cdots,N/2) \tag{4-32}$$

2）用自相关函数求自功率谱密度函数。自功率谱密度函数还可以通过自相关函数傅里叶变换计算得到。关系式为

$$G_x(f_n)=4\int_0^\infty R_x(\tau)\cos2\pi f\tau\mathrm{d}\tau=2\int_{-\infty}^\infty R_x(\tau)\cos2\pi f\tau\mathrm{d}\tau \tag{4-33}$$

自相关函数为

$$R_x(\tau)=\lim_{T\to\infty}\frac{1}{T}\int_0^T x(t)x(t+\tau)\mathrm{d}\tau \tag{4-34}$$

3）自功率谱的应用。自功率谱分析可以用来描述信号的频率结构，能够将实测的复杂工程信号分解成简单的谐波分量来研究，因此对机器设备的动态信号作功率谱分析可以了解机器设备各部分的工作状况。

2. 互谱密度函数

功率谱密度函数虽然提供了物理过程的许多信息，但是它失去了信号的相位信息，不能分辨相同频率的不同信号。互谱密度函数则不仅描述了两个信号在频域上的相关关系，并且保持了两个信号间的相位信息。所以互谱密度函数在确定噪声源、振动源和确定频率响应函数、

相干函数中得到了更为广泛的应用。

(1) 互功率谱密度函数的定义。

1) 由互相关函数的傅里叶变换来定义。互功率谱密度函数与定义自功率谱密度函数相类似。如果互相关函数 $R_{xy}(\tau)$ 满足傅里叶变换条件,即

$$\int_{-\infty}^{\infty} |R_{xy}(\tau)| \mathrm{d}\tau < 0$$

则定义双边互功率谱密度 $S_{xy}(f)$ 为

$$S_{xy}(f) = \int_{-\infty}^{\infty} R_{xy}(\tau) \mathrm{e}^{-\mathrm{i}2\pi f\tau} \mathrm{d}\tau \tag{4-35}$$

用 $\omega/2\pi$ 代替 f,可得到互功率谱的另一种形式

$$S_{xy}(f) = \frac{1}{2\pi}\int_{-\infty}^{\infty} R_{xy}(\tau) \mathrm{e}^{-\mathrm{i}\omega\tau} \mathrm{d}\tau \tag{4-36}$$

仅考虑 ω 或 f 在 $(0,\infty)$ 范围内变化,可得到单边互功率谱密度 $G_{xy}(f)$,它与双边互功率谱密度的关系为

$$G_{xy}(f) = 2S_{xy}(f) \qquad (f \geqslant 0) \tag{4-37}$$

单边互功率谱密度函数的另一种表示方法是复数极坐标形式

$$G_{xy}(f) = | G_{xy}(f) | \mathrm{e}^{-\mathrm{i}\theta xy}(f) = G_{xy}(f) - \mathrm{i}\theta_{xy}(f) \tag{4-38}$$

式中,实部 $G_{xy}(f)$ 称为共谱密度函数(共谱),虚部 $\theta_{xy}(f)$ 称为重谱密度函数(重谱)。

$$G_{xy}(f) = \sqrt{[C_{xy}(f)]^2 + [\theta_{xy}(f)]^2} \tag{4-39}$$

$$\theta_{xy}(f) = \arctan \frac{\theta_{xy}(f)}{C_{xy}(f)} \tag{4-40}$$

$R_{xy}(\tau)$ 和 $R_{yx}(\tau)$ 并非偶函数,因此,相应的互谱密度函数通常不是 f 的实函数。由于

$$R_{xy}(\tau) = R_{yx}(-\tau)$$

所以 $S_{xy}(f)$ 与 $S_{yx}(f)$ 互为共轭,即

$$S_{xy}(f) = S_{yx}^{*}(f) \tag{4-41}$$

而 $S_{xy}(f)$ 与 $S_{yx}(f)$ 之和为实数。

2) 从两个样本的有限傅里叶变换来定义互功率谱密度函数。考虑两个各态历经随机过程 $\{x(t)\}$,$\{y(t)\}$ 的第 k 个样本函数的有限傅里叶变换

$$\left.\begin{aligned} X_k(f,T) &= \int_0^T x_k(t) \mathrm{e}^{-\mathrm{i}2\pi ft} \mathrm{d}t \\ Y_k(f,T) &= \int_0^T y_k(t) \mathrm{e}^{-\mathrm{i}2\pi ft} \mathrm{d}t \end{aligned}\right\} \tag{4-42}$$

则两个平稳随机过程的双边互功率谱密度函数为

$$\left.\begin{aligned} S_{xy}(f) &= \lim_{T\to\infty} \frac{1}{T} E[X_k^{*}(f,T) Y_k(f,T)] \\ S_{yx}(f) &= \lim_{T\to\infty} \frac{1}{T} E[Y_k^{*}(f,T) X_k(f,T)] \end{aligned}\right\} \tag{4-43}$$

式中,期望运算子 E 表示的是对指标 k 的一种平均运算。

相应地,单边互谱密度函数为

$$G_{xy}(f) = \lim_{T\to\infty} \frac{2}{T} E[X_k^{*}(f,T) Y_k(f,T)] \tag{4-44}$$

3) 由互相干函数来定义互功率谱密度函数。与功率谱密度函数紧密相连的是相干函数（凝聚函数）。平均随机信号 $x(t)$ 与 $y(t)$ 之间的互相干函数 $\gamma_{xy}^2(f)$ 定义为

$$\gamma_{xy}^2(f)=\frac{|G_{xy}(f)|^2}{G_x(f)G_y(f)}=\frac{|S_{xy}(f)|^2}{S_x(f)S_y(f)} \tag{4-45}$$

式中，自功率谱 $G_x(f)$ 与 $G_y(f)$ 非零，且无 δ 函数。因此为避免在原点出现 δ 函数，应事先从数据中消除非零均值。

相干函数 $\gamma_{xy}^2(f)$ 是频率的函数，是相关性在频率域中的一种表示。

若 $\gamma_{xy}^2(f)=0$，则表示 $x(t)$ 与 $y(t)$ 互不相干；若 $\gamma_{xy}^2(f)=1$，则表示 $x(t)$ 与 $y(t)$ 完全相干。

(2) 互功率谱密度函数的数值计算。

1)FFT 变换方法。设 $x(t)$ 与 $y(t)$ 分别为两个随机信号，其傅里叶变换分别为 X_n 和 Y_n，则

$$G_{xy}(f)=\frac{2\Delta t}{N}|X_n^* Y_n| \tag{4-46}$$

式(4-46) 还可以写为

$$\begin{aligned}G_{xy}(f)&=\frac{2\Delta t}{N}|X_n^* Y_n|=\frac{2\Delta t}{N}[C_x(f)+\mathrm{i}Q_x(f)][C_y(f)-\mathrm{i}Q_y(f)]=\\&\frac{2\Delta t}{N}\{[C_x(f)C_y(f)+Q_x(f)Q_y(f)]+\mathrm{i}[C_x(f)Q_y(f)-C_y(f)Q_x(f)]\}\end{aligned} \tag{4-47}$$

互功率谱密度函数的 FFT 直接计算法是自功率谱密度函数计算方法的推广，在用上述方法计算互功率谱密度函数时，可参考自功率谱密度函数的处理方法。

2) 互相关函数方法。计算子样数据的共谱和重谱密度函数。对单边谱，在 $0\leqslant f\leqslant f_c$ 区间内的任意值，由 $G_{xy}(f)$ 和 $Q_{xy}(f)$ 的原始估计可以推得

$$G_{xy}\left(\frac{kf_c}{m}\right)=C_k-\mathrm{i}Q_k=\left|G_{xy}\left(\frac{kf_c}{m}\right)\right|\mathrm{e}^{-\mathrm{i}Q_{xy}\left(\frac{kf_c}{m}\right)} \tag{4-48}$$

$$Q_{xy}\left(\frac{kf_c}{m}\right)=\arctan\left(\frac{Q_k}{C_k}\right) \tag{4-49}$$

互功率谱密度函数一般和互相关函数具有同样的应用，但它提供的结果是频率的函数而不是时间的函数，这就大大拓宽了其应用范围。例如，对转子系统，如果转子一端振动信号的某个异常频率带的幅值较高，而在互功率谱密度图上该频率处并无明显峰值，则表明问题出在异常频带幅值较高的一端，而与转子的另一端关系不大。

3. 相干分析与计算

有关互功率谱幅值的一个重要的关系式是互功率谱不等式，即

$$|G_{xy}(f)|^2\leqslant G_x(f)G_y(f) \tag{4-50}$$

由式(4-50) 可以定义如下的相干函数

$$\gamma_{xy}^2(f)=\frac{|G_{xy}(f)|^2}{G_x(f)G_y(f)}=\frac{|S_{xy}(f)|^2}{S_x(f)S_y(f)}\qquad(0\leqslant\gamma_{xy}^2(f)\leqslant 1) \tag{4-51}$$

互相干函数 $\gamma_{xy}^2(f)$ 是频率的函数，是相关性在频域中的一种表示。若在某些频率上 $\gamma_{xy}^2(f)=1$，则表示 $x(t)$ 与 $y(t)$ 是完全相干的；若在某些频率上 $\gamma_{xy}^2(f)=0$，则表示 $x(t)$ 与 $y(t)$

在这些频率上完全不相干，即不相关。事实上，若 $x(t)$ 与 $y(t)$ 是统计独立的，则对所有的频率 $\gamma_{xy}^2(f)=0$。

采用数字方法进行计算时，离散频率 $f=kf_c/m(k=0,1,2,\cdots,m)$ 处的相干函数可由下式估计

$$\gamma_{xy}^2=\frac{C_k^2+Q_k^2}{G_{k,x}G_{k,y}} \tag{4-52}$$

式中　$G_{k,x}$，$G_{k,y}$——$x(t)$ 与 $y(t)$ 在 k 处的自功率谱密度函数估计值；

C_k，Q_k——$x(t)$ 与 $y(t)$ 在 k 处的共谱和重谱估计值。

采用FFT方法计算频率 $f=k/(N\Delta t)(k=0,1,2,\cdots,N-1)$ 处的相干函数时，由式(4-51)得到

$$\gamma_k^2=\frac{|G_{xy}(f_k)|^2}{G_x(f_k)G_y(f_k)} \tag{4-53}$$

应当特别注意，上述计算中自功率谱和互功率谱密度函数的估计都是经过平均的估计，即经过总体或频率平均后的估计，否则会产生错误的计算结果，使得无论相干或不相干的数据都得到 $\gamma_{xy}^2(f)=1$ 的估计值。

4.2.4　瞬态信号分析与处理

在旋转机械状态监测与故障诊断过程中，通常将启、停机过程的信号称为"瞬态信号"。相对于此，将机器正常运行时的信号称为"稳态信号"，这是一种特定场合下的习惯叫法。

在启、停机过程中，转子经历了各种转速，其振动信号是转子系统对转速变化的响应，是转子动态特性和故障征兆的反映，包含了平时难以获得的丰富信息，特别是通过临界转速时振动、相位的变化信息。因此，启、停机过程分析是转子检测的一项重要工作。

需要说明的是，为实现对机器启、停机信号的采集并为瞬态信号的分析提供条件，要求对信号进行同步整周期采集，这就需要引入键相位信号，以实现转速的测量和采集的触发。如果不能引入键相位信号，那么对瞬态信号的采集就不完整，分析的结果也就不完整，特别是相位谱，就没有明确的物理概念。

用于启、停机过程瞬态信号的分析方法很多，除轴心轨迹、轴心位置和相位分析以外，主要通过奈奎斯特图、伯德图和瀑布图来了解启、停机过程的特性。

1. 跟踪轴心轨迹

轴心轨迹是轴心相对于轴承座的运动轨迹，它反映了转子瞬时的涡动状况。对轴心轨迹的观察有利于了解和掌握转子的运动状况。跟踪轴心轨迹是在一组瞬态信号中，相隔一定的时间间隔(实际上是相隔一定的转速)对转子的轴心轨迹进行观察的一种方法。这种方法是近年来随着在线监测技术的普及而逐步被认可的，它具有简单、直观，判断故障简便等优点。

图 4.16 是某压缩机高压缸轴承处轴心轨迹随转速升高的变化情况，在通过临界转速及升速结束之后，轨迹在轮廓上接近椭圆，说明这时基频为主要振动成分，如果振幅值不高，应该说机组是稳定的。如果达到正常运行工况时机组振幅值仍比较高，应重点怀疑不平衡，转子弯曲一类的故障。

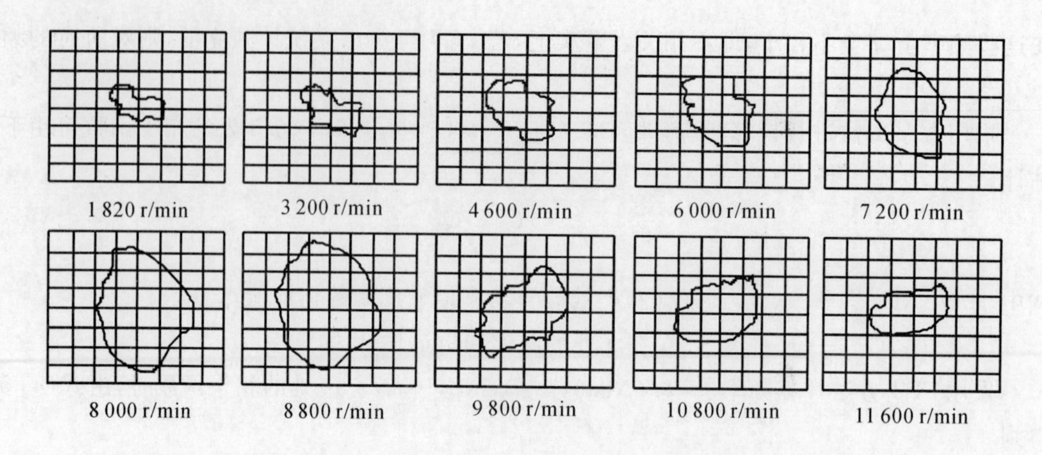

图 4.16　某压缩机高压缸跟踪轴心轨迹

2. 伯德(Bode)图

伯德图是描述某一频带下振幅和相位随过程的变化而变化的两组曲线。频带可以是 1×,2×或其他谐波;这些谐波的幅值、相位既可以用 FFT 法计算,也可以用滤波法得到。当过程的变化参数为转速时,例如启、停机期间,伯德图实际上又是机组随激振频率(转速)不同而幅值和相位变化的幅频响应和相频响应曲线。

当过程参数为速度时,比较关心的是转子接近和通过临界转速时的幅值响应和相位响应情况,从中可以辨识系统的临界转速以及系统的阻尼状况。

图 4.17 是某压缩机高压缸转子在升速过程中的伯德图。从图中可以看出,系统在通过临界转速时幅值响应有明显的共振峰,而相位在临界前后转了近 180°。

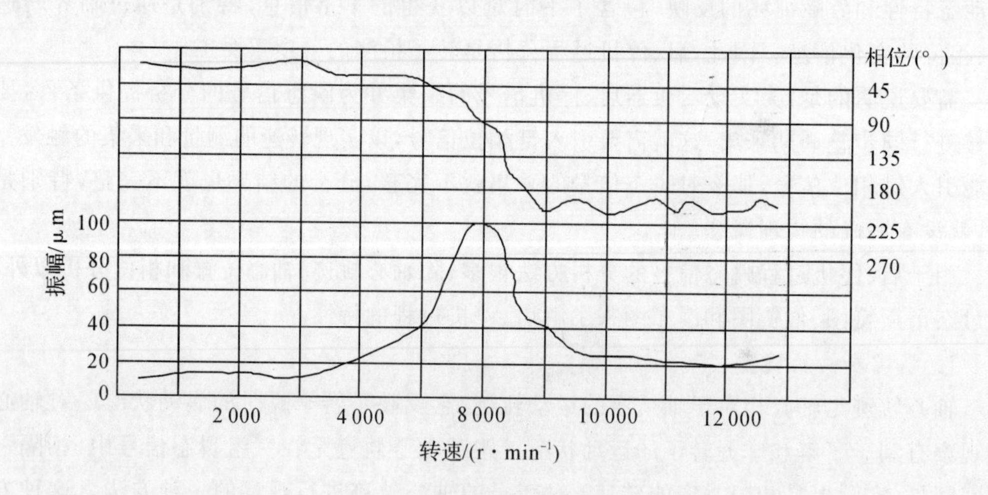

图 4.17　某压缩机高压缸伯德图

除了随转速变化的响应外,伯德图实际上还可以做机组随其他参数变化时的响应曲线,比如时间,不过这时的横坐标应是时间,这对诊断转子缺损故障非常有效。也可以针对工况,当工况条件改变时做伯德图,这时的幅频响应和相频响应如果不是两条直线,说明工况变化对振动的大小和相位有影响,利用这一特点可以甄别或确认其他征兆相近的故障。

3. 极坐标图

极坐标图实质上就是振动向量图，和伯德图一样，振动向量可以是1×，2×或其他谐波的振动分量。极坐标图有时也被称为振型圆和奈奎斯特图（Nyquist 图），但严格说来，二者是有差别的，因为极坐标图是按实际响应的幅值相位来绘制的，而 Nyqusit 图一般理解为是按机械导纳来绘制的。

极坐标图可以看成是伯德图在极坐标上的综合曲线，它对于说明不平衡质量的部位，判断临界转速以及进行故障分析是十分有用的。和伯德图相比，极坐标图在表现旋转机械的动态特性方面更为清楚和方便，所以其应用也越来越广。

极坐标图除了记录转子在升速或降速过程中系统幅值与相位的变化规律外，也可以描述在定速情况下，由于工作条件或负荷变化而导致的基频或其他谐波幅值与相位的变化规律。例如，转子局部腐蚀、掉块，转子部件脱落而使转子不平衡质量发生变化，导致基频幅值与相位变化。又如轴上某一局部温升所导致轴的不均匀热变形，这相当于给转子增添不平衡质量而使基频幅值与相位发生变化。利用极坐标图诊断这类故障非常有效。

图4.18为某压缩机高压缸自由端轴承处的水平振动的极坐标图，其工作转速为12 400 r/min，借助图上所示的变化趋势，有助于诊断、甄别一些征兆相近的故障。

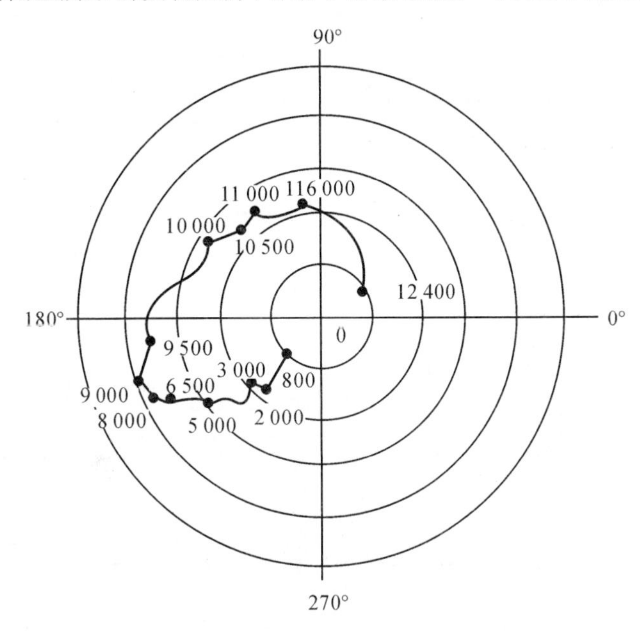

图4.18　某压缩机高压缸自由端轴承处轴的水平振动的极坐标图

4. 三维谱阵图

转子的转速或其他过程参数在变化过程中，转子的振动呈动态变化，许多情况下需要连续观察并对比这种变化，因此将转子振动信号的频谱随转速或其他过程参数的变化过程表示在一个谱阵中，称为三维谱阵图。

常用的三维谱阵图有三维转速谱阵图和三维时间谱阵图。

（1）三维转速谱阵图。以机组启、停机为例，当转子升（降）速时，各转速下都对应有反映转子频域特性的频谱图。

将这些谱图按转速大小顺序排列，在转速-频率平面上定义了一个三维谱阵图，又称“级联图”“瀑布图”，它的水平轴为频率 f(或 ω)，垂直轴为转速，铅直轴为谱值。如图 4.19 所示，它描述了频谱随转速的变化。在图上可以看到，谱阵上所有的峰值形成汇交于一点的斜线，它们是与转速成正比的频率成分。有的峰值形成与频率垂直的直线，这些频率成分与转速无关，它们代表系统的固有频率。如果将三维转速谱阵图的水平轴单位改为无量纲参数阶比，则为转速阶比谱阵图。

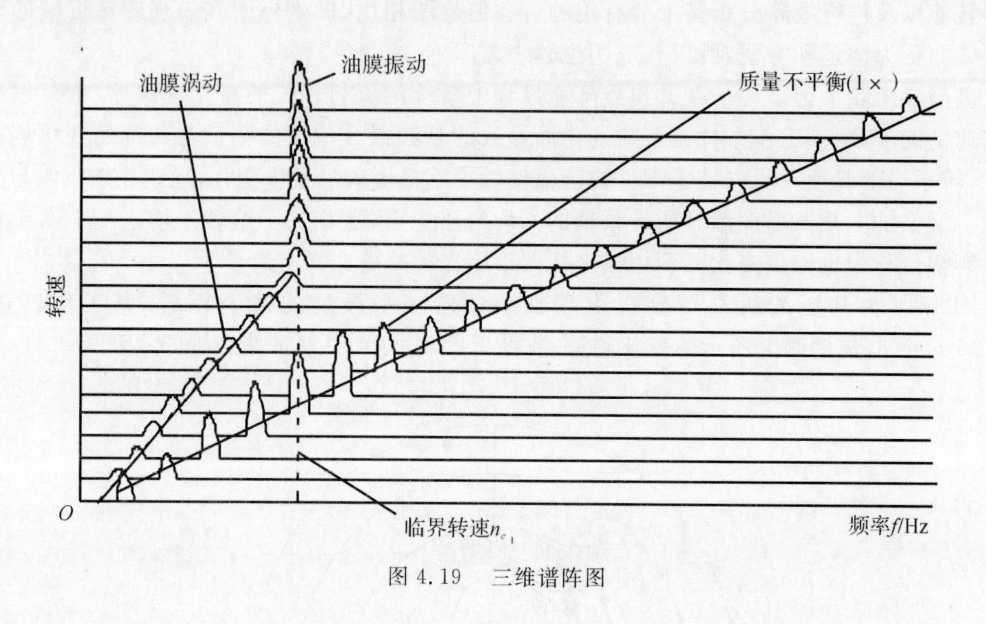

图 4.19　三维谱阵图

图 4.20 是某设备每转采样 128 个点，最大阶比为 64 的振动噪声转速阶比谱阵图。

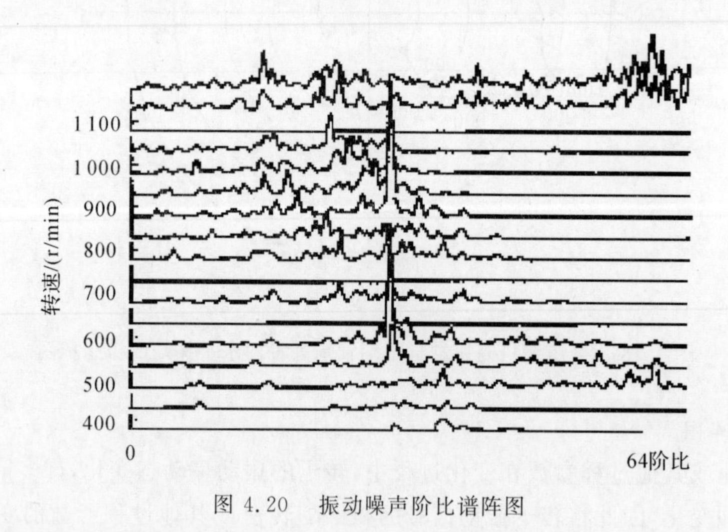

图 4.20　振动噪声阶比谱阵图

(2) 三维时间谱阵。机组正常运行时，不同时刻的振动信号也对应有反映转子频域特征的频谱图，如果将这些谱图按时间顺序排列，同样可以在时间-频率平面上定义一个三维谱阵图。此时它的水平轴为频率 f(或 ω)，垂直轴为时间，铅直轴为谱值，如图 4.21 所示。它描述的是频谱随时间的变化，这在故障诊断过程中也非常有用。

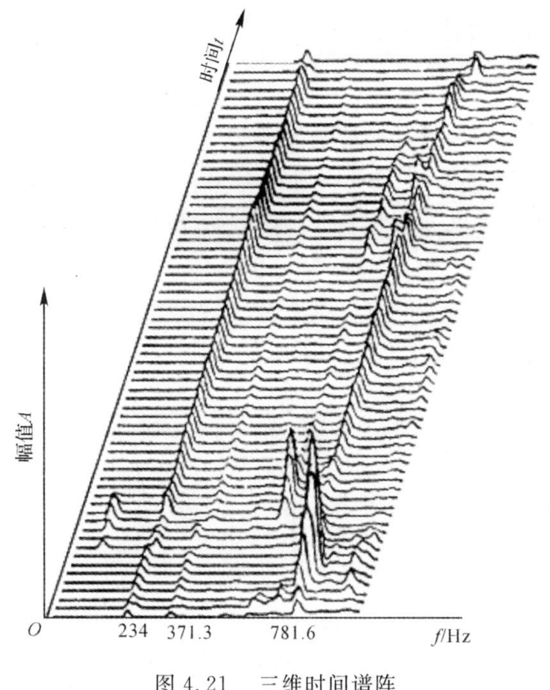

图 4.21　三维时间谱阵

三维谱阵图与伯德图以及极坐标图的不同在于它不是对某一频带幅值的描述，而是对全频带的响应进行描述，这样便可以在速度或其他参量变化的过程中，观察到许多频率分量下转子的动态响应过程。比如利用瀑布图可以更清楚地看出各种频率成分随转速的变化情况，这对于故障分析是十分有用的。

5. 坎贝尔(Campber) 图

坎贝尔图和三维谱阵图属同一种特征分析，包含有相同的信息，只是他们表达的形式不同。在坎贝尔图中，横坐标表示转速，纵坐标表示频率 f，与转速有关的频率成分(或阶比成分) 用圆圈来表示，圆圈的直径表示信号的幅值大小，阶次由原点引出的射线表示，如图 4.22 所示。

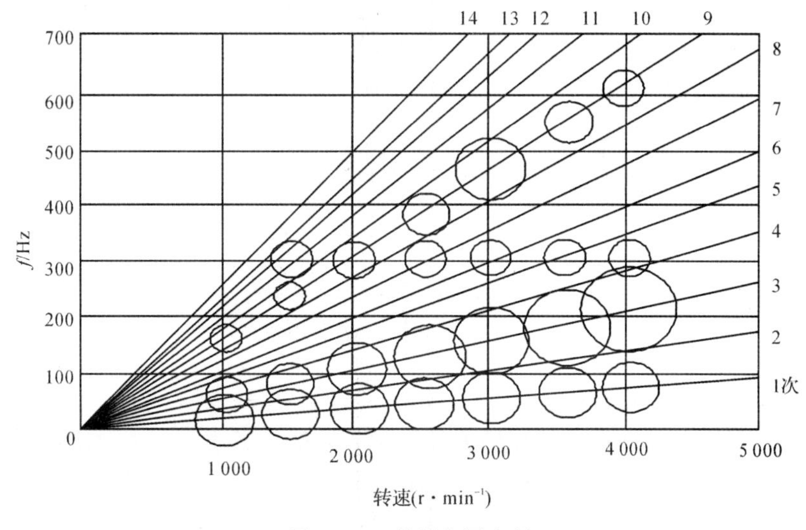

图 4.22　坎贝尔图实例

4.2.5 特殊分析处理方法

1. 细化谱分析

在工程信号分析中，往往会遇到这种情况：被分析的信号是一种密集型频谱，如振动、噪声等，其频谱图上的频率间隔很密，但频带分布又较宽，在这种情况下，为了识别谱图的细微结构，就必须要求信号分析系统既要有较高的频率分辨率，又要有较宽的频率范围，但这两者之间是矛盾的。

一般的FFT分析是一种基带的分析方法，在整个分析带宽内，频率是等分辨率的，即

$$\Delta f=\frac{2f_m}{N}=\frac{f_s}{1.28N}=\frac{1}{1.28N\Delta t}=\frac{1}{1.28T} \tag{4-54}$$

式中 N—— 采样点数；

f_m—— 分析带宽的最高频率；

f_s—— 采样频率；

Δt—— 采样间隔；

T—— 采样长度。

由式(4-54)可知，被分析信号的时域、频域关系如图4.23所示，在频谱图上的有效频率分布范围是从0 Hz到折叠频率为止。而谱线间隔($\Delta f=f_sN$)决定了频率分辨能力，即Δf越小，谱图的分辨率越高，Δf较大时，将由于栅栏效应而丢掉有用信息。当采样频率f_s选定时，Δf值决定于采样点数N，一般信号处理机的最高采样点数为一定值，可显示的谱线条数则约为$N/2.56$。例如，当$N=1\ 024$点时，其谱线条数为400。因此，信号分析与处理系统的频率分辨率往往用其谱线条数来表示。可见，若要提高频率分辨率，又要求上限频率不变，则需要增加时窗长度(T_0)，即增加采样点数，这样计算工作量就要增大。因此，对于信号处理系统在内存和采样长度有限制的情况下，既要不损失上限频率，而又要增加分辨率是很困难的。为此，人们提出了计算窄带谱的频率细化分析方法。

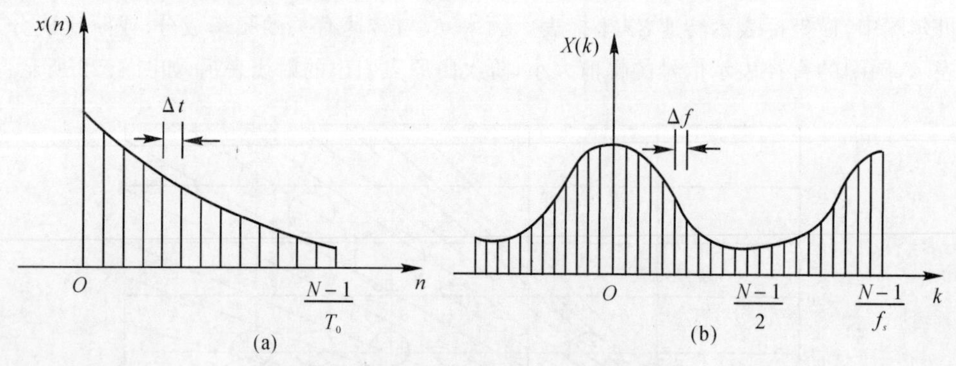

图4.23 FFT方法中的信号时域、频域关系

(a)信号的时域表示；(b)信号的频域表示

细化谱分析技术是近年来由FFT方法发展起来的一项新技术，是一种用以增加频谱中某些有限部分上的分辨能力的方法，即“局部放大”的方法，可使某些感兴趣的重点频段得到较高的分辨率，如图4.24所示。频率细化方法有多种，如复调制细化、相位补偿细化、Chirp-Z变换以及最大熵谱分析等。然而从分析精度、计算效率、分辨率、谱等效性以及应用广泛程度

等方面看，复调制细化方法不失为一项行之有效的提高分辨率的实用技术。

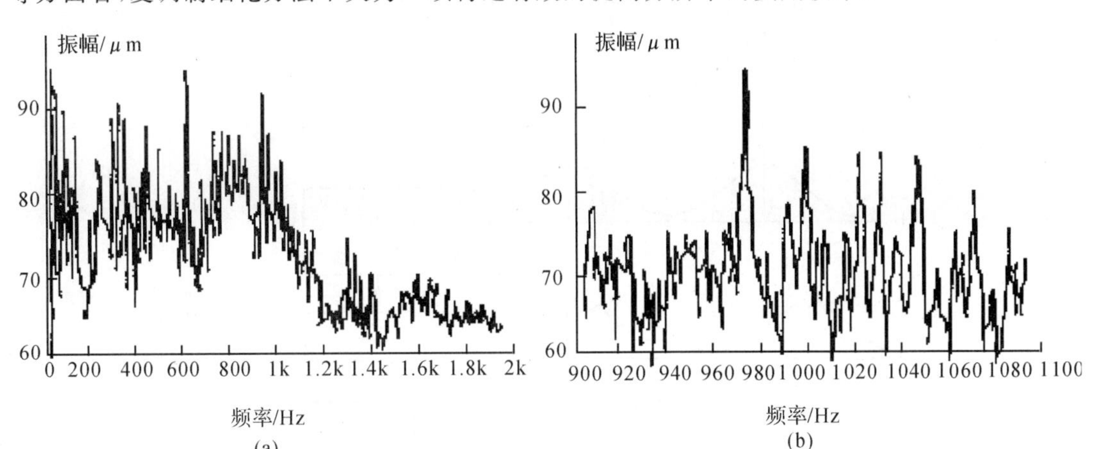

图 4.24　普通谱图与细化谱图

(a) 原始谱图；(b) 细化谱

复调制细化分析方法又称为可选频带的频率细化分析法，是基于复调制的高分辨率的傅里叶分析方法，一般简称为 ZOOM－FFT(或 ZFFT) 方法。

ZFFT 方法只需将输入样本的一小部分进行傅里叶变换。这样，相对于基带傅里叶变换分析方法来说，ZFFT 方法一次可以处理长得多的样本序列，从而使信号频谱局部(感兴趣的频率量程) 的频率分辨率得到极大的提高。

ZFFT 方法的基本思想就是利用频移定理，将时域样本改造，使相应频谱原点移到感兴趣的频段的中心频率处，再重新采样作 FFT，即可得到更高的分辨率。

(1) 细化幅值谱。细化幅值谱采用高分辨率的傅里叶分析方法，简称 HR－FA 法。这是一种基于复调制的高频率分辨率的傅里叶分析方法，它可以指定足够的频率分辨率来分析某一宽带信号在频率轴上任何窄带内的傅里叶谱结构。

HA－FA 法包括数字频移、数字低通滤波、重新采样(选抽)、快速傅里叶变换及加权处理的等步骤。HR－FA 法的原理框图及各部分频谱如图 4.25 所示。

频移信号 $x(n)$ 通过数字低通滤波器，在时域以比例因子 D 同步选抽，将采样频率降低到 f_s/D。比例因子 D 又称为选抽比或细化倍数。为了保证选抽后不致产生频谱的混叠，必须给予相应的带限条件，即低通滤波器的带宽不能超过 $f_s/2.56D$。

经以上 HR－FA 法几个步骤的处理，最终结果完全能反映出时间序列在某一频率范围内的频谱特性，其幅度绝对值仅相差一个比例常数 D。与同样点数的FFT分析相比，HR－FA法所获得的频率分辨率要高 D 倍。

就算法的计算量而言，在相同分辨率的条件下，与直接 FFT 相比，HR－FA 法的计算效率大为提高，D 值愈大，效率提高愈显著。

(2) 细化相位谱。直接 FFT 法和 HR－FA 法的傅里叶谱都是复谱，它们除幅值外，还包含着相位信息。对于直接 FFT 算法，根据复谱的实部和虚部可以求出相应的相角。

因为在 FFT 过程中不存在相移因子，所以求得的相角就是真实的相位。当增大采样点数 N 时，可以直接得到高分辨率的相位谱，但是受到了高分辨率幅值同样的限制。

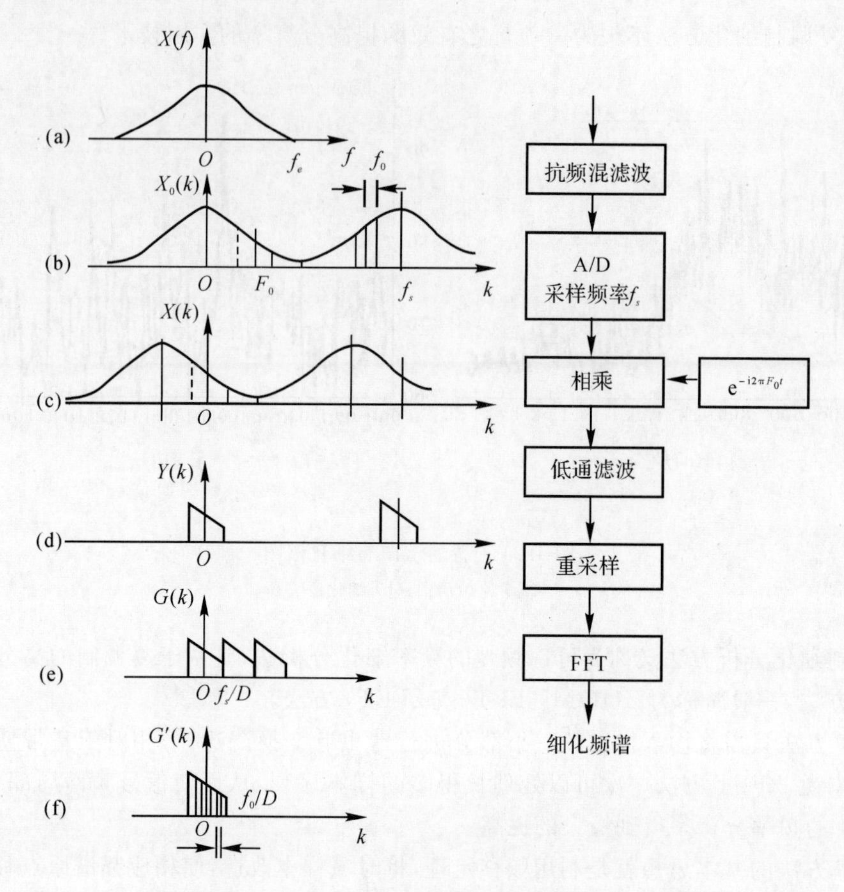

图 4.25　HR－FA 法的原理框图及各部分频谱

对于HR－FA法，因为数字信号序列经过数字低通滤波器要产生相移，因此必须按照滤波器的相位特性予以修正方可得到真实的相角，从而才能获得细化相位谱。

由于细化相位谱在工程中使用较少，在此不再详述。

(3) 细化分析在工程中的应用。对于振动与噪声信号的分析，细化分析应用得十分广泛。例如，在机械振动传动系统中，齿轮、轴承等零部件在运转过程中都将产生调制边频带和多种谐波族，用普通谱分析方法很难对其进行全面分析，而利用细化谱分析技术则可以很好地解决边带特征提取和分析这一关键技术。

2. 倒频谱分析

倒频谱(Cepstrum) 分析是近代信号处理学科的一项新技术，它可以处理复杂频谱图上的周期结构。倒频谱分析也称二次频谱分析，它包括功率倒频谱(Power Cepstrum) 分析和复制频谱(Complex Cepstrum) 分析两种主要形式。

(1) 功率倒频谱。倒频谱定义为对数功率谱的功率谱，即对对数功率谱作进一步谱分析得到的谱图。如果时域信号 $x(t)$ 的傅里叶变换为 $x(f)$，其功率谱为 $G_x(f)$。按照功率倒频谱的定义，对功率谱作对数转换后进行傅里叶变换便得功率倒频谱 $C_x(t)$：

$$C_x(t) = \left| F[\log G_x(f)] \right|^2 = \left| \int_{-\infty}^{\infty} \log G_x(f) \mathrm{e}^{-\mathrm{i}2\pi f t} \mathrm{d}f \right|^2 \tag{4-55}$$

工程上常采用式(4－55) 的正平方根定义形式，即

$$C_a(\tau)=\sqrt{C_x(\tau)}=|F\log[G_x(f)]| \tag{4-56}$$

式(4-56)相对于式(4-55)而言，称为幅值倒频谱。

为了突出功率倒频谱的物理意义，可采用类似自相关函数的形式来定义倒频谱，即

$$C(\tau)=F^{-1}[\log G_x(f)] \tag{4-57}$$

式(4-57)是由对数功率谱的傅里叶逆变换得到的。这种形式定义的倒频谱与自相关函数的主要区别在于功率倒频谱是对功率谱作对数转换，转换为分贝后再进行傅里叶逆变换。而自相关函数是由功率谱在线性坐标上的傅里叶逆变换得到的。

根据功率倒频谱的定义，由于通常用分贝表示对数功率谱的单位，所以功率倒频谱的值是用$(\mathrm{dB})^2$ 表示的。

功率倒频谱中的独立变量 τ 称为倒频率(quefranay)，它与自相关函数 $R_x(\tau)$ 中的自变量 τ 一样具有时间的量纲，一般以毫秒计。

通过对信号的功率谱作倒频谱分析使得对较低的幅值分量有较高的加权，可以清楚地识别信号的组成，突出大家感兴趣的周期成分。这在齿轮故障和滚动轴承故障分析中是一种十分有效的方法。

(2) 复倒频谱。上述功率倒频谱的定义式丢失了相位信息，然而在实际工程中往往要求保留相位信息，因此又提出了另一种倒频谱，即复倒频谱。复倒频谱是从信号的复谱得来的，它不损失相位信息。获得复倒频谱的过程是可逆的，在对信号作滤波处理后还能恢复原来的信号，所以可以用复倒频谱来消除动态信号传递过程中的褶积和多重效应。

复倒频谱的定义为复对数的傅里叶逆变换。若信号 $x(t)$ 的傅里叶变换为 $X(f)$，则复倒频谱定义为

$$K(\tau)=F^{-1}[\ln X(f)] \tag{4-58}$$

由于 $x(t)$ 是实函数，所以 $X(f)$ 是共轭偶函数，它可表示为

$$X(f)=|X(f)|\mathrm{e}^{\mathrm{i}\varphi x(f)}=X^*(-f)=|X(f)|\mathrm{e}^{\mathrm{i}\varphi x(-f)} \tag{4-59}$$

$\ln x(f)$ 也是共轭偶函数，因此复倒频谱名称上虽冠以复字，而实际上仍为 τ 的实值函数。

(3) 倒频谱分析在工程中的应用。由于倒频谱不仅能够清楚地分辨出功率谱中含有的周期分量，而且能够清楚地分离出边带信号和谐波，这些特点使其在齿轮箱故障诊断中非常有效。齿轮箱振动是一种复杂的振动，如果某一根轴的转速为 f_1，轴上齿轮的齿数为 Z_1，则齿轮箱的振动不仅包含频率为 f_1 的振动及其各阶谐振，同时也含有频率为 Z_1f_1 的基频及各阶谐振。这在振动信号的功率谱图上除在频率 nf_1 和 nZf_1 处有谱线外，受轴转速频率 f_1 的调制在$(Z_1\pm T)f_1$ 处也有谱线。

以 Z_1f_1 为中心，每隔 $\pm f_1$ 就有一谱线，就形成了所谓的边带信号。边带信号的频带叫边带，边带信号的两谱线间的间隔就是调制频率 f_1。

如图 4.26 所示的边带信号在实际的功率谱分析中，是近似峰值间隔为 $\Delta f=f_1$ 的对于频率 f 的周期波形。

实际齿轮箱并非一根轴和一个齿轮，而是多根轴和多个齿轮，有多个转轴频率和多个啮合频率，而每一个转轴频率都有可能在每一个啮合频率的周围调制出边带信号，因此齿轮箱振动的功率谱中就有很多大小和周期都不同的周期成分混杂在一起，难以分离，不能直观地看出其特点。然而使用倒频谱分析就能够清楚地检测和分离出这些周期信号。某齿轮箱输入轴的转速为 5 100 r/min(85 Hz)，输出轴的转速为 3 000 r/min(50 Hz)，图 4.27(a) 是齿轮箱检修前

某点的振动速度响应信号的频谱，图中（只画了高频部分）A，B，C 分别为齿轮啮合频率及其二次、三次谐波。在 A，B，C 处都有边带信号，但是峰不突出，具体特性不明显，因此不能确定主要调制源是什么，应该着重修理哪一部分。通过倒频谱分析，从图 4.27(b) 中可以看出 85 Hz 的信号很强，而 50 Hz 的信号很弱，说明齿轮箱频谱中的边带信号主要是由输入轴调制的，应该着重修理输入轴和该轴上的齿轮，才能减少或排除 85 Hz 振源。

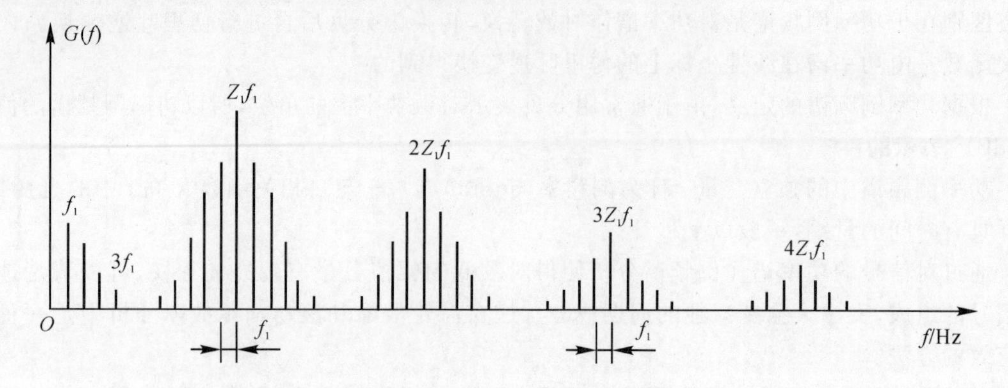

图 4.26　齿轮箱振动边带信号

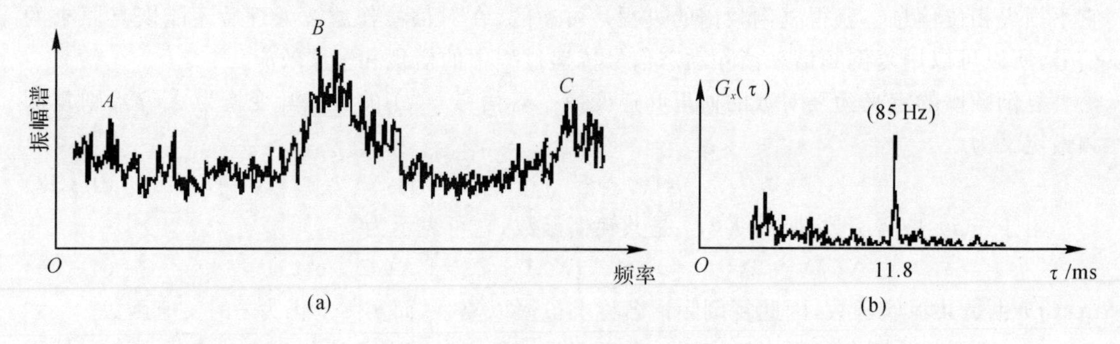

图 4.27　齿轮箱振动的频谱与倒频谱

3. 全息谱分析法

多年来，现场设备故障诊断大多采用传统的谱分析方法，这除了习惯的原因外，主要是因为这种分析方法和故障机理的联系比较紧密，概念比较清晰，应用比较简便，成功事例也较多的缘故。但这种方法也有其缺点，因故障与谱图并不存在一一对应关系，用这种方法确诊故障有时比较困难，主要原因是传统谱分析一次只对一个测点信号进行分析，与其他测点信号没有联系，无法描述设备振动的全貌。加之谱分析通常只顾及了幅值（或功率）随频率分布方面的信息，信息量小，无法使不同类型故障显示出明确的特征。即使将各测点谱图摆在一起综合考虑，也难以形成完整的概念。

(1) 全息谱构成原理。二维全息谱如图 4.28 所示。构造全息谱的主导思想是将被传统谱分析所忽略的相位信息充分利用起来，使设备的振动形态能得到全面的反应，以提高故障诊断所需要的信息量。构造全息谱的过程如下：

1) 将单个传感器输出的振动信号通过改进的 FFT 算法分解为谐波频率成分。

2) 将同一支承面内互成 90° 两个方向的同一频率谐波进行集成处理，合成为一运动轨迹。

3) 构成全息谱。

若横坐标为机组支承的空间位置，它们之间的相位关系以及轴心线上出现的节点如图 4.29 所示。

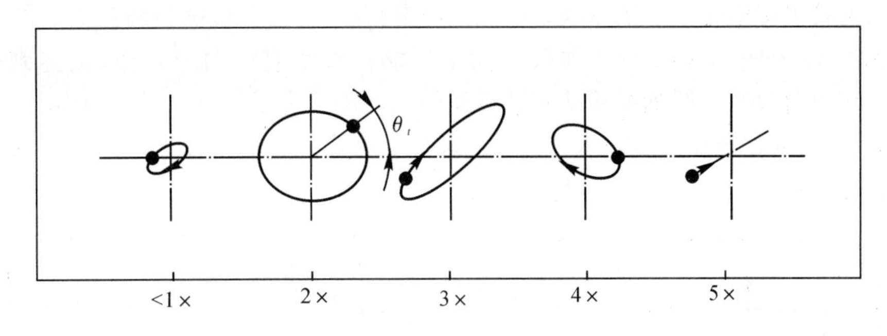

图 4.28　二维全息谱

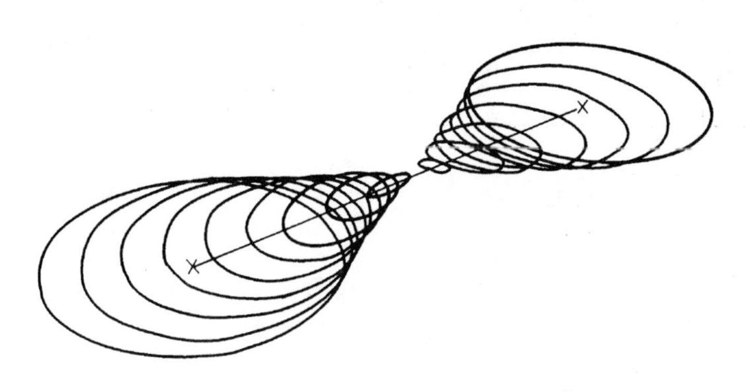

图 4.29　三维全息谱

全息谱图轨迹的形状视参与合成的两信号幅值和相位差的不同，可为正圆、椭圆或直线。设 x，y 两方向的同频振动信号为

$$x = A_1\cos(\omega t + \varphi_1)$$
$$y = A_2\cos(\omega t + \varphi_2)$$

将两信号相加，则可得合成振动为

$$\frac{x^2}{A_1^2} + \frac{y^2}{A_2^2} - \frac{2xy}{A_1A_2}\cos(\varphi_2 - \varphi_1) = \sin^2(\varphi_2 - \varphi_1) \tag{4-60}$$

当 $\varphi_2 - \varphi_1 = \frac{\pi}{2}$ 时，即信号相位相差 90° 时

$$\frac{x^2}{A_1^2} + \frac{y^2}{A_2^2} = 1 \tag{4-61}$$

轨迹是一个椭圆。如 $A_1 = A_2$，则轨迹便变成了一个正圆。

这里需要特别强调的是，为了获取全息谱图需对快速傅里叶变换(FFT) 进行改进，以提高幅值谱和相位谱的精度，这是该技术能够成功的关键一步。未经改进的 FFT 算法相位误差过大，难于由频谱信息恢复成准确的时域信号。另外，x，y 信号应该是同时采样才能构成全息谱。

(2) 全息谱的应用。全息谱在传统谱分析的基础上加入了被忽略的相位的信息,谱的显示形式也由谱线变成了椭圆状,除了大小外,椭圆还有偏心率、倾角、转向等特征,所以大大提高了故障识别能力。

例如,某厂二氧化碳压缩机组发生剧烈振动,从 FFT 幅值谱上观察到有很大的半频分量。起初认为转子可能发生了油膜涡动。而从全息谱图上看,其椭圆长轴几乎垂直于水平轴,且偏心率相当大(见图 4.30(a))。油膜涡动不可能只在垂直方向上产生,上述判断肯定有误。实际工作中遇到的一例油膜涡动全息谱如图 4.30(b) 所示。进一步分析做出确诊:其故障为管道激振,主要是压缩机管道入口处 90° 弯头产生了垂直方向的冲击,并使转子在垂直方向上发生剧烈振动。

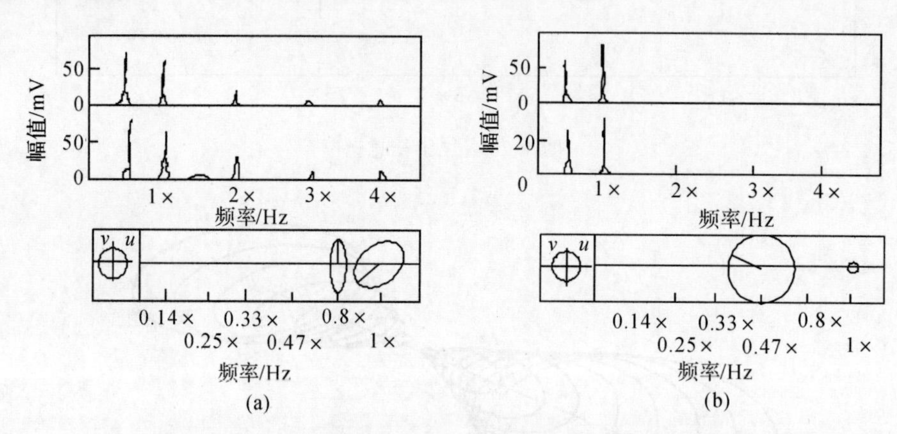

图 4.30　管道激振全息谱与油膜涡动全息谱的对比

(a) 管道激励;(b) 油膜涡动

4. 包络线分析

实际工程中,有时检测得到的信号波形虽然比较复杂,但其包络线却有一定的规律或趋向,此时利用包络线分析方法可以对信号高频成分的低频特征或低频率事件作更详细的分析。例如有缺陷的齿轮在啮合中存在低频、低振幅所激发的高频、高振幅共振,对此进行包络线分析可以对缺陷作出恰当的判断。

由于包络线组成波形的频率、幅值及其单频相位角不同,其合成波形的包络线也不同。这里以图 4.31 所示的波形为例,介绍包络线的一般分析方法。

在图 4.31 中,上、下包络线之间的间距称为包络带宽,最大带宽等于两组成波振幅之和,最小带宽为两组成波振幅之差。

图 4.31 中包络线带宽呈周期性变化,其变化频率称为拍频,记为 f_b,即 $1/T_b$。拍的最大幅值处称为腹部,最小振幅处称为腰部。其中拍的腹部由两组成波的瞬时间同相产生,腰部是由两组成波的瞬间反相产生。拍的腹部和腹部相邻波峰或波谷的距离 $l_{腹}$ 和 $l_{腰}$ 决定于两组成波的频率关系。若令大幅值波频率为 $f_{主}$,小幅值波频率为 $f_{次}$,则 $l_{腹} < l_{腰}$ 时,$f_{次} > f_{主}$;$l_{腹} > l_{腰}$ 时,$f_{次} < f_{主}$。

采用包络线分析信号,可按以下步骤进行:

(1) 检查信号波形形状和变化规律,作出上下包络线,其中包络线变化频率代表低频分量,包括线内的波形为高频分量。当包络不呈现周期性变化时,应对包络线作进一步的分析。

(2) 从包络线带宽中计算出高频分量的峰峰值。

(3) 当上、下包络线形状和相位不一致时，可以通过每个峰谷中点线做出包络中线，如图 4.32 所示。包络中线变化周期代表低频分量。若包络线中线不呈周期性变化，应对包络中线再作进一步分析。

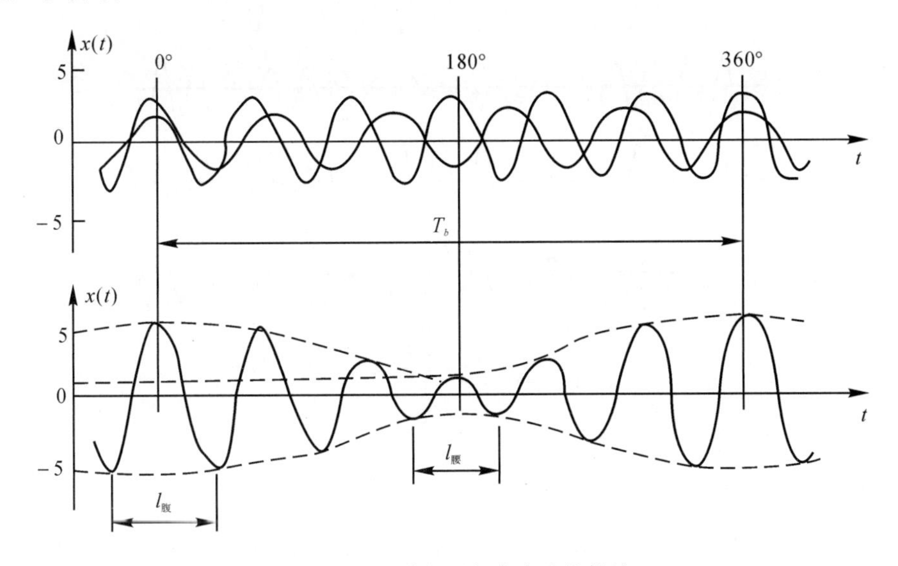

图 4.31　两种相近频率合成的拍波

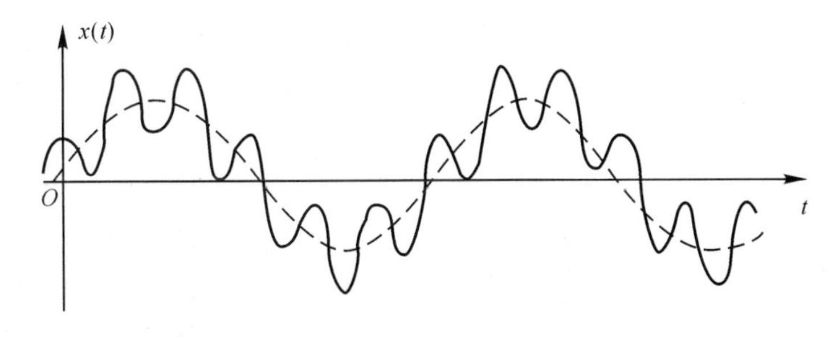

图 4.32　包络中线

(4) 上、下包络线近似为简谐波，但其间的高频分量成拍波时，确定腹和腰的位置及其上、下包络线间的距离，并量出腹、腰处相邻波峰的间距 $l_{腹}$ 和 $l_{腰}$、拍波周期 T_b，计算出合成波频率 f_b。

(5) 当 $f_b = f_{主}$ 时，主波峰峰值由包络线最大带宽与最小带宽之和的一半来计算。

(6) 拍波分解出来的次要分量的频率，当 $l_{腹} < l_{腰}$ 时，$f_{次} > f_{主}$，$f_{次} = f_{主} + f_b$；当 $l_{腹} > l_{腰}$ 时，$f_{次} < f_{主}$，$f_{主} = f_{次} + f_b$。次要分量的振动波形峰值等于最大带宽与最小带宽之差的一半。

(7) 在一个完整循环内仅有一个拍时，则两个分量的频率差为单位 1，如图 4.33 中 $a + b$；若有两个拍时，则两频率分量的频率差为单位 2，如图 4.33 中 $a + c$；其余类推，即在一个完整循环内包含的拍波数与两频率分量的频率差值相等。

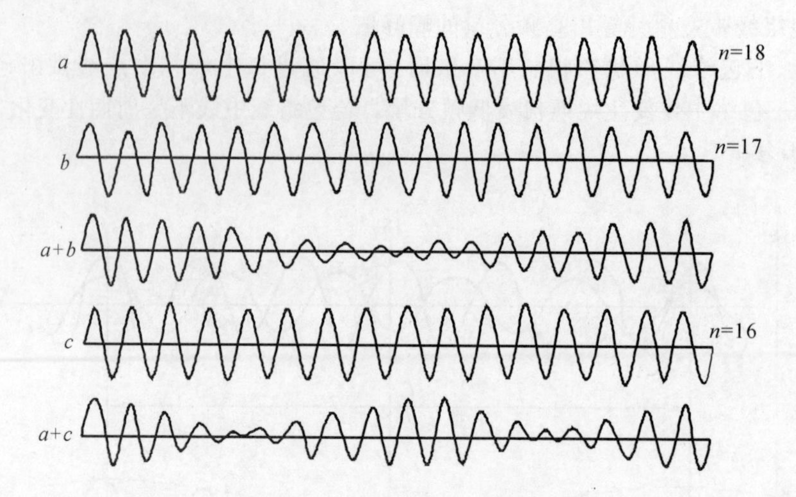

图 4.33　完整循环内多个拍波的分析

4.2.6　振动诊断的其他方法

1. 振动模态分析诊断法

振动试验模态分析是进行结构故障诊断的主要方法。试验模态分析是一门发展迅速而又比较完善的技术，读者可参考专门的著作。

当系统的状态变化或出现故障时，必然引起系统本身动力学特性的变化。如结构中的裂纹会导致系统刚度的降低，阻尼的增大，附加自由度的产生和自由度之间耦合程度的变化；零构件的孔穴、斑痕（压痕或烧痕）、沟槽或损伤以及复合材料结构中的脱黏或裂痕、连接件的松动以及装配不良等因素都会引起系统模态参数的变化。利用振动检测技术，可以进行状态监测和故障诊断。

在利用模态参数直接识别结构的故障时，由于固有频率是表征结构整体动态特性的物理量，对局部故障不敏感，且在很大程度上受到测试精度和观测噪声的限制，因此对于结构上的局部故障来说，仅用系统本身固有频率的变化来检验微小故障或预示早期故障，在实践上是有困难的。

模态振型是诊断结构故障的一个较敏感的参数。最简单的方法就是把故障结构与无故障结构的模态振型重叠地打印或显示在一起进行比较，根据其间的差别，特别是根据振型节点（或节线）的变化，能既方便又快速地直接检测故障的状态。

下面讨论利用模态确信判据进行故障诊断。当进行模态振型比较时，一个简单的定量方法是利用模态确信判据（Modal Assurance Criterion，MAC）法。模态确信判据定义为如下的一个标量：

$$\mathrm{MAC}^{r}_{(c,d)}=\frac{\left|\{\varphi^{(r)}_{(c)}\}^{T}\{\varphi^{(r)*}_{(d)}\}\right|^{2}}{(\{\varphi^{(r)}_{(c)}\}^{T}\cdot\{\varphi^{(r)*}_{(c)}\})(\{\varphi^{(r)}_{(d)}\}^{T}\cdot\{\varphi^{(r)*}_{(d)}\})} \tag{4-62}$$

式中　$\{\varphi^{(r)}\}$——r 阶复模态向量；

r——模态阶次的指标；

c 和 d——系统的状态 c 和状态 d 的指标，假设其中一个为无故障状态，另一个为有故障状态；

$*$——取复共轭。

式(4-62)实际上是复模态向量的点积运算，表达了两个模态向量之间的相互关系。当 MAC=1 时，表示两模态向量完全一样，系统状态没有发生变化；当 MAC=0 时，表示两模态向量是正交的，彼此完全不同；在一般情况下，MAC 介于(0,1)之间，它的大小定量地度量了系统动态特性的变更。如果对所有的模态振型，MAC 值都高于规定的指标，例如大于 0.95，就可假定该系统并没有改变。

在航天飞机两次飞行任务之间，其中一个主要的工作就是检验轨道器各子系统，诸如控制面、减速板、制动器、垂尾和翼面等的品质好坏。因此，美国 NASA 就特别注意利用标准的振动模态试验方法，检验飞行器各部件的损伤。肯尼迪空间中心(KSC)于 1989 年在飞行试验基地现场建立了一套航天飞机模态检测系统(SMIS)，它可以增强或取代原来的一些无损检测方法，已成功地预示了不同类型的故障。整个检验工作只需三天即可完成，并为更详细的诊断提供了渠道。开始研制的 SMIS 包括三台激振器及其试验台、350 个加速度计及其测量装置、一台计算机试验控制系统、32 个通道数据采集系统及计算机分析系统。这些仪器装在两台可移动的拖车上。NASA 准备进一步扩大 SMIS 的能力，以发挥更大的作用。

2. 故障诊断的频率响应函数法

频响函数是动力学系统的动态特性在频域上的最完善的描述。在实际应用中频响函数可通过功率谱密度来计算，即

$$H(\omega)=\frac{S_{xf}(\omega)}{S_{ff}(\omega)} \tag{4-63}$$

式中　$S_{xy}(\omega)$—— 响应 $x(t)$ 与激励 $f(t)$ 之间的互功率谱密度；

$S_{ff}(\omega)$—— 激励 $f(t)$ 的自功率谱密度。

$H(\omega)$ 一般情况下为一复数，$H(\omega)=H_R(\omega)+jH_i(\omega)=|H(\omega)|e^{j\varphi_{xf}(\omega)}$，$H_R(\omega)$ 与 ω 的关系曲线称为实频特性曲线；$H_i(\omega)$ 与 ω 的关系曲线称为虚频特性曲线；幅值 $|H(\omega)|=|S_{xf}(\omega)|/S_{ff}=\sqrt{H_R^2+H_I^2}$ 与 ω 的关系曲线称为幅频特性曲线；相位 $\varphi_{xy}(\omega)$ 与 ω 的关系曲线称为相频特性曲线，它是响应与激励之间的相位差，等于互功率谱密度 $S_{xf}(\omega)$ 的相位。

频响函数的逆傅里叶变换

$$h(t)=\frac{1}{2\pi}\int_{-\infty}^{\infty}H(\omega)e^{j\omega t}\,d\omega \tag{4-64}$$

称为脉冲响应函数(简称脉响函数，记为 IRF)。脉响函数是动力学系统的动态特性在时域上的最完善的描述。

度量响应与激励信号之间在频域上相互关系的函数用相干函数 $\gamma_{xy}^2(\omega)$ 来表达。其定义为

$$\gamma_{xy}^2(\omega)=\frac{|S_{xf}(\omega)|^2}{S_{xx}(\omega)S_{ff}(\omega)} \tag{4-65}$$

式中　$S_{xx}(\omega)$—— 响应 $x(t)$ 的自功率谱密度。

互相干函数也是描述由测量分析所获得的频响函数之精确程度的度量，它反映了测量噪声和其他因素的影响，是衡量试验质量好坏的一个重要参数。

上面已提到，系统的局部故障对表征系统总体特性的模态频率是不敏感的，利用系统的频响函数作为特征量进行故障诊断就可克服这种困难。这是因为当测点增多时，频响函数能够比较完整地描述系统的整个动态特性。目前已有很多分析方法和现成的分析仪及软件可以直

接地获得频响函数,其测试方法也很多,可以方便地通过曲线拟合利用平均等技术消除或减小测量噪声,并能估计非线性因素的影响。在很多实际问题中,利用频响函数拟合模态频率和阻尼,可以得到比获得观测数据的频率分辨率更高的精确估计值。

通过系统在不同状态下频响函数的比较可以很直观地观察到系统状态的变化。例如,结构在进行强度试验前后,系统在维修前后,正常状态和异常状态之间都可以用频响函数来进行诊断,评估品质的好坏和可靠性的程度。海洋平台结构的状态监控,建筑基桩的质量检验,地质结构的勘探等目前已广泛采用频响函数来进行故障诊断。

例如,以某型号人造卫星的诊断为例对频响函数法作一定性的分析。为诊断在试验过程中卫星结构是否有所损坏,在卫星正式做高振级试验之前先将卫星放在振动台上施加一定的振动,例如施加频率范围为 5 ～ 100 Hz 的平谱随机振动,振级为正式随机振动振级的 2%,测量卫星上某点的频响函数,然后卫星通过正式强度试验。最后按上述 2% 振级试验再测一次频响函数,发现在 15 Hz 和 25 Hz 处试验前后频响函数变化较大,经检查确实发现卫星内波导管的连接件松动。经过修复后,再重复上述的试验,发现各频率处在强度实验前后的频响函数基本相同,可认为经过例行试验后卫星结构没有损坏。

定性分析尽管简单直观,但有一定的经验性,故必须建立定量的方法,从系统建模上给出识别公式,以便更可靠地用于工程实际。

3. *系统动态测量方法*

(1) 稳态正弦波频率扫描法。在结构上选择某些点用激振器进行正弦稳态激振,保持激振力幅值恒定进行激振频率扫描,在结构的不同位置上安装传感器检拾振动响应,从而可得到结构的频率响应曲线。如在结构的各阶共振频率时移动传感器的位置,则可测得结构的各阶固有振型。为了使试验更准确,可利用反馈控制装置使激振力或测点的加速度幅值保持不变。

(2) 机械阻抗法。与上法不同之处在于它不仅要测得振动响应,而且还要同时测量激振力(不要求激振力幅值恒定),然后根据这两者幅值和相位关系得到结构频率响应函数。应当指出,频率扫描的速度应使系统的响应能接近稳态振动,过快就会影响试验的精度。

(3) 快速等幅正弦波频率扫描。此属于瞬态激励,利用快速频率扫描的正弱波发生器,在几秒钟内产生 0 ～ 20 kHz 范围内(可调) 的恒幅线性频率扫描激振。根据测得的激励与响应的数据,可以得到结构的频率响应函数。

(4) 脉冲激振法。本法亦属于瞬态激振。方法是用在撞击部装有力传感器的锤头快速撞击结构物,将力传感器与加速度传感器所检拾到的力与振动的信号输入信号分析仪,即可求得此结构的频率响应函数。由振动分析可知:脉冲越窄(即撞击时间越短),其包含的频率成分就越丰富,频率范围的上限就越高,在此频率范围内的功率谱几乎是一水平线。为了激励感兴趣的结构的高阶固有频率,应使撞击时间比该高阶频率对应的振动周期短。但撞击时间越短,其激励的能量水平就越低,从而可能激励不出结构的各阶模态,因此,并不是撞击时间越短越好。如果仅对结构的低阶模态感兴趣,不妨使撞击的持续时间略长些。这可通过改变锤头撞击部的硬度来改变撞击的时间(如撞击部的材料可以分别采用钢、铝、塑料、橡胶等),硬度越大,撞击时间就越短。

(5) 随机激振试验法。本法用随机信号发生器输出宽频带的白噪声信号,驱动激振器对结构进行激振,将测得的激振力与振动响应信号,经放大、滤波后输入信号分析仪,可得到结构的频率响应函数 $H(j\omega)$。其计算公式为

$$H(\mathrm{j}\omega)=\frac{S_f(\mathrm{j}\omega)}{S_f(\omega)} \tag{4-66}$$

式中　$S_f(\omega)$——激振力的自谱；

$S_f(\mathrm{j}\omega)$——激振力与振动响应的互谱。

当输入为一白噪声时，$S_f(\omega)$ 在所选的频率范围内为一常量，因而 $H(\mathrm{j}\omega)$ 与 $S_f(\mathrm{j}\omega)$ 的谱图是相同的。

(6) 随机减量法。随机减量法是通过系统随机响应样本的平均，去掉响应的随机成分，而获得在一定初始激励下系统自由响应的方法。系统的自由响应是系统本身动态特性在时域中的一种描述，利用自由响应信息可采用时域方法来辨识系统的模态参数，例如 ITD(Ibrahim Time Domain Technique) 法、复指数法、最小二乘法等。这是通过模态参数进行系统故障诊断的途径之一，这里只介绍直接利用随机减量特征进行故障诊断的方法。

首先以单自由度系统的随机响应信号 $x(t)$ 为例说明随机减量法的基本原理。

图 4.34 所示的一随机响应信号 $x(t)$，取 x_s 为各起始采样时刻的幅值，称为导通值。这样可由随机响应信号获得若干个(例如 k 个)长度相等，可部分重叠的样本。设第 i 个样本段的起始采样时刻为 $t_i(i=1,2,3,\cdots,k)$，则第 i 个导通时刻 t_i 就是新时间坐标 $\tau=t-t_i$ 的起点。这样对每个样本来说，尽管各自的起点 t_i 不同，但从不同 t_i 算起的时间自变量都用 τ 表达，将 k 个样本进行平均，得

$$\delta(\tau)=\frac{1}{k}\sum_{i=1}^{k}x(t_i+\tau) \tag{4-67}$$

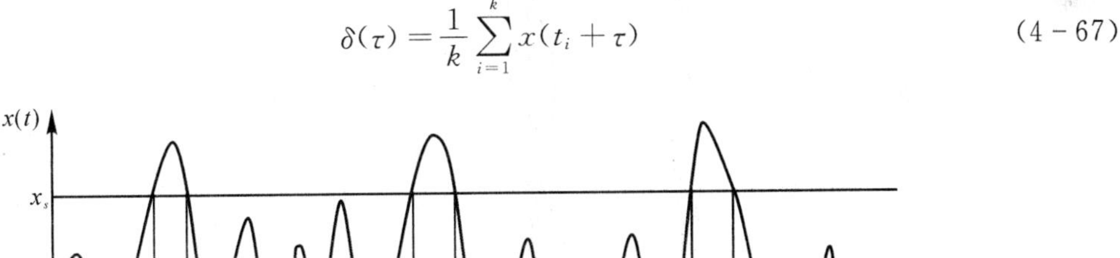
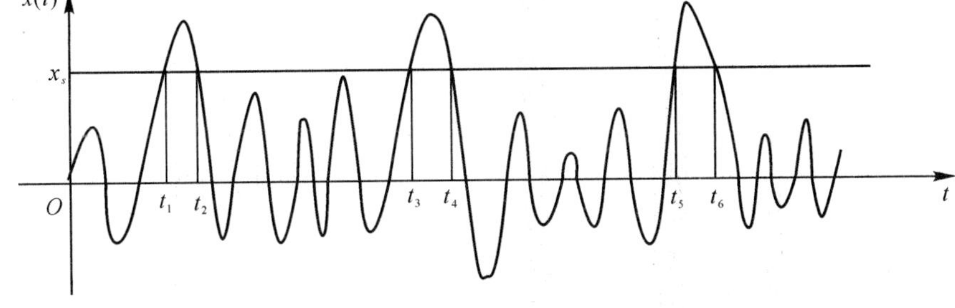

图 4.34　随机减量特征的获取

$\delta(\tau)$ 称为随机减量特征信号。实际上它是由“初始位移”激励而引起的自由响应。其定性解释如下：

由振动理论可知，一个线性振动系统在任意激励作用下的响应由三部分叠加而成，即：

1) 由初始条件(初始激励) 引起的自由响应。

2) 由激励引起的瞬态响应，称为伴生自由振动。

3) 由激励引起的稳态强迫响应。

当随机激励是均值为零的平稳过程时，则后两部分的均值也为零，故进行多个样本平均后，后两部分的响应趋于零。对于第一部分来说，初始激励所引起的自由响应有两种：一为由初始位移而引起的阶跃响应，另一为由初始速度 $\dot{x}(t_i)$ 而引起的脉冲响应。由于在选择各段样本的初始条件时，初始速度 $\dot{x}(t_i)$ 是正负交替出现的，因此它们引起的自由响应经多次平均后，亦趋向于零。这样，在随机减量特征信号 $\delta(\tau)$ 中最后就只剩下由初始位移 x_s 引起的阶跃自由响应了。

以上以单自由度系统为例叙述了随机减量法的基本原理。对于多自由度系统，上述原理完全适用。

(7) 运行挠度形态诊断法。所谓运行挠度形态（Operational Deflection Shapes，ODS）是指在某一特定的工作状态下设备系统振动的运行形态。它是由Dossing和Stake在1987年首先提出来，后来美国Entek科学公司发展了相应的测试系统和分析软件。该方法可直接利用测量的响应信号作为故障诊断的有用信息，对机器和结构的动力学特性进行理解和评估，是现场分析和诊断振动、噪声、疲劳、磨损及有关设备故障的一个有效的手段。

运行挠度形态研究某一特定结构在某一或某几个特定状态下的工作变形，其特点是：

1) 激励方式。不需要人工激励，其激励源就是设备运行状态时的工作激励，毋需激振设备和计及激振器对被测试验对象的影响。当激励力不可观测或不能解析计算时，该方法更显得适用。

2) 测量方法。只需测量系统的响应，不必知道激励信号。通常是利用一个固定不动的测振传感器作为共同的参考响应测点，以便获得相位信息；另一个是可移动的测振传感器在设备感兴趣的位置和方向上测其响应，由此估计系统的传递率函数，该函数不仅与系统本身特性有关，还与外界激励有关。

传递率定义为

$$T_{ij}(\omega)=\frac{Y_i(\omega)}{Y_j(\omega)} \tag{4-68}$$

式中 $Y_i(\omega)$—— 参考点响应的傅里叶变换；

$Y_j(\omega)$—— 任意测量点响应的傅里叶变换。

$T_{ij}(\omega)$ 的模是

$$|T_{ij}(\omega)|=\sqrt{\frac{G_{ii}(\omega)}{G_{jj}(\omega)}} \tag{4-69}$$

式中 $G_{ii}(\omega)$ 和 $G_{jj}(\omega)$—— 测量点和参考点响应的自功率谱密度。

$T_{ij}(\omega)$ 的幅角是

$$\arg T_{ij}(\omega)=\arg G_{ij}(\omega) \tag{4-70}$$

式中 $G_{ij}(\omega)$—— 测量点与参考点响应的互功率谱密度。

4.3 发动机故障诊断案例分析

航空发动机的故障往往危及人机安全，因此及早发现并排除故障是保证飞机正常飞行十分重要的问题，对发动机进行振动或噪声监测是状态识别与故障诊断的基础。

图4.35所示为某航空发动机振动监测与分析系统。它由传感器、放大器、信号分析仪、显示、记录器、报警器和操纵控制器等部分所组成。

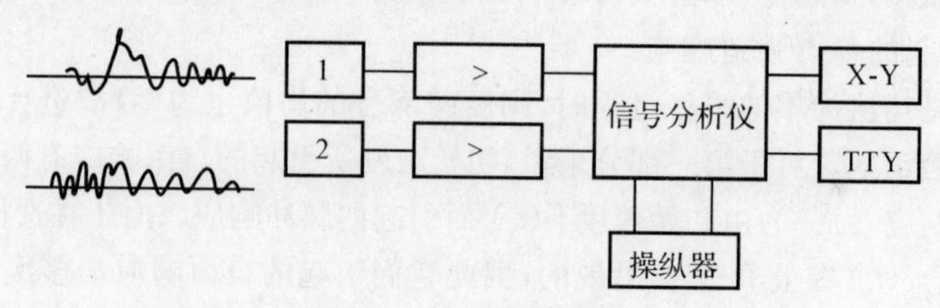

图4.35 某航空发动机振动监测与分析系统

通常每台发动机前后各安装一个振动传感器，其测得的振动信号经过放大和滤波处理后，送给信号分析仪，给出速度和加速度的功率谱，然后将其与振动规范比较，给出指示或报警。另外，对记录器或存储器中的每个测点的振动数据，还可进一步做趋势分析和突变分析等。

图4.36所示为某型涡喷发动机总振级超差的振动信号频谱。在谱图上可以看到除低压转子和高压转子不平衡分量（即 f_1 和 f_2）外，尚有在 $0.5f_1$ 分量附近的小峰群，且形成一块小面积。这低压转子0.5阶分量附近面积总和的结果导致振动总量级超差了。

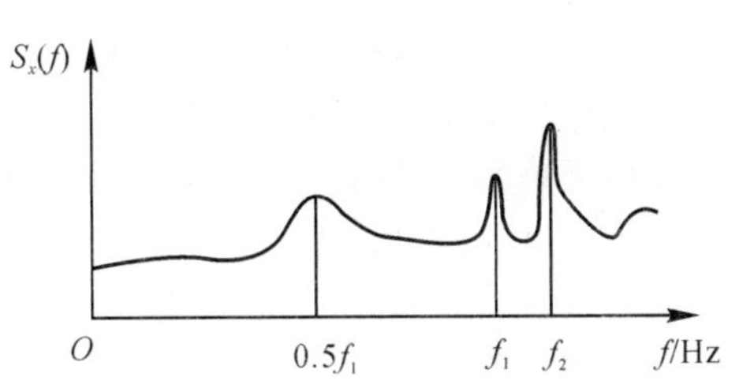

图4.36　某型涡喷发动机总振动级超差的振动信号频谱

由分析可知，这个问题的产生是由传动齿套内摩擦（$0.48f_1$）、轴承的非线性（$0.5f_1$）、油膜涡动（$0.43f\sim0.48f$）以及材料的滞后（$0.5f_1$）等原因引起的。

图4.37所示振动监测的三维谱阵图是某型航空发动机飞行300 h后一次飞行全过程的振动监测图，其中包括地面滑行、加速起飞、空中飞行、下降滑行一直到停车为止全过程的振动状态。其中第一个峰群为主旋转频率，即 $n=13\ 900$ r/min（滑行），$f_1=231.66$ Hz；$n'=15\ 100$ r/min（飞行），$f_1'=251.66$ Hz。第二个比较高的峰群为发动机悬挂系统的振动频率分量，所以在飞机将要离开地面时振动最大。

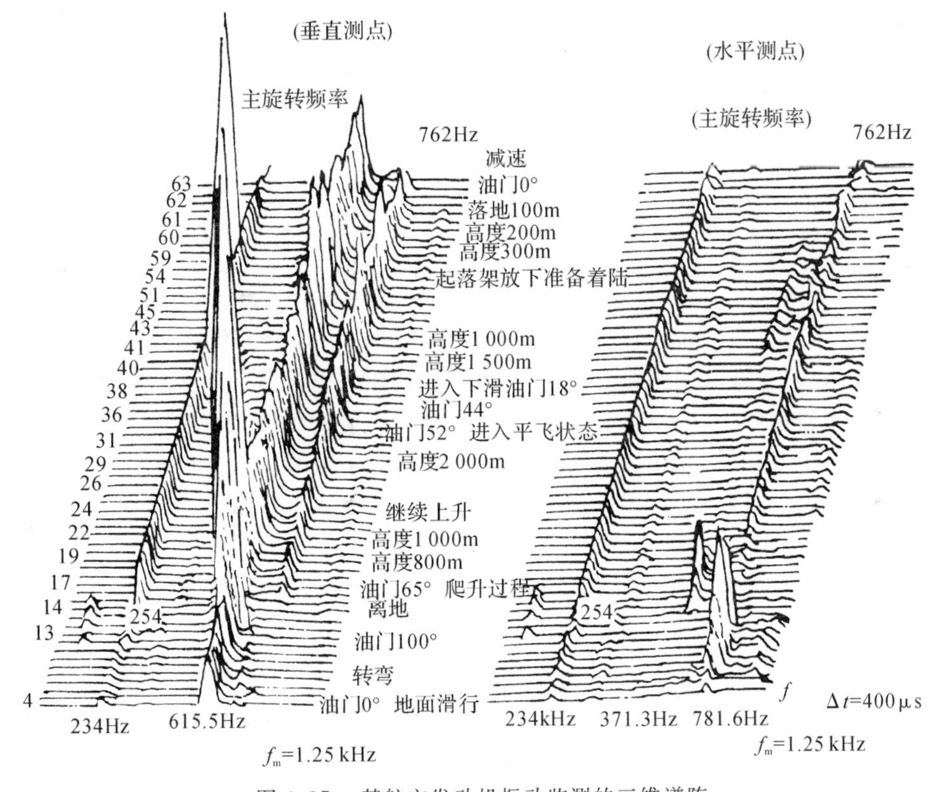

图4.37　某航空发动机振动监测的三维谱阵

在 762 Hz 频率也有一个明显的峰群，这个频率是发动机内锥筒的一阶模态频率，它和主旋转频率的三阶谐波靠近，这是该航空发动机振动量较大的原因之一。

4.4 声学监测方法

利用声响判断物品的质量是人们常用的简易方法。例如，铁路工人用手锤检验车架以判断其故障，电厂操作人员用听棒检查轴承的运行状态等，这些都是敲击声检测法。在检测蜂窝结构与复合材料缺陷时，也常采用这种办法。这些简单的方法延用至今，但它只能是一种定性的故障检测手段，依赖于人的经验和技巧。现代的声学监测技术已有了很大的发展，本节简要介绍声音和噪声监测技术、超声波检测技术和声发射技术。

4.4.1 声音和噪声诊断方法

1. *声音和噪声的测量*

在设备状态监测和故障诊断中，所碰到的声音一般为噪声。噪声有两类：一类是指一些不规则的、间歇的或随机的声波；另一类是指不希望有的扰动或干扰声音，有时也包括那些在有用频带内任何不需要的干扰。在人们所处的某一环境中所有噪声的总和称为环境噪声。当观测研究某声源时，凡与该声源信号存在与否无关的一切干扰，统称为背景噪声（如测量噪声、散粒噪声、热噪声等）。

噪声测量系统由如图 4.38 所示的各部分组成。

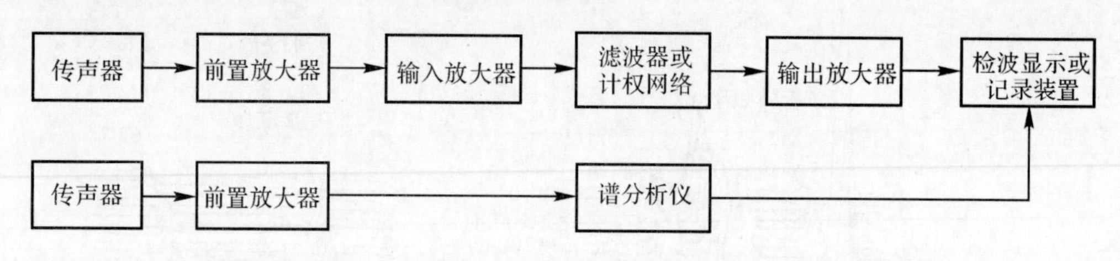

图 4.38　噪声测量系统

传声器的作用是将声学信号转换为电信号。噪声测量中常用的传声器有动圈式、电容式和压电式三种。声信号既可用声级计测量，从总体上判断机器设备的运行状态，用来进行总体的定量诊断；又可通过信号分析和处理的方法进行更为精密的状态监测和故障诊断。

声级计是最基本的噪声测量仪器，通常由输入放大器、计权网络、带通滤波器、输出放大器、检波器和显示装置组成，从仪表上可直接读出声压级的分贝（dB）数。其中计权网络是按国际统一标准设计制造的。目前在噪声分析中，广泛采用 A 声级作为噪声评价的主要指标。如不特别说明，通常所说的噪声级指的就是 A 声级。

2. *声信号的分析和处理*

由传声器检拾的声信号为模拟电信号，可利用与振动信号同样的监测、分析和处理方法进行状态监测和故障诊断。特别是对声音和噪声的测量分析可利用计算机或实时分析仪，这样可实现系统故障的自动检测和诊断。

为了弄清信号的频率结构，需对声信号进行频谱分析。为方便起见，把频率变化范围划分为若干较小的段落，叫作频带或频程，然后研究不同频带内声学量的分布情况。目前，在声学测量中，一般采用恒定相对带宽分析，最常用的是倍频程和 1/3 倍频程。

设某频带的上限频率为 f_u，下限频率为 f_l，令

$$\frac{f_u}{f_l}=2^n \tag{4-71}$$

则有

$$n=\log_2\frac{f_u}{f_l} \tag{4-72}$$

当 $n=1$ 时，上限频率与下限频率之比为 2，称该频带宽度为倍频程。频带的中心频率 f_c 定义为该频带的上限频率与下限频率的几何平均值，即

$$f_c=\sqrt{f_u\cdot f_l} \tag{4-73}$$

绝对带宽 Δf 为

$$\Delta f=f_u-f_l \tag{4-74}$$

相对带宽为

$$\frac{\Delta f}{f_c}=\frac{f_u-f_l}{f_c} \tag{4-75}$$

对于倍频程，有

$$f_c=\sqrt{2}f_l,\quad \Delta f=f_l,\quad \frac{\Delta f}{f_c}=70.7\% \tag{4-76}$$

当 $n=1/3$ 时，上限频率与下限频率之比为 1.26，称该频带宽度为 1/3 倍频程。一个倍频程可以划分为三个 1/3 倍频程。分割处频率之比为 $1:2^{1/3}:2^{2/3}:2$，即 1∶1.26∶1.59∶2。对于 1/3 倍频程可得

$$f_c=2^{1/6}f_l,\quad \Delta f=\left(2^{1/6}-\frac{1}{2^{1/6}}\right)f_c=(2^{1/3}-1)f_l,\quad \frac{\Delta f}{f_c}=23.1\% \tag{4-77}$$

目前常用的倍频程中心频率为 31.5，63，125，250，500，1 000，2 000，4 000，8 000 和 16 000 Hz。以上 10 个倍频程包括全部可听声范围，实际上在现场测试时往往只使用其中 6～8 个倍频程。倍频程和 1/3 倍频程的中心频率以及上限与下限可参考有关声学方面的专著和参考文献，在此不再列出。

3. *声音和噪声监测与诊断的工程应用*

利用声音和噪声的测量与分析进行机器设备监测及诊断的主要方法有下列几种：

(1) 通过简易诊断技术的评估法。这可以通过人的听觉系统主观判断噪声源的频率和位置，粗估机器运行是否正常；或者借助于传声器 — 放大器 — 声级计对机器进行近场扫描测量和表面振速分析，用来寻找机器的噪声源和主要发声部位。这种方法可用于机器运行状态的一般识别和精密诊断的粗定位。

(2) 通过频谱分析进行精密诊断。频谱分析是识别声源的重要方法，特别是对噪声频谱的结构和峰值进行分析，可求得峰值及对应的特征频率，进而寻找发生故障的零、部件及故障原因。对于往复机械或旋转机械，一般都可以在它们的噪声频谱信号中找到与转速 n(r/min) 和系统结构特性有关的基波和谐波峰值及其频率值，可用来识别主要噪声源。当峰值频率为好几个零、部件共有时，这时就要结合其他方法，方可识别和区别究竟哪个零、部件是主要噪声源。

(3) 声强法。近年来用声强来识别噪声源的研究发展很快，这是因为声强探头具有明显

的指向特性。声强的指向性是指在声波入射角为 $\pm 90^{\circ}$ 时具有最大的方向灵敏度。用声强法能区分声波究竟是在声强探头的前方还是后方、左侧还是右侧入射的,而且这种区分对每一种频率成分均可实现。

声强法测量对声学环境没有特殊要求,并可在近场测量,测量既方便又迅速,可以为维修管理和改进机器设计提供详细而有用的信息。

(4) 相关函数法。如前所述,利用两个或两个以上的传声器可组成监测阵列单元,通过各传声器所测声源信号两两之间的互相关函数或互谱,决定信号时差或相位差,并计算声源到各测点的路程差,由此可确定声源的位置。这种方法在监测和诊断压力容器和管路的泄漏,工厂和车间噪声源的区位以及工程结构的损伤时已得到了成功的应用,并已实现了利用微机完成声源定位的实时分析系统。

在工程上,声学监测和诊断技术已用于飞机、舰船、发动机、柴油机、机床、齿轮、轴承、阀门、泵和雷达等各种机电设备和装备中。例如,美国的柯提斯-怀特(Curtiss - Weight) 曾组建了一套声学分析诊断系统,主要用于诊断军用发动机及其相联的动力系统。皮莱德(Priede)确定了柴油发动机的作用力与所发出的噪声之间的关系。例如,他考虑了柴油机汽缸内压力形成的两种极端情况:① 突然的压力升高;② 平稳的压力升高。在这种情况下,噪声频谱有着明显的不同,可从噪声频谱上判别汽缸内的压力变化是否异常。

4.4.2 超声波诊断方法

正常人耳可以听到的声音的频率范围为 20 ~ 20 000 Hz,在此范围内的声音叫作可听声。频率低于 20 Hz 的称为次声,高于 20 000 Hz 的称为超声,用于故障诊断的超声波频率一般是在 0.5 ~ 10 MHz(1 MHz = 1 000 000 Hz)。

利用超声波进行探伤的特点是:超声波有良好的指向性,频率越高,指向性越好;由于频率高,波长短,超声波可在物体界面或内部缺陷处反射、折射和散射,据此可检测物体内部和表面的缺陷。并且波长越短,识别缺陷的尺寸越小,可检测与其波长同量级的缺陷。

超声波探伤的优点是:设备轻巧,操作方便,成本低,灵敏度高,检测速度快,可自动化检测,适用于野外作业,而且超声波对人体无害。缺点是检测时有一定的近场盲区,且很难用于在线检测。

超声波诊断是无损检验的一种重要方法,已获得了广泛的应用。

在超声诊断中,诊断结果的可靠性和准确性与超声仪的使用技术和测量参数的选择直接相关。影响波形的主要因素是探头类型及其频率的选择,接触条件、工件界面和晶粒度的影响,盲区的大小,以及探伤仪灵敏度的选择等。

利用窄脉冲发射技术、频谱分析技术、扫描成像技术、超声全息摄影技术、超声 CT 技术等是进行缺陷超声诊断的今后发展方向。

4.4.3 声发射诊断技术

当加载物体发生塑性变形、内部晶格位错运动、晶界滑移时,或者在裂纹成核、扩展和物体断裂时以及其他缺陷增长时,都会以弹性波的形式释放出猝发能量,这种现象称为声发射(Acoustic Emissiom,AE) 现象。

各种材料声发射的机理差别很大,如裂纹的形成和扩展、平稳应力波状态下低碳钢的微孔聚结、金属的塑性变形和位错运动、钢的氢脆等都是声发射源。非均匀材料(如复合材料和混凝土等)变形所引起的声发射要复杂得多,如低载荷断裂时的脆断,高载荷断裂时的纤维失效等,而纤维失效又涉及脱黏、基体龟裂、纤维拉断等,所有这些都是产生声发射的因素。

大多数金属材料的塑性变形和位错运动中的声发射信号很微弱。这就要借助传感器和测量仪器,通过检测和分析声发射信号,并进而根据声发射信号的特征推断声发射源的机理和危险性,这就出现了声发射技术。实验表明,各种材料声发射的频率范围很宽,从次声频、声频到超声频,频率可达 50 MHz,乃至上百兆赫。

声发射诊断与其他的无损检测方法有所不同。声发射时必须有外部条件,如力、电磁、温度等因素的作用,使材料内部结构、缺陷或潜在缺陷发生变化,才能产生能量释放使声发射出来。因此声发射技术是一种“动态”无损检测技术,它对增长着的缺陷更敏感,可以检测微米数量级的显微裂纹的变化,检测灵敏度很高。另外,绝大多数金属和非金属都具有声发射特性,声发射诊断几乎不受材料所限,可以长期对缺陷的安全性进行实时状况监测和险情报警,这是声发射技术优于其他无损检测技术的特点。但是,由于材料的塑性变形和裂纹扩展等的不可逆性,声发射也有不可逆性,即认为应力第二次再重复作用时,大多数弹性体不会再产生声发射。因此,必须知道材料的受力历史或者在构件第一次受力时进行声发射诊断。

由于受声发射源形状、应力波传播途径及波形变换等各种因素的影响,利用声发射检测到的电信号来解释结构内部缺陷的变化,是需要专门的技术的。特别是声发射检测常伴有很强的噪声干扰,当噪声很强或与检测的声发射频率窗口重合时,会使声发射的应用受到限制。因此,声发射探伤的技术关键之一就是排除背景噪声的干扰。

利用声发射仪进行探伤的工作原理如图 4.39 所示。

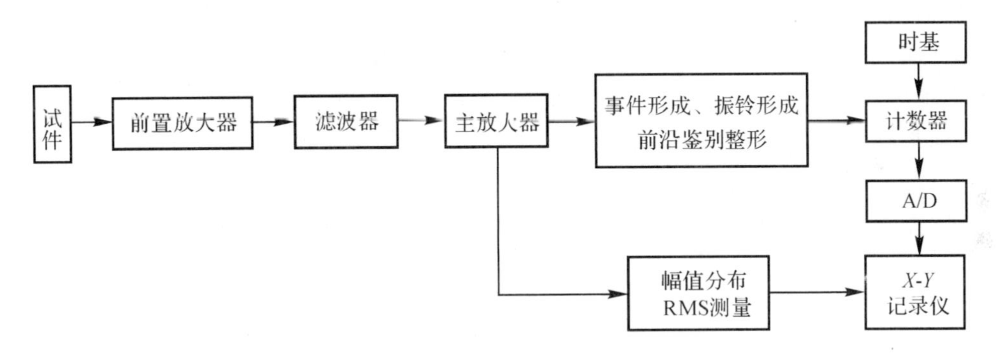

图 4.39　利用声发射仪进行探伤的工作原理

来自试件的声发射信号被传感器接收,转变为电信号,经前置放大器、滤波器和主放大器放大和滤波,以高信噪比信号提供给数据信号处理器。在声发射信号数据分析中,主要是根据声发射事件时域波形计算信号的最大幅值、上升时间、穿越门槛值的计数(事件计数及振铃计数)和幅值分布等特征量。计数器以数字显示或经数模转换,进而驱动 $X-Y$ 记录议绘出图形。

利用声发射信号的特征量即可进行故障诊断。例如,当应力波源是裂纹扩展时,上升时间与裂纹增长所用的时间成正比,最大幅值与裂纹散布的面积成正比。分析声发射信号可以获得个别裂纹发展事件的速度和面积,由此可辨识不同类型的断裂过程。幅值分布分析是检测故障机理的关键手段之一。图 4.40 所示是一玻璃纤维(30%)增强树脂(70%)复合材料声发射信号的幅值分布直方图。在图中有两个峰值效应，它们分别表明了该材料的两种不同的损伤机理，较低的幅值信号与基体材料树脂的损伤有关，而较高的幅值与玻璃纤维的损伤有关。

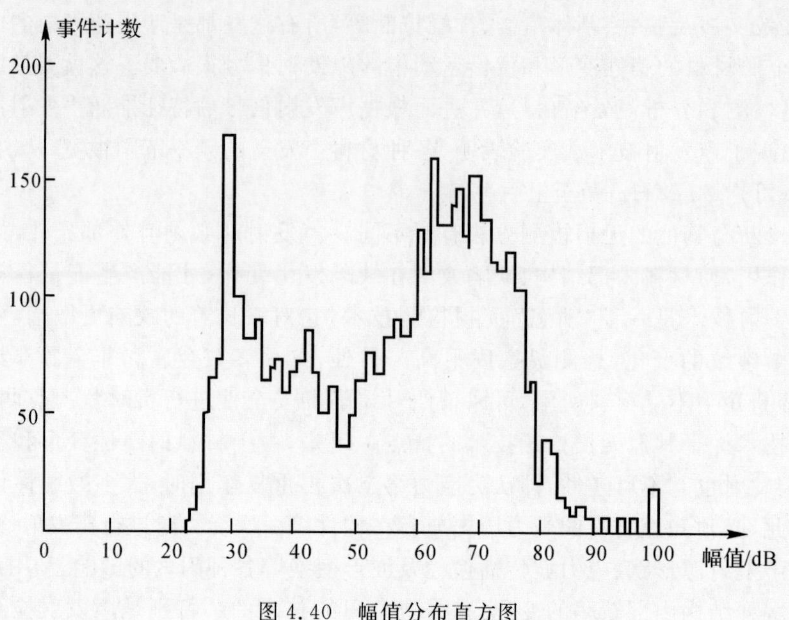

图 4.40　幅值分布直方图

声发射技术在结构完整性的探测方面已获得十分广泛的应用，对于运行状态下的构件缺陷的发生和发展进行在线监测，也已成为不可缺少的手段。例如，在材料塑性变形、断裂力学和破坏机理方面，在火箭发动机、压力容器、反应堆容器、管路耐压和固体火箭发动机药柱的在线监测方面，在焊接和铆接质量、冶金及表面处理、阳极化薄膜测量、电解气泡和镀层速率控制方面，在地震学和岩石力学、井崩预报方面，以及在飞机、船舶、机组、海洋石油钻井平台、桥涵等结构完整性与安全性评价等方面，都得到了广泛且成功的应用。

第 5 章　旋转机械故障诊断技术

旋转机械是指汽轮机、燃气轮机、发电机、电动机、离心压缩机、水轮机和航空发动机等机械设备，它们广泛应用于电力、石化、冶金、机械、航空以及一些军事工业部门。随着科学技术和现代工业的发展，旋转机械正朝着大型、高速和自动化方向发展，这对提高安全性和可靠性，对发展先进的状态监测与故障诊断技术，提出了迫切的要求。

旋转机械故障诊断技术是近年来国内外开展广泛研究，发展比较成熟的故障诊断技术。它具有一定的代表性，特别是机组的振动信号提供了故障诊断的丰富信息，现场领域专家积累了诊断故障的丰富经验，可为其他领域的故障诊断提供借鉴。本章介绍旋转机械典型故障的机理和特征，以及利用征兆进行故障诊断的一般方法。

5.1　转子的振动特性

旋转机械的主要部件是转子，其结构型式虽然有多种多样，但对一些简单的旋转机械来说，为分析计算上的方便起见，一般都将转子的力学模型简化为一圆盘装在一无重的弹性转轴上，转轴两端由不变形(即刚性)的轴承及轴承座支撑，该模型称为刚性支承的转子。把对它进行分析计算所得到的概念和结论用于简单的旋转机械是足够精确的。由于做了上述种种简化，把得到的分析结果用于较为复杂的旋转机械虽然不够精确，但仍能明确、形象地说明旋转机械的振动基本特性。

5.1.1　转子涡动

一般情况下，旋转机械的转子轴心线是水平的，转子的两个支承点在同一水平线上。设转子上的圆盘位于转子两支点的中央，当转子静止时，由于圆盘的重量使转子轴弯曲变形产生静绕度，即静变形。此时，由于静变形较小，对转子运动的影响不显著，可以忽略不计，即圆盘的转动中心 O' 与轴线 AB 上 O 点相重合，如图 5.1 所示。在转子开始转动后，由于离心惯性力的作用，转子产生动挠度。此时，转子有两种运动：一种是转子的自身转动，即圆盘绕其轴线 $AO'B$ 的转动；另一种是弓形转动，即弯曲的轴心线 $AO'B$ 与轴承连线 AB 组成的平面绕 AOB 轴线的转动。

圆盘的质量以 m 表示，它所受的力是转子的弹性力 F：

$$F = -ka \tag{5-1}$$

式中　k—— 转子的刚度系数；

a——OO'。

圆盘的运动微分方程为

$$\left.\begin{aligned} m\ddot{x} &= F_x - kx \\ m\ddot{y} &= F_y - ky \end{aligned}\right\} \tag{5-2}$$

$$\left.\begin{aligned} \ddot{x} + \frac{k}{m}x &= 0 \\ \ddot{y} + \frac{k}{m}y &= 0 \end{aligned}\right\} \tag{5-3}$$

令 $\omega_n^2 = \dfrac{k}{m}$,则有

$$\left.\begin{aligned} x &= X\cos(\omega_n t + \varphi_x) \\ y &= Y\sin(\omega_n t + \varphi_y) \end{aligned}\right\} \tag{5-4}$$

式中　X,Y—— 振幅;

φ_x,φ_y—— 相位。

由式(5-4)可知,圆盘或转子的中心 O',在互相垂直的两个方向作频率为 ω_n 的简谐振动。在一般情况下,振幅 X,Y 不相等,O' 点的轨迹为一椭圆。O' 的这种运动是一种"涡动"或称"进动"。转子的涡动方向与转子的转动角速度 ω 同向时,称为正进动;与 ω 反方向时,称为反进动。

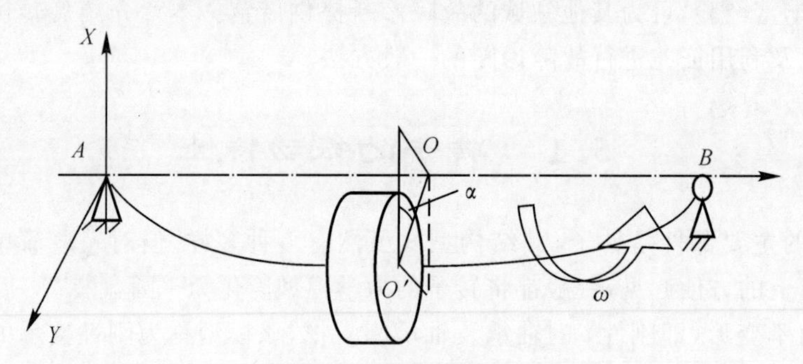

图 5.1　单圆盘转子

5.1.2　临界转速

在某些旋转机械的开机或停机过程中,当经过某一转速附近时,会出现剧烈振动。这个转速在数值上非常接近于转子横向自由振动的固有频率,称为临界转速。但是,临界转速的值并不等于转子的固有频率,而且在临界转速时发生的剧烈振动与共振是不同的物理现象。

1. 转子临界转速

如果圆盘的重心 G 与转轴中心 O' 不重合,设 p 为圆盘的偏心距,即 $O'G = p$,如图 5.2 所示。当圆盘以角速度 ω 转动时,重心 G 的加速度在坐标上的位置为

$$\left.\begin{aligned} \ddot{x}_G &= \ddot{x} - p\omega^2\cos(\omega t) \\ \ddot{y}_G &= \ddot{y} - p\omega^2\sin(\omega t) \end{aligned}\right\} \tag{5-5}$$

在转轴的弹性力 F 作用下,由质心运动定理知:

$$\begin{cases} m\ddot{x}_G = -kx \\ m\ddot{y}_G = -ky \end{cases}$$

则轴心 O' 的运动微分方程为

$$\begin{cases} m\ddot{x} + kx = mp\omega^2\cos(\omega t) \\ m\ddot{y} + ky = mp\omega^2\sin(\omega t) \end{cases}$$

$$\left.\begin{aligned} \ddot{x} + \omega_n^2 x = p\omega^2\cos(\omega t) \\ \ddot{y} + \omega_n^2 y = p\omega^2\sin(\omega t) \end{aligned}\right\} \tag{5-6}$$

式(5-6)中，右边是不平衡质量所产生的激振力。将式(5-6)改写为复变量的形式，即

$$\ddot{Z} + \omega_n^2 Z = p\omega^2 e^{i\omega t} \tag{5-7}$$

其特解为

$$Z = Ae^{i\omega t}$$

代入式(5-7)后，可求得振幅

$$|A| = \left|\frac{p\omega^2}{\omega_n^2 - \omega^2}\right| = \left|\frac{p(\omega/\omega_n)^2}{1-(\omega/\omega_n)^2}\right| \tag{5-8}$$

圆盘或转轴中心 O' 对于不平衡质量的响应为

$$Z = \frac{p(\omega/\omega_n)^2}{1-(\omega/\omega_n)^2}e^{i\omega t} \tag{5-9}$$

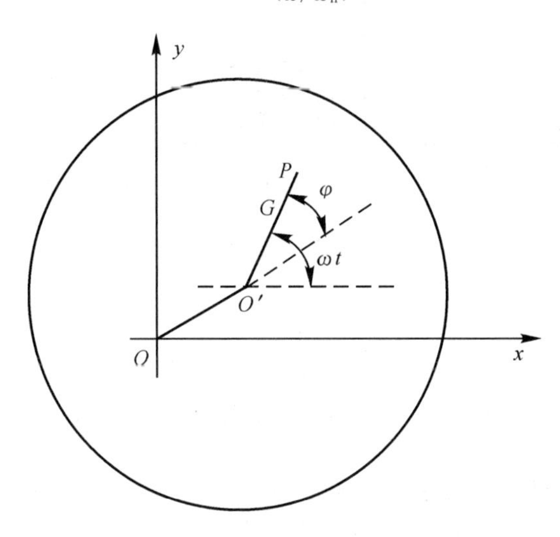

图 5.2　圆盘重心位置

由式(5-7)和式(5-9)可知，轴心 O' 的响应频率和偏心质量产生的激振力频率相同，而相位也相同($\omega < \omega_n$)或相差 180°($\omega < \omega_n$ 时)。这表明，圆盘转动时，图 5.2 的 O,O' 和 G 三点始终在同一直线上。这直线绕过 O 点而垂直于 xOy 平面的轴以角速度 ω 转动。O' 点和 G 点作同步进动，两者的轨迹是半径不相等的同心圆，这是正常运转的情况。如果在某瞬时，转轴受一横向冲击，则圆盘中心 O' 同时有自然振动和强迫振动，其合成的运动是比较复杂的。O,O' 和 G 三点不在同一直线上，而且涡动频率与转动角度不相等。实际上由于有外阻力作用，涡动是衰减的。经过一段时间，转子将恢复其正常的同步进动。

在正常运转的情况下，由式(5-8)可知：

(1) 当 $\omega < \omega_n$ 时，$A > 0$，O' 点和 G 点在 O 点的同一侧，如图 5.3(a) 所示。

(2) 当 $\omega > \omega_n$ 时，$A < 0$，但 $|A| > p$，G 在 O 和 O' 之间，如图 5.3(c) 所示。

当 $\omega \gg \omega_{\mathrm{n}}$ 时，$A \approx -p$，或 $OO' = a \approx -O'G$，圆盘的重心 G 近似地落在固定点 O，振动很小，转动反而比较平稳。这种情况称为“自动对心”。

(3) 当 $\omega = \omega_{\mathrm{n}}$ 时，$A \to \infty$，实际上由于存在阻尼，振幅 A 不是无穷大而是较大的有限值，转轴的振动仍然非常剧烈，以致有可能断裂，如图 5.3(b) 所示。ω_{n} 称为转轴的“临界角速度”；与其对应的每分钟的转数则称为“临界转速”，以 n_{c} 表示，即

$$n_{\mathrm{c}} = \frac{60\omega_{\mathrm{n}}}{2\pi} = 9.55\omega_{\mathrm{n}} = 9.55\sqrt{\frac{k}{m}} \tag{5-10}$$

因

$$\omega_{\mathrm{n}} = \sqrt{\frac{k}{m}} = \sqrt{\frac{g}{\delta_{\xi}}}$$

故

$$n_{\mathrm{c}} = 9.55\sqrt{\frac{g}{\delta_{\xi}}} \tag{5-11}$$

式中　δ_{ξ}—— 圆盘重量引起的转轴中心 O' 的静挠度。

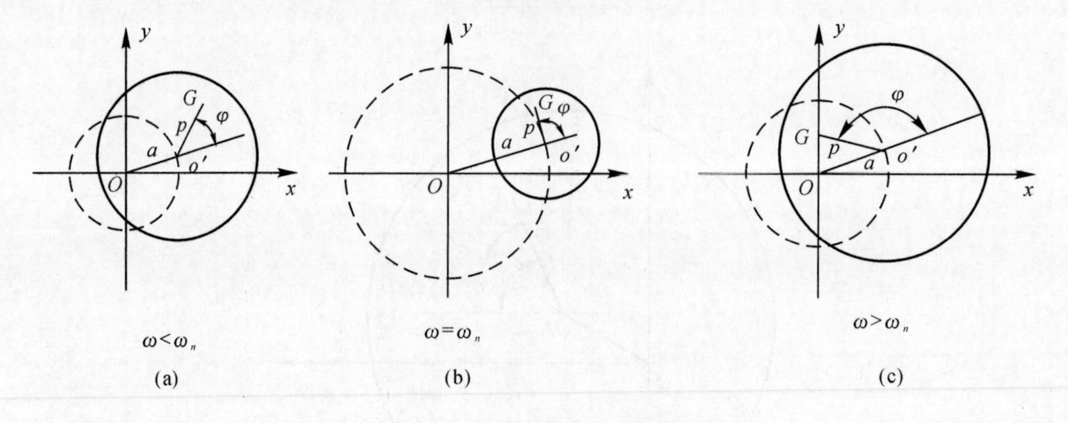

图 5.3　转子重心的相位变化

如果机器的工作转速小于临界转速，则转轴称为刚性轴；如果工作转速高于临界转速，则转轴称为柔性轴。由上面分析可知，具有柔性轴的旋转机器运转时较为平稳。但在启动过程中，要经过临界转速。如果缓慢启动，则经过临界转速时，也会发生剧烈振动。

研究不平衡响应时如果考虑外阻力的作用，则式(5-7) 变为

$$\ddot{Z} + 2n\dot{Z} + \omega_{\mathrm{n}}^{2} Z = p\omega^{2} \mathrm{e}^{\mathrm{i}\omega t} \tag{5-12}$$

设其特解为

$$Z = A\mathrm{e}^{\mathrm{i}(\omega t + \varphi)}$$

由此解出 A 及 φ 为

$$|A| = \left| \frac{p(\omega/\omega_{\mathrm{n}})^{2}}{\sqrt{(1-(\omega/\omega_{\mathrm{n}})^{2})^{2} + (2\xi/\omega_{\mathrm{n}})^{2}(\omega/\omega_{\mathrm{n}})^{2}}} \right|$$

$$\tan\varphi = \frac{(2\xi/\omega_{\mathrm{n}})(\omega/\omega_{\mathrm{n}})}{1-(\omega/\omega_{\mathrm{n}})} \tag{5-13}$$

式中　$\xi = \dfrac{c}{2m\omega_{\mathrm{n}}}$；

$n=\frac{c}{2m}$；

$\omega_{\mathrm{n}}=\sqrt{\frac{k}{m}}$；

c—— 外阻尼。

振幅 $|A|$ 与相位差 φ 随转动角速度对固有频率的比值 $\lambda=\omega/\omega_{\mathrm{n}}$ 改变的曲线，即幅频响应曲线与相频响应曲线如图 5.4 所示。

从图 5.4 可知，由于外阻尼，转子中心 O' 对不平衡质量的响应在 $\omega=\omega_{\mathrm{n}}$ 时不是无穷大而是有限值，而且不是最大值。最大值发生在 $\omega>\omega_{\mathrm{n}}$ 的时候。对于实际的转子系统，把出现最大值即峰值时的转速作为临界转速，在升速或降速过程中，用测量响应的办法来确定转子的临界转速。测量所得的临界转速在升速时略大于前面所定义的临界转速，而在降速时则略小于 ω_{n}。

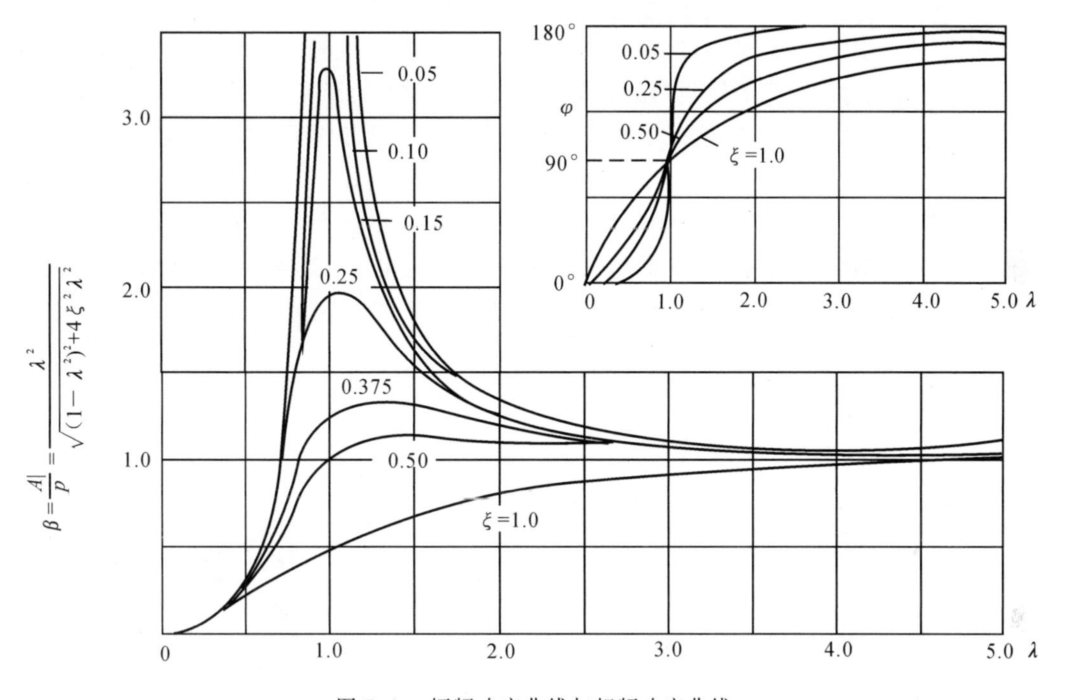

图 5.4　幅频响应曲线与相频响应曲线

2. 陀螺力矩对转子临界转速的影响

当圆盘不装在两支承的中点而偏于一边时，转轴变形后，圆盘的轴线与两支点 A 和 B 的连线有夹角 ψ，如图 5.5 所示。

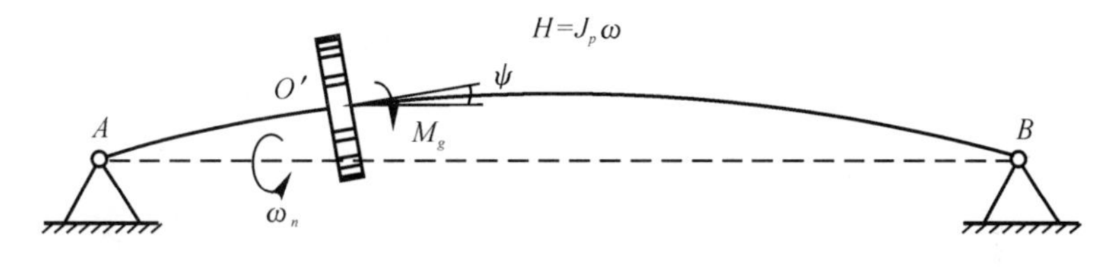

图 5.5　陀螺力矩的影响

设圆盘的自转角速度为 ω，极转动惯量为 J_p，则圆盘对质心 O' 的动量矩为

$$H = J_p\omega$$

它与轴线 AB 的夹角也应该是 ψ，如图 5.5 所示。当转轴有自然振动时，设其频率为 ω_n，由于进动，圆盘的动量矩 H 将不断改变方向，因此有惯性力矩

$$H = J_p\omega$$

$$M_g = -(\omega_n \times H) = H \times \omega_n = J_p\omega \times \omega_n$$

方向与平面 $O'AB$ 垂直，大小为

$$M_g = J_p\omega\omega_n \sin\psi \tag{5-14}$$

这一惯性力矩称为陀螺力矩或回转力矩。它是圆盘加于转轴的力矩。因夹角较小，$\sin\psi \approx \psi$，式(5-14)可写为

$$M_g = J_p\omega\omega_n\psi \tag{5-15}$$

这一力矩与 ψ 成正比，相当于弹性力矩。在正进动的情况下，它使转轴的变形减小，因而提高了转轴的弹性刚度，即提高了转子的临界角速度。在反进动的情况下，这力矩使转轴的变形增大，从而降低了转轴的刚度，即降低了转子的临界角速度。故陀螺力矩对转子临界转速的影响是：正进动时，它提高了临界转速；反进动时，它降低了临界转速。

3. 弹性支承对转子临界转速的影响

只有在支架即轴承架完全不变形的条件下，支点才能在转子运动时保持不动。实际上，支架并不是绝对刚性不变形的，因而考虑支架的弹性变形时，这支架就相当于弹簧与弹性转轴相串联，如图 5.6 所示。

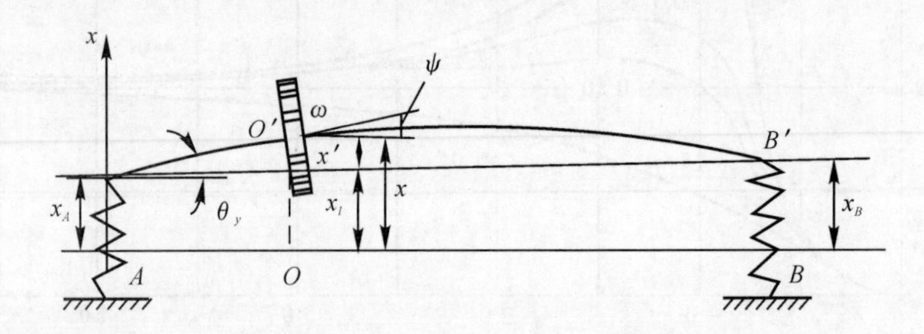

图 5.6　弹性支座转子系统

支架与弹性转轴串连后，其总的刚度要低于转轴本身的弹性刚度。因此，弹性支承可使转子的进动角速度或临界转速降低；减小支承刚度，可以使临界角速度显著降低。

5.1.3　非线性振动特征及识别方法

实际工程中有许多振动问题是非线性振动，例如油膜振荡、摩擦、旋转失速、流体动力激振等。线性振动系统与非线性振动系统间的区分，往往取决于该系统在激振力作用下的振幅大小。由于用线性振动问题能比较简便地研究和解决旋转机械系统的主要故障，所以在精度允许的情况下，可以把非线性振动问题线性化，作为线性振动处理。但是在实际工程中，有些异常振动现象无法用线性振动理论解释，而用非线性振动理论阐明故障机理，却是很方便的。

1. 线性振动的特征

(1) 固有频率随振动幅值而变化。线性振动系统的固有频率只与系统的固有特性(k,m)有关,是一固定数值;非线性振动系统则不同,固有频率随振动系统的振幅大小而变化,如图 5.7 所示。

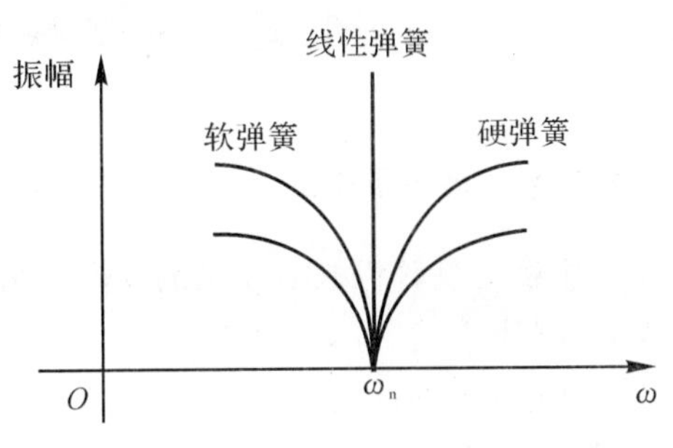

图 5.7　自由振动的振幅与频率的关系

(2) 振幅跳跃现象。具有非线性弹性的机械系统,在简谐干扰力作用下的幅频特性曲线不同于线性系统,它具有向右(硬弹簧时)或向左(软弹簧时)弯曲的现象,如图 5.8 所示。

在干扰力幅值不变的情况下,当逐渐改变干扰力的频率时,非线性受迫振动的振幅会发生突变。当 ω 增加时,振幅沿曲线 $ABCD$ 变化;当 ω 减小时,振幅沿曲线 $DEFA$ 变化[见图 5.8(b)]。分别在 B 和 E 处振幅发生突变,这种现象称为“跳跃现象”,并且在频率增加和减少过程中振幅的变化形式也不相同。这也是线性系统中所没有的特性。

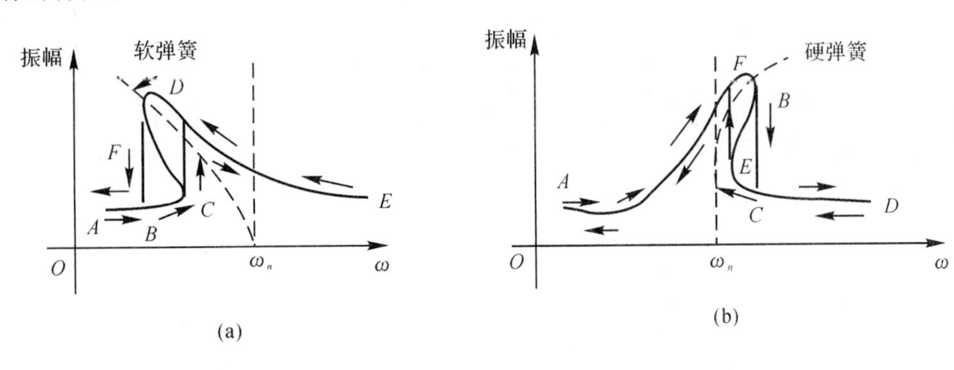

图 5.8　共振曲线与跳跃现象

(3) 分数谐波共振和高频谐波共振(次谐波共振和超谐波共振)。在非线性系统中,若以频率接近于固有频率整数倍的激励作用于系统发生共振,而共振的频率为激励频率的整分数之一,则称为分数谐波共振(例如:作用于系统上的激励的频率为 $3\omega_n$ 时,则系统的共振频率为 $\omega_n/3$);若激励频率接近于固有频率的整分数倍,而共振的频率为激励频率的整数倍(如激振频率为 $\omega_n/3$,而系统的共振频率为 $3\omega_n$),则称为高频谐波共振。

(4) 组合共振(和差谐波共振)。在非线性系统中,若有两种不同频率 ω_1 和 ω_2 的激振力作用于系统,当它们的和($\omega_1+\omega_2$)或差($\omega_1-\omega_2$)或($m\omega_1 \pm n\omega_2$)与固有频率一致时,往往会引起共振,这种共振称为组合共振。

2. 系统发生非线性振动的识别方法

系统发生非线性振动的识别方法主要有两种:

(1) 非线性系统的固有频率随振幅的大小而变,且有跳跃现象。

(2) 非线性系统的激励 $X(t)$ 与响应 $Y(t)$ 具有分数谐波共振、高频谐波共振以及组合频率共振特征,而且两者之间的相干函数大于零而小于 1。

5.2　转子典型故障的机理与特征

5.2.1　转子不平衡

不平衡是旋转机械最常见的故障。引起转子不平衡的原因有结构设计不合理，制造和安装误差，材质不均匀，受热不均匀，运行中转子的腐蚀、磨损、结垢，零部件的松动和脱落等。转子不平衡故障包括转子质量不平衡、转子初始弯曲、转子热态不平衡、转子部件脱落、转子部件结垢、联轴器不平衡等，不同原因引起的转子不平衡故障规律相近，但也各有特点。

1. 转子质量不平衡

所有不平衡都可归结为转子的质量偏心。为此，首先分析带有偏心质量的多圆盘转子的振动情况，如图 5.9 所示。忽略陀螺力的影响，采用模态坐标对转子系统解耦后，可用振动理论中单自由度强迫振动响应公式来计算不平衡激振力所引起的稳态响应。

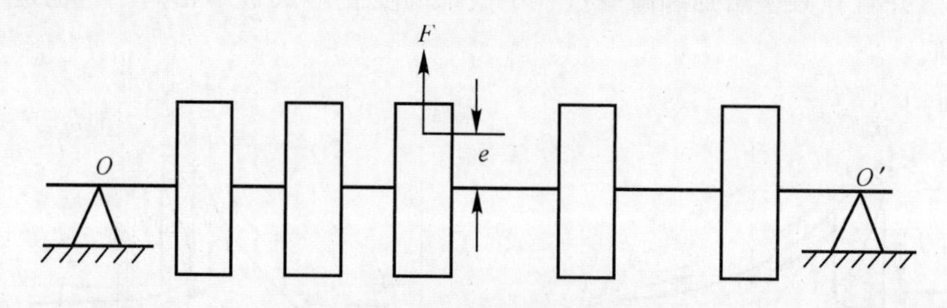

图 5.9　转子质量偏心模型

具有偏心质量的转子，其轴心的运动微分方程为

$$\begin{cases} M\ddot{x} + C\dot{x} + Kx = me\omega^2\cos(\omega t) \\ M\ddot{y} + C\dot{y} + Ky = me\omega^2\sin(\omega t) \end{cases}$$

根据分析可知，转子不平衡的振动特征是：

(1) 各圆盘的中心轨迹是圆或椭圆。

(2) 各圆盘的稳态振动是一个与转速同频的强迫振动，振动幅值随转速按振动理论中的共振曲线规律变化，在临界转速处达到最大值。因此转子不平衡故障的突出表现为一倍频振动幅值大。

(3) 表示各圆盘中心位移的复数向量相角是不同的，因此轴线弯曲成空间曲线，并以转子转速绕一轴转动，如图 5.10 所示。

它的特征如下：

(1) 振动的时域波形为正弦波。

(2) 频谱图中，谐波能量集中于基频。

(3) 当 $\omega < \omega_n$ 时，振幅随 ω 增大而增大。

当 $\omega > \omega_n$ 时，振幅随 ω 增大而趋于一个较小的稳定值。

当 ω 接近 ω_n 时，振动剧烈，振幅具有最大峰值。

(4) 工作转速一定时，相位稳定于矢量域内。

(5) 转子的轴心轨迹为椭圆。

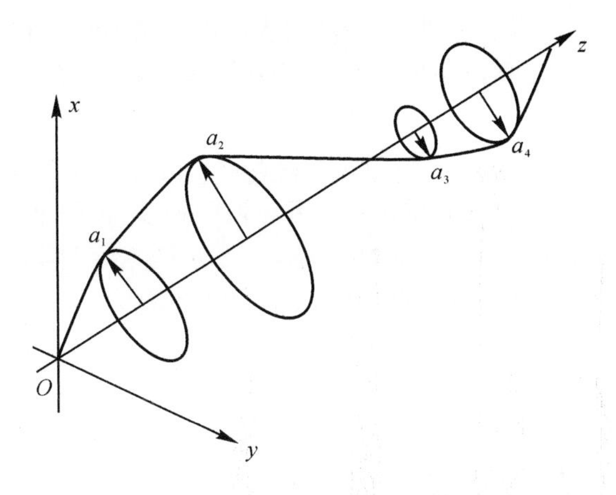

图 5.10　转子轴线形状示意图

(6) 转子的进动特征为同步正进动。

(7) 振动的剧烈程度对工作转速很敏感。

实际上，由于轴承在不同的方向上刚度不相等，油膜阻尼的非线性以及转子的非线性等因素的影响，使轴承在不同方向上的振动大小并不一样。通常是水平方向刚度较小，振动幅值较大，使轴心轨迹成为椭圆形，并且会出现较小的高次谐波，使整个频谱呈所谓的“枞树形”，如图 5.11 所示。

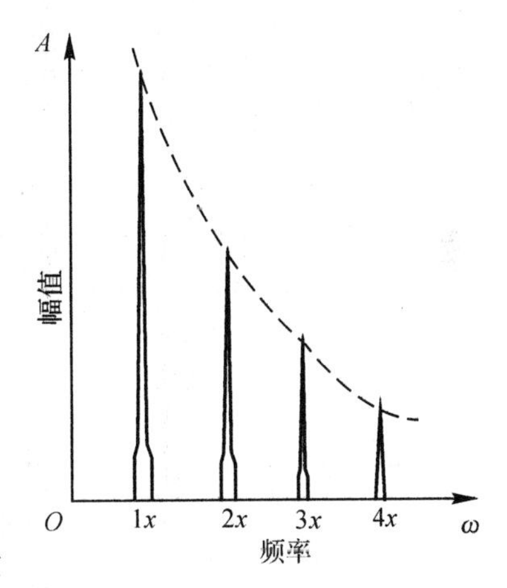

图 5.11　转子不平衡故障谱图

2. 转子其他原因引起的不平衡

(1) 转子初始弯曲。人们习惯上将转子的初始弯曲与质量初始不平衡同等看待，实际上是有区别的。所谓质量不平衡是指各横截面的质心连线与其几何中心连线存在偏差，而转子弯曲是指各横截面的几何中心连线与旋转轴线不重合。二者都会使转子产生偏心质量，从而使转子产生不平衡振动。

初弯转子具有与质量不平衡转子相似的振动特征，所不同的是初弯转子在转速较低时振动较明显，趋于初弯值。通常是机组启动后测量晃动度的大小来判断转子是否存在初始弯曲。

(2) 转子热态不平衡。在机组的启动和停机过程中，由于热交换速度的差异，使转子横截面产生不均匀的温度分市，使转子发生瞬时热弯曲，产生较大的不平衡。热弯曲引起的振动一般与负荷有关，改变负荷，振动相应地发生变化，但在时间上较负荷的变化滞后。随着盘车或机组的稳态运行，整机温度趋于均匀，振动会逐渐减小。

(3) 转子部件脱落。运行中的转子部件突然脱落也会引起转子不平衡，使转子振幅突然发生变化，严重影响机组的正常运行。为了防止脱落部件在惯性力作用下飞出使机体发生二次事故，必要时应及时停机检修。

可以将部件脱落失衡现象看作对工作状态的转子的瞬时阶跃响应。由于瞬态响应最终要衰减为零，因此，部件脱落的主要特征是振动会突然发生变化而后趋于稳定，振动的幅值一般会有较明显的增大。

(4) 转子部件结垢。如果工质的质量不合格，随着时间的推移，将在转子的动叶和静叶表面产生尘垢，使转子原有的平衡遭到破坏，振动增大。由于结垢需要相当长的时间，所以振动是随着时间逐渐增大的。由于通流条件变差，轴向推力增加，轴向位移增大，机组级间压力逐渐增大，效率逐渐下降。

(5) 联轴器不平衡。由于制造、安装的偏差或者动平衡时未考虑联轴器的影响，可能使联轴器产生不平衡。联轴器不平衡具有质量不平衡相似的振动特征，通常是联轴器两端轴承的振动较大，相位基本相同。

以上各种不平衡故障的振动特征与质量不平衡基本相同。

5.2.2 转子不对中

转子不对中通常是指相邻两转子的轴心线与轴承中心线的倾斜或偏移程度。转子不对中可分为联轴器不对中和轴承不对中，联轴器不对中又可分为平行不对中、偏角不对中和平行偏角不对中 3 种情况。

1. 机理分析

(1) 平行不对中。当转子轴线之间存在径向位移时，联轴器的中间齿套与半联轴器组成移动副，不能相对转动，但中间齿套却与半联轴器产生滑动而作平面圆周运动，即中间齿套的中心是沿着以径向位移 Δy 为直径作圆周运动，如图 5.12 所示。设 A 为主动转子的轴心投影，B 为从动转子的轴心投影，K 为中间齿套的轴心，那么 AK 为中间齿套与主动轴的连线，BK 为中间齿套与从动轴的连线，AK 垂直 BK，如图 5.13 所示。

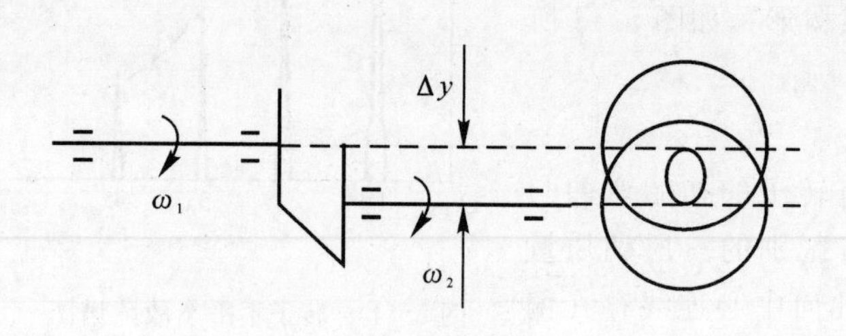

图 5.12 联轴器平行不对中

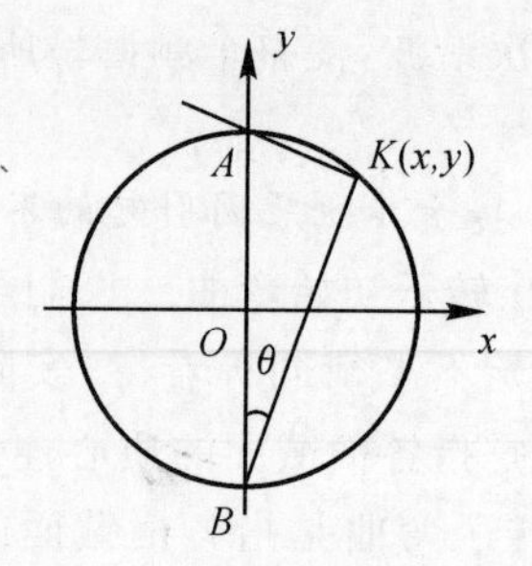

图 5.13 联轴器齿套运动分析

设 AB 长为 D，点 K 坐标为 $K(x,y)$，取 θ 为自变量，则有

$$x = D\sin\theta\cos\theta = \frac{1}{2}D\sin(2\theta)$$

$$y = D\cos\theta\cos\theta - \frac{1}{2}D = \frac{1}{2}D\cos(2\theta) \tag{5-16}$$

对 θ 求导，得

$$\mathrm{d}x = D\cos 2\theta \mathrm{d}\theta \qquad \mathrm{d}y = -D\sin 2\theta \mathrm{d}\theta$$

点 K 的线速度为

$$V_K = \sqrt{(\mathrm{d}x/\mathrm{d}t)^2 + (\mathrm{d}y/\mathrm{d}t)^2} = D\mathrm{d}\theta/\mathrm{d}t \tag{5-17}$$

由于中间齿套平面运动的角速度($\mathrm{d}\theta/\mathrm{d}t$)等于转轴的角速度，即 $\mathrm{d}\theta/\mathrm{d}t=\omega$，所以，点 K 绕圆周中心运动的角速度为

$$\omega_k = \frac{V_k}{D/2} = 2V_k/D = 2\omega \tag{5-18}$$

由式(5-18)可知,点 K 的转动为转子转动角速度的 2 倍,因此当转子高速运转时,就会产生很大的离心力,激励转子产生径向振动,其振动频率为转子工频的两倍。

(2) 偏角不对中。当转子轴线之间存在偏角位移时,如图 5.14 所示,从动转子与主动转子的角速度是不同的。从动转子的角速度为

$$\omega_2 = \omega_1 \cos\alpha / (1 - \sin^2\alpha \cos^2\varphi_1) \tag{5-19}$$

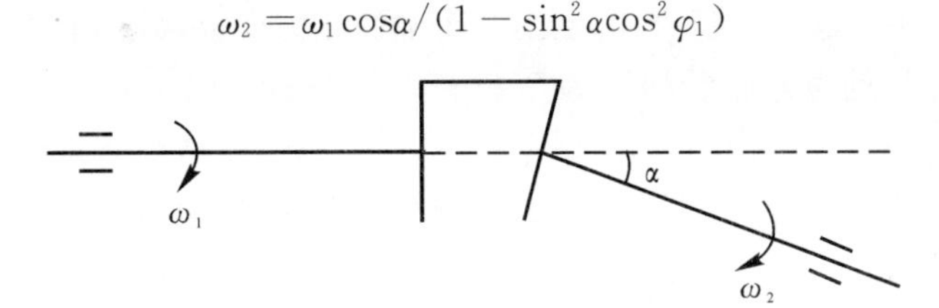

图 5.14　联轴器偏角不对中

式中　ω_1,ω_2—— 分别为主动转子和从动转子的角速度;

α—— 从动转子的偏斜角;

φ_1—— 仍为主动转子的转角。

从动转子每转动一周其转速变化两次,如图 5.15 所示,变化范围为

$$\omega_1 \cos\alpha \leqslant \omega_2 \leqslant \omega_1 / \cos\alpha \tag{5-20}$$

偏角不对中使联轴器附加一个弯矩,弯矩的作用是力图减小两轴中心线的偏角。轴旋转一周,弯矩作用方向交变一次,因此,偏角不对中增加了转子的轴向力,使转子在轴向产生工频振动。径向振动频率为主动轴旋转频率的 2 倍。对于附加轴向振动,轴向振动频率与主动轴旋转频率相同。

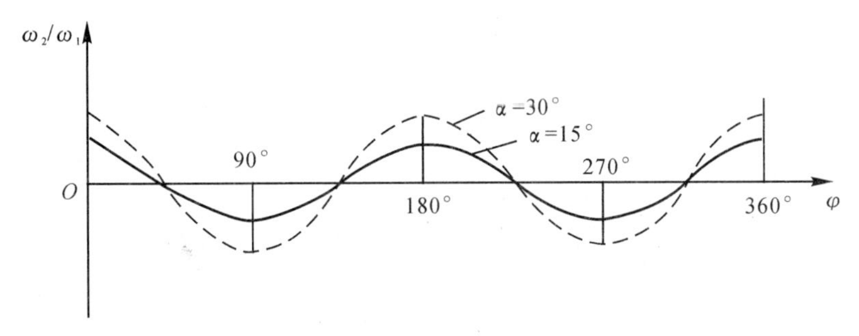

图 5.15　转速比的变化曲线

(3) 平行偏角不对中。实际上,各转子轴线之间往往既有径向位移又有偏角位移,因此当转子运转时,就有一个两倍频的附加径向力作用于靠近联轴器的轴承上,有一个同频的附加轴向力作用于止推轴承上,从而激励转子发生径向和轴向振动。径向振动频率为主动轴旋转频率的两倍。对于附加轴向振动,轴向振动频率与主动轴旋转频率相同。

(4) 轴承不对中。轴承不对中实际上反映的是轴承坐标高和左右位置的偏差。由于结构上的原因,轴承在水平方向和垂直方向上具有不同的刚度和阻尼,不对中的存在加大了这种差别。虽然油膜既有弹性又有阻尼,能够在一定程度上弥补不对中的影响,但当不对中过大时,会使轴承的工作条件改变,使转子产生附加的力和力矩,甚至使转子失稳和产生碰摩。

轴承不对中使轴颈中心的平衡位置发生变化,使轴系的载荷重新分配。负荷大的轴承油膜呈现非线性,在一定条件下出现高次谐波振动,负荷较轻的轴承易引起油膜涡动进而导致油

膜振荡。支承负荷的变化还使轴系的临界转速和振型发生改变。

2. 不对中故障的特征

(1) 转子径向振动出现二倍频，以一倍频和二倍频分量为主，不对中越严重，二倍频所占比例越大。

(2) 相邻两轴承的油膜压力反方向变化，一个油膜压力变大，另一个则变小。

(3) 典型的轴心轨迹为香蕉形，正进动。

(4) 联轴器不对中时轴向振动较大，振动频率为一倍频，振动幅值和相位稳定。

(5) 轴承不对中时径向振动较大，有可能出现高次谐波，振动不稳定。

(6) 振动对负荷变化敏感。当负荷改变时，由联轴器传递的扭矩立即发生改变，如果联轴器不对中，则转子的振动状态也立即发生变化。由于温度分布的变化，轴承座的热膨胀不均匀而引起轴承不对中，使转子的振动也要发生变化。但由于热传导的惯性，振动的变化在时间上要比负荷的改变滞后一段时间。

(7) 振动随油温的变化敏感。

5.2.3 转子碰摩

随着机组参数的不断提高，动静间隙的不断缩小，以及运行过程中不平衡、不对中、热弯曲等的影响。经常发生转子碰摩故障。根据摩擦部位不同，碰摩分两种情况，转子外缘与静止件接触而引起的摩擦，称为径向碰摩；转子在轴向与静止件接触而引起的摩擦，称为轴向碰摩。从不同的角度，摩擦还可分为局部摩擦和全周摩擦；早期、中期和晚期碰摩等。

转子与静止件发生径向摩擦存在两种情况：一种是转子在涡动过程中与静止件发生局部性或周期性的局部碰摩；另一种是转子与静子的摩擦接触弧度较大，甚至会发生连续的全周接触摩擦。本节主要介绍以下内容：

(1) 局部摩擦的故障机理。转子在非接触状态的微分方程为

$$\left.\begin{aligned}\ddot{x}+2n\dot{x}+\omega_{\mathrm{n}}^{2}x=e\omega^{2}\cos(\omega t)\\ \ddot{y}+2n\dot{y}+\omega_{\mathrm{n}}^{2}y=e\omega^{2}\sin(\omega t)\end{aligned}\right\}\tag{5-21}$$

如转子与静止件接触摩擦如图 5.16 所示，则有

$$f=\mu N$$

式中 e—— 偏心距；

f—— 摩擦力；

μ—— 摩擦因数；

N—— 碰摩接触力。

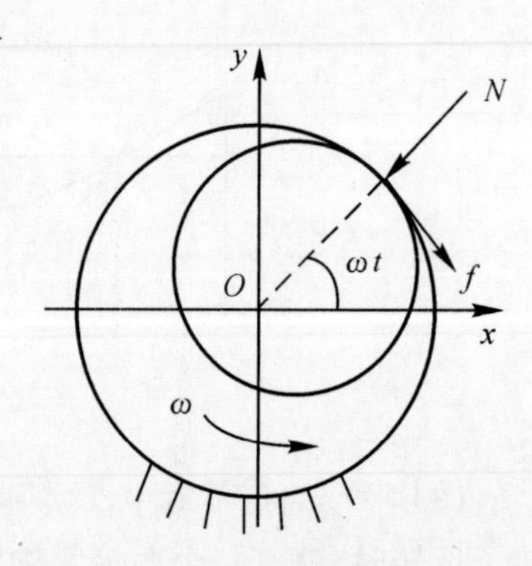

图 5.16 转子与静止件接触摩擦受力图

转子的运动微分方程为

$$\begin{bmatrix}1&0\\0&1\end{bmatrix}\begin{bmatrix}\ddot{x}\\\ddot{y}\end{bmatrix}+\begin{bmatrix}2n&0\\0&2n\end{bmatrix}\begin{bmatrix}\dot{x}\\\dot{y}\end{bmatrix}+\begin{bmatrix}\omega_n^2&0\\0&\omega_n^2\end{bmatrix}\begin{bmatrix}x\\y\end{bmatrix}+\frac{\omega_n^2(R-\Delta)}{R}\begin{bmatrix}1&-\mu\\\mu&1\end{bmatrix}\begin{bmatrix}x\\y\end{bmatrix}=e\omega^2\begin{bmatrix}\cos\omega t\\\sin\omega t\end{bmatrix}\tag{5-22}$$

式中 ω—— 转子与静止件无接触时的临界转速；

$R=\sqrt{x^2+y^2}$；

Δ—— 转子与静止件的平均间隙。

在转子与静止件发生接触瞬间，转子刚度增大；被静止件反弹后脱离接触，转子刚度减小，并且发生横向自由振动（大多数按一阶自振频率振动）。因此，转子刚度在接触与非接触两者之间变化，变化的频率就是转子涡动频率。转子横向自由振动与强迫的旋转运动、涡动运动叠加在一起，就会产生一些特有的、复杂的振动响应频率。

局部摩擦引起的振动频率中包含有不平衡力引起的转速频率 ω。因为摩擦振动是非线性振动，所以还包含有 2ω，3ω，… 一些高频谐波。除此之外，还会引起次谐波振动，在频谱图上会出现 $\frac{1}{n}\omega$ 的次谐波成分（$n=2,3,4,\cdots$）。重摩擦时 $n=2$，轻摩擦时 $n=2,3,4,\cdots$ 各次谐波。次谐波的范围取决于转子的不平衡状态、阻尼、外载荷大小、摩擦副的几何形状以及材料特性等因素。在足够高阻尼的转子系统中，也可能完全不出现次谐波振动。

转子碰摩是一个复杂的过程，从机理上分析，摩擦振动对转子有以下 4 方面的影响：

1）直接影响。转子运动可分为自转和进动两种形式。摩擦对自转的影响在于附加了一个力矩，因此，在转子原有力矩不变的条件下有可能使转子转速发生波动。至于进动，由于摩擦力的干预可能使正进动转化为反进动，特别是全周摩擦，常常产生所谓的“干摩擦”现象，从而引起自激振动，影响转子正常运行，甚至损坏机组。

2）间接影响。摩擦的作用使动静部件相互抵触，相当于增加了转子的支承条件，增大了系统的刚度，改变了转子的临界转速及振型，且这种附加支承是不稳定的，从而可能引起不稳定振动及非线性振动。

3）冲击影响。局部碰摩除了摩擦作用外还会产生冲击作用，其直观效应是给转子施加了一个瞬态激振力，激发转子以固有频率作自由振动。虽然自由振动是衰减的，但由于碰摩在每个旋转周期内都产生冲击激励作用，在一定条件下有可能使转子振动成为叠加自由振动的复杂振动。

4）热变形摩擦引起的热变形可能引起转子弯曲，加大偏心量，使振动增大。转子碰摩的定量分析比较困难。一般来说，转子与静止件发生摩擦时，转子受到静止件的附加作用力，它是非线性的和时变的，因此使转子产生非线性振动，在频谱图上表现出频谱成分丰富，不仅有工频，还有高次和低次谐波分量。当摩擦加剧时，这些谐波分量的增长很快。典型的碰摩故障的波形和频谱如图 5.17 所示。

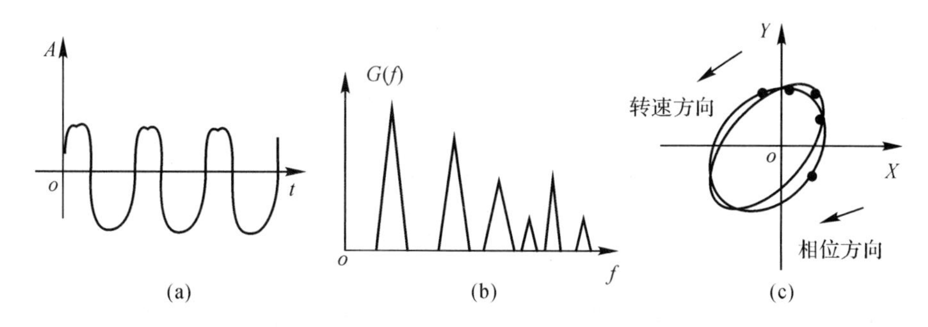

图 5.17　转子碰摩故障的波形和频谱图

(a) 波形；(b) 频谱；(c) 轴心轨迹

转子径向碰摩主要影响转子的径向振动,对转子的轴向振动影响较小。但当转子发生轴向碰摩时,除了对径向振动产生影响外,由于轴向力的存在,使轴向位移和轴向振动增大,有时还会使级间压力发生变化,造成机组效率的下降。

此外,在不同转速下发生的摩擦对机组的影响是不同的。对于柔性转子,在临界转速以下发生摩擦时,由于相位差小于90°,摩擦引起的热变形将加大转子的偏心,进而发生转子越摩越弯、越弯越摩的恶性循环,如果不紧急停机势必造成轴的永久弯曲。在临界转速以上发生摩擦时,由于相位差大于90°,摩擦引起的热变形有抵消原始不平衡的趋向,如果摩擦轻微,可以迅速提升到工作转速。在工作转速下发生轻微摩擦时,振动矢量图如图5.18所示。

设 $\boldsymbol{A}$ 为原始不平衡矢量,转子高点与静止件发生摩擦产生热变形,设 $\boldsymbol{B}$ 为摩擦热变形形成的偏心矢量,$\boldsymbol{A}$,$\boldsymbol{B}$ 两个矢量合成新的矢量 $\boldsymbol{A}'$,相当于新的原始不平衡矢量,它使转子产生新的摩擦热变形矢量 $\boldsymbol{B}'$,$\boldsymbol{A}'$ 和 $\boldsymbol{B}'$ 又合成新的矢量,如此持续下去,即可发现振动矢量逆转动方向旋转。

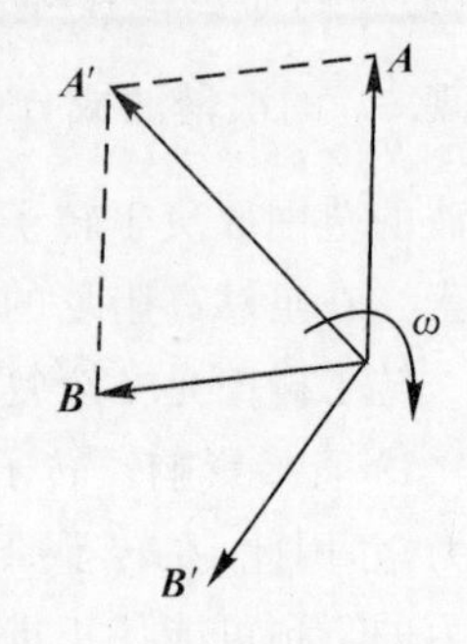

图5.18　振动矢量图

图5.19分别表示了轻摩擦转子与重摩擦转子的瀑布图和轴心轨迹。图5.19(a)显示在轻摩擦时除了出现 2ω,3ω 的高频谐波成分外,还出现 $\frac{1}{2}\omega$,$\frac{1}{3}\omega$,$\frac{1}{4}\omega$ 和 $\frac{1}{5}\omega$ 的次谐波成分;图5.19(b)显示在重摩擦时仅出现 $\frac{1}{2}\omega$ 的次谐波以及 2ω,3ω 的高频谐波。另外,从轴心轨迹上观察,轨迹线总是向左方倾斜的;对次谐波进行相位分析,则垂直和水平方向上相位差180°。

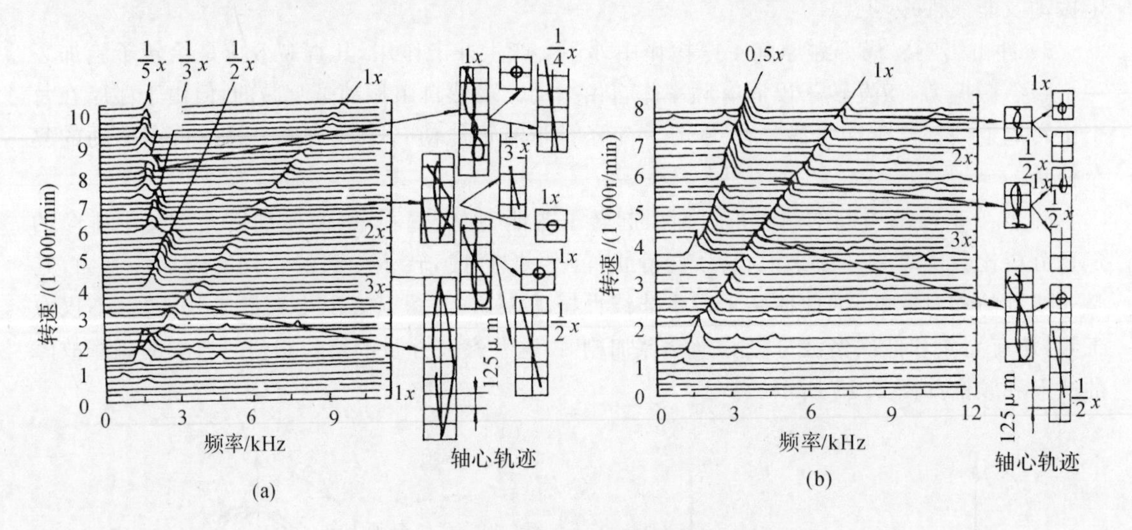

图5.19　转子碰摩时的瀑布图和轴心轨迹

(a) 轻摩擦转子;(b) 重摩擦转子

(2) 摩擦接触弧增大时的故障机理。当旋转机械发生强烈振动时,轴颈与轴瓦发生大面积干摩擦,由于转子与静止件之间具有很大的摩擦力,转子处于完全失稳状态。转子在轴承、密封等处表面作大面积摩擦或发生整周摩擦力。在整周摩擦时,很大的摩擦力可使转子由正向涡动变为反向涡动,如图5.20所示;转子发生大面积摩擦时,在波形图上就会发生单边波峰

“削波”现象，如图 5.21 所示，这时就将在频谱上出现涡动频率 Ω 与旋转频率 ω 的和频与差频，即会产生 $m\omega \pm n\Omega$ 的频率成分（n,m 为正整数）。另外，由于转子振动进入了非线性区，因而在频谱上还会出现幅值升高了的高频谐波。

1）在刚开始发生摩擦接触情况下，由于转子不平衡，旋转频率成分幅值较高，高频谐波中第二、第三次谐波一般并不太高，第二次谐波幅值必定大于第三次谐波。随着转子摩擦接触弧的增加，由于摩擦起到附加支承作用，旋转频率幅值有所下降，第二、第三次谐波幅值由于附加的非线性作用而有所增大。

2）转子在超过临界转速时，如果发生 360° 全摩擦接触，将会产生一个很强的摩擦切向力，此力可引起转子的完全失稳。这时转子的振动响应中具有很高的次谐波成分，一般为转子发生摩擦时的一阶自振频率（要注意转子发生摩擦时相当于增加一个支承，将会使自振频率升高）。除此之外，还会出现旋转频率与振动频率之间的和差频率。转速频率的高谐波在全摩擦时也就消失了。

3）转子的进动方向，如果出现由正向涡动变为反向涡动，就表示转子发生了全摩擦接触。

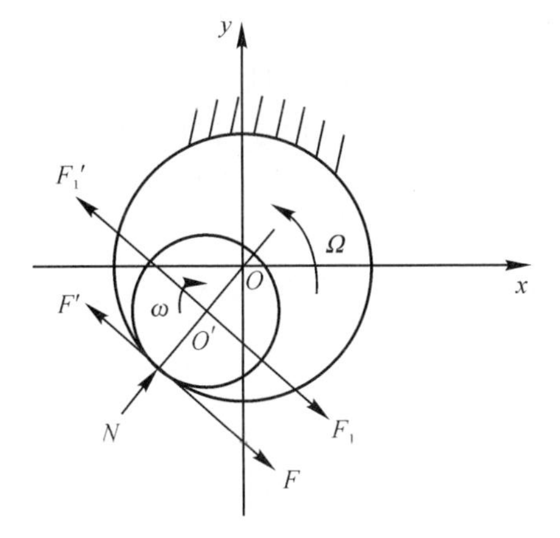

图 5.20　全周接触摩擦轴心轨迹

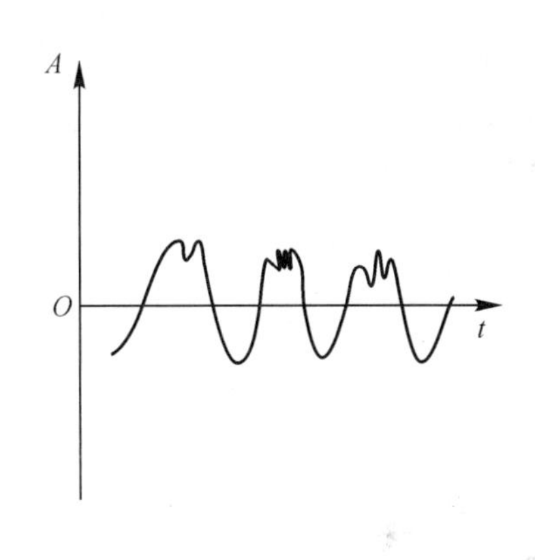

图 5.21　局部摩擦削波效应

2. 转子碰摩故障的特征

（1）转子失稳前频谱丰富，波形畸变，轴心轨迹不规则变化，正进动。

（2）转子失稳后波形严重畸变或削波，轴心轨迹发散，反进动。

（3）轻微摩擦时同频幅值波动，轴心轨迹带有小圆环。

（4）碰摩严重时，各频率成分幅值迅速增大。

（5）系统的刚度增加，临界转速区展宽，各阶振动的相位发生变化。

（6）工作转速下发生的轻微摩擦振动，其振幅随时间缓慢变化，相位逆转动方向旋转。

5.2.4　油膜振荡

1. 机理分析

（1）滑动轴承油膜的动力特性。当轴颈在轴瓦中转动时，在轴颈与轴瓦之间的间隙中形成油膜，油膜的流体动压力使轴颈具有承载能力。当油膜的承载力与外载荷平衡时，轴颈处于平衡位置；当转轴受到某种外来扰动时，轴颈中心就会在静平衡位置附近发生涡动。此时油膜作用在轴颈上的反力就发生变化，力的变化与扰动之间的关系一般是非线性的。当扰动是微小量时，为简化分析，可以近似认为力的变化与扰动之间的关系是线性的。油膜力可表示为

$$\left.\begin{aligned} F_x &= F_{x0} + K_{xx}x + K_{xy}y + C_{xx}\dot{x} + C_{xy}\dot{y} \\ F_y &= F_{y0} + K_{yx}x + K_{yy}y + C_{yx}\dot{x} + C_{yy}\dot{y} \end{aligned}\right\} \tag{5-23}$$

式中 F_x, F_y—— 油膜力在 x, y 方向上的分量；

F_{x0}, F_{y0}—— 平衡位置时，油膜力在 x, y 方向上的分量；

x, y—— 轴心偏离平衡位置的位移分量；

$\dot{x}, \dot{y}$—— 轴心的速度分量；

$K_{xx}, K_{xy}, K_{yx}, K_{yy}$—— 油膜刚度系数，为单位位移所引起的油膜力增量；

$C_{xx}, C_{xy}, C_{yx}, C_{yy}$—— 油膜阻尼系数，为单位速度所引起的油膜力增量；

K_{xy}, K_{yx} 和 C_{xy}, C_{yx}—— 称为交叉动力系数，其大小和正负在很大程度上影响着轴承工作的稳定性。

(2) 转轴在油膜力作用下的涡动运动。对于轴颈在外界偶然扰动下所发生的任一偏移，轴承油膜除了沿偏移方向的弹性恢复力以保持和外载荷平衡外，还要产生一垂直于偏转方向的切向失稳分力，这个失稳分力会驱动转子作涡动运动。当阻尼力大于切向失稳分力时，这种涡动是收敛的，即轴颈在轴承内的转动是稳定的；当切向分力大于阻尼力时，涡动是发散的，轴颈的运动是不稳定的，油膜振荡时就是这种情况。介于两者之间的是涡动轨迹为封闭曲线，半速涡动就是这种情况。半速涡动是一种自激振动，涡动幅度保持在一稳定值，一般幅值较小，但半速涡动可能演变为发散情况，是属于不稳定振动。

(3) 半速涡动分析。假设油在轴承中无端泄，油在轴瓦表面的流动速度为零，而在轴颈表面的流动速度为转速 ω 的轴颈表面线速度，且其间速度是线性变化的，如图 5.22 所示，在连心线上 AA' 截面流入油楔的流量 $\frac{1}{2}r\omega B(c+e)$ 与在 BB' 处流出的流量 $\frac{1}{2}r\omega B(c-e)$ 之差应等于因轴心涡动引起收敛楔隙内流体容积的增加率，即

$$\frac{1}{2}r\omega B(c+e) - \frac{1}{2}r\omega B(c-e) = 2rB\Omega e \tag{5-25}$$

由此得

$$\Omega = \frac{1}{2}\omega$$

式中 r—— 轴颈半径；

B—— 轴承宽度；

c—— 轴承间隙；

e—— 轴承偏心距；

ω—— 轴承转动角速度；

Ω—— 轴颈涡动角速度。

这就是所谓半速涡动的含义。实际上，由于轴承端泄等因素的影响，一般涡动频率略小于转速的一半，为转速的 0.42 ～ 0.46 倍。

(4) 油膜失稳转速。轴系失稳角速度可由系统运动微分方程的解的实部为零这一条件求得，解得的失稳角速度表达式为

$$\omega_s = \omega_1 (P \pm \sqrt{P^2 + 1/Q}) \tag{5-26}$$

式中
$$P=-kc\omega/(4A\omega_1W) \tag{5-27}$$
$$Q=[(A-K'_{xx})(A-K'_{yy})-K'_{xy}K'_{yx}]/(C'_{xx}C'_{yy}-C'_{yx}C'_{xy}) \tag{5-28}$$
$$A=[K'_{xx}C'_{yy}+K'_{yy}C'_{xx}-(K'_{xy}C'_{yx}+K'_{yx}C'_{xy})]/(C'_{xx}+C'_{yy}) \tag{5-29}$$

式中　k—— 转轴的弹性刚度系数；

W—— 轴承所受的载荷；

ω_1—— 则为转子在刚性支承条件下的一阶临界转速；

$K'_{xx},K'_{yy},K'_{xy},K'_{yx}$—— 无量纲刚度系数；

$C'_{xx},C'_{yy},C'_{xy},C'_{yx}$—— 无量纲阻尼系数。

由上面可知，在转子质量、一阶临界转速一定时，失稳转速与油膜的刚度系数和阻尼系数有很大的关系。

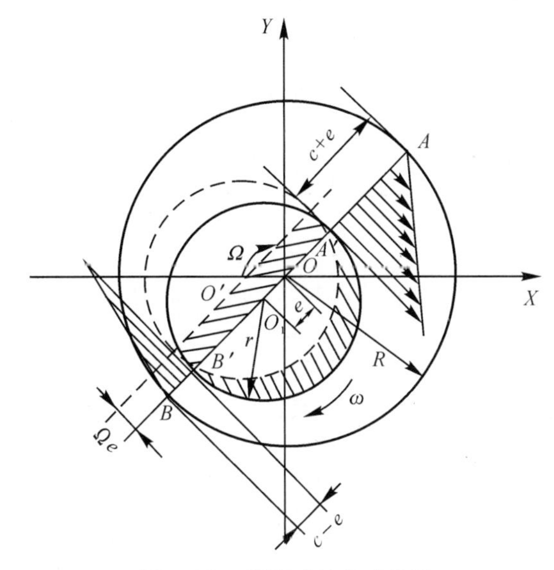

图 5.22　轴颈半速涡动分析

（5）油膜振荡现象。转轴的转速在失稳转速以前转动是平稳的，达到失稳转速后即发生半速涡动。随着转速升高，涡动角速度也将随之增加，但总保持着约等于转动速度之半的比例关系，半速涡动一般并不剧烈。当转轴转速升到比第一阶临界转速的 2 倍稍高以后，由于此时半速涡动的涡动速度与转轴的第一阶临界转速相重合即产生共振，表现为强烈的振动现象，称为油膜振荡。油膜振荡一旦发生，就将始终保持约等于转子一阶临界转速的涡动频率，而不再随转速的升高而升高。

图 5.23 表示油膜振荡的转速特性，分三种情况，每一图中都表明了随转速 ω 变化的正常转动、半速涡动和油膜振荡的三个阶段，其中一条曲线表示振动频率的变化，一条曲线表示振动幅值的变化。图 5.23(a) 表示失稳转速在一阶临界转速之前，图 5.23(b) 表示失稳转速在一阶临界转速之后，这两种情形的油膜振荡都在稍高于 2 倍临界转速的某一转速时发生。图 5.23(c) 图表示失稳转速在 2 倍临界转速之后，转速在稍高于 2 倍临界转速时，转轴并没有失稳，直到比二倍临界转速高出较多时，转轴才失稳；而降速时油膜振荡消失的转速要比升速时发生油膜振荡的转速低，表现出油膜振荡的一种“惯性” 现象。

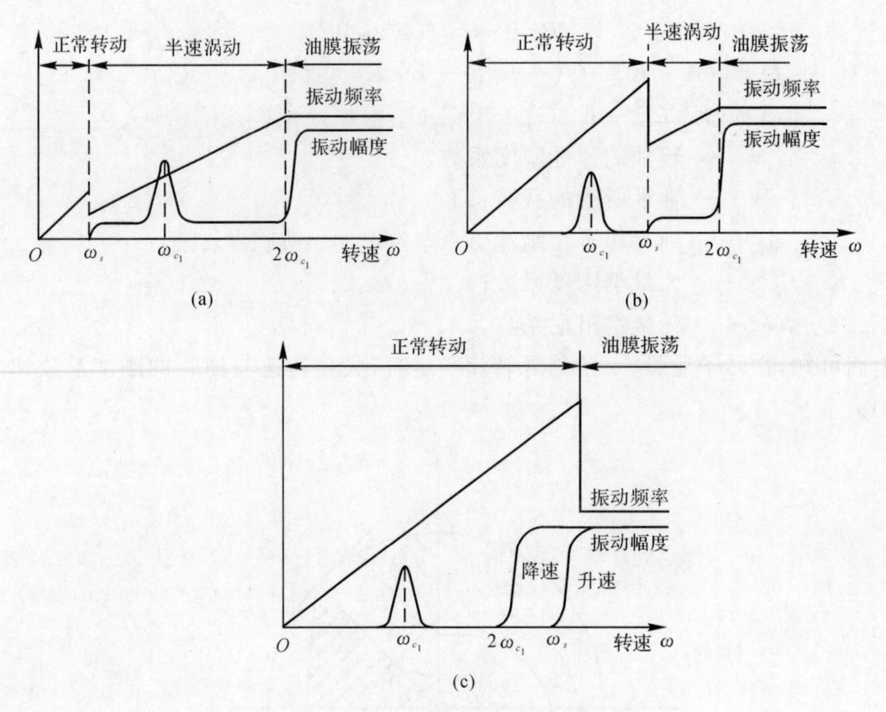

图 5.23　油膜振荡的转速特征

2. 油膜振荡故障的特征

(1) 油膜振荡总是发生在转速高于转子系统一阶临界转速的 2 倍以上。

(2) 油膜振荡的频率接近转子的一阶临界转速,即使转速再升高,其频率基本不变。

(3) 油膜振荡时,转子的挠曲呈一阶振型。

(4) 油膜振荡时,振动的波形发生畸变,在工频的基波上叠加了低频成分,有时低频分量占主导地位,低频振动的幅值,轴承座振动可达 40 μm 以上,轴振动可达 150 μm 以上,且振幅不稳,轴心轨迹发散。

(5) 油膜振荡时,转子涡动方向与转子转动方向相同,轴心轨迹呈花瓣形,正进动。

(6) 油膜振荡的发生和消失具有突然性,并具有惯性效应,即升速时产生振荡的转速比降速时振荡消失的转速要大。

(7) 油膜振荡剧烈时,随着油膜的破坏,振荡停;油膜恢复后,振荡再次发生,这样持续下去,轴颈与轴承不断碰摩,产生撞击声,轴瓦内油膜压力有较大波动。

(8) 油膜振荡对转速和油温的变化较敏感,一般当机组发生油膜振荡时,随着转速的增加,振动不下降,随着转速的降低,振动也不立即消失,称为滞后现象;提高进油温度,振动一般有所降低。

(9) 轴承载荷越小或偏心率 $\varepsilon = e/C$ 越小,越易发生油膜振荡。

5.2.5　其他常见典型故障

1. 转轴裂纹

(1) 机理分析。导致转轴裂纹最重要的原因是高周疲劳、低周疲劳、蠕变和应力腐蚀开裂，此外也与转子工作环境中含有腐蚀性化学物质等有关，而大的扭转和径向载荷，加上复杂的转子运动，造成了恶劣的机械应力状态，最终也将导致轴裂纹的产生。

转轴裂纹以横向裂纹为主，对振动响应不敏感。根据所处部位应力状态的不同，裂纹呈现出 3 种不同的形态：

1）闭裂纹。转轴在压应力情况下工作时，裂纹始终处于闭合状态。这种状态以轻型转子、偏心不重或不平衡力正好处于裂纹的对侧时为主。这种裂纹对转子系统振动影响不大，很难监测到。

2）开裂纹。裂纹区处于拉应力状态时，裂纹始终处于张开状态，造成转轴刚度下降且不对称，振动为非线性性质，伴有 2 倍、3 倍等高频成分，随着裂纹的扩展各频率下的振动幅值随之增大。

3）开闭裂纹。裂纹区的应力是由自重或其他径向载荷产生时，转轴每旋转一周，裂纹就会开闭一次，对振动的影响复杂，为非线性振动。

裂纹的张开、闭合与裂纹的初始状态、偏心、重力的大小及涡动的速度有关，也与裂纹的深度有关。若转子是同步涡动，裂纹只保持一种状态，即张开或闭合。在非同步涡动时，裂纹在一定条件下也可能会一直保持张开或闭合状态，但通常情况下，转子每旋转一周，裂纹都会有开有闭。裂纹在转子旋转的动态应力下，始终处于“开”和“闭”的周期变化过程中。定性表示裂纹转轴的挠度变化如图 5.24 所示。

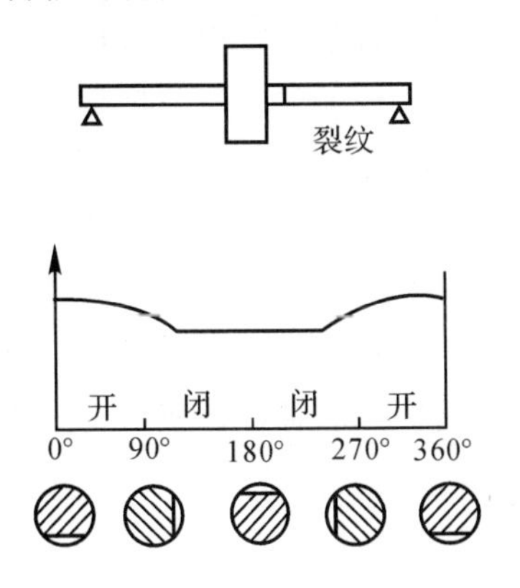

图 5.24　裂纹转轴的挠度变化

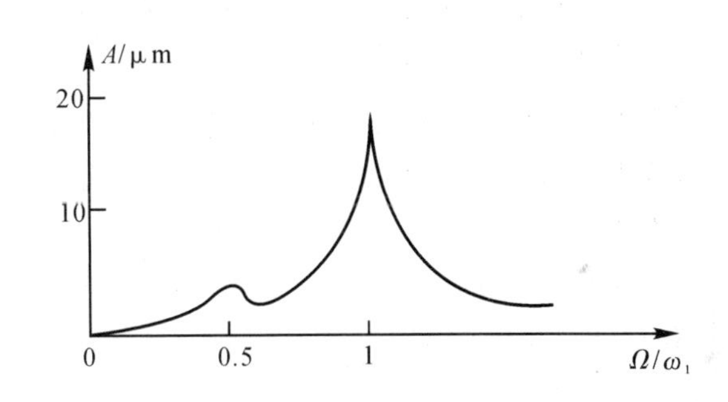

图 5.25　某裂纹转子升速共振频谱图

裂纹振动响应中除 1 × 分量外，还有 2 ×，3 ×，4 × 等高阶谐波分量，利用转子升速通过 $\omega_1/2$，$\omega_1/3$ 转速时相应的 2 倍频、3 倍频成分被共振放大的所谓超谐波共振现象，也可监测轴裂纹。图 5.25 为某裂纹转子的升速共振频谱图。从图中可以看出它包含有 $\omega_1/2$，$\omega_1/3$ 临界转速分量。一般在低于临界转速运行时，所观测到的高阶成分较明显，而在高于临界转速状态下运行时，高阶成分不明显。

此外，裂纹转子的动平衡会遇到反复无常的变化，这是由于裂纹转子的非线性特性。

（2）裂纹转子的监测和诊断：

1）稳态响应法。对裂纹转子的监测和诊断要着眼于各阶谐波分量幅值 1×，2× 和 3× 的大小以及随时间的变化。1×，2× 和 3× 分量幅值随时间稳定增长的趋势表明转子可能存在裂纹。

2）滑停法(Coast Dow Approach)。此法将机组从工作转速滑降至零转速，在降速过程中测量振动响应并进行谱分析。若转子产生裂纹或裂纹有进一步的扩展，则在转速过临界及1/2,1/3 临界转速时，振动响应将有明显的改变。

3）温度瞬间法。此法原理是快速降低蒸汽温度，使转子表面产生拉伸的热应力，如果有裂纹存在，拉应力将使裂纹张开，使转子振动瞬间增大。通过快速降温或快速升温的办法可以发现转子是否有裂纹。

(3) 裂纹故障的特征：

1）各阶临界转速较正常时要小，尤其在裂纹严重时。

2）由于裂纹造成刚度变化且不对称，转子的共振转速扩展为一个区。

3）裂纹转子轮系在强迫响应时，一次分量的分散度比无裂纹时大。

4）转速超过临界转速后，一般各高阶谐波振幅较未超过时小。

5）恒定转速下，各阶谐波幅值 $1X$，$2X$ 和 $3X$ 及其相位不稳定，且尤以 $2X$ 突出。

6）裂纹引起刚度不对称，使转子动平衡发生困难，往往多次试重也达不到所要求的平衡精度。

2. 旋转失速

旋转失速是高速流体机械中最常见的一种不稳定现象，是由于流体流动分离造成的，设备本身一般没有明显的结构缺陷，不需要停机检修，通过调节流量即可使振动减致允许值。当压缩机流量减小时，由于冲量增大，叶栅背面将发生流体分离，流道将部分或全部被堵塞。这样失速区会以某速度向叶栅运动的反方向传播。试验表明，失速区传播的相对速度低于叶栅转动的绝对速度。因此观察到的失速区沿转子的转动方向移动，故称分离区，这种相对叶栅的旋转运动为旋转失速。旋转失速在叶轮间产生的应力波动即是引起转子振动的激振力。

设转子转动的角频率为 ω，旋转失速以角速度 ω_s 在叶轮中传播，方向与转子转动方向相反。流体波动压力对转子产生的激振频率即为 ω_s，该波动压力作用在转子上的激振力是相对于静止坐标系的，因而还有相对于转子的振动频率 $|\omega-\omega_s|$ 的振动，即流体机械发生旋转失速时，有 ω_s 和 $|\omega-\omega_s|$ 两个特征频率同时存在。

旋转失速的角频率为

$$\omega_s=\frac{1}{n}\frac{Q_i}{Q_0}\omega \tag{5-29}$$

式中 ω—— 转子角频率，rad/s；

n—— 气体脱离团数量；

Q_i—— 实际工作流量，m^3/h；

Q_0—— 设计流量，m^3/h。

旋转失速使压气机中的流动情况恶化，压比下降，流量及压力随时间波动。在一定转速下，当入口流量减少到某一值 Q_{min} 时，机组会产生强烈的旋转失速。强烈的旋转失速会进一步引起整个压气机组系统的一种危险性更大的不稳定的气动现象，即喘振。此外，旋转失速时压气机叶片受到一种周期性的激振力，如旋转失速的频率与叶片的固有频率相吻合，则将引起强烈振动，使叶片疲劳损坏造成事故。

旋转失速故障的识别特征：

(1) 旋转失速一般发生在压气机上。

(2) 振动幅值随出口压力的增加而增加。

(3) 振动发生在流量减小时，且随着流量的减小而增大。

(4) 振动频率与工频之比为小于 1 的常值。

(5) 转子的轴向振动对转速和流量十分敏感。

(6) 一般排气端的振动较大。

(7) 排气压力有波动现象。

(8) 机组的压比有所下降，严重时压比突降。

3. 喘振

旋转失速严重时可以导致喘振，但二者并不是一回事。喘振除了与压气机内部的气体流动情况有关之外，还同与之相连的管道网络系统的工作特性有密切的联系。有高压容器的管道网络系统也存在相类似的喘振现象。

压气机总是和管网联合工作的。为了保证一定的流量通过管网，必须维持一定压力，用来克服管网的阻力。机组正常工作时的出口压力是与管网阻力相平衡的。但当压气机的流量减少到某一值 Q_{min} 时，出口压力会很快下降，然而由于惯性作用，管网中的压力并不马上降低，于是，管网中的气体压力反而大于压气机的出口压力，因此，管网中的气体就倒流回压气机，一直到管网中的压力下降到低于压气机出口压力为止。这时，压气机又开始向管网供气，压气机的流量增大，恢复到正常的工作状态。但当管网中的压力又回到原来的压力时，压气机的流量又减少，系统中的流体又倒流。如此周而复始，产生了气体强烈的低频脉动现象 —— 喘振。

喘振故障的识别特征：

(1) 诊断对象为压气机组或其他带长导管、容器的流体动力机械。

(2) 振动发生时，机组的入口流量小于相应转速下的最小流量。

(3) 振动的频率一般在 0 ～ 10 Hz 之内。

(4) 机组及与之相连的管道都发生强烈振动。

(5) 有倒流现象。

(6) 出口压力(压力表) 呈大幅度的波动。

(7) 机组的功率(表指针) 呈周期性的变化。

(8) 振动前有失速现象。

(9) 振动时有周期性的吼叫声。

(10) 机组的工作点在喘振区(或附近)。

4. 非转动部分的配合松动

非转动部分配合松动是转子系统常见故障之一，其典型情况是轴承外壳以过大的间隙与轴承座配合，其他情况还有轴承座的松动，支座的松动，机架或灌浆的松动，地脚螺栓没有拧紧等。对松动影响的分析应借助于非线性理论，由于非线性可能引起转子的分数次谐波共振(亚谐波共振)，其频率是精确的 1/2，1/3，… 倍转速。

松动的另一特征是振动的方向性，特别是松动方向上的振动。由于约束力的下降，将引起振动的加大。松动使转子系统在水平方向和垂直方向具有不同的临界转速，因此分谐波共振现象有可能发生在水平方向，也有可能发生在垂直方向。

由于非线性，在松动情况下，振动形态会发生“跳跃” 现象。当转速增加或减小时，振动会突然增大或减小。此外，松动部件的振动具有不连续性，有时用手触摸也能感觉到。

松动除产生上述低频振动外，还存在同频或倍频振动。

5.3 转子故障诊断方法与诊断实例

旋转机械的故障诊断方法主要有振动诊断分析方法、噪声和声发射诊断分析方法、征兆诊断分析方法以及数学诊断分析方法等，这些诊断分析方法既有联系又有区别，有时需综合使用多种分析诊断方法，才能确定一个复杂现象的真正故障原因和做出正确的诊断。本节主要介绍振动诊断分析和利用征兆的诊断分析方法。

5.3.1 振动诊断分析方法

1. 幅值谱诊断法

幅值谱诊断法就是利用振动信号的幅值与频率的对应关系，对旋转机械的状态作出判断，对故障的性质进行分析诊断。对于旋转机械来说，振动信号中的频率分量都与转子转速有关，常常是转速频率的整数倍或分数倍，所以应用幅值谱可以方便容易地诊断出旋转机械的故障。

在幅值谱上，不同的频率分量对应不同的振动原因，如图 5.26 所示。如果知道了信号中所包含的频率分量，就可以方便地找到故障源。

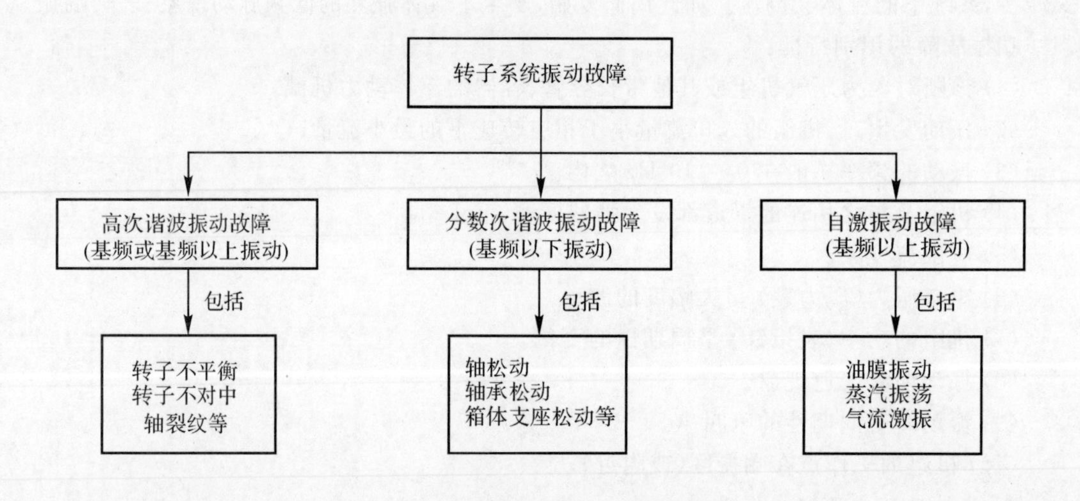

图 5.26 旋转机械振动频率特点

在进行分析时，首先是大致看一下频谱中都有哪些频率分量，每个分量的大小是多少，应特别重视幅值变化较大的谱峰，它们的值对振动总水平影响较大，也常常对应着故障直接原因。然后是进一步分析产生这些频率分量的可能因素，并观察它们随时间的发展变化情况。有些振动分量虽然很大，但很平稳，这些振动对机器正常运行不会产生多大威胁。而那些幅值较小，但增长很快的分量却常常预示着故障的征兆，更应引起重视。应特别重视那些在原来谱图上不存在的或比较微小的频率分量的突然出现，这些振动有可能在比较短的时间内破坏机器的正常工作，甚至造成重大事故。因此，在分析幅值谱时，不仅要注意各分量绝对值的大小，还要注意其发展变化情况。分析比较可以从以下几个方面进行：

(1) 谱图上是否有新的频率分量出现。

(2) 某个谱峰的变化情况，特别是变化趋势。

(3) 同一部位各测点的振动方向，或相近部位各测点振动之间幅值谱上的相互关系及变化快慢。

2. 相位诊断法

相位中包含很多有关振动、故障的重要信息，因此，利用相位进行振动分析和故障诊断是很重要的。

转子相位信号是指计算相位时所用的基准参考信号。当转子上某一特定点每转过定子上某位置时，就会发出一个脉冲，这就是转子相位信号。相位反映了振动信号与参考点之间时间关系或位置关系，实际振动信号的相位分析，是考虑其中某频率分量与转子相位标志之间的相位差，主要有基频及其倍频。

基频相位指振动信号中基频分量与转子相位标志之间的相位差。设 $X_1(t)$ 是转子振动中的基频分量信号，$X(t)$ 是同时测得的转子相位标志信号，其相对于时间原点的相位为 φ_b(落后时间 $t-0$ 时刻 φ_b)。

$$X_1(t)=A_1\sin(\omega_0 t+\varphi_1) \tag{5-31}$$

基频信号的相位(对振动信号进行 FFT 运算所得的基频分量相位) 为 $(\omega_0 t+\varphi_1)$，与转子相位标志信号的相位差即为基频相位：

$$\theta_1=\varphi_1+\varphi_b \tag{5-32}$$

i 倍频分量为

$$X_i(t)=A_i\sin(\omega_i t+\varphi_i)=A_i\sin(i\omega_0 t+\varphi_i) \tag{5-33}$$

i 倍频相位为

$$\theta_i=\varphi_i+i\varphi_b \tag{5-34}$$

设基频分量的相位为零，即 $\omega_0 t+\varphi_1=0$，可得

$$t=-\frac{\varphi_1}{\omega_0}$$

此时对应的 i 倍频分量的相位，也就是各倍频分量与基频的相位差为

$$i\omega_0 t+\varphi_i=i\omega_0\left(-\frac{\varphi}{\omega_0}\right)+\varphi_i=\varphi_i-i\varphi_1 \tag{5-35}$$

3. 伯德图诊断法

伯德图是机器振幅与频率，相位与频率的关系曲线，如图 5.27 所示。图中横坐标为转速频率，纵坐标为振幅和相位。一般常使用通频伯德图、1×(即转速频率) 滤波伯德图和 2×(二倍转速频率) 滤波伯德图。从伯德图中可以得到：转子系统在各个转速下的振幅和相位、转子系统在运行范围内的临界转速值、转子系统阻尼大小和共振放大系数，综合转子系统上几个测点可以确定转子系统的各阶振型。

4. 极坐标图诊断法

极坐标图是把上述幅频特性曲线和相频特性曲线综合在极坐标上表示出来，如图 5.28 所

示。图上各点的极半径表示振幅值,角度表示相位角。极坐标图的作用与波特图相同,但更为直观。

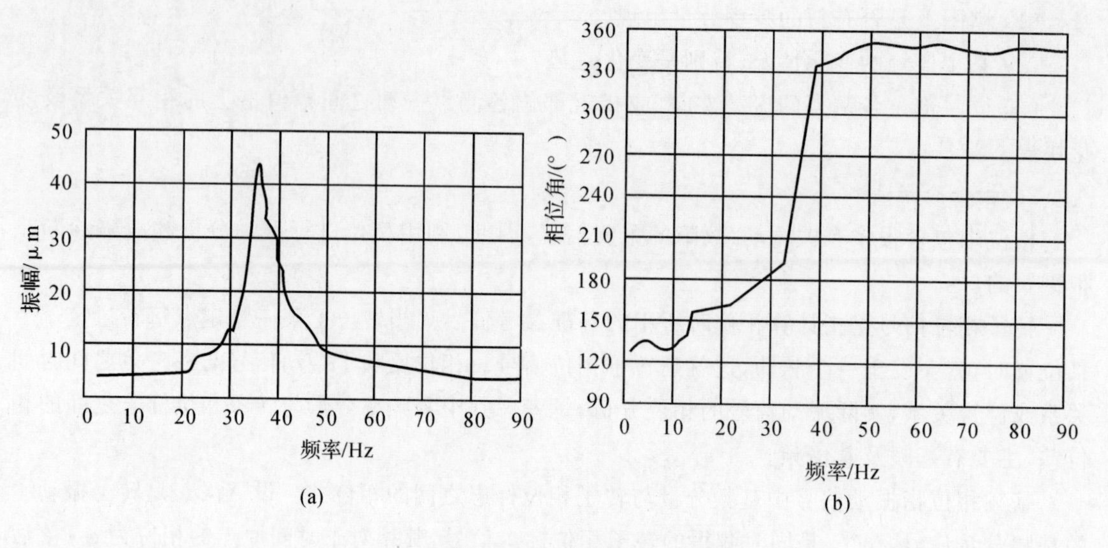

图 5.27　伯德图

(a) 频率与振幅的关系;(b) 频率与相位的关系

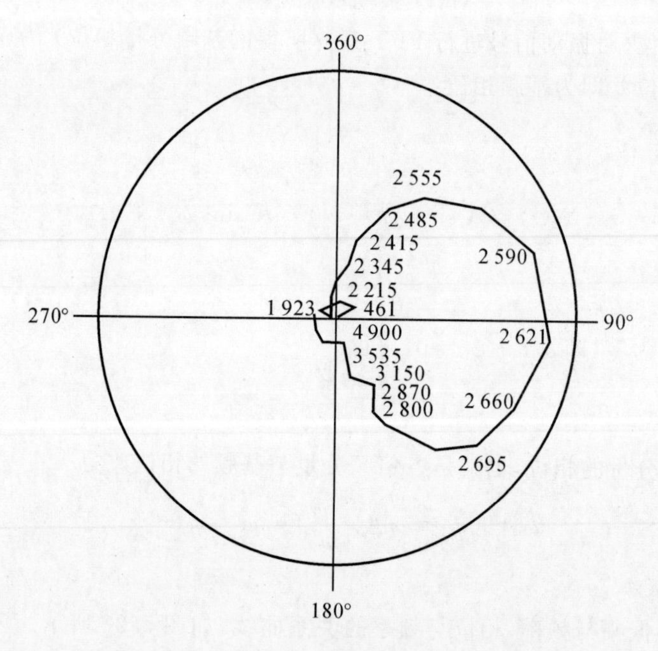

图 5.28　极坐标图

5. 轴心位置图诊断法

借助于相互垂直的两个电涡流传感器,监测直流间隙电压,即可得到转子轴颈中心的径向位置。如图 5.29 所示,轴心位置与极坐标图不同,轴心位置图是指转轴在没有径向振动情况下轴心相对于轴承中心的稳态位置;极坐标图是指转轴随转速变化时的工频振动矢量图。通过轴心位置图,可判断轴颈是否处于正常位置、对中好坏、轴承标准高是否正常、轴瓦有无变形等情况，从长时间轴心位置的趋势可观察出轴承的磨损等。

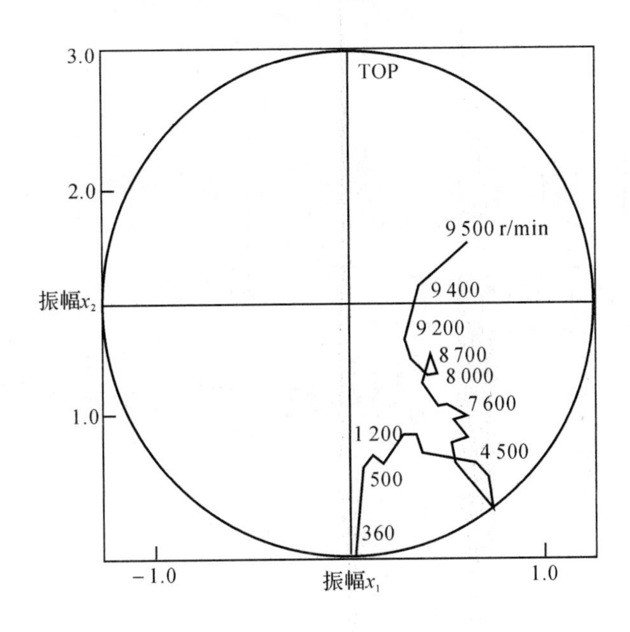

图 5.29　轴心位置图

振幅：50 μm/ 每读数单位，逆时针旋转

6. 轴心轨迹图

转子在轴承中高速度旋转时并不是只围绕自身中心旋转，而是还环绕某一中心做涡动运动。产生涡动运动的原因可能是转子不平衡、对中不良、动静摩擦等，这种涡动运动的轨迹称之为轴心轨迹。

轴心轨迹的获取是利用相互垂直的两个非接触式传感器分别安置于轴某一截面上，同时刻采集数据绘制或由示波器显示，也称为李莎育图形。通过分析轴心轨迹的运动方向与转轴的旋转方向，可以确定转轴的进动方向(正进动和反进动)。轴心轨迹在故障诊断中可用来确定转子的临界转速。空间振型曲线及部分故障，如不对中、摩擦、油膜振荡等，只有在正进动的情况下才有可能发生油膜振荡。

7. 频谱图和瀑布图

当把启动或停机时各个不同转速的频谱图画在一张图时，就得到瀑布图，如图 5.30 所示。图中横坐标为频率，纵坐标为转速和幅值。利用瀑布图可以判断机器的临界转速、振动原因和阻尼大小。

8. 趋势分析

趋势分析是把所测得的特征数据值和预报值按一定的时间顺序排列起来进行分析。这些特征数据可以是通频振动 1X 振幅、2X 振幅、0.5X 振幅、轴心位置等，时间顺序可以按前后各次采样、按小时、按天等，趋势分析在故障诊断中起着重要的作用。图 5.31 为 1X 振动趋势示意图。如果把图 5.30 中的转速换成时间，可得到各频率分量振动随时间变化的趋势瀑布图，各频率分量随时间变化情况更加清晰明了，这种方法在现代诊断中使用得越来越多。

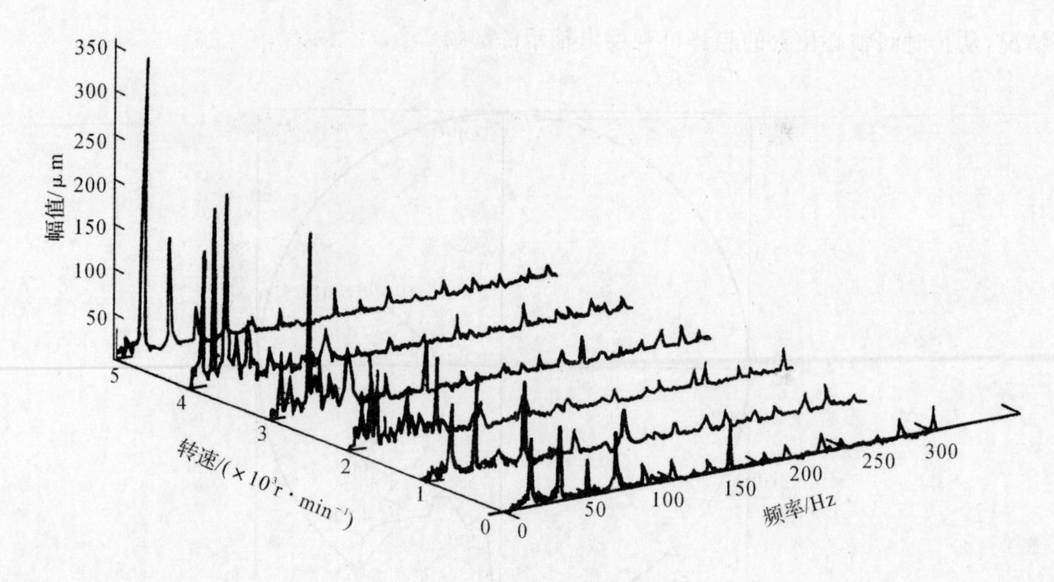

图 5.30　瀑布图

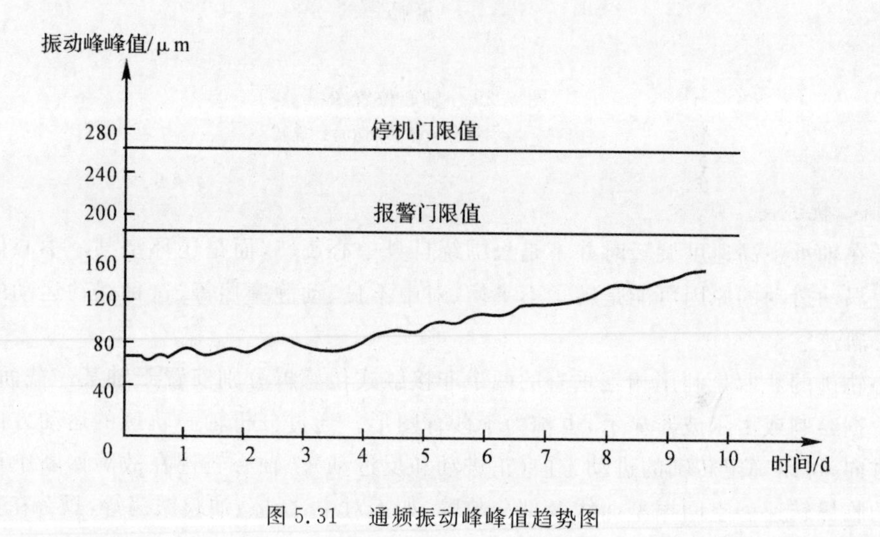

图 5.31　通频振动峰峰值趋势图

5.3.2　利用征兆的故障诊断方法

如前所述，利用征兆进行故障诊断，必须利用通过故障机理研究所获得的知识和领域专家的丰富的诊断经验。但由于故障与征兆间并非一一对应的关系，使得利用征兆进行故障诊断比较困难。利用征兆进行故障诊断，要注意下面两个问题：

(1) 选择特征突出的、有代表性的故障征兆参数。所谓选择特征突出的、有代表性的征兆参数，就是找出最能判别故障类别的独特征兆参数。寻找到这一独特征兆参数，即可判明故障直接原因应归结为哪一类，从而可以从诸多的可能原因中排除部分或大部分故障的直接原因，使故障原因的范围大大缩小。例如：

1) 随机器转速变化，振动突升或突降，表明振动原因可能与共振或临界转速有关。

2) 振动主导频率与转速无关，振动故障原因可能是外界干扰。频率特低时可能是喘振或旋转失速，或某类自激振动。

3）随机器的负荷变化，振动有明显变化，可能的直接故障原因主要有对中不良、蒸汽振荡、联轴节问题、轴承问题、轴弯曲、轴裂纹、齿轮及电磁问题等。

4）随润滑油温度改变，振动有明显变化的直接故障原因有油膜涡动、油膜振荡、轴承问题及转子-定子碰摩等。

5）转子轴向振动过大的直接故障原因有轴弯曲、轴裂纹、联轴器偏角不对中、喘振、旋转失速、转子-定子轴向局部摩擦及隔板倾斜等。

6）振动主导频率与转子叶片数及转速有关，则可能是转子气动力问题。

7）振动有明显的方向性，可能是支承刚度或支座松动问题。

8）转速的分数次频率振动，直接原因为支承系统、碰摩、流体动力及共振。如为非转速的分数和整数倍，而是略低于上述值，振动原因与流体动力有关或是与转子上部件松动滞后有关。

（2）找出与上述征兆参数相关联的直接主导原因。所谓直接主导原因，是指能与征兆参数直接相关联的故障原因，并且如果原因是多个，则是指其中占主导地位、起决定作用的原因。

例如，轴弯曲、不对中和轴承偏心是产生同频振动及倍频振动的直接原因；转子-定子碰摩和偏隙是产生分频振动的直接原因；而壳体扭曲和基础不均匀沉降则是产生轴弯曲、不对中和轴承偏心的直接原因，或者说是产生同频及倍频振动的间接原因。

1. *得分法*

得分法是一个十分简明有效的诊断方法。得分法就是利用表 5.1 的故障和由此故障产生的征兆之间的对应关系，把征兆的有无和故障的可能程度用得分表示出来，从总分的大小推测出故障。

表 5.1　故障及其相应的主要频率特征表

原因	振动成分														
	低频振动	0.3～0.49 f_n	1/2 f_n	0.51～0.99 f_n	旋转成分 f_n	$2f_n$	$3f_n$	高次 f_n	1 阶临界速度 f_{c1}	2 阶 f_{c2}	3 阶 f_{c3}	啮合频率 f_G	$2f_G$	$3f_G$	音响或振动
滚动轴承损伤															***
接触	*	*	*	*	*				*	*	*				***
轴裂纹					***	***	*								*
气蚀															***
齿损伤												***	*	*	**
电磁振动															***
叶片振动															
中心线不重合					**	**	**								
轴非对称						***									
不平衡					***										

续　表

原因	振动成分														
	低频振动	0.3～0.49 f_n	1/2 f_n	0.51～0.99 f_n	旋转成分 f_n	$2f_n$	$3f_n$	高次 f_n	1阶临界速度 f_{c1}	2阶 f_{c2}	3阶 f_{c3}	啮合频率 f_G	$2f_G$	$3f_G$	音响或振动
初始弯曲		***			***							*			
配合面偏斜非线性		*	**	*	*	*	*								
油膜振荡		***							***						
蒸汽振荡		***	*	***					***						
喘振		***													

注："*"指得分数，f_n 为转子频率，f_c 为阶固有频率，f_G 为啮合频率。

2. 按频率分类的诊断方法

振动参数是诊断转子系统故障的重要信息，振动信息中除振动幅值外，振动频率也是故障诊断的有力依据。

根据振动频率和故障的关系，可按频率分类进行故障诊断，这是一种简便快速的诊断方法。原理如图5.32所示。

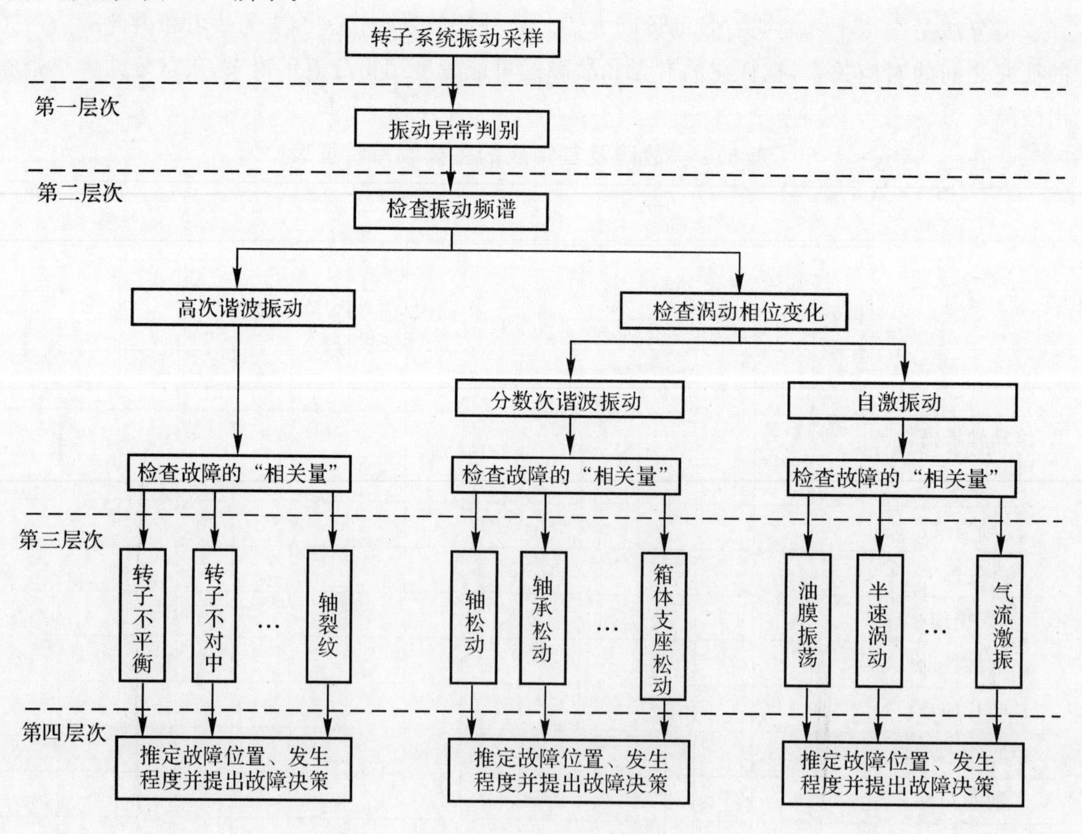

图5.32　频率分类诊断法

3. 其他数学诊断方法

可用于故障诊断的数学方法有模式识别诊断方法，概率统计诊断方法，模糊数学诊断方法，故障树分析、故障模式及影响分析诊断方法，利用神经网络技术的诊断方法，人工智能专家系统诊断方法等。

5.3.3　压缩机转子故障诊断实例

问题 1　某大型离心式压缩机经检修更换转子后，机组运行时发生强烈振动。压缩机两端轴承处径向振幅超过设计允许值 3 倍，机器不能正常运行。主要振动特征如图 5.33 所示。

(1) 频谱中能量集中于基频，具有突出的峰值，如图 5.33(a) 所示。

(2) 振动的周期性与工作转速同频，其时域波形如图 5.33(b) 所示。

(3) 轴心轨迹为椭圆，如图 5.33(c) 所示。

(4) 转子相位稳定，为同步正进动。

(5) 改变工作转速，振幅有明显变化。

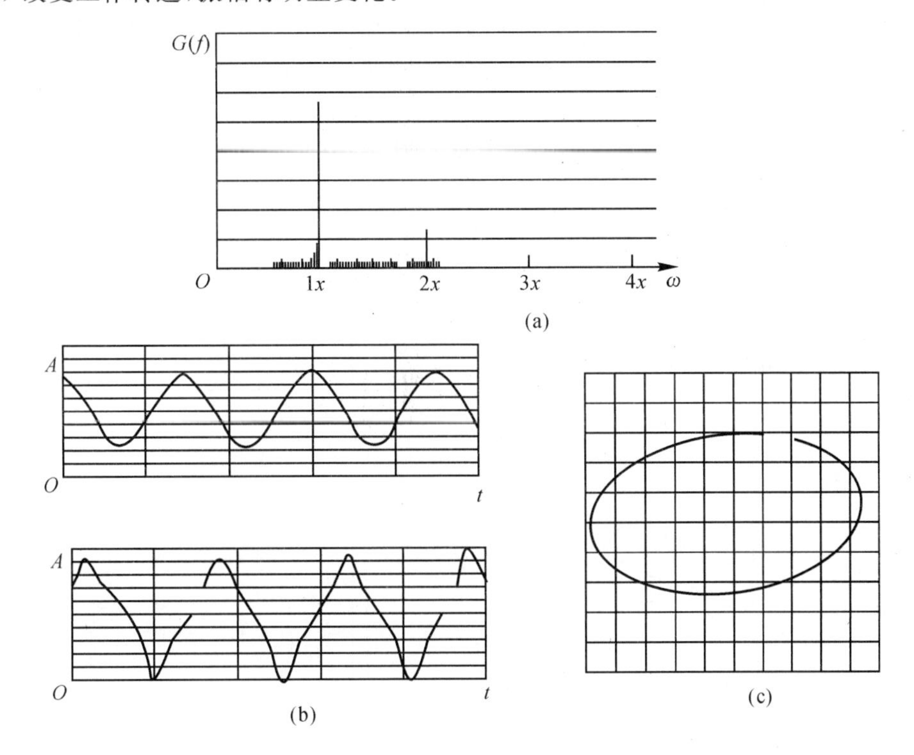

图 5.33　压缩机振动特征

(1) 诊断意见。根据图 5.33 所示的振动特征可知，压缩机发生强烈振动的原因是由于转子质量偏心不平衡造成的，应停机检修或更换转子。

(2) 生产验证。该转子的动平衡技术要求，不平衡误差应小于 1.8 μm/s。经拆机检验，转子的实际不平衡量一端为 6.89 μm/s，另一端为 7.24 μm/s，具有严重不平衡质量。将该转子在工作转速下经过认真高速动平衡，使其达到技术要求。该转子重新安装后，压缩机恢复正常，运行平稳。

问题 2 某厂一台透平压缩机组整体布置如图 5.34 所示。机组年度检修时，除正常检查、调整工作外，还更换了连接压缩机高压缸和低压缸之间的联轴器的连接螺栓，对轴系的转子对中情况进行了调整等。

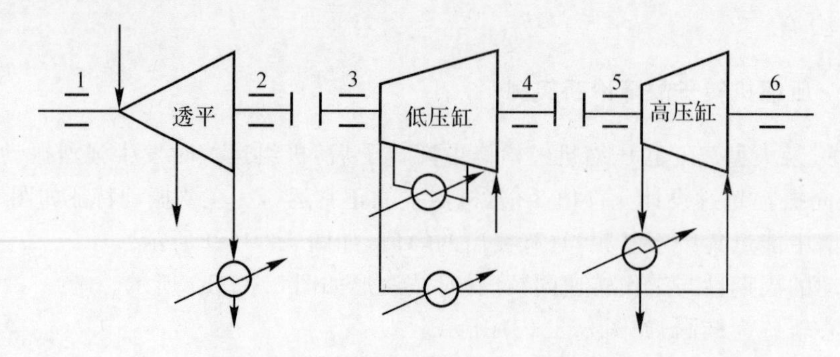

图 5.34 透平压缩机组整体布置示意图

检修后启动机组时，透平和压缩机低压缸运行正常，而压缩机高压缸振动较大(在允许范围内)；机组运行一周后压缩机高压缸振动突然加剧(见图 5.35)，测点 4,5 的径向振动增大，其中测点 5 振动值增加 2 倍，测点 6 的轴向振动加大，透平和压缩机低压缸的振动无明显变化；机组运行两周后，高压缸测点 5 的振动值又突然增加 1 倍，超过设计允许值，振动剧烈，危及生产。

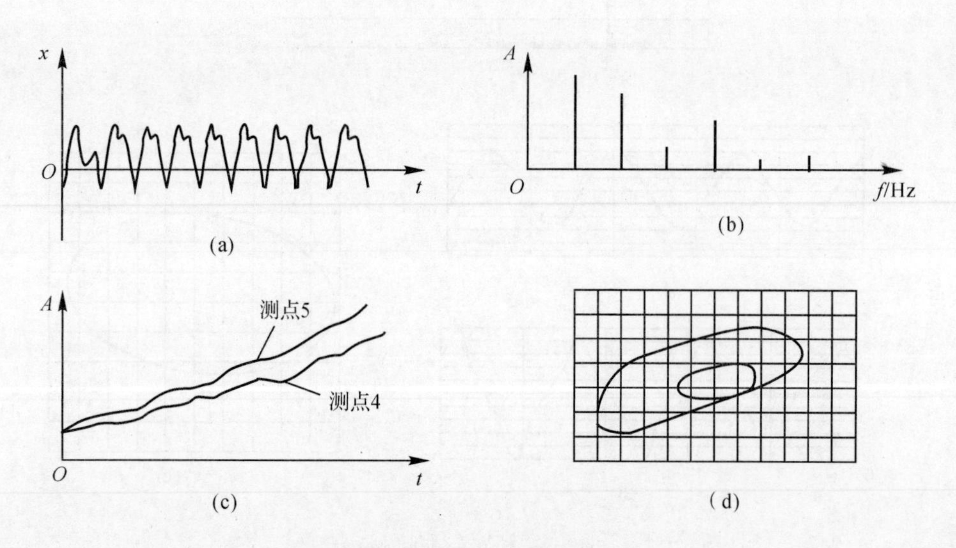

图 5.35 异常振动特征

(a) 时域波形；(b) 幅值谱；(c) 振动趋势；(d) 轴心轨迹

压缩机高压缸主要振动特征如下：

(1) 连接压缩机高、低压缸之间的连轴器两端振动较大。

(2) 测点 5 的振动波形畸变为基频与倍频的叠加波，频谱中 2 倍频谐波具有较大的峰值。

(3) 轴心轨迹为双椭圆复合轨迹。

(4) 轴向振动较大。

(1) 诊断意见。压缩机高压缸与低压缸之间转子对中不良，连轴器发生故障，必须紧急停机检修。

(2) 生产验证。检修人员做好准备工作后，操作人员按正常停机处理。根据诊断结论，重点对机组连轴器局部解体检查发现，联接压缩机高压缸与低压缸之间的连轴器(半刚性连轴器) 固定法兰与内齿套的连接螺栓已断掉 3 只。

复查转子对中情况，发现对中严重超差，不对中量大于设计要求 16 倍。

同时发现连接螺栓的机械加工和热处理工艺不符合要求，螺栓根部应力集中，且热处理后未进行正火处理，金相组织为淬火马氏体，螺栓在拉应力作用下脆性断裂。

根据诊断意见及分析检查结果，重新对中找正高压缸转子，并更换上符合技术要求的连接螺栓，重新启动后，机组运行正常，避免了一次恶性事故。

问题 3　某气体压缩机运行期间，状态一直不稳定，大部分时间振值较小，但蒸汽透平时常有短时强振发生，有时透平前后两端测点在一周内发生了 20 余次振动报警现象，时间长者达半小时，短者仅 1 min 左右。图 5.36 是透平 1# 轴承的频谱趋势，图 5.37、图 5.38 分别是该测点振值较小时和强振时的时域波形和频谱图。经现场测试、数据分析，发现透平振动具有如下特点：

(1) 正常时，机组各测点振动均以工频成分(143.3 Hz) 幅值最大，同时存在着丰富的低次谐波成分，并有幅值较小但不稳定的 69.8 Hz(相当于 0.49×) 成分存在，时域波形存在单边削顶现象，呈现动静件碰磨的特征。

(2) 振动异常时，工频及其他低次谐波的幅值基本保持不变，但透平前后两端测点出现很大的 0.49× 成分，其幅值大大超过了工频幅值，其能量占到通频能量的 75% 左右。

(3) 分频成分随转速的改变而改变，与转速频率保持 0.49× 左右的比例关系。

(4) 将同一轴承两个方向的振动进行合成，得到提纯轴心轨迹。正常时，轴心轨迹稳定，强振时，轴心轨迹的重复性明显变差，说明机组在某些随机干扰因素的激励下，运行开始失稳。

(5) 随着强振的发生，机组声响明显异常，有时油温也明显升高。

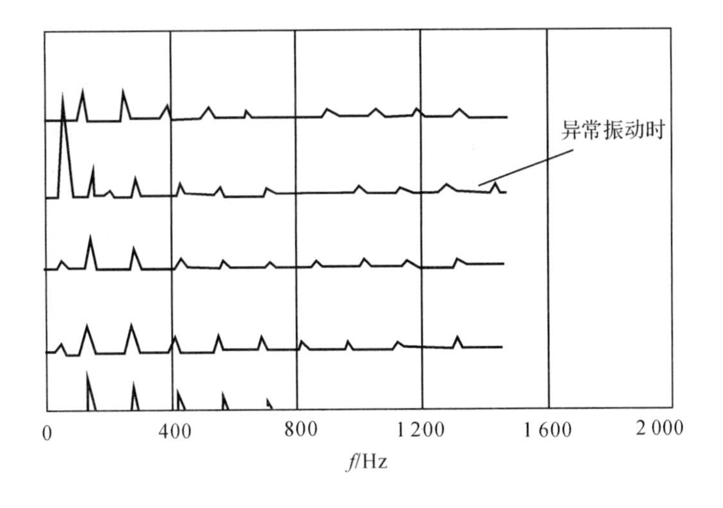

图 5.36　透平 1# 轴承的频谱趋势

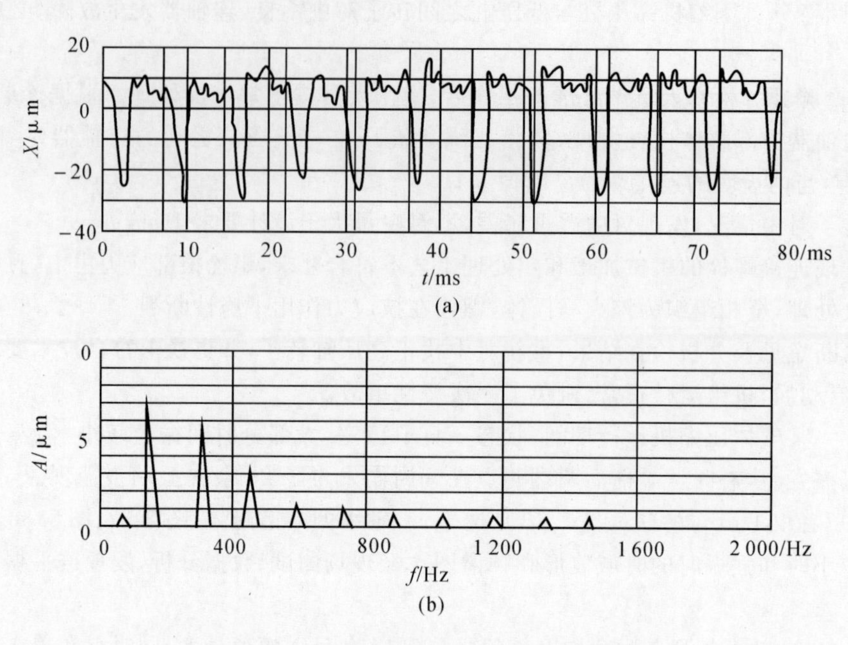

图 5.37 测点振值较小时的时域波形与频谱

(a) 时域波形；(b) 幅值谱

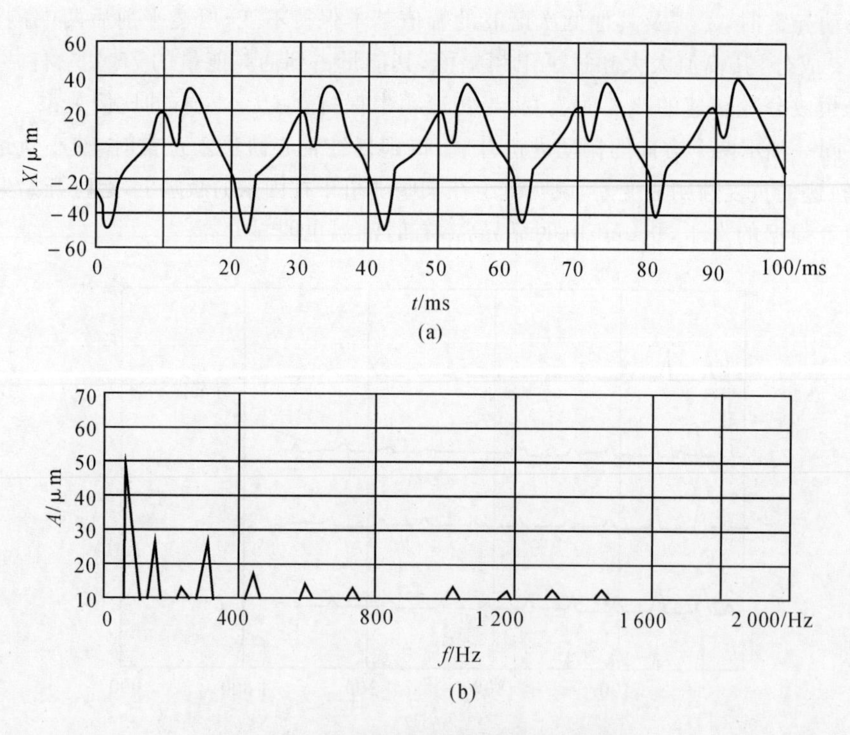

图 5.38 测点强振时的时域波形与频谱

(a) 时域波形；(b) 幅值谱

(1) 诊断意见。根据现场了解到，压缩机第一临界转速为 3 362 r/min，透平的第一临界转速为 8 243 r/min，根据上述振动特点，判断故障原因为油膜涡动。根据机组运行情况，建议降低负荷和转速，在加强监测的情况下，维护运行等待检修机会处理。

(2) 生产验证。机组一直平稳运行至当年大检修。检修中将轴瓦形式由原先的圆筒瓦更新为椭圆瓦片后，以后运行一直正常。

问题 4　某大型透平压缩机，在开车启动过程中，发生异常振动，转速升不上去，其振动波形有削波现象，如图 5.39 所示；频谱图中有丰富的次谐波及高频谐波，如图 5.40(a) 所示；轴心轨迹的涡动方向为反向涡动，如图5.40(b) 所示。

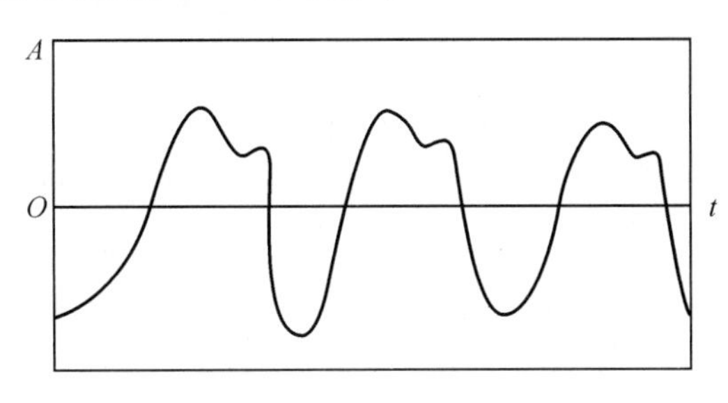

图 5.39　局部摩擦削波效应

(1) 诊断意见。根据摩擦故障的机理及其振动特征可知，该机器在升速过程中发生了严重摩擦故障。

(2) 生产验证。经拆机检查，该机转子的动平衡精度超差，在升速过程中造成转子与密封之间摩擦。不仅密封损坏，而且转子严重偏磨。

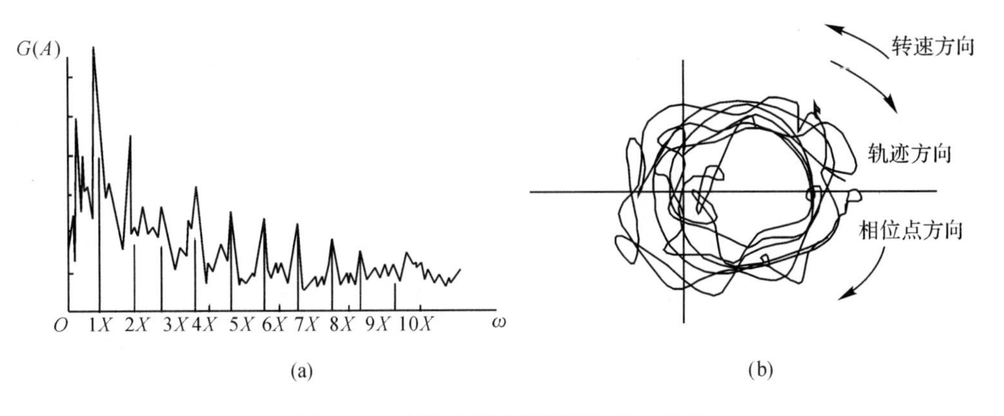

图 5.40　压缩机振动频谱图与轴心轨迹

(a) 压缩机振动频谱图；(b) 轴心轨迹

问题 5　某厂的透平压缩机组，检修前一直运行正常，该机组按常规检修后开车运行时，压缩机的振动逐步加剧，其振幅超过设计允许值的 3 倍左右，振动剧烈，与其相连的管道及机座等同时发生强烈振动，并伴有低沉吼叫声。

压缩机强烈振动过程具有不规律的周期性，对工作转速、负荷、介质流量和压力的变化很敏感，其异常振动的时域波形轴心轨迹及频谱图，如图 5.41 及图 5.42 所示。

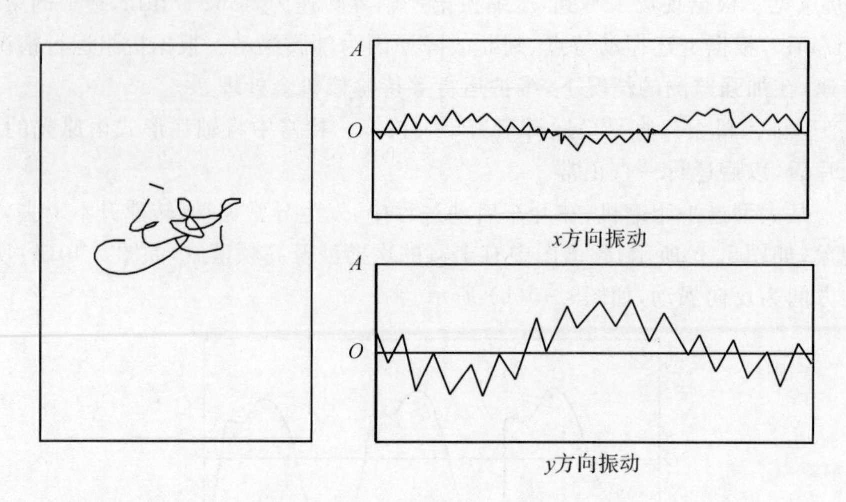

图 5.41　轴心轨迹和时域波形

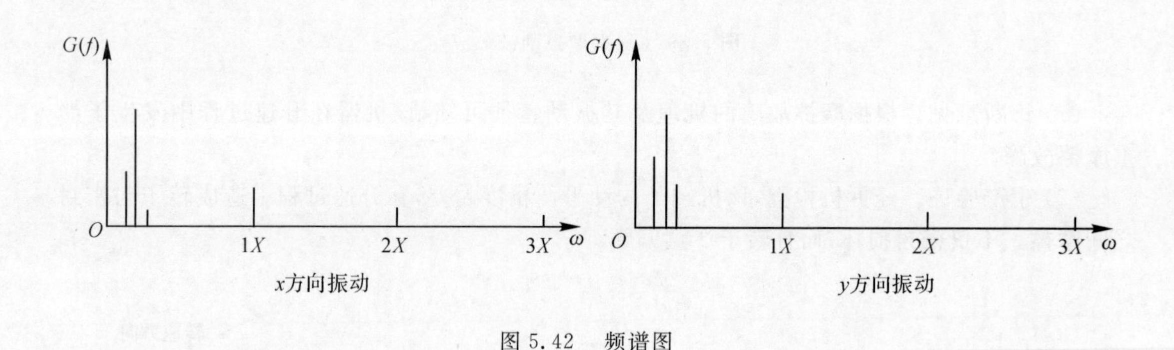

图 5.42　频谱图

由图5.41及图5.42可知，压缩机发生异常振动时，轴心轨迹紊乱，有小于10 Hz的次谐波峰值，该谐波的幅值大幅度波动时伴随产生低沉吼声。

(1) 诊断意见。根据以上主要特征，诊断意见是该机组的压缩机发生喘振。其主要原因是由于有异物阻塞滤清器或压缩机流道。

(2) 生产验证。根据诊断意见对压缩机进行停机检查，发现该压缩机的气体入口处的滤清器外部滤网损坏后，其断碎残物将滤清器阻塞，从而造成压缩机的实际流量不足而发生喘振。

将压缩机的滤清器处理后，机组异常振动消失，运行正常。

旋转机械的振动原因分析、征兆变化等参见表5.2和表5.3。该表是美国Mosanto石油化工公司C. Jackson在J. S. Sohre振动特征分析表的基础上编写的，在旋转机械的振动分析、故障诊断领域得到了广泛的应用，表中数字为所示特征占有的百分比。

表 5.2　旋转机械振动原因分析、征兆变化一般规律

序号	振动原因	主要频率											主要振幅方向			主要振幅位置					
		0%～40%工频	40%～50%工频	50%～100%工频	1×工频	2×工频	高阶工频	$\frac{1}{2}$×工频	$\frac{1}{3}$×工频	低阶工频	奇数频率	极高频率	垂直	水平	轴向	轴	轴承	壳体	基础	管道	联轴节
	1	2	3	4	5	6	7	8	9	10	11	12	13	14	15	16	17	18	19	20	21
1	初始不平衡	—	—	—	90	5	5	—	—	—	—	—	40	50	10	90	10	—	—	—	—
2	转子呈永久性弓形变形或缺掉一块叶片	—	—	—	90	5	5	—	—	—	—	—	—	—	—	—	—	—	—	—	—
3	转子临时性弓性弯曲	—	—	—	90	5	5	—	—	—	—	—	—	—	—	—	—	—	—	—	—
4	机壳临时性变形	←	10	→	80	5	5	—	—	—	—	—	—	—	—	—	—	—	—	—	—
5	机壳永久性变形	←	10	→	80	5	5	—	—	—	—	—	—	—	— ↓	↓	—	—	—	—	
6	基础变形	—	20	—	50	20	—	—	—	—	10	—	↓	↓	↓	40	30	10	10	10	—
7	密封摩擦	10	10	10	20	10	10	—	—	10	10	10	30	40	30	80	10	10	—	—	—
8	转子轴向摩擦	←	20	→	30	10	10	—	—	10	10	10	30	40	30	70	10	20	—	—	—
9	不对中	—	—	—	40	50	10	—	—	—	—	—	20	30	50	80	10	10	—	—	—
10	管道力	—	—	—	40	20	10	—	—	—	—	—	20	30	50	80	10	10	—	—	—
11	轴颈和轴承偏心	—	—	—	80	20	—	—	—	—	—	—	40	50	10	90	10	—	—	—	—
12	轴承损坏	20	→	→	40	20	—	—	—	—	—	20	30	40	30	70	20	10	—	—	—
13	轴承和支承激励振动（如油膜涡动）	10	70	—	—	—	—	10	10	—	—	—	40	50	10	50	20	20	10	—	—
14	轴承在水平和垂直方向刚度不等	—	—	—	—	80	20	—	—	—	—	—	40	50	10	40	30	30	—	—	—
15	推力轴承损坏	90	→	→	→	→	—	—	—	—	—	10	20	30	50	60	20	20	—	—	—

续 表

序号	振动原因	主要频率											主要振幅方向			主要振幅位置					
		0%～40%工频	40%～50%工频	50%～100%工频	1×工频	2×工频	高阶工频	$\frac{1}{2}$×工频	$\frac{1}{3}$×工频	低阶工频	奇数频率	极高频率	垂直	水平	轴向	轴	轴承	壳体	基础	管道	联轴节
	1	2	3	4	5	6	7	8	9	10	11	12	13	14	15	16	17	18	19	20	21
16	转子零件在轴上配合不紧	主要振动频率显示为第一临界或共振频率											40	50	10	60	20	20	—	—	—
		40	40	10	—	—	—	—	—	—	10	—									
17	轴瓦问题	90	→	—	—	—	—	—	—	—	10	—	40	50	10	80	10	10	—	—	—
18	轴承箱问题	90	→	—	—	—	—	—	—	—	10	—	40	50	10	70	20	10	—	—	—
19	机壳和支承问题	90	→	—	—	—	—	—	—	—	50	—	40	50	10	50	20	30	—	—	—
20	齿轮不精密	50	—	—	—	—	—	—	—	—	20	60	30	50	20	80	10	10	—	—	—
21	联轴节不精密或损坏	—	—	—	—	—	20	—	—	—	—	—	30	40	30	70	20	—	—	—	10
22	转子和轴承系统临界	10	20	10	20	30	10	—	—	—	—	—	40	50	10	70	30	—	—	—	—
23	联轴节临界	—	—	—	100	确信联轴节齿配合是紧密的							20	40	40	10	10	—	—	—	—
24	悬臂端临界	—	—	—	100	—	—	—	—	—	—	—	40	50	10	70	10	—	—	—	20
25	机壳结构共振	—	10	—	70	10	—	10	—	—	—	—	40	50	10	—	40	40	10	10	—
26	支承共振	—	10	—	70	10	—	10	—	—	—	—	40	50	10	—	20	50	20	10	—
27	基础共振	—	20	—	60	10	—	10	—	—	—	—	30	40	30	—	10	40	40	10	—
28	压力脉动	如果和共振结合，最容易出现故障									100	—	30	40	30	能激励涡动或共振		30	30	40	—
29	电激励振动	线频、多倍线频或差频											30	40	30			40	40	20	—
30	振动传递	—	—	—	—	—	—	—	—	—	90	—	30	40	30			40	40	20	
31	阀件振动	—	—	—	—	—	—	—	—	—	—	100	30	40	30	—	—	80	10	10	—

续 表

问题名称		以下各项可用来区别基本问题																			
32	次谐波共振					100	30	30			40	20	20	20	20						
33	谐波共振	—	—	—	100	←	—	→	—	—	—	—	40	40	20	20	10	10	30	30	—
34	摩擦诱发涡动	80	10	10	—	—	—	—	—	—	—	—	40	50	10	80	20	—	—	—	—
35	临界速度	—	—	—	100	—	—	—	—	—	—	—	40	50	10	60	40	—	—	—	—
36	共振振动	—	—	—	100	—	—	—	—	—	—	—	40	50	20	20	10	20	30	20	—
37	油膜涡动	—	80					10	5	5				40	50	10	80	20	—	—	—
38	油膜振荡	—	100	—	—	—	—	—	—	—	—	—	40	50	10	20	20	20	20	20	—
39	干摩擦涡动	—	—	—	—	—	—	—	—	—	—	100	30	40	30	40	20	20	10	—	10
40	间隙诱发振动	10	80	10	—	—	—	—	—	—	—	—	40	50	10	70	10	10	—	—	10
41	扭转共振	—	10	—	40	20	20	—	—	—	10	—	—	—	扭转 100	50	40	—	—	—	10
42	瞬态扭转	—	—	—	50	—	—	—	—	—	50	—	—	—	扭转 100	50	40	—	—	—	10

表 5.3　旋转机械振动分析、征兆变化一般规律

序号	振动原因	升速和降速时振幅随转速的变化											
		升速						降速					
		振幅不变	随转速增加	随转速下降	出现峰值	突然上升	突然下降	振幅不变	随转速增加	随转速下降	出现峰值	突然上升	突然下降
	1	22	23	24	25	26	27	28	29	30	31	32	33
1	初始不平衡		100							100			
2	转子呈永久性弓形变形或缺掉一块叶片		100							100			
3	转子临时性弓性弯曲	30	60	5	峰值在临界转速	5		30	5	50	峰值在临界转速	5	10
4	机壳临时性变形	30	50	5		5	10	30	5	50		5	10
	机壳永久性变形	40	60					40		60			
5	基础变形	20	80					20		80			
6	密封摩擦	10	70			10	10	10		70		10	10
7	转子轴向摩擦	10	40	10		20	20	10		50		20	20
8	不对中	20	30	10		20	20	20		40		20	20
9	管道力	20	40			20	20	20		40		20	20
10	轴颈和轴承偏心	40	50	10				40	10	50			
11	轴承损坏	10	50	10		20	10	10	10	50		10	20

续　表

序号	振动原因	升速和降速时振幅随转速的变化											
		升　速						降　速					
		振幅不变	随转速增加	随转速下降	出现峰值	突然上升	突然下降	振幅不变	随转速增加	随转速下降	出现峰值	突然上升	突然下降
	1	22	23	24	25	26	27	28	29	30	31	32	33
12	轴承和支承激励振动（如油膜涡动）		10			90				10			90
13	轴承在水平和垂直方向刚度不等		40		50	10				40	50		10
14	推力轴承损坏	20	50	10		10	10	20	10	50		10	10
15	部件装配过盈不足：轴承套过盈不足					90	10					10	90
	部件装配过盈不足：轴承与轴瓦之间过盈不足					90	10					10	90
	部件装配过盈不足：轴承与箱体之间过盈不足					90	10					10	90
	部件装配过盈不足：箱体与支座之间过盈不足					90	10					10	90
16	齿轮不精密或损坏	20	20	20	20	10	10	20	20	20	20	10	10
17	联轴节不精密或损坏	10	20		20	40	10	10		20	20	10	40

续　表

序号	振动原因	升速和降速时振幅随转速的变化											
		升　速						降　速					
		振幅不变	随转速增加	随转速下降	出现峰值	突然上升	突然下降	振幅不变	随转速增加	随转速下降	出现峰值	突然上升	突然下降
	1	22	23	24	25	26	27	28	29	30	31	32	33
18	气体动力激励	20	20	20		30	10	20	20	20		10	30
19	转子和轴承系统临界		20		80					20	80		
20	连轴器临界		20		80					20	80		
21	悬臂端临界		30		70					30	70		
22	结构共振：机壳等结构共振		20		80					20	80		
	结构共振：支承共振		20		80					20	80		
	结构共振：基础共振		20		80					20	80		
23	压力脉动	90	10，与扰动源有关					90			10		
24	受电磁激励振动	90			10			90			10		
25	振动传递	90			10			90			10		
26	油封受激振动		30			70				50			50
	问题名称	以下各项用来识别基本问题											
27	次谐波共振		20		20	30	30			20	20	30	30

续　表

序号	振动原因	升速和降速对振幅随转速的变化											
		升　速						降　速					
		振幅不变	随转速增加	随转速下降	出现峰值	突然上升	突然下降	振幅不变	随转速增加	随转速下降	出现峰值	突然上升	突然下降
	1	22	23	24	25	26	27	28	29	30	31	32	33
28	谐波共振	20	20		60			20		20	60		
29	摩擦诱发涡动					90	10					10	90
30	临界速度		20		80					20	80		
31	共振振动		20		80					20	80		
32	油膜涡动					100							100
33	油膜振荡					80	20					20	80
34	干摩擦涡动					80	20	80					20
35	间隙诱发振动					80	20	20				20	60
36	扭转共振		20		30	30	20	20			30	20	30
37	瞬态扭转				50	30	20				50	30	20

5.4 滚动轴承故障及其诊断技术

滚动轴承是设备中常见的部件,其运行状态直接影响整台设备的功能,因此对其运行状态进行监测和故障诊断具有重要意义。滚动轴承的监测和诊断方法很多,如振动监测与诊断法、温度监测法、声强分析法、油液分析法等。

5.4.1 滚动轴承故障的基本形式

1. 疲劳剥落

在滚动轴承中,滚道和滚动体表面既承受载荷,又相对滚动。由于交变载荷的作用,首先在表面一定深度处形成裂纹,继而扩展到使表层形成剥落坑,最后发展到大片剥落。这种疲劳剥落现象造成了运行时的冲击载荷,使振动和噪声加剧。疲劳剥落是滚动轴承失效的主要形式,一般所说的轴承寿命就是指轴承的疲劳寿命。滚动轴承的疲劳寿命分散性很大,同一批轴承中,其最高寿命和最低寿命的可以相差几十倍甚至上百倍。

2. 磨损

滚道和滚动体间的相对运动及杂质异物的侵入都会引起表面磨损,润滑不良加剧了磨损。磨损导致轴承游隙增大,表面粗糙,降低了机器运行精度,增大了振动和噪声。

3. 塑性变形

轴承因受到过大的冲击载荷、静载荷、落入硬质异物等在滚道表面上形成凹痕或划痕,而且一旦有了压痕,压痕引起的冲击载荷会进一步使邻近表面剥落。载荷的累积作用或短时超载会引起轴承的塑性变形,这将使轴承在运转过程中产生剧烈的振动和噪声。

4. 腐蚀

润滑油、水或空气中水分引起的表面锈蚀,轴承内部有较大电流通过造成的电腐蚀,以及轴承套圈在座孔中或轴颈上微小相对运动造成的微振腐蚀。锈蚀是滚动轴承最严重的问题之一,高精度轴承可能会由于表面锈蚀导致精度丧失而不能继续工作。

5. 断裂

常因载荷过大或疲劳引起轴承零件破裂。热处理、装配引起的残余应力,运行时的热应力过大也会引起断裂。

6. 胶合

在润滑不良,高速重载下,由于摩擦发热,轴承零件可以在极短时间内达到很高的温度,导致表面烧伤,或某处表面上的金属黏附到另一表面上的现象。

7. 保持架损坏

由于装配或使用不当可能会引起保持架发生变形,增加它与滚动体之间的摩擦,甚至使某些滚动体卡死不能滚动,也有可能造成保持架与内外圈发生摩擦等,进而使噪声与发热加剧,导致轴承损坏。

5.4.2 滚动轴承的振动机理与故障特征

滚动轴承的振动,原则上分为与轴承的弹性有关的振动和与轴承滚动表面状况有关的振动两种类型。前者不论轴承正常或异常,振动都要发生,它虽与轴承异常无关,但却决定了振动系统的传递特性；后者则反映了轴承的损伤状况。

1. 滚动轴承的固有振动

轴承工作时，滚动体与内环或外环之间可能产生冲击而诱发轴承元件的振动。这种振动是一种强迫振动，当振动频率与轴承元件固有频率相等时振动加剧。固有频率仅取决于元件本身的材料、形状和质量，与轴转速无关。

钢球的固有频率为

$$f_{bm}=\frac{0.424}{r}\sqrt{\frac{E}{2\rho}} \tag{5-36}$$

式中　r—— 钢球的半径(m)；

ρ—— 材料密度(kg/m^3)；

E—— 弹性模量(N/m^2)。

当滚动轴承为钢材时，其内外环的固有振动频率为可用下式计算：

$$f_{(i,o)n}=9.40\times10^5\times\frac{h}{D^2}\times\frac{n(n^2-1)}{\sqrt{n^2+1}} \tag{5-37}$$

式中　h—— 圆环的厚度(mm)；

D—— 圆环中性轴的直径(m)；

n—— 节点数。

一般滚动轴承元件固有频率由数千赫到数十千赫，是频率非常高的振动。

2. 承载状态下滚动轴承的振动

(1) 滚动轴承在承载时，由于在不同位置承载滚子数目不同，因而承载刚度有变化，引起轴心起伏波动。它由滚动体公转而产生，这种振动有时称为滚动体的传输振动。其振动主要频率成分为 f_cZ。其中 Z 为滚动体数目，f_c 为滚动体公转频率。

(2) 轴承刚度非线性引起的振动。滚动轴承是靠滚道与滚动体的弹性接触来承受载荷的，具有弹簧的性质。当轴承的润滑状态不良时，就会呈现非线性弹簧的特性。

例如，轴向弹簧的非线性导致在推力方向产生异常振动，其频率有轴的旋转频率 f_n 及高次谐波 $2f_n,3f_n,\cdots$，分数谐波 $\frac{1}{2}f_n,\frac{1}{3}f_n,\cdots$。但是这种振动多半发生在深槽球轴承上，在自动调心型和滚子轴承上不常发生。

(3) 轴承制造或装配的原因引起的振动：

1) 加工面波纹引起的振动，其频率比滚动体在滚道上的通过频率高很多倍。

2) 轴弯曲或轴装歪，由于轴承偏斜引起的振动，其振动频率成分为 $f_cZ\pm f_n$。

3) 滚动体大小不均匀引起的振动，其频率包括滚动体公转频率 f_c 及 $nf_c\pm f_n$(其中 $n=1,2,\cdots$)，频率数值一般在 1 kHz 以下。

4) 装配过紧或过松引起的振动。当滚动体通过特定位置时，会产生频率相应于滚动体通过周期的周期振动。

(4) 滚动轴承的声响。滚动轴承在运转过程中产生的振动通过空气传播而成为声音，因此，机器运转环境声音中包含着轴承状态的信息。轴承声响有如下几种：

- 轴承声响
  - 轴承本质的声音
    - 滚道声
    - 辗扎声
  - 与制造有关的声音
    - 保持架声音
    - 高频振动声
  - 与使用有关的声音
    - 伤痕声
    - 尘埃声

轴承本质的声音是所有轴承运转时都有的声音。滚道声是滚动体在滚动面上滚动而发生的，是连续的，与固有振动有关，频率一般都在 1 kHz 以上，且与轴承转速有关；辗扎声主要发生在脂润滑的低速重载圆柱滚动轴承中。

保持架声音是由保持架的自激振动引起的，保持架振动时会与滚动体发生冲撞而发出声音。高频振动声是由加工面的波纹引起的振动而发出的声音。

伤痕声是由滚动面上的压痕或锈蚀引起的，具有周期性，而尘埃声是非周期性的。

3. 故障轴承的振动

滚动轴承故障的种类是各种各样的，大体可区分为疲劳剥落损伤、磨损、胶合等有代表性的 3 种类型。

(1) 疲劳剥落损伤。这类故障包括表面剥落、裂纹、压痕等滚动面发生局部损伤的异常状态。

在发生表面剥落时，会产生冲击振动。这种振动从性质上可分成两类：第一类是由于轴承元件的缺陷，滚动体依次滚过工作面缺陷受到反复冲击而产生的低频脉动，称为轴承的“通过振动”，其发生周期可从转速和零件的尺寸求得。例如，在轴承零件的圆周上发生了一处剥落时，由于冲击振动所产生的相应频率称为“通过频率”，因剥落的位置不同而不同，为便于推导轴(轴承) 旋转时运动元件缺陷的特征频率，现作假设：① 滚动体与滚道之间无滑动；② 每个滚动体直径相同，均匀分布在内外滚道之间；③ 径向、轴向受载荷时各部分无变形。

1) 不受轴向力时轴承缺陷特征频率：

① 外环固定，内环随轴转动。由图 5.43(a) 可知，内环滚道的切线速度为

$$V_i = \omega r = 2\pi f_n \frac{D_i}{2} = \pi D_i f_n = \pi(D_m - d) f_n \tag{5-38}$$

式中 d—— 滚动体直径；

D_i—— 内环滚道的直径；

D_m—— 轴承滚道节径；

f_n—— 轴的旋转频率。

由于滚动体滚而不滑，所以滚动体与内环接触点 A 的速度为

$$V_A = V_i \tag{5-39}$$

又因外环固定，所以滚动体与接触点 D 的速度为

$$V_D = 0 \tag{5-40}$$

而滚动体中心 B 的速度(即保持架的速度) 为

$$V_B = \frac{1}{2} V_A = \frac{\pi}{2}(D_m - d) f_n \tag{5-41}$$

单个滚动体(或保持架) 相对于外环的旋转频率为

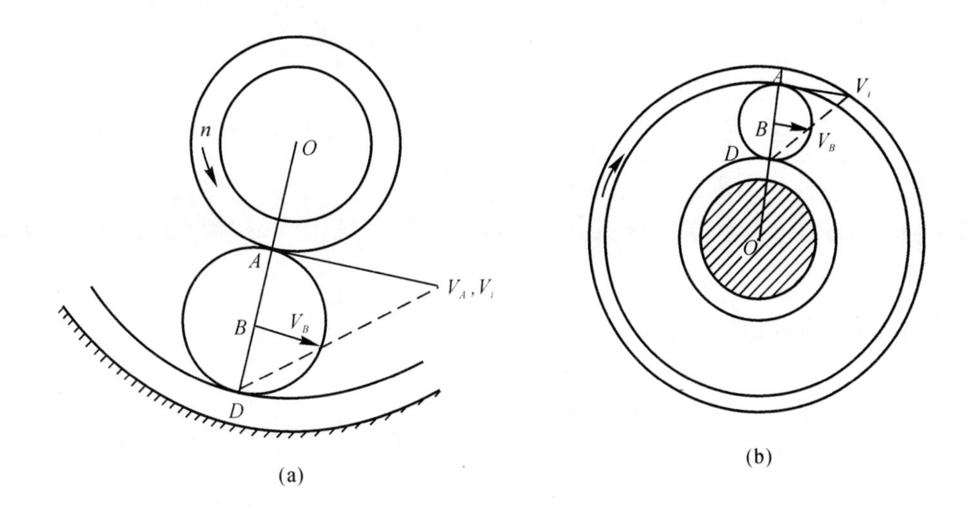

图 5.43　滚动轴承运动分析

$$f_{BO}=\frac{V_B}{l_m}=\frac{\frac{\pi}{2}(D_m-d)f_n}{\pi D_m}=\frac{1}{2}(1-\frac{d}{D_m})f_n \tag{5-42}$$

式中　l_m—— 滚动体节圆周长。

② 内环固定,外环转动。若外环的旋转频率仍为 f_n,则保持架相对内环的切向速度从图 6.1(b) 可知为

$$V_B=\frac{1}{2}V_A=\frac{\pi}{2}(D_m+d)f_n \tag{5-43}$$

单个滚动体(或保持架) 相对内环的旋转频率为

$$f_{Bi}=\frac{V_B}{l_m}\frac{\frac{\pi}{2}(D_m+d)f_n}{\pi D_m}=\frac{1}{2}(1+\frac{d}{D_m})f_n \tag{5-44}$$

③ 内外环均转动。若内外环相对转动频率仍为 f_n,则当内外环同向旋转时,两者相对转动频率等于内外环转动频率之差;反向旋转时,为两频率之和。

④ 内环有一缺陷时的特征频率。如果内环滚道上某一处有缺陷,则 Z 个滚动体滚过该缺陷时的频率为

$$f_i=Zf_{Bi}=\frac{1}{2}(1+\frac{d}{D_m})f_nZ \tag{5-45}$$

如果外环滚道有一处缺陷时,这 Z 个滚动体滚过该缺陷时的通过频率为

$$f_o=Zf_{Bo}=\frac{1}{2}(1-\frac{d}{D_m})f_nZ \tag{5-46}$$

滚动体相对于外环的转动频率为

$$f_{ro}=f_{Bo}\frac{\pi(D_m+d)}{\pi d}=\frac{1}{2}(1-\frac{d^2}{D_m^2})f_n\frac{D_m}{d} \tag{5-47}$$

滚动体相对于内环的转动频率为

$$f_{ri}=f_{Bi}\ \frac{\pi(D_m-d)}{\pi d}=\frac{1}{2}(1-\frac{d^2}{D_m^2})f_n\ \frac{D_m}{d} \tag{5-48}$$

可见
$$f_{ri}=f_{ro}$$

⑤ 一个滚动体某处有一缺陷时的特征频率。如果该滚动体每自转一周,只冲击内环滚道一次,则其频率为

$$f_{rs}=\frac{\pi}{2D_m d}=\frac{1}{2}(1-\frac{d^2}{D_m^2})f_n\ \frac{D_m}{d} \tag{5-49}$$

如果滚动体是滚珠,其运转中,有自转、公转还会发生摇摆,滚珠表面缺陷对滚道有时有冲击,有时没有,会出现断续性故障频率信号。

⑥ 保持架与内外环发生碰撞。保持架碰外环的频率为

$$f_{Bo}=\frac{1}{2}(1-\frac{d}{D_m})f_n \tag{5-50}$$

保持架碰内环的频率为

$$f_{Bi}=\frac{1}{2}(1+\frac{d}{D_m})f_n \tag{5-51}$$

2) 受轴向力时轴承缺陷特征频率。由于滚珠轴承具有相当大的间隙,在承受轴向力时就会形成如图 5.44 所示的状态;轴承内外环轴向相互错开,滚珠与滚道接触并由 A,B 点移到 C,D 点。此时,虽轴承的节径(中径)不变,但内滚道的工作直径变大,外滑道的工作直径变小。就是说滚珠的工作直径由 d 变为 $d\cos\alpha$。受轴向力时,轴承缺陷特征频率具有如下形式:

内轨道缺陷:

$$f_i=\frac{1}{2}(1+\frac{d}{D_m}\cos\alpha)f_n Z \tag{5-52}$$

外轨道缺陷:

$$f_o=\frac{1}{2}(1-\frac{d}{D_m}\cos\alpha)f_n Z \tag{5-53}$$

滚珠缺陷:

$$f_{rs}=\frac{1}{2}(1+\frac{d^2}{D_m^2}\cos^2\alpha)f_n\ \frac{D_m}{d} \tag{5-54}$$

保持架碰外环:

$$f_{Bo}=\frac{1}{2}(1-\frac{d}{D_m}\cos\alpha)f_n \tag{5-55}$$

保持架碰内环:

$$f_{Bi}=\frac{1}{2}(1+\frac{d}{D_m}\cos\alpha)f_n \tag{5-56}$$

式中 α—— 轴承的压力角。

正常情况下,滚动轴承的振动时域波形如图 5.45 所示。其波形有两个特点:一是无冲击,二是变化慢。

轴承元件发生异常时,就会发生冲击脉冲振动,并将激发系统或结构的高频响应。

滚动体通过频率一般在 1 kHz 以下,是滚动轴承重要信息特征之一。但由于这一频带中的噪声,特别是机器中流体动力噪声的干扰很大,所以目前直接利用这一频带诊断轴承故障已

不多见，而是利用固有振动来进行故障诊断。

根据频带不同，在轴承故障诊断中可利用的固有振动有 3 种：

① 轴承外圈一阶径向固有振动。其频带在 1 ～ 8 kHz 范围内。在诸如离心泵、风机、轴承寿命试验机这类简单机械的滚动轴承故障诊断中，这是一种方便的诊断信息。

② 轴承其他元件的固有振动。其频带在 20 ～ 60 kHz 范围内，能避开流体动力噪声，信噪比高。

③ 加速度传感器的一阶固有频率。合理利用加速度传感器（安装）系统的一阶谐振频率作为监测频带，常在轴承故障信号提取中收到良好效果，其频率范围通常选择在 10 kHz 左右。

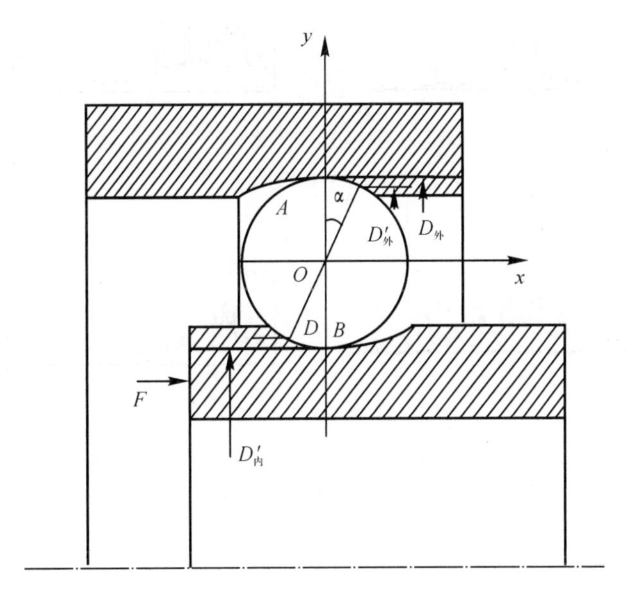

图 5.44　承受轴向力的滚珠轴承

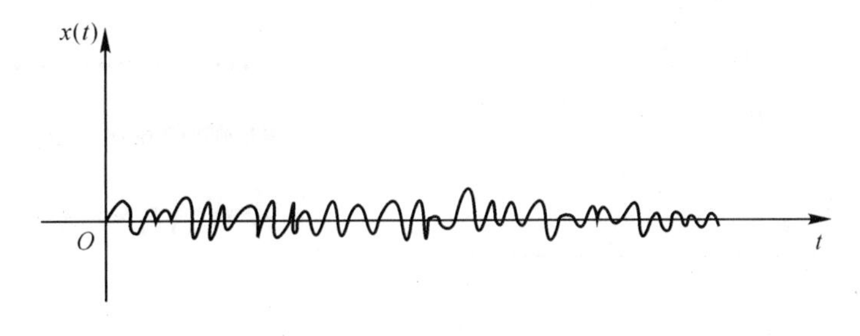

图 5.45　正常轴承的振动时域波形

疲劳状态下典型自功率频谱特征如图 5.46 所示。图中给出在通用疲劳寿命试验机上，309 轴承的正常、外圈疲劳、钢球疲劳和内圈疲劳状态下振动加速度的自功率谱图。对于正常轴承，频率成分多集中在 800 Hz 以下；轴承出现疲劳后，这部分的变化并不十分显著。但在某一中频带（对 309 轴承为 500 ～ 3 000 Hz），皆出现大量峰值群。研究表明，尽管不同元件疲劳时都会激起中心频率大体相同的中频峰群，且该峰群具有明显的脉冲调制特征，但各峰群间在调制频率方面有确定而明显的区别。

图 5.47 所示为滚动轴承正常和发生剥落时振动信号的幅值概率密度函数，剥落发生时，分布的幅度广，这是由于剥落所致的冲击振动。这样，根据概率密度函数的形状就可以进行异常诊断。

(2) 磨损。由于磨损，轴承的各种间隙增大，振动加剧，振动加速度峰值等指标均缓慢上升，如图 5.48 所示。由图 5.48 可见，磨损与正常轴承的振动相比，两者都是无规则的，振幅的概率密度大体均为正态分布，频谱亦无明显差别，只是振动有效值和峰值比正常时大。

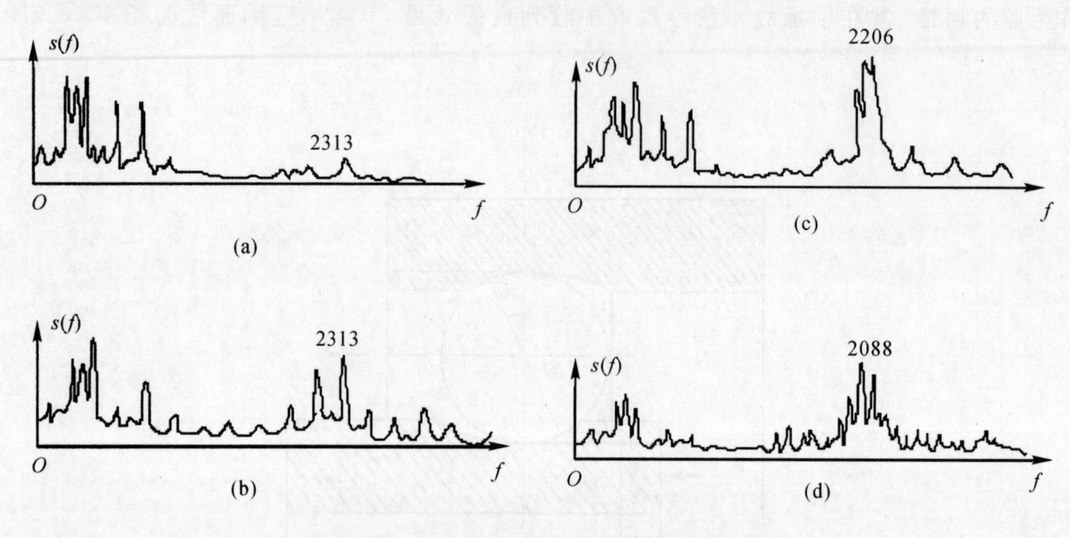

图 5.46 轴承不同状态下的振动加速度自谱

(a) 正常轴承；(b) 外圈疲劳；(c) 钢球疲劳；(d) 内圈疲劳

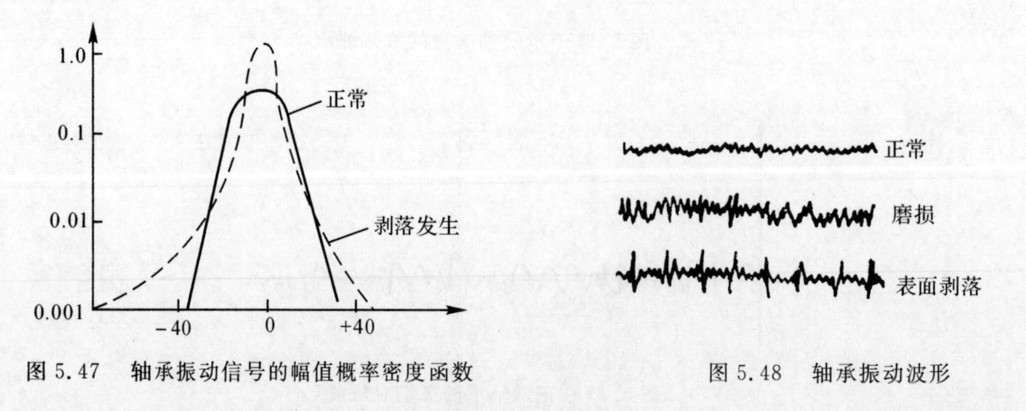

图 5.47 轴承振动信号的幅值概率密度函数

图 5.48 轴承振动波形

(3) 烧损。这类异常是由于润滑状态恶化等原因引起的。由于从烧损的征兆出现到不能旋转时间很短，因此难以预知或通过定期检查发现。烧损过程中，伴随着冲击振动，且找不出其发生的周期，轴承的振动急速增大。

5.4.3 转子-轴承系统振动测试信号解析模型分析

在转子系统中，当同时存在转子振动与轴承故障信号时，传感器采集到的混合振动信号可

表示为

$$v(t)=u(t)+f(t) \tag{5-57}$$

式中　$u(t)$—— 信号中的确定性成分，包括转子偏心、转子弯曲、转子不对中、齿轮啮合等产生的振动信号，通常具有能量大、确定性强的特点，主要集中在低频区；

$f(t)$—— 轴承故障产生的循环冲击响应成分，表现为具有不同时移的冲击响应分量的叠加，通常早期轴承故障产生的冲击响应比较微弱，能量主要集中在高频区。

为便于后续分析，假设：

(1) 转子转速平稳，即信号采集过程中转速保持不变。

(2) 振动信号只由一个传感器采集，转速信号由转速传感器同步采集。

(3) 确定性成分包含的单分量信号数远远小于循环冲击响应成分包含的单分量信号数。

1. 轴承故障信号模型

1984 年，为了研究轴承故障特征，McFadden 和 Smith 将故障产生的冲击力等效为一个周期脉冲序列，同时考虑传递路径、载荷分布等因素的影响，建立了轴承发生单点剥落时的振动信号模型，较好地解释了匀速工况下内、外圈故障信号频谱上出现的离散谱线特征以及它们与轴承参数之间的联系。在此基础上，采用一个独立增量过程来描述故障冲击的发生时间，建立了振动信号的随机模型，有效地模拟了故障冲击间隔出现的随机波动现象。该模型更接近实际工况中的振动信号，可以描述滚动体在内、外圈上出现随机打滑现象产生的影响。不失一般性，将轴承系统(含传感器) 简化为一个单自由度线性时不变系统，轴承故障振动可表示为

$$f(t)=\sum_{k=0}^{\infty}A_k\exp[-\zeta\omega_n(t-T_k)]\times\sin[\omega_n(t-T_k)+\varphi_k] \tag{5-58}$$

$$T_k=T_{k-1}+\Delta T_k \tag{5-59}$$

式中　A_k—— 第 k 个冲击响应信号的幅值，其大小由转速、载荷、故障大小、故障位置等因素共同决定；

$\omega_n=2\pi f_n$—— 系统的共振角频率；

f_n—— 共振频率；

ζ—— 相对阻尼系数；

φ_k—— 第 k 个冲击响应信号的初始相位角；

T_k—— 第 k 个冲击响应的发生时刻；

ΔT_k—— 第 k 个和第 $k-1$ 个冲击响应之间的时间间隔。

当载荷分布不均匀时，滚动体在内、外圈滚道上会出现打滑现象，$\{\Delta T_k, k=1,2,3,\cdots\}$ 会出现随机波动，波动程度与轴承的轴向与径向载荷比相关。因此，$\{T_k, k=1,2,3,\cdots\}$ 是一个独立增量过程。当滚动体不存在打滑现象时，该随机模型即退化为周期冲击响应模型。

令 ΔT 表示$\{\Delta T_k, k=1,2,3,\cdots\}$ 的均值，则随机波动量可采用$\{\Delta T_k, k=1,2,3,\cdots\}$ 的方差 $\sigma_{\Delta T}$ 表示，即

$$\Delta T=E\{\Delta T_k\}, k=1,2,3,\cdots \tag{5-60}$$

$$\mathrm{fluc}=\frac{\sigma_{\Delta T}}{\Delta T} \tag{5-61}$$

式中　$E\{\cdot\}$—— 均值算符。

值得注意的是，无论冲击响应之间的间隔是否出现随机波动，故障冲击响应都是循环地产

生,对应的循环特征由故障出现的位置决定。冲击响应的循环频率即为故障特征频率。为强调故障冲击响应的循环特征,将轴承故障振动信号命名为循环冲击响应信号。

2. 确定性成分模型

与轴承故障产生的循环冲击响应信号相比,转子偏心、弯曲、不对中、齿轮啮合等引起的振动通常具有较好的周期性,其频率远远低于故障冲击响应信号的载波频率。与轴承故障冲击响应信号的随机波动相对应,Antoni 和 Randall 等将该类信号命名为确定性成分,并指出其存在将会对轴承故障信号的提取产生较大的干扰。

不失一般性,假设确定性成分基频为 f_1,则确定性成分 $u(t)$ 可表示为对应的 Fourier 级数形式

$$u(t) \cong a_0 + \sum_{n=1}^{N} a_n \cos(n\omega_1 t) + b_n \sin(n\omega_1 t) \tag{5-62}$$

式中 $\omega_1 = 2\pi f_1$—— 确定性成分的基础角频率;

a_n 和 b_n—— 分别为第 n 阶谐波中余弦和正弦分量的幅值;

N—— 确定性成分的最大谐波阶数,即为确定性成分的单分量总数。

理论上,采用有限阶的 Fourier 级数表示周期信号都会存在如下式所示的误差。

$$\varepsilon_u = \sum_{n=N+1}^{+\infty} a_n \cos(n\omega_1 t) + b_n \cos(n\omega_1 t) \tag{5-63}$$

但是,由于确定性成分的能量主要集中在前几阶的谐波成分中,忽略高阶谐波成分不会引起太大的误差,因此,采用式(5-62)表示确定性成分是可行的,包含确定性成分和循环冲击响应成分的混合信号是多个单分量信号的综合,符合多分量信号特征。

5.4.4 滚动轴承振动故障诊断方法

滚动轴承的故障信号具有冲击振动的特点,频率高,衰减快,因此利用振动信号对其进行监测诊断时,应根据其特点,有针对性地采取特殊方法。

1. 测定位置和方向的选择

滚动轴承因故障引起的冲击振动由冲击点以半球面波方式向外传播,通过轴承零件、轴承座传到箱体或机架,能量损失很大,因此,测定位置应尽量靠近被测轴承的承载区,尽量减少中间传递环节,离轴承外圈的距离越近越直接越好。若轴承座露在外面,测定位置应选在轴承座上;若轴承座装在内部,测定位置应选在与轴承座连接刚性高的部分或基础上。测定时应在测定位置做出标记,每次测定不要改变位置,并注意测定部分表面的光滑性。

测定位置通常在水平(x)、垂直(y)、轴向(z)三个方向上。测量时,由于设备构造和安全等方面的限制,有时三个方向不可能都能,这时可在 x 与 z 或 y 与 z 两个方向上测定。对于高频振动,一般因无方向性,也可在一个方向上进行。

2. 测定参数的选择

滚动轴承所发生的振动,包含 1 kHz 以下的低频振动和数千赫兹乃至数十千赫兹的高频振动。振动的频率范围与异常类型有关。所以用振动信号对滚动轴承的故障进行诊断时,通常选振动速度和振动加速度作为测定参数。滚动轴承多应用于中小型机械,结构简单轻薄,因此,传感器的尺寸和重量应尽可能地小,以免对被测对象造成影响,改变测量振动频率和振幅大小。

3. 测定周期的确定

为发现初期异常,需要定期进行测定。测定周期确定的原则是根据劣化速度,应不致忽略严重的异常情况,并尽可能缩短。通常先确定一个基本的测定周期,当发现测定数据的变化征兆时,就应开始缩短测定周期,以符合实际情况的需要。如果条件允许,也可采用连续监测。

4. 测定标准的确定

测定方针确定之后,就应确定测定标准,以判断测出的值是正常还是异常。到目前为止,还没有能适用于所有设备的通用判断标准。在轴承振动诊断中,常用的标准有 3 类:

(1) 绝对标准。绝对标准是在规定了正确的测定方法后而制定的标准。它包括国际标准、国家标准、部颁标准、行业标准、企业标准等。使用绝对标准,必须用同一仪表、在同一部位、按相同的条件进行测量。选用绝对标准,必须注意掌握标准适用的频率范围和测定方法等。

(2) 相对标准。相对判断标准是对同一部位定期进行测定,并按时间先后进行比较,以正常情况下的值为基准值,根据实测值与基准的倍数比来进行判断的方法。

对于低频振动,通常规定实测值达到基准值的 1.5 ～ 2.0 倍时为注意区,约 4 倍时为异常区;对于高频振动,当实测值达到基准位的 3 倍时定为注意区域,6 倍左右时为异常区域。

应用相对判断标准,其测量值必须在相同条件下、用相同仪器、在同一位置进行定期测定而获得。

(3) 类比标准。类比判断标准是指将同型号的轴承,在同一时期内相同条件下的测定位置进行比较,以判断异常发生的程度。

使用上述三种判断标准时,一级优先选用绝对标准,但有时为了提高判断的准确度,也可将三类标准相互结合,综合使用。

5. 振动诊断方法

(1) 有效值和峰值判别法。有效值即均方根值。由于这个值是对时间取平均的,所以对磨损这类无规则振动波形的故障,其测定值变动小,虽可给出恰当的评价,但不宜用于对剥落、压痕一类具有瞬变冲击振动异常的判别,此时峰值比有效值适用。

(2) 峰值因数法。利用峰值因数进行诊断的优点是不受轴承尺寸、转速、负荷的影响,也不受传感器、放大器等灵敏度变化和振动信号绝对水平的影响,适用于点蚀类故障的诊断,可用于轴承故障的监测和早期预报,但这种方法对磨损这类异常几乎无检出能力。

(3) 概率密度分析法。轴承由于磨损、疲劳、腐蚀、断裂、压痕、胶合等因素会使轴承振幅增大,振动谐波增多(见图 5.49),高密度区增高,而两旁的低密度区向外扩展。此时利用峭度作为诊断特征量将很有效。

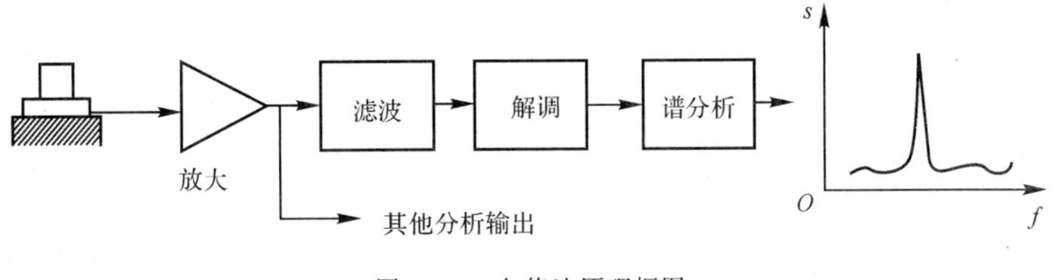

图 5.49　包络法原理框图

(4) 低频信号接收法。直接测量因精加工表面形状误差或疲劳剥落而出现的脉冲频率。此法由于易受流体动力噪声或其他干扰源影响,仅在简单机器的滚动轴承故障诊断中采用。

(5) 中频带通滤波法。首先设定相应带通滤波频带,检测轴承外圈一阶径向固有振动频率,根据其出现与否做出诊断。此法在离心泵、风机、轴承疲劳寿命试验上获得成功应用。

(6) 谐振动信号接收法。此法以 30 ~ 40 kHz 作为监测频带,捕捉轴承其他元件的固有振动信号作为诊断依据。此法对传感器频响特征要求很高。值得指出的是,恰当利用传感器本身的一阶谐振频率区作为监测频带,同样可以达到诊断滚动轴承故障的目的。

(7) 包络法。前已表明滚动轴承异常而在运行中产生脉动时,不但引起高频冲击振动,而且此高频振动的幅值还受到脉动激发力的调制。

在包络法中(见图 5.49),将上述经调制的高频分量拾取,经放大,滤波后送入解调器,即可得到原来的低频脉动信号,再经谱分析即可获得功率谱。

包络法不仅可根据某种高频固有振动的是否出现,判断轴承是否异常,且可根据包络信号的频率成分识别出产生故障的元件(如内圈、外圈,滚动体)来。

包络法把与故障有关的信号从高频调制信号中解调出来,从而避免与其他低频干扰的混淆,故有很高的诊断可靠性和灵敏度。

(8) 高通绝对值频率分析法。将加速度计测得的振动加速度信号经电荷放大器后,再通过 1 kHz 的高通滤波器,只抽出高频成分,然后将滤波后的波形作绝对值处理,再将经绝对值处理后的波形进行频率分析,即可判明各种故障原因。

(9) 时序分析方法。时序模型参数分析法是把轴承振动信号采样值看作一个时间序列,并建立数学模型,然后利用这个模型的参数对轴承故障进行诊断的一种方法。

(10) 冲击脉冲法。众所周知,当两个不平的表面互相撞击时,就会产生冲击波,即冲击脉冲。这个冲击脉冲的强弱反映了撞击的猛烈程度。基于这个原理,通过检测轴承内滚珠或滚轴与滚道的撞击程度,就可以了解轴承的工作状态。

如果滚动轴承的某些元件有损伤,则由于轴的旋转,这些零件在接触过程中发生机械冲击,并产生幅度变化极大的力。通过加速度传感器可以测得此冲击引起的高频衰减振动波形,就可以对滚动轴承的故障做出判断。

振动加速度的振幅大小与异常程度成比例,因此可以利用冲击波形的最大值 P,或冲击波形的绝对平均值 A 来对异常进行判断。当转速较低(300 r/min 以下)时,因平均值很小,可用最大值进行诊断。有时也用 P/A 来判断异常。P/A 大,表示轴承有损伤;P/A 小,则表示发生了润滑不良或磨损异常。

6. 其他诊断方法

(1) 光纤诊断法。在振动信号不强、拾取不便等情况下,直接测取轴承外圈相对于轴承座的位移,就能够对轴承状态加以判断。光纤传感器尺寸小、灵敏度高、便于安装,可用于轴承位移变化的测量和故障诊断。

光纤传感器由光源、接收器和双叉玻璃纤维束组成。光线从发射光束经过传感器端面与轴承表面的间隙 d 反射回来,再由接收光纤来接收,经光电元件转换为电压输出。间隙 d 改变时,发射光束照射在轴承表面的面积也随之改变,传感器输出电压与间隙量的变化产生关系。

光纤传感器用于滚动轴承故障诊断主要有以下优点:

1) 灵敏度高(50 mV/mm),外形细长,便于安装。

2）可以减小或消除振动传递通道的影响，从而提高了信噪比。

3）由于是通过轴承外圈获得轴承的全部信息，所以诊断结果可直接反映滚动轴承的制造质量、磨损程度、轴承载荷、润滑及间隙的情况。

（2）声学诊断法。声学诊断法包括声音和声发射两种。声音诊断是用一根听音棒直接听取轴承中传送的声音以判断异常。因其不受外部杂音影响，所以被广泛利用。声发射诊断法是利用轴承元件有剥落、裂纹或在运行中由于润滑不足或工作表面咬合时，就会产生不同类型的声发射现象而对其故障进行诊断。

（3）油液分析诊断法。造成磨损、断裂、腐蚀等故障的主要原因是由于润滑不当，因此对使用的润滑油进行分析即可了解轴承的润滑和磨损状态，并对各种故障隐患进行早期预报，查明产生故障的原因和部位，及时采取措施防止恶性事故的发生。实际证明，应用理化分析、污染度测试、发射光谱分析、红外光谱分析、铁谱分析构成的油液分析系统在设备故障状态监测与故障诊断过程中可以发挥重要作用，其诊断结果与现实实际情况基本吻合，具有显著的经济效益和社会效益。

（4）温度诊断法。轴承若发生某种损伤，温度便会发生变化，因此，利用温度也可以诊断轴承异常情况，但其效果较差。因为当温度明显上升时，异常已相当严重，所以该方法常用来监视轴承是否超过某个温度限，用来防止轴承产生损伤。

5.5　齿轮故障及其诊断技术

齿轮传动是机械设备中最常见的传动方式，齿轮异常又是诱发机器故障的重要因素。

5.5.1　齿轮异常的基本形式

由于齿轮制造、操作、维护以及齿轮材料、热处理、运行状态等因素的不同，会产生各种形式的异常。

1. 齿面磨损

润滑油不足或油质不清洁将造成齿面剧烈的磨粒磨损，使齿廓显著改变、侧隙加大，以致由于齿厚过度减薄导致断齿。

2. 齿面胶合和擦伤

重载和高速的齿轮传动，使齿面工作区温度很高。如润滑条件不好，齿面间的油膜破裂，一个齿面的金属会熔焊在与之啮合的另一个齿面上，在齿面上形成垂直于节线的划痕胶合。新齿轮未经跑合时，常在某一局部产生这种现象，使齿轮擦伤。

3. 齿面接触疲劳

齿轮在啮合过程中，既有相对滚动，又有相对滑动，而且相对滑动的摩擦力在节点两侧的方向相反，从而产生脉动载荷。这两种力的作用使齿轮表面层深处产生脉动循环变化的剪应力，当这种剪应力超过齿轮材料的剪切疲劳极限时表面将产生疲劳裂纹。裂纹扩展，最终会使齿面金属小块剥落，在齿面上形成小坑，称为点蚀。当“点蚀”扩大，连成一片时，形成齿面上金属块剥落。

此外，材质不均或局部擦伤，也易在某一齿上首先出现接触疲劳，产生剥落。

4. 弯曲疲劳与断齿

轮齿承受载荷，如同悬臂梁，其根部受到脉冲循环的弯曲应力作用。当这种周期性应力超过齿轮材料的弯曲疲劳极限时，会在根部产生裂纹，并逐步扩展。当剩余部分无法承受外载荷时就会出现断齿。

齿轮由于工作中严重的冲击、偏载以及材质不均也都可引起断齿。断齿和点蚀是齿轮故障的主要故障模式。

齿轮异常还可分为局部的和分布的。前者集中于某个或几个齿上，后者分布在齿轮各轮齿上。

5.5.2 齿轮的振动及其特点

1. 特有频率的计算

齿轮及轴的转动频率为 $f_z = \dfrac{n}{60}$

齿轮的啮合频率为 $f_t = \dfrac{n}{60} z$ （定轴转动齿轮）

齿轮的固有振动频率为 $f_g = \dfrac{1}{2\pi}\sqrt{\dfrac{k}{m}}$

式中 n—— 转轴的转速；

z—— 齿轮的齿数；

k—— 齿轮的平均弹性系数，$\dfrac{1}{k} = \dfrac{1}{k_1} + \dfrac{1}{k_2}$；

m—— 齿轮的平等质量，$\dfrac{1}{m} = \dfrac{1}{m_1} + \dfrac{1}{m_2}$；

$k_1, k_2; m_1, m_2$—— 两啮合齿轮的弹性系数和质量。

齿轮的固有振动在齿轮处于正常或异常状态时都会发生，它的固有频率一般比轴承的固有频率低，为 1 ～ 10 kHz。

2. 齿轮振动分析

若以一对齿轮作为研究对象而忽略齿面上摩擦力的影响，则其力学模型如图 5.50 所示，其振动方程为

$$M_r \ddot{x} + C\dot{x} + K(t)x = K(t)E_1 + K(t)E_2(t) \tag{5-64}$$

式中 x—— 沿作用线上齿轮的相对位移；

C—— 齿轮啮合阻尼；

$K(t)$—— 齿轮啮合刚度；

M_r—— 齿轮副的等效质量，$M_r = m_1 m_2 / (m_1 + m_2)$；

E_1—— 齿轮受载后的平均静弹性变形；

$E_2(t)$—— 齿轮的误差和异常造成的两个齿轮间的相对位移（亦称故障函数）。

由式(5-64)可见，齿轮在无异常的理想情况下亦存在振动，且其振源来自两部分：一部分为 $K(t)E_1$，它与齿轮的误差和故障无关，称为常规啮合振动；另一部分为 $K(t)E_2(t)$，它取决于齿轮的啮合刚度 $K(t)$ 和故障函数 $E_2(t)$。啮合刚度 $K(t)$ 为周期性的变量。可以说齿轮的振动主要是由 $K(t)$ 的这种周期变化引起的。

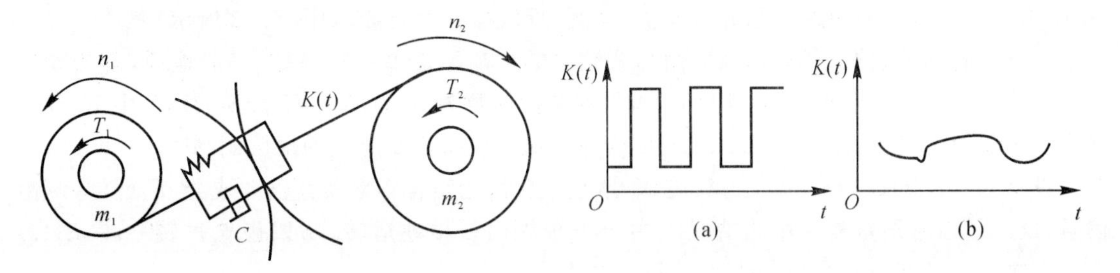

图 5.50　齿轮副力学模型

图 5.51　啮合刚度变化曲线
(a) 直齿轮；(b) 斜齿轮

$K(t)$ 的变化可由两点来说明：一是随着啮合点位置的变化，参加啮合的单一轮齿的刚度发生了变化；二是随参加啮合的齿数在变化。

每当一个轮齿开始进入啮合到下一个轮齿进入啮合，齿轮的啮合刚度就变化一次。变化曲线如图 5.51 所示。可见直齿轮刚度变化较为陡峭，斜齿轮或“人”字齿轮刚度变化较为平缓。

若齿轮副主动轮转速为 n_1，齿数为 z_1，从动轮相应为 n_2，z_2，则齿轮啮合刚度的变化频率(啮合频率)及它们的谐频为

$$f_c = Nf_1 z_1 = Nf_2 z_2 = N\frac{n_1}{60}z_1 = N\frac{n_2}{60}z_2 \qquad (N = 1,2,3,\cdots) \tag{5-65}$$

齿轮处于正常或异常状态下，啮合频率振动成分及其谐波总是存在的，但两种状态下的振动水平是有差异的。从此意义上讲，根据齿轮振动信号啮合频率及其谐波成分诊断故障是可行的。但仅是这些还不够，因为故障对振动信号的影响是多方面的，这就是下面提出的幅值调制、频率调制以及其他振动成分问题。

3. 齿轮振动信号中的调幅、调频现象

(1) 幅值调制。幅值调制是齿面载荷波动对振动幅值的影响造成的。例如，齿轮的偏心造成齿轮啮合时一边紧一边松，从而产生载荷波动，使振动幅值按此规律周期性地变化。又如，齿轮加工造成节距不均匀及类似故障，使齿轮在啮合中产生短暂的“加载”和“卸载”效应，也会产生幅值调制。

若 $x_c(t) = A\sin(2\pi f_c t + \varphi)$ 为啮合振动载波信号，$a(t) = 1 + B\cos(2\pi f_z t)$ 为齿轮轴的旋转调制信号，则调幅后的振动信号为

$$\begin{aligned} x(t) &= A[1 + B\cos(2\pi f_z t)]\sin(2\pi f_c t + \Phi) = A\sin(2\pi f_c t + \Phi) + \\ &\frac{1}{2}AB\sin[2\pi(f_c + f_z)t + \Phi] + \frac{1}{2}AB\sin[2\pi(f_c - f_z)t + \Phi] \end{aligned} \tag{5-66}$$

式中　A—— 振幅；
B—— 调制指数；
f_z—— 调制频率(即齿轮旋转频率)。

$x(t)$ 在频域可表示为

$$|\ x(f)\ | = A\delta(f - f_c) + \frac{1}{2}AB\delta(f - f_c - f_z) + \frac{1}{2}AB\delta(f - f_c + f_z) \tag{5-67}$$

调制后的信号，除原来的啮合频率分量外，增加了一对分量 $(f_c + f_z)$ 和 $(f_c - f_z)$。它们

以 f_c 为中心，以 f_z 为间距对称分布于 f_c 两侧，所以称为边频带，如图 5.52 所示。

对于实际的齿轮振动信号，载波信号和调制信号都不是单一频率的，一般地说，均为周期函数。由式(5-64)可知，一般情况下，齿轮的激振函数为 $K(t)E_1+K(t)E_2(t)$，其中 $K(t)E_1$ 基本上不随故障变化，而 $K(t)E_2(t)$ 一项恰好反映了由故障而产生的幅值调制。

设 $y(t)=K(t)E_2(t)$，$K(t)$ 为载波信号，它包含齿轮啮合频率及其倍频成分；$E_2(t)$ 为调幅信号，反映了齿轮误差和故障的情况。由于齿轮周而复始地运转，所以齿轮每转一圈，$E_2(t)$ 变化一次，$E_2(t)$ 包含齿轮旋转频率及其倍频成分。

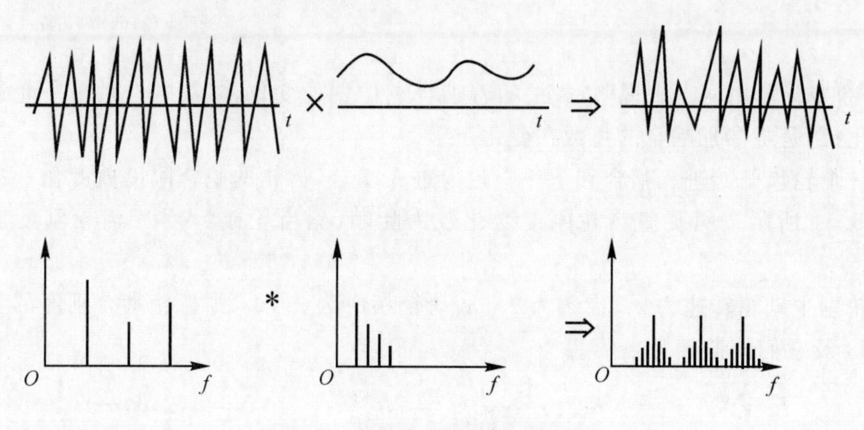

图 5.52　齿轮边频带频谱的形成

在时域上，则有

$$y(t)=K(t)E_2(t) \tag{5-68}$$

在频域上，则有

$$F_y(f)=F_K(f)*F_E(f) \tag{5-69}$$

式中　$F_y(f)$，$F_K(f)$ 和 $F_E(f)$——$y(t)$，$K(t)$ 和 $E_2(t)$ 的傅里叶谱。

由于在时域上载波信号 $K(t)$ 和调幅信号 $E_2(t)$ 为相乘，在频域上调制的效果相当于它们的幅值频谱的卷积，从而在频谱上形成若干组围绕啮合载波频率及其倍频成分两侧的边频族，两个边频与载频的间距等于调制频率，如图 5.53 所示。在实际的齿轮信号中，由于系统传递特性及频率调制的影响，频谱中的边频成分不会如此规则和对称，但其总体分布趋势主要还是取决于调幅函数 $E_2(t)$ 的变化。

从图 5.53 可较好地解释齿轮集中缺陷和分布缺陷所产生的边频的区别。图 5.53(a)为齿轮存在局部缺陷时的振动波形及频谱。这时相当于齿轮的振动受到一个窄脉冲的调制，脉冲间隔等于齿轮的旋转周期。由于脉冲信号可以分解为许多正弦分量之和，由此形成的边频带数量多且均匀。

图 5.53(b) 为齿数存在分布缺陷的情形。可以看到，由于缺陷分布所产生的脉冲较宽，相当于 $F_E(f)$ 中高阶谐频分量少，由此形成的边频带范围较窄，幅值较大且衰减快。并且，齿轮上的缺陷与分布越均匀，频谱上的边频带就越高、越集中。

(2) 频率调制。由于齿轮载荷不均匀、齿距不均匀及故障造成的载荷波动，除了对振动幅值产生影响外，同时也必然产生扭矩的波动，使齿轮转速产生波动。这种波动表现在振动上即为频率调制(也可认为是相位调制)。所以，对于齿轮来说，任何导致产生幅值调制的因素也同时会导致频率调制，两种调制总是同时存在的。对于质量较小的齿轮副，频率调制现象尤为突出。

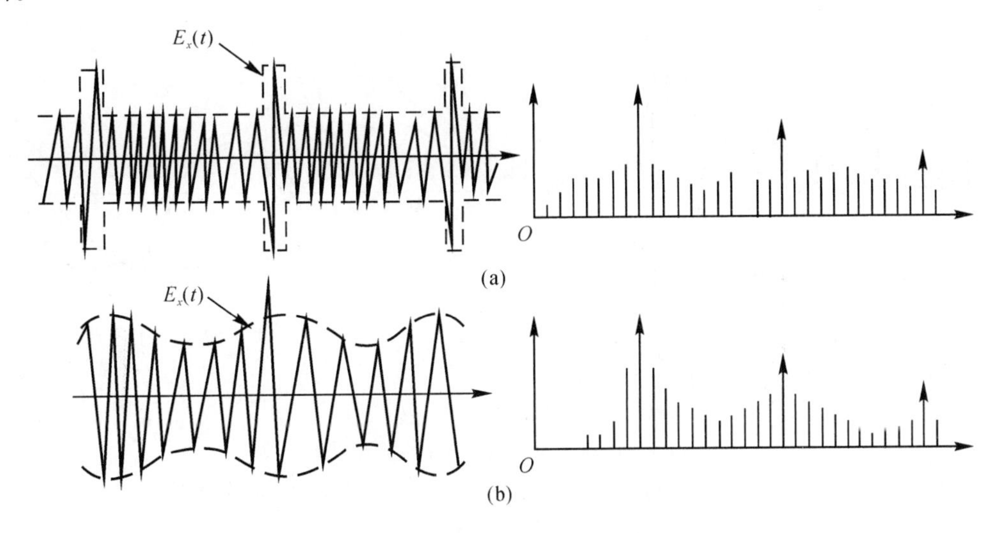

图 5.53 齿轮缺陷分布对边频带的影响

(a) 齿轮存在局部缺陷；(b) 齿数存在分布缺陷

对于齿轮振动信号而言，频率调制的根源在于齿轮啮合刚度函数由于齿轮加工误差和故障的影响而产生了相位变化，如图 5.54 所示。这种相位变化会由于齿轮运转而具有周期性。在齿轮信号频率调制中，载波函数和调制函数均为一般周期函数，均包含基频及其各阶倍频成分。其结果是在各阶啮合频率两侧形成一系列边频带。

设调相信号为

$$\psi(t)=m_p\sin 2\pi f_m t$$

式中，m_p 为调相系数，则相位已调载波为

$$x(t)=a\cos(2\pi f_c t+m_p\sin 2\pi f_m t)$$

展开得

$$\begin{aligned}x(t)=&aJ_0(m_p)\cos 2\pi f_c t-\\&aJ_1(m_p)[\cos 2\pi(f_c-f_m)t-\cos 2\pi(f_c+f_m)t]+\\&aJ_2(m_p)[\cos 2\pi(f_c-2f_m)t+\cos 2\pi(f_c+2f_m)t]-\\&aJ_3(m_p)[\cos 2\pi(f_c-3f_m)t-\cos 2\pi(f_c+3f_m)t]+\cdots\end{aligned}\tag{5-70}$$

它的边带分量有无穷多个，其中 $J_n(m_p)$ 为第一类 n 阶贝塞尔函数。对于不同的 m_p 值，贝塞尔函数 $J_0(m_p)$，$J_1(m_p)$，$J_2(m_p)$ 等值如图 5.55 所示。当 $m_p=0.2$ 时，相位已调载波 $x(t)$ 的频谱见图 5.56(a)。因为 m_p 较小，所以边带中只有一对比较大的边频峰值。当 m_p 增大到 5 时，$x(t)$ 的谱[见图 5.56(b)]中边带增多，和幅度已调载波就有一共同之处，即相位已调载波的谱也对频谱线对称。

在实际的齿轮系统中，调幅、调频总是同时存在的，所以，频谱上的边频成分为两种调制单独作用时所产生的边频成分的叠加。虽然在理想条件下(即单独作用时)，两种调制所产生的边频都是对称于载波频率的，但两者共同作用时，由于边频成分具有不同的相位，而它们的叠加是向量相加，所以叠加后有的边频幅值增加了，有的反而下降了，这就破坏了原有的对称性。

图 5.54　故障对啮合刚度函数的影响

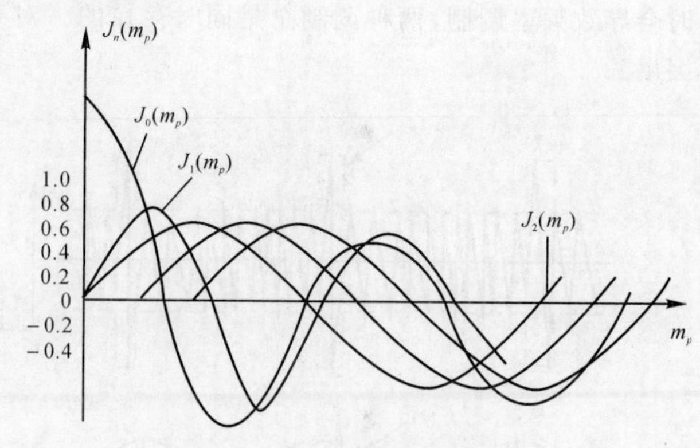

图 5.55　第一类 n 阶贝塞尔函数

若调幅信号 $r(t)$ 和调相信号 $\psi(t)$ 分别为

$$r(t)=a[1+m\cos(2\pi f_m t)]$$

$$\psi(t)=m_p\sin(2\pi f_m t)$$

则调幅和调相共存时的已调载波为

$$x(t)=a[1+m\cos(2\pi f_m t)\cos(2\pi f_c t)]+m_p\sin(2\pi f_m t)$$

展开为

$$\begin{aligned}x(t)=&aJ_0(m_p)\cos(2\pi f_c t)+\\&a\{[\frac{m}{2}J_0(m_p)+J_1(m_p)+\frac{m}{2}J_2(m_p)]\cos[2\pi(f_c+f_m)t]+a[\frac{m}{2}J_0(m_p)-\\&J_1(m_p)+\frac{m}{2}J_2(m_p)\cos[2\pi(f_c-f_m)t]\}+\cdots\end{aligned}\tag{5-71}$$

它也具有无穷边带。与单独存在调幅或调相的情况不同,调幅调相共存时,已调载波的幅值谱不再相对载频谱线对称了。如图5.57 所示为 $m=0.8,m_p=5$ 时已调载波的幅值谱。

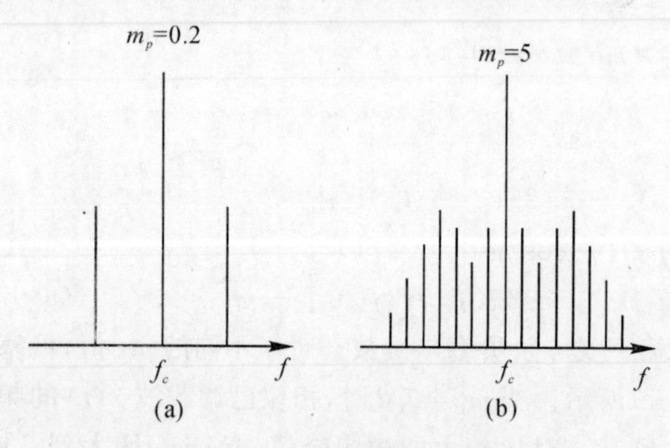

图 5.56　调相信号的谱特征

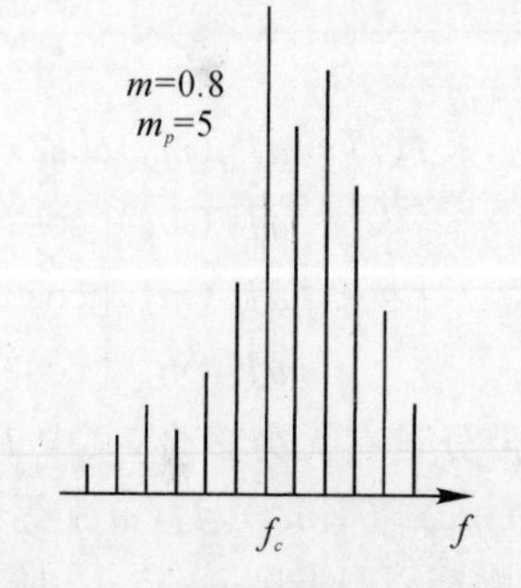

图 5.57　调幅和调相并存时的调制信号的谱特征

从以上分析可以看到这样一个事实,对于相位已调载波或调幅与调相同时存在的已调载波[见式(5-70)、式(5-71)]信号,若 a 保持不变,那么载波频率分量的大小 $|aJ_0(m_p)|$ 将随着 m_p 增大而波动。特别要注意,当 m_p 在 0～2 范围内增大时,$|aJ_0(m_p)|$ 逐渐减小。在齿轮箱故障诊断问题中,载波频率对应于齿轮产生的高频振动频率,m 和 m_p 对应于齿轮的状态。当齿轮出现故障或故障发生变化时,虽然啮合冲击增强会使啮合频率分量及其谐波分量增大

(相当于 a 增大)，但由于调相现象的存在，又会使这些分量有所减小，最终使这些分量的增大不很显著，甚至会出现减小的现象。换句话说，啮合频率分量及其谐波的变化对齿轮某些故障(如个别齿点蚀，齿根裂纹等)的出现和发展不很敏感。

边频具有不稳定性，这是由于边频的相对相位关系容易受到随机因素的影响而改变。在同样的调制指数下，边频带的形状会有所改变。所以在齿轮故障诊断中，只监测某几个边频仍是不可靠的。

4. 齿轮振动中的其他成分

(1) 附加脉冲。齿轮平衡不良、对中不良、零部件机械松动等缺陷都会引起附加脉冲。它们均是旋转频率低次谐波的振源，而不一定与齿轮本身缺陷直接有关。

(2) 隐含成分。新齿轮传动时，如同啮合频率一样，会在其频谱上出现某一频率的基波及其低次谐波成分，称为隐含成分(Ghost Component)。其实它是制作该齿轮时所用加工机床的分度齿轮的啮合频率。

(3) 交叉调制成分。由上述基本成分互相调制而成，表现为一些频率的和频与差频。它们并不独立，只有那些基本成分改变时才会有所改变，一般可不去考虑和分析它们。

5.5.3　齿轮故障的诊断方法

通常是在齿轮箱上测取振动信号，通过 FFT 处理后，作振动信号的功率谱分析，借以监测和诊断齿轮运行工况。也可用声级计拾取齿轮箱运行时的噪声作为分析的信号。

1. 异常齿轮在频域中的故障特征

异常齿轮工作时，由于齿面上所受周期冲击力的变化，将使齿轮的旋转频率 f_z、啮合频率 f_c、固有频率 f_n 及其谐波分量等都将发生相应地变化。概括起来，常见的有如下几种。

(1) 齿面磨损。齿轮磨损时，啮合频率 f_c 及其谐波分量保持不变，但幅值大小会有变化，高次谐波幅值增大较多。图 5.58 为齿轮磨损前后的幅值变化谱图。

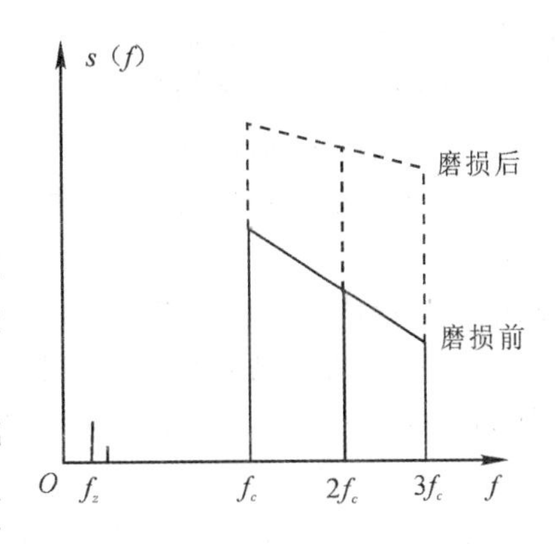

图 5.58　齿轮磨损前后的幅值变化谱图

(2) 齿轮偏心。齿轮偏心、齿距缓慢的周期变化及载荷的周期波动等，在啮合频率及其谐频的两侧将产生 $mf_c \pm nf_z (m, n=1,2,3,\cdots)$ 的边频带，齿轮偏心仅有下边频带。

(3) 不对中。联轴器不平衡、不对中等故障在啮合频率及其谐频的两侧将产生 $mf_c \pm nf_z (m, n=1,2,3,\cdots)$ 的边频带。

(4) 齿面剥落、断齿等。齿面剥落、裂纹、断齿会产生周期脉冲，产生局部故障特有的瞬态调制，在啮合频率及其两侧产生一系列边带。其特点是边带阶数多而谱线分散，由于高阶边频的互相叠加而使边频形状各异(见图 5.53)。

(5) 点蚀等分布故障。齿轮点蚀等分布故障会在频谱上形成类似图 5.53(b) 的边频带，其边带少而集中在啮合频率及其谐频的两侧。

2. 齿轮故障的频域诊断方法

(1) 倒频谱法。在齿轮故障诊断中，倒频谱法成为目前最常用的诊断方法之一，其主要优点是：

1) 受传输途径的影响小。当两个传感器装在齿轮箱上两个不同位置时，由于传递途径不同会形成两个传递函数，其输出谱也会不同。但在倒频谱中，由于信号源的输入效应与传递途径的效应被分离开来，两个倒频谱中一些重要的分量几乎完全相同，而只是倒频率较低的部分有少许不同，这就是传递函数差异的影响。

2) 倒频谱能将原来谱上成族的边频带谱简化为单根谱线，以便分析观察功率谱中肉眼难以辨识的周期性信号。

3) 倒频谱能提取功率谱上的周期特征。

(2) 瀑布图法。在频域故障诊断中，瀑布图也可用于齿轮箱的故障诊断。改变齿轮箱输入轴的转速并做出相应的振动功率谱，就可以得到瀑布图。在瀑布图上可以发现，有些谱峰位置随输入轴转速的变化而偏移，这一般是由齿轮强迫振动所引起。相反，有些峰的位置始终不变，这种峰由于共振引起。通过增加系统阻尼，就可使上述问题得到解决。

(3) 细化复包络谱法。细化复包络谱法，就是通过对复包络谱进行细化来诊断齿轮的异常状态。

设齿轮啮合振动信号为

$$x(\tau)=r(\tau)\cos[2\pi f_0\tau+\varphi(\tau)] \tag{5-72}$$

式中 $r(\tau)$—— 调幅信号；

$\varphi(\tau)$—— 调相信号；

$x(\tau)$—— 调制信号；

f_0—— 载波频率。

对 $x(\tau)$ 进行希尔伯特变换可得

$$z(\tau)=x(\tau)+\mathrm{j}x(\tau)=r(\tau)\mathrm{e}^{\mathrm{j}|\varphi(\tau)+2\pi f_0|}=W(\tau)\mathrm{e}^{\mathrm{j}2\pi f_0\tau}$$

式中 $W(\tau)=r(\tau)\mathrm{e}^{\mathrm{j}\varphi(\tau)}$——$x(\tau)$ 的复包络。

图 5.59 为复包络谱的细化过程。其中图 5.59(a) 为用 FFT 对采样信号 $x^*(\tau)$ 的离散序列 $x(n)(n=1,2,\cdots,N)$ 作离散傅里叶变换；图 5.59(b) 为把频率轴的零点移到所要分析的边带(f_a,f_b) 的 f_a 处；图 5.59(c) 为对移频后的数据进行低通滤波，其低通滤波器的通带为 $-(f_b-f_a)\sim(f_b-f_a)$；图 5.59(d) 为把 $0\sim(f_b-f_a)$ 区间内的谱映射到 $-(f_b-f_a)\sim 0$ 区间内，使得 $-(f_b-f_a)\sim 0$ 区间内谱的幅值与 $0\sim(f_b-f_a)$ 内的谱幅值关于 $f=0$ 点对称，而相位关于 $f=0$ 点反对称。

3. 齿轮故障的时域诊断方法

(1) 时域同步平均法。在齿轮故障诊断中，时域平均方法是一种有效的从混有干扰噪声的信号中提取周期信号的有效方法。

(2) 残差法。齿轮信号中总是包含很强的“常规振动”成分。由故障造成的振动信号变化相对“常规振动”来说是很小的，由此得到的振动特征参数往往不够敏感，在一定假设条件下，可以将上面两种振动成分分离。

先对时域平均后的信号作 FFT 滤波处理，即可得到齿轮“常规振动”和“故障振动”(即残差) 的时域信号，从而实现了两者的分离。残差的分析过程如图 5.60 所示。

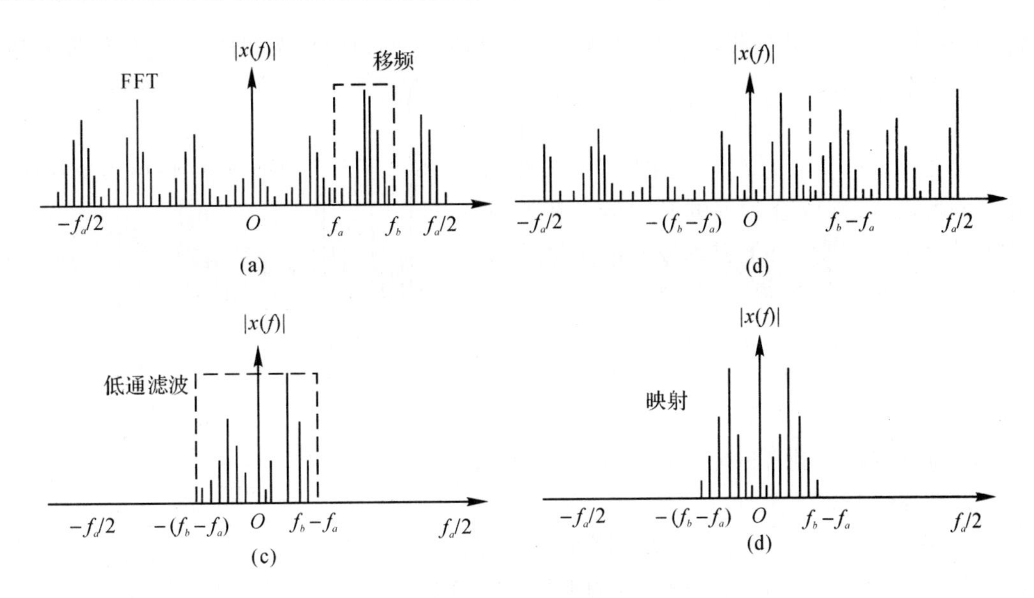

图 5.59　复包络谱的细化过程

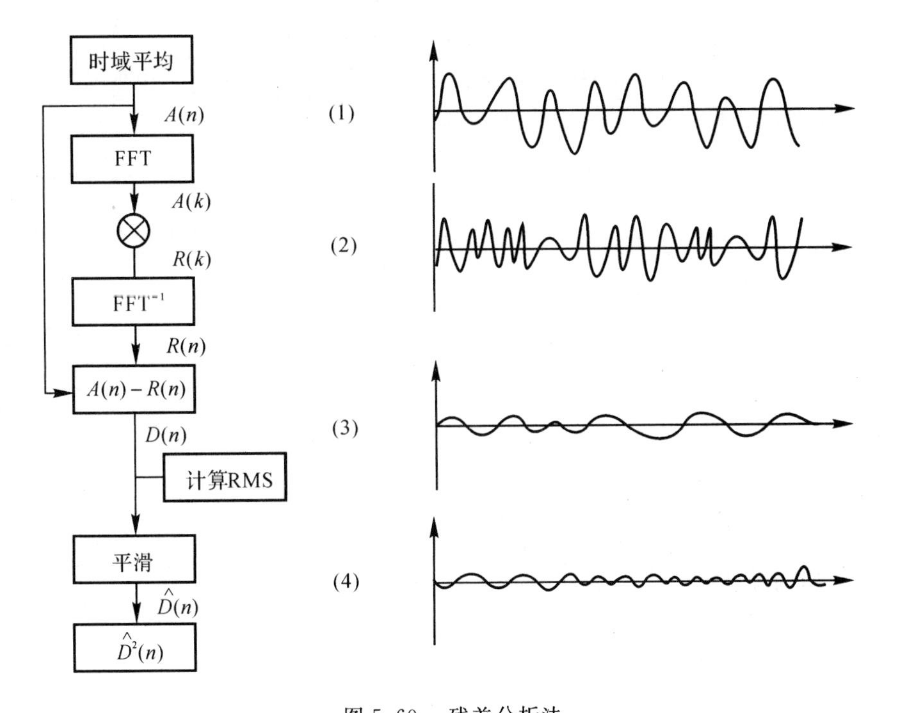

图 5.60　残差分析法

(a) 齿轮振动平均；(b) 常规振动；(c) 残差 $\hat{D}(n)$；(d) 残差平方 $\hat{D}^2(n)$

残差信号为齿轮时域平均后的信号和“常规振动”信号之差。正常齿轮的残差幅值较小，随着故障的出现，残差增大，在故障点进入啮合处，残差明显增大。为了定量描述，可以计算残差信号的有效值。利用残差信号比直接根据原始信号更能反映故障的影响。

(3) 解调法。从时域信号中直接提取调制信号，直接分析调制函数在齿轮故障影响下的变化，这就是解调法。齿轮振动信号的解调包括对调幅、调频两种调制的解调，但研究和应用较多的是频率的解调。

一般情况下，齿轮振动信号为周期函数，用傅里叶级数展开后可表示为 N 项之和，每一项分别对应一个边频族（即啮合频率的某一阶谐频及其周围的边频成分），带通滤波器的波段选择如图 5.61 所示。对信号作带通滤波，以便取出一个边频族。

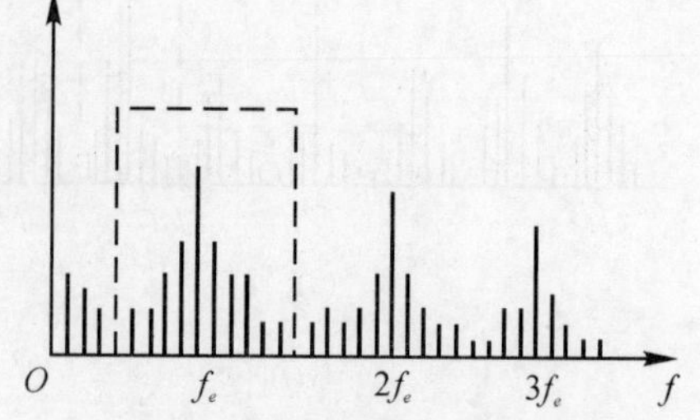

图 5.61　带通滤波器的波段选择

TFF 分析过程如图 5.62 所示。经过时域平均、带通滤波后，再对信号作 Hilbert 变换，然后经过公式计算即可直接得到 TFF(t) 曲线。在计算中，采用了差分代替微分运算。

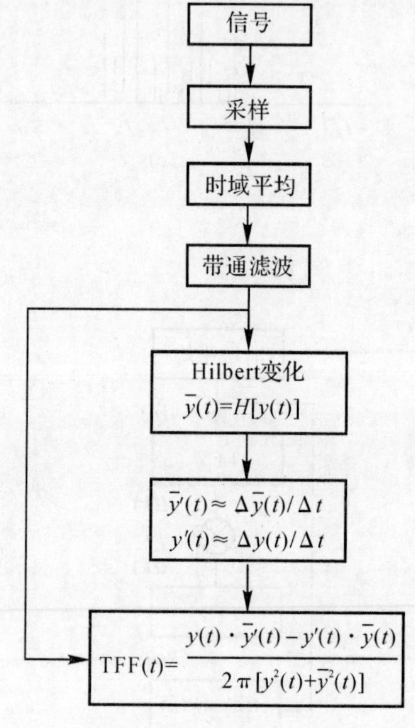

图 5.62　TFF 分析过程

图 5.63 是用 TFF 方法对一标准频率调制信号的解调结果，其中载波信号和调制信号均为单一频率成分的简谐函数。可以看到 TFF 曲线只与载波信号的频率变化有关，与其幅值无关。

图 5.64 为一应用实例。齿数 25，转速 1 500 r/min，齿形为渐开线直齿，图 5.64(a) 为正常齿轮情况。经长时间疲劳试验后，若干齿上出现小块剥落，这在图 5.64(b) 的 TFF(t) 曲线上可明显看出存在故障。

齿轮故障的诊断与分析方法还可采用时频域分析方法、瞬态信号分析方法及前述各种振动诊断分析方法的综合等。

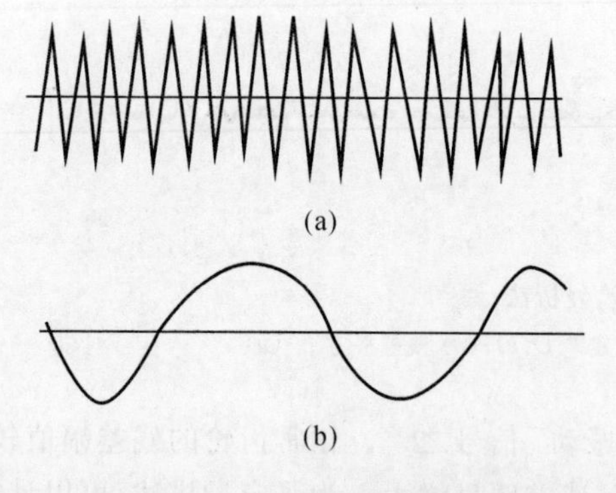

图 5.63　用 TFF 法对调频信号解调

(a) 解调前；(b) 解调后

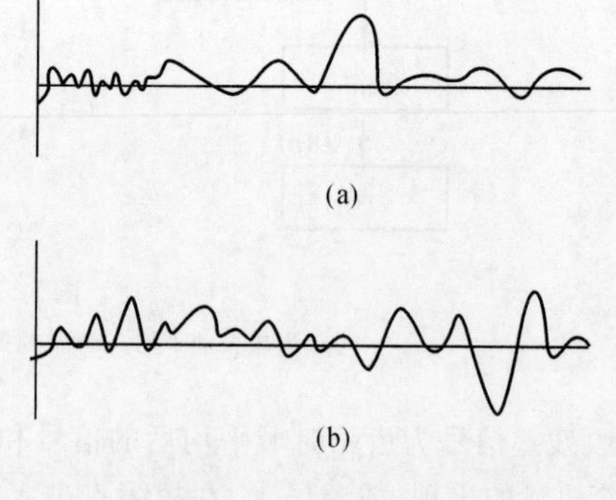

图 5.64　TFF 法应用实例

(a) 正常齿轮，但存在轻微齿面磨损；(b) 齿面严重剥落

第 6 章　常见故障诊断技术

6.1　概　　述

故障监测与诊断的方法很多,其实质是状态识别,也就是状态分类问题。它的根本任务是根据设备的运行信息来识别设备的有关状态。

从工程实际来说,故障监测与诊断主要可分为工况监视与故障诊断两部分。一般来说,前者是后者的基础,二者有着密切的联系,但技术上的要求不同。前者包括对工况状态分析及正常与异常两种状态的判别,主要是基于数字量分析;后者从异常状态出发,要求查明故障部位和原因。而故障往往是多种状态并存,属于多类状态识别,诊断技术不仅要用到数学量分析、逻辑推理,还要用到神经网络和和专家系统等方法。本章以状态监视为主,并以两类问题为主要目标,介绍故障诊断中常用方法的原理及应用,如贝叶斯(Bayes) 分类法、线性判别函数法、距离函数分类法、故障树分析法、时间序列分析方法等。

状态模式的识别和分类是模式识别学科所研究的内容,因此模式识别的理论和方法在设备故障诊断中有重要的应用,是故障诊断技术的重要理论基础。基本的模式识别方法有两种,即统计模式识别方法和结构(句法) 模式识别方法,与此相应的模式识别系统都由两个过程所组成,即设计和实现。设计是指用一定数量的样本(称作训练集或学习集) 进行分类器的设计,实现是指用所设计的分类器对待识别的样本进行分类决策。本章只讨论统计模式识别方法。基于统计方法的模式识别系统主要由 4 个部分组成:数据获取、预处理、特征提取和选择、分类决策,如图 6.1 所示。

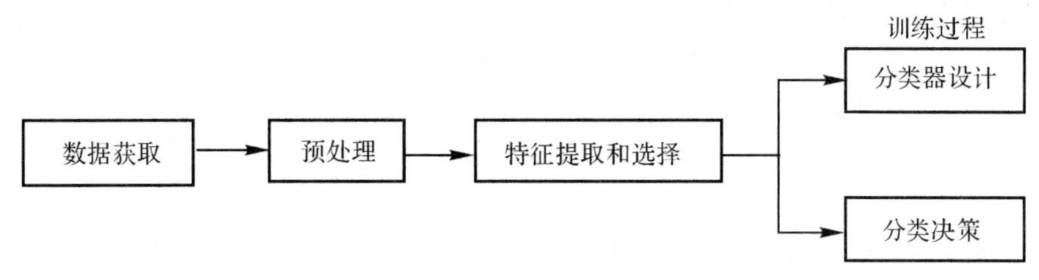

图 6.1　模式识别系统的基本组成

下面就模式识别的基本组成进行说明。

(1) 数据获取。为了使计算机能够对各种现象进行分类识别,要用计算机可以运行的符号来表示所研究的对象,通常通过测量、采样和量化输入对象的信息,如一维波形、二维图像、物理参量和逻辑值等,这就是数据获取的过程。

(2) 预处理。预处理的目的是去除噪声,加强有用的信息,并对输入测量仪器或其他因素所造成的退化现象进行复原。

(3) 特征提取和选择。为了有效地实现分类识别,需根据系统的性质与要求对原始数据进行提取和选择,正确地测取与状态有关的,能够反映状态分类本质的特征。一般把原始数据组成的空间称为测量空间,把分类识别赖以进行的空间叫作特征空间。通过变换把维数较高的测量空间的模式变成维数较低的特征空间的模式,描述特征空间的故障特征量是相对于故障模式而言的。某些特征量对于故障具有较大的敏感性,而对另一些故障就相对迟钝,这样就需要正确地从特征信号中提取对欲识别状态变换最敏感的特征量(征兆),在有些情况下,还需进一步提取主特征量,以便于识别和诊断。

(4) 分类决策。分类决策就是在特征空间中用统计方法把识别对象归为某一类别。基本做法是在样本训练集基础上确定某个判决规则,使得按这种判决规则对被识别对象进行分类所造成的错误识别率最小或引起的损失最小。

而对于基于统计模式识别的故障诊断系统,分类决策之后还应包括分析决策和维护管理。其内容主要有分析系统特性、工作状态和发展趋势。发生故障时,分析故障位置、类型、性质、原因与趋势,并据此做出相应的决策判断,干预系统的工作过程,包括控制、自诊治、调整、维修和寿命管理等措施。其组成如图 6.2 所示。

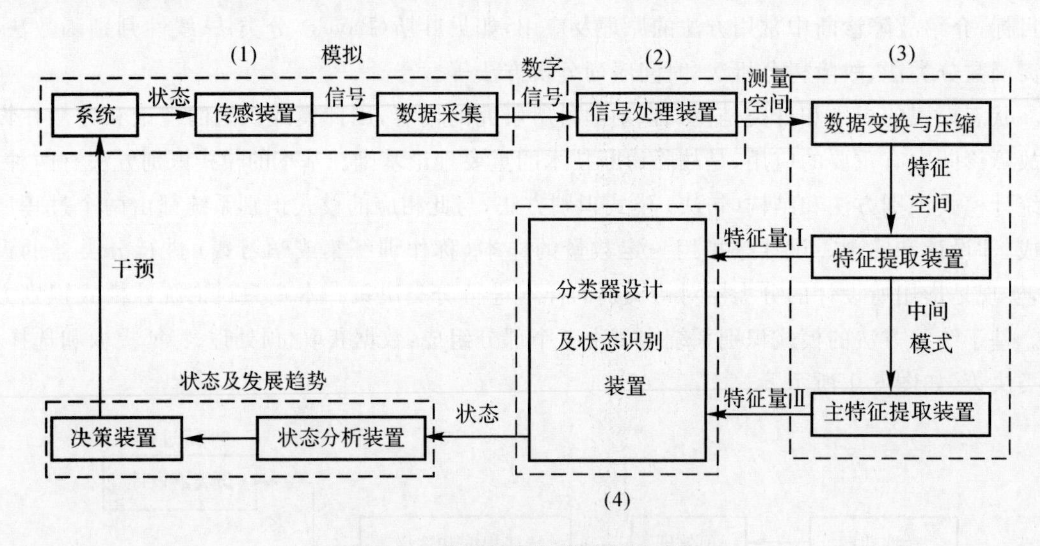

图 6.2　故障诊断的模式识别系统

可以把前三步统称为模式识别的"预处理过程",它们进展的好坏,决定了能否进行正确决策。当然,对于具体的故障诊断问题,分类决策方法的选择对于故障的正确分类同样起着至关重要的作用。本章以下内容主要将对分类决策的方法进行详细的介绍。

6.2　贝叶斯分类法

6.2.1　一般概念

在状态监测和故障诊断中，最终目的是根据识别对象的观测值将其分到某个参考类总体中。但是由于测量噪声及各种干扰的存在，描述各个模式的特征量都是随机变量。某模式不只属于某一类总体，而且也可能在任何其他总体中出现；或者说，在同一类总体中的事物或现象只可能是相似的，不一定或不可能完全一样，所谓某个模式属于某一类总体也是指该模式出现在这个类总体中的概率最大。基于概率统计分析的贝叶斯(Bayes) 分类法是统计模式识别中的一个基本方法，它既考虑了各类参考总体出现概率的大小，又考虑了因误判造成的损失大小，判别能力强，因此在故障诊断中应用广泛。

设备运行和制造过程的状态都是一个随机变量，事件出现的概率在很多的情况下是可以估计的，这种根据先验知识对工况状态出现的概率做出的估计，称之为先验概率。因为状态是随机变量，故状态空间可写成 $\Omega_j(\omega_1, \omega_2, \cdots, \omega_m)$，其中 $\omega_i(i=1,2,\cdots,m)$ 是状态空间中的一个模式点。在工况监视过程中，主要是判别工况正常与异常两种状态，故它们的先验概率可用 $P(\omega_1)$ 和 $P(\omega_2)$ 表示，并有 $P(\omega_1)+P(\omega_2)=1$。但仅有先验概率还不够，还有观测数据各类别的条件概率，如 $p(x \mid \omega_1)$ 为正常状态的类条件概率密度；$p(x \mid \omega_2)$ 为异常状态的类条件概率密度，则根据贝叶斯(Bayes) 公式有

$$P(\omega_i \mid x)=\frac{p(x \mid \omega_i)P(\omega_i)}{\sum_{j=1}^{m} p(x \mid \omega_j)P(\omega_j)} \tag{6-1}$$

式中　$P(\omega_i \mid x)$—— 已知样本条件下 ω_i 出现的概率，称为后验概率。

Bayes 公式是通过观测值 x 把状态的先验概率 $P(\omega_i)$ 转换为后验概率 $P(\omega_i \mid x)$，对两类状态有

$$P(\omega_1 \mid x)=\frac{p(x \mid \omega_1)P(\omega_1)}{\sum_{j=1}^{2} p(x \mid \omega_j)P(\omega_j)} \tag{6-2}$$

$$P(\omega_2 \mid x)=\frac{p(x \mid \omega_2)P(\omega_2)}{\sum_{j=1}^{2} p(x \mid \omega_j)P(\omega_j)} \tag{6-3}$$

6.2.2　最小错误率的贝叶斯决策规则

决策规则为

$$P(\omega_1 \mid x) > P(\omega_2 \mid x), \quad x \in \omega_1 \tag{6-4}$$

$$P(\omega_1 \mid x) < P(\omega_2 \mid x), \quad x \in \omega_2 \tag{6-5}$$

由式(6-2)、式(6-3) 消去共同分母，则得式(6-4)、式(6-5) 的等价形式，即

$$p(x \mid \omega_1)P(\omega_1) > p(x \mid \omega_2)P(\omega_2), \quad x \in \omega_1 \tag{6-6}$$

$$p(x \mid \omega_1)P(\omega_1) < p(x \mid \omega_2)P(\omega_2), \quad x \in \omega_2 \tag{6-7}$$

Bayes 分类法是基于最小错误率的，故还有必要提出错误率的计算问题。错误率也是分

类性能好坏的一种度量，它是针对平均错误率而言的，用 $P(e)$ 表示，其定义为

$$P(e)=\int_{-\infty}^{\infty}P(e,x)\mathrm{d}x=\int_{-\infty}^{\infty}P(e\mid x)p(x)\mathrm{d}x \tag{6-8}$$

式中 $\int_{-\infty}^{\infty}(\cdot)\mathrm{d}x$—— 在整个 n 维特征空间积分。

对两类问题，由式(6-4)、式(6-5)的决策规则可知 $P(\omega_1\mid x)<P(\omega_2\mid x)$，应决策为 ω_2。在做出此决策时，x 的条件错误概率为 $P(\omega_1\mid x)$；反之，则应为 $P(\omega_2\mid x)$，可表示为

$$P(e\mid x)=\begin{cases}P(\omega_1\mid x), & 当 P(\omega_1\mid x)<P(\omega_2\mid x) 时\\ P(\omega_2\mid x), & 当 P(\omega_1\mid x)>P(\omega_2\mid x) 时\end{cases} \tag{6-9}$$

如图 6.3 所示，令 M 为 Ω_1，Ω_2 两类分界面，特征矢量 x 是一维时，M 将 x 轴分为两个决策域：Ω_1 为 $(-\infty,M)$，Ω_2 为 (M,∞)，则有

$$\begin{aligned}\varepsilon=P(e)&=\int_{-\infty}^{M}P(\omega_2\mid x)p(x)\mathrm{d}x+\int_{M}^{\infty}P(\omega_1\mid x)p(x)\mathrm{d}x=\\ &\int_{-\infty}^{M}P(x\mid\omega_2)p(\omega_2)\mathrm{d}x+\int_{M}^{\infty}P(x\mid\omega_1)p(\omega_1)\mathrm{d}x\end{aligned} \tag{6-10}$$

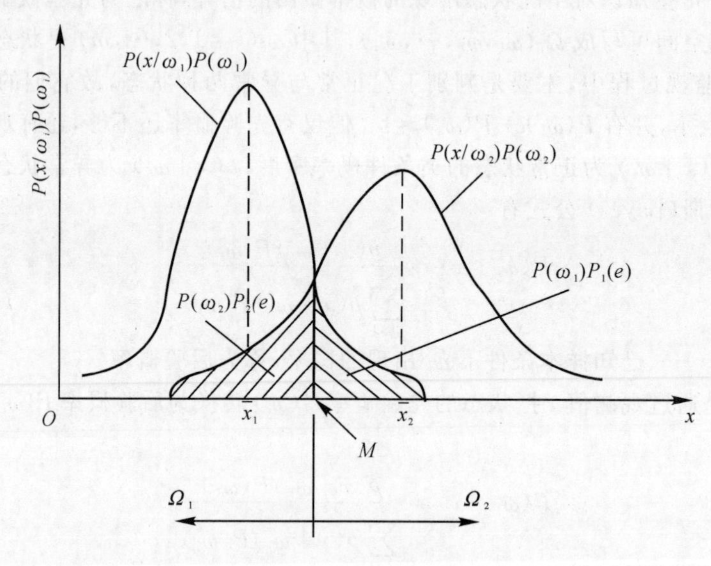

图 6.3 决策错误率

式(6-10)也可以写为

$$\begin{aligned}P(e)=P(\omega_2)\int_{\Omega_1}p(x\mid\omega_2)\mathrm{d}x+P(\omega_1)\int_{\Omega_2}p(x\mid\omega_1)\mathrm{d}x=\\ P(\omega_2)P_2(e)+P(\omega_1)P_1(e)\end{aligned} \tag{6-11}$$

式(6-11)的几何意义见图 6.3 中的阴影部分。贝叶斯决策规则式(6-4)、式(6-5)的含义是对每个 x 都使得 $P(e)$ 取最小值，则式(6-10)也就最小，即平均错误率 $P(e)$ 最小。可以证明，用最小贝叶斯决策规则进行识别分类，将使决策误判率，即漏检概率和谎报概率之和达到最小。

例 1 假设某设备正常状态 G_{R1} 和异常状态 G_{R2} 两类的先验概率分别为 $P(R_1)=0.9$ 和 $P(R_2)=0.1$，现有一待检状态，其观测值为 x，从类条件概率密度函数曲线可查得 $p(x\mid R_1)=$

0.2，$p(x \mid R_2)=0.4$，试对该状态 x 进行分类。

解　利用贝叶斯公式可分别算得 G_{R1} 和 G_{R2} 两类总体的后验概率为

$$P(R_1 \mid x)=\frac{0.2\times 0.9}{0.2\times 0.9+0.4\times 0.1}=0.818$$

$$P(R_2 \mid x)=1-P(R_1 \mid x)=0.182$$

根据贝叶斯决策判据，有

$$P(R_1 \mid x)=0.818>P(R_2 \mid x)=0.182$$

所以，应把 x 归类为正常状态。

6.2.3　最小平均损失(风险)的贝叶斯决策

在故障诊断中，误判的概率是客观存在的，错判性质不同，后果严重性不同。例如把正常工况错判为异常，将合格品判成废品，自然带来经济损失，但如果把异常工况判为正常工况，即将废品判成合格品，它的影响便不是局限该工件在某一工序的损失，而将影响后续工序甚至产品质量，更为严重的是把某些废品当作正品装入机器中，将成为使用厂产生系统突发性故障的隐患。因此后者的严重性要比前者大。最小平均损失的贝叶斯决策，就是从这一出发点考虑的。

1. 决策方法与最小平均损失的关系

设 $\boldsymbol{X}$ 是 n 维随机矢量，$\boldsymbol{X}=(x_1,x_2,\cdots,x_n)^{\mathrm{T}}$；$\Omega$ 是 M 维状态空间，$\Omega=(\omega_1,\omega_2,\cdots,\omega_M)$；$a$ 是 P 维决策空间，$a=(a_1,a_2,\cdots,a_p)$；$L(\omega_i,a_j)$ 是损失函数，表示实际工况状态为 ω_i，而采用的决策 a_j 所带来的损失，它与工况状态有关，它们的关系可写为

$$L_{ij}=L(\omega_i,a_j) \tag{6-12}$$

决策表见表 6.1，每一个决策方法 a_j 对应有 M 个状态，故有 M 个 L_{ij}。

表 6.1　决策表

a	工况状态					
	ω_1	ω_2	…	ω_i	…	ω_M
a_1	$L(\omega_1,a_1)$	$L(\omega_2,a_1)$	…	$L(\omega_i,a_1)$	…	$L(\omega_M,a_1)$
a_2	$L(\omega_1,a_2)$	$L(\omega_2,a_2)$	…	$L(\omega_i,a_2)$	…	$L(\omega_M,a_j)$
⋮	⋮	⋮	⋮	⋮	⋮	⋮
a_j	$L(\omega_1,a_j)$	$L(\omega_2,a_j)$	…	$L(\omega_i,a_j)$	…	$L(\omega_M,a_j)$
⋮	⋮	⋮	⋮	⋮	⋮	⋮
a_p	$L(\omega_1,a_p)$	$L(\omega_2,a_p)$	…	$L(\omega_i,a_p)$	…	$L(\omega_M,a_p)$

2. 损失函数

设决策方法为 a_j，任一个损失函数 L_{ij} 对于给定的 x，其相应的概率为 $P(\omega_i \mid x)$，则采用决策 a_j 时的条件期望损失为

$$\gamma_j=\gamma(a_j \mid x)=E[L(\omega_i,a_j)]=\sum_{i=1}^{M}L_{ij}P(\omega_i \mid x) \tag{6-13}$$

式中　$j=1,2,\cdots,p;i=1,2,\cdots,M$。

对于不同观测值 x，采用 a_j 时，其条件风险不同，决策 a 是随机向量 x 的函数，记为 $a(x)$，它也是一个随机变量，期望风险定义为

$$\Gamma=\int\gamma[a(x) \mid x]p(x)\mathrm{d}x \tag{6-14}$$

期望风险 Γ 是表示对整个特征空间上所有 x 采用相应的决策 $a(x)$ 所带来的平均风险，而条件期望风险 γ 仅表示某一个取值 x 所采用的决策 a_1 外所带来的风险，要求所有 $a(x)$ 都使 Γ 最小。

3. 贝叶斯决策步骤

设某一决策 a_k 能使

$$\gamma(a_k \mid x)=\min\gamma(a_j \mid x),\quad j=1,2,\cdots,p$$

则

$$a=a_k \tag{6-15}$$

具体步骤如下：

(1) 已知 $P(\omega_i)$，$p(x \mid \omega_i)$ 及待识别样本 x，则按式(6-1)计算后验概率：

$$P(\omega_i \mid x)=\frac{p(x \mid \omega_i)P(\omega_i)}{\sum_{j=1}^{M}p(x \mid \omega_j)P(\omega_j)}$$

(2) 利用后验概率及表6.1，按式(6-13)计算 γ_j：

$$\gamma_j=\sum_{i=1}^{M}L_{ij}P(\omega_i \mid x),\quad j=1,2,\cdots,p \tag{6-16}$$

(3) 从 $\gamma_1,\gamma_2,\cdots,\gamma_p$ 中选择最小者便是条件风险最小的 a_k。

例2　在例1条件的基础上，利用决策表按最小风险贝叶斯决策进行分类，已知：

$$P(R_1)=0.9,\qquad P(R_2)=0.1$$

$$p(x \mid R_1)=0.2,\quad p(x \mid R_2)=0.4$$

$$L(a_1,R_1)=0,\qquad L(a_1,R_2)=6$$

$$L(a_2,R_1)=1,\qquad L(a_2,R_2)=0$$

由例1得计算结果可知后验概率为

$$P(R_1 \mid x)=0.818,\qquad P(R_2 \mid x)=0.182$$

再按照式(6-13)计算出条件风险

$$\gamma_1=\gamma(a_1 \mid x)=\sum_{i=1}^{2}L_{i1}P(R_i \mid x)=L_{12}\times P(R_2 \mid x)=6\times 0.182=1.092$$

$$\gamma_2=L_{21}\times P(R_1 \mid x)=0.818$$

由于 $\gamma_1>\gamma_2$，即决策为 R_2 的条件风险小于决策为 R_1 的条件风险，因此我们采用决策行为 a_2，即判断待检的设备状态为 R_2 类异常状态。

例2的诊断结果与例1相反，这是因为这里影响决策结果的因素又多了一个“损失”，由于两类错误决策所造成的损失相差很大，因此“损失”起了主导作用。应该指出，实际中要列出合适的决策表很不容易，往往要根据所研究的具体问题，分析错误决策造成损失的严重程度，与有关的专家共同商讨来确定。

6.2.4　最小最大决策规则

在机械加工过程中，如尺寸偏差的概率密度函数虽然都可以认为服从正态分布，在正常工况下，机械设备的运行状态特征分布也大都服从正态分布，但 $P(\omega_i)$ 不是不变的，还有人们对先验知识的掌握不确切，若按固定的 $P(\omega_i)$ 决策，往往得不到最小错误率或最小风险，故有必要讨论在 $P(\omega_i)$ 变化时，如何最大可能地使得风险最小，即在最差情况下，争取得到最好的结果。

现考虑两类问题，设损失函数为：

L_{11}—— 当 $x \in \omega_1$ 时，决策 $x \in \omega_1$ 的损失；

L_{12}—— 当 $x \in \omega_1$ 时，决策 $x \in \omega_2$ 的损失；

L_{21}—— 当 $x \in \omega_2$ 时，决策 $x \in \omega_1$ 的损失；

L_{22}—— 当 $x \in \omega_2$ 时，决策 $x \in \omega_2$ 的损失。

一般来说，做出错误决策所带来的损失总比做出正确决策带来的损失大，故有 $L_{12} > L_{11}$，$L_{21} > L_{22}$。若决策域 Ω_1，Ω_2 给定，则由式(6－14) 可得

$$\Gamma = \int_{\Omega_1} [L_{11} p(x \mid \omega_1) P(\omega_1) + L_{12} p(x \mid \omega_2) P(\omega_2)] + \int_{\Omega_2} [L_{12} p(x \mid \omega_1) P(\omega_1) + L_{22} p(x \mid \omega_2) P(\omega_2)] \tag{7-17}$$

可见 Γ 是一个非线性函数，它与决策域 Ω_1，Ω_2 有关，如果决策域 Ω_1，Ω_2 被确定，风险 Γ 就是先验概率的线性函数。因为 $P(\omega_1) + P(\omega_2) = 1$，并且

$$\int_{\Omega_1} p(x \mid \omega_1) \mathrm{d}x = 1 - \int_{\Omega_2} p(x \mid \omega_2) \mathrm{d}x$$

代入式(6－17)，便得 Γ 和 $P(\omega_i)$(例如 $P(\omega_1)$) 的关系，即

$$\begin{aligned}\Gamma = & \left[L_{22} + (L_{21} - L_{22}) \int_{\Omega_1} p(x \mid \omega_2) \mathrm{d}x \right] + P(\omega_1) \Big\{ (L_{11} - L_{22}) + \\ & (L_{12} - L_{11}) \int_{\Omega_2} p(x \mid \omega_1) \mathrm{d}x - (L_{21} - L_{22}) \int_{\Omega_1} p(x \mid \omega_2) \mathrm{d}x \Big\} = \\ & A + BP(\omega_1)\end{aligned} \tag{6-18}$$

此处 A 为式中[*] 部分，B 为{ * } 部分，故 Γ 与 $P(\omega_i)$ 的关系是线性的。

现用图 6.4 说明上述概念。

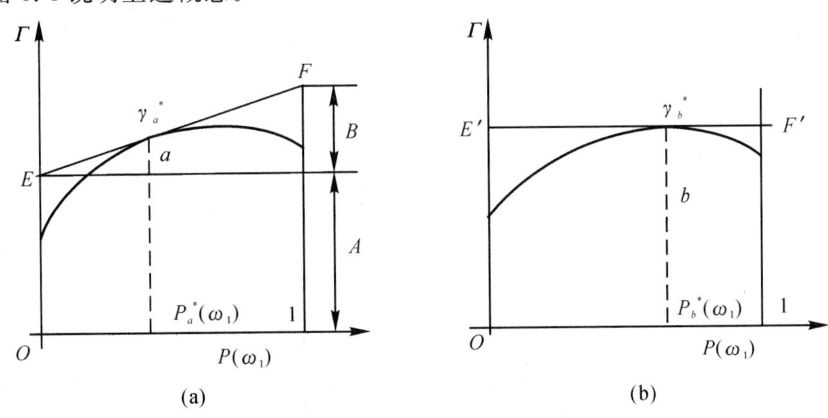

图 6.4　风险 Γ 与 $P(\omega_1)$

(a) 风险变化的 Γ 与 $P(\omega_1)$ 的关系；(b) 不变风险的 Γ 与 $P(\omega_1)$ 的关系

(1) 在已知类概率密度函数 $p(x \mid \omega_i)$，损失函数 L_{ij} 及某个确定的先验概率 $P(\omega_i)$ 例如 $P(\omega_1)$ 时，可按最小风险决策确定两类状态的决策面(见图 6.3)，把特征空间分为 Ω_1，Ω_2，使风险最小，并在 $0 \sim 1$ 区间对 $P(\omega_1)$ 取值，便得贝叶斯最小风险。Γ 与 $P(\omega_1)$ 的关系如图 6.4 中的曲线。

(2) 曲线上的 a 点纵坐标 γ_a^* 是对应先验概率 $P_a^*(\omega_i)$ 的风险，过 a 点的直线 EF，便是式(6-18)的直线，直线上各点的纵坐标是对应于不同的 $P(\omega_i)$ 风险 γ，它不是最小风险，变化范围为 $A \sim (A+B)$。如果 $B=0$，则 EF 平行于 $P(\omega_1)$ 轴[见图 6.4(b)]，它的含义是不论 $P(\omega_i)$ 如何变化，最大风险都等于 A。

因此，在 $P(\omega_1)$ 有可能改变或对先验概率不能确知的情况下，应选择最小风险为最大值时的 $P_a^*(\omega_1)$ 设计分类器，在图 6.4(b) 中就是 $P_b^*(\omega_i)$，其风险 γ_b^* 相对其他 $P(\omega_1)$ 最大，但不论 $P(\omega_1)$ 如何变化，使最大风险为最小，故称最小最大决策。

除了上述三种决策判决之外，还可采用纽曼-皮尔逊(Newman-Pearson)决策判据。最小错误率贝叶斯决策是使漏检概率和谎报概率这两类错误概率之和为最小的判决决策，而纽曼-皮尔逊决策是在限定一类错误率的条件下使另一类错误率为最小的两类判别决策。例如在机械设备和结构故障诊断中，常常希望使漏检概率很小，在这种情况下要求谎报概率尽可能小。它可以用求条件极值的拉格朗日(Lagrange)乘子法来解决。纽曼-皮尔逊决策规则与最小错误率贝叶斯决策规则都是以似然比为基础的，所不同的是前者用的阈值是拉格朗日乘子，而后者用的是先验概率之比 $P(\omega_2)/P(\omega_1)$。

6.3 线性判别函数法

前面所讨论的贝叶斯分类器设计方法是在已知类条件概率密度 $p(x \mid \omega_i)$ 的参数表达式和先验概率 $P(\omega_i)$ 的前提下，利用样本估计 $p(x \mid \omega_i)$ 的未知参数，再用贝叶斯定理将其转换成后验概率 $P(\omega_i \mid x)$，并根据后验概率的大小进行分类决策的方法。

在许多实际问题中，由于样本特征空间的类条件概率密度的形式常常很难确定，利用非参数方法估计分布又往往需要大量样本，而且随着特征空间维数的增加所需样本数急剧增加。因此，在实际问题中，往往不去恢复类条件概率密度，而是利用样本集直接设计分类器。具体说就是，首先给定某个判别函数类，然后利用样本集确定出判别函数中的未知参数。

本节将要介绍的线性判别函数是一类较为简单的判别函数。它首先假定判别函数 $f(\boldsymbol{x})$ 是 $\boldsymbol{x}$ 的线性函数，即 $f(\boldsymbol{x})=\boldsymbol{w}^{\mathrm{T}}\boldsymbol{x}+w_0$。对于 c 类问题，可以定义 c 个判别函数，$f_i(\boldsymbol{x})=\boldsymbol{w}_i^{\mathrm{T}}\boldsymbol{x}+w_{i0}$，$i=1,2,\cdots,c$。要用样本去估计各 w_i 和 w_{i0}，并把未知样本 x 归到具有最大判别函数值的类别中去。这里关键的问题是如何利用样本集求得 w_i 和 w_{i0}。一个基本的考虑是针对不同的实际情况，提出不同的设计要求，使所设计的分类器尽可能好地满足这些要求。当然，由于所提要求不同，设计结果也将各异，这说明上述"尽可能好"是相对于所提要求而言的。这种设计要求，在数学上往往表现为某个特定的函数形式，称之为准则函数。"尽可能好"的结果相应于准则函数取最优值。这实际上是将分类器设计问题转化为求准则函数极值的问题了，这样就可以利用最优化技术解决模式识别问题。

实际上，6.2 节讨论的贝叶斯分类器，可以看成以错误率或风险为准则函数的分类器，它使错误率或风险达到最小，我们通常称这种分类器为最优分类器，而在其他准则函数下得到的分类器称为"次优"的。需要指出的是，这里的"次优"，只是相对于错误率或风险而言的，而对所提的准则函数来说，则是最好的。众所周知，最简单的判别函数是线性函数，最简单的分界面是超平面，采用线性判别函数所产生的错误率或风险虽然可能比贝叶斯分类器来得大，不过它简单，容易实现，而且需要的计算量和存储量小。因此，可以认为，线性判别函数是统计模式识别的基本方法之一，也是实际应用中最常用的方法之一。

6.3.1　线性判别函数的基本概念

线性判别函数的一般表达式为

$$f(\boldsymbol{x})=\boldsymbol{w}^{\mathrm{T}}\boldsymbol{x}+w_0 \tag{6-19}$$

式中　$\boldsymbol{x}$——d 维特征向量，又称样本向量，$\boldsymbol{x}=[x_1,x_2,\cdots x_d]^{\mathrm{T}}$；

$\boldsymbol{w}$—— 权向量，$\boldsymbol{w}=[w_1,w_2,\cdots,w_d]^{\mathrm{T}}$；

w_0—— 常数，称为阈值。

对于两类分类问题的线性分类器可以采用下面的决策规则，令

$$f(\boldsymbol{x})=f_1(\boldsymbol{x})-f_2(\boldsymbol{x})$$

$$\begin{cases}若\ f(\boldsymbol{x})>0,则决策\ \boldsymbol{x}\in\omega_1\\ 若\ f(\boldsymbol{x})<0,则决策\ \boldsymbol{x}\in\omega_2\\ 若\ f(\boldsymbol{x})=0,则可将\ \boldsymbol{x}\ 任意分到某一类或拒绝\end{cases}$$

方程 $f(\boldsymbol{x})=0$ 定义了一个决策面，它把归类于 w_1 类的点和归类于 w_2 类的点分割开来。当 $f(\boldsymbol{x})$ 为线性函数时，这个决策面就是一个超平面。

假设 $\boldsymbol{x}_1$ 和 $\boldsymbol{x}_2$ 都在决策面 H 上，则有

$$\boldsymbol{w}^{\mathrm{T}}\boldsymbol{x}_1+w_0=\boldsymbol{w}^{\mathrm{T}}x_2+\boldsymbol{w}_0 \tag{6-20}$$

或

$$\boldsymbol{w}^{\mathrm{T}}(\boldsymbol{x}_1-\boldsymbol{x}_2)=0 \tag{6-21}$$

这表明，$\boldsymbol{w}$ 和超平面 H 任一向量正交，即 $\boldsymbol{w}$ 是 H 的法向量。一般来说，一个超平面 H 把特征空间分成两个半空间，即对于 w_1 类的决策域 R_1 和对于 w_2 类的决策域 R_2。因此，$f(\boldsymbol{x})>0$ 时，决策面的法向量是指向 w_1 类的决策域 R_1 的，而 $f(\boldsymbol{x})<0$ 时，决策面的法向量是指向 w_2 类的决策域 R_2 的。

判别函数 $f(\boldsymbol{x})$ 可以看作特征空间中某点 $\boldsymbol{x}$ 到超平面的距离的一种代数度量，如图 6.5 所示。

若把 $\boldsymbol{x}$ 表示成

$$\boldsymbol{x}=\boldsymbol{x}_p+r\frac{\boldsymbol{w}}{\|\boldsymbol{w}\|} \tag{6-22}$$

式中　$\boldsymbol{x}_p$——$\boldsymbol{x}$ 在 H 上的投影向量；

r——$\boldsymbol{x}$ 到 H 的垂直距离；

$\frac{\boldsymbol{w}}{\|\boldsymbol{w}\|}$——$\boldsymbol{w}$ 方向上的单位向量。

则将式(6-22)代入线性判别函数的一般表达式(6-19)中可得

$$f(\boldsymbol{x})=\boldsymbol{w}^{\mathrm{T}}(\boldsymbol{x}_p+r\frac{\boldsymbol{w}}{\|\boldsymbol{w}\|})+w_0=\boldsymbol{w}^{\mathrm{T}}\boldsymbol{x}_p+w_0+r\frac{\boldsymbol{w}^{\mathrm{T}}\boldsymbol{w}}{\|\boldsymbol{w}\|}=r\|\boldsymbol{w}\| \tag{6-23}$$

或写作

$$r = \frac{f(\boldsymbol{x})}{\|\boldsymbol{w}\|} \tag{6-24}$$

若 x 为原点，则

$$f(\boldsymbol{x}) = w_0 \tag{6-25}$$

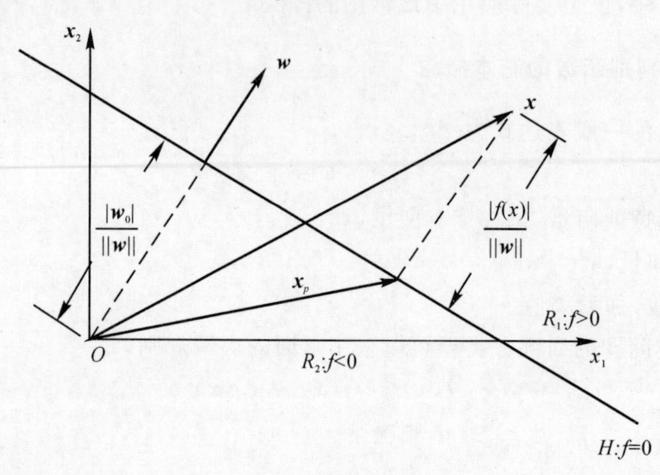

图 6.5　线性判别函数

将式(6-25)代入式(6-24)中，就可得到从原点到超平面 H 的距离

$$r_0 = \frac{w_0}{\|\boldsymbol{w}\|} \tag{6-26}$$

若 $w_0 > 0$，则原点在 H 的正侧；若 $w_0 < 0$，则原点在 H 的负侧；若 $w_0 = 0$，则 $f(\boldsymbol{x})$ 具有齐次形式 $\boldsymbol{w}^{\mathrm{T}}\boldsymbol{x}$，说明超平面 H 通过原点。图 6.5 对这些结果作了几何解释。

总之，利用线性判别函数进行决策，就是用一个超平面把特征空间分割成两个决策区域。超平面的方向由权向量 $\boldsymbol{w}$ 确定，它的位置由阈值 w_0 确定。判别函数 $f(\boldsymbol{x})$ 正比于 $\boldsymbol{x}$ 点到超平面的代数距离(带正负号)。当 $\boldsymbol{x}$ 在正侧时，$f(\boldsymbol{x}) > 0$；当 x 在负侧时，$f(\boldsymbol{x}) < 0$。

6.3.2　设计线性分类器的主要步骤

所谓设计线性分类器，就是利用训练样本集建立线性判别函数式。式中未知的只有权向量 $\boldsymbol{w}$ 和阈值权 w_0。这说明，设计线性分类器的过程，实际上就是寻找最好的 $\boldsymbol{w}$ 和 w_0 的过程。最好的结果往往出现在准则函数的极值点上，这样，设计线性分类器的问题就转化为利用训练样本集寻找准则函数的极值点 $\boldsymbol{w}^*$ 和 w_0^* 的问题了。

现在，我们把设计线性分类器的主要步骤概括如下：

(1) 要有一组具有类别标志的样本集 $X = \{x_1, x_2, \cdots, x_N\}$。如果在样本 x_n 抽出后，我们把它看作一个确定的观察值，则这组样本集称为确定性样本集；若把 x_n 看作一个随机变量，则这组样本集称为随机样本集。此外，有时也将样本集 X 转换成增广样本集来处理。

(2) 要根据实际情况确定一个准则函数 J，它必须满足：① J 是样本集 X 和 $\boldsymbol{w}, w_0$ 的函数；② J 的值反映分类器的性能，它的极值解则对应于“最好”的决策。

(3) 用最优化技术求出准则函数的极值解 $\boldsymbol{w}^*$ 和 w_0^*。

这样就可以得到线性判别函数 $f(\boldsymbol{x})=\boldsymbol{w}^{*\mathrm{T}}\boldsymbol{x}+w_0^*$。

对于未知类别的样本 x_k 只要计算 $f(x_k)$，然后根据决策规则式，就可以判断所属 x_k 的类别。

6.3.3 Fisher 线性判别函数法

在统计模式识别问题中，维数压缩是处理实际问题的关键，Fisher 线性判别函数法是解决这个问题，并在压缩空间中进行分类决策的方法之一。该方法的基本思路是把 d 维空间的样本投影到一条直线上，即把维数压缩到一维；并把 d 维空间的分类决策问题简化到一维空间中去进行。显然，我们希望找到这样的一个方向，在该方向的直线上样本的投影尽可能满足：同一类样本的投影紧致密集，不同类样本的投影尽量分开。Fisher 准则函数为满足这个要求提供了一种手段。

首先，我们讨论从 d 维空间到一维空间的一般变换方法。假设有 N 个 d 维样本下 x_1，x_2，…，x_N，其中 N_1 个属于 w_1 类的样本，记为 X_1，N_2 个属于 w_2 类的样本记为 X_2。若对 $\boldsymbol{x}_n$ 的分量作线性组合，可得标量：

$$\boldsymbol{y}_n=\boldsymbol{w}^{\mathrm{T}}\boldsymbol{x}_n,\qquad n=1,2,\cdots,N$$

这样便得到 N 个一维样本 $\boldsymbol{y}_n$ 组成的集合，并可分为两个子集 y_1 和 y_2。从几何上看，如果 $\|\boldsymbol{w}\|=1$，则每个 $\boldsymbol{y}_n$ 就是相应的 $\boldsymbol{x}_n$ 到方向为 $\boldsymbol{w}$ 的直线上的投影。实际上，$\boldsymbol{w}$ 的绝对值是无关紧要的，它仅使 $\boldsymbol{y}_n$ 乘上一比例因子，重要的是选择 $\boldsymbol{w}$ 的方向。$\boldsymbol{w}$ 的方向不同，将使样本投影后的可分离程度不同，从而直接影响识别效果。因此，前述所谓寻求最好投影方向的问题，就是寻求最好的变换向量 $\boldsymbol{w}^*$ 的问题。

在定义 Fisher 准则函数之前，我们先定义几个必要的基本参量。

(1) 在 d 维 N 空间中：

1) 各类样本均值向量 $\boldsymbol{m}_i$：

$$\boldsymbol{m}_i=\frac{1}{N_i}\sum^{x\in X_i}\boldsymbol{x},\qquad i=1,2$$

2) 样本类内离散度矩阵 $\boldsymbol{S}_i$ 和总类内离散度矩阵 $\boldsymbol{S}_w$：

$$\boldsymbol{S}_i^2=\sum^{x\in X_i}(\boldsymbol{x}-\boldsymbol{m}_i)(\boldsymbol{x}-\boldsymbol{m}_i)^{\mathrm{T}}$$

$$\boldsymbol{S}_w=\boldsymbol{S}_1+\boldsymbol{S}_2$$

3) 样本类间离散度矩阵 $\boldsymbol{S}_b$：

$$\boldsymbol{S}_b=(\boldsymbol{m}_1-\boldsymbol{m}_2)(\boldsymbol{m}_1-\boldsymbol{m}_2)^{\mathrm{T}}$$

(2) 在一维 Y 空间中：

1) 各类样本均值向量 $\widetilde{\boldsymbol{m}}_i$：

$$\widetilde{\boldsymbol{m}}_i=\frac{1}{N_i}\sum^{y\in Y_i}\boldsymbol{y},\qquad i=1,2$$

2) 样本类内离散度 $\widetilde{\boldsymbol{S}}_i^2$ 和总类内离散度 $\widetilde{\boldsymbol{S}}_w^2$：

$$\widetilde{\boldsymbol{S}}_i^2=\sum^{y\in Y_i}(\boldsymbol{y}-\widetilde{\boldsymbol{m}}_i)^2,\qquad i=1,2$$

$$\widetilde{\boldsymbol{S}}_w=\widetilde{\boldsymbol{S}}_1^2+\widetilde{\boldsymbol{S}}_2^2$$

为了达到正确分类的目的，希望投影后，在一维 Y 空间中各类样本尽可能分得开些，即希望两类均值之差越大越好；同时希望各类样本内部尽量密集，即希望类内离散度越小越好。因此，可以定义 Fisher 准则函数为

$$J_F(\boldsymbol{w})=\frac{(\widetilde{\boldsymbol{m}}_1-\widetilde{\boldsymbol{m}}_2)}{\tilde{S}_1^2+\tilde{S}_2^2} \tag{6-27}$$

显然应该寻找使 $J_F(\boldsymbol{w})$ 的分子尽可能大，而分母尽可能小，也就是使 $J_F(\boldsymbol{w})$ 尽可能大的 $\boldsymbol{w}$ 作为投影方向。当然，在求解前，应设法将 $J_F(\boldsymbol{w})$ 表示成 w 的显函数，由前述定义的基本参量表达式达到这一目的很容易办到，然后应用相应的求解极值的方法，可以求得使 $J_F(\boldsymbol{w})$ 最大时的 $\boldsymbol{w}^*$。这里略去推倒过程，可得 d 维 X 空间到一维 Y 空间的最后投影方向的变换向量 $\boldsymbol{w}^*$ 的计算公式

$$\boldsymbol{w}^*=\boldsymbol{S}_w^{-1}(\boldsymbol{m}_1-\boldsymbol{m}_2) \tag{6-28}$$

有了 $\boldsymbol{w}^*$，就可以把 d 维样本投影到一维，成为一维分类问题。当维数 d 和样本 N 都很大时，可采用贝叶斯决策规则，从而获得一种“最优”分类器。可以证明，当 d 和 N 都很大时，Fisher 线性判别决策等价于贝叶斯决策。如果上述条件不满足，也可利用先验知识选定分界阈值点 y_0，对于任一给定的未知样本 $\boldsymbol{x}$，只要计算它的投影点 $\boldsymbol{y}$：

$$\boldsymbol{y}=\boldsymbol{w}^*\boldsymbol{x} \tag{6-29}$$

再根据决策规则

$$\boldsymbol{x}\in\begin{cases}\omega_1, & 若\ \boldsymbol{y}>y_0\\ \omega_2, & 若\ \boldsymbol{y}<y_0\end{cases}$$

就可以判断 $\boldsymbol{x}$ 属于什么类别。

线性判别函数法在故障诊断中已得到了广泛的应用。根据不同的准则函数，可以得到不同的判别函数，如感知准则、最小错分样本数准则、最小平方误差(MSE) 准则和最小错误率线性判别函数准则等。对于解决非凸决策区域和多连通区域的划分问题，或两类样本分布互相交错时，线性判别函数往往会带来较大的错误，这时广义线性判别函数和分段线性判别函数(属于非线性判别函数) 将具有较强的适应能力，但是其基本思想都是相同的，都是寻找最优的分类超平面，以使得分类错误率最小。

虽然线性判别函数是要求所研究的问题时线性可分的，但是由于它的计算简单，在一定条件下能够实现最优分类的性质，即使实际情况中，所研究的问题维数高，样本数量有限，却仍可采用线性分类器。这不但是在容许一定错误率时的一种“有限合理性” 的选择，而且实际上，在这些条件下，即使采用更复杂的分类器设计方法也往往并不能得到更好的结果，有时甚至会更差。因此线性判别函数法在实际中应用广泛。

6.4 距离判别函数诊断法

6.4.1 空间距离(几何距离) 判别函数

由 n 个特征参数组成的特征矢量相当于 n 维特征上的一个点。研究证明，同类模式点具有聚类性，不同类状态的模式点有各处的聚类域和聚类中心，如果我们能事先知道各类状态的模式点的聚类域，将其作为参考模式，则可将待检模式与参考模式间的距离作为差别函数，差

别待检状态的属性。

1. 一般概念

(1) 欧式距离(Euclidean distance)。在欧式空间中,设矢量 $\boldsymbol{X}=(x_1,x_2,\cdots,x_n)^{\mathrm{T}}$,$\boldsymbol{Z}=(z_1,z_2,\cdots,z_n)^{\mathrm{T}}$,两点距离越近,表明相似性越大,则可认为属于同一个群聚域,或属于同一类别,这种距离称为欧式距离,由下式表示,其几何概念如图 6.6 所示。

$$D_E^2=\sum_{i=1}^{n}(x_i-z_i)^2=(\boldsymbol{X}-\boldsymbol{Z})^{\mathrm{T}}(\boldsymbol{X}-\boldsymbol{Z}) \tag{6-30}$$

式中　$\boldsymbol{Z}$—— 标准模式矢量;

$\boldsymbol{X}$—— 待检模式矢量。

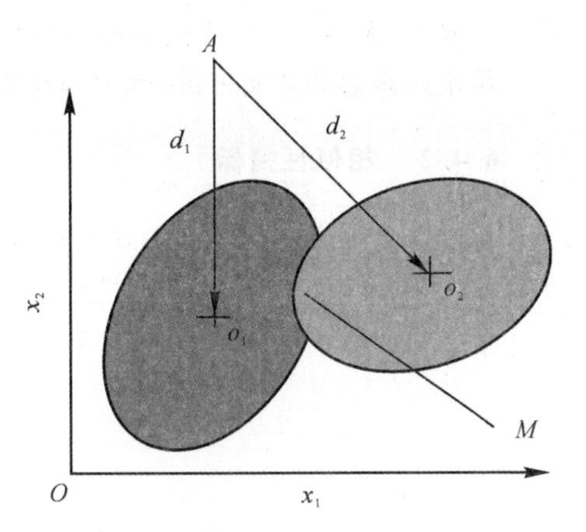

图 6.6　样本的聚类域和距离的概念

欧氏距离简单明了,且不受坐标旋转、平移的影响。为避免坐标尺度对分类结果的影响,可在计算欧氏距离之前先对特征参数进行归一化处理,如

$$x_i=\frac{x_i-x_{\min}}{x_{\max}-x_{\min}} \tag{6-31}$$

式中　$x_{\max}$ 和 $x_{\min}$—— 特征参数的最大值和最小值。

考虑到特征矢量中的诸分量对分类域的作用不同,可采用加权方法,构造加权欧氏距离

$$\boldsymbol{D}_W^2=(\boldsymbol{X}-\boldsymbol{Z})^{\mathrm{T}}\boldsymbol{W}(\boldsymbol{X}-\boldsymbol{Z}) \tag{6-32}$$

式中　$\boldsymbol{W}$—— 权系数矩阵。

(2) 马氏距离(Mahalanobis distance)。这是加权欧氏距离中用得较多的一种,其形式为

$$\boldsymbol{D}_m^2=(\boldsymbol{X}-\boldsymbol{Z})^{\mathrm{T}}\boldsymbol{R}^{-1}(\boldsymbol{X}-\boldsymbol{Z}) \tag{6-33}$$

式中　$\boldsymbol{R}$——$\boldsymbol{X}$ 与 $\boldsymbol{Z}$ 的协方差矩阵,即

$$\boldsymbol{R}=\boldsymbol{X}\boldsymbol{Z}^{\mathrm{T}} \tag{6-34}$$

马氏距离的优点是排除了特征参数之间相互影响。

(3) 欧氏距离判别的应用。现以时间序列模型参数作为特征量而得到残差距离的距离函数为例。

设自回归 AR 模型的矩阵形式为

$$\boldsymbol{X\Phi}=\boldsymbol{A} \tag{6-35}$$

式中　$\boldsymbol{X}$—— 时序样本矩阵;

$\boldsymbol{\Phi}$—— 自回归系数矢量;

$\boldsymbol{A}$—— 残差矢量。

可得残差平方和

$$\boldsymbol{S}=\boldsymbol{A}^{\mathrm{T}}\boldsymbol{A}=\boldsymbol{\Phi}^{\mathrm{T}}\boldsymbol{X}^{\mathrm{T}}\boldsymbol{X\Phi}=\boldsymbol{\Phi}^{\mathrm{T}}\boldsymbol{R\Phi} \tag{6-36}$$

式中　$\boldsymbol{R}=\boldsymbol{X}^{\mathrm{T}}\boldsymbol{X}$—— 样本序列的自协方差函数。

设待检模型残差 $\boldsymbol{A}_T=\boldsymbol{X}_T\boldsymbol{\Phi}_T$,并将待检序列代入参考模型 $\boldsymbol{X}_R\boldsymbol{\Phi}_R=\boldsymbol{A}_R$ 中,得到残差 $\boldsymbol{A}_{RT}=\boldsymbol{X}_T\boldsymbol{\Phi}_R$,定义 $\boldsymbol{A}_{RT}-\boldsymbol{A}_T$ 为残差偏移距离,它的物理意义是待检模型和参考模型之间的接近程度。于是有

$$\boldsymbol{A}_{RT}-\boldsymbol{A}_T=\boldsymbol{X}_T\boldsymbol{\Phi}_R-\boldsymbol{X}_T\boldsymbol{\Phi}_T=\boldsymbol{X}_T(\boldsymbol{\Phi}_R-\boldsymbol{\Phi}_T) \tag{6-37}$$

定义残差偏移距离为

$$\begin{aligned} \boldsymbol{D}_A^2 = & (\boldsymbol{A}_{RT} - \boldsymbol{A}_T)^{\mathrm{T}}(\boldsymbol{A}_{RT} - \boldsymbol{A}_T) = \\ & (\boldsymbol{\Phi}_R - \boldsymbol{\Phi}_T)^{\mathrm{T}}\boldsymbol{X}_T^{\mathrm{T}}\boldsymbol{X}_T(\boldsymbol{\Phi}_R - \boldsymbol{\Phi}_T) = (\boldsymbol{\Phi}_R - \boldsymbol{\Phi}_T)^{\mathrm{T}}\boldsymbol{R}_T(\boldsymbol{\Phi}_R - \boldsymbol{\Phi}_T) \end{aligned} \tag{6-38}$$

式中　$\boldsymbol{R}_T = \boldsymbol{X}_T^{\mathrm{T}}\boldsymbol{X}_T$—— 待检序列的自协方差函数。

从距离函数的意义来讲,残差偏移距离实质是以自协方差矩阵为权矩阵欧氏距离。

6.4.2　相似性指标

相似性指标也是在作聚类分析时衡量两个特征矢量点是否属于同一类的统计量。待检状态应归入相似性指标最大(相似性距离最小)状态类别。

角度相似性指标(余弦度量)为

$$S_c = \frac{\sum_{i=1}^{n} X_i Z_i}{\sqrt{\sum_{i=1}^{n} X_i^2 \sum_{i=1}^{n} Z_i^2}} \tag{6-39}$$

或

$$S_c = \frac{\boldsymbol{X}^{\mathrm{T}}\boldsymbol{Z}}{\|\boldsymbol{X}\| - \|\boldsymbol{Z}\|} \tag{6-40}$$

式中　$\|\boldsymbol{X}\|$ 和 $\|\boldsymbol{Z}\|$—— 特征向量 $\boldsymbol{X}$ 和 $\boldsymbol{Z}$ 的模。

S_c 是特征矢量 $\boldsymbol{X}$ 和 $\boldsymbol{Z}$ 之间夹角的余弦,夹角为零则取值为 1,即角度相似达到最大。

相关系数为

$$S_{XZ} = \frac{\sum_{i=1}^{n}(X_i - \overline{X})(Z_i - \overline{Z})}{\sqrt{\sum_{i=1}^{n}(X_i - \overline{X})^2 \sum_{i=1}^{n}(Z_i - \overline{Z})^2}} \tag{6-41}$$

式中　$\overline{X}$ 和 $\overline{Z}$——X_i 和 Z_i 的均值。

相关系数越大,表示相似性越强。

6.4.3　信息距离判别法

信息距离函数是由信息论中有关信息量的算式导出的,用来作为两个概率分布之间距离的度量,这种距离又称"伪距离"。它依据的是两个概率分布之间的"伪距离"越小,它们之间的近似程度就越高的原理来进行分类决策的。

1. 库尔伯克-莱贝尔(Kullback - Leiber)信息数

设 $\boldsymbol{X}(x_1, x_2, \cdots, x_N)$ 为随机矢量,其概率密度函数为 $p(x)$,它属于概率密度函数族 $g(x \mid \varphi)$ 中的一个,此处 $\boldsymbol{\varphi} = (\varphi_1, \varphi_2, \cdots, \varphi_n)^{\mathrm{T}}$ 是参数矢量,且

$$p(x) = g(x \mid \varphi^0) \tag{6-42}$$

库尔伯克-莱贝尔信息数(简称 K - L 信息数)是描述 $p(x)$ 与 $g(x \mid \varphi^0)$ 的接近程度,这种接近程度是 $p(x)$ 及 $g(x \mid \varphi)$ 的函数,用下式表示:

$$I(p(x), g(x \mid \varphi)) = E\lg p(x) - E\lg g(x \mid \varphi) =$$

$$\int p(x)\lg p(x)\mathrm{d}x - \int p(x)\lg g(x \mid \varphi)\mathrm{d}x =$$

$$\int p(x)\lg \frac{p(x)}{g(x \mid \varphi)}\mathrm{d}x \tag{6-43}$$

因为

$$-E\lg \frac{g(x \mid \varphi)}{p(x)} \geqslant -\lg E\frac{g(x \mid \varphi)}{p(x)} = -\lg\int \frac{g(x \mid \varphi)}{p(x)}p(x)\mathrm{d}x = -\lg 1 = 0$$

$$[\text{当 } \varphi = \varphi_0 \text{ 时}, p(x) = g(x \mid \varphi^0)]$$

当 $\varphi = \varphi_0$ 时，K－L 信息数达到最小值，即

$$I(p(x), g(x \mid \varphi))_{\varphi=\varphi^0} = 0 \tag{6-44}$$

因此 K－L 信息数的实质是寻求接近 $p(x)$ 的参数概率密度函数，使得 $I(p(x), g(x \mid \varphi))$ 达到最小。

若 $p(x)$ 是参考模式的概率密度函数，$g(x)$ 是待检模式的概率密度函数，按 K－L 信息数可以比较两类状态的相似程度。

由式(6－43)可得互熵：

$$I(p(\cdot), g(\cdot)) = \int p(x)\lg \frac{p(x)}{g(x \mid \varphi)}\mathrm{d}x \tag{6-45}$$

$$I(y(\cdot), p(\cdot)) = \int g(x)\lg \frac{g(x)}{p(x)}\mathrm{d}x \tag{6-46}$$

今以参考序列与待检序列的概率密度函数代入式(6－45)、式(6－46)，如两序列都是多维正态分布，则得

$$I(p(\cdot), g(\cdot)) = \lg \frac{\sigma_T}{\sigma_R} + \frac{1}{2\sigma_T^2}[\sigma_R^2 + (\varphi_R - \varphi_T)^T R_T(\varphi_R - \varphi_T)] - \frac{1}{2} \tag{6-47}$$

$$I(g(\cdot), p(\cdot)) = \lg \frac{\sigma_R}{\sigma_T} + \frac{1}{2\sigma_R^2}[\sigma_T^2 + (\varphi_R - \varphi_T)^T R_R(\varphi_R - \varphi_T)] \quad \frac{1}{2} \tag{6-48}$$

显然，当待检状态与参考状态相同，即 $\varphi_R = \varphi_T, \sigma_R = \sigma_T$ 时，则

$$I(p(\cdot), g(\cdot)) = I(g(\cdot), p(\cdot)) = 0$$

2. J 散度

由式(6－47)及式(6－48)，可知 $I(p(\cdot), g(\cdot))$ 与 $I(g(\cdot), p(\cdot))$ 并无对称性，在同一情况下，取值各不相同，定义 J 散度为

$$J = I(p(\cdot), g(\cdot)) + I(g(\cdot), p(\cdot)) =$$

$$\frac{1}{2\sigma_T^2}[\sigma_R^2 + (\varphi_R - \varphi_T)^\tau R_T(\varphi_R - \varphi_T)] + \frac{1}{2\sigma_R^2}[\sigma_T^2 + (\varphi_R - \varphi_T)^\tau R_R(\varphi_R - \varphi_T)] - 1 \tag{6-49}$$

当设备工况相同时，$\varphi_R = \varphi_T, \sigma_R = \sigma_T$，有 $J = 0$，J 越小，两类模式的状态越接近。

6.4.4　在故障诊断中应用距离函数时应注意的问题

(1) 上述所介绍各种基于距离函数的判别方法中，它们的共同思路是在设备运行状态下，用某种能表达工况的特征矢量作为训练样本，求得在各种状态下模式点的聚类中心，将对应于这些聚类中心的特征矢量作为标准模式(或称参考模式)，用待检样本分别计算它们到聚类中

心的距离，按最近邻准则确定其状态属性。对于两类问题，这种方法十分有效，但对多类问题，由于决策函数复杂，实时性差，在生产中应用就存在困难。

(2) 即使对两类问题，在应用时往往有各种不同的困难。例如标准模式样本不一定很容易获得，特别是异常工况样本的聚类性很差，所求得的聚类中心不一定能代表该类状态的属性，因为它并不都服从正态分布等。以上介绍的几种工程上常用的距离判别函数，已成为进行故障诊断的有力工具。

6.5 故障树分析法

6.5.1 一般概念

故障树分析法是把所研究系统的最不希望发生的故障状态作为故障分析的目标，然后寻找直接导致这一故障发生的全部因素，再找出造成下一事件发生的全部直接因素，一直追查到无须再深究的因素为止。通常，把最不希望发生的事件称为顶事件，无须再深究的事件称为底事件，介于顶事件与底事件之间的一切事件称为中间事件。用相同的符号代表这些事件，再用适当的逻辑门把顶事件、中间事件和底事件联结成树形图，这样的树形图就称为故障树，用以表示系统或设备的特定事件(不希望发生的事件) 与它的各个子系统或各个部件故障事件之间的逻辑结构关系。

故障树分析法将系统故障形成的原因由总体至部分按树状逐级细化，因为方法简单，概念清晰，容易被人们所接受，所以它是对动态系统的设计、工厂试验或对现场设备工况状态分析的一种较有效的工具。

6.5.2 故障树分析的顺序

应用故障树分析时应遵循如下步骤：

(1) 给系统以明确的定义，选定可能发生的不希望事件作为顶事件。

(2) 对系统的故障进行定义，分析其形成原因(如设计、运行、人为因素等)。

(3) 作出故障树逻辑图。

(4) 对故障树结构作定性分析，分析各事件结构重要度，应用布尔代数对故障树简化，寻找故障树的最小割集，以判明薄弱环节。

(5) 对故障树结构作定量分析。如掌握各元件、各部件的故障率数据，就可以根据故障树逻辑，对系统的故障作定量分析。

6.5.3 故障树分析法应用的符号

故障树分析法中应用的符号可分为两类，即代表故障事件的符号和联系事件之间的逻辑门符号。表 6.2 所示为故障树分析法的常用符号。

图 6.7 是一推进剂地面输送系统原理示意图。系统由液罐、泵、导弹储箱、阀门和相应的控制设备等组成。为了使系统在向导弹储箱输送推进剂时不致发生溢出事故，当导弹储箱内

推进剂达到一定液位时，系统将通过流量控制仪或液位计发出信号，使系统自动停止输送推进剂，从而防止推进剂溢出事故的发生。这样，如果选择推进剂溢出作为顶事件（不希望发生事件），就可得到如图 6.8 所示的故障树。

表 6.2　故障树分析法的常用符号

分　类	符　号	说　明
逻辑门	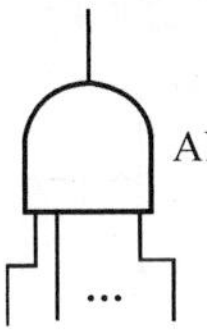 AND	与门：仅当输入事件同时全部发生时，输出事件才发生
	 OR	或门：当输入事件中至少有一个输入事件发生时，输出事件就发生
	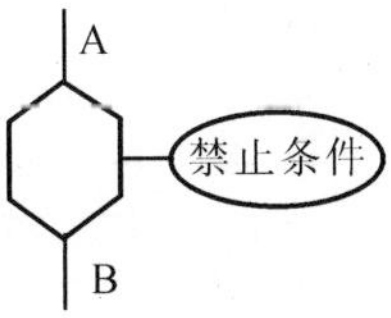 A 禁止条件 B	当禁止事件出现时，即使有输入事件，也无输出事件出现
	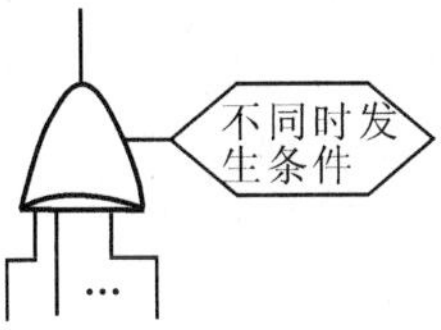 不同时发生条件	异或门：仅当一个输入事件发生时，输出事件才发生
事件	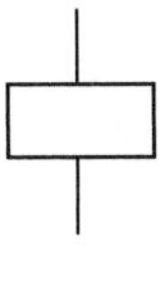	结果事件： 又可分为顶事件和中间事件，是由其他事件或事件组合导致的事件。在框内注明故障定义，其下与逻辑门连接，再分解为中间事件或底事件
	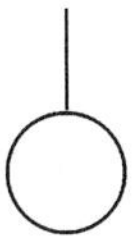	底事件： 底事件是基本故障事件（不能再进行分解）或无须再探明的事件，但它的故障分布是已知的，是导致其他事件发生的原因事件，位于故障树的底端，是逻辑门的输入事件而不能作为输出
	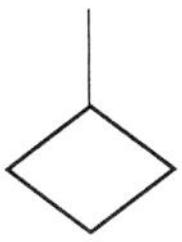	不完整事件： 指由于缺乏资料而不能进一步分析的事件
	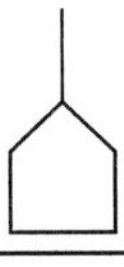	条件事件： 当条件满足时，这一事件才成立，否则除去

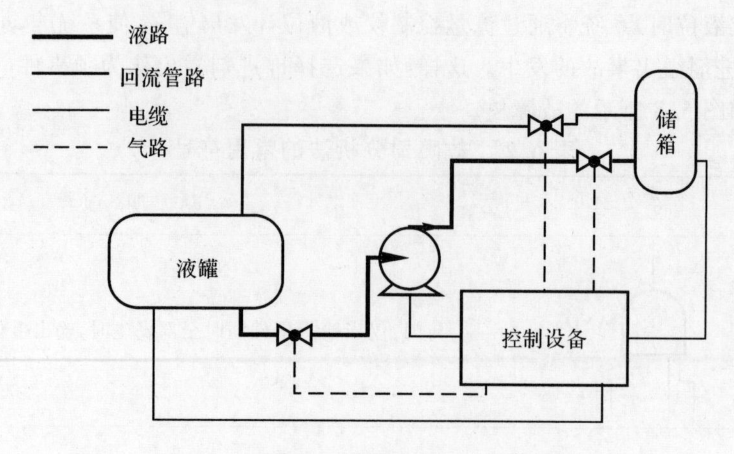

图 6.7　推进剂地面输送系统原理示意图

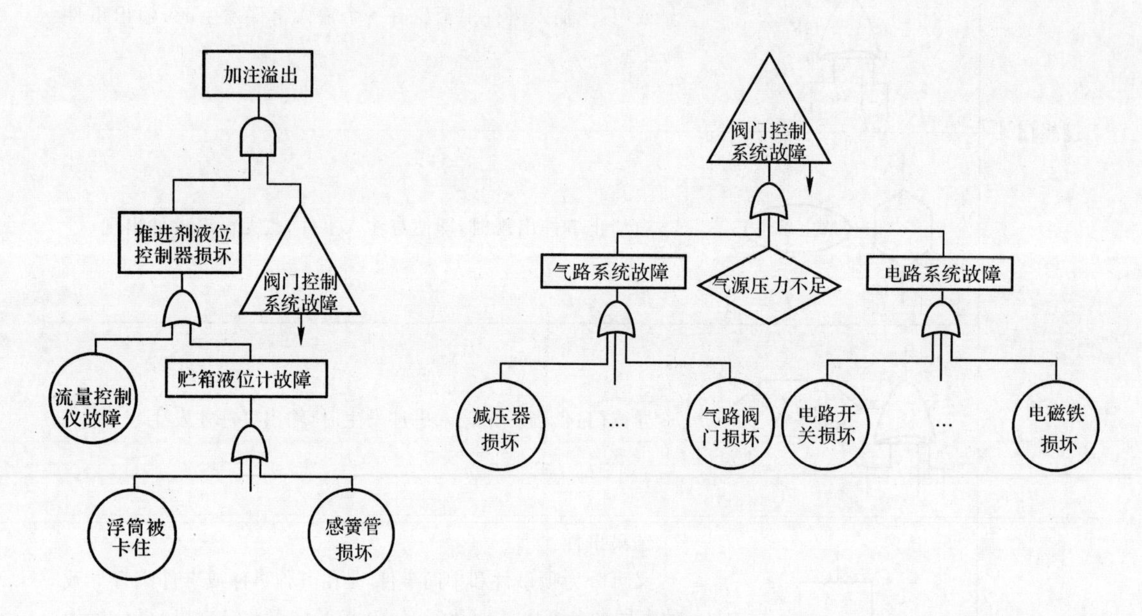

图 6.8　故障树的逻辑图

6.5.4　结构函数

故障树是由构成它的全部底事件的“并”和“交”的逻辑关系连接而成，为了便于对故障树作定性分析和定量计算，必须给出故障树的数学表达形式，也就是结构函数。

系统失效可称为故障树的顶事件，记作 T，系统各部件的失效称为底事件。如对系统和部件均只考虑失效和成功两种状态，则底事件可定义为

$$x_i=\begin{cases}1,\text{当第 } i \text{ 个底事件发生时}\\0,\text{当第 } i \text{ 个底事件不发生时}\end{cases}\tag{6-50}$$

如用 Φ 来表示系统顶事件的状态，则 Φ 必然是底事件状态 $x_i(i=1,2,\cdots,n)$ 的函数

$$\Phi=\Phi(x_1,x_2,\cdots,x_n)\tag{6-51}$$

$\Phi(x)$ 就是故障树的结构函数。

例如,图 6.9(a) 所示与门故障树的结构函数为

$$\Phi(x)=\prod_{i=1}^{n}x_i \tag{6-52}$$

图 6.9(b) 所示或门故障树的结构函数为

$$\Phi(x)=\sum_{i=1}^{n}x_i \tag{6-53}$$

结构函数中,所有底事件的“并”“交”运算服从布尔代数运算规则。对故障树中含有 2 个以上同一事件的情况,可以通过布尔代数进行简化。有关布尔代数,详见计算机原理,此处从略。

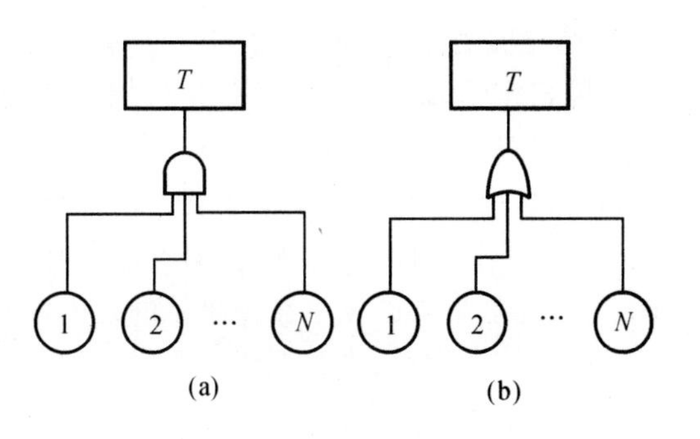

图 6.9　与或门故障树

(a) 与门故障树;(b) 或门故障树

对如图 6.10(a) 所示的一类故障树,可应用布尔代数进行简化。方法如下。

$$T=x_1x_2x_3=x_1(x_1+x_4)x_3=(x_1+x_1x_4)x_3=x_1x_3 \tag{6-54}$$

简化后的故障树如图 6.10(b) 所示。

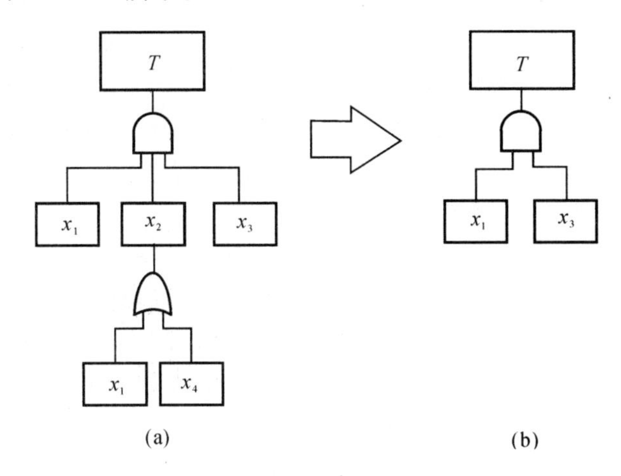

图 6.10　故障树的简化

(a) 原始故障树;(b) 简化故障树

6.5.5　故障树分析

1. 定性分析

对故障数进行定性分析的主要目的是为了弄清系统出现某种故障(顶事件)有多少种可能性。若某几个底事件的集合失效将引起系统故障的发生,则这个集合就称为割集。这就是说,一个割集代表了子系统发生故障的一种可能性,即一种失效模式。与此相反,一个路集,则代表了一种成功可能性,即系统不发生故障的底事件的集合。一个最小割集则是指包含有最少数量,而又最必需的底事件的割集,而全部最小割集的完整集合则代表了给定系统的全部故障。因此,最小割集的意义就在于它描述了处于故障状态的系统中必需要修理的故障,它指出了系统中最薄弱的环节。定性分析的主要任务也就在于确定系统所有的最小割集。

2. 定量分析

故障树定量分析的主要任务是根据其结构函数和底事件(即系统基本故障事件)的发生概率，应用逻辑与、逻辑或的概率计算公式，定量地评定故障树顶事件出现的概率。故障树定量分析的另一任务是关于事件重要度的计算。一个故障树往往包含多个底事件，各个底事件在故障树中的重要性，必然因它们所代表的元件(或部件)在系统中的位置(或作用)的不同而不同。因此，底事件的发生在顶事件的发生中所作的贡献称作底事件的重要度。底事件重要度在改善系统的设计、确定系统需要监控的部位、确定系统故障诊断方案有着重要的作用。工程中常计算的重要度有结构重要度、概率重要度和关键性重要度三种。所谓结构重要度，是在不考虑其发生概率值情况下，观察故障树的结构，以决定该事件的位置重要度；概率重要度是指底事件发生概率变化引起顶事件发生概率的变化程度；关键性重要度是指顶事件发生概率与某底事件概率变化率之比。

6.6　时序模型分析诊断法

时间序列分析(TSA)为统计数学的一个重要分支。时间序列(Time Series)是以等间隔采样连续信号 $x(t)$ 所得到的离散序列数据 $x_1, x_2, \cdots, x_i, \cdots, x_n$，简记为 $\{x_i\}$，处理和分析这种数据序列的统计数学方法就称为时间序列分析。时间序列是一个含义广泛的名词，它可以包括随机过程 $X(t)$ 的随机序列，也可以包括按时间顺序或空间顺序或其他物理量顺序排列的数据，数据的排列顺序及其大小蕴含着客观事物及其变化的信息，表现着变化的动态过程，具有外延特性，因此，时间序列有时也称为“动态数据”。

时间序列分析也分为时域分析和频域分析。前者是通过序列的相关分析建立和获得序列的统计特性规律；后者是通过序列的离散傅里叶变换进行的现代谱分析。

时间序列分析的特点是根据观测数据和建模方法建立动态参数模型，利用该模型可进行动态系统及过程的模拟、分析、预报和控制。把时序方法用于故障诊断遵守如图6.2所示的五个环节。一般是利用递推算法分析ARMA(Auto Regressive Moving Average)，即自回归滑动平均模型，特别是其中的AR模型；或者根据需要进一步计算模型的某些特性，如计算ARMA谱，特别是其中的AR谱。所有这些都可以作为故障诊断的特征量，必要时再进一步进行主特征提取，在时域和频域内对模型参数和特征进行识别和分类，或依据模型参数和特性构造差别函数进行识别和分类，以区分正常状态与异常状态以及异常状态下故障的类型。

6.6.1　ARMA，AR和MA模型

ARMA模型是动态系统借助时序分析导出的具有物理意义的随机差分方程模型。设 x_i 和 y_i 分别表示线性平稳系统的输入和输出在采样时刻 t 时的数值，联系 x_i 和 y_i 的向前差分方程可写为如下的对称形式，即

$$y_i - \varphi_1 y_{i-1} - \varphi_2 y_{i-2} - \cdots - \varphi_p y_{i-p} = x_t - \theta_1 x_{t-1} - \theta_2 x_{t-2} - \cdots - \theta_q x_{t-q} \tag{6-55a}$$

或简写为

$$y_t - \sum_{i=1}^{p} \varphi_i y_{t-i} = x_t - \sum_{j=1}^{q} \theta_j x_{t-j} \tag{6-55b}$$

或

$$y_t = \sum_{i=1}^{p} \varphi_i y_{t-i} + x_t - \sum_{j=1}^{q} \theta_j x_{t-j} \tag{6-55c}$$

式中，φ_i 和 θ_j 都是待识别的模型参数，分别称为自回归参数和滑动平均参数，其个数取决于差分方程的阶次 p 和 q，一般情况下 q 应小于 p。用式(6-55)所表达的模型称为自回归滑动平均模型，p 为自回归阶数，q 为滑动平均阶数，简记为 ARMA(p,q) 模型。

为便于演算，引入线性后移算子 B，B 的定义为

$$Bx_i = x_{i-1} \tag{6-56a}$$

推广之，则有 k 步后移算子 B^k，即

$$B^k x_i = x_{i-k} \tag{6-56b}$$

用后移算子 B 表达式(6-55)，则有

$$\left(1 - \sum_{i=1}^{p} \varphi_i B^i\right) y_i = \left(1 - \sum_{j=1}^{q} \theta_j B^i\right) x_i \tag{6-57}$$

令 B 算子多项式为

$$\left.\begin{aligned} \varphi(B) &= 1 - \varphi_1 B - \varphi_2 B^2 - \cdots - \varphi_p B^p = 1 - \sum_{i=1}^{p} \varphi_i B^i \\ \theta(B) &= 1 - \theta_1 B - \theta_2 B^2 - \cdots - \theta_q B^q = 1 - \sum_{j=1}^{q} \theta_j B^j \end{aligned}\right\} \tag{6-58}$$

则式(6-57)可简记为

$$\varphi(B) y_i = \theta(B) x_i \tag{6-59}$$

对于随机 ARMA(p,q) 模型，其基本假设是，假设系统的输入 $X(t)$ 是均值为 0，方差为 σ_x^2 的白噪声序列，即 $X(t) \sim \mathrm{NID}(0,\sigma_x^2)$。

在 t 时刻，$y_{t-1}, y_{t-2}, \cdots, y_{t-p}$ 都是已确定的观测值，尽管 $\{x_t\}$ 是白噪声序列，是不可观测的，但在 t 时刻以前的所有 $x_{t-1}, x_{t-2}, \cdots, x_{t-q}$ 都是已经发生了的，因而也就成为确定性的了，所以式(6-55)可以分成两部分，y_t 的确定性部分由 y_t 在 t 时刻的条件数学期望$[Ey_i]$确定，$[Ey_i] = \sum_{i=1}^{p} \varphi_i y_{t-i} - \sum_{j=1}^{q} \theta_j x_{t-j}$ 中计入了观测数据 $y_{t-i}(i=1,2,\cdots,p)$ 的影响和已经发生了的激励 $x_{t-j}(j=1,2,\cdots,q)$ 的影响两部分；y_t 的随机部分完全由 x_t 的随机性导致。

作为 ARMA(p,q) 模型的特例，可引出两个简单的模型。

1. AR(p) 模型

在式(6-55)中，当 $\theta_j = 0(j=1,2,\cdots,q)$ 时，模型中没有滑动平均部分，则有

$$y_t = \sum_{i=1}^{p} \varphi_i y_{t-i} + x_t, \quad X(t) \sim \mathrm{NID}(0,\sigma_x^2) \tag{6-60}$$

式(6-60)所表达的模型称为 p 阶自回归模型，简记为 AR(p) 模型。

2. MA(q) 模型

在式(6-55)中，当 $\varphi_i = 0(i=1,2,\cdots,p)$ 时，模型中没有自回归部分，则有

$$y_t = x_t - \sum_{j=1}^{q} \theta_j x_{t-j}, \quad X(t) \sim \mathrm{NID}(0,\sigma_x^2) \tag{6-61}$$

式(6-61)所表达的模型称为 q 阶滑动平均模型，简记为 MA(q) 模型。

将式(6-55)进行 z 变换，并设初始值为零，即 $t<0$ 时，$y_t=0$，$x_t=0$，则变换后有

$$Y(z)-\sum_{i=1}^{p}\varphi_i z^{-i}Y(z)=X(z)-\sum_{j=1}^{q}\theta_j z^{-j}X(z) \tag{6-62}$$

或

$$\left(1-\sum_{i=1}^{p}\varphi_i z^{-i}\right)Y(z)=\left(1-\sum_{j=1}^{q}\theta_j z^{-j}\right)X(z) \tag{6-63}$$

根据单输出系统传递函数 $H(z)$ 的定义,有

$$H(z)=\frac{Y(z)}{X(z)}=\frac{1-\sum_{j=1}^{q}\theta_j z^{-j}}{1-\sum_{i=1}^{p}\varphi_i z^{-i}}=\frac{\theta(z^{-1})}{\varphi(z^{-1})} \tag{6-64}$$

显见,ARMA(p,q) 模型的传递函数是零点极点混合模型。

对于 AR(p) 模型,由式(6-64) 得

$$H(z)=\frac{1}{1-\sum_{i=1}^{p}\varphi_i z^{-i}} \tag{6-65}$$

显见,AR(p) 模型的传递函数是全极点模型。

对于 MA(q) 模型,由式(6-64) 得

$$H(z)=1-\sum_{j=1}^{q}\theta_j z^{-j} \tag{6-66}$$

当过程为平稳且可逆时,各种模型的转换关系可总结如下:

AR(有限阶)⇒MA(无限阶)

MA(有限阶)⇒AR(无限阶)

ARMA(有限阶)⇒AR(无限阶)

⇒MA(无限阶)

由此可见,由于时序分析是建立在输入$\{x_t\}$为白噪声,而输出$\{y_t\}$等价的原则上,故描述系统的模型并不一定是唯一的,可以分别采用 ARMA 或 AR 或 MA 模型来描述。ARMA 模型的参数较少,符合“参数节约原则”;而拟合 AR 模型快速简单,在工程中应用较普遍。

6.6.2 ARMA 模型的建模

所谓ARMA模型的建模,就是通过对观测得到的时间序列 $y_t(t=1,2,\cdots,N)$ 拟合出适用的 ARMA(p,q) 模型,建模的内容包括数据采集,数据检验与预处理,模型形式的选取,模型参数 φ_i,θ_j 的估计,模型的适用性检验(实质上是确定模型的阶次 p 和 q)和建模策略等,其中最关键的步骤是模型参数的估计和模型的适用性检验。因为 ARMA 模型参数的估计过程是非线性回归过程,而 AR 模型的参数估计是线性估计,计算简单,速度快,对于工程应用,特别是工况监视、故障诊断、在线控制等场合,AR 模型显示出很大的优越性。对 AR 模型的参数估计方法可分为两类:一类称为参数的直接估计法,另一类称为参数的递推估计法。本节针对时间序列分析在故障诊断中的应用,介绍有关的基本概念,详细内容可具体参考有关专著。

1. 数据的采集和检验

大多数物理系统的输出信号是连续信号,如机械设备与工程结构的振动信号、地震监视中的地波信号、人体的脑电波信号等等,而 ARMA 模型的建立需要离散的时间序列$\{y_t\}$,这就需

要对连续信号进行离散采样。因此，如何确定合适的采样时间间隔 Δt 与样本长度 $L = N\Delta t$，以便正确地获得连续信号中所蕴含的信息，就成为数据采集时必须解决的两个问题。

根据第 3 章的介绍可知，采样时间间隔 Δt 的确定，主要是要满足连续信号离散化的采样定理，即使

$$\Delta t \leqslant \frac{1}{2f_{\max}} \tag{6-67a}$$

或

$$f_S \geqslant 2f_{\max} \tag{6-67b}$$

式中　$f_{\max}$—— 分析信号中感兴趣的最高频率；

　　f_S—— 采样频率。

样本长度 L 的确定，主要关系到信号在频域中的能量泄漏效应与相邻两个谐波成分的分辨率问题。如前所述，由于 ARMA 是动态模型，它所代表的数据长度远比样本长度 L 长，理论上是无限长，因此，ARMA 模型不存在加窗的概念，没有泄漏问题，但实际进行数据采集时，截断是不可避免的，截断必然引起能量泄漏，只是通过 ARMA 动态模型对有限长度时间序列进行了延拓。为保证信号中感兴趣的相邻两谐波分量能被分辨出来，样本长度 $L = N\Delta t$ 的选取应满足

$$N > \frac{1}{\Delta t(f_2 - f_1)} \tag{6-68}$$

工程上通常也称 N 为样本长度，f_1 和 f_2 为信号中相邻两频率分量的频率。

综上所述，ARMA 建模所用的样本长度可比按式(6-68)所确定的 N 小，甚至可小至 $(1/4 \sim 3/4)N$，这是 ARMA 模型的一个突出的优点。此外，样本长度的选择还同模型本身有关。

ARMA 模型要求$\{y_t\}$是平稳、正态、零均值的时间序列，因此，由观测直接得到的时间序列$\{y_t\}$，一般还需进行平稳性检验、正态检验和零均值性检验以及数据的预处理。

2. 确定线性模型的类别、阶数 —— 模型识别

在介绍怎样确定线性模型的类型之前，有必要简单介绍一下各类线性模型的自相关函数与偏相关函数的性质：

(1) 自回归模型 AR(p) 的自相关函数 ρ_k 拖尾，偏相关函数 ϕ_{kk} 截尾。

所谓 ρ_k 拖尾，是指它随着 k 无限增大以负指数的速度趋向于零，即当 k 相当大时有 $|\rho_k| < ce^{-\delta k}$（其中 $c > 0, \delta > 0$）。此时 $\lim\limits_{k\to\infty}\rho_k = 0$，它的图像像一条尾巴，如图 6.11 所示。

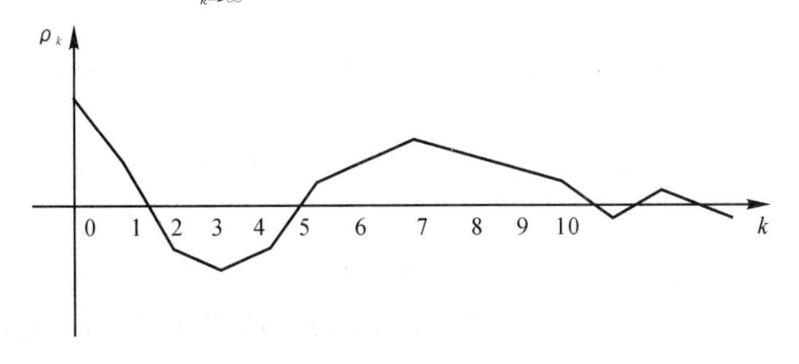

图　6.11

所谓 ϕ_{kk} 截尾，是指

$$\phi_{kk}\begin{cases}\neq 0, & \text{当 } k=p \text{ 时} \\ =0, & \text{当 } k>p \text{ 时}\end{cases}$$

即 ϕ_{kk} 在k 等于p 时不为零，在 p 以后都等于零，它的图像像截断了尾巴一样，而且尾巴截断在可 $k=p$ 的地方，如图 6.12 所示。

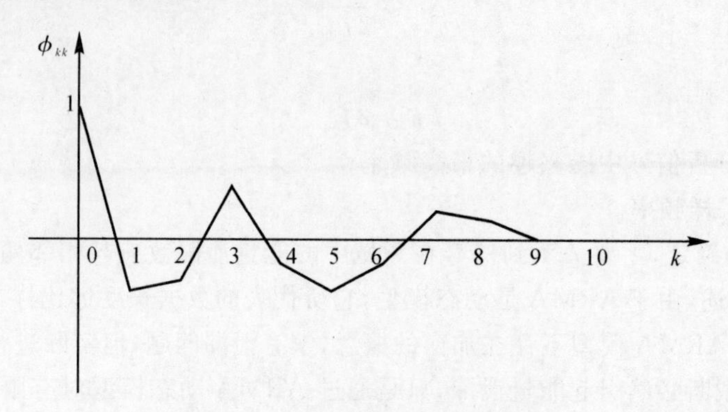

图 6.12 偏相关函数 ϕ_{kk} 截尾图示

(2) 滑动平均模型 MA(q) 的自相关函数 ρ_k 截尾，尾巴截断在$k=q$的地方；偏相关函数 ϕ_{kk} 拖尾。

ρ_k 的图形类似于图 6.12，不过应把 p 改为q；而 ϕ_{kk} 的图像类似于图 6.11。

(3) 混合模型 ARMA(p,q)($p>0,q>0$) 的自相关函数 ρ_k 与偏相关函数 ϕ_{kk} 都是拖尾的。

ρ_k 与 ϕ_{kk} 的图像都类似于图 6.11。

各类线性模型的性质可列成表 6.3。

表 6.3 各类线性模型的性质

函数	模型		
	AR(p)	MA(q)	ARMA(p, q) ($p>0,q>0$)
自相关函数 ρ_k	拖尾	截尾 $k=q$ 处	拖尾
偏相关函数 ϕ_{kk}	截尾 $k=p$ 处	拖尾	拖尾

因此，可以根据自相关函数和偏相关函数的情况，依据表 6.3，来判断线性模型属于三类中的哪一类。

但是 ρ_k 与 ϕ_{kk} 是理论值，因此可以用一个样本先算出样本自相关函数 $\hat{\rho}_k$ 和样本偏相关函数 $\hat{\phi}_{kk}$，并分别作为 ρ_k 和 ϕ_{kk} 的近似估计值，再用 $\hat{\rho}_k$ 与 $\hat{\phi}_{kk}$ 判别模型的类别和阶数。

ρ_k 拖尾可根据 $\hat{\rho}_k$ 的点图判断，只要 $|\hat{\rho}_k|$ 越变越小(k 增大时)。但是用 $\hat{\phi}_{kk}$ 来判断时怎样做呢？因为 $k>p$ 时，$\hat{\phi}_{kk}\approx\phi_{kk}=0$，而 $\hat{\phi}_{kk}$ 并不为零，这给判断截尾带来了一定的困难。通常采用下面方法：当 $k>p$ 时，如果平均 20 个 $\hat{\phi}_{kk}$ 中至多有一个使得 $|\hat{\phi}_{kk}|\geqslant\frac{2}{\sqrt{n}}$，那么认为 ϕ_{kk} 截尾

在 $k=p$ 处。其理论依据是：对于具有 AR(p) 模型的正态平稳时间序列，当 n 很大时，样本偏相关函数 $\hat{\phi}_{kk}(k>p)$ 近似服从正态分布 $N(0,\frac{1}{n})$。需要指出的是，正态平稳时间序列是指有限维分布为多维正态分布的平稳随机序列。由此定理，当 n 很大时，有 $P\{|\phi_{kk}|<\frac{2}{\sqrt{n}}\}\approx 95\%$。

同理，ϕ_{kk} 拖尾也可根据 $\hat{\phi}_{kk}$ 的点图判断，只要 $|\hat{\phi}_{kk}|$ 越变越小（k 增大时）。但是，用 $\hat{\rho}_k$ 来判断时通常采用下面方法：当 $k>p$ 时，如果平均 20 个 $\hat{\rho}_k$ 中至多有一个使得 $|\hat{\rho}_k|\geqslant\frac{2}{\sqrt{n}}$，那么认为 ϕ_{kk} 拖尾。其理论依据是：对于具有 MA(q) 模型的正态平稳时间序列，当 n 很大时，样本自相关函数 $\hat{\rho}_k(k>p)$ 近似服从正态分布 $N(0,\frac{1}{n}\times(1+2\sum_{i=1}^{q}\rho_l^2))$。因此，当 n 很大时，$\hat{\rho}_k(k>q)$ 近似服从 $N(0,\frac{1}{n}(1+2\sum_{i=1}^{q}\rho_l^2))$，为方便起见，取近似分布为 $N(0,\frac{1}{n})$。同理，也有 $P\{|\hat{\rho}_k|<\frac{2}{\sqrt{n}}\}\approx 95\%$。

一般来说，确定模型类型与阶数的方法带有一定的主观随意性，但是一个模型最好识别为阶数较低的自回归模型或阶数较低的滑动平均模型，或取为阶数较低的混合模型。这对于估计模型的参数和作预报会带来很大的方便。当然，对于确定 p，q 应取多大，现已提出了一系列的定阶准则，详细内容可在实际应用中参考有关专著。

3. 基于自相关系数的最小二乘法的参数估计

对于 AR(p) 模型，若从数理统计的角度看，可将输入信号 x_t 看作模型的残差，并改记为 a_t，于是 AR(p) 模型可写为

$$y_t=\varphi_1 y_{t-1}+\varphi_2 y_{t-2}+\cdots+\varphi_p y_{t-p}+a_t,\qquad a_t\sim \mathrm{NID}(0,\sigma_a^2) \tag{6-69}$$

于是，一旦估计出 φ_i，即可按下式估计出方差 σ_a^2：

$$\sigma_a^2=\frac{1}{N-p}\sum_{t=p+1}^{N}(y_t-\sum_{i=1}^{p}\varphi_i y_{t-i}) \tag{6-70}$$

因此，在 AR(p) 模型中所指的参数估计是指估计 $\varphi_i(i=1,2,\cdots,p)$ 这 p 个参数。

在式(6-69) 的两边同乘以 y_{t-k}，再取数学期望并除以 r_0，有

$$r_k=\varphi_1 r_{k-1}+\varphi_2 r_{k-2}+\cdots+\varphi_p r_{k-p} \tag{6-71}$$

令 $k=1,2,\cdots,n$，并注意到自协方差函数是偶函数的性质，可得线性方程组

$$\left.\begin{array}{l} r_1=\varphi_1 r_0+\varphi_2 r_1+\cdots+\varphi_p r_{p-1} \\ r_2=\varphi_1 r_1+\varphi_2 r+\cdots+\varphi_p r_{p-2} \\ \cdots\cdots \\ r_n=\varphi_1 r_{n-1}+\varphi_2 r_{n-2}+\cdots+\varphi_p r_{n-p} \end{array}\right\} \tag{6-72a}$$

写成矩阵形式为

$$\boldsymbol{r}=\boldsymbol{T}_r\boldsymbol{\varphi} \tag{6-72b}$$

一般取 $n>p$，$N/4>n>N/10$，因而矩阵 $\boldsymbol{T}_r$ 不是方阵。根据多元回归理论，参数列阵 $\boldsymbol{\varphi}$ 的最小二乘估计为

$$\boldsymbol{\varphi}=(\boldsymbol{T}_r^{\mathrm{T}}\boldsymbol{T}_r)^{-1}\boldsymbol{T}_r^{\mathrm{T}}\boldsymbol{r} \tag{6-73}$$

显然，上述各式对互协方差函数 R_k 也适用，只需将各式中的矩阵 $\boldsymbol{T}_r$ 和 $\boldsymbol{r}$ 中各符号 $\boldsymbol{r}$ 换以 R

即可。$\boldsymbol{r}$ 和 R_k 的计算按公式进行估算，其求和限从 $(k+1)$ 到 N，与 k 有关，所以，矩阵 $\boldsymbol{T}_r{}^{\mathrm{T}}\boldsymbol{T}_r$ 不易出现病态，而且，采用时间序列的自相关系数 $\boldsymbol{r}$ 构成矩阵，需多次使用观测数据计算；也就多次提取了数据中所蕴含的信息，提高了数据的利用率，从而也就提高了参数的估计精度。

在该方法中，如果取 $k=1,2,\cdots,p$，则式(6-72a)中所示方程的个数等于未知数 $\varphi_1,\varphi_2,\cdots,\varphi_p$ 的个数，则式(6-72b)变为

$$\boldsymbol{r}=\boldsymbol{T}\boldsymbol{\varphi} \tag{6-74}$$

此方程称为尤里-沃克(Yule-Walker)方程，其中

$$\left.\begin{aligned}
\boldsymbol{r}&=\begin{bmatrix} r_1\\ r_2\\ \vdots\\ r_p\end{bmatrix}_{p\times1}\\
\boldsymbol{T}&=\begin{bmatrix} r_0 & r_1 & r_2 & \cdots & r_{p-1}\\ r_1 & r_0 & r_1 & \cdots & r_{p-2}\\ \vdots & \vdots & \vdots & & \vdots\\ r_{p-1} & r_{p-2} & r_{p-3} & \cdots & r_0\end{bmatrix}_{p\times p}\\
\boldsymbol{\varphi}&=\begin{bmatrix} \varphi_1\\ \varphi_2\\ \vdots\\ \varphi_p\end{bmatrix}_{(p\times1)}
\end{aligned}\right\} \tag{6-75}$$

此时，由于自相关系数矩阵 $\boldsymbol{T}$ 中主对角线元素为1，$\boldsymbol{T}$ 不仅是对称方阵，而且还是反对称方阵，从而 $\boldsymbol{T}$ 是中心对称方阵。由于 $0\leqslant r_k\leqslant 1$，所以矩阵 $\boldsymbol{T}$ 是满秩正定方阵，称为特普利茨(Toeplitz)矩阵。利用矩阵 $\boldsymbol{T}$ 的特点，可容易地求出模型参数

$$\boldsymbol{\varphi}=\boldsymbol{T}^{-1}\boldsymbol{r} \tag{6-76}$$

在实际求解方程式(6-76)时，常采用各种递推估计算法，将计算机的计算过程加以简化，如比较经典的莱文森(Levinson)法、伯格(Burg)法和马普尔(Marple)法等，这些方法已有现成的计算机程序可供引用。

6.6.3 ARMA 模型的预报

ARMA 模型可以用来对设备状态进行预测。所谓设备状态预报，是指已知设备状态过去和现在的状态，对设备将来的状态进行估计。用记号表示，设备状态为

$$\cdots,y_{-2},y_{-1},y_0,y_1,y_2,\cdots,y_k,\cdots,y_{k+l},\cdots$$

其中 $k\geqslant 1,l\geqslant 1$。若已经观测到 $y_1,y_2,\cdots,y_k$，的数值，要估计 y_{k+l} 的数值，称为在 k 时刻 l 步预报。y_{k+l} 的估计值记为 $\hat{y}_{k+l}$ 或 $\hat{y}_k(l)$，称为 l 步预报值。在记号 $\hat{y}_k(l)$ 中，k 表示现在时刻，l 表示从现在起算将来的第 l 个时刻。如利用某涡轮机过去三年的工作状况，预报涡轮机现在、将来的工作状态等。

基于 ARMA 模型的设备状态的预报分递推预报法和直接预报法两种。本书只介绍递推预报法，对直接预报法感兴趣的同学可以参考《随机过程》(第2版)(汪荣鑫编，西安交通大学

出版社 2006 年出版）中的相关内容。

1. 自回归模型预报

对自回归模型 $y_t=\sum_{i=1}^{p}\varphi_i y_{t-i}+x_t$，$X(t)\sim \mathrm{NID}(0,\sigma_x^2)$，已经观测到 $y_1,y_2,\cdots,y_k(k\geqslant p)$ 的数值，则 $\hat{y}_k(l)$ 的估计方程是

$$\hat{y}_k(l)=\hat{y}_{k+l}=\sum_{i=1}^{p}\varphi_i y_{k+l-i}+x_i \tag{6-77}$$

在此式中分别取 $l=1,2,\cdots$，可分别计算第一步、第二步 …… 预报值，即

$$\left.\begin{aligned}&\text{取 } l=1,\quad \hat{y}_k(1)=\hat{y}_{k+1}=\sum_{i=1}^{p}\varphi_i y_{k+1-i}+x_t\\&\text{取 } l=2,\quad \hat{y}_k(2)=\hat{y}_{k+2}=\sum_{i=1}^{p}\varphi_i y_{k+2-i}+x_t\\&\text{取 } l=3,\quad \hat{y}_k(3)=\hat{y}_{k+3}=\sum_{i=1}^{p}\varphi_i y_{k+3-i}+x_t\\&\cdots\cdots\end{aligned}\right\} \tag{6-78}$$

需要指出的是，在计算第二步值时要用到第一步预报值，在计算第三步预报值时要用到第一步、第二步预报值，等等。式(6－77)和式(6－78)统称为 AR 模型的预报公式。

2. 滑动平均模型的预报

对滑动平均模型 $y_t=x_t-\sum_{j=1}^{q}\theta_j x_{t-j}$，$X(t)\sim \mathrm{NID}(0,\sigma_x^2)$，已经观测到 $y_1,y_2,\cdots,y_k(k\geqslant q)$ 的数值，则 $\hat{y}_k(l)$ 的估计方程为

$$\hat{y}_k(l)=\hat{y}_{k+l}=x_t-\sum_{t=1}^{p}\theta_i y_{k+l-i} \tag{6-79}$$

其估计过程与自回归模型相似。

3. 混合模型的预报

ARMA(p,q) 混合模型的预报方法是自回归模型与滑动平均模型两种预报方法的结合。

混合模型方程是 $y_t=\sum_{i=1}^{p}\varphi_i y_{t-i}+x_t-\sum_{j=1}^{q}\theta_j x_{t-j}$，已经观测到 $y_1,y_2,\cdots,y_k(k\geqslant p,k\geqslant q)$ 的数值，则 $\hat{y}_k(l)$ 的估计方程为

$$\hat{y}_k(l)=\hat{y}_{k+l}=\sum_{i=1}^{p}\varphi_i y_{k+l-i}+x_t-\sum_{j=1}^{q}\theta_j x_{k+l-j} \tag{6-80}$$

在式(6－80)中分别取 $l=1,2,\cdots$，可分别计算第一步、第二步 …… 预报值，即

$$\left.\begin{aligned}&\text{取 } l=1,\quad \hat{y}_k(1)=\hat{y}_{k+1}=\sum_{i=1}^{p}\varphi_i y_{k+1-i}+x_t-\sum_{j=1}^{q}\theta_j x_{k+1-j}\\&\text{取 } l=2,\quad \hat{y}_k(2)=\hat{y}_{k+2}=\sum_{i=1}^{p}\varphi_i y_{k+2-i}+x_t-\sum_{j=1}^{q}\theta_j x_{k+2-j}\\&\text{取 } l=3,\quad \hat{y}_k(3)=\hat{y}_{k+3}=\sum_{i=1}^{p}\varphi_i y_{k+3-i}+x_t-\sum_{j=1}^{q}\theta_j x_{k+3-j}\\&\cdots\cdots\end{aligned}\right\} \tag{6-81}$$

需要指出的是，在计算第二步值时要用到第一步预报值，在计算第三步预报值时要用到第一步、第二步预报值，等等。

6.6.4 根据模型参数进行故障诊断

建立 ARMA(p,q) 模型所用观测时序$\{y_t\}$蕴含着系统特性与系统工作状态的所有信息，因而基于$\{y_t\}$按某一方法估计出来的$(p+q+1)$个模型参数 $\varphi_1,\varphi_2,\cdots,\varphi_p,\theta_1,\theta_2,\cdots,\theta_q$ 和σ_a^2 中也必然蕴含着这些信息，这正是所有参数模型的一个最大的特点，即将大量数据所蕴含的信息凝聚成为少数若干个模型参数。可依据模型参数，特别是直接根据 $\varphi_1,\varphi_2,\cdots,\varphi_p$ 进行系统的故障诊断。

例如，为在线监控金属切削过程颤振的发生与发展，在 VDF 车床尾架顶尖处测取振动加速度信号，根据加速度时序建立 AR 模型。在远离颤振时，每隔 3.6 s 采样一次，建模一次，而在临近颤振发生时，每隔 0.9 s 采样一次，建模一次。图 6.13 所示为颤振从无到有这一发展过程 AR 模型参数 φ_1 的变化规律。由图可见，在远离颤振以前的 4 次采样间隔的时间 14.4 s 内，φ_1 变化平坦，在第 4 次采样后颤振即将发生，φ_1 急剧增加，然后维持较大的数值。根据这种急剧增大的趋势，可建立报警信号，以便采取控制措施。大量实验表明，AR(2) 模型的第二个参数 φ_2 对系统阻尼比 ξ 的影响较大，而 φ_1 的影响则小得多。因此，可以把对系统稳定性按阻尼比 ξ 的判别转变为按 φ_2 值判别，即当待检状态的 $\varphi_{2,T}$ 接近参考状态的某上临界值 $\varphi_{2,R}$ 时，颤振有可能即将发生。

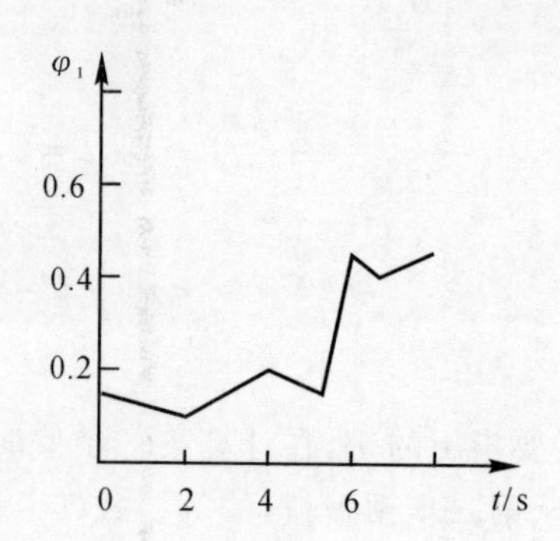

图 6.13 切削颤振识别的 φ_1 直接法

6.6.5 根据方差进行故障诊断

信号方差 σ_y^2 和模型残差方差 σ_a^2 含有系统状态的大量信息，σ_y^2 的算式为

$$\sigma_y^2=\frac{1}{N}\sum_{i=1}^{N}(y_i-\bar{y})^2 \tag{6-82}$$

式中 $\bar{y}$—— 时序$\{y_t\}$的均值，显然 σ_y^2 可由信号直接算得。

σ_a^2 的算式为

$$\sigma_a^2=v_{ar}[a_t]=\frac{1}{N-p}\sum_{t=p+1}^{N}\left(y_t-\sum_{i=1}^{p}\varphi_i y_{t-i}+\sum_{j=1}^{q}\theta_j a_{t-j}\right) \tag{6-83}$$

显然，σ_a^2 可由模型算得。

例如，根据 σ_a^2 诊断电机转子质量偏心。在电机正常运行状态下，对电机的振动加速度信号建立 ARMA(2,1) 模型，$y_t=1.96y_{t-1}-0.93y_{t-2}+a_t+0.69a_{t-1}$，把它作为正常状态的参考模型，在不同的偏心载荷下对持续 5 s 的振动加速度信号采集 100 个数据，按式(6-83)计算出这 100 个数据对于正常状态的 ARMA(2,1) 模型的残差方差：

$$\sigma_a^2=\sum_{t=p+1}^{N}(y_t-1.96y_{t-1}+0.93y_{t-2}-a_t-0.69a_{t-1})^2/(100-2)$$

并作出 σ_a^2 的点图，如图 6.14 所示。图中 $\bar{\sigma}_a^2$ 是电机正常运行时 σ_a^2 的均值，$\bar{\sigma}_a^2+3\sigma$ 是 σ_a^2 的上限，

横坐标是按偏心质量的大小对电机状态的编号。由图可见，偏心质量越大，σ_a^2 也越大，从而可根据待检信号算得的 σ_a^2 判断电机偏心质量的大小。

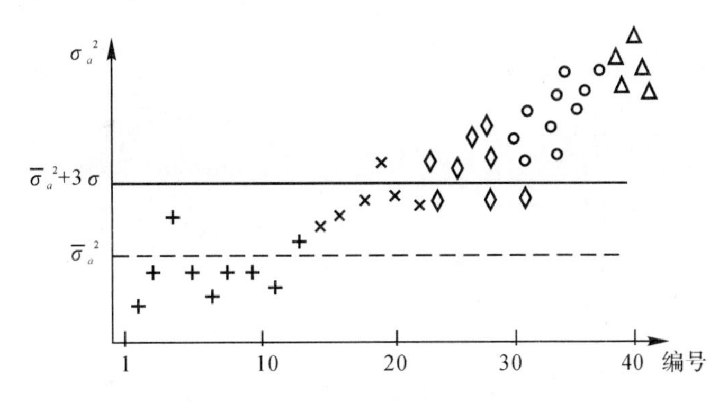

图 6.14 根据 σ_a^2 诊断电机转子质量偏心

+— 偏心质量 0 g；×— 偏心质量 9.1 g；◇— 偏心质量 27.2 g；

○— 偏心质量 45.2 g；▽— 偏心质量 90.7 g

6.6.6 ARMA 模型的频域故障诊断

ARMA 频域特性主要是指系统的频率响应函数 $H(\omega)$ 及振动模态特性，特别是指动态响应数据的自谱函数 $S_{yy}(\omega)$，$H(\omega)$ 表征了 ARMA 模型所对应的系统在频域中的示性函数，振动模态是系统动态特性的参数描述，$S_{yy}(\omega)$ 表征了由这一系统所产生的动态响应数据在频域中的统计特性。通过 ARMA 模型频域特性的分析，可以在频域内对系统的动态特性以及由这一系统所产生的动态响应数据的统计特性进行分析和研究，在时序方法中通称为“谱分析”，它们在故障诊断中有着重要的应用。

ARMA(p,q) 模型频响函数可以通过式(6－64) 得到

$$H(\omega)=\frac{1-\sum_{i=1}^{q}\theta_i \mathrm{e}^{-\mathrm{j}\omega_i\Delta t}}{1-\sum_{i=1}^{p}\varphi_i \mathrm{e}^{-\mathrm{j}\omega_i\Delta t}} \qquad \left(-\frac{\pi}{\Delta t}\leqslant\omega\leqslant\frac{\pi}{\Delta t}\right) \tag{6-84}$$

式(6－84) 即为频响函数的算式。它表明，频响函数 $H(\omega)$ 可由 ARMA 模型参数 θ_i，φ_i 计算出来。利用频响函数可以方便地识别系统的振动模态参数和求得自功率谱密度函数。ARMA 模型的自功率谱密度函数是现代谱分析技术中应用最广泛的一种功率谱密度函数。和传统的周期图谱不同，ARMA 模型的自谱函数 $S_{yy}(\omega)$ 不是由观测数据直接得到的，而是对观测数据序列建立 ARMA 模型，再由 ARMA 模型参数计算得到的，因此，又称为 ARMA 模型谱。同样，由 AR 模型与 MA 模型参数算得的自谱函数称为 AR 模型谱和 MA 模型谱。其分别简称为 ARMA 谱、AR 谱与 MA 谱。由于模型参数是由观测数据序列估计所得的，相应地，由模型参数计算得到的谱值也称为 ARMA 谱估计。ARMA 谱估计不必对数据加窗，这和传统的谱估计法对数据直接加窗相比具有明显的优点，而且其功率谱 $S_{yy}(\omega)$ 则是 ω 的连续函数，而不像周期图谱那样是离散的。正因如此，ARMA 模型具有一系列突出的特点。

由随机振动理论可知，系统的响应(输出) 与激励(输入) 之间有下列关系式：

$$S_{yy}(\omega)=\sigma_a^2 H(\omega)H^*(\omega)=\sigma_a^2\ |\ H(\omega)\ |^2 \tag{6-85}$$

将式(6-84)代入式(6-85)可得 $S_{yy}(\omega)$ 的计算公式为

$$S_{yy}(\omega)=\sigma_a^2\frac{\left|1-\sum_{i=1}^{q}\theta_i e^{-j\omega_i\Delta t}\right|^2}{\left|1-\sum_{i=1}^{p}\varphi_i e^{-j\omega_i\Delta t}\right|^2}\qquad\left(-\frac{\pi}{\Delta t}\leqslant\omega\leqslant\frac{\pi}{\Delta t}\right)\tag{6-86}$$

对于 AR(p) 模型的 AR 谱为

$$S_{yy}(\omega)=\frac{\sigma_a^2}{\left|1-\sum_{i=1}^{p}\varphi_i e^{-j\omega_i\Delta t}\right|^2}\qquad\left(-\frac{\pi}{\Delta t}\leqslant\omega\leqslant\frac{\pi}{\Delta t}\right)\tag{6-87}$$

对于 MA(q) 模型的 MA 谱为

$$S_{yy}(\omega)=\sigma_a^2\left|1-\sum_{i=1}^{q}\theta_i e^{-j\omega_i\Delta t}\right|^2\qquad\left(-\frac{\pi}{\Delta t}\leqslant\omega\leqslant\frac{\pi}{\Delta t}\right)\tag{6-88}$$

ARMA 谱估计(包括 AR 谱估计等)主要分两个步骤:首先由观测时间序列$\{y_t\}$根据一定的建模算法拟合 ARMA 模型,估计出模型参数,然后根据式(6-86)计算 ARMA 谱值。计算谱值的方法有很多,并有现成的计算程序可供选用,在此不再复述。

下面举一用 AR 谱进行故障诊断的应用实例。

电动机在运转过程中产生的振动和噪声直接反映了电动机的工作状态。造成电动机噪声的原因主要有通风噪声、电磁噪声、轴承噪声和其他部件的机械振动噪声,它们有各自的频率特性。因此,准确地确定电动机噪声的各个频率成分和相应的幅值,有助于对电机运行中的故障和结构工艺上的缺陷进行诊断。

图 6.15(a) 和图 6.15(b) 分别示出用精密声级计在位于电动机前上端和左前端测量的噪声经计算而获得的两个 AR 谱图。可以看到,对应于各个谱峰处的频率基本相同,甚至十分接近。从谱峰的高度来看,前测点上所测出的电磁噪声、机壳共振噪声均比左前测点所测出的结果更大。电动机噪声诊断结论见表 6.4。

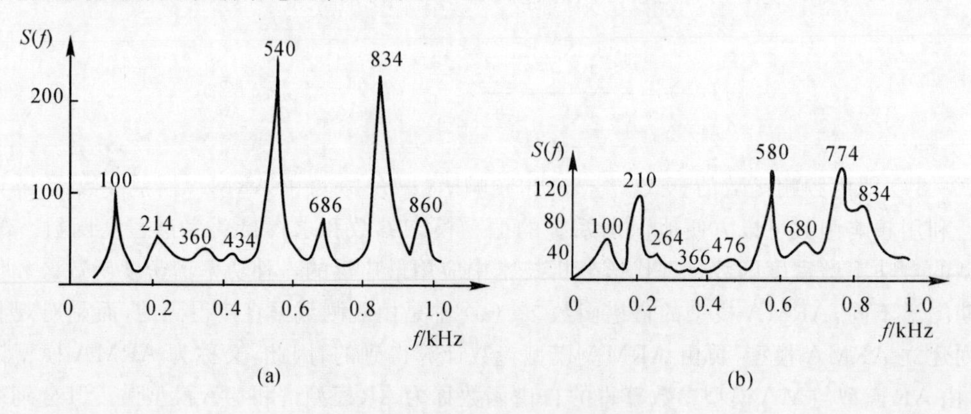

图 6.15 电动机噪声的自回归谱

(a) 在正前测点;(b) 在左前测点

至于选用什么类型信号的 AR 谱进行状态识别,需视实际情况而定。例如,当识别砂轮磨钝状态时,采用振动位移信号的AR谱作为判别函数要比用磨削声信号的AR谱的识别能力好些。对于机械设备的故障诊断,采用振动(位移、速度、加速度)信号往往能获得良好的诊断结论。

表 6.4　电动机噪声诊断结论

前测点		左前测点		噪声源诊断
f/kHz	$S(f)$	f/kHz	$S(f)$	
100	96.9	100	48.2	2 倍电源频率,磁极径向磁拉力脉动噪声
214	48.7	210	90.2	4 倍电源频率,磁极径向磁拉力脉动噪声
		264	21.0	后轴承轴向窜动噪声
434	17.1	476	26.3	前轴承噪声
540	242.7	580	127.7	机壳共振噪声
685	79.5	680	45.4	
		774	110.6	磁噪声
834	214.4	834	75.7	
960	47.3			

根据 AR 谱进行故障诊断主要是判别谱峰频率和谱峰幅值,特别是典型主峰频率及幅值。当然,只要获得自谱函数,也可采用前面介绍的模式识别方法对系统的状态进行识别以实现状态监测和故障诊断的目标。

第7章　智能故障诊断方法

第6章介绍了以数字量为基础的几种常用故障诊断方法，即所谓的初步诊断方法，本章将介绍几种常用的智能诊断方法。智能诊断技术以常规诊断技术为基础，以人工智能技术为核心，其发展为故障诊断的智能化提供了可能性，使得诊断技术有了新的发展，同时，使得以信号处理为核心的诊断过程逐步被以知识处理为核心的诊断过程所代替，对诊断技术的研究也开始从知识的角度出发来系统地加以研究。虽然智能诊断技术还远没有达到成熟阶段，但智能诊断的发展大大提高了诊断的效率和可靠性。智能故障诊断方法一般包括灰色诊断方法、模糊诊断方法、神经网络诊断方法、专家系统诊断方法及各种诊断方法的结合等等。

7.1　灰色系统理论诊断方法

"灰色"是一种色阶的度量，表示一种颜色。用颜色来描述工程系统，可以分成三类：一类系统是白色系统，是指因素与系统性能特征之间有明确的映射关系，例如物理型模型，它有确定的系统结构和明确的作用原理。另一类系统是黑色系统，即人们对系统性能特征与因素间关系完全不知道，如时间序列分析建模方法基于的系统就是一个黑箱。它无需确知系统的输入，而是根据系统的观察值建模。这是两个极端的做法，实际的工程系统有的信息能知道，而有的不可用，称为灰色系统。大多数运行的机械设备都具有灰色系统的特征。

灰色系统理论着重研究概率统计、模糊数学所难以解决的"小样本""贫信息"等不确定性问题，并依据信息覆盖，通过序列算子的作用探索事物运动的现实规律。基于灰色理论的故障诊断技术就是通过对"部分"已知信息的生成、开发，实现对系统特性、状态和发展趋势的确切描述和认识，并对未来作出预测和决策。其特点是"少数据建模"。

灰色系统理论的主要内容包括灰色系统分析、灰色系统建模、灰色系统预测、灰色系统决策和灰色系统控制等问题。该理论在社会、经济、农业、生态等领域中已得到应用，并取得了明显的成果。在灰色系统理论中，灰色预测、关联度分析、灰色统计、灰色聚类和灰色决策都是设备故障诊断的有力工具。

7.1.1　关联度分析法在故障诊断、模式识别中的应用

关联度分析法是用灰色系统理论进行系统分析的一个重要方法，它是根据系统和因素之间的内部联系或发展态势的相似程度来度量之间关联程度的方法。其基本思想是根据序列曲线几何形状的相似程度来判断其联系是否紧密。曲线越接近，相应序列之间关联度就越大，反

之就越小。与数理统计方法相比,这种方法的特点是:

(1)对样本量的多少没有过分的要求。

(2)不要求数据具有典型的分布规律。

(3)计算工作量不大,即使对于超过十个变量(数列)的情况,也可手算。

(4)获得的信息量更丰富,结果更全面。

(5)不会出现与定性分析不一致的反常现象。

尤其是我国统计数据十分有限,且现有数据灰度较大,再加上人为的原因,许多数据都出现几次大起大落,没有什么典型的分布规律,因此在此情况下,采用灰色系统诊断技术与采用数理统计方法相比就更加具有优势。

设系统由参考模式向量(或称数列)构成的参考模式矩阵为

$$\boldsymbol{X}^{(R)}=\begin{bmatrix}\{\boldsymbol{x}_1^{(R)}\}^{\mathrm{T}}\\\{\boldsymbol{x}_2^{(R)}\}^{\mathrm{T}}\\\vdots\\\{\boldsymbol{x}_L^{(R)}\}^{\mathrm{T}}\end{bmatrix}=\begin{bmatrix}x_{1(1)}^{(R)} & x_{1(2)}^{(R)} & \cdots & x_{1(N)}^{(R)}\\x_{2(1)}^{(R)} & x_{2(2)}^{(R)} & \cdots & x_{2(N)}^{(R)}\\\vdots & \vdots & & \vdots\\x_{L(1)}^{(R)} & x_{L(2)}^{(R)} & \cdots & x_{L(N)}^{(R)}\end{bmatrix}\tag{7-1}$$

式中　$\{\boldsymbol{x}_i^{(R)}\}$——第 i 个参考模式向量,$i=1,2,\cdots,L$;

L——参考模式向量的数目;

N——每种参考模式向量中特征量(元素)的数目。

同样,系统的待检模式向量(或称数列)可构成待检模式矩阵

$$\boldsymbol{X}^{(T)}=\begin{bmatrix}\{\boldsymbol{x}_1^{(T)}\}^{\mathrm{T}}\\\{\boldsymbol{x}_2^{(T)}\}^{\mathrm{T}}\\\vdots\\\{\boldsymbol{x}_M^{(T)}\}^{\mathrm{T}}\end{bmatrix}=\begin{bmatrix}x_{1(1)}^{(T)} & x_{1(2)}^{(T)} & \cdots & x_{1(N)}^{(T)}\\x_{2(1)}^{(T)} & x_{2(2)}^{(T)} & \cdots & x_{2(N)}^{(T)}\\\vdots & \vdots & & \vdots\\x_{M(1)}^{(T)} & x_{M(2)}^{(T)} & \cdots & x_{M(N)}^{(T)}\end{bmatrix}\tag{7-2}$$

式中　$\{X_j^{(T)}\}$——第 j 个待检向量,$j=1,2,\cdots,M$,M 为待检模式向量的数目。

为此,可定义待检模式向量$\{\boldsymbol{X}_j^{(T)}\}$与参考模式向量$\{\boldsymbol{X}_i^{(T)}\}$两状态之间的关联程度为

$$\xi_{ij(k)}=\frac{\min\limits_k|x_{i(k)}^{(R)}-x_{j(k)}^{(T)}|+\xi\max\limits_k|x_{i(k)}^{(R)}-x_{j(k)}^{(T)}|}{|x_{i(k)}^{(R)}-x_{j(k)}^{(T)}|+\xi\max\limits_i\max\limits_k|x_{i(k)}^{(R)}-x_{j(k)}^{(T)}|},\quad\begin{cases}i=1,2,\cdots,L\\j=1,2,\cdots,M\\k=1,2,\cdots,N\end{cases}\tag{7-3}$$

称 $\xi_{ij(k)}$ 为待检模式向量$\{\boldsymbol{X}_j^{(T)}\}$与参考模式向量$\{\boldsymbol{X}_i^{(R)}\}$在第 k 点的关联系数。$\xi\in[0,1]$是分辨系数,不同的 ξ 值只影响 $\xi_{ij(k)}$ 的绝对大小,并不影响 $\xi_{ij(k)}$ 的相对排列次序,随 ξ 值的减小,$\xi_{ij(k)}$ 值可变动的区间范围增大,一般取 $\xi=0.5$。

$\{\boldsymbol{X}_j^{(T)}\}$对$\{\boldsymbol{X}_i^{(R)}\}$的关联度定义为不同点的关联系数的平均值,即

$$r_{ij}=\frac{1}{N}\sum_{k=1}^{N}\xi_{ij(k)}\tag{7-4}$$

由 r_{ij} 可组成关联度矩阵:

$$\boldsymbol{R}=\begin{bmatrix} r_{11} & r_{12} & \cdots & r_{1M} \\ r_{21} & r_{22} & \cdots & r_{2M} \\ \vdots & \vdots & & \vdots \\ r_{L1} & r_{L2} & \cdots & r_{LM} \end{bmatrix} \tag{7-5}$$

考察矩阵 $\boldsymbol{R}$ 的某一列 j，它表达了第 j 个待检模式向量 $\{\boldsymbol{X}_j^{(T)}\}$ 对不同的参考模式向量 $\{\boldsymbol{X}_i^{(R)}\}$ $(i=1,2,\cdots,L)$ 的关联度，可按 r_{ij} $(i=1,2,\cdots,L)$ 的大小进行归类，其归属决策规则为

若 $r_{ij}=\max\limits_{i=1,2,\cdots,L} r_{ij}$，则 $\{\boldsymbol{X}_j^{(T)}\}\in$ 第 i 类。 (7-6)

考查矩阵 $\boldsymbol{R}$ 的某一行 i，它表达了第 i 个参考模式向量与不同的待检模式向量 $\{\boldsymbol{X}_j^{(T)}\}$ $(j=1,2,\cdots,M)$ 的关联度。只要选定合适的阈值 r_0，就可判断哪些待检模式属于或不属于参考模式类 i。

当参考模式向量和待检模式向量都是多个时，通过对关联矩阵 $\boldsymbol{R}$ 中元素间的比较分析，可以进行优势分析，即分析哪些因素优势，哪些因素劣势，从而探讨故障发生的主要原因和程度。通过多因素分析和判决，可提供现代机械设备状态监测与故障诊断更精确的结果。

案例分析：磨削加工时，零件表面烧伤状态的诊断。若观测特征向量 $\{\boldsymbol{x}_t\}$ 为磨削火花温度信号。$\{\boldsymbol{X}_1^{(R)}\}$ 为表面层未被烧伤的参考模式向量，$\{\boldsymbol{X}_2^{(R)}\}$ 为表面层已被烧伤的参考模式向量。在参考模式向量中选择下列三个诊断特征量：数列 $\{x_t\}$ 的 AR(p) 模型的残差平方和 $\sum\limits_{i=1}^{N} a_i^2$ 与数列 $\{x_t\}$ 的 $\sum\limits_{i=1}^{N} x_i^2$ 之比 NSSA，数列 $\{x_t\}$ 的一步自相关系数 r_1 和数列 $\{x_t\}$ 概率分布曲线的峰态因数 a_4，即

$$\mathrm{NSSA}=\frac{\sum\limits_{i=1}^{N} a_i^2}{\sum\limits_{i=1}^{N} x_i^2}, \qquad r_1=\frac{\sum\limits_{i=1}^{N} x_i x_{i+1}}{\sum\limits_{i=1}^{N} x_i^2}, \qquad a_4=\frac{N\sum\limits_{i=1}^{N} x_i^2}{(\sum\limits_{i=1}^{N} x_i^2)^2}$$

由上述三个特征量所构成的参考模式特征量见表 7.1。

表 7.1　参考模式特征量

特征量	NSSA	r_1	a_4
未烧伤	2.70	0.703	2.91
烧伤	3.92	0.586	3.56

参考模式矩阵由式(7-1)和表 7.1 可得

$$\boldsymbol{X}^{(R)}=\begin{bmatrix} 2.70 & 0.703 & 2.91 \\ 3.92 & 0.586 & 3.56 \end{bmatrix}$$

现有一待检模式向量 $\boldsymbol{x}_1^T=[3.71 \quad 0.602 \quad 3.60]$，取 $\xi=0.5$，利用式(7-3)和式(7-4)可分别计算未烧伤参考状态的关联系数和关联度

$$\xi_{11(1)}=0.334, \qquad \xi_{11(2)}=0.860, \qquad \xi_{11(3)}=0.434, \qquad \gamma_{11}=0.543$$

同理，可算得对烧伤参考状态的关联系数和关联度为

$$\xi_{21(1)}=0.729, \qquad \xi_{21(2)}=1.00, \qquad \xi_{21(3)}=0.956, \qquad \gamma_{21}=0.895$$

因为 $r_{21}>r_{11}$，故判断该待检模式为烧伤状态。

7.1.2 灰色预测在设备状态趋势预报中的应用

灰色预测可采用两种途径用于设备状态趋势的预报：一种是基于灰色系统理论中灰色模型GM(Grey Modle)的预报方法，一般是GM(1,1)模式为基础进行的预测；另一种是基于数列残差辨识的预测模型，它是一种去首加权累加生成模型。该模型对于数列变化较平缓，且只作单步预测，不低于指数平滑的精度，然而对于一般增长型数列，则不如GM(1,1)模型精度高，本方法的最大优点是计算简便。

1. 基于GM(1,1)模型的预测

在灰色系统理论中，GM(1,1)是具有1个输出数列和N个输入数列的灰色模型GM(1,N)的特例。在设备状态监测和预报中，主要采用能反映设备状态的某个数列$\{x^{(0)}\}$来建立GM(1,1)模型。GM(1,1)模型是最基本的灰色模型。

令原始数列$\{x^{(0)}\}=\{x^{(0)}_{(1)},x^{(0)}_{(2)},\cdots,x^{(0)}_{(n)}\}$，此处$n$代表序列长度。对$\{\boldsymbol{x}^{(0)}\}$作一次累加计算1-AGO(Accumulated Generating Operation)，即

$$x^{(1)}_{(k)}=\sum_{i=1}^{k}x^{(0)}_{(i)} \tag{7-7}$$

有

$$\{\boldsymbol{x}^{(1)}\}=\{x^{(1)}_{(1)},x^{(1)}_{(2)},\cdots,x^{(1)}_{(n)}\}=\{x^{(0)}_{(1)},x^{(1)}_{(1)}+x^{(0)}_{(2)},\cdots,x^{(1)}_{(n-1)}+x^{(0)}_{(n)}\} \tag{7-8}$$

对$\{x^{(1)}\}$可建立下述白化形式的微分方程：

$$\frac{\mathrm{d}\{\boldsymbol{x}^{(1)}\}}{\mathrm{d}t}+a\{\boldsymbol{x}^{(1)}\}=u\{1\} \tag{7-9}$$

这是一阶一个数列的微分方程模型，故记为GM(1,1)。记参数数列为

$$\hat{\boldsymbol{a}}=\begin{bmatrix}a\\u\end{bmatrix} \tag{7-10}$$

用最小二乘法可求得$\hat{\boldsymbol{a}}$，其算式为

$$\hat{\boldsymbol{a}}=(\boldsymbol{B}^{\mathrm{T}}\boldsymbol{B})^{-1}\boldsymbol{B}^{\mathrm{T}}\boldsymbol{y}_N \tag{7-11}$$

式中

$$\boldsymbol{B}=\begin{bmatrix}-\frac{1}{2}[x^{(1)}_{(1)}+x^{(1)}_{(2)}] & 1\\ -\frac{1}{2}[x^{(1)}_{(2)}+x^{(1)}_{(3)}] & 1\\ \vdots & \vdots\\ -\frac{1}{2}[x^{(1)}_{(n-1)}+x^{(1)}_{(n)}] & 1\end{bmatrix}$$

$$\boldsymbol{y}_N=[x^{(0)}_{(2)}\quad x^{(0)}_{(3)}\quad\cdots\quad x^{(0)}_{(n)}]^{\mathrm{T}}$$

方程式(7-9)解为

$$\hat{x}^{(1)}_{(k+1)}=\left(x^{(0)}_{(1)}-\frac{u}{a}\right)\mathrm{e}^{-ak}+\frac{u}{a} \tag{7-12}$$

式中，$\hat{x}^{(1)}_{(k+1)}$为$(k+1)$时刻生成数列的估值，将$\{\hat{\boldsymbol{x}}^{(1)}\}$进行逆累减生成计算(Inverse Accumulated Generating Operation，IAGO)，就可得到原始数列的预测值，其算式为

$$\hat{x}^{(0)}_{(k+1)}=\hat{x}^{(1)}_{(k+1)}-\sum_{i=1}^{k}\hat{x}^{(0)}_{(i)}\qquad(\{x^{(0)}_{(1)}\}=x^{(1)}_{(1)}) \tag{7-13}$$

利用灰色模型进行预测的特点是根据原始数列的生成数列来建立动态微分方程，然后再通过微分方程的求解及还原运算来预测自身的发展态势，而其他的预测法往往是借助于因素模型来预测自身态势的发展。但需指出，对原始数列$\{\boldsymbol{x}^{(0)}\}$进行 AGO 处理，实质上就是一种数据预处理方法，这样做有两个好处：①可使$\{\boldsymbol{x}^{(0)}\}$中含有的随机干扰成份通过 AGO 处理得到减弱或消除；②可使$\{\boldsymbol{x}^{(0)}\}$所蕴含的确定性信息通过 AGO 得到增强，即造成$\{\boldsymbol{x}^{(1)}\}$是单调增长的“函数”，这样就有助于探索和揭示出数据数列所蕴含的规律性，达到状态趋势预报的目的。

2. 基于残差辨识的预测

根据文献可知，若原始数列为$\{\boldsymbol{x}^{(0)}\}=\{x_{(1)}^{(0)},x_{(2)}^{(0)},\cdots,x_{(n)}^{(0)}\}$，则其一步预测模型为

$$\hat{x}_{(n+1)}^{(0)}=\hat{\delta}_n x_{(n)}^{(0)}+\hat{\delta}_{n-1}x_{(n-1)}^{(0)}+\cdots+\hat{\delta}_2 x_{(2)}^{(0)}+\Delta_i \tag{7-14}$$

式中 $\hat{x}_{(n+1)}^{(0)}$——$(n+1)$步的预测值；

$\hat{\delta}_i(i=n,\cdots,2)$——系数(权)；

Δ_i——i 级残差。

不难看出，式(6-14)是原始数据 $x_{(1)}^{(0)},x_{(2)}^{(0)},\cdots,x_{(n)}^{(0)}$ 以 $\hat{\delta}_n,\cdots,\hat{\delta}_2$ 为权的去首加权累加生成。$\hat{\delta}_i$ 和 Δ_i 按下述方法计算：

(1)$\hat{\delta}_n$ 是以 $\hat{x}_{(n-1)}^{(0)}$ 除 $x_{(n)}^{(0)}$ 所得的整数商。

(2)$\hat{\delta}_i(i=n-1,n-2,\cdots,2)$是以 $\hat{x}_{(i-1)}^{(0)}$ 除 Δ_i 的整数商。

(3)Δ_n 是以 $\hat{x}_{(n-1)}^{(0)}$ 除 $x_{(n)}^{(0)}$ 所得的余数。

(4)$\Delta_i(i=n-1,n-2,\cdots,2)$是以 $\hat{x}_{(i-1)}^{(0)}$ 除 Δ_i 的余数。

上述预测值的可信度，可用后验差检验手段进行检验。

最后指出，GM(1,1)模型可以进行多步预测，但残差辨识预测模型只能进行一步预测。然而，从预测的角度来看，GM(1,1)模型更适用于短期预测，即数据甚至可以“短”至几个数据，因系统的未来状态主要取决于系统的近期状态，这是一般的数学模型不能比拟的。若根据要求设定了设备运行状态的阈值，就可以对设备的运行状态进行实时监测，并能预测将来一段时间内设备运行状态的趋势，以便决定预防的措施。

例 某大型空气压缩机轴向止推轴承套磨损量(位移)的预测。磨损量见表 7.2。

表 7.2 止推轴承套磨损量

序号(i)	1	2	3	4	5	6	7	8
时间(月、日)	7.30	8.10	8.20	8.30	9.10	9.20	9.30	10.10
位移/μm	0.46	0.49	0.53	0.59	0.68	0.76	0.86	0.98

根据 GM(1,1)模型所得的预测值 $\hat{x}_{(i)}^{(0)}$ 见表 7.3。

表 7.3 GM(1,1)模型预测值

i	1	2	3	4	5	6	7	8
$\hat{x}_{(i)}^{(0)}$	0.46	0.475	0.53	0.6	0.677	0.763	0.86	0.97

观测值 $\hat{x}_{(i)}^{(0)}$ 与实际值 $X_{(i)}^{(0)}$ 的比较见表 7.4。根据残差辨识预测模型所得的预测值

见表 7.5。

表 7.4　预测值与实际值比较

$x_{(9)}=1.093$	$x_{(10)}^{(0)}=1.230$
$\hat{x}_{(9)}=1.043$	$\hat{x}_{(10)}^{(0)}=1.225$

表 7.5　残差辨识预测模型预测值

i	3	4	5	6	7	8	9
$\hat{x}_{(1)}^{(0)}$	0.52	0.57	0.64	0.77	0.84	0.96	1.1

由表 7.4 和表 7.5 可见，两种预测方法都得到相当精确的状态预测结果，而且残差辨识预报模型法计算十分简单。应该说，已有的灰色模型都可以用来做预测，但是，对于一个具体问题，究竟应该选择什么样的预测模型，应以充分的定性分析为依据。模型的选择不是一成不变的，一个模型要经过多种检验才能判断其是否合理，是否有效，只有通过检验的模型才能用做预测。而且，利用灰色故障诊断技术进行预测，不仅可以用于数列预测，也可以用于区间预测、波形预测以及系统预测等等，其预测模式的多样性，使得人们可以针对具体的问题进行具体的选择应用。

以上是灰色理论在故障诊断应用中的简单介绍，其系统理论和应用在灰色理论专著中有介绍。本书不再详述。

7.2　基于模糊数学的诊断方法

7.2.1　一般概念

机器运行过程的动态信号及其特征值都具有某种不确定性，如偶然性和模糊性。所谓模糊性是指区分或评价客观事物差异的不分明。例如故障征兆特征用许多模糊的概念来描述，如“振动强烈”、“噪声大”，故障原因用“偏心大”、“磨损严重”等。同一种机器，在不同的条件下，由于工况的差异，使机器的动态行为不尽一致，人们对同一种机器的评价只能在一定范围内做出估计，而不能做出明确的判断，还有不同的技术人员由于种种原因，例如个人经历、业务素质、主观判断能力等等，这些都导致对同一台机器的评价得到不确切的结论。从事实本身来看，模糊现象往往是客观规律，例如磨削烧伤时，马氏体转变为回火马氏体，从金相显微镜下可以看出二者之间并无明显分界线。为了解决这类问题，需要以模糊数学为基础，把模糊现象与因素间关系用数学表达方式描述，并用数学方法进行运算，得到某种确切的结果，这就是模糊诊断技术。

7.2.2　隶属函数

模糊数学将 0,1 二值逻辑推广到可取出[0,1]闭区间中任意值的连续逻辑，此时的特征函数称为隶属函数 $\mu(x)$，它满足 $0\leqslant\mu(x)\leqslant1$。$\mu_i(x)$ 表征所论及的特征 K 以多大程度隶属于状态空间 $\Omega=(\omega_1,\omega_2,\cdots,\omega_m)$ 中那一个子集 $\{\omega_i\}$。$\{x_i\}$ 为表征某一种状态 $\{\omega_i\}$ 的特征变量，称 $\mu_k(x)$ 为 $\{x_i\}$ 对 K 的隶属度。对于故障诊断而言，当 $\mu(x)=0$ 时，对特征参数来说，表示无此特征；当 $\mu(x)=1$ 时，则表示肯定有此特征，即机器肯定有哪一种故障。隶属函数在模糊数学中占有重要地位，它把模糊性进行数值化描述，使事物的不确定性在形式上用数学方法进行计算。在诊断问题中，隶属函数的正确选择是首要的工作，若选取不当，则会背离实际情况而影响诊断精度。常用的隶属函数有 20 余种，可分为三大类：一类是上升型，即随 x 增加而上升；而另一类是下降型，即随 x 减小而下降；第三类为中间对称型。这三类隶属函数都可以通过如下的广义隶属函数进行表示

$$\mu(x)=\begin{cases} I(x), & x\in[a,b) \\ h, & x\in[b,c] \\ D(x), & x\in(c,d] \\ 0, & x\notin[a,d] \end{cases} \tag{7-15}$$

式中 $I(x)\geqslant 0$——$[a,b)$上的严格单调增函数；

$D(x)\geqslant 0$——$(c,d]$上的严格单调减函数；

$h\in(0,1]$——称为模糊隶属函数的高度，通常取为 1。

部分常用的隶属函数列于表 7.6 中。在选择隶属函数及确定其参数时，应该结合具体问题加以研究，根据历史统计数据、专家经验和现场运行信息来合理选取。

表 7.6 常用的隶属函数

类型	图形	表达式
升半矩形分布	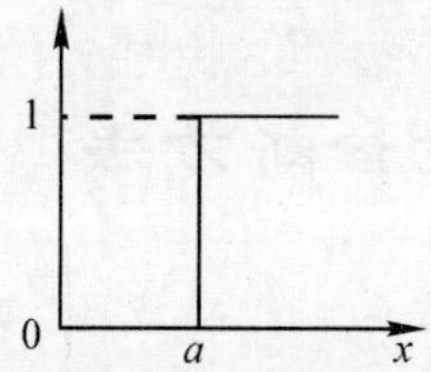	$\mu(x)=\begin{cases}0, & 0\leqslant x\leqslant a \\ 1, & x>a\end{cases}$
升半正态分布	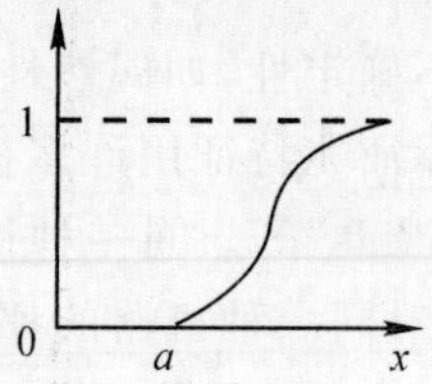	$\mu(x)=\begin{cases}0, & 0\leqslant x\leqslant a \\ 1-\exp[k(x-a)^2], & x>a,k<0\end{cases}$
升半梯形分布	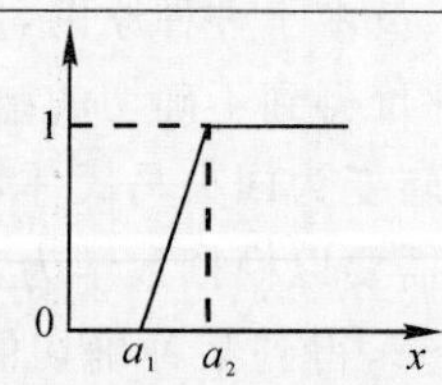	$\mu(x)=\begin{cases}0, & 0\leqslant x\leqslant a_1 \\ (x-a_1)/(a_2-a_1), & a_1<x\leqslant a_2 \\ 1, & x>a_2\end{cases}$
升半指数分布	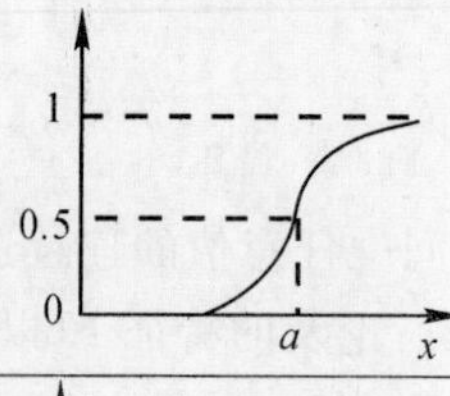	$\mu(x)=\begin{cases}1/2\exp[k(x-a)], & 0\leqslant x\leqslant a \\ 1-1/2\exp[k(x-a)], & x>a,k<0\end{cases}$
升半柯西分布	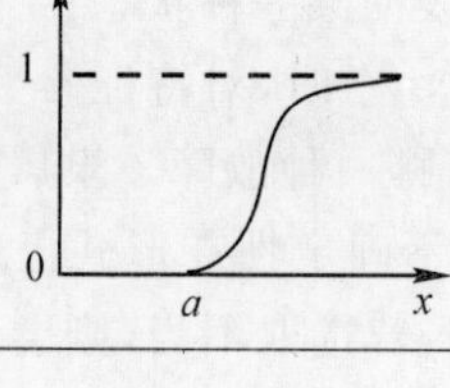	$\mu(x)=\begin{cases}0, & 0\leqslant x\leqslant a \\ 1-1/[1+k(x-a)^2], & x>a,k<0\end{cases}$

续 表

类 型	图 形	表达式
降半矩形分布	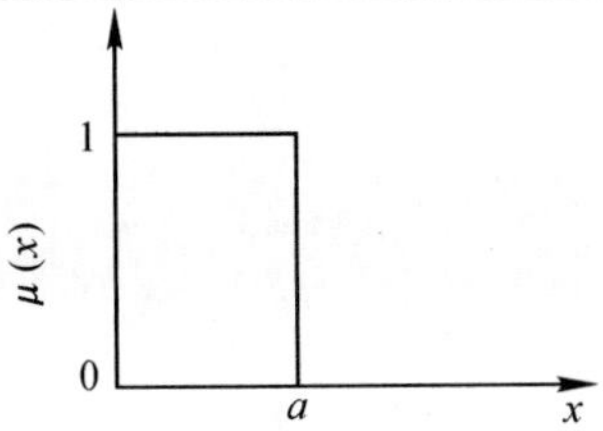	$\mu(x)=\begin{cases}1, & 0\leqslant x\leqslant a\\0, & x>a\end{cases}$
降半正态分布	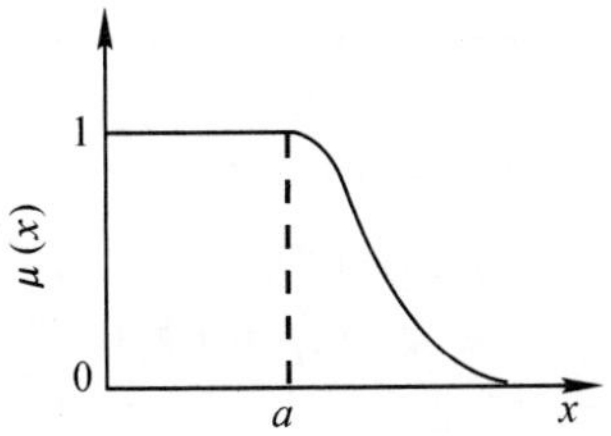	$\mu(x)=\begin{cases}1, & 0\leqslant x\leqslant a\\\exp[k(x-a)^2], & x>a,k<0\end{cases}$
降半梯形分布	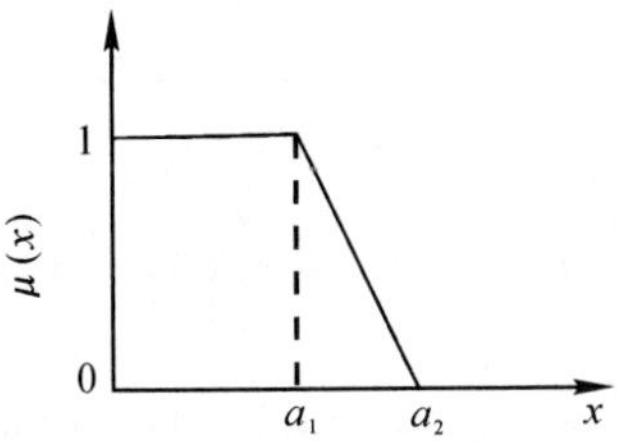	$\mu(x)=\begin{cases}1, & 0\leqslant x\leqslant a_1\\(a_2-x)/(a_2-a_1), & a_1<x\leqslant a_1\\0, & x>a_2\end{cases}$
降半指数分布	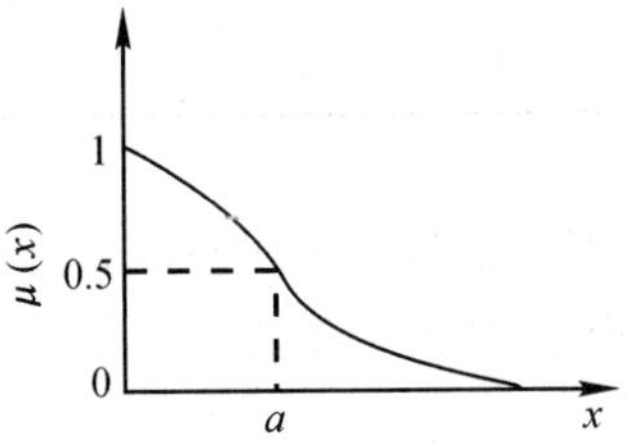	$\mu(x)=\begin{cases}1-1/2\exp[k(x-a)], & 0\leqslant x\leqslant a\\1/2\exp[k(x-a)], & x>a,k<0\end{cases}$
降半柯西分布	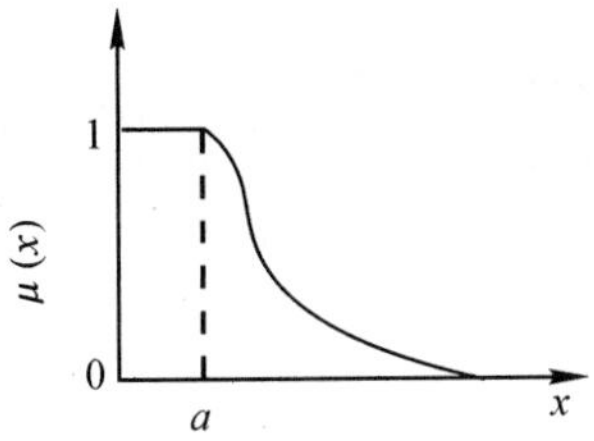	$\mu(x)=\begin{cases}1, & 0\leqslant x\leqslant a\\1/[1+k(x-a)^2], & x>a,k>0\end{cases}$
矩形分布	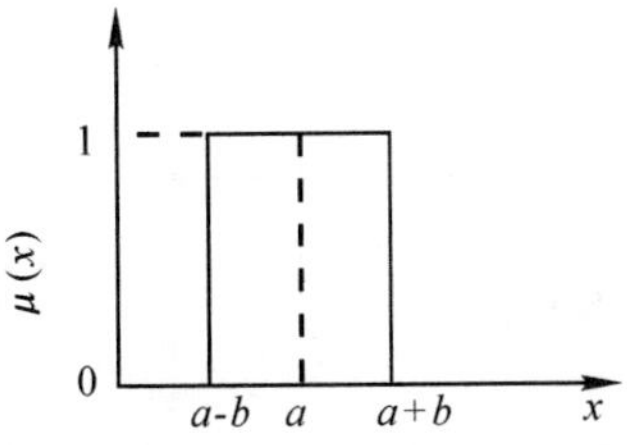	$\mu(x)=\begin{cases}0, & 0\leqslant x\leqslant a-b\\1, & a-b<x\leqslant a+b\\0, & x>a+b\end{cases}$

续　表

类型	图形	表达式
正态分布		$\mu(x)=\mathrm{e}^{-k(x-a)^2}$ $k>0$
柯西分布		$\mu(x)=1/[1+k(x-a)^{\beta}]$ $k>0$,β为正偶数
梯形分布		$\mu(x)=\begin{cases}0, & 0\leqslant x\leqslant a-a_2\\ (a_2+x-a)/(a_2-a_1), & a-a_2<x<a-a_1\\ 1, & a-a_1\leqslant x\leqslant a+a_1\\ (a_2-x+a)/(a_2-a_1), & a+a_1<x<a+a_2\\ 0, & x\geqslant a+a_2\end{cases}$

有时为了简化问题,可以把连续隶属度函数近似用多值逻辑来代替,如将机器状态根据隶属度的值分为若干等级:很好、较好、一般、较差和很差等,如图7.1所示。

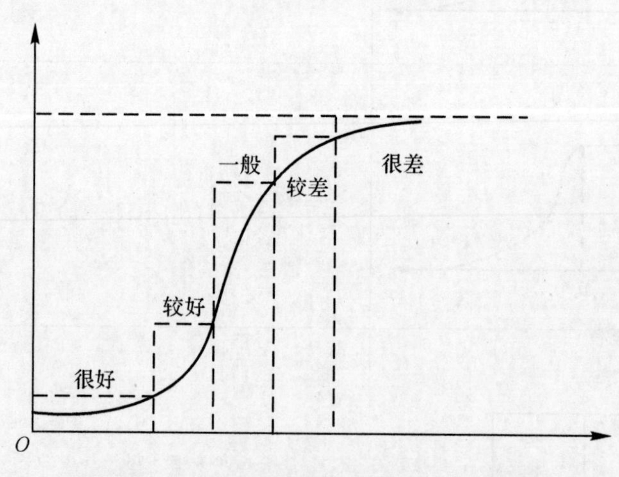

图7.1　隶属函数与近似的多值逻辑函数

7.2.3　模糊矢量

对一个系统或一台机器中可能发生的故障可以用一个集合来定义，通常用状态论域来表示：

$$\Omega=(\omega_1,\omega_2,\cdots,\omega_m) \tag{7-16}$$

式中　m——故障的种数。

同理，对于与这些故障有关的各种特征也用一个集合来定义，用征兆域表示为

$$K=\{k_1,k_2,\cdots,k_n\} \tag{7-17}$$

式中　n——特征的种数。

以上两个论域中的元素均用模糊变量而不是用逻辑变量来描述，它们均有各自的隶属函数，可以理解为各故障或征兆发生的可能度，如 ω_i 的隶属函数为 $\mu_{\omega_i}(i=1,2,\cdots,m)$；$K_j$ 的隶属函数为 $\mu_{K_j}(j=1,2,\cdots,n)$，则其矢量形式可具体表示为

$$\boldsymbol{A}=[\mu_{K_1},\mu_{K_2},\cdots,\mu_{K_n}]^{\mathrm{T}} \tag{7-18}$$

$$\boldsymbol{B}=[\mu_{\omega_1},\mu_{\omega_2},\cdots,\mu_{\omega_m}]^{\mathrm{T}} \tag{7-19}$$

称 $\boldsymbol{A}$ 为特征模糊矢量，是故障在某一具体征兆论域 K 上的表现；$\boldsymbol{B}$ 为故障模糊矢量，是故障在具体状态论域 Ω 上的表现。

7.2.4　模糊关系方程

故障的模糊诊断过程，可以认为是状态论域 Ω 与征兆 K 之间的模糊矩阵运算。模糊关系方程为

$$\boldsymbol{B}=\boldsymbol{R}\sigma\boldsymbol{A} \tag{7-20}$$

式中　$\boldsymbol{R}$——模糊关系矩阵，即

$$\boldsymbol{R}=\begin{bmatrix} r_{11} & r_{12} & \cdots & r_{1n} \\ r_{21} & r_{22} & \cdots & r_{2n} \\ \vdots & \vdots & & \vdots \\ r_{m1} & r_{m2} & \cdots & r_{mn} \end{bmatrix} \tag{7-21}$$

它表示故障原因和特征之间的因果关系，有 $0\leqslant r_{ij}\leqslant 1(i=1,2,\cdots,m,j=1,2,\cdots,n)$；"$\sigma$"为广义模糊算子，可表示不同的逻辑运算。常用的模糊逻辑算子形式如下：

$$\sigma_1=(\vee,\wedge),\quad b_j=\bigvee_{k=1}^{n}(a_k\wedge r_{kj})$$

$$\sigma_2=(\cdot,+),\quad b_j=1\wedge\sum_{k=1}^{n}a_k\cdot r_{kj}$$

$$\sigma_3=(\cdot,\vee),\quad b_j=\bigvee_{k=1}^{n}a_k\cdot r_{kj}$$

$$\sigma_4=(\wedge,+),\quad b_j=1\wedge\sum_{k=1}^{n}(a_k\wedge r_{kj})$$

$$\sigma_5=(\vee,\wedge),\quad b_j=\bigwedge_{k=1}^{n}(a_k\vee r_{kj})$$

式中　符号"∨"——取大运算；

"∧"——取小运算；

"＋"——求和运算；

“·”——普通乘法运算；

b_j——矢量 $\boldsymbol{B}$ 中的元素；

a_k——矢量 $\mathbf{A}$ 中的元素；

r_{kj}——模糊关系矩阵 $\boldsymbol{R}$ 中的元素。

模糊关系矩阵有等价关系和相似关系两种。等价关系满足自反性、对称性和传递性，相似关系只能满足自反性和对称性。模糊关系矩阵的确定是模糊诊断中十分重要的一个环节，需要参考大量故障诊断经验的总结和实验测试及统计分析的结果。如在旋转机械故障诊断中，可参考振动征兆表和得分表，它是根据机组运行特性对各种征兆信息，人工进行评价即“打分”，从而确定模糊关系矩阵中的诸元素。但是应当注意的问题是，书本上所提供得分表和你要监视的实际机器可能有很大的差别，因为故障是随机的，我们一再提醒要注意到不同的机器，在不同的运行条件下，故障模式可能不同，并且有些得分表是许多机器运行结果综合起来的，和实际被监测的机器往往有很大的距离。最好结合实际监测的机器的运行记录做出自己的得分表，在机器长期运行过程中，反复修改矩阵中的各元素，直到诊断结果满意为止。

模糊逻辑运算根据算子的具体含义而不同，可以有多种算法，如基于合成算子运算的最大最小法、基于概率算子运算的概率算子法、基于加权运算的权矩阵法等。其中最大最小法可突出主要因素、概率算子法在突出主要因素的同时兼顾次要因素、权矩阵法即为普通的矩阵乘法运算关系，可以综合考虑诸因素的不同程度的影响。

7.2.5 模糊系统的基本结构

模糊系统通常由模糊化接口、模糊规则库、模糊推理机以及非模糊化接口四个基本部分组成。考虑到一个多输出的系统总可以分解为多个单输出的系统进行处理，此处仅讨论多输入单输出(Mulit - input - Single - Output)，简称 MISO 的模糊系统 $f:U\in\mathbf{R}^n\rightarrow V\in\mathbf{R}$，此处 $U=U_1\times U_2\times\cdots\times U_n\in\mathbf{R}^n$ 为输入空间，$V\in\mathbf{R}$ 为输出空间，“×”表示笛卡尔积(Cartesian Product)。图 7.2给出了一个 MISO 模糊系统的基本结构。

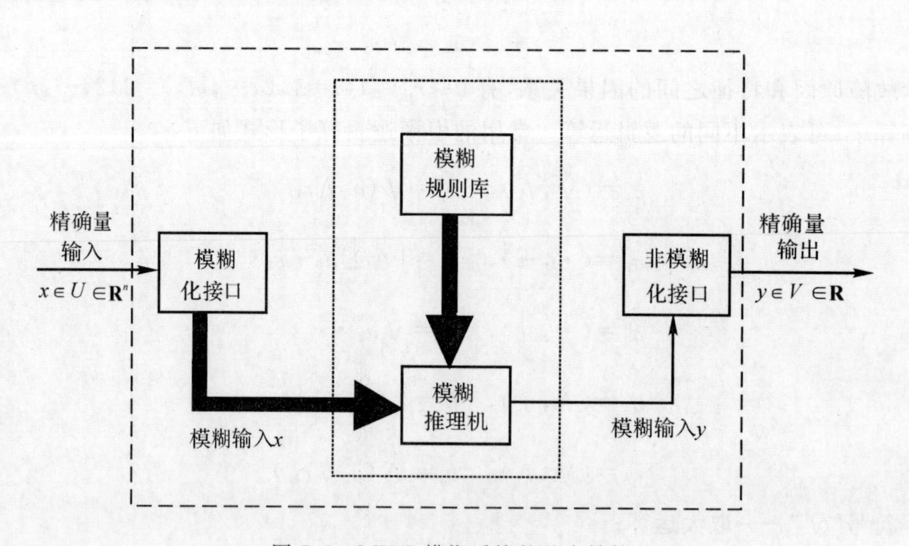

图 7.2　MISO 模糊系统的基本结构

1. 模糊化接口

模糊化接口用于实现精确量到模糊量的变换。模糊化实质上是通过人的主观评价将一个实际测量的精确数值映射为该值对于其所处论域上模糊集的隶属度。最常使用的模糊化方法为单点模糊化，它的定义是：某一个确定的输入量 x_0 可看成 x_0 点对于模糊集 A 的隶属度为1，而其他点的隶属度均为0，即

$$\mu_A(x)=\text{Fuzzy}(x)=\begin{cases}1, & x=x_0\\ 0, & x\neq x_0\end{cases} \tag{7-22}$$

目前对于模糊系统的函数逼近性能的研究都是基于单点模糊化方法。

2. 模糊规则库

模糊规则库由一系列的模糊语义规则和事实所组成，它包含了模糊推理机进行工作时所需要的事实和推理规则的结构。对于一个MISO模糊系统，其规则可表示为如下形式

规则 $R_{i_1 i_2 \cdots i_n}$：

$$\text{IF}x_1 \text{ 为 } A_{i1}^1 \text{ 且 } x_2 \text{ 为 } A_{i2}^2 \text{ 且}\cdots\text{且 } x_n \text{ 为 } A_{in}^n, \text{THEN}y \text{ 为 } B_{i_1 i_2 \cdots i_n} \tag{7-23}$$

式中　$x_j(j=1,2,\cdots,n)$——模糊系统的输入变量；

y——输出变量，$i=1,2,\cdots N_j$；

N_j——x_j 所属论域 U_j 上的基本语义项模糊集的数目；

$A_{ij}^j\in U_j,B_{i_1 i_2 \cdots i_n}\in V$——分别表示论域 U_j 和 V 上的语义项模糊集，且其隶属函数分别记为 $A_{ij}^j(x_j)$ 和 $B_{i_1 i_2 \cdots i_n}(y)$，显然对MISO模糊系统，其规则总数 $N=\Pi_{j=1}^n N_j$。

模糊系统的每一条规则 $R_{i_1 i_2 \cdots i_n}$ 都可以看作为一个模糊蕴含关系 $R_{i_1 i_2 \cdots i_n}=A_{i1}^1\times A_{i2}^2\times\cdots\times A_{in}^n\rightarrow B_{i_1 i_2 \cdots i_n}$，它定义了论域 $U\times V=U_1\times U_2\times\cdots\times U_n\times V$ 上的一个模糊子集，且其隶属函数由模糊蕴含算子 I 定义，即

$$R_{i_1 i_2 \cdots i_n}(\boldsymbol{X},y)=I[A_{i1}^1,A_{i2}^2,\cdots,A_{in}^n,B_{i_1 i_2 \cdots i_n}(y)] \tag{7-24}$$

此处，$\boldsymbol{X}=(x_1,x_2,\cdots,x_n)^{\mathrm{T}}\in U,y\in V$。

实际中，应用最为广泛的模糊蕴含算子是代数积蕴含

$$I_p(x,y)=xy \tag{7-25}$$

3. 模糊推理机

模糊推理机是模糊系统的核心，它实质上是一套决策逻辑，通过模仿人脑的模糊性思维方式，应用模糊规则库中的模糊语言规则推出系统在新的输入或状态作用下应有的输出或结论。对MISO模糊系统，其规则库由一系列形如式(7-23)所示的具有多维输人变量的规则所组成，为了能够应用模糊关系的Sup-T 合成运算进行推理，必须将规则经过一定的变换，其中最为常用的变换方法是查德(Zadeh)法，它将论域 $U_1\times U_2\times\cdots\times U_n\times V$ 上的蕴含关系看成论域 $U\times V=(U_1\times U_2\times\cdots\times U_n)\times V$ 上的蕴含关系，将规则式(7-23)变为如下的形式

$$R_{i_1 i_2 \cdots i_n}:\text{IF}\quad \boldsymbol{X} \text{ 为 } a_{i_1 i_2 \cdots i_n},\text{THEN}\quad y \text{ 为}\quad B_{i_1 i_2 \cdots i_n} \tag{7-26}$$

式中，$\boldsymbol{X}=(x_1,x_2,\cdots,x_n)^{\mathrm{T}}\in U$

$$A_{i_1 i_2 \cdots i_n}(\boldsymbol{X})=T[A_{i1}^1(x_1),A_{i2}^2(x_2),\cdots A_{in}^n(x_n)] \tag{7-27}$$

式中，$T[\cdot]$表示广义模糊交(三角模或简称为 T-模)运算。令 A 为 U 上的任意一个模糊集，

则根据规则式(7-26)应用 $Sup-T$ 合成可以确定 V 上的一个模糊集 $V_{i_1 i_2 \cdots i_n}$，且

$$V_{i_1 i_2 \cdots i_n}(y)=\operatorname*{Sup}_{X' \in U} T[A(X'), I(A_{i_1 i_2 \cdots i_n}(X), B_{i_1 i_2 \cdots i_n})] \tag{7-28}$$

式中，$A(X')$ 可利用式(7-27)求得。注意，式(7-27)和式(7-28)中的 T-模不一定相同。在实际模糊系统中，这里的 $A(X')$ 为模糊化接口输出模糊集的隶属函数，其中 X' 表示实际的测量输入。

4. 非模糊化接口

非模糊化处理实现一个从输出论域上的模糊子空间到普通清晰子空间的映射。尽管非模糊化方法已经得到了广泛研究，但对于一个实际问题，还没有系统的方法来选择最佳的非模糊化方法。目前最常使用的为重心法(COA)，其实质是选择输出可能性分布的重心作为系统输出值，如对于 MISO 系统，根据式(7-28)求得推理结论后，最终输出可由下式给出

$$y=\frac{\sum\limits_{i_1 i_2 \cdots i_n \in I} V_{i_1 i_2 \cdots i_n}(y_{i_1 i_2 \cdots i_n}) y_{i_1 i_2 \cdots i_n}}{\sum\limits_{i_1 i_2 \cdots i_n \in I} V_{i_1 i_2 \cdots i_n}(y_{i_1 i_2 \cdots i_n})} \tag{7-29}$$

式中，I 为指标集，$I=\{i_1, i_2, \cdots, i_n \mid i_j=1,2,\cdots,N_j, j=1,2,\cdots,n\}$，$y_{i_1 i_2 \cdots i_n} \in V$，且 $B_{i_1 i_2 \cdots i_n}(y_{i_1 i_2 \cdots i_n})=\max\limits^{y \in V} B_{i_1 i_2 \cdots i_n}(y_{i_1 i_2 \cdots i_n})$，当 $B_{i_1 i_2 \cdots i_n}$ 为正规模糊集时，$B_{i_1 i_2 \cdots i_n}(y_{i_1 i_2 \cdots i_n})=1$。

7.2.6 模糊诊断准则

模糊诊断的实质是根据模糊关系矩阵 $\boldsymbol{R}$ 及征兆模糊矢量 $\boldsymbol{A}$，求得状态模糊矢量 $\boldsymbol{B}$，从而根据判断准则大致确定有故障还是无故障。

1. 最大隶属准则

最大隶属准则即取 $\boldsymbol{B}$ 中隶属度最大的元素

$$\mu_{\omega_i}=\max_{1 \leqslant i \leqslant m}\{\mu_{\omega_1}, \mu_{\omega_2}, \cdots, \mu_{\omega_m}\} \tag{7-30}$$

隶属于模糊子集 ω_i，即发生了第 i 种故障，这是一种直接的状态识别方法。

2. 择近准则

当被识别的对象本身也是模糊的，或者说是状态论域 Ω 上的一个模糊子集 S 时，此时需通过识别 S 与征兆论域中 K 个模糊子集 $F_1, F_2, \cdots, F_k$ 的关系来进行判断，若

$$(S, F_i)=\max_{1 \leqslant i \leqslant n}(S, F_i) \tag{7-31}$$

则

$$S \in F_i$$

即故障相对属于论域中的第 i 类也就是 S 与 F_i 最贴近。常用的贴近度是建立在模糊距离基础上的，其计算方法如下：

海明贴近度 $\qquad \sigma_1(S,F)=1-\dfrac{1}{n}\sum\limits_{i=1}^{n}|\mu_S(\mu_i)-\mu_F(\mu_i)|$

欧几里德贴近度 $\qquad \sigma_2(S,F)=1-\dfrac{1}{\sqrt{n}}\sqrt{\sum\limits_{i=1}^{n}(\mu_S(\mu_i)-\mu_F(\mu_i))^2}$

闵氏贴近度 $\qquad \sigma_3(S,F)=1-\dfrac{1}{n}\sum\limits_{i=1}^{n}|\mu_S(\mu_i)-\mu_F(\mu_i)|^p$

择近准则是一种间接的状态识别方法，即通过表现被识别事物的模糊子集来判断此事物属于哪一类。

3. 模糊聚类准则

在确定模糊等价关系矩阵后，根据截集定理，在适当的限定值上进行截取，即按照不同水平对矩阵 $\boldsymbol{R}$ 进行分割和归类，从而获得相应的故障类别。

目前模糊诊断方法在故障诊断领域的应用已较为广泛，但也存在一些问题，如隶属函数形式的选择和参数的确定以及模糊关系矩阵的建立等，人的干预程度较大。

7.2.7　模糊诊断方法的应用实例

模糊故障诊断中常用的方法是模糊综合评判方法。一台设备是由许多零部件组成的，它们之间是有机的相互联系的。对于每个故障现象，其产生的原因不止一个，同样，一种原因所引起的故障现象也不止一个，这些故障现象和其产生原因之间存在着一种模糊关系。我们可以用模糊矩阵 $\boldsymbol{R}=\{r_{ij}\}$ 表示这种关系，其中 r_{ij} 为隶属度，它的物理意义是第 i 个故障现象对于第 j 个原因的隶属程度。若实际出现的故障现象为 $\boldsymbol{A}=[a_1,a_2,\cdots,a_m]^{\mathrm{T}}$，某故障现象 x_i 出现，则它对应的 $a_i=1$，否则 $a_i=0$。然后按照式(7－20)就可以求出判断结果向量，取该向量中数据量大的一个 b_h 对应的原因 y_h，作为故障产生的原因。

1. 液压系统故障的模糊诊断

看下列的一个液压系统的模糊故障诊断。表 7.7 是简化的液压系统故障现象和原因的模糊关系。它可以用一个模糊矩阵 $\boldsymbol{R}=\{r_{ij}\}$ 表示。

表 7.7　液压系统故障模糊故障集

y_j	r_{ij}						
	压力不足 x_1	流量不足 x_2	不动作 x_3	发热 x_4	噪音大 x_5	振动 x_6	漏油 x_7
液压泵故障 y_1	0.4	0.4	0	0.3	0.4	0.4	0.2
液压马达故障 y_2	0.2	0.1	0	0.2	0.2	0.3	0.4
液压缸故障 y_3	0.2	0.1	0	0.1	0.1	0.2	0.5
压力阀故障 y_4	1	0.2	0.4	0.8	0.2	0.1	0.2
流量阀故障 y_5	0.1	0.6	0.4	0.7	0.8	0.1	0.2
方向阀故障 y_6	0.1	0.3	0.6	0.2	0.1	0.2	0.3
管系故障 y_7	0.2	0.2	0.2	0	0.4	0.4	0.6
液压油故障 y_8	0.6	0.4	0.8	0.1	0.8	0.6	0
滤油器故障 y_9	0.1	0.1	0	0	0.4	0.3	0
其他故障 y_{10}	0	0.1	0.1	0.5	0	0	0

如果在工作中出现压力不足(可表现为推力或转矩不够)和流量不足(表现为速度下降)两种故障现象，对应表 7.7 中的 x_1 和 x_2 两种故障现象，则故障现象为

$$\boldsymbol{A}=[1\quad 1\quad 0\quad 0\quad 0\quad 0\quad 0]$$

如果采用加权平均的方法进行故障诊断，则诊断结果向量：

$$\boldsymbol{B}=\boldsymbol{RA}=\begin{bmatrix}0.4 & 0.4 & 0 & 0.3 & 0.4 & 0.4 & 0.2\\0.2 & 0.1 & 0 & 0.2 & 0.2 & 0.3 & 0.4\\0.2 & 0.1 & 0 & 0.1 & 0.1 & 0.2 & 0.5\\1 & 0.2 & 0.4 & 0.8 & 0.2 & 0.1 & 0.2\\0.1 & 0.6 & 0.4 & 0.7 & 0.8 & 0.1 & 0.2\\0.1 & 0.3 & 0.6 & 0.2 & 0.1 & 0.2 & 0.3\\0.2 & 0.2 & 0.2 & 0 & 0.4 & 0.4 & 0.6\\0.6 & 0.4 & 0.8 & 0.1 & 0.8 & 0.6 & 0\\0.1 & 0.1 & 0 & 0 & 0.4 & 0.3 & 0\\0 & 0.1 & 0.1 & 0.5 & 0 & 0 & 0\end{bmatrix}\begin{bmatrix}1\\1\\0\\0\\0\\0\\0\end{bmatrix}=\begin{bmatrix}0.8\\0.3\\0.3\\1.2\\0.7\\0.4\\1.0\\0.2\\0.1\end{bmatrix}$$

取 $\boldsymbol{B}$ 中的最大值 $b_4=1.2$，它对应的故障原因 y_4（压力阀）故障则是引起故障的原因。

还可以采用相对最大隶属度的方法进行故障诊断，诊断结果向量按下式计算，首先求出标准向量 $\boldsymbol{B}^0$：

$$b_j^0=\sum_{i=1}^{n}r_{ij}$$

实际向量结果 $\boldsymbol{B}$ 为

$$\boldsymbol{B}=\frac{\boldsymbol{RA}}{\boldsymbol{B}^0}\quad \text{或}\quad b_j=\frac{\sum_{i=0}^{n}r_{ij}a_i}{b_j^0}$$

该列中，标准向量

$$\boldsymbol{B}^0=[2.1\quad 1.4\quad 1.2\quad 2.9\quad 2.4\quad 1.8\quad 2.0\quad 3.3\quad 0.9\quad 0.7]^{\mathrm{T}}$$

按同样出现 x_1 和 x_2 两种故障现象诊断，则结果矩阵为

$$\boldsymbol{B}=[0.38\quad 0.21\quad 0.25\quad 0.41\quad 0.29\quad 0.22\quad 0.20\quad 0.30\quad 0.22\quad 0.14]^{\mathrm{T}}$$

其最大值为 $b_4=0.41$，对应故障原因也是 y_4。

这里采用的两种较简单的算法，还可以采用其他算法，在此不再赘叙。

2. 齿轮箱故障的模糊诊断

进行以上故障诊断时，实际故障现象向量 $\boldsymbol{A}$ 中的元素不是 1 就是 0，也就是说某种故障现象要么出现（为 1）要么不出现（为 0）。但实际中往往不是这样，故障现象的出现也具有模糊性，如液压系统的压力不足，极端现象就是完全没有压力（压力表指针为 0），但有时并不是完全没有压力，只是达不到要求的压力。如果认为压力为 0 时 $a_1=1$，而压力如达到要求时 $a_1=0$，那么压力在 0 与要求压力之间时，a_1 应取 0～1 之间的一个数。其他的故障现象也应如此。这样，实际故障向量 $\boldsymbol{A}$ 也应是一个模糊向量。

下面再看一个用 σ_1 算子进行一台三级齿轮减速箱的故障诊断例子如图 7.3 所示。

设故障现象集为 $X=\{$方差 x_1，轴旋转频率的功率谱值 x_2，齿轮啮合频率谱值 $x_3\}$，故障原因集为 $Y=\{$轴偏心 y_1，齿轮磨损 $y_2\}$。X 和 Y 的模糊关系矩阵为

$$\boldsymbol{R}=\begin{bmatrix}0.9 & 0.6 & 0\\0.4 & 0 & 0.7\end{bmatrix}$$

根据实际谱分析结果，三根轴的模糊向量分别为

$$\tilde{\boldsymbol{A}}_{\mathrm{I}}=[0.8\quad 0.8\quad 0.1]^{\mathrm{T}}$$
$$\tilde{\boldsymbol{A}}_{\mathrm{II}}=[0.3\quad 0\quad 0.1]^{\mathrm{T}}$$
$$\tilde{\boldsymbol{A}}_{\mathrm{III}}=[0.2\quad 0\quad 0]^{\mathrm{T}}$$

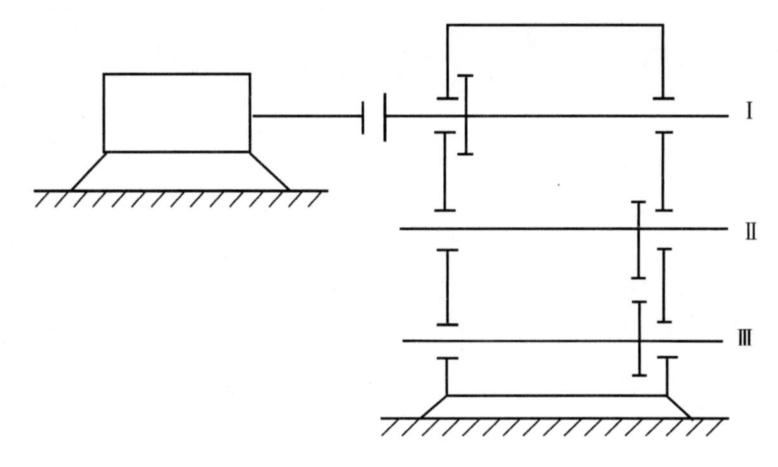

图 7.3　齿轮减速箱示意图

按照综合评判中的 σ_1 算子进行诊断，则诊断结果向量分别为

$$\tilde{\boldsymbol{B}}_{\mathrm{I}}=\tilde{\boldsymbol{R}}\sigma_{\mathrm{I}}\boldsymbol{A}_{\mathrm{I}}=\begin{bmatrix}0.9 & 0.6 & 0\\ 0.4 & 0 & 0.7\end{bmatrix}\begin{bmatrix}0.8\\ 0.8\\ 0.1\end{bmatrix}=\begin{bmatrix}0.8\\ 0.4\end{bmatrix}$$

$$\boldsymbol{B}_{\mathrm{II}}=\boldsymbol{R}\sigma_{\mathrm{I}}\boldsymbol{A}_{\mathrm{II}}=\begin{bmatrix}0.9 & 0.6 & 0\\ 0.4 & 0 & 0.7\end{bmatrix}\begin{bmatrix}0.3\\ 0\\ 0.1\end{bmatrix}=\begin{bmatrix}0.3\\ 0.3\end{bmatrix}$$

$$\tilde{\boldsymbol{B}}_{\mathrm{III}}=\tilde{\boldsymbol{R}}\sigma_{\mathrm{I}}\boldsymbol{A}_{\mathrm{III}}=\begin{bmatrix}0.9 & 0.6 & 0\\ 0.4 & 0 & 0.7\end{bmatrix}\begin{bmatrix}0.2\\ 0\\ 0\end{bmatrix}=\begin{bmatrix}0.2\\ 0.2\end{bmatrix}$$

这样按照最大隶属度准则，可以判断轴Ⅰ有偏心。

7.3　基于神经网络的诊断方法

7.3.1　神经网络概述

20 世纪 80 年代以来，神经网络的研究在经过了曲折的发展后取得了突破性进展，成为现代科学，信息科学，计算机科学的前沿研究领域。现在已有 50 多种结构的神经网络模型，常用的有 13 种。典型的数学模型是 Hopfield 联想记忆网络、玻耳兹曼学习机及多层的误差反传训练算法等。

人工神经网络采用并行分布式计算方法，很适合于处理并行信息。它突破了传统的以串

行处理为基础的数字计算机的局限,其优缺点如下:

(1)并行结构与并行处理方式。神经网络具有类似于人脑的功能,它不仅在结构上是并行的,而且处理问题方式也是并行的,克服了传统的智能诊断系统出现的无穷递归,组合爆炸及匹配冲突等问题。它特别适用于快速处理大量的并行信息。

(2)具有高度的自适应性。系统在知识表示和组织、诊断求解策略与实施等方面可根据生存环境自适应自组织达到自我完善。

(3)具有很强的自学习能力。它克服了传统的确定性理论、Bayes 理论、证据理论及模糊诊断理论在其应用上的局限性。系统可根据环境提供的大量信息,自动进行联想、记忆及聚类等方面的自组织学习,也可在导师的指导下学习特定的任务,从而达到自我完善。

(4)具有很强的容错性。当外界输入到神经网络中的信息存在某些局部错误时不会影响到整个系统的输出性能。

(5)人工神经网络。也有许多局限性,主要是学习过程是一个很艰苦的过程,网络学习没有一个确定的模式,一般根据经验来选择。在脱机训练过程中,它的训练时间很长,为了得到理想的效果,要经过多次实验,才能确定一个理想的网络拓扑结构。

7.3.2 人工神经网络基础

1. 神经网络的基本组成

神经网络是从生物学的角度来模拟人类的思维过程的。由于人们对大脑的思维机制还很不了解,因此当前的人工神经网络还只能是大脑的低层次模拟。

(1)神经元。神经元就是神经细胞。在生物体内有种类繁多的神经细胞,它们在生物体内通过相互的连接构成一个有机的网络系统。一个神经元主要包含两个部分,一个是神经细胞体,细胞体内有一个细胞核,另一个是突触,它包含树突和轴突,树突对神经细胞来说相当于信息输入通道,轴突相当于输入信息经细胞体处理后的输出通道。一般来说,人体内有大约 10^{13} 个不同种类的神经元,构成一个复杂的有机体。我们的目的就是建立人工神经网络来模拟人的思维过程。

(2)神经元间的连接。生物体内的神经元是靠突触相互连接的。这些连接通道不仅起到传输信息的作用,而且还能对输入信息加权。对某一个神经元来说,各个输入信息所起的作用不同,有些输入信息起到兴奋作用,因此该信息的输入权值较大且是正的,而另外一些输入信息对神经元起抑制作用,因此该信息的输入权值是负值。一个神经元是否能被激活,主要取决于输入信息的大小。根据研究发现,一个神经元的输入信息可能有很多个,当这些输入信息的加权和超过神经元的门限值时,该神经元就被激活。

(3)神经网络。神经网络通过数量庞大的神经元之间的相互连接进行工作,有时也称为连接学习方法。问题求解时,每个神经元都是独立的信息处理单元,网络中各神经元并行处理通过竞争求出适合问题解的最佳模式,这使得神经网络信息处理具有容错性和鲁棒性(Fault - Tolerance and Robustness)。另外,神经网络运行时无中央控制器,它是靠各个神经元协同作用,相互制约达到求解目的。

2. 人工神经网络的典型模型

人们建立各种人工神经网络模型来模拟生物神经网络。在人工神经网络模型中,神经元是一多输入单输出的非线性器件,其结构模型如图 7.4 所示。

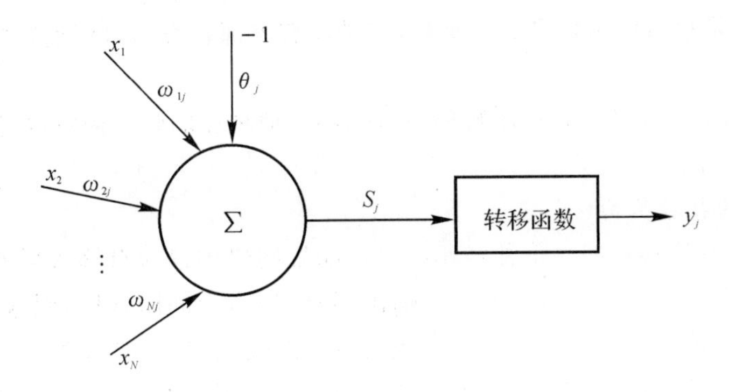

图 7.4 神经网络单元模型

这个人工神经元有以下的功能：

(1)对每个输入 x_i 信息加权。

(2)对各加权后的信息求和。

(3)通过转移函数求输出。

人工神经元是生物细胞神经元的简单近似。

图 7.4 中神经元共有 N 个输入，构成 $\boldsymbol{x}=[x_1,x_2,\cdots,x_N]^{\mathrm{T}}$ 输入向量；其中 $\boldsymbol{\omega}_j=[\omega_{1j},\omega_{2j},\cdots,\omega_{Nj}]^{\mathrm{T}}$ 为输入向量与第 j 个处理单元的连接权。θ_j 为该处理单元的阈值。按以下的公式可计算出神经元的输入 s_j：

$$s_j=\sum_{i=1}^{N}x_i\omega_{ij}-\theta_j \tag{7-32}$$

对于一个神经元，其转移函数有多种形式，体现生物体上不同的神经特性。在人工神经网络中常采用的有符号函数和 Sigmoid 函数，如图 7.5 所示。

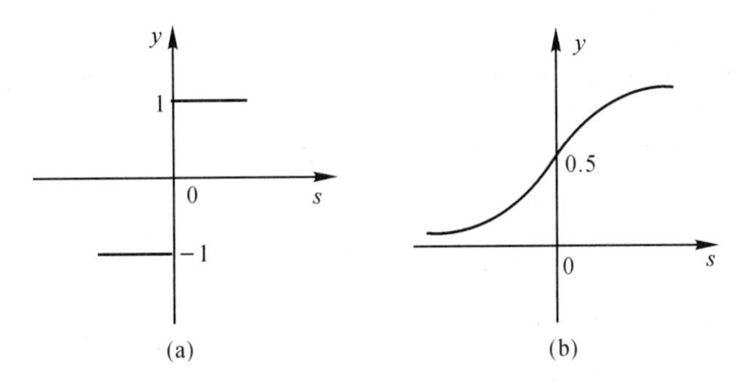

图 7.5 常用的转移函数

(a)符号函数；(b)Sigmold 函数

其表达式如下：

符号函数，如图 7.5(a)所示：

$$y=F(s)=\begin{cases}1, & s>0\\-1, & s\leqslant 0\end{cases} \tag{7-33}$$

Sigmoid 函数，如图 7.5(b)所示：

$$y=F(s)=1/(1+\mathrm{e}^{-x}) \tag{7-34}$$

Sigmoid 函数是目前应用最广泛的函数，它是没有内部状态的取值连续的函数，体现了神经元的饱和特性。

除了以上讲的两种神经元转移函数外还有一些其他种类的转移函数，如斜坡函数、阶跃函数及双曲正切函数等。

3. 神经网络的拓扑结构

多个神经元相互连接形成一个神经元网络。如果网络中仅含有输入层及输出层，这种网络称为单层网络；若网络中除包含有输入及输出层外，还有中间隐含层，则这种网络称为多层网络；若网络中后层或本层节点的输出又是该层节点的输入，为反馈网络。

(1)单层网络。单层网络仅包含有输入层及输出层，且每层之内节点间没有联系，如图 7.6 所示。神经元输入向量的加权和为

$$\begin{bmatrix} s_1 \\ s_2 \\ \vdots \\ s_M \end{bmatrix}=\begin{bmatrix} \omega_{11} & \omega_{21} & \cdots & \omega_{N1} \\ \omega_{12} & \omega_{22} & \cdots & \omega_{N2} \\ \vdots & \vdots & & \vdots \\ \omega_{1M} & \omega_{2M} & \cdots & \omega_{NM} \end{bmatrix}\begin{bmatrix} x_1 \\ x_2 \\ \vdots \\ x_N \end{bmatrix} \tag{7-35}$$

简写为

$$\boldsymbol{S}^{\mathrm{T}}=\boldsymbol{W}\boldsymbol{X}^{\mathrm{T}}$$

设输出向量为

$$\boldsymbol{y}=[y_1, y_2, \cdots, y_M]^{\mathrm{T}}$$

则

$$y_j=F(s_j) \qquad j=1,2,\cdots,M$$

单层网络进行故障诊断实质上是从输入的征兆到输出的故障类型的一种映射，或是一种变换，其权值矩阵是通过大量的训练示例学习而形成的。

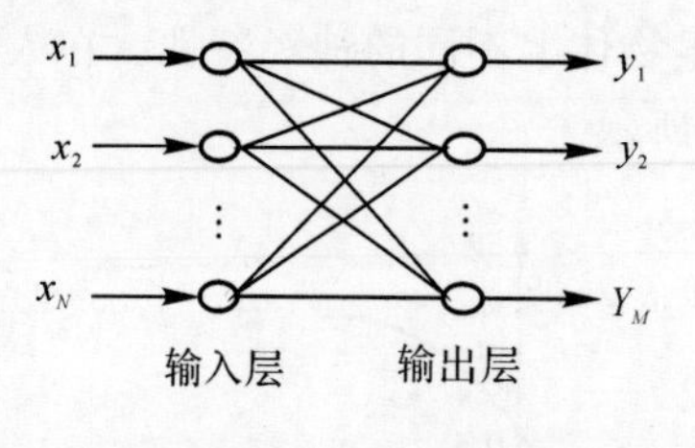

图 7.6 单层网络拓扑结构

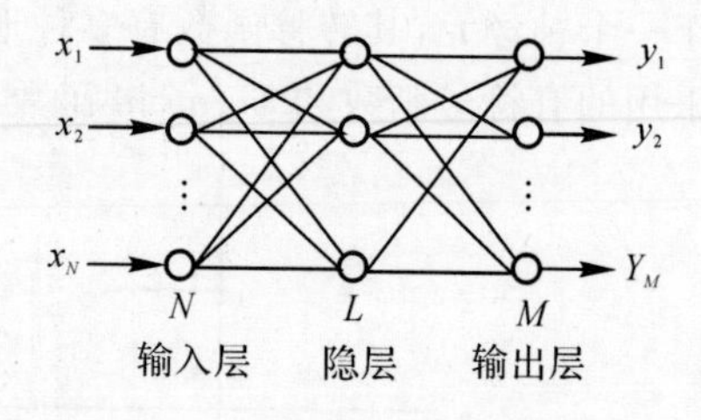

图 7.7 三层网络

(2)多层网络。单层网络能解决很多问题，但要解决更复杂的问题，必须采用更复杂的多层网络。多层网络就是在单层网络的基础上，加入一些中间的隐层，隐层的作用是连接输入与输出，将输入信号通过加权，转移成更能被输出层接受的形式。第一层为输入层，它的输出是中间隐层的输入，隐层的输出是输出层的输入。图 7.7 是一个三层网络。

在多层网络中，可以通过多空间映射，解决单层网络无法解决的问题，大大地提高了神经网络的计算能力。对于多层网络，转移函数一般取成非线性的，若取成线性的，则只会增加计算复杂性而不会对计算能力有任何提高。

(3)反馈型网络。反馈网络与前馈网络不同，它是通过神经元状态变迁而最终稳定在某一输出状态的网络，网络节点不多，但其处理问题的能力很强，应用领域也广，如图像处理，模式识别，容错计算等。反馈网络就是带有反馈能力的网络，图 7.8 所示为一单层及双层反

馈网络。

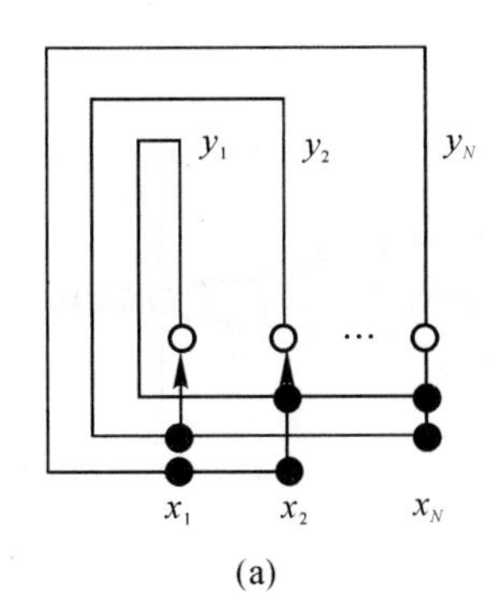

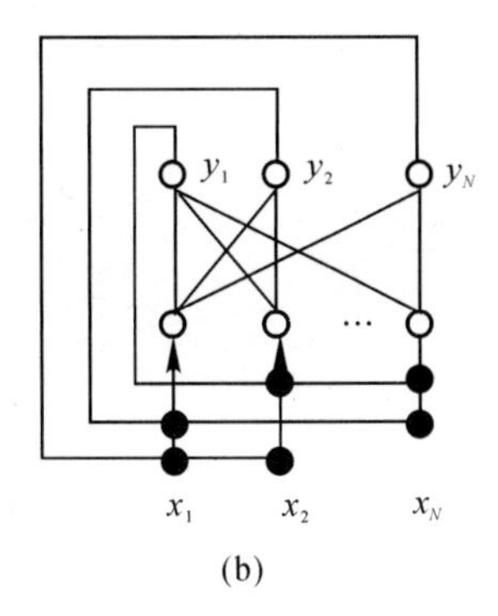

图 7.8　反馈型网络拓扑结构

(a)单层反馈网络;(b)双层反馈网络

7.3.3　前馈神经网络

神经网络从结构上主要可分为两类,一类是前馈网络,另一类是反馈网络。解剖学的研究证明,神经元节点间的连接大部分属于前馈连接。从现在的研究来看,前馈网络是一种研究比较完善的网络,达到了实用化的程度。

1. 感知器

感知器(Perception)是一种前馈网络,其拓扑结构类似于图 7.6 所示的结构,只有输入/输出层,没有隐层。感知器是在有导师的情况下训练的,它是通过输入一些示例来学会某种功能,如逻辑"与"、逻辑"或"等运算。但有些运算如逻辑"异或"等,无论怎样调整权值也不能构造出这类感知器,这是由于逻辑"异或"等一类问题是线性不可分的。所谓线性不可分性是指在多维线性空间中,有两类不同的点,在此空间中不存在一个超平面,能将这两类点分割开。感知器的线性不可分性限制了它的应用。经过不断的深入研究,人们发现必须用多层网络才能解决这一问题。

2. 误差反传训练算法

多层网络在 20 世纪 60 年代初被人们认识到能用来解决复杂的分类问题,但直到 80 年代初期,误差反向传播(Backward Propagation,BP)训练算法,即 BP 算法研制成功,才使多层前馈网络得到了非常广泛的应用。BP 算法是一种有导师的训练算法,它在给定输出目标的情况下,按其实际输出与目标差值之差的平方和为目标函数,通过调节权值使目标函数达到最小值。BP 网络模型如图 7.9 所示。

根据网络的工作原理,第 $k-1$ 层的输入加权和为

$$s_j^{k-1}=\sum_{i=0}^{N^{k-2}}\omega_{ij}^{k-2}y_i^{k-2} \tag{7-36}$$

式中　N^{k-2}——表示第 $k-2$ 层的节点数;

s_j^{k-1}——表示第 $k-1$ 层第 j 个节点输入加权和;

ω_{ij}^{k-2}——表示第 $k-2$ 层第 i 个节点与第 $k-1$ 层第 j 个节点间的连接权值;

y_i^{k-2}——表示第 $k-2$ 层第 i 个节点的输出值。

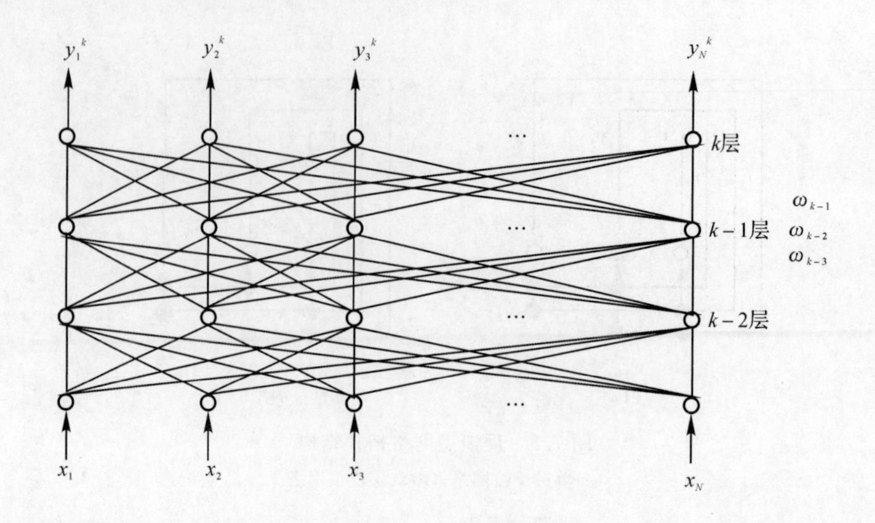

图 7.9 BP 网络模型

因此,第 $k-1$ 层第 j 个节点的输出为

$$y_j^{k-1}=F^*(s_j^{k-1}) \tag{7-37}$$

F^* 表示第 $k-1$ 层的转移函数。输出层第 p 个节点的输入值为

$$S_p^k=\sum_{m=0}^{N^{k-1}}\omega_{mp}^{k-1}y_m^{k-1} \tag{7-38}$$

然后得到输出层第 p 个节点的输出值

$$y_p^k=F(s_p^k) \tag{7-39}$$

式中 F——第 k 层节点的转移函数。

综合式(7-36),式(7-37),式(7-38),式(7-39)可得

$$y_p^k=F[\sum_{i=0}^{N^{k-1}}\omega_{mp}^{k-1}F^*(\sum_{i=0}^{N^{k-2}}\omega_{im}^{k-2}y_i^{k-2})] \tag{7-40}$$

为了对网络进行训练,首先要确定一个目标函数,在这里目标函数定为输出与给定目标之差的平方和,即

$$E=\frac{1}{2}\sum_{p=0}^{N^k}(T_p-y_k^p)^2=\frac{1}{2}\sum_{p=0}^{N^k}\{T_p-F[\sum_{i=0}^{N^{k-1}}\omega_{mp}^{k-1}F^*(\sum_{i=0}^{N^{k-2}}\omega_{im}^{k-2}y_i^{k-2})\}^2 \tag{7-41}$$

式中 T_p——输出层第 p 个节点的输出目标值,这个值是训练者提供的。

我们的目标是找到合适的权值使其能使总的能量函数 E 达到最小,这就是 BP 网络分析的目的。我们用梯度下降法来求优化权值。梯度下降法的基本思想是首先求出能量函数沿着多个变元(权值)的变化梯度,并按梯度值大小的比例快速向目标值靠近,最后收敛于某一目标值。该权值从输出层开始修正,然后再修正前一层网络的权值。总能量对输出层与前一层某一权值 ω_{mp}^{k-1} 的梯度为

$$\frac{\partial E}{\partial\omega_{mp}^{k-1}}=(T_p-y_k^p)\frac{\mathrm{d}F(s_p^k)}{\mathrm{d}s_p^k}y_m^{k-1} \tag{7-42}$$

因此要使第 $k-1$ 层权值向最优权值靠近,$k-1$ 层权值应作如下修正,即

$$\omega'^{k-1}_{mp}=\omega^{k-1}_{mp}+\Delta\omega^{k-1}_{mp}$$

$$\Delta\omega^{k-1}_{mp}=\eta(T_p-y^p_k)\frac{\mathrm{d}F(s^k_p)}{\mathrm{d}s^k_p}y^{k-1}_m \tag{7-43}$$

式中　η——训练速度。

总能量与前一层和再前一层(即 $k-2$ 层)之间某一权值的梯度为

$$\frac{\partial E}{\partial\omega^{k-2}_{im}}=[(T_p-y^p_k)\frac{\mathrm{d}F(s^k_p)}{\mathrm{d}s^k_p}]\frac{\mathrm{d}F^*(s^k_p)}{\mathrm{d}s^k_p}y^{k-1}_m \tag{7-44}$$

因此 $k-2$ 层权值的修正量为

$$\Delta\omega^{k-2}_{mp}=\eta\Delta^{k-1}_m\frac{\mathrm{d}F^*(s^{k-2}_p)}{\mathrm{d}s^{k-2}_p}y^{k-2}_i \tag{7-45}$$

式中

$$\Delta^{k-1}_m=\sum_{p=0}^{N^k}[\Delta^k_p\ \frac{\mathrm{d}F^*(s^k_p)}{\mathrm{d}s^k_p}\omega^{k-1}_{mp}],\qquad \Delta^k_p=T_p-y^k_p \tag{7-46}$$

通过以上的分析可知输出层的 Δ^k_p 是当前输出与目标值之差,它是已知的,转移函数 F 确定后,由于 s^k_p 是当前求出的,因此$\frac{\mathrm{d}F(s^k_p)}{\mathrm{d}s^k_p}$可求出,训练速度 η 也是已知的,y^{k-1}_m 为输出层第 m 个输出也是已知的,因此可知道第 $k-1$ 层权值的修正量为 $\Delta\omega^{k-1}_{mp}$。

从式(7-43)可以看出对第 $k-2$ 层的权值修正关系。其中 Δ^{k-1}_m 相当于 $k-1$ 节点层的输出误差,它是前一层节点输出误差 Δ^k_p 的函数,并与$\frac{\mathrm{d}F(s^k_p)}{\mathrm{d}s^k_p}\omega^{k-1}_{mp}$有关,因此当前一层的这几个参数已知时,$\Delta^{k-1}_m$ 就是一个已知常数;这就像是前一层的输出误差 Δ^k_p 反传到 $k-1$ 层的输出误差 Δ^{k-1}_m。因此这种算法的命名就是根据这种计算过程取名的。

BP 训练算法自问世以来一直受到人们的高度重视,这不仅是因为其算法简单易于实现,更重要的是它能具体解决很多实际问题,在很多方面获得了巨大的成功。目前这种算法存在的问题是:训练速度慢,易陷入局部最小而不能达到全局最小;如果隐层选得过多,则网络仅对训练示例误差较小,其应变、联想及概括能力较差;若隐节点选得过少则网络又不易于收敛到训练示例上。对于这些问题,不少学者开展了大量的研究工作取得了一系列的成果。

3. BP 算法在大型旋转机械故障诊断中的应用

BP 算法在工程中的应用很多。在应用中如何选取网络的结构参数(网络的输出节点数、隐层节点数及网络层数)是我们非常关心的问题。具有两个隐层的网络可以得到任何要求的判决边界以实现分类。输入层节点数一般是根据输入的特征多少来定;输出层节点数的选取有两种方式:一种是根据输出的个数来定,另一种是将输出按二进制编码。但隐层节点数选取还不够清楚,一般靠经验来选取。故障数与网络输出数相等,隐层节点数等于输入层节点数,输入层节点数为外界提供给系统的信号特征数。

表 7.8 是一组旋转机械故障的训练示例,表内的值表示各训练示例的特征值大小,其取值区间为[0,1]。如在不平衡训练示例中,其 0～1/4 倍频振动幅值的当量值为 0,1/4～3/4 倍频的振动幅值的当量值为 0,3/4～1 倍频的振动幅值的当量值为 0.9,1 倍频的振动幅值的当量值为 0.1,2 倍频的振动幅值的当量值为 0,等等,其余类推。

表 7.8　旋转机械的故障训练示例

故障模式	特征							
	$0\sim\frac{1}{4}$倍频	$\frac{1}{4}\sim\frac{3}{4}$倍频	$\frac{3}{4}\sim1$倍频	1 倍频	2 倍频	3 倍频	高次偶频	高次奇频
不平衡	0	0	0.9	0.1	0	0	0	0
油膜涡动	0	0.6	0	0.3	0.1	0	0	0
不对中	0	0	0	0.6	0.4	0	0	0

将这些故障示例输入到一个具有 8 个输入层节点，8 个中间层节点，3 个输出层节点的网络中，经过 1 200 次迭代，形成了一个网络，该网络的记忆效果见表 7.9，经过 12 000 次迭代所形成的网络的记忆效果见表 7.10。

表 7.9　经过 1 200 次迭代所形成的网络的记忆效果

故障模式	特征		
	不平衡	油膜涡动	不对中
不平衡故障	0.94	0.00	0.06
油膜涡动故障	0.00	0.96	0.04
不对中故障	0.06	0.04	0.90

表 7.10　经过 12 000 次迭代所形成的网络的记忆效果

故障模式	特征		
	不平衡	油膜涡动	不对中
不平衡故障	0.98	0.00	0.02
油膜涡动故障	0.00	0.96	0.04
不对中故障	0.06	0.02	0.92

表 7.9 中第一行表示，输入一组不平衡故障后，得出该故障的置信度为 0.94，而其他故障几乎为 0。第二行表示，输入一组油膜涡动故障后，得出该故障的置信度为 0.96，而其他故障几乎为 0。第三行表示，输入一组不对中故障后，得出该故障的置信度为 0.90，而其他故障几乎为 0。表 7.10 的结果有所改进，其值已趋于稳定。通过比较表 7.8 及表 7.9 可看出训练中迭代次数越多，所得的网络越能更好地联想出训练示例。但训练次数也不宜过长，只要满足精度要求，训练次数应尽可能少，以减少训练时间。

7.3.4　其他神经网络概述

1. 反馈网络神经网络

按着信息的走向可分为前馈网络和反馈网络，前馈网络就是信息由输入层开始通过加权求和转移，最后得到输出层信息。反馈网络就是信息一方面向输出层传播，另一方面后层的输出又反馈为前层的或同一层的输入，构成反馈网络。它是通过神经元状态的变迁最终稳定为某一状态(输出)，反馈网络的主要研究方向是网络稳定性问题和如何构造一个具有实际应用价值的稳定网络。

Hopfield 网络是一种应用比较广泛的反馈网络，它对神经网络的发展起到了突破性的作用。它与电子线路中的反馈类似，其拓扑结构如图 7.7 所示。若网络从某一初始状态出发，经过时间 t 后，稳定在 $y(t)$上，此时称该神经网络是稳定的，并称 $y(t)$为该网络的一个吸引子，对于某一非线性网络，可能存在多个吸引子。对于一个吸引子 $y(t)$，初始状态 $y(0)$能选择的最大区间为吸引子 $y(t)$的吸引域。当初始状态 $y(0)$在这个吸引域内时，它一定能收敛于这个吸引子上。

Hopfield 网络主要适合于图像识别等一类问题，其学习方法是记忆所要学习的示例，使之成为该网络的一个稳定吸引子。

2. 自组织神经网络

所谓自组织神经网络就是一种无导师指导的网络，它与前面所讲的有教师指导的网络不同。自组织神经网络是根据观察与发现寻找外界事物的内在规律，通过自适应来使网络适应环境的变化。它相当于人工智能中的根据观察与发现式的学习方法。这种网络包括以下一些著名网络，如 Hamming 网络、Kohonen 的自组织特征映射网络、神经认知机，对传网络及自适应共振理论等。这些网络在实际中都有应用，其中自组织特征映射网络已应用于旋转机械故障诊断中，并取得了一定的效果。自适应共振理论在旋转机械故障诊断中也有所应用，但效果还不够理想，需作进一步的工作。

由于神经网络诊断技术和传统的一些诊断方法，如 Bayes 统计诊断方法、模糊诊断方法等相比较，具有较大的优越性，因此它的应用领域不断扩大。目前人们正在设备故障诊断领域掀起一股神经网络的研究热潮。国内的许多高等院校及科研单位都相继推出了各自的系统，并正在生产现场发挥作用。

7.4　基于支持向量机的故障诊断方法

基于知识的诊断方法如智能诊断、模糊推理、神经网络等是一种很有前途的方法，尤其是在非线性系统领域，它的智能化技术和丰富的专家知识给用户提供了一个简单易用而又可靠的系统。然而，一个众所周知的原因，制约着这项技术向实用化的推广，那就是故障样本数的不足。例如，专家诊断系统和神经网络智能诊断系统都需要有较多的先验知识和足够的学习样本。而对机械设备系统，尤其是大型机械设备，故障一旦发生，就会造成巨大的经济损失，所以也就不会有很多的故障样本。因此，这些理论上很优秀的诊断方法在实际应用中就不易有出色的表现。而统计学习理论(Statistical Learning Theory，SLT)和支持向量机(Support Vector Machine，SVM)的诞生为这一问题的解决开辟了新的途径。

7.4.1　统计学习理论(SLT)

与传统统计学相比，统计学习理论是一种专门研究小样本情况下机器学习规律的理论。

该理论针对小样本统计问题建立了一套新的理论体系，在这种体系下的统计推理规则不仅考虑了对渐近性能的要求，而且追求在现有有限信息的条件下得到最优结果。V. Vapnik 等人从 20 世纪六七十年代开始致力于此方面研究，到 90 年代中期，随着其理论的不断发展和成熟，也由于神经网络等学习方法在理论上缺乏实质性进展，统计学习理论开始受到越来越广泛的重视。

统计学习理论的一个核心概念就是 VC 维（VC Dimension）概念，它是描述函数集或学习机器的复杂性或者说是学习能力（Capacity of the machine）的一个重要指标，在此概念基础上发展出了一系列关于统计学习的一致性（Consistency）、收敛速度、推广性能（Generalization Performance）等的重要结论。

统计学习理论是建立在一套较坚实的理论基础之上的，为解决有限样本学习问题提供了一个统一的框架。它能将很多现有方法纳入其中，能够帮助解决许多原来难以解决的问题（比如神经网络结构选择问题、局部极小点问题等）；同时，在这一理论基础上发展了一种新的通用学习方法——支持向量机，已初步表现出很多优于已有方法的性能。

近年来，由于出色的学习性能，支持向量机已成为机器学习研究的热点，并在很多领域都得到了成功的应用，如人脸识别、手写体识别、说话人确认等。同时，将该方法用于机械故障诊断领域，对具有少样本的机械故障诊断具有很好的适应性。该方法的应用，将使制约故障诊断向智能化方向发展的瓶颈问题得到解决。

7.4.2 支持向量机（SVM）

支持向量机方法是建立在统计学习理论的 VC 维理论和结构风险最小原理基础上的，根据有限的样本信息在模型的复杂性（即对特定训练样本的学习精度，Accuracy）和学习能力（即无错误地识别任意样本的能力）之间寻求最佳折衷，以期获得最好的推广能力（Generalization Ability）。

SVM 是从线性可分情况下的最优分类面发展而来的，基本思想可用图 7.10 的两维情况说明。图中，实心点和空心点代表两类样本，H 为分类线，H_1，H_2 分别为过各类中离分类线最近的样本且平行于分类线的直线，它们之间的距离叫做分类间隔（margin）。所谓最优分类线就是要求分类线不但能将两类正确分开（训练错误率为 0），而且使分类间隔最大。分类线方程为 $w \cdot x + b = 0$，我们可以对它进行归一化，使得对线性可分的样本集（x_i，y_i），$i=1,\cdots,n$，$x \in \mathbf{R}^d$，$y \in \{+1,-1\}$，满足

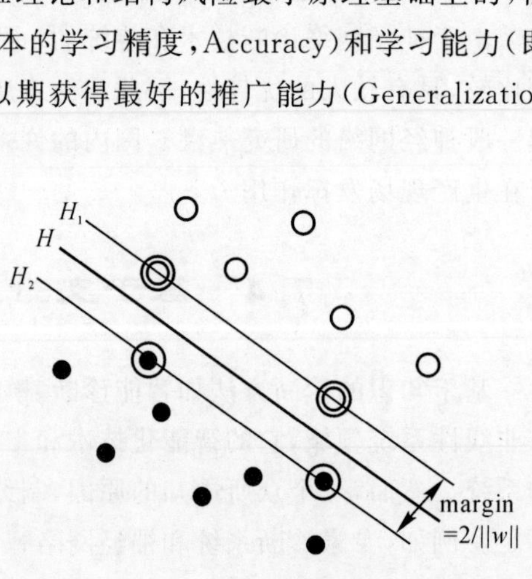

图 7.10 最优分类面

$$y_i[(w \cdot x_i)+b]-1 \geqslant 0, \qquad i=1,\cdots,n \tag{7-47}$$

式中 $w \in \mathbf{R}^d$，$(w \cdot x_i)$——w 与 x_i 的内积。

此时分类间隔等于 $2/\|w\|$，使间隔最大等价于使 $\|w\|/2$ 最小。满足条件式（7-47），且使 $\frac{1}{2}\|w\|^2$ 最小的分类面就叫做最优分类面，H_1，H_2 上的训练样本点就称作支持向量。

利用 Lagrange 优化方法可以把上述最优分类面问题转化为其对偶问题，即在约束条件

$$\sum_{i=1}^{n} y_i \alpha_i = 0 \tag{7-48a}$$

和

$$\alpha_i \geqslant 0, \quad i = 1, \cdots, n \tag{7-48b}$$

下对 α_i 求解下列函数的最大值：

$$Q(\alpha) = \sum_{i=1}^{n} \alpha_i - \frac{1}{2} \sum_{i,j=1}^{n} \alpha_i \alpha_j y_i y_j (x_i \cdot x_j) \tag{7-49}$$

α_i 为原问题中与每个约束条件式(7－47)对应的 Lagrange 乘子。这是一个不等式约束下二次函数寻优的问题，存在唯一解。容易证明，解中将只有一部分(通常是少部分)α_i 不为零，对应的样本就是支持向量。解上述问题后得到的最优分类函数是

$$f(x) = \mathrm{sgn}\{(w \cdot x) + b\} = \mathrm{sgn}\{\sum_{i=1}^{n} \alpha_i^* y_i (x_i \cdot x) + b^*\} \tag{7-50}$$

式中的求和实际上只对支持向量进行。b^* 是分类阈值，可以用任一个支持向量[满足式(7－47)中的等号]求得，或通过两类中任意一对支持向量取中值求得。

对非线性问题，可以通过非线性变换转化为某个高维空间中的线性问题，在变换空间求最优分类面。这种变换可能比较复杂，因此这种思路在一般情况下不易实现。但是注意到，在上面的对偶问题中，不论是寻优目标函数式(7－49)还是分类函数式(7－50)，都只涉及训练样本之间的内积运算$(x_i \cdot x_j)$。

设有非线性映射 $\Phi: \mathbf{R}^d \to H$(将输入空间的样本映射到高维(可能是无穷维)的特征空间中)。当在特征空间 H 中构造最优超平面时，训练算法仅使用空间中的点积，即 $\Phi(x_i) \cdot \Phi(x_j)$，而没有单独的 $\Phi(x_i)$出现。因此，如果能够找到一个函数 K 使得 $K(x_i, x_j) = \Phi(x_i) \cdot \Phi(x_j)$，这样，在高维空间实际上只需进行内积运算，而这种内积运算是可以用原空间中的函数实现的，甚至没有必要知道变换 Φ 的形式。根据泛函的有关理论，只要一种核函数 $K(x_i, x_j)$满足 Mercer 条件，它就对应某一变换空间中的内积。

因此，在最优分类面中采用适当的内积函数 $K(x_i, x_j)$就可以实现某一非线性变换后的线性分类，而计算复杂度却没有增加，此时目标函数式(7－49)变为

$$Q(\alpha) = \sum_{i=1}^{n} \alpha_i - \frac{1}{2} \sum_{i,j=1}^{n} \alpha_i \alpha_j y_i y_j K(x_i, x_j) \tag{7-51}$$

而相应的分类函数也变为

$$f(x) = \mathrm{sgn}(\sum_{i=1}^{n} \alpha_i^* y_i K(x_i, x) + b^*) \tag{7-52}$$

这就是支持向量机。

这一特点提供了解决算法可能导致的“维数灾难”问题的方法：在构造判别函数时，不是对输入空间的样本作非线性变换，然后在特征空间中求解；而是先在输入空间比较向量(例如求点积或是某种距离)，对结果再作非线性变换。这样，大的工作量将在输入空间而不是在高维特征空间中完成。SVM 分类函数形式上类似于一个神经网络，输出是 s 中间节点的线性组合，每个中间节点对应一个支持向量，如图 7.11 所示。

输出(决策规则)

$y=\mathrm{sgn}(\sum_{i=1}^{s}\alpha_i y_i K(x_i,x)+b)$

权值 $\alpha_i y_i$

基于 s 个支持向量 $x_1,x_2,\cdots,x_s$ 的

非线性变换(内积)

输入向量 $x=(x^1,x^2,\cdots,x^d)$

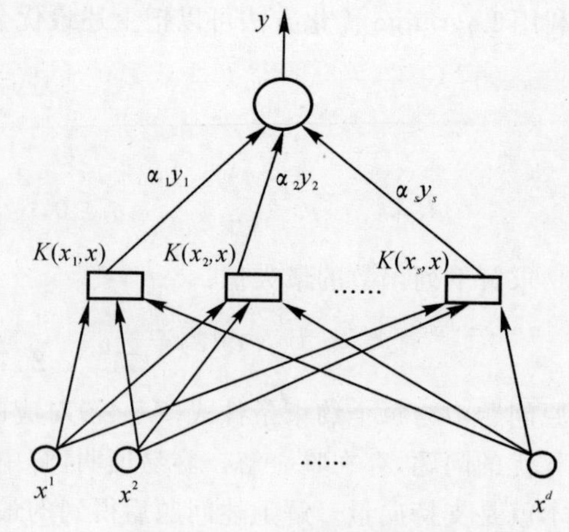

图 7.11　支持向量机示意图

函数 K 称为点积的卷积核函数,它可以看做在样本之间定义的一种距离。

显然,上面的方法在保证训练样本全部被正确分类,即经验风险 R_{emp} 为 0 的前提下,通过最大化分类间隔来获得最好的推广性能。如果希望在经验风险和推广性能之间求得某种均衡,可以通过引入正的松弛因子 ξ_i 来允许错分样本的存在。这时,约束式(7-47)变为

$$y_i[(w\cdot x_i)+b]-1+\xi_i\geqslant 0,\quad i=1,\cdots,n \tag{7-53}$$

而在目标——最小化 $\|w\|^2$ 中加入惩罚项 $C\sum_{i=1}^{n}\xi_i$,这样,对偶问题可以写成

$$\text{arc max}: Q(\alpha)=\sum_{i=1}^{n}\alpha_i-\frac{1}{2}\sum_{i,j=1}^{n}\alpha_i\alpha_j y_i y_j K(x_i,x_j) \tag{7-54}$$

$$\text{s. t.}\quad \sum_{i=1}^{n}y_i\alpha_i=0 \tag{7-55a}$$

$$0\leqslant\alpha_i\leqslant C,\quad i=1,\cdots,n \tag{7-55b}$$

这就是 SVM 方法的最一般的表述。为了方便后面的陈述,这里我们对对偶问题的最优解做一些推导。定义

$$\omega(\alpha)=\sum_i\alpha_i y_i\Phi(x_i) \tag{7-56}$$

$$F_i=\omega(\alpha)\Phi(x_i)-y_i=\sum_j\alpha_j y_j K(x_i,x_j)-y_i \tag{7-57}$$

对偶问题的 Lagrange 函数可以写成

$$L=\frac{1}{2}\omega(\alpha)\cdot\omega(\alpha)-\sum_i\alpha-\sum_i\delta_i\alpha_i+\sum_i\mu_i(\alpha_i-C)-\beta\sum_i\alpha_i y_i \tag{7-58}$$

KKT 条件为

$$\frac{\partial L}{\partial\alpha_i}=(F_i-\beta)y_i-\delta_i+\mu_i=0 \tag{7-59a}$$

$$\delta_i\alpha_i=0\qquad 且\qquad \delta_i\geqslant 0 \tag{7-59b}$$

$$\mu_i(\alpha_i-C)=0,\quad\forall i \tag{7-59c}$$

由此,可以推导出如下关系式:

(1)若 $\alpha_i=0$,则 $\delta_i\geqslant 0$,

$$\mu_i=0\Rightarrow(F_i-\beta_i)y_i\geqslant 0 \tag{7-60a}$$

(2)若 $0<\alpha_i<C$,则 $\delta_i=0$,

$$\mu_i=0\Rightarrow(F_i-\beta_i)y_i=0 \tag{7-60b}$$

(3)若 $\alpha_i=C$,则 $\delta_i=0$,

$$\mu_i \geqslant 0 \Rightarrow (F_i - \beta_i) y_i \leqslant 0 \tag{7-60c}$$

由于 KKT 条件是最优解应满足的充要条件，所以目前提出的一些算法几乎都是以是否违反 KKT 条件作为迭代策略的准则。

当然，尽管 SVM 算法的性能在许多实际问题的应用中得到了验证，但是该算法在计算上也存在着一些问题，包括训练算法速度慢、算法复杂而难以实现以及检测阶段运算量大等等。

传统的利用标准二次型优化技术解决对偶问题的方法可能是训练算法慢的主要原因：首先，SVM 方法需要计算和存储核函数矩阵，当样本点数目较大时，需要很大的内存，例如，当样本点数目超过 4 000 时，存储核函数矩阵需要多达 128 兆内存；其次，SVM 在二次型寻优过程中要进行大量的矩阵运算，多数情况下，寻优算法是占用算法时间的主要部分。

SVM 方法的训练运算速度是限制它的应用的主要方面，近年来人们针对方法本身的特点提出了许多算法来解决对偶寻优问题。大多数算法的一个共同的思想就是循环迭代：将原问题分解成为若干子问题，按照某种迭代策略，通过反复求解子问题，最终使结果收敛到原问题的最优解。根据子问题的划分和迭代策略的不同，又可以大致分为两类：

第一类是所谓的“块算法”(chunking algorithm)。“块算法”基于的是这样一个事实，即去掉 Lagrange 乘子等于零的训练样本不会影响原问题的解。对于给定的训练样本集，如果其中的支持向量是已知的，寻优算法就可以排除非支持向量，只需对支持向量计算权值（即 Lagrange 乘子）即可。实际上支持向量是未知的，因此“块算法”的目标就是通过某种迭代方式逐步排除非支持向量。具体的做法是，选择一部分样本构成工作样本集进行训练，剔除其中的非支持向量，并用训练结果对剩余样本进行检验，将不符合训练结果（一般是指违反 KKT 条件）的样本（或其中的一部分）与本次结果的支持向量合并成为一个新的工作样本集，然后重新训练。如此重复下去直到获得最优结果。

第二类方法把问题分解成为固定样本数的子问题：工作样本集的大小固定在算法速度可以容忍的限度内，迭代过程中只是将剩余样本中部分“情况最糟的样本”与工作样本集中的样本进行等量交换，即使支持向量的个数超过工作样本集的大小，也不改变工作样本集的规模，而只对支持向量中的一部分进行优化。

固定工作样本集的方法和块算法的主要区别在于：块算法的目标函数中仅包含当前工作样本集中的样本，而固定工作样本集方法虽然优化变量仅包含工作样本，其目标函数却包含整个训练样本集，即工作样本集之外的样本的 Lagrange 乘子固定为前一次迭代的结果，而不是像块算法中那样设为 0。而且固定工作样本集方法还涉及到一个确定换出样本的问题（因为换出的样本可能是支持向量）。这样，这一类算法的关键就在于找到一种合适的迭代策略使得算法最终能收敛并且较快地收敛到最优结果。

应该说，块算法和固定工作样本集算法是各有优缺点的。毫无疑问，固定工作样本集的算法解决了占用内存的问题，而且限制了子问题规模的无限增大；但是，从这个意义上来说，固定工作样本集的算法把解标准二次型的寻优问题的时间转嫁到循环迭代上了，它的迭代次数一般会比“块算法”多。

此外，由于 SVM 方法的性能与实现上的巨大差异，我们在求解子问题时不一定要得到精确解（解的精确度可以由迭代来保证），甚至还可以考虑对最终目标求取近似解。这样，尽管结果的性能会受到影响，但是如果能够大幅度提高运算速度，它仍不失为一种好方法。

7.4.3 基于支持向量机的状态趋势预测

1. 支持向量机回归算法

首先考虑线性回归问题，对于给定的训练样本(x_i,y_i)，$x\in\mathbf{R}^d$，$y_i\in\mathbf{R}$，$i=1,\cdots,n$，线性回归的目标就是求下列回归函数$f(x)=(w\cdot x_i)+b$，并且满足结构风险最小化原理。对优化目标函数求极值

$$Q(w)=\frac{1}{2}(w\cdot w)+C\cdot R_{\mathrm{emp}}(f) \tag{7-63}$$

式中，$R_{\mathrm{emp}}(f)$为损失函数，常用的损失函数有多种，其中ε为不敏感损失函数，由于具有较好的稀疏特性，可保证得到的结果具有较好的泛化能力而得到了广泛的应用。

定义为

$$|y-f(x)|_{\varepsilon}=\max\{0,|y-f(x)|-\varepsilon\}$$

则式(7-63)可写为

$$Q(w)=\frac{1}{2}(w\cdot w)+C\frac{1}{n}\sum_{i=1}^{n}|y-f(x)|_{\varepsilon} \tag{7-64}$$

显然，当$|y_i-(w\cdot x_i)-b|\leqslant\varepsilon$时，即所有样本点均落在由$f(x)+\varepsilon$和$f(x)-\varepsilon$组成的带状区域内时，式(7-64)可写为

$$\min\frac{1}{2}(w\cdot w) \tag{7-65}$$

$$\text{s. t}\quad |y_i-(w\cdot x_i)-b|\leqslant\varepsilon$$

考虑到上述条件不能充分满足，引入松弛因子$\xi_i\geqslant0$和$\xi_i^*\geqslant0$，则式(7-65)的优化问题变为

$$\min\frac{1}{2}(w\cdot w)+C\sum_{i=1}^{n}(\xi_i+\xi_i^*) \tag{7-66}$$

$$\text{s. t}\quad y_i-w\cdot x-b\leqslant\varepsilon+\xi_i$$

$$w\cdot x-y_i+b\leqslant\varepsilon+\xi_i^*$$

上述问题可以通过求解最大化二次型的参数α_i,α_i^*而得到解决

$$Q(\alpha,\alpha^*)=-\varepsilon\sum_{i=1}^{n}(\alpha_i+\alpha_i^*)+\sum_{i=1}^{n}y_i(\alpha_i^*-\alpha_i)-\frac{1}{2}\sum_{i=1,j=1}^{n}(\alpha_i^*-\alpha_i)(\alpha_j^*-\alpha_j)(x_i\cdot x_j)$$

$$\text{s. t}\begin{cases}\sum_{i=1}^{n}\alpha_i=\sum_{i=1}^{n}\alpha_i^*\\0\leqslant\alpha_i\leqslant C\\0\leqslant\alpha_i^*\leqslant C\end{cases} \tag{7-67}$$

式中，b可由式(7-66)的约束条件按等号求出。求解出各参数α_i,α_i^*,b后，就可得到对未来样本的预测函数

$$f(x,\alpha_i,\alpha_i^*)=\sum_{i=1}^{n}(\alpha_i-\alpha_i^*)(x_i\cdot x)+b \tag{7-68}$$

对于非线性回归问题只要把上述各式中的内积用核函数内积 $K(x_i,x_j)$ 来运算即可求得相应的预测函数：

$$f(x,\alpha_i,\alpha_i^*)=\sum_{i=1}^{n}(\alpha_i-\alpha_i^*)K(x_i\cdot x)+b \tag{7-69}$$

2. 时间序列预测

假设系统的输出采样时间间隔是 τ，得到的输出时间序列为 $t(0),t(\tau),\cdots, t(i\tau),\cdots, t((n-1)\tau)$。该输出序列也是对未来值进行预测时的输入序列。由 n 时刻的前 m 个值预测第 n 个值的问题可表示为寻找如下的对应关系

$$t_n=f(t_{n-1},t_{n-2},\cdots,t_{n-m}) \tag{7-70}$$

式中，t_i 是 $t(i\tau)$ 的缩写形式。在训练回归模型时，组成如下的训练样本对输入 $(t_1,t_2,\cdots,t_m)$ 对应某一时刻的输出为 (t_{m+1})；$(t_2,t_3,\cdots, t_{m+1})$，$(t_{m+2})$，…，并依此类推，由 l 个训练样本就可构建 $l-m$ 个训练样本对。

模型训练完成后，对未来值第 1 步预测的形式为 $t_{n+1}=f(t_n,t_{n-1},\cdots,t_{n-m+1})$，第 2 步预测为 $t_{n+2}=f(t_{n+1}^*,t_n,\cdots,t_{n-m+2})$，后续各步预测依此类推，并由此形成多步预测。$t_i$ 为第 i 点的真实值，t_i^* 为第 i 点的预测值。在某些情况下，例如对缓变信号，其预测点间的时间间隔较长，当进行第 2 步预测时，第 1 步的真实值就已经知道了，在式(7-70)中就可以用真实值 t_{n+1} 替代预测值 t_{n+1}^*，这就成了单步预测。

7.4.4 基于支持向量机的故障诊断方法

支持向量机在分类问题上只考虑了二值分类的简单情况，在解决故障诊断等多值分类问题时，需要建立多个支持向量机。比较典型的方法有两种：一种是“一对多”(One Vs All)策略，即一个 SVM 分类器将每一类模式与剩下的所有类别的模式区分开，这样需要构造的 SVM 故障分类器的数目等于故障模式个数。这种方式的缺点是对每个分类器的要求较高。

第二种是“一对一”(One Vs One)策略，即为了对 n 个类的训练样本进行两两区分，分别构造 $[n(n+1)]/2$ 个 SVM 分类器。在测试时，使用成对的 SVM 进行鉴别比较，每一次淘汰一个 SVM 分类器，而优胜者间继续进行竞争淘汰，直到最后仅剩一个优胜者。该优胜 SVM 分类器的输出决定测试数据的类别。

由于故障诊断研究中，故障模式的数量不会太多，因此常选择用“一对多”策略来研究故障诊断问题。

已知某系统故障训练样本 $(x_1,y_1),(x_2,y_2),\cdots,(x_l,y_l)$，$x\in\mathbf{R}^n$，$y\in\{+1,-1\}$，$l$ 为样本容量，n 为故障诊断特征参数的个数，并设系统故障种类数为 m，则建立 SVM 故障诊断模型步骤为：

(1) 数据准备：

1)对训练数据进行归一化处理，以消除量纲的影响。

2)调整 y_i，若故障属于第 q 类，则 $y_{qi}=1$，否则 $y_{qi}=-1$。

(2)建立 SVM 故障分类器。把训练样本通过函数 Φ 映射到高维特征空间，选择适当的核

函数和惩罚参数 C，利用训练样本(x_i,y_i)求解如下的二次优化问题，以获得(α_i,b)及其对应的支持向量。

$$\max Q(\alpha)=\sum_{i=1}^{l}\alpha_i-\frac{1}{2}\sum_{i,j=1}^{l}\alpha_i\alpha_j y_{qi}y_{qj}K(x_i\cdot x_j) \tag{7-71}$$

$$\text{s.t.}\quad \sum_{i=1}^{l}y_{qi}\alpha_i=0,\qquad \alpha_i\geqslant 0\qquad q=1,\cdots,m$$

$K(x_i,x_j)$为核函数，它在支持向量机中起到重要作用。常用的核函数有：

线性核函数　$K(x,x_i)=x\cdot x_i$；

径向基核函数　$K(x,x_i)=\exp(\frac{-\parallel x-x_i\parallel^2}{2\sigma^2})$；

多项式核函数　$K(x,x_i)=(x\cdot x_i+1)^d,d=1,2,\cdots,n$；

感知器核函数　$K(x,x_i)=\tan(\beta x_i+b)$等。

由于适当改变径向基函数的参数可以逼近其他形式的核函数，所以实际应用中多采用径向基函数作为核函数。

利用获得的 α_i,b，以及支持向量可以得到第 q 类故障的诊断模型：

$$f_q(x)=\sum_{i=1}^{p}\alpha_i y_{qi}K(x_i,x)+b \tag{7-72}$$

重复步骤 2 共 m 次，得到 m 个故障分类模型。

(3)判断故障类型。利用获得的诊断模型，即可根据故障输入模式，判断故障类型。若第 q 个诊断模型的输出等于1，则有第 q 类故障发生；若第 q 个诊断模型的输出等于-1，则无第 q 类故障发生。训练好的故障诊断分类器，对每一个故障输入，应该只有一个 SVM 分类器的输出为1。若出现多个 SVM 分类器的输出为1，则 SVM 的分类模型要重新训练。

7.4.5 故障诊断实例

某大型机组使用时间较长，已经到了事故易发阶段。因此，为该机组开发了状态监测与故障诊断系统。该系统能诊断的常见故障有不平衡(F1)、不对中(F2)、喘振(F3)、油膜振荡(F4)、齿轮损坏(F5)、装配件松动(F6)、轴承偏心(F7)、部件摩擦(F8)和止推轴承破坏(F9)等。状态监测系统采集了大量振动和工艺参数，工作人员通过主监视图、时基图、频谱图、时基一频谱图等多个监测窗口，能初步掌握冷冻机组的工作状况，一旦有异常，即可启动故障诊断模块。

诊断模块采用轴承振动烈度作为评定标准，用频谱图及频率分布分析的方法来确定故障模式。由于频谱图上的一些倍频及工频的分数倍频的振幅集中了振动的大部分能量，体现了各种振动状态，因此可以用这些频率下的振幅作为故障特征。可以把每一测点的振动信号进行傅里叶变换，选用$(0\sim0.39)X$，$(0.4\sim0.49)X$，$0.5X$，$(0.51\sim0.99)X$，$1X$，$2X$，$(3\sim5)X$，$(6-z)X$ 及$\geqslant zX$ 等共 9 个频段作为特征频率，其中 X 为轴转速频率，即工频，zX 为齿轮啮合频率。根据不同的频率分量对应不同的振动原因，通过分析各种频率的幅值大小和引起振动的主要频率成分，判断出各种故障。用标准故障模式训练故障诊断模型，共得到 9 个故障分类器。然后再选用见表 7.11 的数据对故障诊断模型进行测试，以检测基于支持向量机的故障诊断模型的分类效果。

表 7.11　某大型机组测试数据

故障模式	特征频率								
	0～0.39	0.4～0.49	0.5	0.51～0.59	1	2	3～5	6～z	≥z
F1	0.04	0.02	0.02	0.02	0.8	0.03	0.03	0.02	0.02
F2	0.02	0.02	0.02	0.04	0.4	0.3	0.15	0.05	0
F3	0.64	0.03	0.02	0.03	0.2	0.02	0.02	0.02	0.02
F4	0	0.7	0.05	0.1	0.05	0.1	0	0	0
F5	0.05	0.05	0.05	0	0.05	0.15	0.05	0	0.7
F6	0.05	0	0.05	0.2	0.2	0.05	0.15	0.3	0.1
F7	0.01	0.01	0	0.75	0.15	0.01	0.01	0.01	0.05
F8	0.05	0	0.1	0.1	0.3	0.1	0.1	0.1	0.05
F9	0.1	0.2	0.00	0.05	0.2	0.2	0.05	0.1	0.1

从表 7.12 可以看出，基于支持向量机的故障诊断模型准确地实现了故障分类。而且，与某文献给出的分类方法相比，精度和泛化性能更好，训练时间更短。

表 7.12　机组测试及预测试结果

样本序号	故障类别	分离器结果	样本序号	故障类别	分离器结果
1	F1	f1	6	F6	f6
2	F2	f2	7	F7	f7
3	F3	f3	8	F8	f8
4	F4	f4	9	F9	f9
5	F5	f5			

总之，基于 SVM 的故障诊断方法只需少量训练样本，而且不必预先知道故障分类的先验知识，故障分类知识隐式地体现在支持向量及其相应的 Lagrange 系数上，即仅用支持向量就决定了分类器的性能，这表明 SVM 具有较强的推广能力，是一种有效的故障诊断方法。

7.5　基于进化计算的故障诊断方法

在系统的故障监测与诊断中，主要采用非线性分析的优化计算方法。常见的各种优化方法，只能得到局部最优解，而模拟退火技术，蒙特卡洛方法等随机启发式优化方法已用来解决全局优化问题，理论上使用这类优化技术能够依概率 1 找到全局最优解，但实际上搜索效率太低，且跳出局部最优点的能力有限，对于客观实际中的超高维优化问题有时显得无能为力。近几年被推广应用的仿生类进化计算技术可用于解决超高维优化难题。进化计算以求解全局优化为特征，用于可归结为函数与目标优化的解空间搜索和机器学习等领域，已被广泛成功用于计算机科学、工程技术、管理科学和社会科学等领域，特别适用于大规模、非线性、多极值、甚至无目标函数表达的优化问题。本节旨在介绍进化计算的基本原理及在故障诊断方面的应用。

7.5.1 进化计算的基本原理

进化计算方法是模拟生物在自然环境中进化过程而形成的一种自适应全局优化概率搜索算法。这种基于对生物进化机制的模拟，产生了多种优化计算模型，最典型的有四种：遗传算法(Genetic Algorithms)、进化策略(Evolution Strategy)、进化规划(Evolutionary Programming)和遗传程序设计(Genetic Programming)。

(1) 遗传算法。它最早由美国密执安大学的J. Holland教授提出，起源于20世纪60年代对自然和人工自适应系统的研究。在一系列研究的基础上，形成了遗传算法的基本框架，随着研究的深入和成功的应用，遗传算法受到了广泛的重视，被引进应用于众多领域。

遗传算法是一种求解复杂问题的简单、通用、鲁棒性强的高效并行全局搜索方法，模拟自然界生物从低级、简单到高级、复杂直至人类这样一个漫长而绝妙的进化过程，它能在搜索过程中，自动获取和积累有关搜索空间的知识，并且自适应地控制搜索过程以求得最优解。

遗传算法的主要特点为：

1)必须通过适当的方法对问题的可行解进行编码。

2)基于个体的适应度来进行概率选择操作。

3)个体的重组技术使用交叉操作算子。

4)变异操作使用随机变异技术。

5)擅长于对离散空间的搜索。

(2) 进化策略。进化策略是20世纪60年代由德国的I. Rechenberg和H. P. Schwefel开发出的一种优化算法。其开发目的是为了求解多峰值非线性函数的最优化问题，随后，他们便对这种方法进行了深入的研究和发展，形成了进化计算的一个分支。

进化策略与遗传算法的不同之处在于：遗传算法要将原问题的解空间映射到位串空间之中，然后在进行遗传操作，它强调个体基因结构的变化对其适应度的影响。而进化策略则是直接在解空间上进行操作，它强调进化过程中从父体到后代行为的自适应性和多样性；进化策略强调直接在解空间上进行操作，强调进化过程中搜索方向和步长的自适应调节；进化策略主要用于求解数值优化问题。近年来，遗传算法和进化策略的互相浸透已使得它们没有很明显的界限。

(3) 进化规划。进化规划是20世纪60年代由美国的L. J. Fogel等为了求解预测问题而提出的一种有限状态机进化模型，在这个进化模型中，机器的状态基于均匀随机分布的规律进行变异。后来，D. B. Fogel又将进化规划的思想拓展到实数空间，使其能够用来求解实数空间中的优化计算问题，并在其变异运算中引入正态分布的技术。

与遗传算法和进化策略相比，进化规划主要具有如下特点：

1)进化规划对生物进化过程的模拟主要着眼于物种的进化过程，不使用个体重组方面的操作算子。

2)进化规划中的选择运算着重于群体中各个个体之间的竞争选择。

3)进化规划直接以问题的可行解作为个体的表现形式,无须在对个体进行编码处理,也无需再考虑随机扰动因素对个体的影响。

4)进化规划以实数空间上的优化问题为主要处理对象。

(4) 遗传程序设计。遗传程序设计的思想是由 Stanford 大学的 J. R. Koza 在 20 世纪 90 年代初提出的。它主要采用遗传算法的基本思想让计算机自动进行程序设计。在进化计算过程中,使用分层结构来表示解空间。

(5)进化计算的基本概念:

1) 染色体(Chromsome):遗传物质的主要载体,由 DNA(脱氧核糖核酸)和蛋白质组成。进化计算中,染色体对应的是数据或数组。

2) 基因(Gene):具有遗传效应的 DNA 片断,它储存着遗传信息,可以准确地复制,能够发生突变并可通过控制蛋白质的合成而控制生物的性状。

3) 基因座(Locus):染色体中基因的位置。

4) 等位基因(Alleles):染色体中基因所取的值,基因和基因座决定了染色体的特征,也就决定了生物个体的性状。

5) 表现型(Phenotype):指生物个体所表现出来的性状。

6) 基因型(Genetype):与表现型密切相关的基因组成。同一种基因型的生物个体在不同的环境条件下可以有不同的表现型,因此表现型是基因型与环境相互作用的结果。

7) 个体(Individuals):被遗传算法处理的染色体对象,也叫基因型个体。

8) 群体(Population):由一定数量的个体组成的集团。

9) 群体规模(Population Size):群体中个体的数目。

10) 适应度(Fitness):各个体对环境的适应程度。

11) 编码(Coding):为表现型到基因型的转换,将搜索空间中的参数或解转换成遗传空间中的染色体或个体,也称为问题的表示(Representaion)。

12) 解码(Decoding):为基因型到表现型的转换,将染色体或个体转换成搜索空间中的参数或解。

7.5.2　进化计算的基本理论

1. 模式定理

模式(schemata):一些相似的模块。它描述了在某些位置上具有相似结构特征的个体编码串的一个子集。对于二进制编码,个体是由二值字符集 $V=\{0,1,*\}$ 中元素所组成的一个编码串,而模式却是由三值字符集 $V_{+}(0,1,*)$ 中的元素所组成的一个编码串,其中“*”为统配符。

模式阶(schema Order):模式 H 中确定位置的个数称作该模式的模式阶。记为 $o(H)$ 。

模式定义长度:模式 H 中第一个确定位置和最后一个确定位置之间的距离称作该模式的定义长度,记为 $\delta(H)$。

可以证明,模式 H 在遗传算子选择、交叉和变异的共同作用下,其子代的样本数约为

$$m(H,t+1)\geqslant m(H,t)\cdot(f(H)/\overline{f})\cdot[1-P_c\cdot\delta(H)/(l-1)-o(H)\cdot P_m] \quad (7-73)$$

式中　　l——串的长度;

$m(H,t)$中 t——模式 H 所能匹配的样本数；

$f(H)$——模式 H 所有样本的平均适应度；

$\bar{f}$——群体平均适应度；

P_c——交叉概率；

P_m——变异概率。

由此可得出如下模式定理：

模式定理：在遗传算子选择、交叉和变异的作用下，具有低阶、短定义长度以及平均适应度高于群体平均适应度的模式在子代中将得以以指数级增长。

模式定理保证了较优的模式的样本呈指数级增长，从而给遗传算法奠定了理论基础，遗传算法是一个寻找可行解的可实现的优化过程。

2. 积木块假设

积木块(Building Block)：具有低阶、短定义长度以及高适应度的模式称作积木块。

积木块假设(Building Block Hypothesis)：

低阶、短定义长度以及高平均适应度的模式(积木块)在遗传算子的作用下，相互结合能生成高阶、长定义长度、高平均适应度的模式，故最终可生成全局最优解。

模式定理保证了较优解模式的样本数量呈指数级增长，从而满足了寻找最优解的必要条件，即算法存在着寻找到全局最优解的可能性；而积木块假设则指出，算法具备寻找到全局最优解的能力，即积木块在遗传算子的作用下，能生成高阶、长定义长度、高平均适应度的模式，所以最终可生成全局最优解。

3. 算法的隐含并行性

在进化的运行过程中，每代都处理了 M 个个体，但由于一个个体编码串中隐含有多种不同的模式，所以算法实质上却是处理了更多的模式。对于二进制编码来讲：遗传算法所处理的有效模式总数与群体规模 M 的三次方成正比。也就是说，在进化过程的每一代中只处理了 M 个个体，但实际上并行处理了与 M 的立方成正比的模式数，这种隐含并行性，使得算法可以快速搜索出一些比较好的模式。

4. 算法的收敛性

在遗传算法的进化过程中，个体集合一代一代地变化着，如把每一代群体看作为一种状态，则整个进化过程是一个 Markov 过程。(分析思路可推广到其他的进化算法)。

定理 基本遗传算法收敛于最优解的概率小于1。

由此可知，采用基本遗传算法，不能完全保证可以得到问题的最优解，为此，需对基本遗传算法进行改进，出现了许多改进遗传算法。

定理 使用保留最佳个体策略的遗传算法能收敛于最优解的概率为1。

7.5.3 进行计算的一般过程

1. 进化计算的基本构成要素

(1)适应度函数：

目标函数 $f(x)$可影射为适应度函数 $F(x)$，对于求最大值问题：

$$F(x)=\begin{cases}f(x)+C_{\min}, & f(x)+C_{\min}>0\\0, & f(x)+C_{\min}\leqslant 0\end{cases} \tag{7-74}$$

式中　C_{min}——一个适当地相对较小的数。

对于求最小值问题：

$$F(x)=\begin{cases}f(x)+C_{max}, & f(x)+C_{max}>0\\0, & f(x)+C_{max}\leqslant 0\end{cases} \tag{7-75}$$

式中　C_{max}——一个适当地相对较大的数。

(2)遗传操作。在生物的遗传和自然进化过程中，通过“遗传”“杂交”“变异”等过程使得对生存环境适应度较高的物种将有更多的机会遗传到下一代。模拟这个过程，在进化计算中使用“选择算子”“杂交算子”和“变异算子”来对群体中的个体进行优胜劣汰操作实现进化过程。

1)选择算子。选择操作是用来确定如何从父代群体中按某种方法选取哪些个体遗传到下一代群体中的一种遗传运算。常用的选择算子有比例选择方法、确定式采样选择、无回放随机选择、排序选择和随机联赛选择等。

2)交叉算子。在生物的自然进化过程中，两个同源染色体通过交配而重组，形成新的个体，从而产生新的个体和物种，进化计算中的交叉运算是指两个个体按某种方式相互交换其部分基因，从而形成两个新的个体。交叉运算在进化计算中起着关键作用，是产生新个体的主要方法。

3)变异算子。在生物的遗传和自然进化过程中，由于某种偶然因素可导致某些基因发生变异，从而产生出新的染色体，表现出新的生物性状。进化计算中的变异运算，是指将个体染色体编码串中的某些基因座上的基因值用该基因座的其他等位基因来替换，从而形成一个新的个体。交叉运算是产生新个体的主要方法，它决定了算法的全局搜索能力；变异运算算法的局部搜索能力。交叉算子与变异算子的相互结合，共同完成对搜索空间的全局搜索和局部搜索，从而使得算法能够以良好的搜索性能完成最优化问题的寻优过程。

2. 进化算法进行优化计算的基本过程

进化计算提供了一种求解复杂系统优化问题的通用模型，其基本原理是基于对生物进化过程的模拟，基本过程如下：

(1)初始化，随机产生初始群体 $P(t)$。

(2)评价群体 $P(t)$的适应度。

(3)个体重组操作：$P'(t)\leftarrow \text{Recombination}[P(t)]$。

(4)个体变异操作：$P''(t)\leftarrow \text{Mutation}[P'(t)]$。

(5)评价群体 $P''(t)$的适应度。

(6)个体选择、复制操作：$P(t+1)\leftarrow \text{Reproduction}[P(t)\cup P''(t)]$。

(7)终止条件判别。如不满足终止条件，则：$t\leftarrow t+1$，转到第(4)步，继续进行进化操作过程；如满足终止条件，则输出当前最优个体，算法结束。

基本进化算法源于对生物进化过程的模拟，在具体设计进化算法时又附加了许多限制，求解问题时，需要的计算量大，有时也收敛不到全局最优解，而有时希望优化算法能够找出问题的所有最优解，基本进化算法对此无能为力。为此，人们对传统的进化算法作了很多改进，提出了很多改进算法，如小生环遗传算法、多种群进化算法、混合进化算法、启发式进化算法(如 Differential Evolution，DE)等，取得了很好的效果。特别是 DE 进化算法具有能够找到真正的全局最优解、收敛速度快、控制参数少、使用方便、稳定可靠、适用范围广等优点。

3. DE 进化算法

DE 进化算法的基本策略是采用两个随机选择的参数矢量的差值作为第三个参数矢量的随机变化量的源，是一种启发式并行直接搜索进化算法。在 DE 进化算法中，对于 NP 个 D 维参数矢量：

$$\boldsymbol{x}_{i,G}, \qquad i=0,1,2,\cdots,\mathrm{NP}-1 \tag{7-76}$$

式中 G——是种群数，进化过程中不变；

NP——是参数矢量的个数，在进化过程中也不变。

在进化计算过程中，初始群体的选择应当随机选择，且应均匀地覆盖整个参数空间，如不特别声明，假定随机决策为均匀概率分布。DE 产生新参数矢量是靠加权的两个种群矢量的差值加到第三个种群矢量来实现的。如果新矢量降低了选定的先前矢量目标函数，在下一代中，新矢量将替代这个先前矢量；否则，将保留这个先前矢量。在实际的 DE 改进型算法中，这个基本准则得到了扩充，例如，一个现有矢量的扰动量可以是多个加权矢量差的和。在多数情况下，在比较目标函数值前，应当把新得到的含扰动量的矢量和旧的矢量相混合。基本 DE 模型如下：

对每个矢量 $\boldsymbol{x}_{i,G}$，$i=0,1,2,\cdots\mathrm{NP}-1$，一扰动后的矢量 $\boldsymbol{v}_{i,G+1}$ 为

$$\boldsymbol{v}_{i,G+1}=\boldsymbol{x}_{r_1,G}+F\cdot(\boldsymbol{x}_{r_2,G}-\boldsymbol{x}_{r_3,G}) \tag{7-77}$$

式中，$r_1,r_2,r_3\in[0,\mathrm{NP}-1]$的整数且互不相等；$F$ 是一权重控制因子，决定了差值变量$(\boldsymbol{x}_{r_2,G}-\boldsymbol{x}_{r_3,G})$的放大倍数，是一实常数，一般取$[0,2]$。

$x_{r_1,G}$ 是一随机选择的种群个体矢量被扰动后用来产生 $\boldsymbol{v}_{i,G+1}$ 矢量的，和 $\boldsymbol{x}_{i,G}$ 并无关系。在这个模型中，被扰动的矢量是随机选择的且扰动部分仅含一个加权的差值矢量。基本 DE 算法的二维优化问题进化过程如图 7.12 所示。

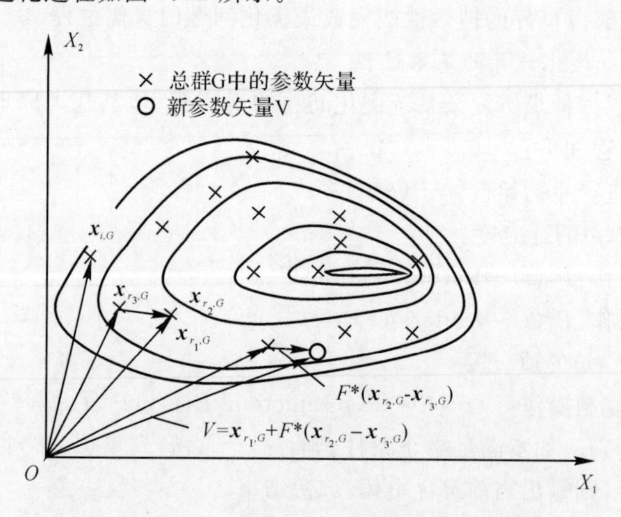

图 7.12 基本 DE 算法的二维优化问题进化过程

为了增加扰动参数矢量的潜在多样性(种群多样性)，引入了交叉算子。设交叉运算结束时，矢量为

$$\boldsymbol{U}_{i,G+1}=(u_{0i,G+1},u_{1i,G+1},\cdots,u_{(D-1)i,G+1}) \tag{7-78}$$

而

$$u_{ji,G+1}=\begin{cases}v_{ji,G+1}, & j=\langle n\rangle_D,\langle n+1\rangle_D,\cdots,\langle n+L-1\rangle_D \\ x_{ji,G}, & 其他\quad j\in[0,D-1]\end{cases} \tag{7-79}$$

这里$\langle\rangle_D$表示取模运算。n是在$[0,D-1]$中随机抽取的一整数，整数L表示需要变化的参数矢量个数，是以概率$\Pr(\Pr(L\geqslant v)=(CR)^v, v>0)$从$[1,D]$抽取的整数；$CR$的区间为$[0,1]$，是设计过程的一个控制参数。$n$和$L$的随机变化使得新产生的矢量$\boldsymbol{U}_{i,G+1}$得到了更新。

新得到的$\boldsymbol{U}_{i,G+1}$应当与$\boldsymbol{x}_{i,G}$相比较，如果矢量$\boldsymbol{U}_{i,G+1}$产生了较小的目标函数值，$\boldsymbol{x}_{i,G+1}$更新为$\boldsymbol{U}_{i,G+1}$，否则$\boldsymbol{x}_{i,G+1}$为$\boldsymbol{x}_{i,G}$。基本DE算法交叉过程示意如图7.13所示。

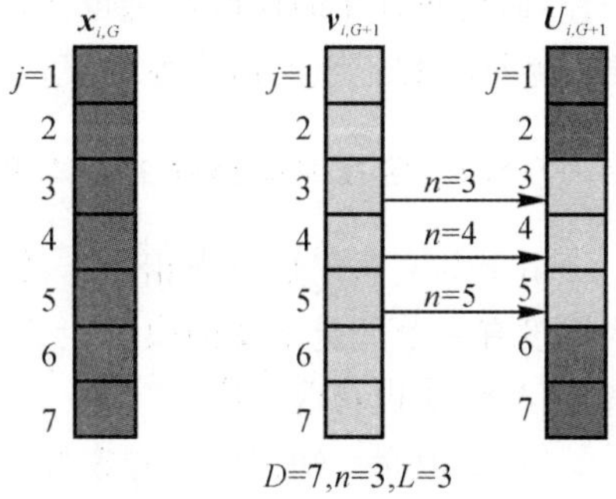

除基本DE模型外，还发展了其他一些变形。

图7.13　基本DE算法交叉过程示意图

7.5.4　基于进化计算的故障特性分析一般过程

对于最优化问题，也可采用进化计算的方法来求解。如前所述，用进化计算方法求解最优化问题具有其他方法无法比拟的优点。

基于进化计算的故障特性分析一般过程如下：

(1) 对所研究分析的对象的特点进行分析，建立模型。

(2) 将模型方程转化为优化问题模型，并根据使用的进化计算的方法选择最大化或最小化方法。

(3) 根据使用的进化计算的方法设计目标函数或适应度函数。

(4) 设计算法结构，编制运行程序，选择运行参数值。

(5) 运行程序，计算。

(6) 对计算结果进行分析。

由于进化计算方法具有隐并行、随机、自适应、鲁棒、全局优化等解搜索特点，因此特别适用于大规模、非线性、多极值、甚至无目标函数表达的优化问题。

进化计算与故障诊断的结合是一个十分活跃的研究领域。根据进化计算在故障诊断中的种种应用，我们得出由于进化计算的并行搜索和全局搜索，将进化计算用于故障诊断，可以减少运算量、缩短平均诊断时间、提高诊断效率和故障识别精度，有广泛的应用前景。

7.6　专家系统故障诊断方法

专家系统的实质是应用大量人类专家的知识和推理方法求解复杂的实际问题的一种人工智能计算机程序。但是，这种智能程序与传统的计算机应用程序有着本质上的不同。在专家系统中，求解问题的知识已不再隐含在程序和数据结构中，而是单独构成一个知识库。这种分离为问题的求解带来极大的便利和灵活性。实际上，常规的计算机应用程序也有知识，也可解决“专家级水平”的问题。但是，这些知识是隐含在程序结构之中，由于结构是固定的，不易修改,适用范围就受到一定限制。对不同类型的问题,必须编写不同的程序。而在专家系统中,专家的知识用分离的知识进行描述。每一个知识单元描述一个比较具体的情况,以及在该情况下应采取的措施,而专家系统总体上则提供了一种机制——推理机制。这种推理机制使其可以根据不同的处理对象,从知识库中选取不同的知识元构成不同的求解序列,或者说生成不同的应用程序,以完成某一指定任务。一旦推理机制和某个专业领域知识库已经建成,该系统就可处理本专业领域中各种不同的情况,就好像为每一个具体问题都编制了一个具体的程序一样,而这些程序的修改调试也只需要修改相应的知识元即可,其推理机制可保持不变。这就使得系统具有很强的适应性和灵活性。而常规的计算机应用程序很难做到这些。

7.6.1 专家系统诊断的基本结构及功能

由于专家系统是一类相当广泛的系统,其技术还处于不断发展时期,因此,专家系统的结构也没有一个固定不变的模式。通常专家系统由五个组成部分:知识库、推理机、数据库以及解释程序、知识获取程序。

(1)知识库。知识库是专家知识、经验与书本知识、常识的存储器。知识库的结构形式取决于所采用的知识表示方式,常用的有逻辑表示、语义网络表示、规则表示、框架表示和子程序表示等。用产生式规则表达知识方法是目前专家系统中应用最普遍的一种方法。它不仅可以表达事实,而且可以附上置信度因子来表示对这种事实的可信程度,这也导致了专家系统非精确推理的可能性。

(2)数据库。数据库是专家系统中用于存放反映系统当前状态的事实数据的场所。数据包括用户输入的事实、已知的事实以及推理过程中得到的中间结果等。

数据库的表示和组织,通常与知识库中知识的表示和组织相容或一致,以使推理机能方便地去使用知识库中的知识、综合数据库中描述问题和表达当前状态的特征数据去求解问题。

(3)推理机。推理机也是一组计算机程序,用以控制、协调整个系统并根据当前输入的数据,利用知识库中的知识,按一定的推理策略去逐步推理直至解决问题。推理策略有正向推理、反向推理和正反向混合推理三种。

(4)解释程序。可以随时回答用户提出的各种问题,包括与系统推理有关的问题和与系统推理无关的系统自身的问题。它可对推理路线和提问的含义给出必要的、清晰的解释,为用户了解推理过程以及维护提供方便的手段,便于使用和软件调试并增加用户的信任感。

(5)知识获取。知识获取是研究如何把“知识”从人类专家脑子中提取和总结出来,并且保证所获取的知识间的一致性,它是专家系统开发中的一道关键工序。

构造专家系统时,要求专业领域的专家和知识工程师密切合作,总结和提取专家领域知识,把它形式化并编码存入计算机中形成知识库。但是,专业领域知识是启发式的,较难捕捉和描述,专业领域专家通常善于提供事例而不习惯提供知识,所以,知识获取被公认为是专家系统开发研究中的瓶颈问题。

以上所述是5个基本模块,在实用时还有许多中间环节。图7.14所示为一个实用的专家系统框图,除前述的5个基本模块(图中有阴影的方块)外,还有许多中间环节的模块,主要是有关管理及辅助功能模块,根据系统的复杂程度及功能要求而有所不同。

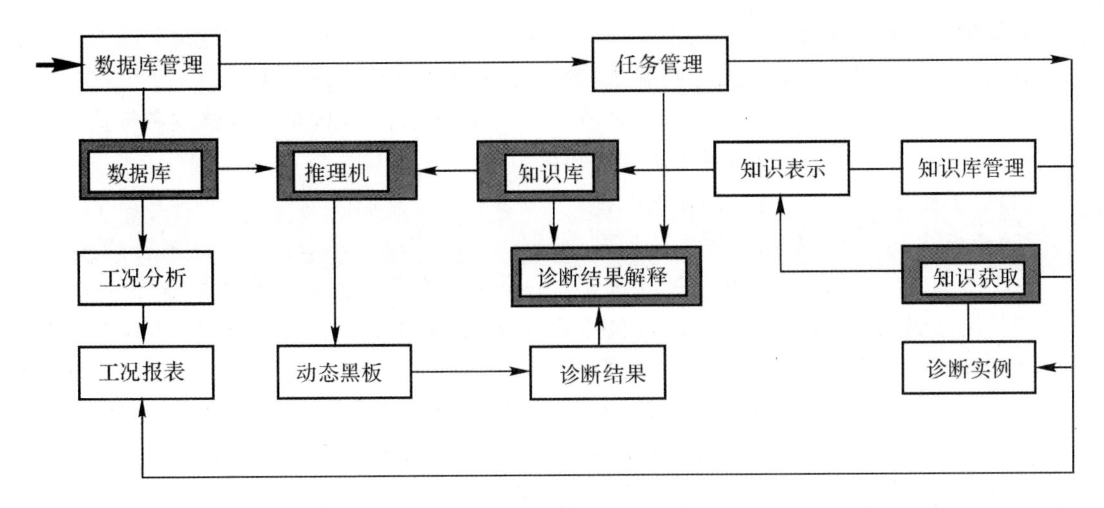

图 7.14　实用专家系统框图

7.6.2　知识表示与知识获取

知识表示是计算机科学中研究的重要领域。因为智能活动过程主要是一个获得并应用知识的过程，所以智能活动的研究范围包括知识的获取，知识的表示和知识的应用。而知识必须有适当的表示形式才便于在计算机中储存、检索、使用和修改。因此，在专家系统中，知识的表示就是研究如何用最合适的形式来组织知识、使对所要解决的问题最为有利。

一方面获取的知识必须表示成某种形式，才能把知识记录下来；另一方面只有将知识表示成合理的形式，才能利用知识进行合理的求解，知识表示的优劣直接影响到系统的知识获取能力和知识利用效率，所以知识表示是专家系统研究中的核心问题。

人之所以有智能行为是因为有知识。要使机器系统具有人的某种智能，必须以人的知识作为其工作基础。知识表示就是要研究用机器表示知识的可行、有效、通用的原则和方法。知识是人类认识自然界的精神产物，是人类进行智能活动的基础。知识是削减、塑造、解释、选择和转换的信息，是由特定领域的描述、关系和过程组成的。计算机所处理的知识，按其作用大致分为 3 类：

(1)事实性知识。事实性知识用于描述领域内的有关概念、事实和事物的属性、状态等。

(2)过程性知识。过程性知识用于描述实现某一目的的过程，是通过对客观事物的观察、思考、比较和分析得出的规律性的知识。

(3)控制性知识。控制性知识则是“关于知识的知识”，主要用于问题求解过程中的推理策略、搜索策略和求解策略等。

知识的表示不仅是专家系统的核心课题，而且已形成了一个独立的子领域。所谓知识表示就是描述所做的一组约定，是知识的符号化过程，即将知识编码成为一种合适的数据结构。

知识表示主要是选择合适的形式表示知识，即寻找知识与表示之间的映射。它研究的主要问题是设计各种知识的形式表示方法，研究表示与控制的关系、表示与推理的关系，以及知识表示和其他领域的关系。在解决某一问题时，不同的表示方法可能产生完全不同的效果。因此，为有效地解决某一问题，必须选择一个合适的表示方法。

对知识表示的要求有：

(1)表示能力。能正确、有效地将问题求解所需的各类知识表示出来。

(2)可理解性。所表示的知识易读、易懂、便于知识获取、知识库的检查修改和维护。

(3)可访问性。能方便地利用知识库的知识。

(4)可扩充性。能方便地扩充知识库。

(5)相容性、正确性、简洁性等。

关于知识表示主要从两个角度展开研究。一是从思维形式及认识的角度进行研究，二是从智能问题求解的角度进行研究。前者包括对人脑神经机制及认识心理的研究，后者主要结合整个问题求解过程来研究。目前，已经提出了多种知识表示方法，主要有一阶谓词逻辑表示法、产生式表示法、关系表示法、语义网络表示法、特征-对象-取值三元组表示法、框架表示法、过程表示法、脚本表示法、面向对象表示法和人工神经网络表示法等。这些表示方法各自适合于表示某种类型的知识，从而被用于不同的应用领域。

对于故障诊断这样比较复杂的问题领域，由于知识的类型较多，数量较大，采用单一的知识表示方法很难满足实际需要，因此发展将多种知识表示方法混合的知识表示法。

例如，将人工神经网络知识表示法和产生式知识表示法结合，可以克服产生式表示知识获取难的缺点。同时，又可以以克服人工神经网络透明性差的缺点、二者的结合可以取长补短，充分发挥符号表示法优点。混合知识表示可以极大提高专家系统的性能，使专家系统具有更广泛的应用领域。下面简要介绍常用的几种知识表示方法。

1. 知识的符号逻辑表示法

知识的符号逻辑表示主要是运用命题演算、谓词演法等知识来描述一些事实。它在人工智能研究中得到普遍的应用，这是由于：①逻辑表示的演绎结果在一定的范围内保证正确，而其他知识表示方案，至今还未达到这一点；②逻辑表示从现有事实推导出新事实的方法可以机械化。

(1)一阶谓词逻辑表示法。一阶谓词逻辑是一种形式语言系统，研究的是假设与结论之间的蕴涵关系，即用逻辑方法研究推理的规律。由于它与语言相似，故可用来表示人类的某些知识。

例如，先定义几种常量、变量和谓词，其中常量以小写英文字母 a,b,c,d 等表示；变量以小写字母 x,y,z,u,v,n 等表示；谓词则以大写字母 P,W,S 等表示。

谓词：

P(x,a)：指 x(某人)的身份为 a，a 为常量，可以是 teacher，student 等；

A(y,b)：指 y(某人)的年龄为 b；

GE(x,y)：指 $x \geqslant y$；

E(u,e)：指 u(某人)的文化程度为 e，e 可分为 high，middle 和 primary 三挡；

S(z,c)：z 的性别为 c，c 的取值为 male 或 female；

W(w,d)：w 的工作年限(工龄)为 d。

设在计算机中已存放以下已知事实：

P(Wang，teacher)　　老王的职业为教师；

S(Wang，male)　　老王为男性；

W(Wang，20)　　老王工龄 20 年。

(2)用逻辑关系进行推理。推理过程是根据事实，依据知识，推出新的事实。一般是根据数据库中的事实，在知识库中寻找合适的知识，也即进行模式匹配，而后推出新的事实，加入数据库。

如在计算机中还存放常识，即推理规则：

1) $(\forall x)\{P(x,\text{teacher})\rightarrow E(x,\text{high})\}$“所有的教师都具有大学以上文化程度。”

2) $(\forall x)\{E(y,\text{high})\rightarrow(\exists x)(A(y,x)\wedge GE(x,23))\}$“所有具备大学文化程度以上的人，年龄一般大于或等于23岁。”

3) $(\forall z)(\forall v)\{P(z,\text{teacher})\wedge w(z,v)\wedge(\exists w)EQ(w,ADD(v,23))\rightarrow(\exists x)(A(z,x)\wedge GE(x,w))\}$“任何一位工龄为$v$的教员，其年龄一般大于或等于$v+23$。”

这里，EQ为谓词，表示其两个自变量相等；ADD表示两数相加。

如果要求回答“老王年龄多大?”这一问题，由于在计算机中放有这一事实，因此必须通过已知知识和机器推理才能获得。这只要计算机具有模式匹配和搜索的功能，就能实现上述任务。过程如下：

从已知事实P(Wang,teacher)根据推理规则1)，经变量置换{x/Wang}后得

$$P(\text{Wang},\text{teacher})\rightarrow E(\text{Wang},\text{high})$$

即：“老王受过高等教育”。由推理规则2)经变量置换{y/Wang}后得

$$E(\text{Wang},\text{high})\rightarrow(\exists x)(A(\text{Wang},x)\wedge GE(x,23))$$

即：“老王年龄至少是23岁或23岁以上”。

此外，我们也可以推理规则3)，利用事实P(Wang,teacher)和W(Wang,20)经变量置换$\{z/\text{Wang},v/20\}$，从另外的推理路线得

$$P(\text{Wang},\text{teacher})\wedge w(\text{Wang},20)\wedge(\exists w)EQ(w,ADD(20,33))$$
$$\rightarrow(\exists x)(A(\text{Wang},x)\wedge GE(x,w))$$

得知“老王年龄大于或等于43岁”。

假如计算机在多次的回答实践中，还能把新获得的知识记录下来，那么当再一次询问同样的问题时，机器不必从头一步推理，而直接从已知事实中提取答案。计算机似乎比原来“聪明”些了，这就是说具有了初级的自学习能力。

2. 产生式表示法

产生式表示法也叫规则表示法。这是专家系统中用得最多的一种知识表示。用产生式表示知识，由于诸产生式规则之间是独立的模块，这对系统的修改、扩充特别有利。著名的MYCIN医学咨询系统即是采用产生式表示法。

在产生式系统中，论域的知识被分成两部分：凡是静态的知识，如事物、事件和它们之间的关系，以所谓事实来表示。而把推理和行为的过程以所谓产生式规则来表示。由于这类系统的知识库中主要存储的是规则，所以又称基于规则的系统。

(1)事实的表示。对于孤立的事实，在专家系统中常用(特性—对象—取值)三元组表示。在谓词演算中关系谓词也常以这种形式表示。如

(Age　　Wang-Feng　　38)

(Men　　Wang-Feng　　True)

(Father　　Wang-Ling　　Wang-Feng)

此外，在专家系统中为了表示不完全的知识，经常还在三元组表示中加入关于该事实确定

性程度的数值度量,如用置信度来表示事实的可信程度:

(判断,振动基频分量振幅占通频振幅 60%以上,基频振动,0.9)

(判断,主蒸汽压力低于规程标准,主蒸汽压力低,1.0)

上述规则分别表示:“振动基频分量振幅占通频振幅 60%以上判断为基频振动”的置信度为 90%和“主蒸汽压力低于规程标准为主蒸汽压力低” 的置信度为 100%。

对于各事实之间的关系,常以树状结构来表示,如在 MFD - 2 型汽轮发电机组智能诊断系统中,有如图 7.15 所示树枝状关系以方便查找和诊断。实际的系统由于故障的复杂性,又要多得多。

(2)规则的表示。在产生式表示法中,一条规则可表示为

RULE=(＜规则名＞

(IF＜事实 1＞;若事实 1 成立且

＜事实 2＞;事实 2 成立且

⋮

＜事实 n＞);事实 n 成立

(THEN＜结论 1＞;则结论 1 成立且

＜结论 2＞;结论 2 成立且

⋮

＜结论 m＞;结论 m 成立

如对于不平衡故障,有下列规则:

规则=(基频振动

(如果　振动工频分量占通频振幅的比例大于 60%,0.95;

过临界转速时振幅明显增大,且相位变化大于 100,0.8;

稳速时,相位不随时间、负荷而变化 0.8);

(则为不平衡故障,0.9))

规则中右列的数字为置信度。

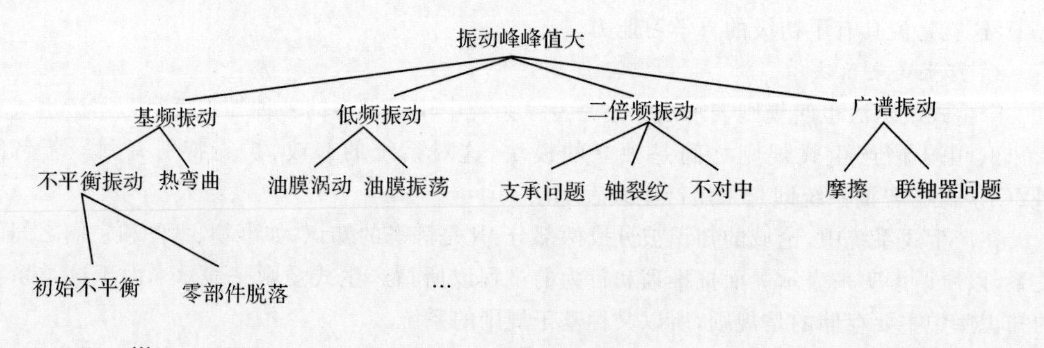

图 7.15　故障的树枝状表示法

这种完全独立的规则集虽然增删、修改容易,但寻找可用规则时只能顺序进行,效率很低。在实际专家系统中,由于规则较多,所以总是以某种方式把有关规则连接起来,如建立某种形式的索引文件。这样既方便查找,又可把规则存放在磁盘上,避免把所有规则调人内存造成内

存不足等问题。

对于油膜振荡故障，可以有如下规则：

IF(油膜振荡)

THEN(规则 287,288,289,290,29,292,293,294,395);

同样，对于决策性知识，也可用类似表示法：

IF(油膜振荡)

THEN(决策 10,11,12,20,25);

其中 10,11,…为决策序号。

3. 框架表示法

框架是一种描述某种形态的数据结构，它由一组槽所组成。一般，框架有如下形式：

《框架名》

《槽名 1》《侧面名 11》(值 111,值 112,…)

《侧面名 12》(值 121,值 122,…)

《槽名 2》《侧面名 21》(值 211,值 212,…)

《侧面名 22》(值 221,值 222,…)

⋮

框架有一个框架名，指出所表示知识的内容。下一个层次设若干个槽，用来说明该框架的具体性质，每个槽设槽名，槽名下面有对应的取值，称槽值，即表示该特性的值。在较为复杂的框架中，槽的下面还可再设一个层次，叫侧面，每个侧面又可以有各自的取值，作为对槽的进一步说明。

框架可用来描述动作与推测。例如，在工况监视与故障诊断系统中有：

动作框架

类型	监测
动作者	工况监视与故障诊断系统
被监测者	汽轮发电机组
可能结果	情况 1 框架 情况 2 框架

情况 1 框架

类型	描述
对象	汽轮发电机组
反映	低压转子两侧工频振动大
可能结果	低压转子不平衡或热弯曲

情况 2 框架

类型	描述
对象	汽轮发电机组
反映	各项参数正常
可能结果	机组工作正常，继续正常运转

框架也可以用来描述一个概念。下面介绍一个描述轧钢机的框架

轧钢机框架

类型　用途(初轧机框架，连轧机框架，…)

规格(650,850,11 50,1700,…)

结构　轧辊 传辊框架)
　　　牌坊(机架框架)
　　　主传动系统(传动系统框架)
　　　电动机(电动机框架)

而对于其中每一个框架,还可以用若干个槽来描述得更仔细。

4. 不精确知识的表示

在专家系统的研制过程中存在着大量的不精确知识,例如专家说某部位振动“强烈”,某类故障“严重”等等,为什么说其振动“强烈”? 故障“严重”? 又严重到什么程度? 这些概念的内涵和外延都是不明确的,很难给出精确定义。

这种不精确知识来源是多方面的。例如,知识并非完全可靠,知识不完全,或者知识来自多个相冲突的知识源等。由于情况的不断变化,或在对客观事物所掌握的信息不完整或不正确的情况下进行推论所导出的结论自然也具有不确定性。

表示不确定性的方法有数字的和非数字的,常见的方法有:

(1)概率论中的 Bayes 方法。可用来描述由带条件性的信息和推理规则推导出断言的可能性;

(2)模糊集理论。它在区分不知与不确定方面及精确反映证据收集方面显示出很大的灵活性;

(3)决策因子表示法。按因子在决策中所起的作用分成支持、反对、充分、矛盾等多种决策因子,并对每个因子确定一个强度和上下界值。

5. 知识获取

知识获取又称机器学习,它往往是专家系统中不可缺少的一个组成部分。这是因为专家系统是依靠运用知识来解决问题和作出决策的,而知识来自于客观世界,要使系统能不断适应不断变化着的客观世界,机器必须具备学习能力。

总结和提取专业领域知识,把它形式化并编入专家系统知识库程序中。但是,专业领域的知识是启发式的,较难捕捉和描述,专业领域专家通常善于提供事例而不习惯提供知识,因此,知识获取被公认为专家系统开发研究中的瓶颈问题。专家系统获取知识主要途径如下所述:

(1)人工移植。是指知识工程师把书本知识和专家的经验知识归纳,整理,并用计算机可接收,处理的方式输入到计算机中去。目前大部分专家系统是通过人工移植获得知识的,如基于规则的专家系统。

(2)机器学习。是指计算机具有学习能力,它能够直接向书本和教师进行学习,亦可以在实践过程中不断总结经验,吸取教训,完善自己,增加自己的知识。如基于人工神经网络的专家系统具有自学习功能。

知识获取是一个过程,通常按图 7.16 所示的 6 个步骤来完成:

1)认识问题的识别阶段,即认识问题的特征。

2)概念化阶段,即找出表达知识的概念。

3)形成化阶段,即设计组织知识的结构。

4)实现阶段,即形成概括知识的规则。

5)测试阶段,即检验组织知识的规则。

6)验收阶段,即试运行专家系统,考证其正确性和实用性。

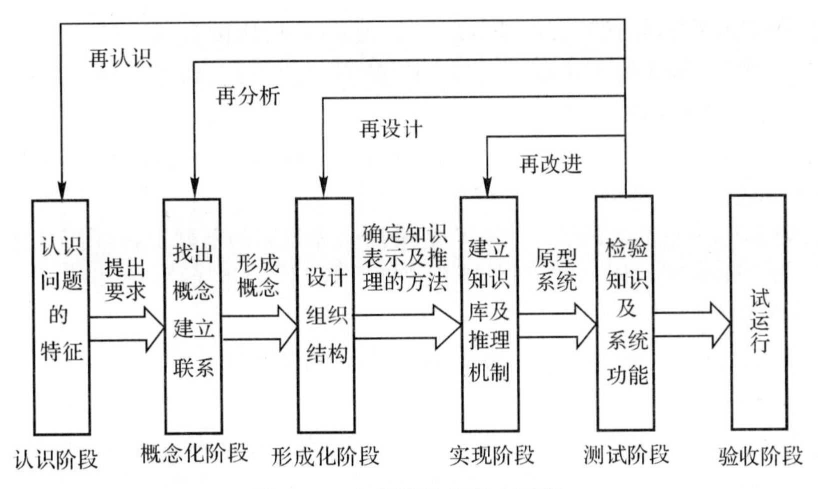

图 7.16　知识获取的基本过程

7.6.3　推理机制

推理是根据一个或一些判断得出另一个判断的思维过程，其实质上是计算机的一组程序，目的是用于控制、协调整个专家系统的工作。推理所根据的判断，称为前提。由前提得出的那个判断，称为结论。在专家系统中，推理机根据当前的输入数据或信息，利用知识库的知识，按一定的推理策略去处理、解决当前的问题。

1. 基于规则的演绎

前提与结论之间有必然性联系的推理是演绎推理，这种联系可由一般的蕴涵表达式直接表示，成为知识的规则。利用规则进行演绎的系统，通常称为基于规则的演绎系统。常用的方法有正向演绎系统、反向演绎系统、正反向混合演绎系统 3 种：

(1)正向演绎系统。正向演绎系统是从一组事实出发，一遍又一遍地尝试所有可利用的规则，并在此过程中不断加入新事实，直到获得包含目标公式的结束条件为止。这种推理方式，由于是由数据到结论，所以也称为数据驱动策略。

(2)反向演绎系统。反向演绎系统是先提出假设(结论)，然后去寻找支持这个假设的证据。这种由结论到数据，通过人机交互方式逐步寻找证据的方法称为目标驱动策略。

(3)正反向联合演绎系统。正向演绎系统和反向演绎系统都有一定的局限性。正向系统可以处理任意形式的事实表达式，但被限制在目标表达式为由文字析取组成的一些表达式。反向系统可以处理任意形式的目标表达式，但被限制在事实表达式为由文字的合取组成的一些表达式。可以把这两个系统联合起来，发挥各自的优点而克服它们的局限性。

2. 归纳推理

人们对客观事物的认识总是由认识个别的事物开始，进而认识事物的普遍规律。其中归纳推理起了重要的作用。归纳推理一般是由个别的事物或现象推出该类事物或现象的普遍性规律的推理。常见的推理方法有简单枚举法、类比法、统计推理、因果关系法等五种(契合法、差异法、契合差异并用法、共变法与乘余法)。这里简单介绍一下简单枚举法和类比法。

(1)简单枚举法。简单枚举法是由某类中已观察到的事物都具有某属性，而没有观察到相反的事例，从而推出某类事物都有某属性。写成蕴涵式如下：

$$[P(x_1) \quad P(x_2) \quad \cdots \quad P(x_n)] \qquad (\forall x)P(x)$$

一般说,令 P 是自然数的一种性质,令 $P(n)$ 表示 n 有 P 的性质。证明分两步:第一步证 $P(0)$,称为基始;第二步在假设 $P(n)$ 的情况下,证明 $P(n+1)$,称为归纳。其中 $P(n)$ 为归纳假设。由基始和归纳就证明了 $(\forall n)P(n)$。

这种方法是根据一个一个的事例的枚举,没有进行深入的分析,因此有时可靠性不在,是一种简单的初步的归纳推理。

(2)类比推理。在两个或两类事物在许多属性上都相同的基础上,推出它们在其他属性上也相同,这就是类比推理。用 A 与 B 分别代表两个或两类不同的事物,用 $a_1,a_2,\cdots,a_n,b$,分别代表不同的属性,则类比法可表示如下:

A 与 B 有属性 $a_1,a_2,\cdots,a_n$,A 有属性 b,所以,B 也有属性 b。

3. 模糊推理

在人类知识中,有相当一类是不精确的和含糊的,由这些知识归纳出来的推理规则也往往是不确定的。基于这种不确定的推理规则进行推理,形成结论,称为不精确推理。不精确推理有概率论方法、可信度方法、模糊子集法和证据论方法等。

设论域 $U=\{1,2,3,4,5\}$,U 上模糊集大、小、非常小、非常大、不非常大分别为

$$小=\{1,0.8,0.6,0.4,0.2\}$$

$$大=\{0.2,0.4,0.6,0.8,1\}$$

$$非常小=\{1,0.64,0.36,0.16,0.04\}$$

$$非常大=\{0.04,0.16,0.36,0.64,1\}$$

$$不非常大=\{0.96,0.84,0.64,0.36,0\}$$

若已知模糊条件判断句为“若 $\underset{\sim}{A}$ 是小,则 $\underset{\sim}{B}$ 是大,否则 $\underset{\sim}{B}$ 不非常大”,则由“模糊等价关系 $\underset{\sim}{A}^*$ 非常小”可推出 $\underset{\sim}{B}$ 的结论,这就是模糊推理问题。因此,模糊推理就是运用模糊集理论,由上述基于规则的演绎和归纳推理等推出有实际意义的结论。

7.6.4 人工神经网络与专家系统

虽然专家系统已经在不少专门领域显示了相当出色的工作能力,在许多场合不仅达到了而且超过了人类专家的工作能力;虽然专家系统的技术仍然处在不断发展不断完善的阶段,新的不同领域的专家系统象雨后春笋般的被建造出来,但是,专家系统技术本身的问题和局限性已经日益明显地显示出来:

(1)专家系统知识获取存在“瓶颈”问题。

(2)多个领域专家知识间互相矛盾难于处理。

(3)自学习,自适应能力差。

(4)存在“窄台阶效应”,即专家系统能以专家水平处理专家知识领域以内的问题,而不能处理专家知识领域以外的任何问题。

(5)现有的逻辑理论的表达能力和处理能力有很大的局限性,使得基于规则的专家系统有很大的局限性。

(6)实时性差。由于推理速度慢,一般的专家系统难以适应在线工作要求,只能在离线、非实时条件下工作。

这一切困难和问题,促使人们寻找解决的办法。20 世纪 80 年代兴起的人工神经网络理论是目前人工智能领域中最活跃的一个分支,由于其与专家系统在定量与定性分析、知识自动与手工获取方面的互补性,使得集两者学习和推理功能于一体的神经网络专家系统成为目前

专家系统的重要方向之一，此处将说明神经网络在专家系统中的应用。

1. 人工智能专家系统与神经网络的比较

人工智能专家系统是一种基于知识的信息处理系统类似于人类的逻辑思维，它是从传统的数值信息处理转向知识信息处理的系统。它解决了许多实际问题，现在已有了许多商品化的专家系统，工作是令人满意的。但它还存在若干缺点：

(1)当前的专家系统缺乏联想、容错、自学习、自适应及自组织的自我完善功能。

(2)专家系统诊断准确率的高低主要取决于知识库的知识多少及正确率的大小。因此专家系统成功与否要看领域专家的合作程度及他的经验成熟程度，不同的专家给出的诊断规则可能相互矛盾，所以要开发一个复杂的多功能专家系统对开发者及领域专家都很困难。

(3)当系统很大时，知识库的组织和维护十分复杂和困难，推理的效率也受到限制。

人工神经网络不包含任何规则，它是通过训练使网络中的权值变化，最后达到某一稳定状态，类似于人类的形象思维。通过示例训练的网络，相当于用这些具体的特殊示例来达到一般化，使神经网络专家系统除了能对这些特殊示例进行处理外，还能解决那些特殊示例以外的输入数据。开发者不需要专门的领域知识，只要有适当数目的具有一定类间距的示例就可以了。但神经网络也有一个主要缺点，那就是它不能象专家系统那样能够清晰地解释推理过程。它的知识分布于系统内部，没有明确的物理意义。它不能直接利用规则，由于求解是以所学例子为基础的相似求解，当存在两个相似示例时，求解不可能完全正确。

2. 人工神经网络与专家系统的结合

20世纪80年代中叶，随着常识推理和模糊理论实用化，以及深层知识表示技术的成熟，专家系统向多知识表示、多推理机的多层次综合型转化。人工神经网络理论在20世纪80年代兴起，使得我们有可能利用神经网络设计专家系统。不仅如此，由于基于神经网络的专家系统在知识获取、并行推理、适应性学习、联想推理、容错能力等方面具有明显的优越性，而这些方面恰好是传统专家系统的主要弱点。因此，神经网络专家系统在智能研究中占有不可取代的一席之地。

柯莫格罗夫(Kolmogorov)在1957年证明：一个在输入层具有 m 个神经元、隐含层具有 $(2m+1)$ 个神经元、输出层有 n 个神经元的三层前向多层感知机网络，可以任意精确地实现任意给定的连续函数映射。因此，用前向多层前馈神经网络来实现N类模式分类的专家系统是不存在理论障碍的。

当然，实际的神经网络专家系统要复杂的多，在功能上也要包括知识表示、知识获取、知识推理、知识更新、推理解释等操作。但是，神经网络专家系统的这些功能与传统专家系统有很大的差别，表现在：

(1)知识表示方面，神经网络专家系统不是显式表示，而是某种隐式表示。不论是什么知识，神经网络专家系统都把它变换为网络的权系数和阈值，分布存储于整个网络之中。这使得推理解释变得十分困难。

(2)推理过程中，神经网络专家系统也不像传统的专家系统那样逻辑演绎，而是一种并行计算过程。同时，在推理过程中，根据需要还可以通过学习算法对网络参数进行训练和适应性调整。因此，它又是一种有自适应能力的适应性推理。

神经网络专家系统通过实例学习，不仅记住一些死的数据，而且具有举一反三的学习和推广的能力。这就是说，无论对于什么问题，在网络学习了一组训练数据之后，不仅仅学习了一些具体的例子，而且同时也学会了这些例子所包含的一般原则，提取了这些例子的基本特征。最近，模糊神经网络发展迅速,它尤其擅长处理专家系统中的不确定知识,给专家系统注入了新的活力。

神经网络为现代复杂系统的状态监测和故障诊断提供了全新的理论方法和技术实现手段。神经网络专家系统是一类新的知识表达体系,与传统专家系统的高层逻辑模型不同,它是一种低层数值模型,信息处理是通过大量的简单处理元件(节点)之间的相互作用而进行的。由于它的分布式信息保持方式,为专家系统知识的获取与表达以及推理提供了全新的方式。它将逻辑推理与数值运算相结合,利用神经网络的学习功能,联想记忆功能,分布式并行信息处理功能,解决诊断系统中的不确定性知识表示,获取和并行推理等问题。通过对经验样本的学习,将专家知识以权值和阈值的形式存储在网络中并且利用网络的信息保持性来完成不精确诊断推理,较好地模拟了专家评经验,直觉而不是复杂计算的推理过程。

神经网络专家系统虽然具有许多优点和长处,但也存在一些固有的弱点:

(1)神经网络专家系统的性能在很大程度上受到所选择的训练数据集的限制,训练数据的正交性和完备性如果不好,就会使系统性能恶化。

(2)神经网络专家系统不能解释自己的推理过程和推理依据,也不能向用户提出必要的询问。

当然,随着对神经网络理论研究的深入和计算技术的发展,高性能全智能的专家系统将会成为现实。

7.6.5 基于行为的故障诊断系统

1. 一般概念

计算机辅助诊断来说,大体上可分为两种方法:即"基于知识"(Knowledge - based)与"基于行为"(Behavior - based)。前者的思路是"自上而下",即从一般到特殊,把来自许多不同的机器对某种故障获得的"知识"构成的知识空间,对某一实际机器的异常工况进行判断;后者的思路是从某一台机器的实际运行状态出发,"自下而上",即从具体到一般,从其工况状态的变化判断其故障属性。两种设计方案各有其特点,都在研究发展中。"基于知识"的基本问题是知识获取,其原因是同类型的大型机器设备,故障模式上存在差异,各个方面专家所提供的知识往往是从其本厂具体的机组出发,和另一工厂的机器比较,故障模式样本之间的可比性差,聚类域的范围必然很大,容易导致聚类间交叠,这就是这种方法误判率大的原因。

以两个故障为例,图 7.17 给出了不同设备的故障分类域,其中 F_{1A} 和 F_{2A}、F_{1B} 和 F_{2B} 以及 F_{1C} 和 F_{2C} 分别为设备 A,B,C 两个故障的分类域。由图可见,对每一台具体的设备 A,B 或 C 而言,两类故障都是可分的,然而如果将它们综合至一起构成分类边界 F_1 和 F_2,则两种故障的分类域出现了很大的交叉区域,应用到实际的设备就会导致对交叉区域中的样本难以正确识别。

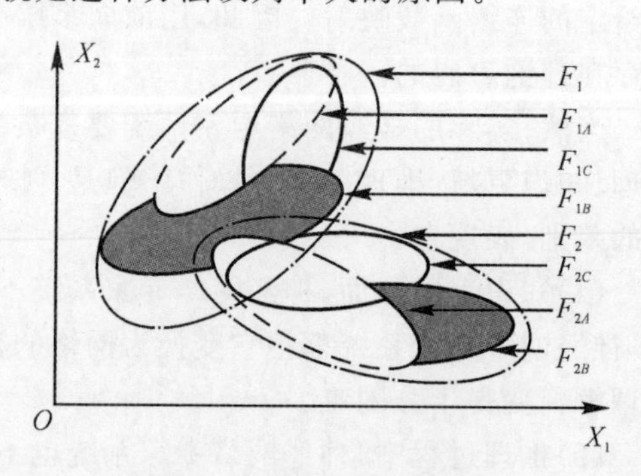

图 7.17 故障分类域示例

另一个问题是机器的自学习不容易解决,靠人工干预太多。近年来,开始对"基于行为"(Behavior - based)的研究,因为基本思路是从具体被监视对象出发,便不存在上述问题,比较容易结合具体对象,神经网络是实现这种思路的有效方法,并具有自学习能力,自学习问题容易解决。

2. 基于行为的智能化故障诊断概述

BFD(Behavior - based Fault Diagnosis)的核心思路是，一个诊断系统应当能够在其运行过程中，不断地提高自身的智能化水平，即诊断系统应当具有智力进化的功能。

BFD 的根本目标是最终达到完全根据实际设备的运行行为决定诊断系统的实际工况，自动识别，自我完善，自我提高，从而可以从具备初级智能的简单系统发展成为高度智能的针对某一特定设备的专用诊断系统。

BFD 的基本手段仍然采用了 NN(神经网络)的方法，然而这里应用 NN 的方法与一般的基于 NN 的诊断系统存在明显不同，各个子 NN 模块组成相对独立的功能单元，完成故障诊断任务的一些基本功能，如识别设备工况的正常或异常、识别某一特定的故障等。从结构上讲，整个诊断系统构成了一个模块化的 NN，但是它又与一般的模块化 NN 不同，一般的模块 NN，其基本结构是固定的，即子 NN 模块的数量一定，而这里的模块化 NN 结构是动态可变的，其子 NN 模块的数目完全取决于实际设备的运行行为，随着设备运行时间的加长，出现的故障类别逐渐增多，该模块化 NN 能够自动地添加相应数量的新的子 NN 模块，实现诊断能力的自我提高。

通常的基于 NN 的诊断系统虽然也具备自学习的能力，但这种能力仅仅是用于对设计诊断系统时考虑到的故障的诊断能力进一步完善，即仅仅是 NN 分类边界的调整，而对于设计时未曾考虑的故障，它将根本不能进行诊断，除非重新设计新的诊断系统，否则其诊断能力是固定不变的，它所能诊断出的故障永远是设计系统时所确定的故障。由此可见，BFD 系统比通常的基于 NN 的故障诊断系统功能更强大，智力水平更高。

BFD 的一个突出优点是在缺乏设备先验诊断知识的情况下，仍然能够通过与实际设备行为的交互作用，建立一个有效的诊断系统。因为，例如一台新型设备或者一台很不规范化的旧设备，我们缺乏对该设备的故障知识，但是由于设备的正常行为总可以观测、搜集到，此时可以以一个子 NN 模块实现设备正常与异常工况的识别，即完成状态监测功能，设备出现故障行为后，BFD 系统自动添加新的子 NN 诊断模块，完成对该故障的识别，从而逐步增加 BFD 系统的诊断能力，最终构成一个完善的诊断系统。而这一切对于通常的基于知识的诊断系统与基于 NN 的诊断系统而言是不可想象的，因为实践已经证明即使是知道设备的部分诊断知识，根据这些不完全的知识所建立的基于知识的诊断系统或是基于 NN 的诊断系统也是不可靠的。当然，BFD 实现这一功能的代价是诊断水平的提高不可避免地需要有一定的时间，但是这种滞后与设备整个寿命周期相比是可以忽略的，而且系统的诊断能力提高后，再次遇到相同的故障时它将能立即给出正确的诊断结果。显然，BFD 系统本身即提供了一个诊断系统开发的通用框架，因此，有效地减轻了诊断系统开发的规模和困难。图 7.18 是实现这一思路的工作流程图。图 7.19 是 BFD 系统的基本结构

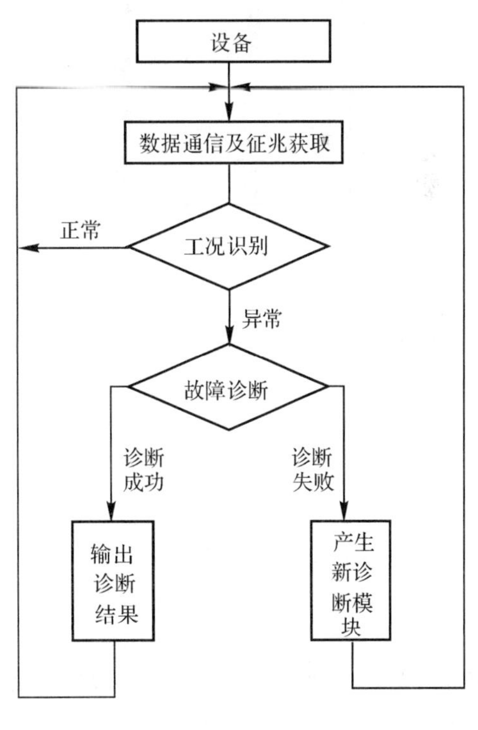

图 7.18　BFD 系统工作流程简图

框图。

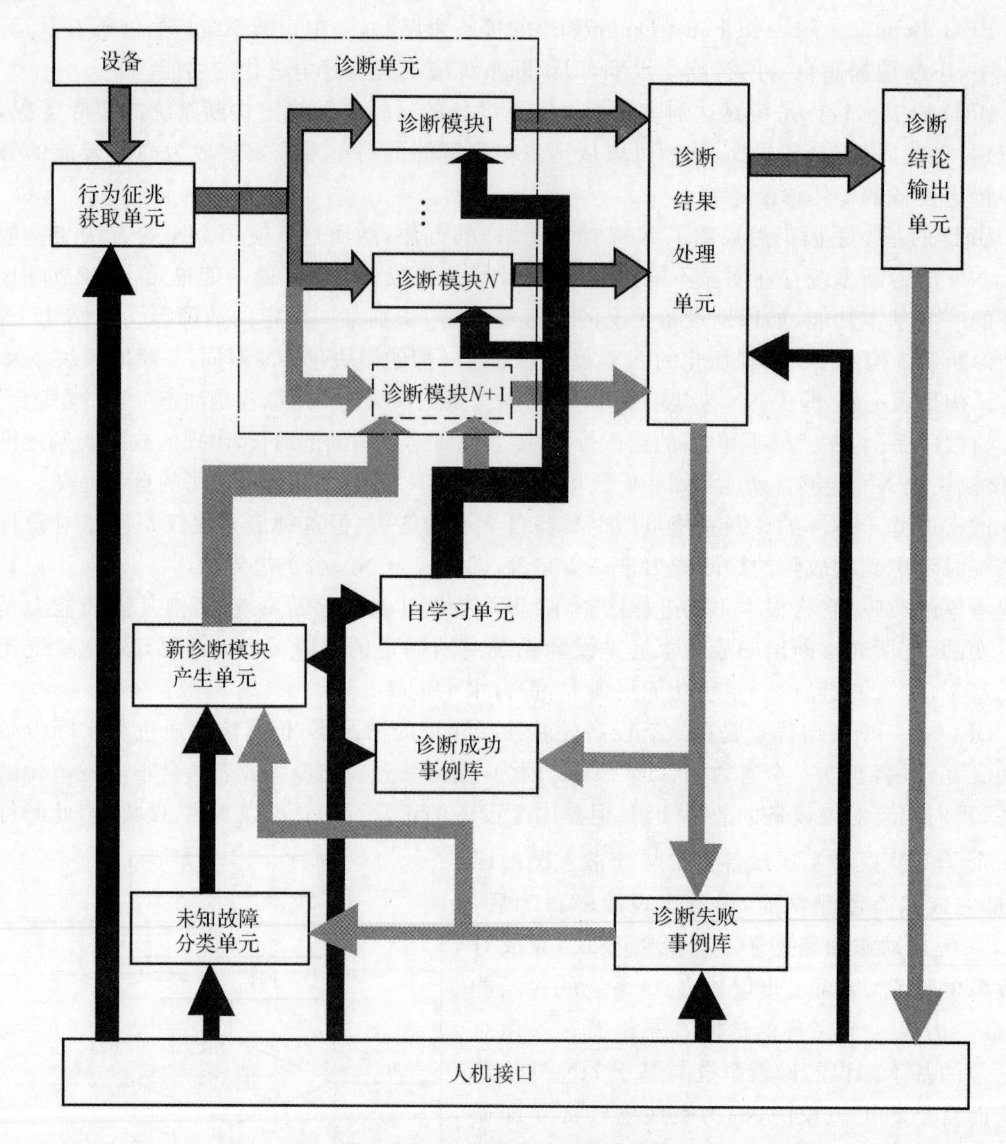

图 7.19 BFD系统基本结构框图

最后，应当指出，虽然 BFD 强调根据实际设备的运行行为建立诊断系统，但是，BFD 并不排斥具有普遍性的知识和经验，而是将这些已经经过实践验证的正确知识和经验作为建立 BFD 系统的重要辅助资源。事实上，完全可以根据已有的知识建立起一个具有初级智能（此处的初级智能是针对具体的设备而言）的诊断系统，然后再在与实际设备行为的交互作用中，通过学习，逐步进化为具有高级智能的诊断系统。

3. BFD 必须解决的几个关键问题

(1)故障行为征兆的自动获取。故障行为征兆的自动获取是所有的智能化故障诊断系统必须解决的首要问题，只有解决了这一问题，才能真正实现诊断的智能化、自动化。传统的基于知识专家系统的故障诊断在实际应用中所遇到的最大批评之一就是其诊断征兆必须通过人机交互的方式获取，为了获得最终的诊断结果，操作者需要回答几十个甚至上百个专业性极强的问题，这对操作者的知识水平提出了极高的要求。因为有些问题普通的操作工根本不知如何回答。这种人机交互的征兆获取方式已成为推广智能化诊断系统一个不可忽视的障碍。对于故障诊断系统而言，征兆的形式主要表现为以下三种：一是数值型征兆，如频谱、能量分布、油温、油压等；二是语义型征兆，如“振动增加”“转子偏心变化不大”等；三是图形征兆，如“轴心轨迹呈椭圆形”“波形畸变”等。对于数值型征兆而言，可以直接根据传感器的信息自动获取。而对于语义型征兆和图形征兆，自动获取的难度就相当大，有些征兆甚至不能做到自动获取。尽管如此，尽量减少不能自动获取的征兆数目，对于诊断系统的推广应用仍然具有极大的推动作用。目前，征兆自动获取还没有一个系统化的方法，特别是对于语义型征兆和图形征兆等可以说还几乎没有考虑，因此，研究征兆的自动获取机制不光对于提高 BFD 系统的智能化水平具有极其重要的现实意义，而且对于整个设备诊断技术的发展也有极大的实际价值。

(2)故障自动诊断策略。在征兆自动获取的基础上，实现基于行为的自动诊断是我们的最终目标。基于行为的自动诊断要求诊断系统必须能够自动识别和分类新出现的故障(对当前的诊断系统而言)，并根据该故障所表现出的征兆自动产生一个新的子 NN 模块用于以后诊断该类故障。在这两个基本要求中，NN 理论的发展已经为自动产生新的子 NN 模块扫清了障碍，主要的困难在于如何识别并分类新出现的故障，尤其是同时新出现多个故障时如何分类是其根本的困难所在。

(3)BFD 的知识表示和处理。诊断系统的知识表示和处理是影响诊断系统可靠性和有效性的重要因素。BFD 系统的知识表示和处理主要是基于 NN 方法，但通常的基于 NN 的知识表示和处理方式还不能完全满足 BFD 的要求，这主要是由于 NN 作为分类器进行诊断时，其输出为二值(“0”或“1”)的，它通过对训练样本域的超平面分割来实现分类，这种超平面分割使得其进行诊断时对训练样本集之外的故障样本也进行了任意的划分，而不是如同 BFD 所期望的那样，指出此时的样本为未曾见过的样本，以便 BFD 系统产生新的诊断模块对之实现诊断。另外，这种知识表达方式视故障分类问题为一个硬划分问题，即要么属于该类故障，要么不属于该类故障。这显然与机械故障的模糊性和随机性相矛盾，因此在实际应用中，常常不能很好反映故障的隶属性质。所以研究有效 BFD 的知识表示和处理方式对于实现 BFD 极为重要。

(4)BFD 的自学习策略。BFD 的自学习策略是其能否成功应用的关键技术之一。这是因为机械故障本质上是动态的，即随着设备运行时间的加长，故障严重程度发生改变，或者设备大修前后安装条件的不同，都会导致同样的故障所表现出的征兆存在差异，因此，只有通过系统的自学习功能才能自适应设备行为的变化。另外，如前所述，可以通过同类设备的一般性知识建造一个初始的 BFD 系统，对于这样一个初始系统，幻想其具有较高精度的诊断水平是不现实的，因而，也必须通过自学习的方法调节已有的故障分类边界，使之接近该设备的真实分类边界。自学习的主要困难在于必须解决自学习过程中的“突然遗忘”现象。

(5)设备的行为预测技术。行为预测技术是预报故障发生、发展的重要手段，是实现设备预知维修的关键技术。实现行为预测的基础是建立适当的预测模型，目前较常使用的预测模型主要有时间序列模型(线性/非线性)以及 NN 模型(BP，RBF 等)。由于设备行为通常是一个动态的非线性过程(尤其是当出现故障时)，对于这样一个过程建模问题，应当选择能反映动态行为特征的模型。动态神经网络(Dynamic Neural Network，DNN)的出现为更好地建模这样一个动态非线性过程提供了有力的手段。研究基于 DNN 的建模和预报方法将能更有效地解决设备行为预测问题。

7.7 基于深度学习的故障诊断方法

基于传统机器学习技术的故障模式识别系统通常需要大量的人工设计特征和领域专业知识来构建有效的特征提取器,模型性能很大程度上取决于数据表示的先验知识。作为一种多层级的表示学习方法,深度神经网络(Deep Neural Network,DNN)通过反向传播算法分析大数据集中的复杂结构,可以自适应地调整模型内部参数,通过将模型中每个非线性模块的表示不断转换为更高级、更抽象的特征,不断放大样本的类间差异信息,抑制不相关的信息,实现多抽象视角的数据信息表征学习。其中,卷积神经网络(Convolutional Neural Network,CNN)模型在处理图像、视频、语音和音频方面取得了突破,而递归神经网络(Recurrent Neural Network,RNN)类模型在处理文本和语音等序列数据方面表现出明显的优势。

7.7.1 深度卷积神经网络

CNN 是受动物大脑皮层神经元启发的前馈神经网络,其结构主要包括数据输入层、卷积层、激活层、池化层和全连接层,分别用于实现特征提取和分类。CNN 的主要特点在于局部感受野、参数共享和池化层的设计,用于简化网络参数并赋予模型一定的位移和尺度不变性。局部感受野是指每个神经元只需感知局部特征,在更高层将不同神经元信息综合起来反映全局信息,从而减少网络连接数目。卷积核在卷积层中起着核心作用,每个卷积核与上一层特征图相连,在特征图上滑动时权值保持不变,即权值共享。按照维度的不同,可将卷积核的类型分为 1D 卷积核、2D 卷积核和 3D 卷积核。其中,1D 卷积核在一个方向上分析数据特征,要求卷积核与数据不仅通道数相等,而且宽度也相同;2D 卷积核在两个方向上分析数据特征,一般用于 RGB 数据的分析,实现不同位置数据之间的权值共享;3D 卷积核在三个方向上分析数据特征,实现不同位置以及像素空间和深度空间的权值共享。池化是 CNN 中另一个重要操作,用于降低特征维数。常用的池化操作包括最大池化和平均池化,对应池化区域中不同的数据取值方式。普通的全连接网络或 CNN 模型大都属于前馈神经网络,神经元的信号向上一层传播,对样本进行独立处理。

CNN 结构包括卷积层、降采样层、全连接层。每一层有多个特征图,每个特征图通过一种卷积滤波器提取输入的一种特征,每个特征图有多个神经元。输入图像统计和滤波器进行卷积之后,提取该局部特征,一旦该局部特征被提取出来之后,它与其他特征的位置关系也随之确定下来了,每个神经元的输入和前一层的局部感受野相连,每个特征提取层都紧跟一个用来求局部平均与二次提取的计算层,也叫特征映射层,网络的每个计算层由多个特征映射平面组成,平面上所有的神经元的权重相等。通常将输入层到隐藏层的映射称为一个特征映射,也就是通过卷积层得到特征提取层,经过池化操作之后得到特征映射层。CNN 的核心思想就是局部感受野、权值共享和池化,以此来达到简化网络参数并使得网络具有一定程度的位移、尺度、缩放、非线性形变稳定性。局部感受野是指:由于图像的空间联系是局部的,每个神经元不需要对全部的图像做感受,只需要感受局部特征即可,然后在更高层将这些感受得到的不同的局部神经元综合起来就可以得到全局的信息了,这样可以减少连接的数目。权值共享是指:不同神经元之间的参数共享可以减少需要求解的参数,使用多种滤波器去卷积图像就会得到多种特征映射。权值共享其实就是对图像用同样的卷积核进行卷积操作,也就意味着第一个隐藏层的所有神经元所能检测到处于图像不同位置的完全相同的特征。其主要的能力就能检测到不同位置的同一类型特征,也就是卷积网络能很好地适应图像的小范围的平移性,即有较好的平移不变性(比如将输入图像的猫的位置移动之后,同样能够检测到猫的图像。)卷积层:通过卷积运算可以提取出图像的特征,使得原始信号的某些特征增强,并且降低噪声,卷积操作示意图如图 7.20 所示。用一个可训练的滤波器 fx 去卷积一个输入的图像,然后加一个偏置 bx,得到卷积层 cx。下采样层:因为对图像进行下采样,可以减少数据处理量同时保留有用信息,采样可以混淆特征的具体位置,因为某个特征找出来之后,它的位置已经不重要了,我们只需要这个特征和其他特征的相对位置,可以应对形变和扭曲带来的同类物体的变化。每邻域 4 个像素求和变为一个像素,然后通过标量加权,再增加偏置,然后通过一个 Sigmoid 激活函数,产生一个大概缩小 4 倍的特征映射图。全连接层:采用 softmax 全连接,得到的激活值即卷积神经网络提取到的图片特征。卷积神经网络相比一般神经网络在图像理解中的优点:网络结构能够较好适应图像结构的同时进行特征提取和分类,使得特征提取有助于特征分类;权值共享可以减少网络的训练参数,使得神经网络结构变得简单,适应性更强。

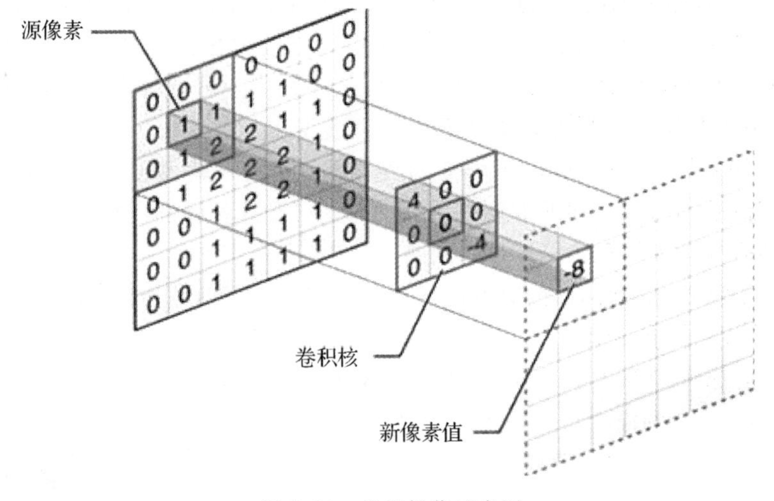

图 7.20 卷积操作示意图

CNN 具有一些传统机器学习模型所没有的优点,包括:

(1)采用多层层次结构网络,图像中的局部感知区域作为层次结构中的底层输入数据,通过信息前向传播逐层过滤,以获得观测数据的显著特征,具备良好的容错能力、并行处理能力和自学习能力,可处理环境信息复杂,背景知识不清,推理规则不明的问题,自适应性能好,鲁棒性强;

(2)CNN 是一个前溃式神经网络,能从原始数据中提取拓扑结构,采用反向传播算法来优化网络结构,求解网络中的未知参数,泛化能力显著优于其它方法,已被应用于模式分类,物体检测和物体识别等方面;

(3)CNN 中层次之间的紧密联系和空间信息使得其特别适用于图像的处理和理解,结合局部感知区域、共享权重、空间或者时间上的降采样来充分利用数据本身包含的局部性特征,保证一定程度上的位移和变形的不变性;

(4)共享局部权值接近于真实的生物神经网络,使 CNN 在图像处理、语音识别领域有着独特的优越性,同时降低了网络的复杂性,且多维输入信号可以直接输入网络的特点避免了特征提取和分类过程中数据重排过程;

(5)隐层的参数个数和隐层的神经元个数无关,只和滤波器的大小和滤波器种类的多少有关。隐层的神经元个数和输入的大小、滤波器的大小和滤波器在图像中的滑动步长相关。

7.7.2 深度递归神经网络

与 CNN 不同,RNN 中增加了记忆单元,会保存当前时刻隐藏层的状态信息,并将记忆内容和下一时刻的输入整合后送给下一隐藏层。因此,RNN 中每个时刻对应的网络隐藏层会保留部分历史信息,可用于数据时间相关性的分析。RNN 使用时间反向传播训练模型,但是由于梯度在时间步长上的累积效应,其学习过程容易遇到梯度消失或梯度爆炸问题。LSTM 是 RNN 模型的一种变体,增加了输入门、输出门、遗忘门三个控制单元实现时间记忆,其中遗忘门用于决定记忆信息的保留与否,以避免梯度消失问题。类似的 RNN 变体还有门控循环单元(Gated Recurrent Units,GRU),可以按顺序进行记忆计算以解释数据中的时间相关性。GRU 网络是 LSTM 模型的简化,将 LSTM 的状态变量合并为单独的隐藏状态变量,引入重置门决定新的输入信息与记忆结合的方式,利用更新门记忆保存到当前时间步的信息量。RNN 的变体还有很多,其与注意力机制的结合可从序列中学习到每个元素权重参数信息,以提高信息加工效率和模型预测精度,相关研究也逐步增多。

RNN 主要用来处理序列数据。传统的神经网络模型是从输入层到隐含层再到输出层,层与层之间是全连接的,每层之间的节点是无连接的。但是这种普通的神经网络对于很多问题却无能无力。RNN 之所以称为循环神经网路,即一个序列当前的输出与前面的输出也有关。具体的表现形式为网络会对前面的信息进行记忆并应用于当前输出的计算中,即隐藏层之间的节点不再无连接而是有连接的,并且隐藏层的输入不仅包括输入层的输出还包括上一时刻隐藏层的输出。理论上,RNN 能够对任何长度的序列数据进行处理。实践中,为了降低复杂性往往假设当前的状态只与前面的几个状态相关,图 7.21 为递归神经网络典型的 RNN 结构。

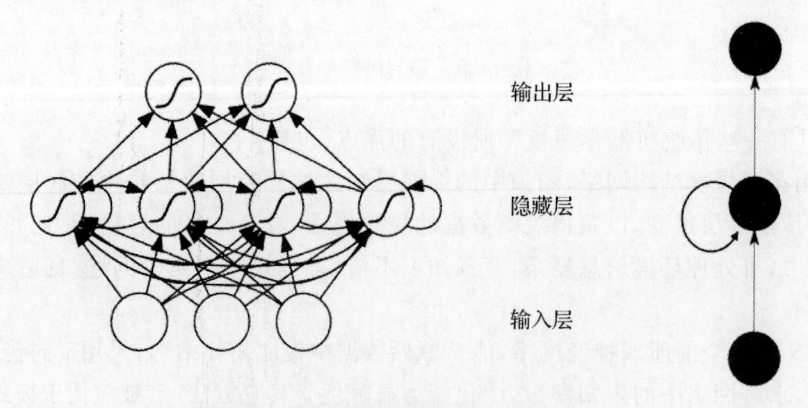

图 7.21 递归神经网络典型的 RNN 结构

7.7.3 基于卷积神经网络的故障诊断方法

多年来研究人员已经开发出了各种各样的故障诊断方法,根据发展过程大致可分为四类,即基于物理模型的方法、基于信号处理的方法、基于机器学习的方法及其混合方法。基于物理模型的方法通常需要对机械结构有深入的了解，对于现代复杂机械设备，特别是机械设备，建立精确的物理系统是很困难。基于信号处理的方法旨在探索先进的信号去噪和滤波技术，以突出故障特征信息。但是，基于信号处理的故障诊断方法依赖充足的与故障机理和故障表现相关的先验知识，通过信号分解或解调来提取与故障相关的特征信息，通常要求信号处理方法具有较高的去噪和滤波能力。基于知识学习的故障诊断方法通过 K-最近邻（KNN）、支持向量机（SVM）、贝叶斯网络、深度学习（Deep Learning，DL）等机器学习方法有效提取与故障相关的特征，较少依赖于故障先验知识，在 PHM 领域受到了广泛的关注。深度学习作为机器学习最热门的分支，在图像识别、语音处理等各个领域都得到了蓬勃发展。这不仅是由于一些主观因素，如强大的数据处理和特征学习能力，也有一些不可忽视的外部因素，如工业大数据的爆炸式增长、硬件的突破、纷繁任务需求的刺激等。自然，在过去的多年里，深度学习也掀起了智能故障诊断的浪潮。其中，CNN 模型是一种最为典型的深度学习架构，在众多基准测试中都表现出先进的性能。利用 CNN 模型学习层次特征和高维特征来表征机械状态并进行故障分类决策，集成特征提取和决策来构建端到端的智能诊断模型，可以减少人力劳动和专家知识需求，自适应地挖掘数据深层的故障特征，从而满足复杂的诊断需求。

利用 CNN 实现故障诊断的步骤如图 7.22 所示，包括数据收集、数据处理、模型构建和故障决策。首先，从相关的机械设备上收集和准备大量的监测数据。其次，根据任务要求对信号进行预处理，并构造与数据形式相对应的卷积网络模型。最后，通过学习层次特征和高维特征来表征机械状态。

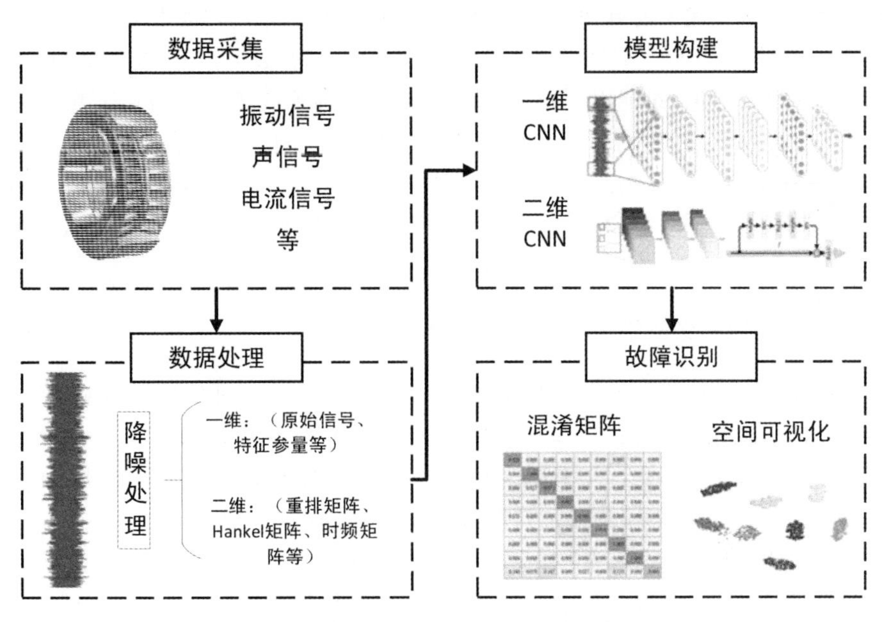

图 7.22　基于卷积神经网络的故障诊断流程

如图 7.22 所示，高质量的数据是成功训练卷积神经网络的前提和基础。简单地说，设备监测数据的获取分为两个步骤，分别是传感器的选择和布局以及数据的采样和存储。随着传感器技术的发展，各种传感器被应用到机械状态监测中，如加速度计、电流、内置编码器等。基于这些传感器,可以获取全面的监测信息,用于机器故障诊断。其中,振动分析已成为最受欢迎的监测方式,并在过去几年得到了迅速发展。虽然这些基于振动的方法取得了长足的进展,但在实际工业中仍存在一些限制。例如,振动数据往往受到传输路径和环境噪声的干扰,因此数据的信噪比通常较低。另外,振动数据对低频响应不敏感,不适合用于低速机械的状态监测。此外,振动传感器甚至不能安装在高温、高压或封闭的工作环境中。然而,这些缺点可以通过使用其他传感器来克服,例如红外成像可以提供非接触式测量方法,内置编码器信号具有更好的信噪比和低频响应。因此,综合考虑设备类型、工作环境、监测对象、运行条件等多种因素,选择合适的传感器具有重要意义。其次,传感器的布局也是一个重要的考虑因素,适当的位置可以感知更多的健康信息,减少传输路径和干扰的影响。接下来,可以通过数据采集系统进行数据采样,然后将数据存储在硬盘或云平台上,以供进一步分析和使用。从这一框架中可以明显地看出以下两个优点:一是能够自适应地挖掘深层的、内在的特征,同时减轻对人力劳动和专业知识的要求;二是模型能够根据实时监测数据灵活地自我更新,满足更实用的诊断需求,且该诊断框架将特征提取和决策集成在一起,构建端到端智能诊断模型。根据输入数据形式的不同,目前用于智能故障诊断的 CNN 模型主要是一维 CNN(1D CNN)和二维 CNN(2D CNN)。原始振动数据清晰、直观,利用原始振动数据与 1D CNN 模型结合进行故障诊断是较为常用的策略。与 2D CNN 相比,1D CNN 在计算效率上具有明显优势,但是应用场景局限于序列数据的处理,难以应对高维数据的分析。2D CNN 是最为典型的卷积神经网络结构形式,在图像数据处理中具有显著优势。基于 2D CNN 的轴承故障诊断方法需要将一维信号数据转换成二维形式后实施有效的特征提取和故障识别。从现有研究来看,实现从一维数据到二维数据转化的典型方式主要有两种:①数据矩阵转换,将原始振动数据通过重排整理成二维数据矩阵作为模型输入。如将原始数据进行重排得到二维的数据矩阵,或是通过构建 Hankel 矩阵实现数据维度的转化,并利用 2D CNN 模型实现了轴承故障的诊断。这些方法都是在时间域上对信号进行分析,利用 2D CNN 模型从中提取更多的信号空间局部化信息。②时频表示转换,将一维振动信号转化为二维时频分布(Time - frequency Distributions,TFD)矩阵进行分析,可以有效提取信号时域和频域的综合变化信息,有利于更全面地分析轴承故障模式和退化状态。

7.7.4 基于递归神经网络的状态趋势预测

基于状态的维护(Condition Based Maintenance,CBM)是一种实时监控机器健康状况并根据状态监控信息做出最佳维护决策的维护策略。这种策略有效地减少了不必要的维护操作,提高了机械的可靠性,因此近年来越来越受欢迎。状态趋势预测或设备健康预测是 CBM 的主要任务之一,其目的是根据从状态监测信息中观察到的历史和持续退化趋势来预测机械的剩余使用寿命(Remaining Useful Life,RUL)。如图 7.23 所示,一个机械健康预测程序一般由数据采集、健康因子(Health Indicator,HI)构建、健康阶段(Health Stage,HS)划分和 RUL 预测四个技术过程组成。首先,从传感器获取测量数据,例如振动信号,以监测机器的健康状况。然后,根据测量数据,使用信号处理技术、人工智能技术等构建 HI,以表示机械的健康状况。之后,根据 HI 的不同退化趋势,将机器的整个生命周期划分为两个或多个不同的 HS。最后,在呈现明显退化趋势的 HS 中,通过分析退化趋势和预先指定的故障阈值(FT)来预测 RUL。

设备的退化数据采集是从安装在被监控设备上的各种传感器获取和存储不同类型的监控数

据的过程。它是机械预测的第一个过程，它为后续过程提供基本的状态监测信息。数据采集系统由传感器、数据传输设备和数据存储设备组成。各种传感器被用来捕捉不同类型的监测数据，这些数据能够反映机器的退化过程。常用的传感器包括加速度计、声发射传感器、红外温度计、电流传感器等。捕获的数据通过数据传输设备传输到 PC 或便携式设备中，并存储到存储位置以供进一步分析。随着传感器和通信技术的飞速发展，越来越多的先进数据采集设备被设计并应用到现代工业中。然而，由于以下原因，学术研究仍然难以获得高质量的机械故障数据。

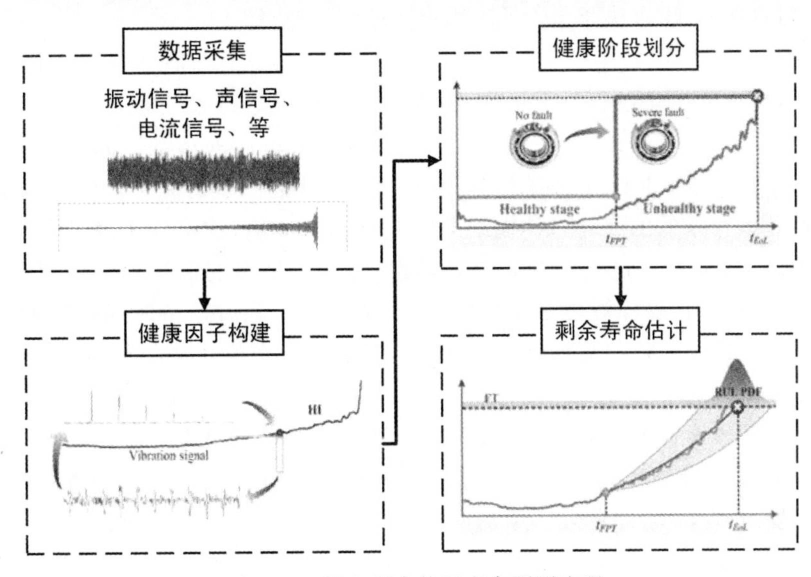

图 7.23　设备剩余使用寿命预测流程

(1)机械一般表现为一个从健康到失效的长期退化过程，可能需要几个月甚至几年的时间。在如此长期的退化过程中，捕获整个运行到故障的数据花费十分高昂。

(2)实际上，设备很少出现故障，因为意外故障可能导致整个机器的故障甚至灾难性事故。在这种情况下，很难捕获充足的设备失效数据。

(3)设备总是在恶劣的环境下工作。大量来自外界环境的干扰混入监测数据中，从而降低了数据的质量。

(4)由于军事保密需要，很少有能够收集退化数据的机构公开数据。

HI 用于指示设备的损坏程度，如裂纹长度和磨损面积，一般无法直接观察，原因如下：

(1)工业设备运行过程中不允许频繁停机。

(2)虽然有时允许停止设备，但早期损坏总是在微观尺度上，没有专业仪器的帮助很难测量。

(3)一些复杂部件的内部故障，如滚动轴承的滚子故障，很难在不破坏的情况下观察到。

为了实时估计机械的健康状态，通常从运行设备中捕获不同类型的状态监测信号，例如振动信号和声发射信号。这些监测信号包含大量的健康状态信息以及测量噪声。为了进一步揭示机械的退化过程，从监测信号中提取了一些 HI，如均方根(Root Mean Square，RMS)、峰态和偏度。HI 在机械预测中起着重要作用，合适的 HI 有望简化预后建模并产生准确的预测结果。HI 的构建主要考虑两个主要问题：一是如何根据监测信号构建 HIs，二是如何评估构建的 HI 对 RUL 预测的适用性。

HI 可以根据其构建策略分为两类：物理 HI 和虚拟 HI。物理 HI 与故障物理相关，通常使用统计方法或信号处理方法从监测信号中提取，例如振动信号的 RMS。相比之下，虚拟 HI 通常是通过融合多个物理 HI 或多传感器信号来构建的，它们失去了物理意义，只是对机械退化趋势进行了虚拟描述。作为最流行的降维技术之一，主成分分析(PCA)经常应用于虚拟 HI 的构建过程。预后 HI 的性能对预后建模的复杂性和预测准确性有很大影响。因此，选择合适的 HI 是准确预后的先决条件。许多研究人员提出了各种评估预后 HI 的指标，可以根据其功能的不同自变量分为 5 类：①取决于单个 HI 的指标；②取决于 HI 和时间的指标；③取决于 HI 和 HS 序列的指标；④取决于多个 HI 的指标；⑤混合指标。

这些指标从不同方面评估 HI，并且在五个不同类别的计算过程中需要不同的可用信息。在实际应用中，机械的退化过程是不可逆的，即故障部件不进行人工修复是无法自行恢复的。为了与不可逆降解过程相一致，一个合适的 HI 应该具有单调的增加或减少趋势。这个性质被称为单调性。它是 HI 本身的固有属性，不考虑它与其他因素的关系。由于测量噪声、退化过程的随机性和运行条件的变化，HI 曲线通常包含随机波动，这可能会降低预测结果的稳定性。一个适当的 HI 应该对这些干扰具有鲁棒性，并呈现平滑的退化趋势。此属性被定义为鲁棒性。与单调性相似，鲁棒性也是 HI 本身的固有属性。随着运行时间的增加，部件更容易逐渐退化。因此，HI 的退化趋势预计与运行时间相关。这个属性被命名为趋势性。与单调性和鲁棒性不同，趋势性是 HI 与时间的相关性。一般采用 HI 与时间的相关系数来衡量趋势性。随着故障严重程度的发展，设备的 HI 一般呈现不同的退化趋势。在进行 RUL 预测之前，应根据 HI 的变化趋势将机械的退化过程划分为不同的 HS。RUL 预测应从不健康阶段的开始时间触发，该时间定义为第一预测时间(First Predicting Time，FPT)。两阶段划分最简单的策略是确定 HI 是否超过一个恒定的报警阈值。RUL 预测的主要任务是根据状态监测信息预测机械失去运行能力之前的剩余时间，它是机械预测的最后一个技术过程，也是最终目标。目前，轴承 RUL 估计方法的研究主要分为基于物理模型的方法和基于数据驱动的方法。前者主要从失效物理及动力学模型出发，分析造成部件性能退化的原因，建立精准的物理模型描述退化过程。当部件的失效模式较为单一时，建立模型对部件退化状态进行跟踪监测较为可行。但由于运行环境的复杂性和轴承个体的较大差异，精准的物理模型往往难以建立。与自上而下的物理建模方法相比，基于统计学方法和机器学习模型的数据驱动方法为轴承 RUL 估计提供了自下而上的解决方案，近年来引起了越来越多的关注。

统计学方法是较早应用于 RUL 估计的方法，通过将状态演化建模为连续过程或者假设状态遵循离散空间，对设备的 RUL 进行建模。典型的统计学模型有粒子滤波模型、卡尔曼滤波、威布尔分布、高斯过程、维纳过程、马尔科夫模型等。很多研究对统计方法驱动的 RUL 估计进行了总结和回顾，并指出大多方法只考虑单一阈值水平下的模型构建，而未来更值得深入探究的是如何有效利用数据中所有可用信息来实施更精准的 RUL 估计。此外，已有方法很少对外部环境变量进行建模，忽略了设备工作环境的变化对 RUL 估计的影响。由于在动态操作环境下缺乏对轴承退化状态和非线性时变规律的精准估计，开发精确的故障预测统计模型难度较大。相比而言，由于较好的适应性和鲁棒性，基于 RNN 模型的数据驱动方法近年来得到了较快发展。模型将轴承全寿命数据作为参考样本，自适应地度量测试轴承数据特征与参考样本的相似性，无须人工选择即可自动学习原始数据的隐含特征，实现端到端的轴承 RUL 估计，未来也有很多 RNN 变体值得被应用于 RUL 预测工作中。

第 8 章　液体推进剂导弹动力系统故障检测与诊断技术

当今世界，航天技术、导弹技术已成为衡量一个国家科学技术发展水平、军事技术水平的标志，带动着物理学、天文学、力学、材料学、电子学、热学、光学、化学和自动化技术、计算机技术、遥感技术等学科和技术的发展，并产生许多交叉和边缘学科，同时还促进了一个国家机械工业、电子工业、冶金工业和化工工业等基础工业的发展。它是一个国家综合国力的重要表现，对一个国家的政治、经济、军事、科学文化和国家地位有着巨大影响，正因为如此，世界上各个发达国家都一致把航天技术、空间技术等作为发展重点和未来发展的重要领域，一些发展中国家(如印度、巴西、巴基斯坦、韩国等)也开始发展独立的导弹和航天技术。

新中国成立以来我国也非常重视航空航天技术、空间技术和导弹技术的发展，并取得了辉煌的成就，使我国成为世界航空航天大国和军事强国，对维护世界和平起到了积极的作用。面对未来的挑战，国家制定了包括航空、航天、空间技术、导弹技术等高新技术发展规划，并已开始了载人航天器、新型号导弹的研制。

8.1　概　　述

我国研制、生产、储存、使用导弹有 50 多年的历史，动力系统特别是液体火箭发动机是整个武器系统的核心部件，对其性能和故障的分析贯穿于研制、生产、储存、使用乃至延寿、退役的全过程，国内外的航天史、导弹武器的发展史都充分说明了这一点，这主要表现在以下几个方面：一是由于航天飞行与导弹武器所担负的使命、任务重要性对其高可靠性的要求，现在国际上几大航天运载器每次发射的费用都在几亿美元以上，根据对美国发射的各种运载火箭的统计，动力系统发生的故障约占运载火箭总故障的 60%以上。欧洲“阿里安”火箭到 1990 年 2 月止共发射了 36 次，其中 5 次失败，而失败全部是由发动机故障引起的，国内也有类似的统计；二是由于故障分析是研制新品、改进设计和生产工艺、选择新材料的依据，成熟的技术需要继承，只有这样才能节省经费、缩短研制周期，而故障分析是找出薄弱环节的依据，能为设计提供正确的理论依据和思想，为改进工艺指明方向，为各种试验条件的选取提供依据；三是由于故障分析是导弹武器储存使用的重要保障，大型液体导弹是一种长期储存，一次使用的特殊武器，储存使用环境恶劣，条件苛刻多变，一次使用所经历的时间短，失效信息少，不容易寻求依据，而又要求必须做到稳妥可靠和万无一失，为此必须对进行故障特性分析和仿真，以适应日益提高的作战需要，为发射决策提供依据，为导弹优化储存环境提供依据，为武器系统延长使用寿命提供依据，为武器系统维护、修理、管理等提供依据和方法指导。

液体火箭或导弹动力系统是由大量的、相互之间存在广泛联系的、同时又进行着不同工作过程的组件和部件构成。随着运载火箭的有效载荷不断增加，发动机工作参数值随之不断提高，以致其工作在越来越复杂的恶劣环境中：高温、高压、高速气流的烧蚀、推进剂组元的侵蚀、大振幅及宽频谱的振动激励。于是对动力系统的可靠性和安全性提出了越来越高的要求，加之相关科学技术的快速发展所提供的现实可能，使得液体火箭动力系统状态监控系统的研究正在航天领域、导弹技术领域受到普遍重视。

液体火箭或导弹状态监控技术是计算机技术、自动控制理论、数理统计、人工智能、信号处理、传感器技术和发动机技术相结合的产物，它主要包括系统及各部件的故障模式分析与方法、故障检测与诊断技术、预测预报技术、发动机异常状态的控制技术等，它对提高动力系统的可操作性、可靠性、安全性、战斗力的提高以及降低发射费用方面有着非常重要的作用。动力系统监控技术的主要应用包括以下几个方面：

(1)提高载人飞行器的安全性。1986 年 1 月，当美国挑战者号航天飞机失事时，美国上下乃至全世界为之震惊，这次空难引起的损失和带来的不良影响非常巨大。同时，正是因为这次灾难引起了世界各国对飞行器动力系统的可靠性的高度重视，有力地推动了液体火箭发动机技术和整个动力系统监控技术的发展。

(2)提高火箭和导弹起飞阶段的安全性。液体火箭或导弹的起飞阶段工作时间短、状态变化快、负荷变化大，是故障多发阶段。1992 年 3 月，长征二号 E 运载火箭在西昌卫星发射中心首次发射澳大利亚通信卫星时，因一级发动机产生的总推力不够，火箭不能正常起飞，这时幸好火箭上的紧急关机系统及时地发出关机信号，才避免了一场卫星、火箭、发射架同时遭受破坏的重大灾难。液体火箭或导弹动力系统监控技术的一个重要部分就是紧急关机系统，并且进一步强调了传感器容错技术和预报火箭异常工作的及时性等。若能尽快建立火箭和起飞阶段的监控系统，对于提高经济效益、战斗力都具有非常重要的意义。

(3)建立动力系统地面试车的故障检测与诊断系统。建立一套地面试车的故障检测与诊断系统，不仅能提高发动机试车过程的安全性与可靠性，还可以作为发动机故障检测与诊断系统进一步发展的试验平台。有了这一平台，既可对各种故障检测方法进行评估与筛选，又可对已经存在的或近期将出现的各种先进传感器技术进行评价。

(4)建立导弹储存阶段动力系统状态监控系统。由于液体型号导弹动力系统储存环境恶劣，但安全性、可靠性、装备完好率、可使用性等战术技术指标要求高，为确保任务的完成，必须建立导弹储存阶段的动力系统状态监控系统。

(5)建立发射阶段故障检测与诊断系统。参与发射任务的动力系统的可靠性是取得发射成功的关键，这一阶段的故障检测与诊断系统的任务在于提高高度实时的有效决策依据。

(6)建立箭载动力系统故障监测与诊断系统。动力系统正常工作对保证导弹正常飞行、命中精度的提高、战斗力的充分发挥是至关重要的。而建立一个箭载动力系统故障监测与诊断系统，是保证导弹动力系统工作正常的有效途经之一。一方面它可协调处理动力系统的日常工作；另一方面，若系统出现故障，它又可及时地采取适当的控制措施。

(7)建立动力系统分析与评估系统。动力系统分析与评估系统立足于对地面试车或飞行后的状态进行综合分析，为专家对试车或飞行是否成功进行综合评判提供依据。在动力系统的研制阶段，利用该系统可以对所发生的故障进行有效的分析和定位，及早查出故障发生的实质原因，以便采取必要的措施，从而缩短研制周期，降低研制费用；在使用阶段，对动力系统故障的准确评估将为各系统部件和整个系统的使用决策提供判断依据。

8.1.1　液体火箭或导弹动力系统故障检测与诊断技术的发展

在火箭发动机发展初期，就采取了多种监控措施，并且取得了提高安全性、缩短起飞前操作时间、缩短事故分析时间等效益。从 20 世纪 40 年代到 70 年代，液体火箭发动机都是一次性使用的发动机，具有费用高、工作时间短、工作环境恶劣等特点，而且对可靠性的要求也非常高。受当时技术条件的限制，“越简单越好”成为发动机控制系统的一条设计原则，因此，除了事后人工分析等简单技术外，监控技术在液体火箭发动机方面并没有得到很大的发展。

在 20 世纪 70 年代，当研制出世界上第一种可重复使用发动机——美国的航天飞机主发动机(Space Shuttle Main Engine, SSME)—之后，液体火箭发动机监控系统的应用才开始受到重视。SSME 上配备有专用的数字计算机控制器，除完成发动机开机、关机、推力变化等的控制功能以外，还具备简单的故障监控能力，主要是通过涡轮泵系统的关键测量参数进行故障的门限检测。虽然这种系统功能简单，对故障反应不快，主要适用于发动机稳态工作过程，但从 SSME 的经验，人们已认识到在下一代可重复使用的液体火箭发动机上必须要研制出更为先进、有效的监控系统。

20 世纪 80 年代初、中期以来，由于提高航天发射的可靠性、降低发射费用、提高发射成功率的需要，发动机健康监控问题越来越引起人们的重视，而相关科学理论和高新技术的进展和应用进一步促进了发动机健康监控系统的发展。涉及液体火箭发动机健康监控的文献 1982 年才开始出现，但在以后几年中，有关的文献数逐步增加，研究者分布于多个国家的多个组织或机构。现在，HMS 研究已成为 LRE 研究中的活跃领域之一，并有多种系统已经投入使用或试运行，如用于地面试车故障检测的 SAFD，FASCOS 等、用于发射前准备的 PLES 和用于事后分析的 EDIS，PTDS，APDS 等。

我国从 20 世纪 80 年代末期开始开展液体火箭发动机的健康监控系统的研究。目前，已有国防科技大学、北京航空航天大学、哈尔滨工业大学、西北工业大学、陕西动力机械设计研究所、北京丰源机械研究所、北京试验技术研究所等单位先后进行这方面的研究，取得了大量的成果，并于 1996 年召开了液体火箭推进系统故障诊断与监控的专题研讨会。

由于液体火箭发动机健康监控系统的研究和应用历史还比较短，当前的研究和取得的进展，还处在地面试验的测试、数值仿真验证和在热试车中逐步应用的阶段。虽然已有一些系统投入了使用或试运行，但总体来说还不是十分成熟，尤其是功能较强、性能较高的系统基本都尚未达到实时在线运行的水平。而针对液体导弹整个动力系统的状态监控与故障诊断系统的研究才刚刚起步。

在液体火箭及导弹动力系统状态监控系统的发展进程中，今后一段时期需要解决的主要问题有：

(1)发动机试车与运转数据、各部件试验及运转数据及故障模式的积累与分析，建立完备标准数据库。

(2)正常状态阈值和故障状态阈值的合理确定。

(3)现有的故障检测与诊断算法的确认、改进和新算法的研制。

(4)健康监控专用传感器的研制。

(5)监控系统及其组成部分的确认。

从长期发展的角度看,除了应继续进行单项技术的研究和发展以外,液体火箭及导弹动力系统状态监控系统的可能发展方向是:

(1)综合化。目前发展的都是一些功能比较单一的单独系统,如单纯的发射前系统、地面试车监测系统、事后分析系统等,随着各种功能单一系统的成熟,最终将建立贯穿动力系统各个环节的功能全面的综合系统。

(2)智能化。在技术发展的初期,有些工作如发射前的监控、事后的分析等方面,还需人的大量参与,在运行监控时,只能采取一些关机、减小推力等简单的控制措施。随着各项技术的不断进步,监控系统的运行将越来越自动化,而且其分析判断将能利用计算机化的人类知识,采用人工神经网络、模糊数学、专家系统等人工智能技术,采取控制措施时也将综合考虑任务、发动机状态和寿命、控制措施的效益和代价等因素,这些使监控系统具备智能化的特征。

(3)一体化。在设计上,采用监控系统与动力系统同步研制开发的一体化思想,在功能上,健康监控与动力系统整体及各子系统自身特定的功能有机结合在一起,成为系统应具备的功能之一。

(4)系列化、通用化和集成化。系列化和通用化对人类大规模生产方式起了重大的作用,给人类带来巨大的物质和精神财富。系列化、通用化和集成化也将成为液体火箭或导弹动力系统监控技术的发展趋势。20世纪末,LERC,MSFC,Rocketdyne,SAIC(Science Application International Corporation)等在联合研制 SSME 试验后自动化检测与诊断系统(Post Test Diagnostic System,PTDS)时就注意了这个问题,该系统采用模块式设计,其核心是一些不同发动机共有的通用模块。

8.1.2 液体火箭或导弹动力系统故障检测与诊断的基本方法

按所采用的信息分类,可将动力系统故障检测与诊断方法分为基于物质信息的方法、基于损伤信息的方法和基于测量信号的方法等几类。基于物质信息的方法直接或间接检测由于磨损、剥蚀、烧蚀、泄漏等原因从动力系统中排出的物质,以发现动力系统的故障及其部位、原因等,如羽流光谱诊断、羽流红外线诊断、羽流紫外线诊断、羽流电场诊断和泄漏气体的检测与诊断等。基于损伤信息的方法直接探测动力系统部件的缺陷和损伤或者监测损伤的发展过程,如声发射损伤检测、烧蚀检测、视觉探伤及常用的气密性肥皂泡检查法、超声波或射线探伤等。基于测量信号的方法通过测取的位移、速度、噪声、应力、流量、转速、温度等信号,间接地检测发动机的故障,如 SSME 上采用的红线系统、FASCOS 和 SAFD 系统等均采用此类方法。

基于测量信号的方法可以充分利用现有的测量系统,是目前液体火箭发动机领域研究、应用最多的故障检测与诊断方法。由于采用的测量信号一般不直接反映发动机的故障信息,基于测量信号的方法往往需要借助于一定的算法。因为可以采用不同的故障检测与诊断算法,基于测量信号的方法具有很强的灵活性、可选择性,适用于发动机的不同工作阶段、能够检测或诊断的故障范围比较宽。然而,具体的算法一般具有特定的适用范围,不同的算法在性能方面相差很大,因此,除测量系统以外,基于测量信号方法的性能主要取决于故障检测与诊断算法的性能。目前,基于测量信号方法的研究主要集中于故障检测与诊断算法的研究方面,所研究的算法主要分为基于原始测量信号的方法、基于信号分析的方法、基于数学模型的方法和基于人工智能的方法。

1. 基于原始测量信号的方法

(1)警报系统。警报系统(Redline System)是一次性使用和可重复使用的液体火箭发动机推进系统普遍采用的检测算法。这种系统的工作原理简单,只要被监控的参数测量值超过预定的工作范围,发动机就关机。在航天飞机的飞行中,SSME 健康监控系统对发动机的主要红线(Redline)参数进行实时监控,一旦这些参数超过规定限度便关机。为了避免因传感器失效导致误关机,在实时监控中采取了冗余措施和表决逻辑。

尽管采用了警报系统,在 SSME 的 1 200 次试车中仍然发生了 45 起故障,其中包括 27 起严重故障。与总的试车次数相比故障只占很小比例,但是这些故障在时间和费用上所造成的影响很大,累计损失达数十亿美元。

(2)新型的警报系统。上面的警报系统对避免灾难性的故障是好的,但它不能避免那些尚未到达灾难性限值,而却已经导致了明显破坏的故障。新型的警报系统将按不同的基准来设置警报限值。由于推力变化而引起的正常值变化是可以分析预计的,因此可以依照地面试验,飞行试验曲线,甚至也可用数字瞬变动态模型就可简单地确定与推力变化相关的警报值。

(3)异常机故障检测。异常机故障检测算法(SFAD)优点在于能在目前使用的实际警报关车时间以前(在某些情况下,其时间可达 120 s 以上)就检测出工作不正常并发出关车信号。这样就有利于及时防止故障的发生与传播。从而减少某些部件的损坏及更换。

(4)改进的 SAFD。改进的 SAFD 实质上就是数据趋向分析法,通过监控数据的趋向,可以在早期检测发动机的不正常工作。这种方法是对 SAFD 的进一步修改,它与 SAFD 的主要差别在于决策信号。对 SAFD 而言,信号是参数的平均值,而趋向算法则是相邻平均值之间的斜率。利用斜率平均值作为计算的基础进行判断是这种方法的核心,数据趋向分析原理如图 8.1 所示。

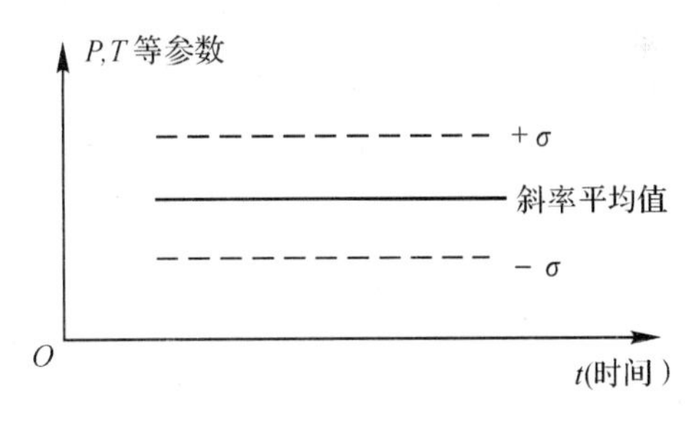

图 8.1　数据趋向分析原理图

SAFD 同时分别检测多个发动机参数,参数阈值具有一定自适应能力,比红线系统能更早地检测故障,可靠性也有较大的提高,但对故障的覆盖率、敏感度和传感器故障的稳健性仍然比较低。

近几年,国内外都对 SAFD 算法进行了改进研究,如 RESID(Recursive Structural Identification 是一种非线性递归结构辩识算法,用于建立预示 SSME 启动阶段和主级工作时主燃烧室压力模型)、ARMA(Autoregressive Moving Average 是一种古典的自回归移动平均时间序列模型)、Cluster(是一种基于将数据进行聚类分析的古典模式识别方法,适用于 SSME 主级工作期的故障检测)、自适应阈值算法(Adaptive Threshold Algorithm, ATA);自适应相关方法(Adaptive Correlation Algorithm,ACA)及自适应加权平方和算法(Adaptive Weighted Sum Square Algorithm,AWSSA)、包络线故障检测方法(Envelope Algorithm,EA)等,这些方法不仅算法简单、易于实现、算法的参数具有自适应能力,而且具有较严格的理论基础,能够作为通用的统计决策方法,成为基于模型故障检测算法的一部分。有些算法已得到工程实际应用。

这些直接通过原始的测量信号(或经过差分、累积和等简单的变换处理的信号)进行故障检测的方法都不需要数学模型，也无需对信号进行特殊处理，计算量小，是非常适合于工程应用的实用方法，但在故障检测能力方面，一般弱于基于模型的故障检测方法。

2. 基于信号分析的方法

测量信号的结构和分布等参数包含有丰富的故障信息，通过分析信号的结构和分布可以进行系统故障检测与诊断。在液体火箭发动机监测领域，主要采用门限检验的方法，监测涡轮泵壳体上测取的振动加速度信号的均方根值。为了提高故障检测能力，Rocketdyne 在 20 世纪 80 年代中后期发展了 FASCOS。FASCOS 同时监测多个涡轮泵上测量的多路信号，根据振动信号的概率分布确定阈值，已在试车台上完成了试运行，但由于加速度计等仪器的可靠性不高，尚未参与发动机的关机控制。监测缓变参数的平均信号功率方法(Average Signal Power，ASP，即信号的均方值)简单、实用，因此得到了大量的应用。目前也只有这类方法在液体火箭发动机振动监测上得到了实时应用。但这些方法只对信号进行简单处理，当信号中含故障信息的成分较弱而被其余信号成分所掩盖时，就难以及时检测故障，因此 Wyle Laboratories(WL)利用时域平均、随机减量分析、自适应去噪和包络检测等专门的方法增强振动信号中含故障信息的成分。虽然 WL 采取专门的信号分析技术提高了故障的早期检测能力，但由于计算量大等原因，目前这些方法只能在事后分析中应用。

以上提到的方法都只适用于发动机稳态工作期间，也缺乏故障诊断的能力。为了对故障进行更精细的分析和诊断，WL，Rocketdyne，Tennessee 大学采用快速傅立叶变换、梳状滤波、带状滤波、宽带解调、Wigner - Ville 分布、高阶谱和倒谱等技术进行了大量的工作。我国应桂炉、朱恒伟等人应用频谱分析技术对某低温发动机氢涡轮泵的故障进行了有效的分析，对氢涡轮泵的研制和改进起了很大作用；杨尔辅等人应用小波分析技术对动力系统中的非平稳信号进行了分析，取得了满意的效果。但这些方法需要采用复杂的信号分析技术，计算量大，目前只能在事后分析中应用。

3. 基于数学模型的 FDD 方法

基于数学模型的故障检测与诊断方法主要是利用解析冗余思想，概括起来，在方法上主要有三类，即输入-输出模型(Parity Equations)、状态空间模型、参数化模型等形式。

相对基于静态模型的 FDD 而言，基于动态模型的 FDD 研究得更广泛、更深入、更透彻，在自动控制、化工、航空发动机等许多领域得到广泛的应用。在理论上，由于动态模型能更好地描述系统在故障发生后的变化特性，基于动态模型的 FDD 方法在故障检测与诊断能力方面应该优于基于静态模型的方法和基于原始测量信号的方法；但基于动态模型的方法对模型的准确性、算法稳定性有更高要求，算法的计算量一般也比较大。

由于液体火箭发动机工作过程的复杂性及其数学模型的高维、非线性，目前尚未开发出既足够准确、又足够简单的动态数学模型，虽然已在状态估计方法、参数估计方法、状态-参数联合估计方法和输入-输出模型方法等方面对发动机的故障检测与诊断开展了一些研究，取得了一些成果。由于应用解析模型的困难，时间序列(ARMA)模型、灰色理论模型、黑箱模型已受到人们的重视。这些经验模型根据历史数据建立发动机参数的辨识模型，在故障检测方面具有良好的效果。

在其他领域，基于静态模型方法的研究从 1972 年就已经开展，目前发展的许多有实用价值的方法都与发动机的静态模型有关。Rocketdyn 安全算法(Rocketdyne Safety Algorithm RSA,又名影响系数法)、UTRC 的递归结构辨识(Recursive Structural Identification,RESID)方法,ERC(Engineering Research and Consulting)与 Tennessee 大学联合研制的 APDS (Automated Propulsion Data Screening)演示系统等都将发动机的整个工作过程看成准静态的过程,采用半经验的或完全通过辨识得到的发动机静态模型进行故障检测,并取得良好的效果,目前开发的许多发动机故障诊断专家系统也都只是利用发动机的静态定性模型。这些工作都是面向工程实用的,有的已得到初步的应用。由此可见,利用静态模型进行液体火箭发动机的故障检测与诊断是可行、有效的,但在以上的工作中,故障检测时只利用了辨识模型,故障诊断时只利用了定性的静态关系,而将解析静态模型或辨识模型用于故障诊断的工作则还未全面深入地开展。

研究结果和经验都表明,目前发动机的静态数学模型已达到了比较准确的程度,但对整个动力系统的静态模型和动态模型的研究还未见文献报道,本章比较系统、深入地研究了某型号导弹动力系统的稳态模型和动态模型及其在故障检测与诊断中的应用问题。

4. 基于人工智能的方法

基于人工智能方法主要有模式识别方法、专家系统方法和人工神经网络方法。这些方法主要用于故障检测与诊断的推理、决策过程,其所用的特征可以是任何有益的信息(如物质信息、损伤信息和与测量信号有关的信息等)。

(1)模式识别方法。在未获得精确数学模型,但有大量的试验数据或经验资料可供利用的情况下,用模式识别方法进行故障检测与诊断是可行的和比较有效的。根据试验数据和运行经验,将有关参数采集整理,建立正常状态的样板模式和故障状态的样板模式。参数信息的采集分类可由自学习系统自动完成。系统工作时,将当前工作状态与样板模式对比。若当前状态与正常状态样板模式有差异,且差值超出阈值,则判定为出现故障,这时诊断系统开始搜索可能的故障模式,即将当前状态与故障样板模式对比,以识别故障的类型。

模式识别是以试验数据为基础的显式方法,虽然其效能非常依赖于典型模式库中模式的数量和质量,且不能诊断新型故障,但对有完整的试验数据和经验资料的已知故障模式,用模式识别方法进行检测与诊断是可行、有效的,且具有速度快的特点。在动力系统方面,由于积累了大量的试验和运行数据,模式识别方法主要用于故障检测,如 UTRC 研制的 Cluster 方法,LERC 研制的 ADDA(Accumulative Difference Detection Algorithm,累积差检测算法)算法和 ZTA(Zero Template Algorithm,零模式算法)算法等。由于故障资料和数据的缺乏,目前模式识别方法在液体火箭发动机故障诊断方面仍处于概念、理论探讨和仿真试验阶段。

(2)专家系统方法。专家系统方法是用人工智能原理,将专家关于动力系统的专门知识和试验经验按一定的规则提取,形成知识库或定量模型,用以自动而高效地分析动力系统试验数据,自动检测与诊断其故障。在缺乏足够的试验数据和准确的数学模型的情况下,专家系统可以用于动力系统的故障检测与诊断。专家系统不仅能有效地利用专家经验、物理原理和其他动力系统知识,通过自动的推理过程,高效地完成故障检测与诊断任务,而且具有对故障的解释能力和对新型故障的诊断能力,是应该大力发展的方法。

目前在 LRE 领域已研制、开发了多种 FDD 专家系统,Rocketdyne 从 1984 年就开始

SSME 试验数据分析的专家系统研究，Aerojet 研制了基于规则的专家系统 THAES(Titan Health Assessment Expert System)，用于 Titan 第一级发动机试验数据分析。LERC，MSFC 和 Aerojet 等联合研制了基于规则和基于实例的 PTDS 用于 SSME 试验数据事后分析。LEWS 和 UTRC 分别研究了基于定性模型的诊断系统。Tennessee 大学研究了一套用于 SSME 的混合专家系统，采用了实例知识和发动机设计知识、发动机结构、功能知识等不同的知识。Alabama 大学研制了 EDIS(Engine Data Interpretation System)，也是基于定性模型的专家系统。这些系统和方法已在实际中得到较好的应用。国内国防科技大学和北京航空航天大学等单位根据我国的液体火箭发动机情况对其故障诊断系统的框架也进行了有益的探索和研究，取得了一定的成果。

虽然现在可以借助一些开发工具系统使系统开发变得相对比较容易，但专家系统目前仍存在知识获取困难的问题，专家系统的运行速度也比较慢，因此现在开发的这些 FDD 专家系统只能在发动机运行前准备或关机后的事后分析等离线情况使用。

(3)人工神经网络方法。人工神经网络以其自身的优点，在多种学科中取得成功的应用。在液体火箭发动机故障检测与诊断领域，神经网络因其卓越的自组织、自学习能力和函数逼近能力在系统建模、故障检测与诊断、状态识别、模式聚类与分类等方面得到广泛的应用。在故障检测方面，发表的文献基本都采用实际试车数据进行研究，效果令人满意，有些研究成果已在事后数据检查系统中得到应用，但神经网络方法用于故障诊断时，非常依赖于从历史数据中提取的典型模式或经验知识，发表的基本是在仿真数据上得到的结果，而且它几乎不能提供对故障的解释能力。

近几年来，人工神经网络用于故障检测与诊断又出现了一些新的方法和新的研究方向，如人工神经网络与专家系统、模糊理论、小波分析、进化理论相结合，出现了集成神经网络、模糊神经网络、小波神经网络、进化神经网络等，使得神经网络的性能更加优越，这些新的神经网络方法已经过数值仿真，并在实际中得到了应用。

8.2 液体火箭或导弹动力系统故障检测与诊断系统

液体火箭或导弹动力系统的故障分析通常可以采用故障树分析法、故障模式及效应(FMEA)分析方法以及定性定量相结合的分析方法等。在我国推进技术领域，以试车数据统计为基础，从生产质量管理、试验程序控制、设计改进等观点出发，对发动机的故障广泛地采用了故障模式及效应分析。这些分析研究工作对于发动机的故障检测与诊断无疑是极其有益的，但远远不够。由于先前所进行的故障分析着重于质量管理和设计改进，很少对故障状态下发动机各参数的变化作定性定量分析，故而甚至对一些试车或飞行工作中主要的监测参数(例如氧化剂喷前压力、涡轮泵转速以及发动机推力等)的监控也往往只能采用经验性极强的偏差带检验。这样的监控往往会导致大的误报警及漏报警，其后果则是误关机和漏关机。针对我国大型泵压式液体火箭发动机的监控技术研究，急需加强和完善发动机试车/飞行数据库的建立、发动机故障模式及效应分析(主要从检测与诊断角度进行补充)、发动机精确动静态高阶非线性数学模型的建立及其动态特性分析等关键基础问题的研究。实际上，国外，尤其是美国针对 SSME 所作的类似研究中不少经验是很值得参考和借鉴的。

8.2.1　发动机故障试车统计

对于泵压式液体火箭发动机系统，一般包括火药启动器、电爆管、涡轮泵、推力室、燃气发生器、降温器、蒸发器、活门、机架、导管及其他联接控制元件。在发动机工作时，据统计，启动过程中所出现的故障大部分是由火药启动器、电爆管、启动活门引起的；在稳态工作阶段，主要故障是泄漏（漏液、漏气、漏火）、阻塞以及涡轮泵故障等；关机过程的主要故障是断流活门、主活门关闭不严、不动作等。所发生的各种故障主要结果则是发动机性能下降、各参数不协调、一些元部件损坏等。对我国某泵压式液体火箭发动机在 40 多年的研制中所发生的故障进行统计分析，如图 8.2 所示。由图中可以看出，涡轮泵系统的故障占较大的比例。按照故障事件，归纳成 12 种主要故障模式，见表 8.1。按照故障产生的原因及其对应部件又可归纳为 9 个一般故障，模式见表 8.2。

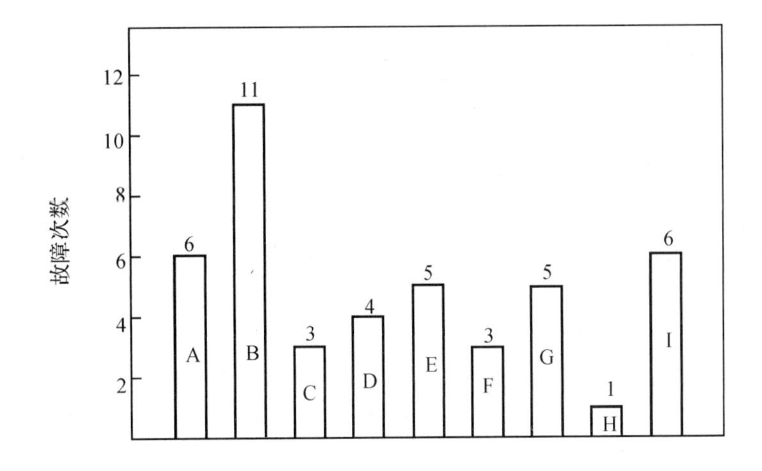

图 8.2　试车中各组（元）件故障次数统计图

A—总装；B—涡轮泵；C—燃烧室；D—活门；E—测压
F—两器；G—试车台；H—系统；I—其他

表 8.1　发动机主要故障模式

序　号	故障模式	序　号	故障模式
1	接头泄漏	7	导管破裂
2	启动器异常	8	涡轮泵端面密封泄漏
3	热燃气泄漏	9	活门泄漏
4	涡轮泵摩擦力矩增大	10	调节器偏差
5	涡轮叶片断裂	11	管道小孔阻塞
6	轴承损坏	12	活门工作异常

表 8.2　故障分析

序　号	故障模式	关键部件
1	泄漏	接头、焊缝、裂纹
2	磨损/腐蚀	滚动轴承、叶片、喷注器、密封件、叶轮、主燃室
3	泄漏	转动密封件、固定密封件、阀门密封座
4	咬合	滚珠轴承、阀门
5	断裂	叶片、喷注器、支撑、波纹管、焊缝、钎焊
6	剥落	滚珠轴承
7	堵塞	导管、通道、小孔
8	温度循环变化	叶片、燃烧室壁、集合器、热气管道
9	异物	喷注器、涡轮泵、节流孔

8.2.2　监测参数选择评价

发动机的状态是由大量的工作参数来表示的，但各工作参数对发动机状态的敏感程度并不相同。监测参数越多，所获得的发动机状态的特性越完整。由于受各种因素限制，在实际工作中所监测的参数是极其有限的。这样，为了建立可靠的发动机状态监测系统，就必须对监测参数进行选择。以往对发动机监测参数选择评价包括对监测效率、监测参数最佳数量等研究大都以统计方法为基础，这是很重要的方法，但要受到试车次数尤其是有故障的试车次数的限制。

1. 参数对干扰因素变化的响应

根据动力系统的实际结构、部件特性、干扰因素等可建立动力系统的故障模型，改变干扰因素的大小以计算参数的表现和响应。以涡轮泵效率变化作为干扰因素为例，表 8.3 给出了各参数的响应。

表 8.3　涡轮泵效率变化情况下各参数的响应

参数名称	最大偏差值 Δx	$\Delta x/x$
发动机氧流量	3.396 3	0.018 34
发动机燃料流量	2.083 4	0.024 34
燃烧室压力	0.147 6	0.016 01
氧喷前压力	0.195 1	0.022 95
燃烧分支压力	0.283 9	0.025 27
氧泵扬程	0.262 8	0.026 72
燃料泵扬程	0.298 1	0.026 55
涡轮泵转速	137	0.014 08
涡轮燃气热值	0.008 3	$<10^{-4}$
隔板流量	0.270 3	0.032 30
发动机推力	15.562 1	0.022 70

如果所选择的监测参数用于门限检验，则认为表 8.3 中 $\Delta x/x$ 值小于 0.025 的参数是合适的，因为选择它们可以允许有窄的阈值。如果用于故障诊断，则认为大于 0.025 的参数是更合适的，因为它们对干扰因素变化更加敏感。至于监测参数的精确取值，还需更多的试验数据来分析和验证。

2. 实际测量中各测量参数的信噪比

各参数的平均值和信号噪声分别按照在稳态工作过程中 30 s 内作统计得出，见表 8.4。对该表中越小的参数，无论是用于门限检验还是用于故障诊断，监测它们是合适的。例如监测泵前入口压力是明显不合适的，而监测涡轮入口的温度则是合适的，尤其用于门限检验，因为该参数允许有更窄的阈值。

表 8.4　发动机测量参数信噪比

参数	信号噪声(ΔS)	$\Delta S/\sqrt{x}$	参数	信号噪声(ΔS)	$\Delta S/\sqrt{x}$
发动机氧流量	1.92	0.010 16	涡轮泵转速	35	0.003 56
发动机燃料流量	0.53	0.005 90	涡轮入口温度	2	0.002 19
氧喷前压力	0.32	0.035 83	涡轮入口压力	0.08	0.014 06
氧泵入口压力	0.11	0.214 01	涡轮出口压力	0.005	0.017 12
氧泵出口压力	0.21	0.019 89	氧启动活门前压力	0.017	0.032 26
燃料泵入口压力	0.09	0.281 25	燃启动活门前压力	0.021	0.057 07
燃料泵出口压力	0.38	0.031 88	发动机推力	3	0.004 12

3. 故障模拟结果评价监测参数

利用模拟故障状态，可以得到关于发动机故障形式的敏感系数值。设监测参数与故障形式的值之间有函数关系为

$$y_i = f(F_i^*) \tag{8-1}$$

则敏感性系数由下式决定：

$$K_{fi} = \frac{\partial y_i}{\partial F_i^*}\frac{F_i^*}{y_i} \tag{8-2}$$

显然，对于 K_{fi} 值越大，选择 y_i 用于监测愈合适。但实际中要获得式(8-1)那样的解析式是不可能的。为此，需要对过渡特性曲线进行如下定义(见图8.3)，并选择监测参数评价的特征量为：

τ_1——参数开始变化的滞后时间；

τ_2——在给定的故障形式下参数达到最大值的时间；

$\alpha = \dfrac{y_{i\max} - y_i}{\tau_2}$——参数变化的梯度，它与敏感系数式(8-2)成正比。

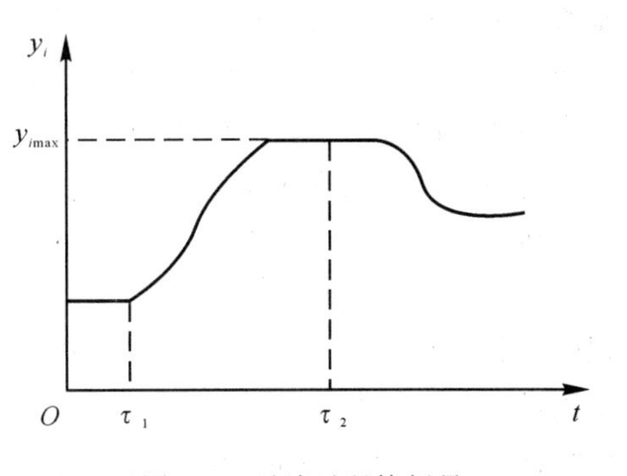

图 8.3　过渡过程特征量

应取能满足下列条件的参数作为监测参数：

$$\tau_1=\tau_{1\min},\qquad \tau_2=\tau_{2\min},\qquad \alpha=\alpha_{\max} \tag{8-3}$$

根据条件式(8-3),综合比较,选择的监测参数有发动机氧化剂流量、发动机燃料流量、氧化剂喷前压力、涡轮入口温度、燃烧室压力。

综合分析上述三方面,对于门限检验,推荐的监测参数有发动机氧化剂流量、发动机燃料流量、燃烧室压力、涡轮泵转速、涡轮入口温度、发动机推力。用于故障检测与诊断(其他方法)推荐的参数有发动机氧化剂流量、发动机燃料流量、氧化剂喷前压力、燃料导管分支处压力、氧化剂泵出口压力、燃料泵出口压力。

8.2.3 液体火箭发动机故障检测与诊断系统的基本组成

发动机故障检测与诊断包括:①故障检测,即当系统发生异常时能明确指示出来;②故障隔离,即确定故障出现的精确位置和类型;③故障辨识,即估计故障的程度和大小。对于发动机,要可靠、快速、准确地实时完成上述三项任务是很困难的。其原因主要在于:发动机工作过程很复杂;难以建立精确的数学模型;试车(故障)数据有限以致缺乏足够的先验知识;现存的各种检测与诊断方法本身的局限性(如实时性、鲁棒性);等等。

故障检测与诊断的性能指标主要考虑:①检测故障的可能性,至少能对所依赖于故障试车数据以及故障模拟的数据做到100%的检测率;②低的误报警和漏报率,检测方法至少能够估计检测的误报警率的大小,并且可通过适当的方法来减少误报警和漏报警;③检测时间,利用所研究的算法进行检测时,应好于红线关机;④方法的复杂性,方法本身的运算及处理发动机测量数据尽可能少;⑤实际的可行性,最好能在现有的试车条件下实现;⑥检测与诊断系统本身可靠性要高、硬件花费尽可能少。另外,每一种方法要着重考虑其对故障的敏感性、可分离性及鲁棒性。

综上所述,考虑各种故障检测与诊断方法的特性,以及大型泵压式液体火箭发动机工作过程的特点,发动机故障检测与诊断系统基本组成如图8.4所示。图中所示的各种并行方法可以作为在线冗余算法,亦可以作为在线系统的候选方法。

大型泵压式液体火箭发动机的正常工作全过程包括启动过程,主级稳态工作过程以及关机过程。首先是对测量仪表进行确认,以保证检测与诊断算法所利用的测量数据是可靠有效的。其次把发动机启动、关机过程同主级稳态工作过程分开,采用不同的检测与诊断方法。

发动机启动、关机过程的控制机理同正常稳态工作过程及额定工况附近的瞬态过程的控制机理不尽相同。对于启动关机过程提出基于非线性时序模型和非线性回归模型的方法。对于非线性时序模型,在故障检测时,可以利用模型残差自相关系数的置信区间检验以及适当的综合检测策略。采用非线性回归模型主要是可以利用测量参数之间的相关关系,并认为测量信号的正常值应落在正常启动关机过程所对应的一个误差带中。故障检测时仅对测量信号按其非线性回归估计进行上下限检验。

发动机正常稳态过程主要受供应系统的流体及机械运动和燃烧室、发生器的能量转换过程的控制。在折中考虑简单性和精确性的情况下,可以建立发动机动态非线性数学模型。基于该模型,可以利用状态观测器或者推广的卡尔曼滤波器产生残差或新息,并对残差或新息进行统计测试,从而确定故障状态的出现。对于主级稳态过程提出基于状态估计的统计检测方法,主要是考虑发动机试车或飞行过程中所监测的参数有限而不可能指望配置足够多的传感器。另外要考虑的是有利于故障分离的研究。从工程应用角度出发,针对稳态过程出现的故障还提出了基于时间序列分析、门限检测及神经网络聚类分析等冗余方法。为了确保误报警率的降低,除了恰当选择检测阈值外,同时可考虑确定合适的持续性检验指标,即要求检验值在一个时间区间内连续超越阈值才认为有故障。为了保证检测有足够的可靠性,上述各种方法可适当组合,构成多级分层检验或同步冗余检测等。

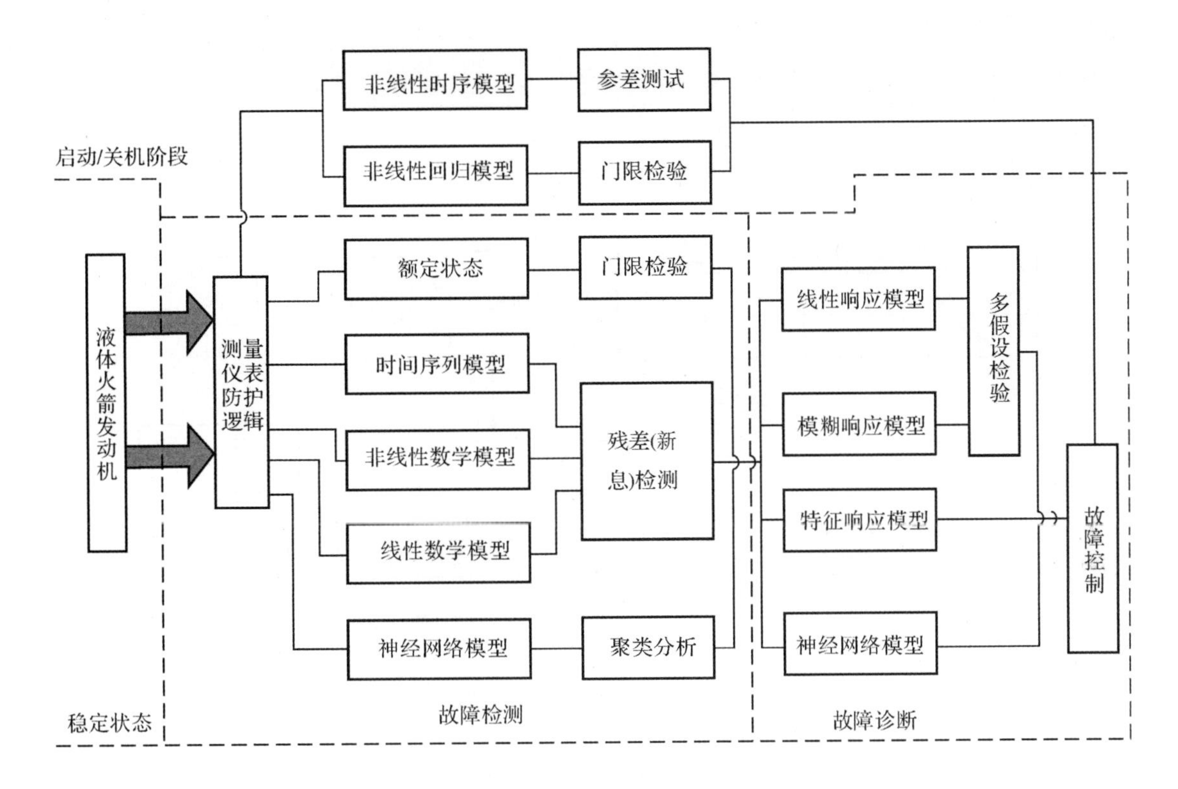

图 8.4　液体火箭发动机故障检测与诊断系统基本组成

对于启动过程中的故障,一旦发现即可进行报警或紧急关机。

对于稳态过程中的故障,在检测算法确认工作状态异常后,故障诊断算法立即启动进行故障类型的判别和分离。在总的研究框架中,故障诊断有基于动态响应和静态偏移两种方法。对于故障的动态响应模型,可以采用线性响应模型和模糊响应模型两种方法进行建模。故障的确认采用多假设检验、模式识别和神经网络技术。

8.2.4　推进剂加注系统故障检测与诊断系统的基本组成

液体推进剂导弹及运载火箭的推进剂加注设备是集电、气、液为一体的复杂系统,目前采用半自动化的结构形式。由于系统采用的气源压力高,强弱电并存,推进剂均为易燃、易爆的毒性介质,加之环境条件差及工作特点,任何细微的设备故障以及人为的疏忽都可能造成重大事故,而要保证设备长期处于良好的工作状态,在训练和战时使用过程中及时发现和排除故障,装备实时智能诊断系统是非常必要的。导弹推进剂加注实时智能诊断系统的组成如图 8.5 所示,该系统实时采集、分析、处理加注过程中的各种测量数据,监控设备的工作状态。当设备出现故障时,能够分析出故障原因,完成故障定位,给出处理建议,规划控制工作。

传感信号经过数据采集后进行数据特征的提取与选择，经过简单推理以判断加注设备系统是否有重大事故发生的可能，并将推理结果送控制中心和动态事件参数库。如系统没有事故发生的可能，由控制机制发出工作正常的信息，系统继续正常工作。如有出现重大事故的可能时，由控制机制发出重点采集、处理、分析和评估有关特定参数，并将特征信号送至智能诊断系统进行智能诊断。

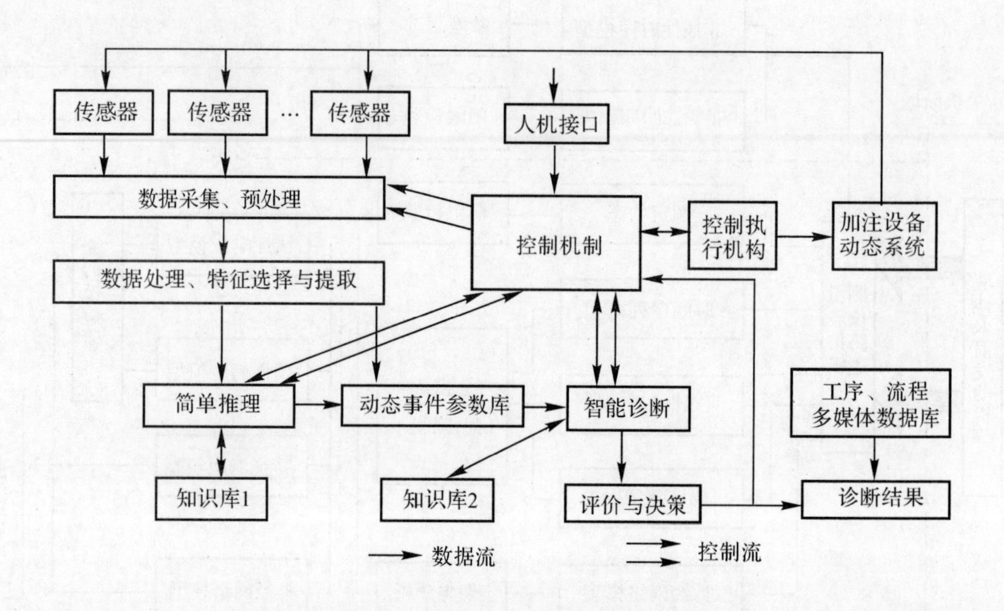

图 8.5　导弹推进剂加注实时智能诊断系统的组成

智能诊断模块分别采用基于知识的推理诊断机制和基于神经网络的诊断机制进行诊断，并互相印证，将诊断结果送至评价与决策机构，由控制执行机构完成加注设备的操作和控制。在整个工作过程中，知识库不断更新，诊断结果以动态的形式输出、显示，并给出故障的部件及维修建议。

8.3　导弹动力系统故障检测与预测方法

液体导弹动力系统工作过程中参数的变化具有很强的非线性特性，建立较为精确且能够满足在线实时故障检测的解析模型是相当困难的。在启动和关机过程中，动力系统传感器的数据表现为非平稳的暂态过程，原则上可以采用传统的方法(自回归分析、非线性模型等)，但由于动力系统结构复杂，计算工作量大，不满足实时监控与诊断的要求。因此，采用先进实用的动力系统建模方法，建立实时动力系统模型，成为动力系统状态监控与故障诊断研究的一个重要内容。

神经网络具有强大的学习能力、非线性逼近能力等优良品质，在一些领域如模式识别、非线性辨识、自适应控制、智能检测、故障诊断等得到了不少成功的应用，为此，以下对人工神经网络技术在导弹动力系统故障检测、故障预测中的应用等进行研究，以建立实时准确的系统模型和先进的故障检测和预测算法。

8.3.1　基于BP网络的非线性建模方法

BP神经网络具有许多优良品质，用其对动力系统的工作过程进行建模具有很高的应用价值。

1. 动力系统启动和关机过程的故障分析

发动机启动过程和关机过程中涉及的主要部件有：火药启动器、启动活门、副系统断流活门、主活门、电爆管等。可能出现的故障形式有：①火药启动器工作异常；②启动活门未完全打开，这种故障常常使得泵发生汽蚀；③主活门未完全关闭，这种故障会使发动机不能正常关机，也有可能使得推力室喉部烧蚀，进而使发动机后效推力异常；④副断流活门不动作，这种故障使发动机不能正常关机；⑤电爆管失效。

据试车统计分析，热试车中上述五种故障均发生过。启动过程如果发生了故障，常常使发动机不能正常进入主级工作状态，如果在启动过程中不能实时快速地检测出故障，那么所发生的故障就有可能引起其他的故障，进而造成试车后故障分析、查找的困难。对于试车而言，如果在启动过程中出现了故障，常常使得该次试车无效，因而采取紧急关机的措施是恰当的。关机过程中的故障通常使发动机的后效推力异常，这在实际飞行过程中危害是十分严重的，这会影响导弹最终飞行的关机特征量，从而影响任务的完成。

2. 非线性系统模型

对动力系统的启动和关机过程，具有严重非线性以及宽广的动态范围，用线性系统来表示是不合适的。对这种非线性系统的故障检测与诊断，利用非线性系统模型更为有效。建立一个系统的非线性模型的方法很多，如基于频域的描述函数法、时域中的Winner模型和Hammerstein模型等，但这些方法都具有局限性。

设考虑的非线性动态系统由以下方程描述

$$\boldsymbol{y}(k)=f(\boldsymbol{y}(k-1),\cdots,\boldsymbol{y}(k-n_y),\boldsymbol{u}(k-1),\cdots,\boldsymbol{u}(k-n_u))+\boldsymbol{e}(k) \tag{8-4}$$

式中

$$\begin{aligned}\boldsymbol{y}(k)&=[y_1(k),\cdots,y_m(k)]^{\mathrm{T}}\\ \boldsymbol{u}(k)&=[u_1(k),\cdots,u_r(k)]^{\mathrm{T}}\\ \boldsymbol{e}(k)&=[e_1(k),\cdots,e_m(k)]^{\mathrm{T}}\end{aligned} \tag{8-5}$$

分别为系统的输出、输入和噪声向量；n_y 和 n_u 为相应的输出和输入的延迟；$\boldsymbol{f}(\cdot)$为某一非线性函数向量。式(8-4)是如下的带外部输入的非线性自回归滑动平均(NARMAX)模型的简单特例。

$$\boldsymbol{y}(k)=f(\boldsymbol{y}(k-1),\cdots,\boldsymbol{y}(k-n_y),\boldsymbol{u}(k-1),\cdots,\boldsymbol{u}(k-n_u),\boldsymbol{e}(k-n_e))+\boldsymbol{e}(k) \tag{8-6}$$

拥有权阵 w 的前向网络可用来表示(8-6)式所示的非线性函数，则神经网络的输出 $\hat{\boldsymbol{y}}(k)$为

$$\hat{\boldsymbol{y}}(k)=\mathrm{NN}(w,\boldsymbol{y}(k-1),\cdots,\boldsymbol{y}(k-n_y),\boldsymbol{u}(k-1),\cdots,\boldsymbol{u}(k-n_u)) \tag{8-7}$$

3. BP网络非线性系统建模方法

导弹动力系统动态过程的神经网络建模是在分析动力系统的基础上，提出系统中各组件、部件的物理模型，然后重点分析模型中各个参数及各参数间的相互关系。根据液体导弹动力

系统的特点而提出的一般而抽象的计算模型如图 8.6 所示。图中，y 是模型输出，为建模参数。$x_i(t)$，$(i=1,2,\cdots,n)$是来自实际系统的测量参数，为网络建模的输入，t 是时间序列。对于图 8.6 的计算模型，其输入输出关系可用下式描述：

$$y=f(x_1(t),x_2(t),\cdots,x_n(t)) \tag{8-8}$$

令

$$x=(x_1(t),x_2(t),\cdots,x_n(t))$$

$$y=(y_1(t),y_2(t),\cdots,y_m(t))$$

BP 网络可以描述如下的非线性映射关系

$$f: x\in \mathbf{R}^n \to y\in \mathbf{R}^m \tag{8-9}$$

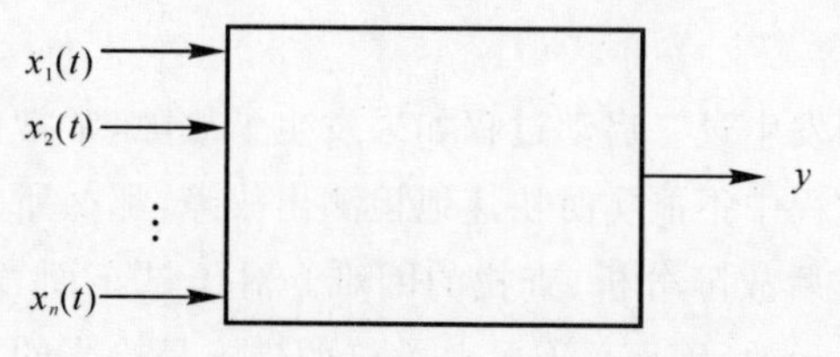

图 8.6　动力系统部组件、子系统简化模型

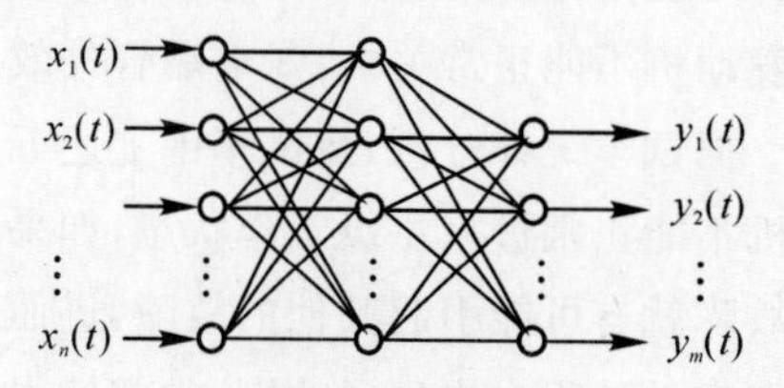

图 8.7　动态过程 BP 网络建模通用结构

网络的建模过程，就是用式(8-9)表述的映射完成式(8-8)所要求的输入输出函数关系。图 8.7 为动力系统动态过程 BP 网络建模通用结构。

在给定的环境压力中，发动机的推力仅由两个参数确定：燃烧室压力 p_c 和发动机推进剂混合比 r，即

$$F=F(p_c,r) \tag{8-10}$$

在系统确定的情况下，p_c 和 r 由氧化剂流量 $\dot{m}_o$ 和燃烧剂流量 $\dot{m}_f$ 确定，考虑时间因素，式(8-10)为

$$F=F(t,\dot{m}_o,\dot{m}_f,p_c) \tag{8-11}$$

某发动机启动过程多次试车的统计数据见表 8.5，由此建立发动机系统的 BP 神经网络动态过程模型结构为一个 4—15—1 网络，其中所有数据都是经过归一化处理后得到的。训练过程中的误差变化情况如图 8.8 所示，网络训练结果输出如图 8.9 所示。神经网络建模训练样本见表 8.5，神经网络建模输出结果见表 8.6。

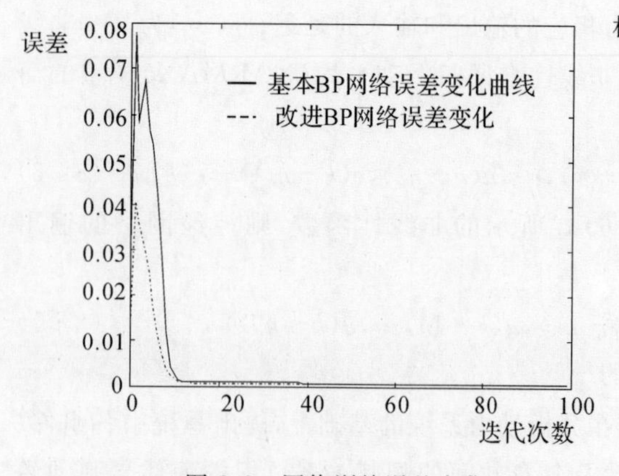

图 8.8　网络训练误差变化

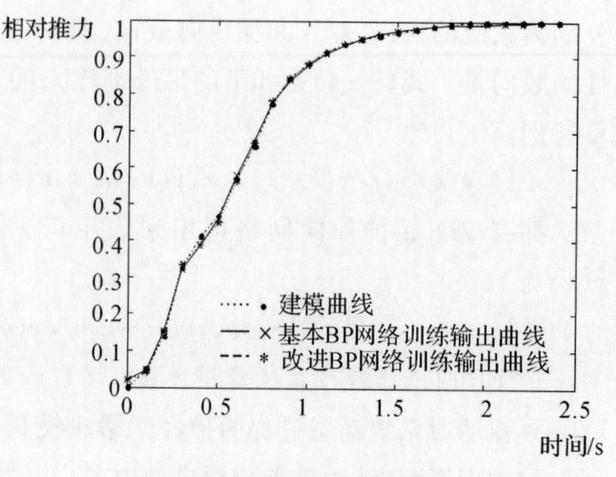

图 8.9　网络训练结果输出

表 8.5　神经网络建模训练样本

时间序列 t/s	燃烧剂流量 $\dot{m}_f$	氧化剂流量 $\dot{m}_o$	燃烧室压力 p_c	相对推力 F
0	0.317 9	0.401 1	0.009 8	0.000 0
0.1	0.393 1	0.466 1	0.055 9	0.049 6
0.2	0.578 0	0.533 9	0.223 8	0.141 8
0.3	0.653 2	0.593 5	0.464 3	0.326 2
0.4	0.601 2	0.565 8	0.617 0	0.411 3
0.5	0.601 2	0.557 2	0.704 9	0.468 1
0.6	0.676 3	0.637 4	0.783 2	0.567 4
0.7	0.774 6	0.672 1	0.844 7	0.659 6
0.8	0.855 5	0.823 8	0.895 1	0.773 0
0.9	0.901 7	0.875 3	0.930 1	0.844 0
1.0	0.930 6	0.914 9	0.958 0	0.886 5
1.1	0.952 6	0.942 0	0.979 0	0.916 3
1.2	0.966 5	0.959 3	0.987 4	0.936 2
1.3	0.976 9	0.970 2	0.993 0	0.950 4
1.4	0.982 7	0.981 0	0.994 4	0.957 4
1.5	0.988 4	0.986 4	0.995 1	0.971 6
1.6	0.944 2	0.991 9	0.997 2	0.978 7
1.7	0.996 5	0.995 7	0.998 6	0.985 8
1.8	0.997 7	0.997 3	1.000 0	0.992 9
1.9	0.998 8	0.999 5	1.000 0	0.998 6
2.0	1.000 0	1.000 0	1.000 0	1.000 0
2.1	1.000 0	1.000 0	1.000 0	1.000 0
2.2	1.000 0	1.000 0	1.000 0	1.000 0
2.3	1.000 0	1.000 0	1.000 0	1.000 0
2.4	1.000 0	1.000 0	1.000 0	1.000 0

表 8.6　神经网络建模输出结果

时间序列 t/s	相对推力 F	BP 网络输出结果	改进 BP 网络输出结果
0	0.000 0	0.020 211	0.020 140
0.1	0.049 6	0.046 604	0.039 837
0.2	0.141 8	0.156 455	0.151 143
0.3	0.326 2	0.321 535	0.333 171
0.4	0.411 3	0.388 814	0.388 379
0.5	0.468 1	0.459 590	0.447 749
0.6	0.567 4	0.578 716	0.564 236
0.7	0.659 6	0.669 971	0.664 797
0.8	0.773 0	0.778 524	0.781 665
0.9	0.844 0	0.835 700	0.841 566
1.0	0.886 5	0.878 188	0.883 814
1.1	0.916 3	0.909 839	0.914 406
1.2	0.936 2	0.933 626	0.936 105
1.3	0.950 4	0.951 245	0.952 238
1.4	0.957 4	0.964 449	0.964 447
1.5	0.971 6	0.973 937	0.973 595
1.6	0.978 7	0.980 337	0.977 409
1.7	0.985 8	0.985 753	0.985 737
1.8	0.992 9	0.989 276	0.989 480
1.9	0.998 6	0.991 849	0.992 296
2.0	1.000 0	0.993 708	0.994 360
2.1	1.000 0	0.995 069	0.995 860
2.2	1.000 0	0.996 079	0.996 964
2.3	1.000 0	0.996 838	0.997 773
2.4	1.000 0	0.997 414	0.998 363

8.3.2　基于 BP 网络的导弹动力系统预测方法

预测就是在一些历史统计数据的基础上预报一个过程的未来状态，是由历史统计数据中抽取出过程的规律或知识，据此预报过程的未来，用控制论的观点来看，预报问题实际上是一个动态过程的建模问题。动态过程的测量值或观测值的序列一般称为时间序列。在涉及时间序列的应用场合，预测问题是普遍存在的。人们已提出多种预测方法，但可归类为三种：第一种是时间外推模型方法，这种方法是依靠过去的统计数据，或称“时间序列”来构造模型，然后进行外推预报未来。第二种方法是因果外推类模型方法，这类方法是利用统计数据作回归分析，找出被测事物中的主要因果关系，以此构造回归模型。第三种方法是分析被测事物的具体因果关系,推导出相应的因果模型,再用一些有关的统计数据确定其主要模型参数,由此构造因果预测模型。无论上述哪一种预测方法,都是把被预测的对象看作一个过程,把被预测的变量看作过程的输出,而把影响被预测变量的因素作为过程的输入,实际上是根据输入输出的统计数据找出反映过程性质的映射关系。对于许多预测问题来说,映射关系是非线性和动态的。由于神经网络具有很好的对非线性映射逼近的能力,可以用神经网络进行非线性动态的预测预报。基于神经网络的预测方法受到了普遍的关注且已取得了许多成功的应用。导弹动力系统中的测量参数多是相关的,在参数预测中,引入相关参数可弥补预测信息的不足和提高预测精度。用神经网络进行参数预测,避免了传统预测方法的不足,提高了预测的准确性和快速性,便于实时处理。

1. 相关参数预测的非线性时间序列分析

一般来说,预测问题所对应的动态过程具有多个输入、多个输出,并且输入输出都是时间的函数,具有一定的相关性。设相关参数为 $x_j(t)(t=1,2,\cdots,k)$,k 为参数总数,$t-1,t-2,\cdots,t-n$ 时刻的值分别为 $x_j(t-1),x_j(t-2),\cdots,x_j(t-n)$。设 $y_i(i=1,2,\cdots,m)$是预测参数在 t 时刻的值,m 为预测参数总数,$t-1,t-2,\cdots,t-n$ 时刻的值分别为 $y_i(t-1),y_i(t-2),\cdots,y_i(t-n)$。假如每个参数都具有相同的预测步数 l,$\hat{y}_i(t+1),\hat{y}_i(t+2),\cdots,\hat{y}_i(t+l)$和 $\bar{y}_i(t+1),\bar{y}_i(t+2),\cdots,\bar{y}_i(t+l)$分别为预测参数 y_i 在 $t+1,t+2,\cdots,t+l$ 时刻的预测值和真实值。

令

$$y_i^{(i)}=[y_i(t+1),y_i(t+2),\cdots,y_i(t+l)]$$

$$\boldsymbol{y}=[y_1^{(1)},y_2^{(2)},\cdots,y_m^{(m)}]$$

$$\hat{y}_i^{(i)}=[\hat{y}_i(t+1),\hat{y}_i(t+2),\cdots,\hat{y}_i(t+l)]$$

$$\hat{\boldsymbol{y}}=[\hat{y}_1^{(1)},\hat{y}_2^{(2)},\cdots,\hat{y}_m^{(m)}]^{\mathrm{T}}\qquad(i=1,2,\cdots,m)$$

再令

$$x_j^{(j)}=[x_j(t-1),x_j(t-2),\cdots,x_j(t-n)]$$

$$\boldsymbol{x}'=[x_1^{(1)},x_2^{(2)},\cdots,x_k^{(k)}]^{\mathrm{T}}\qquad(j=1,2,\cdots,k)$$

则

$$\hat{y}=f(y,x')\tag{8-12}$$

式中,$f(\ )$为预测算子。如再令 $\boldsymbol{x}=[y\quad x']$,则上式简化为

$$\hat{\boldsymbol{y}}=f(\boldsymbol{x})\tag{8-13}$$

由此可知,由 x 到 y 的映射是一种时空映射,既具有空间上的对应关系,又具有时间上的对应关系,这种时空映射既是动态的,又是非线性的,用传统的线形预测模型是不合适的,由于神经网络的具有许多优良的性能,可以很好地解决这种时空映射问题。

2. BP 网络的实时预测模型

BP 网络的实时预测模型如图 8.10 所示。用神经网络预测的过程不同于传统的预测方

法。神经网络的预测则是一种归纳思维的过程,它通过预测对象和相关参数现在和过去的信息内在的联系进行预测,预测模型的建立过程就是网络自适应的训练学习过程,用网络的结构参数、权值表示预测模型的结构参数、历史知识和实时知识,而预测只是网络的一次简单的前向计算过程,可进行单步和多步预测,一般说来,神经网络的非线性预测方法的适应性、容错性、精确性及抗干扰能力都很强,从而可以实现相关参数的多参数多步预测问题的最佳解决。

多步预测最突出的优点是可以实现在不同时刻点上对监测参数进行多次预测,不仅可以在故障到来之前发出多次故障警报,有利于故障模式的识别和采取有效的排除故障的措施,而且由信息论可知,多次多步预测可以充分利用原始信息,预测结果包含的信息量大,克服了偶然性和随机性带来的误差。

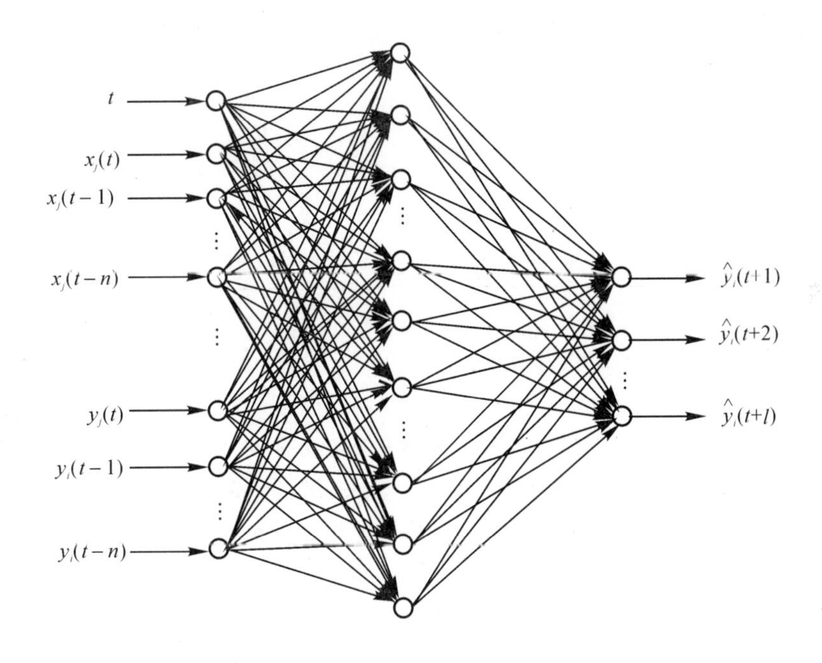

图 8.10　BP 网络的实时预测模型

一般说来,在不同时刻点上预测值的准确程度是不相同的,这些不同的预测值对于尽早发现故障是有益的,但故障最终结论由它们的综合值确定,综合值由下式给出:

$$\hat{y}_i^s(t)=\varphi_1\hat{y}_i^1(t)+\varphi_2\hat{y}_i^2(t)+\cdots+\varphi_l\hat{y}_i^l(t)\qquad(i=1,2,\cdots,m)\tag{8-14}$$

式中　$\varphi_j(j=1,2,\cdots,l)$为预测值 $\hat{y}_i^j(t)$的综合系数,大小反映在 $t-j$ 时刻对 $\hat{y}_i(t)$进行预测可信程度,要求$\sum_{j=1}^{l}\varphi_j\leqslant 1$。

3. 预测实例

由前所述可知,发动机的推力是一个重要指标。在发动机系统给定和环境条件给定的情况下,发动机的推力是氧化剂流量、燃烧剂流量、燃烧室压力的函数,所以用相关参数 $\dot{m}_o$,$\dot{m}_f$ 和 p_c 对推力 F 进行多步预测并给出神经网络实时模型的结果。网络的训练学习样本和测试试验样本来自试车数据,分别见表 8.7 和表 8.8。

表 8.7 预测网络建模数据样本

时间序列 t/s	燃烧剂流量 $\dot{m}_f$	氧化剂流量 $\dot{m}_o$	燃烧室压力 p_c	相对推力 F
0	0.317 9	0.401 1	0.009 8	0.000 0
0.2	0.578 0	0.533 9	0.223 8	0.141 8
0.4	0.601 2	0.565 8	0.617 0	0.411 3
0.6	0.676 3	0.637 4	0.783 2	0.567 4
0.8	0.855 5	0.823 8	0.895 1	0.773 0
1.0	0.930 6	0.914 9	0.958 0	0.886 5
1.2	0.966 5	0.959 3	0.987 4	0.936 2
1.4	0.982 7	0.981 0	0.994 4	0.957 4
1.6	0.944 2	0.991 9	0.997 2	0.978 7
1.8	0.997 7	0.997 3	1.000 0	0.992 9
2.0	1.000 0	1.000 0	1.000 0	1.000 0
2.2	1.000 0	1.000 0	1.000 0	1.000 0
2.4	1.000 0	1.000 0	1.000 0	1.000 0

表 8.8 预测网络建模测试样本

时间序列 $t(s)$	燃烧剂流量 $\dot{m}_f$	氧化剂流量 $\dot{m}_o$	燃烧室压力 p_c	相对推力 F
0.1	0.393 1	0.466 1	0.055 9	0.049 6
0.3	0.653 2	0.593 5	0.464 3	0.326 2
0.5	0.6012	0.557 2	0.704 9	0.468 1
0.7	0.774 6	0.672 1	0.844 7	0.659 6
0.9	0.901 7	0.875 3	0.930 1	0.844 0
1.1	0.952 6	0.942 0	0.979 0	0.916 3
1.3	0.976 9	0.970 2	0.993 0	0.950 4
1.5	0.988 4	0.986 4	0.995 1	0.971 6
1.7	0.996 5	0.995 7	0.998 6	0.985 8
1.9	0.998 8	0.999 5	1.000 0	0.998 6
2.1	1.000 0	1.000 0	1.000 0	1.000 0
2.3	1.000 0	1.000 0	1.000 0	1.000 0

学习训练时，输入单元 $\dot{m}_o(t-i)$，$\dot{m}_f(t-i)$，$p_c(t-i)$，$F(t-i)(i=0,1,2,3,4;i\leqslant t)$和 t 共 21 个，对推力进行 4 步预测，既 $F(t+l)(l=1,2,3,4)$，故输出层为 4 个节点。

网络的预测值与实际值见表 8.9，各步预测曲线与实际曲线的比较如图 8.11～图 8.14所示。预测综合值与实际值的比较见表 8.10，综合预测曲线与实际曲线的比较如图 8.15 所示。

表 8.9 预测结果和测试值的比较

时间序列 t/s	相对推力 F											
	一步预测值			二步预测值			三步预测值			四步预测值		
	测试值	BP 网络	改进网络	测试值	BP 网络	改进网络	测试值	BP 网络	改进网络	测试值	BP 网络	改进网络
0.1	0.326 2	0.178 3	0.185 2	0.468 1	0.452 5	0.477 0	0.659 6	0.602 6	0.617 9	0.844 0	0.792 1	0.802 0
0.3	0.468 1	0.495 8	0.493 2	0.659 6	0.624 1	0.633 3	0.844 0	0.814 1	0.818 3	0.916 3	0.902 6	0.906 8
0.5	0.659 6	0.617 3	0.644 0	0.844 0	0.809 9	0.836 5	0.916 3	0.908 7	0.919 5	0.950 4	0.947 7	0.951 8
0.7	0.844 0	0.786 5	0.818 3	0.916 3	0.894 0	0.914 2	0.950 4	0.941 9	0.948 7	0.971 6	0.962 8	0.965 2
0.9	0.916 3	0.909 3	0.914 6	0.950 4	0.943 4	0.944 9	0.971 6	0.967 2	0.967 0	0.985 8	0.986 1	0.986 8
1.1	0.950 4	0.951 0	0.944 7	0.971 6	0.972 0	0.967 7	0.985 8	0.989 0	0.987 7	0.998 6	0.995 9	0.996 4
1.3	0.971 6	0.970 3	0.969 6	0.985 8	0.986 8	0.986 1	0.998 6	0.995 4	0.995 6	1.000 0	0.998 0	0.998 8
1.5	0.985 8	0.988 1	0.988 5	0.998 6	0.994 3	0.993 8	1.000 0	0.997 9	0.998 1	1.000 0	0.999 1	0.999 6
1.7	0.998 6	0.994 9	0.994 1	1.000 0	0.997 3	0.996 8	1.000 0	0.998 9	0.999 1	1.000 0	0.999 5	0.999 8
1.9	1.000 0	0.997 1	0.996 2	1.000 0	0.998 3	0.997 9	1.000 0	0.999 3	0.999 4	1.000 0	0.999 7	0.999 9
2.1	1.000 0	0.998 1	0.997 4	1.000 0	0.998 8	0.998 5	1.000 0	0.999 5	0.999 6	1.000 0	0.999 7	0.999 9
2.3	1.000 0	0.998 8	0.998 1	1.000 0	0.999 2	0.998 9	1.000 0	0.999 6	0.999 7	1.000 0	0.999 8	0.999 9

由图 8.11～图 8.15 和表 8.7～表 8.10 可知，所建神经网络模型能够很好地解决动力系统中的实时预测问题，且预测精度高。用相关参数实现多参数多步预测，不仅可以克服信息不足带来的困难，而且可以使故障状态提前得到多次警报，避免了传统预测方法的繁杂的分析与计算，提高了预测精度，且多步预测的精度不因步数的增加而大幅度下降，克服了传统预测方法的不足，具有广阔的应用前景。

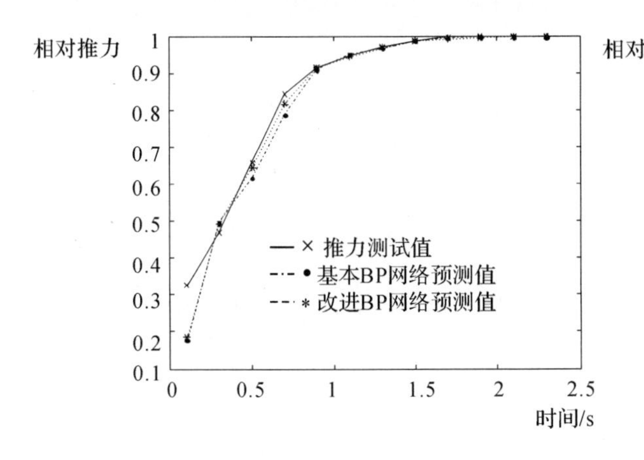

图 8.11　一步预测曲线与测试曲线的比较

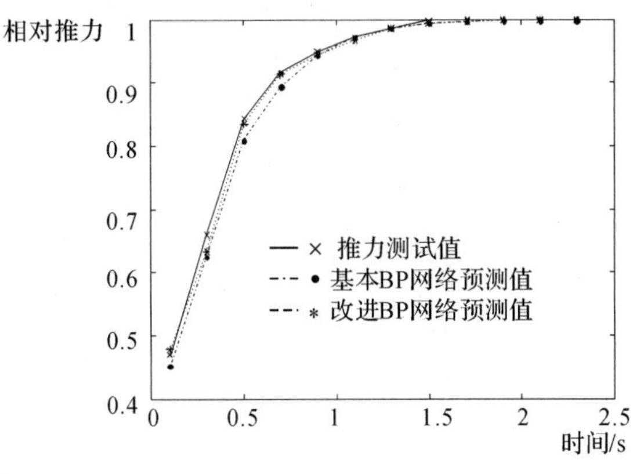

图 8.12　二步预测曲线与测试曲线的比较

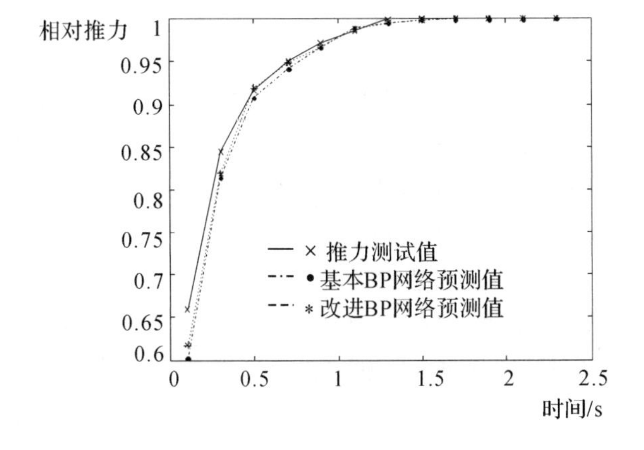

图 8.13　三步预测曲线与测试曲线的比较

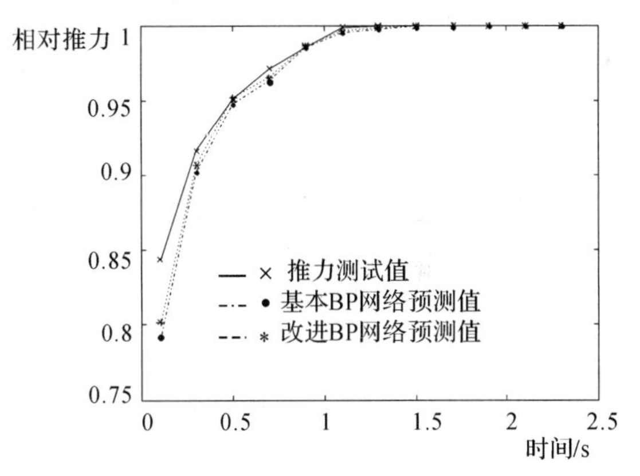

图 8.14　四步预测曲线与测试曲线的比较

从以上表和图也可看出，预测建模数据和测试样本的时间间隔过大，所建模型不够精细，预测精度存在一定的误差。另外，事实上，导弹动力系统的启动过程中的启动时刻的零点从火药启动器通电开始计起，而在这之前，充填过程已经完成，氧化剂流量和燃烧剂流量不为零，在预测建模数据中，都把它们看作零处理，造成了所建预测模型存在一定的误差，特别是在启动过程刚开始时，误差更大。因此，在应用时应力求建模数据精细，才能提高预测精度。

表 8.10 网络综合预测值与测试值的比较

时间序列 s	相对推力 F		
	测试值	BP 网络	改进网络
0.1	0.326 2	0.178 300	0.185 200
0.3	0.468 1	0.474 150	0.485 100
0.5	0.659 6	0.616 400	0.632 510
0.7	0.844 0	0.799 600	0.820 300
0.9	0.916 3	0.903 920	0.912 100
1.1	0.950 4	0.946 570	0.944 500
1.3	0.971 6	0.969 440	0.967 870
1.5	0.985 8	0.987 690	0.987 640
1.7	0.998 6	0.994 920	0.994 450
1.9	1.000 0	0.997 410	0.996 900
2.1	1.000 0	0.998 420	0.998 020
2.3	1.000 0	0.998 970	0.998 600

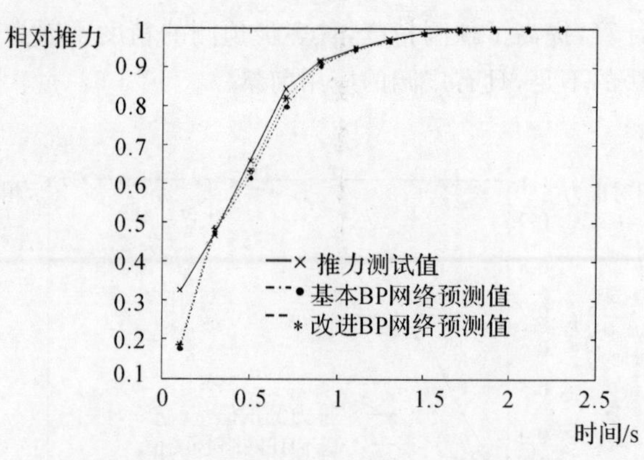

图 8.15 综合预测曲线与测试曲线的比较

8.3.3 基于 BP 网络的导弹动力系统故障检测方法

导弹动力系统状态监控和故障诊断的首要任务是实时的故障检测，也就是故障的发现，只有在探明故障存在的情况下才能进行实时的故障诊断。

1. 导弹动力系统的实时故障检测和诊断过程

导弹动力系统的实时故障检测和诊断过程如图 8.16 所示。利用神经网络的实时故障检测过程分为两个阶段：

第一阶段：用输入样本对神经网络进行事前离线训练，形成网络检测模型的结构参数、精度权值等，并最终形成用以故障检测的参考向量模式和状态判定准则。

第二阶段：为实时故障检测过程。首先根据动力系统实测数据，经过数据预处理，形成网络模型的实际输入向量，同时调入网络结构参数，实时重构或恢复网络模型，计算在当前输入下的网络实际输出，并最终形成待检向量模式。利用状态判定准则和待检向量模式，可以构造判别函数，基于判别准则，给出实时故障检测结论。

设网络输入参数为 $x_i, i=1,2,\cdots,n$，后向步长为 $Ib_i,(i=1,2,\cdots,n)$。输出参数为 $y_j, j=1,2,\cdots,m$，输出参数的后向步长和前向步长分别为 Ob_j 和 $Of_j, j=1,2,\cdots,m$。用于动力系统实时故障检测的 BP 网络通用模型如图 8.17 所示。

记 $\boldsymbol{X}_i=(x_i(t),x_i(t-1),\cdots,x_i(t-Ib_i))^{\mathrm{T}},(i=1,2,\cdots,n)$，$\boldsymbol{Y}_j=(y_j(t-Ob_j),\cdots,y_j(t-1),y_j(t),y_j(t+1),\cdots,y_j(t+Of_j))^{\mathrm{T}},(j=1,2,\cdots,m)$，则网络的输入向量和输出向量分别为 $\boldsymbol{X}=(x_1,x_2,\cdots,x_n)^{\mathrm{T}}$，$\boldsymbol{Y}=(y_1,y_2,\cdots,y_m)^{\mathrm{T}}$，网络输入的节点数为

$$N=\sum_{i=1}^{n} Ib_i+n+1 \tag{8-15}$$

网络输出的节点数为

$$M=\sum_{j=1}^{m}(Ob_j+Of_j)+m \tag{8-16}$$

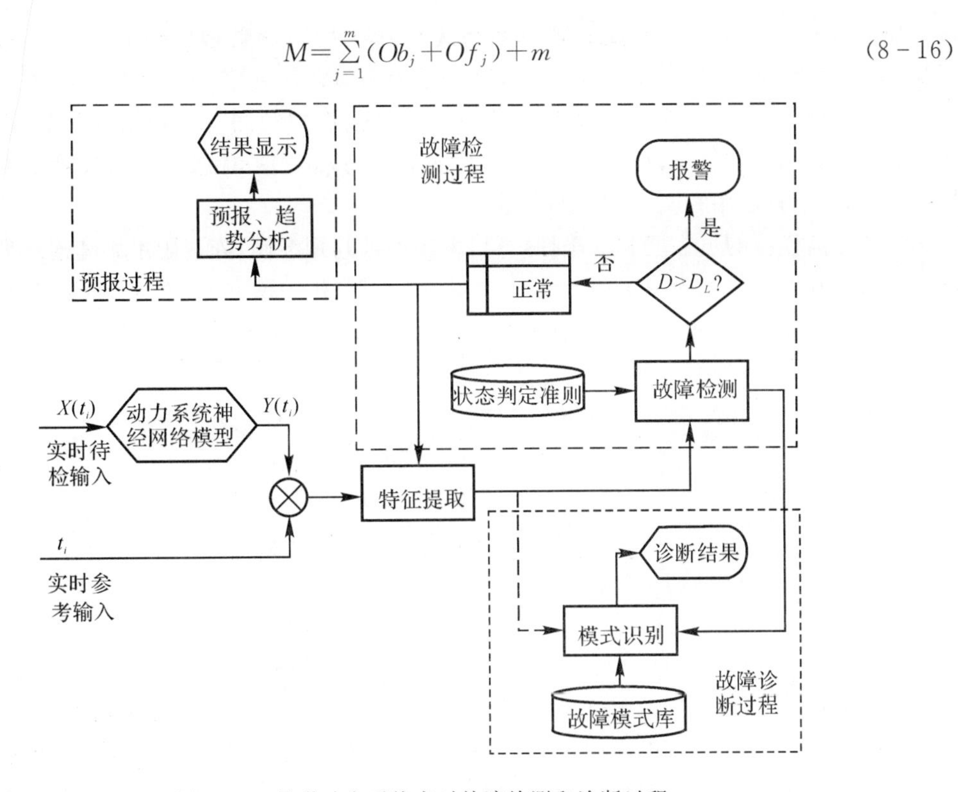

图 8.16　导弹动力系统实时故障检测和诊断过程

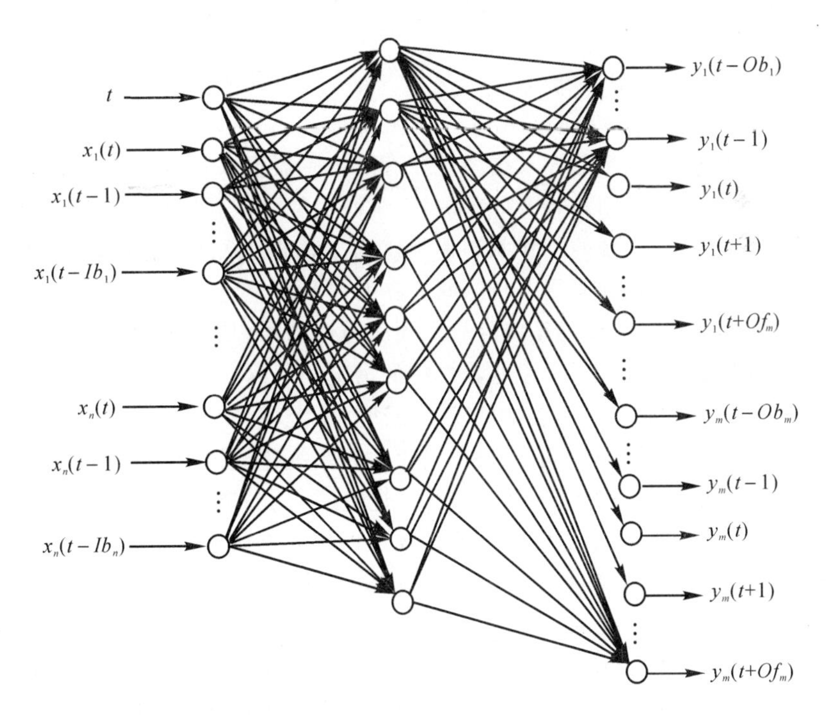

图 8.17　动力系统实时故障检测的 BP 网络通用模型

如果 $Ob_j=0(j=1,2,\cdots,m)$，则网络为状态预测网络；如果 $Of_j=0(j=1,2,\cdots,m)$，网络则为后向预测网络；如果 $Ob_j=Of_j=0$，则网络为实时建模网络；如果 $Ob_j\neq 0,Of_j\neq 0$，则网络为一种通用模型，它将非线性建模、多参数非线性前后向预测有机地结合起来，通过选择输出参数的前后向步长就可以达到改变网络功能的目的，减少了状态监控与故障诊断中的网络规模，有利于工程使用和实时在线的要求。

为了提高模型的可靠度和准确性，可以采用多种判别准则，如门限准则和连续准则。门限准则是指当判别函数大于给定门限值时，才认为状态产生一次异常，而连续准则为只有当系统连续发生几次异常时，才认为系统发生了异常，设系统异常状态发生的累计次数为 $n_s(k)$，连续准则为 n_0，开始时 $n_s(0)$，则

$$n_s(k)=\begin{cases}n_s(k-1)+1,k\geqslant 1,D(x_1,x_2)\geqslant D_0\\0,D(x_1,x_2)<D_0,n_s(k-1)\neq 0\end{cases}\tag{8-17}$$

$$系统状态\begin{cases}正常 & n_s(k)<n_0\\故障 & n_s(k)\geqslant n_0\end{cases}\tag{8-18}$$

式中 $D(x_1,x_2)$——判别函数；

D_0——给定门限值。

D 反映了整个样本空间全貌，代表了网络的整体建模精度，因此 D 的大小凝聚了网络建模的全部信息，D 值的变化反映了当前输入下，网络的实际输出与目标输出间的距离远近，代表了网络模型的适用程度。在故障或异常状态下，必然首先反映在输入参数的变化上，因此，可以利用事前训练时得到的网络误差 σ_R 和实际应用时得到的网络误差 σ_T，构造判别函数 $D(x_1,x_2)$，此时记

$$D(x_1,x_2)=D(\sigma_R,\sigma_T)\tag{8-19}$$

判别函数可用几何距离表示。

2. 基于多重神经网络观测器的故障检测方法

对动力系统来说，用来监测动力系统状态的传感器很多，由动力系统动力学方程的研究可知，动力系统中各变量之间是相互联系的，这样我们就可以利用动力系统本身具有的传感器之间的解析冗余特性，对系统的工作状态作出监测。对动力系统的监测，一方面应考虑动力系统本身发生故障，从而导致被监测变量之间内在的关系发生变化；另一方面还应考虑到某些传感器破坏与失效的影响。在动力系统的故障检测与诊断中，切实可行的监测方案应该对以上两种情况都加以考虑，而不是仅考虑两者之一的情况。

利用动力系统正常试车的数据可以建立动力系统中各个变量间的神经网络模型，多重神经网络结构示意图如图8.18所示。根据实际动力系统监测过程中的测量参数，可选用以下主要参数作为监测参数，以燃烧剂回路为例：燃烧室压力 p_c；燃气发生器压力 p_g；涡轮泵转速 n；主系统燃烧剂流量 $\dot{m}_f$；副系统燃烧剂流量 $\dot{m}_{fs}$；涡轮泵进口压力 $p_{fp,in}$；涡轮泵出口压力 $p_{fp,out}$；氧化剂喷前压力 p_{∞}；燃烧剂主导管分支出压力 p_f；发动机推力 F。

故障检测方法为：系统由一个主神经网络(MNN)和几个分散的神经网络(DNN)组成。主神经网络的输入为动力系统中所有可以监测量，主神经网络的输出为动力系统的关键参数，也可以是根据输入数据对全部输入量的预测。则从传感器中测量的参数(向量 $\boldsymbol{y}$)与主神经网络(MNN)输出(向量 $\boldsymbol{mo}$)之间的差值可用来监测系统是否发生故障。

在分散的神经网络输入中，设系统可以监测的参数有 n 个，则输入最多包含 $n-1$ 个传感

器的值。选择的输入数据集应可表征分散神经网络的估计变量。值得注意的是，第 i 个传感器的值没有用作第 i 个分散神经网络的输入。第 i 个分散神经网络的输出为第 i 个传感器量测值的估计值。

$$\text{MAINERR}=\sum_{i}^{\text{输出节点数}}(mo_i-y_i)^2 \qquad mo_i=\hat{y}_i \tag{8-20}$$

比较各个 Dy 值，找到数值最大者 Dy_i，用该分散神经网络的输出代替传感器输出，这时如果 MAINERR≤mdm，则可判定为第 i 号传感器故障，否则为系统故障。

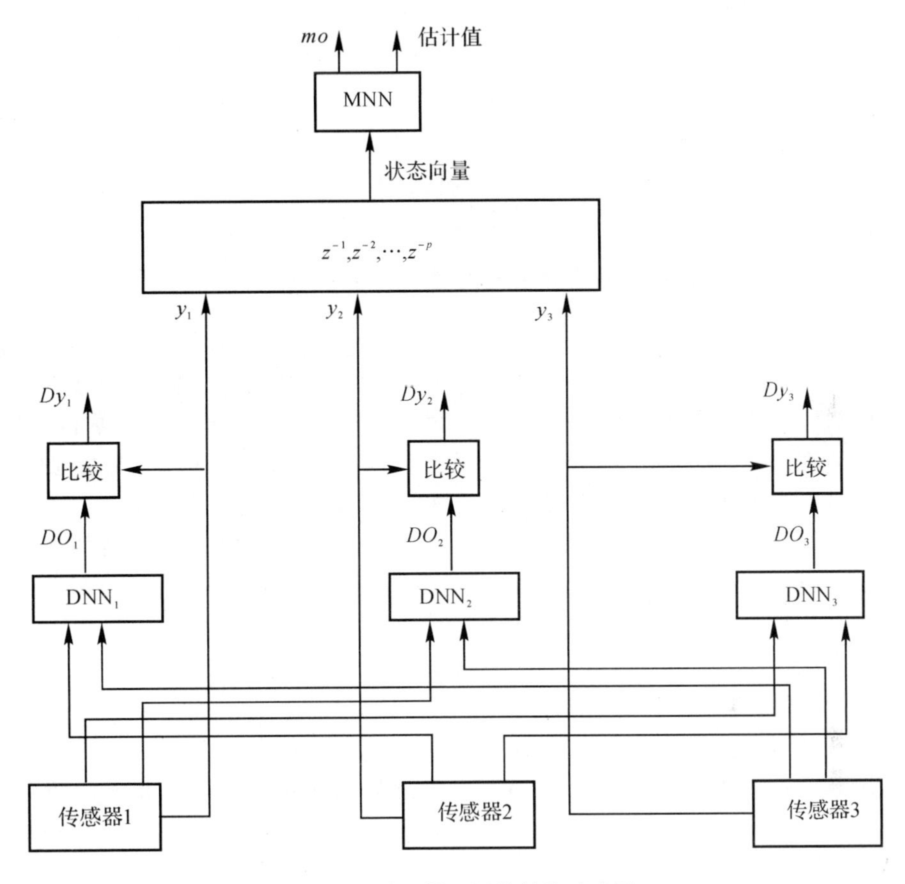

图 8.18　多重神经网络结构示意图

8.4　基于神经网络的导弹动力系统故障诊断技术

应用神经网络识别动力系统的故障模式，一个重要的问题是训练用故障数据的获取。这个问题的解决主要通过两个途径：一是以往地面试验和飞行试验中记录的故障数据，二是建立导弹动力系统的故障模型，通过模型分析获得接近实际过程的故障数据。由于有关故障的试验次数的不足，并且已有的故障报告通常也不会包罗所有可能的故障模式，因此仅用试验数据找全所有的故障模式是不可能的，而通过建立准确可靠的故障模型有可能找到在试验和飞行中可能发生的各种故障模式。

8.4.1 基于神经网络的故障诊断原理

故障诊断的实质是实现征兆空间到故障空间的映射。设 $x^{jn}(j=1,2,\cdots,k)$对应反映设备运行状态第 n 个观测样本的k 个特征参数,$y^{in}(i=1,2,\cdots,l)$对应第 n 个样本的 l 种故障模式,共有 N 个样本,$x^{jn}\in\mathbf{R}^N$,$y^{in}\in\mathbf{R}^N(n=1,2,\cdots,N)$,则故障模式向量 $\mathbf{Y}=\{y^{in},i=1,2,\cdots,l\}$与特征参数向量 $\mathbf{X}=\{x^{jn},j=1,2,\cdots,k\}$间的内在关系用函数 F 表示,有 $X=F(Y)$。当 $N\to\infty$ 时,函数 F 的逆函数S 存在,有 $Y=S(X)$。因此诊断问题的实质就是根据有限的样本集,确定函数 $S(X)$的一等价映射关系 $SS(X)$,使得对于任意的 $\varepsilon>0$,满足

$$\| S(X)-SS(X) \| = \| Y-YY \| < \varepsilon$$

式中 $YY=SS(X)$——模型输出;

$Y=S(X)$——标准输出;

$\|\cdot\|$——定义在样本空间 R 上的范数;

ε——函数 $SS(X)$的映射精度。

8.4.2 神经网络输入数据的模糊前置处理

对设备的故障诊断不能只判别为有故障和无故障,还应能准确地刻画出“属于的程度”如何,这是现代故障诊断的要求。设备故障存在着许多不确定的现象,这种不确定表现为两个方面:一是随机性,另一是模糊性。随机性是由于故障的因果关系不确定所造成的,可用统计学的方法加以研究。模糊性是指故障的差异在中间过渡过程时,所呈现的“亦彼亦此”性,这是设备故障的一种客观属性。“振动大”“腐蚀严重”和“严重烧蚀”等都是模糊概念。多大的振动量才算是振动大?怎样的烧蚀才是严重烧蚀?在不同的条件下,对不同的设备的评价标准是不同的,不同的人员也会得出不同的结论,由此可见,在故障诊断中存在许多模糊性问题。像导弹动力系统这样的大型复杂系统设备故障的模糊性表现为:

(1)同一故障表现形式呈多样性,表现为不同的特征。

(2)多种故障同时发生,并相互耦合。

(3)故障间的分类具有模糊性,既不同故障具有相似、相近的特性。

故障诊断是通过研究故障与征兆之间的关系来判断设备的状态的,由于故障和征兆间存在着这种模糊关系,就应该采用模糊逻辑来研究这种关系,故障诊断也应该采用模糊诊断。

由前可知,神经网络可以实现故障征兆集向故障集的非线性映射,也可实现模糊关系诊断,为此,必须找到一种转换工具,它既能够合理的表征故障诊断中的模糊性,又能把特征量转化成神经网络的输入,这个工具就是模糊数学。而表征模糊关系最常用的方法是隶属函数方法。在选择隶属函数作为神经网络输入的前置处理时,既要充分反映特征量所对应的故障信息,又要抑制“非”故障信息的出现,这样神经网络才能有效地对故障进行分类。升半梯形函数可满足上述要求,因此可建立如下神经网络的前置处理函数:

$$\mu_A(x)=\begin{cases}0, & x\leqslant x_L \\ \dfrac{x-x_L}{x_H-x_L}, & x_L<x\leqslant x_H \\ 1, & x>x_H\end{cases} \tag{8-21}$$

式中,$x_L\in\mathbf{R}^+$ 为该特征量的容忍值,既在 x_L 以下认为该特征值对该故障的贡献不大,$x_H\in\mathbf{R}^+$ 为设备对应该特征量的报警值。

8.4.3 导弹动力系统故障的 BP 神经网络诊断方法

BP 神经网络的故障诊断方法包括网络的训练学习和诊断两个阶段，网络的训练学习过程可以在线进行也可离线进行，对复杂系统来说，由于故障模式较多、特征参数多，神经网络的结构复杂，学习训练时间长，不利于在线应用，所以神经网络的学习训练均离线进行。BP 网络的训练学习过程包括网络内部的前向计算和误差的反向传播，其目的就是通过调节网络内部连接权值使网络误差最小化。实际上，网络的学习过程既为诊断知识的获取过程，网络训练结束时，网络的权值就表示了诊断对象的特有知识。网络的参数应根据诊断对象而定，输入可对应于故障特征向量，输出对应故障标准模式。网络的诊断过程就是网络的一次前向计算，网络训练完成后，网络权值储存了表示该诊断对象的知识，把待检故障样本输入网络，通过网络的前向计算过程，输入信息传到输出层，得到输出结果，既为诊断结论，如果仅有一个样本，这个过程将非常快，可用于在线监测与诊断。

导弹动力系统神经网络故障诊断的学习训练样本由仿真计算所得的故障样本采用升半梯形函数转化而得，目标输出为：对应故障序号与输出单元序号相同时，输出单元输出为“1”，否则为“0”，由此可建立导弹动力系统的神经网络训练模型，训练结果存于文件中，利用网络的前向计算即可对故障样本进行诊断分类。

BP 网络具有较强的分类能力，能够在有噪声的情况下正确地诊断出相应故障，但是也存在误诊断现象，主要是由于网络规模太大，结构复杂，在噪声情况下，模式特征相近所造成的，在应用时应考虑对故障模式样本特征进行分析和选择，降低网络规模。

8.4.4 基于神经网络的多故障诊断方法

故障的发生、发展往往是多故障并发的，通常是由单个初始故障引起的。在导弹动力系统中，故障的发生、发展是很迅速的。实际故障诊断中很多都是多故障并发的诊断问题。

1. 并行 BP 诊断网络模型

虽然 BP 网络完全能够诊断出单一的故障，对于多故障的诊断却显得无能为力。如果将各种故障的组合作为多故障加入训练样本集，各个单一故障和多故障所组成的训练样本集将很大，BP 诊断网络将十分复杂和很庞大，学习训练时间很长，诊断速度也慢，甚至不能工作，对网络的维护和管理也不方便。另外，即使对单一故障的诊断，由于故障模式多，样本特征多而造成的网络规模太大，诊断分类能力也有所下降。为此可采用并行 BP 网络结构，把一个诊断多故障的神经网络用多个子神经网络来实现，每个子神经网络诊断一类故障。一种单一故障选用一个 BP 网络，而每一个 BP 网络之间是互不相联的，每一个 BP 网络输入层单元对应于故障特征数，输出层只有一个单元，这样每个网络规模将很小，网络学习训练速度加快，网络的归纳联想能力加强，且子网络间的训练互不影响，尤其是当新的故障出现时，只用新增一个子网络，它的增加并不影响原有的子网络，这样网络的学习能力大为增强，网络的维护和管理也比较方便。据此，可建立一并行 BP 网络，结构模型如图 8.19 所示。

应用实例。根据并行 BP 网络结构模型和由涡轮泵系统故障模式形成的训练样本，可建立涡轮泵并行 BP 诊断网络。通过对涡轮泵系统故障样本的分析可以看出，每个故障的发生与否是由部分特征决定的。例如，对于不平衡类的故障来说，决定其发生的仅有 $1f_r$，$2f_r$，$3\sim5f_r$ 3 个特征量，f_n 为转子转速频率，也就是说，这 3 个特征量就决定了不平衡类故障的发生与否。这样，对于不平衡类故障仅取这 3 个特征量为其特征。

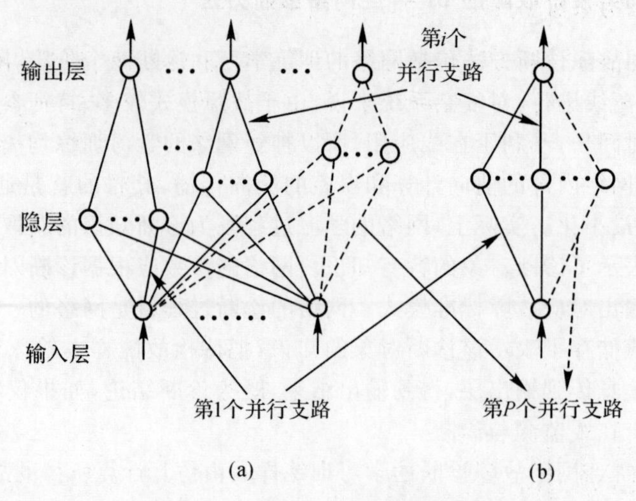

图 8.19　并行 BP 网络立体结构模型

(a)正视图；(b)侧视图

采用上述 BP 网络和并行网络对在涡轮泵系统故障样本(见表 8.11)上加 5%随机噪声所形成的故障测试样本的诊断输出结果见表 8.12 和表 8.13。

表 8.11　涡轮泵系统常见故障的标准模式

故障模式			故障特征																		
			0.00～0.39 f_n	0.40～0.49 f_n	0.50 f_n	0.51～0.99 f_n	1.0 f_n	2.0 f_n	3.0～5.0 f_n	0dd f_n	>5.0 f_n	啮合频率	轰鸣声	部件共振频率	轴向振动大小	渐变	突变	随载荷变化	随转速变化	主要监测部位	泵出口压力
Ⅰ	1	部件质量偏心					0.90	0.05	0.05				1	1		1			1	1	
	2	叶片断裂					0.90	0.05	0.05				1	1			1	1	1	1	1
	3	转轴弯曲					0.90	0.05	0.05				1	1	1	1		1	1	1	
Ⅱ	4	转子径向碰磨	0.10	0.05	0.05	0.10	0.30	0.10	0.10	0.10	0.10		1	1		1		1	1	1	1
	5	转子轴向碰磨	0.05	0.05	0.05	0.05	0.30	0.20	0.10	0.10	0.10		1	1	1	1		1	1	1	1
Ⅲ	6	转轴裂纹					0.40	0.20	0.20		0.20		1	1		1		1	1	1	
	7	轴刚度不相等						0.80	0.20				1	1		1		1	1		
Ⅳ	8	轴承损坏	0.10	0.10			0.40	0.20	0.20				1	1	1		1		1	1	
	9	机体联接松动	0.20	0.20			0.30	0.10	0.10	0.10			1	1			1		1		1
	10	压力脉动	0.20	0.20			0.10	0.10	0.30		0.10		1	1	1					1	
	11	结构共振	0.20	0.20			0.50	0.10					1	1	1		1		1		1
Ⅴ	12	转子部件松动	0.40	0.40			0.10		0.10				1	1				1	1	1	1
	13	汽蚀	0.50	0.30			0.05	0.05	0.05	0.05			1	1			1	1	1		1
	14	轴承松动	0.70				0.20		0.05	0.05			1	1		1			1	1	
Ⅵ	15	齿轮损坏					0.20					0.80			1		1	1	1		

从表 8.12 和表 8.13 可以看出，并行诊断网络诊断测试结果也优于基本 BP 网络。表 8.13 中“4”“5”两个故障样本的特征值很接近，“4”样本诊断为“5”故障和“5”样本诊断为“4”故障是正确的，这也和专家的诊断分析结果相一致。在实际应用中，应选择更多特征以期把他们分开。在特征选择较少的情况下，可把其作为多故障并发问题考虑。

表 8.12　涡轮泵系统故障 BP 网络的诊断测试结果

故障样本	故障模式												
	1	4	5	6	7	8	9	10	11	12	13	14	15
	不平衡类	转子径向碰磨	转子轴向碰磨	转轴裂纹	转轴刚度不等	轴承损坏	机体联结松动	轴承松动	转子部件松动	压力脉动	汽蚀	结构共振	齿轮损坏
1	0.94												
4		0.61	0.50										
5			0.81	0.10									
6	0.11	0.43		0.93									
7					0.93	0.11							
8				0.18		0.93							
9		0.65					0.73			0.18			
10		0.11						0.90					
11									0.92		0.11	0.20	
12										0.94			
13								0.11			0.97		
14		0.10										0.94	
15							0.10		0.11				0.95

注：表中的值若为 0.95 附近，则表示对应故障发生，空格为 0.05 附近的值，表示对应故障不发生。

表 8.13　涡轮泵系统故障的并行 BP 网络的诊断测试结果

故障样本	故障模式												
	1	4	5	6	7	8	9	10	11	12	13	14	15
	不平衡类	转子径向碰磨	转子轴向碰磨	转轴裂纹	转轴刚度不等	轴承损坏	机体联结松动	轴承松动	转子部件松动	压力脉动	汽蚀	结构共振	齿轮损坏
1	0.95												
4		0.85	0.15										
5		0.21	0.81										
6		0.11		0.97									

续 表

故障样本	故障模式												
	1	4	5	6	7	8	9	10	11	12	13	14	15
	不平衡类	转子径向碰磨	转子轴向碰磨	转轴裂纹	转轴刚度不等	轴承损坏	机体联结松动	轴承松动	转子部件松动	压力脉动	汽蚀	结构共振	齿轮损坏
7			0.13		0.93								
8						0.97							
9		0.10					0.98						
10								0.93					
11									0.92		0.11		
12										0.94			
13											0.96		
14												0.94	
15													0.96

注:表中的值若为 0.95 附近,则表示对应故障发生,空格为 0.05 附近的值,表示对应故障不发生。

多故障的诊断测试样本见表 8.14,采用并行网络的诊断测试结果见表 8.15。

表 8.14 涡轮泵系统多故障测试样本

故障模式	故障特征									
	0.00 ~ 0.39 f_n	0.40 ~ 0.49 f_n	0.50 f_n	0.51 ~ 0.99 f_n	1.0 f_n	2.0 f_n	3.0 ~ 5.0 f_n	0dd f_n	>5.0 f_n	啮合频率
1	0.352 695	0.000 000	0.000 000	0.047 281	0.501 828	0.033 329	0.029 640	0.007 191	0.034 805	0.000 000
2	0.179 967	0.215 758	0.026 126	0.000 000	0.543 689	0.070 542	0.022 419	0.000 000	0.016 641	0.020 758
3	0.253 553	0.173 158	0.000 000	0.000 000	0.513 922	0.000 000	0.055 119	0.016 681	0.000 000	0.000 000
4	0.201 891	0.195 586	0.000 000	0.029 471	0.230 163	0.085 327	0.075 027	0.015 686	0.132 406	0.000 000
5	0.307 050	0.154 343	0.000 000	0.000 000	0.260 231	0.064 273	0.106 774	0.030 884	0.081 964	0.000 000
6	0.347 774	0.009 134	0.045 172	0.034 027	0.091 083	0.444 390	0.152 436	0.000 000	0.031 592	0.000 000
7	0.231 648	0.197 920	0.000 000	0.029 071	0.016 507	0.364 464	0.144 413	0.035 440	0.043 771	0.000 000
8	0.365 091	0.032 214	0.000 000	0.000 000	0.099 156	0.000 000	0.005 478	0.004 547	0.000 000	0.447 248
9	0.267 510	0.251 556	0.000 000	0.043 317	0.140 374	0.040 771	0.000 000	0.000 000	0.009 317	0.433 973
10	0.297 053	0.134 696	0.000 000	0.036 859	0.145 884	0.032 727	0.049 460	0.024 167	0.000 000	0.369 854

表 8.15　多故障样本的并行 BP 网络的诊断测试结果

故障样本	故障模式												
	1	4	5	6	7	8	9	10	11	12	13	14	15
	不平衡类	转子径向碰磨	转子轴向碰磨	转轴裂纹	转轴刚度不等	轴承损坏	机体联结松动	轴承松动	转子部件松动	压力脉动	汽蚀	结构共振	齿轮损坏
1	0.93	0.63						0.74				0.94	
2	0.74	0.20	0.15						0.80			0.97	
3	0.97	0.51									0.82	0.87	
4				0.99			0.88		0.72				
5				0.21		0.19	0.88				0.79		
6			0.99		0.46			0.82					
7			0.99		0.78		0.49		0.75		0.52		
8	0.28							0.99			0.27		0.95
9	0.18						0.96	0.57	0.81				0.85
10							0.80	0.17			0.82		0.78

注：表中的值若为 0.95 附近，则表示对应故障发生，空格为 0.05 附近的值，表示对应故障不发生。

8.4.5　多重结构神经网络诊断策略

导弹动力系统是由大量的零部组件按一定的方式、功能和要求集合而成的复杂非线性动态系统，当对其进行故障诊断，特别是用神经网络进行故障诊断时，如果仅用一个神经网络，将会出现网络规模庞大、学习训练长和易出现知识“组合爆炸”而导致网络组织失败、诊断匹配时间长等问题，不能满足箭载故障诊断系统快速诊断的要求，且不利于系统学习新的知识及时对网络结构的维护。层次分类诊断模型方法是一种基于知识的分类方法，它将诊断对象由高层次的普通模式向低层次的具体模式逐层分类，从而减少了分类中的模式匹配搜索量，有效地解决了分类空间的组合爆炸问题。

1. 导弹动力系统故障诊断的层次特点

动力系统在结构和功能上可分成几个子系统，子系统再分成若干子系统，直至到零部件，如图 8.20 所示，由此可见，整个系统具有结构上的层次性。

故障诊断就是要识别系统的状态，每一个故障都是对系统某一特定不正常状态的描述。设诊断对象是由一个有限的零部件按一定连接形式组成的系统，零部件称为“元素”(E)，元素之间的连接为“联系”(L)，则系统(S)可描述为

$$S=E\cup L \qquad (8-22)$$

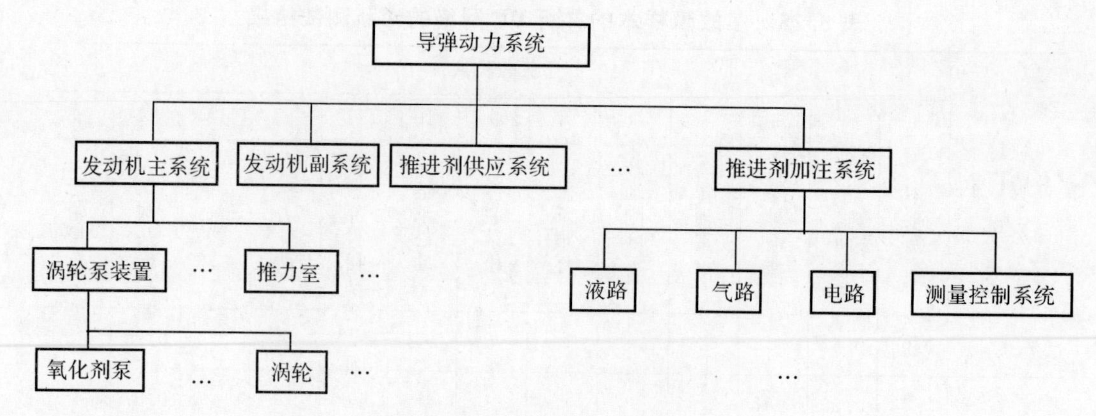

图 8.20　导弹动力系统构成

对于复杂系统，元素可进一步分解，即高层较大的元素可分解为低层较小的元素集合。用子系统来表示可分解的系统层次元素，则系统结构的层次特性可表示为

$$S_i^k=\{S_j^{k+1}\},\qquad (k=1,2,\cdots,m) \tag{8-23}$$

式中，S_i^k 表示第 k 层第 i 个元素，且规定 $k=0$ 时，$S^0=S$ 为系统的最高层次，则

$$S_i^k=E_j^{k+1}\cup L_j^{k+1} \tag{8-24}$$

由于设备具有结构上的层次性，所以设备的故障也具有层次性，故障的这种层次性决定了可以采用层次诊断策略和层次诊断模型，从而降解整个系统故障诊断问题的复杂性。

2. 多重结构神经网络诊断模型

在故障诊断中，总希望标准故障范畴越具体越好，因为范畴越具体，则被诊断的对象分类就越具体，例如，对涡轮泵转子系统的诊断，可以把其当前状态归入不平衡范畴，但这一范畴层次较高，且不具体，因为不平衡有动不平衡和静不平衡，而静不平衡还可分为质量不平衡和热不平衡，动不平衡还可分为轴弯曲和部件脱落等。假设一个诊断对象有 $S_1,S_2,\cdots,S_n$ 个状态变量，而每一个状态变量又可取 m 个值，则诊断的状态空间就有 m^n 个标准模式，当 m,n 较大时，这个数字将很大。因此，对于故障诊断这样的分类问题，一次诊断是不现实的，合适的途径是采用层次诊断策略。层次诊断策略的基本思想是将诊断对象由高层次的普通模式向低层次的具体专门模式逐级专门诊断，级别越高的模式概念越抽象、越普遍，图 8.21 是层次诊断结构模型。

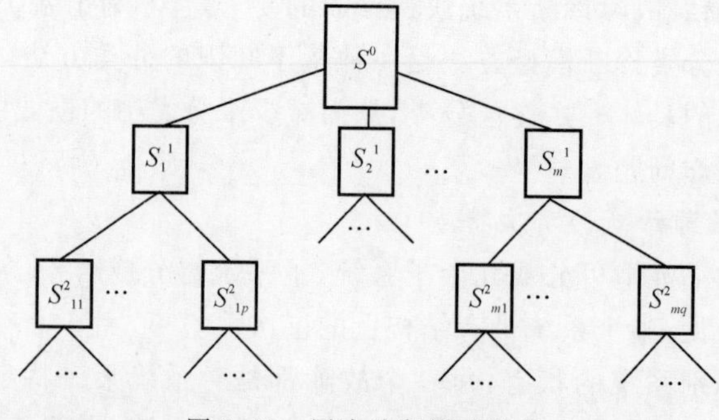

图 8.21　层次诊断模型结构

层次诊断策略诊断的基本过程如下：对于给定的故障样本，首先将其同第一层的标准模式

相匹配，假设找到这一样本所属的模式是 S_m^1，则诊断继续在 S_m^1 内进行，而不再考虑其他模式；如果在 S_m^1 内可将样本继续分到 S_{mn}^2，则这一样本属于的模式就是 S_{mn}^2，如果 S_{mn}^2 还有子模式，则可在 S_{mn}^2 内继续诊断下去。显然，层次诊断的匹配搜索量大为降低。

层次诊断可具有不同的形式，这取决于对诊断对象作何种分解，如把诊断对象进行结构分解、功能分解和故障分解等。结构分解是在结构上对系统进行分解，把系统的总体结构分解为下一层次的子结构，而每一子结构又可分解为更下一层次的子结构，这种分解可以直到最低层次的零部件，以此为基础而建立的层次诊断模型可最终确定系统故障的物理位置，但这种方法难于表达子系统之间的相互关系，对于由于联系恶化而引起的故障，不易诊断出来；功能分解是从功能上对诊断对象进行分解，把系统的总体功能分解为下一层次的子功能，而每一子功能又可分解为更下层的子功能，这种分解可以到基本功能，以此为基础的层次诊断方法并不涉及诊断对象的具体结构，不论是零部件或子系统的故障，还是联系的故障均能诊断出来，但此诊断方法最终确定的不是系统故障的物理位置，而是失效的功能模块；故障分解是指对诊断对象的故障类型进行分解，下层子故障总是上层故障的特例，上层故障是下层故障的概括，这种分解可以到最具体的故障，以此为基础的层次诊断法同人类专家诊断的思维过程相一致，特别是像导弹动力系统这样复杂的设备，有时很难建立完整而准确的结构分解层次和功能分解层次，而故障分解则可以直接将所有故障模式都表示出来，但此种方法有时也难以确定系统故障的物理位置。在实际应用中应综合使用这三种诊断方法，在不同的阶段，选择最合适的诊断策略。一般说来，在建立层次诊断模型时，对高层多采用结构和功能分解法，有助于减小诊断过程的搜索量，并为进一步诊断指出正确的方向，对中间层次和较低层次多采用故障分解法。

根据层次分类诊断模型的结构特点，可以构造如图 8.22 所示的层次分类 MNN 系统，该系统采用多重神经网络，以分层方式构造。第一层 ANN 对应于主系统，第二层 ANN 对应于低层子系统，以下则对应于更低层的子系统。其基本特征是层次分类诊断模型中的每一个子系统 S_i^h 都用一个相应的 ANN 子系统 N_i^k 来实现其知识表示、知识获取和知识推理。

多重结构神经网络层次诊断模型的知识是一致的表示形式。在复杂系统的层次分类诊断过程中，所涉及的诊断知识可能会包括诊断对象的结构知识、功能知识、因果知识和启发式经验知识等多种类型，特别是当采用综合层次分类模型时，不同的层次具有不同的知识结构，知识的表示与组织比较复杂，应用 MNN 可以将各种知识有机地组织起来，并使其具有一致的内部表达形式。

多重结构神经网络层次诊断模型采用分层次分系统的学习策略。完成网络构造后，分类数据的抽象和证据模式的建立是实现层次分类诊断的关键，这实质上是一个知识获取的过程。应用神经网络技术，可以通过 ANN 的学习训练实现知识的自动获取。

多重结构神经网络层次诊断模型是全局并行的知识推理。MNN 的知识推理过程是一个由高层到低层的自动搜索过程，采用逐层推理的思想，其控制策略为全局正向并行搜索，由输入层开始逐层向前推理。由于 ANN 的知识隐式表示和分布存储特性，其推理实质上是一种数值计算过程，因而不会出现匹配冲突、组合爆炸和无穷递归等问题，而且采用全局搜索策略还可以弥补层次分类模型树型结构可能存在的诊断“遗漏”问题。

应用实例。根据导弹动力系统的特点，可以建立导弹动力系统层次分类诊断模型（见图 8.20），该模型分为 4 个层次，顶层为液体导弹动力系统，第二层、第三层为若干个子系统，这三层为功能分类层次，第四层则为各个子系统的故障原因分类层，其输出结果即为各子系统的故障原因。

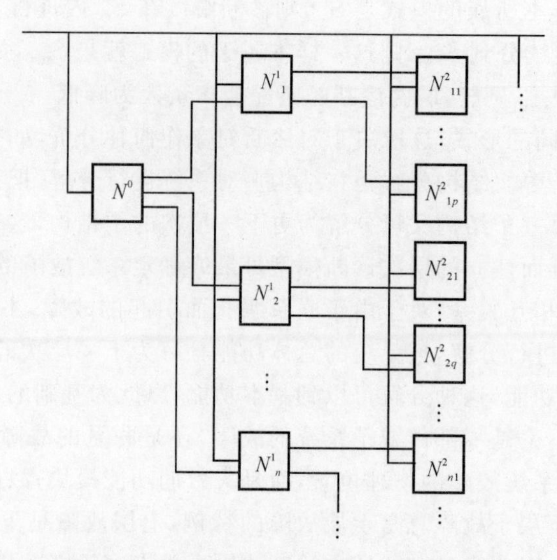

图 8.22　多重结构神经网络层次诊断模型

根据此模型策略,可对涡轮泵装置进行层次诊断。涡轮泵转子系统的常见故障标准模式中,前十个特征为振动频谱特征,是振动能量在各个频段上的比值。轴向振动特别是轴向位移的变化,反映了转子发生轴向窜动的严重程度,其原始数据同后面的几个特征一样都经过了定性抽象,“1”表示对应特征出现。按照故障分解策略建立涡轮泵转子系统常见故障的神经网络二级诊断模型,最高级首先初诊出是哪一大类的故障,然后自动搜索至该类下一级进行确诊。在涡轮泵系统部分模式结果上加上 5% 的随机噪声所形成的诊断测试结果见表 8.16,诊断测试样本见表 8.17。

表 8.16　多重结构神经网络诊断测试结果输出

样本	结果				
	初步诊断		确定诊断		
	类别	输出值	输出值	故障名称	序号
1	Ⅰ	0.906 874	0.931 0	部件质量偏心	1
2	Ⅰ	0.891 466	0.937 2	叶片断裂	2
3	Ⅱ	0.948 500	0.928 1	转子径向碰磨	4
4	Ⅲ	0.916 802	0.939 7	转轴刚度不相等	7
5	Ⅲ	0.896 373	0.945 1	轴承损坏	8
6	Ⅳ	0.950 013	0.944 5	机体联接松动	9
7	Ⅳ	0.873 412	0.946 5	压力脉动	10
8	Ⅴ	0.951 789	0.940 5	汽蚀	13
9	Ⅴ	0.923 640	0.938 6	轴承松动	14
10	Ⅵ	0.901 892	0.949 0	齿轮损坏	15

注:在网络学习过程中,如对应故障发生,则输出层的对应单元的输出为“0.95”,否则为“0.05”。测试时,如输出单元的输出为“0.95”附近的值,则对应故障发生。

表8.17　多重结构神经网络诊断测试样本

样本	特征																		
	0.00~0.39 f_n	0.40~0.49 f_n	0.50 f_n	0.51~0.99 f_n	1.0 f_n	2.0 f_n	3.0~5.0 f_n	Odd f_n	>5.0 f_n	啮合频率	轰鸣声	部件共振频率	轴向振动大小	渐变	突变	随载荷变化	随转速变化	主要监测部位	泵出口压力
1	0.000 000	0.000 000	0.000 000	0.047 281	0.901 828	0.055 551	0.024 084	0.000 000	0.034 805	0.000 000	1	1	0	1	0	0	1	1	0
2	0.000 000	0.000 000	0.026 126	0.000 000	0.943 689	0.092 764	0.044 641	0.000 000	0.016 641	0.020 758	1	1	0	0	1	0	1	1	1
3	0.075 775	0.056 491	0.007 700	0.077 567	0.313 922	0.055 014	0.127 341	0.116 681	0.086 075	0.000 000	1	1	0	1	0	1	1	1	1
4	0.000 000	0.000 000	0.000 000	0.029 471	0.007 941	0.774 216	0.163 916	0.015 686	0.021 295	0.000 000	1	1	0	1	0	1	1	0	0
5	0.136 780	0.092 181	0.000 000	0.000 000	0.444 016	0.156 165	0.198 666	0.003 857	0.000 000	0.000 000	1	1	1	0	1	0	1	1	0
6	0.188 800	0.209 134	0.045 172	0.034 027	0.288 519	0.134 134	0.149 872	0.072 748	0.031 592	0.000 000	1	1	0	0	1	0	1	0	1
7	0.226 520	0.192 792	0.000 000	0.029 071	0.065 225	0.054 208	0.341 849	0.009 799	0.143 771	0.000 000	1	1	1	0	0	0	0	0	1
8	0.453 326	0.332 214	0.000 000	0.000 000	0.000 000	0.037 680	0.055 478	0.054 547	0.041 223	0.000 000	1	1	0	0	1	1	1	0	1
9	0.745 288	0.029 333	0.000 000	0.043 317	0.029 253	0.240 771	0.000 000	0.041 302	0.059 317	0.000 000	1	1	0	1	0	0	1	1	0
10	0.040 643	0.000 000	0.000 000	0.036 859	0.243 320	0.007 086	0.023 819	0.000 000	0.000 000	0.759 598	0	0	1	0	1	1	1	0	0

从表 8.16 可以看出，多重结构神经网络诊断模型能有效地对有噪声的故障样本进行正确分类，经与基本 BP 网络诊断比较发现，多重结构神经网络诊断策略可有效降解复杂系统故障诊断问题的复杂性，诊断速度快。

附录　旋转机械的绝对判断标准

1. 概述

从减小振动对设备的危害角度来考虑，设备的振动值愈小愈好。但是，如果为减小设备振动花费的代价过高，便失去了实际意义。因此，实际应用中不可能要求设备的振动无限制地小。为了在实际应用中既保证设备的安全稳定运行，又不大幅度提高设备的制造维修成本，人们通过大量的工程实例，根据影响设备振动的主要原因提出了相应的控制方法。

为了对设备的状态做出判断，判断是否存在故障及故障的程度如何，必须对表征机器状态的测量值与规定的标准值进行比较。常用的有三种判断标准，即绝对判断标准、相对判断标准及类比判断标准。

(1)绝对判断标准。它要求在设备的同一部位或按一定的要求测得的表征机器设备状态的值与某种相应的判断标准相比较，以评定设备的状态。

(2)相对判断标准。采用这种判断标准时，要求对设备的同一部位(同一工况)同一种量值进行测定，将设备正常工作情况的值定为初始值，按时间先后将实测值与初始值进行比较来判断设备状态。

(3)类比判断标准。若有数台机型相同，规格相同的设备，在相同条件下对它们进行测定，经过相互比较做出判断，用这种方法对机器设备的状态进行评定而制订的标准称为类比判断标准。

2. 旋转机械的绝对判断标准

(1)概述。对旋转机械来说振动量是衡量设备状态的重要参数，因而在国际上制定了一系列以振动量为衡量机器状态的国际标准，我国参照国际标准也制定了相应的国家标准。

评定机器振动状态的物理量可以是振动加速度、振动速度及振动位移。在航空工业上习惯用振动加速度来评定，因航空结构振动频率较高，且通过加速度测量可以了解构件所受力的情况。对于地面的旋转机械如汽轮发电机组、压缩机组等则以振动位移作为评定的物理量，因用位移量可以更直观、更直接地了解转子的运动情况。对于轴承座，国际上规定用振动烈度(振动速度的有效值)作为评定的物理量，因为振动烈度反映了振动能量的大小，用振动烈度表示可以从能量观点直接反映振动物体的振动强度。

设 $v(t)$ 表示振动速度时间历程，振动烈度即振动速度有效值 V_{rms} 表示为

$$V_{\mathrm{rms}}=\sqrt{\frac{1}{T}\int_0^T v^2(t)\,\mathrm{d}t}$$

在利用计算机进行离散化的数据处理时，上式可写成如下的形式：

$$V_{\mathrm{rms}}\sqrt{\frac{1}{N}\sum_{i=1}^{N}v_i^2}$$

式中　N——采样点数；

v_i——速度信号经离散化后的样本值。

若由频谱分析得到了角频率为 ω_j 时相应的加速度峰值 a_j，或速度峰值 V_j，或位移峰值 A_j $(j=1,2,\cdots,n)$，则振动速度有效值可用下式表示

$$V_{\mathrm{rms}}=\sqrt{\frac{1}{2}\left[\left(\frac{a_1}{\omega_1}\right)^2+\left(\frac{a_2}{\omega_2}\right)^2+\cdots+\left(\frac{a_n}{\omega_n}\right)^2\right]}=$$

$$\sqrt{\frac{1}{2}(A_1^2\omega_1^2+A_2^2\omega_2^2+\cdots+A_n^2\omega_n^2)}=\sqrt{\frac{1}{2}(V_1^2+V_2^2+\cdots+V_n^2)}$$

由上式可知，振动烈度反映的是各次谐分量振动能量之均方根值，不受其相互之间相位差影响，因此各次谐分量的变化都会在振动烈度上反映出来，轴承座上振动烈度不是一个时间历程函数，各方向的烈度值不予以合成。

旋转机械振动的评定除上述按轴振幅及轴承振动烈度作为评定值外，尚有按轴承振幅进行评定，下面分别进行介绍。

(2)按轴承振幅的评定标准。这是一种比较早期用的评定方法，其使用较方便，由于在国内使用多年，大家比较习惯，因此，目前仍在沿用 1969 年国际电工委员会(IEC)推荐的电厂汽轮发电机组的振动标准，见附表 1。

附表 1　IEC 振动标准

转速/($\mathrm{r\cdot min^{-1}}$)	1 000	1 500	1 800	3 000	3 600	6 000	12 000
在轴承上测量值/μm	75	50	42	25	21	12	6
在靠近轴承的轴上测量值/μm	150	100	84	50	42	25	12

我国原水电部规定的评定汽轮发电机组等级与 IEC 标准基本相符，见附表 2。

附表 2　我国原水电部规定振动标准

单位：μm

转速/($\mathrm{r\cdot min^{-1}}$)	优	良	合格
1 500	30 以下	50 以下	70 以下
3 000	20 以下	30 以下	50 以下

(3)按轴承振动烈度的评定标准。国际标准化组织(ISO)曾颁布了一系列振动标准，作为机器质量评定的依据。现将有关标准介绍如下：

1)ISO2372/1。该标准于 1974 年正式颁布，适用于工作转速为 600～12 000 r/min，在轴承盖上振动频率在 10～1 000 Hz 范围内的机器振动烈度的等级评定。它将机器分成 4 类：

Ⅰ类为固定的小机器或固定在整机上的小电机，功率小于 15 kW。

Ⅱ类为没有专用基础的中型机器，功率为 15～75 kW，刚性安装在专用基础上功率小于 300 kW 的机器。

Ⅲ类为刚性或重型基础上的大型旋转机械，如透平发电机组。

Ⅳ类为轻型结构基础上的大型旋转机械，如透平发电机组。

每类机器都有 A,B,C,D 四个品质级。各类机器同样的品质级所对应的振动烈度范围是有些差别的，见附表 3。四个品质段的含义如下：

A 级：优良，振动在良好限值以下，认为振动状态良好。

B 级：合格，振动在良好限值和报警值之间，认为机组振动状态是可以接受的（合格），可长期运行。

C 级：尚合格，振动在报警值和停机值之间，机组可短期运行，但必须加强监测并采取措施。

D 级：不合格，振动超过停机限值，应立即停机。

附表 3 ISO2372/1 推荐的各类机器的振动评定标准

<table>
<tr><th colspan="2">振动烈度分级范围</th><th colspan="4">各类机器的级别</th></tr>
<tr><th>振动烈度/(mm·s⁻¹)</th><th>噪声/dB</th><th>Ⅰ类</th><th>Ⅱ类</th><th>Ⅲ类</th><th>Ⅳ类</th></tr>
<tr><td>0.18～0.28</td><td>85～89</td><td rowspan="3">A</td><td rowspan="4">A</td><td rowspan="5">A</td><td rowspan="6">A</td></tr>
<tr><td>0.28～0.45</td><td>89～93</td></tr>
<tr><td>0.45～0.71</td><td>93～97</td></tr>
<tr><td>0.71～1.12</td><td>97～101</td><td rowspan="2">B</td></tr>
<tr><td>1.12～1.8</td><td>101～105</td><td rowspan="2">B</td></tr>
<tr><td>1.8～2.8</td><td>105～109</td><td rowspan="2">B</td><td rowspan="2">B</td></tr>
<tr><td>2.8～4.5</td><td>109～113</td><td rowspan="2">C</td><td rowspan="2">B</td></tr>
<tr><td>4.5～7.1</td><td>113～117</td><td rowspan="6">C</td><td rowspan="2">C</td></tr>
<tr><td>7.1～11.2</td><td>117～121</td><td rowspan="5">D</td><td rowspan="3">C</td></tr>
<tr><td>11.2～18</td><td>121～125</td><td rowspan="4">D</td></tr>
<tr><td>18～28</td><td>125～129</td></tr>
<tr><td>28～45</td><td>129～133</td><td rowspan="2">D</td></tr>
<tr><td>45～71</td><td>133～139</td></tr>
</table>

注：振动烈度以 dB 表示时，选 $V_{rms}=10^{-5}$ mm/s 为参考值。

振动烈度是以人们可感觉的门槛 0.071 mm/s 为起点，到 71 mm/s 的范围内分为 15 个量级，相邻两个烈度量级的比约为 1.6，即相差 4 dB。

2）ISO3945。该标准为大型旋转机械的振动——现场振动烈度的测量和评定，1985 年颁发了新的版本。它包括电动机、发电机、汽轮机、燃气轮机、涡轮压缩机、涡轮泵和风机等。在规定评定准则时，考虑了机器的性能，机器振动引起的应力和安全运行需要，同时也考虑了机器振动对人的影响和对周围环境的影响以及测量仪表的特性因素。

通常，在机器表面测得的机械振动，是机器振动应力或运动状态的一种反映，一般说，控制了机器的振动烈度，就有可能有效地控制机器的振动应力，因此在工业实际中，只需按规定进行简单的测量，就能比较可靠地做出与大多数情况下实际经验相一致的评价。

显然，在机器表面测得的机械振动，并不是在任何情况下都能代表关键零部件的实际振动应力、运动状态或机器传递给周围结构的振动力的。在有特殊要求时，应测量其他参数。

附表 4 给出了功率大于 300 kW、转速为 600～12 000 r/min 大型旋转机械的振动烈度的评定等级。大多数情况下，它能反映出机器振动响应具有一定意义的变化。

该标准所规定的振动烈度评定等级决定于机器系统的支承状态，它分为刚性支承和挠性支承两大类，相当于 ISO 2372 中的Ⅲ类与Ⅳ 类。对于挠性支承，机器-支承系统的基本固有频率低于它的工作频率，而对于刚性支承，机器-支承系统的基本固有频率高于它的工作频率。

在具体应用该标准对机组振动进行评定时应注意有关运行条件、测点布置、校准及有关振动环境的确定，参看文献[ISO 3945]。

我国国标 GB ll347－89 的规定与 ISO 3945 基本相同。

附表 4　ISO 3945 评定等级

<table>
<tr><th colspan="2">振动烈度</th><th colspan="2">支承类型</th></tr>
<tr><th>振动烈度/(mm・s^{-1})</th><th>噪声/dB</th><th>刚性支承</th><th>挠性支承</th></tr>
<tr><td>0.46～0.71</td><td>93～97</td><td rowspan="3">良好</td><td rowspan="4">良好</td></tr>
<tr><td>0.71～1.12</td><td>97～101</td></tr>
<tr><td>1.12～1.8</td><td>101～105</td></tr>
<tr><td>1.8～2.8</td><td>105～109</td><td rowspan="2">满意</td></tr>
<tr><td>2.8～4.6</td><td>109～113</td><td rowspan="2">满意</td></tr>
<tr><td>4.6～7.1</td><td>113～117</td><td rowspan="2">不满意</td></tr>
<tr><td>7.1～11.2</td><td>117～121</td><td rowspan="2">不满意</td></tr>
<tr><td>11.2～18.0</td><td>121～125</td><td rowspan="3">不允许</td></tr>
<tr><td>18.0～28.0</td><td>125～129</td><td rowspan="2">不允许</td></tr>
<tr><td>28.0～71.0</td><td>129～139</td></tr>
</table>

(4)按轴振幅的评定标准。轴振动的测量与评定标准首先是由德国 DIN 提出，现已正式转化为国际标准 ISO7919。目前 ISO7919《转轴振动的测量评定——第一部分总则》于 1986 年正式颁布。ISO/DIS 7919－2《旋转机器轴振动的测量与评定——第二部分：大型汽轮发电机组应用指南》于 1987 年制定，它规定了 50 MW 以上汽轮发电机组轴振动的限值，分别见附表 5 和附表 6，分别适用于轴的相对振动与轴的绝对振动。

附表 5　汽轮发电机组轴相对振动的限值(位移峰-峰值)

级段	转速/(r·min^{-1})			
	1 500	1 800	3 000	3 600
	轴的最大相对振动位移/μm			
A	100	90	80	75
B	200	185	165	150
C	300	290	260	240

附表 6　汽轮发电机组轴绝对振动的限值(位移峰-峰值)

级段	转速/(r·min^{-1})			
	1 500	1 800	3 000	3 600
	轴的最大绝对振动位移/μm			
A	120	110	100	90
B	240	220	200	180
C	385	350	300	290

附表 5 和附表 6 中级段 A,B,C 的意义与前述相同,轴振动的测量应用电涡流传感器。

有关轴承座与轴振动评定标准的几点说明:

1)根据 ISO2372 及 ISO7919 的规定,有以下两个准则应注意:

准则一　在额定转速、整个负荷范围内的稳定工况下运行时,各轴承座和轴振动不超过某个规定的限值。

准则二　若轴承座振动或轴振动的幅值合格,但变化量超过报警限值的 25%,不论是振动变大或者变小都要报警。因振动变化大意味着机组可能有故障,特别是振动变化较大、变化较快的情况下更应注意。

2)根据我国情况,功率在 50 MW 以下的机组一般只测量轴承座振动,不要求测量轴振动。功率在 200 MW 以上的机组要求同时测量轴承座振动和轴振动。功率大于 50 MW、小于 200 MW 的机组,要求测量轴承座振动,而在有条件情况下或在新机组启动及对机组故障分析时,则测量轴振动。

3)轴承座振动与轴振动之间一般不存在一种固定的比例关系。这是因为两者振动与很多因素有关,如油膜参数、轴承座刚度、基础刚度等,一般可根据统计资料给出一个比例的变化范围。根据 ISO 资料,机组轴振动与轴承座振动的比例一般为 2～6。

4)关于机组振动限值的规定,英、美、德、瑞典等国曾做过大量机组现场振动普查工作。我国根据 ISO 标准,结合我国具体情况,也制定了相应标准。国外有的公司也制定了自己公司的标准,一般来说比 ISO 规定的要更严一些。

(5)其他有关标准。为了便于比较,下面对其他国家部分有关的评定标准介绍如下:

1)日本制定的标准：

①1973年日本通产省对400 MW以上的汽轮发电机组报警限值做出规定，见附表7。

附表7　日本400 MW以上汽轮发电机组报警限值(位移峰-峰值)

<table>
<tr><td colspan="2">测定位置</td><td colspan="2">轴承座</td><td colspan="2">轴</td></tr>
<tr><td colspan="2">额定转速/(r·min⁻¹)</td><td>3 000或3 600</td><td>1 500或1 800</td><td>3 000或3 600</td><td>1 500或1 800</td></tr>
<tr><td rowspan="2">报警限值/μm</td><td>在额定转速以下</td><td>75</td><td>105</td><td>150</td><td>210</td></tr>
<tr><td>在额定转速以上</td><td>62</td><td>87</td><td>125</td><td>175</td></tr>
</table>

$$S_{p-p}=\sqrt{\frac{12\ 000}{n}}\ \text{mil}=\frac{2\ 782}{\sqrt{n}}\ \mu\text{m}$$

式中　n为转速(r/min)；1 mil＝25.4 μm。

②1974年日本电气协会JEAC－3717将上述规定的适用范围扩大至10 MW以上机组，并对停机限值做出了规定，见附表8。

附表8　10 MW以上机组振动的停机限值

<table>
<tr><td rowspan="2">额定转速/(r·min⁻¹)</td><td colspan="2">振动位移 峰-峰值/μm</td></tr>
<tr><td>轴</td><td>轴承座</td></tr>
<tr><td>额定转速＜2 000</td><td>350</td><td>175</td></tr>
<tr><td>2 000≤额定转速＜4 000</td><td>250</td><td>125</td></tr>
<tr><td>4 000≤额定转速＜6 000</td><td>200</td><td>100</td></tr>
<tr><td>6 000≤额定转速＜10 000</td><td>150</td><td>75</td></tr>
<tr><td>10 000≤额定转速</td><td>125</td><td>62</td></tr>
</table>

2)美国制定的标准：

①美国石油协会API－622标准规定，石油精炼通用蒸汽轮机轴承附近的轴振动测量值S_{P-P}不应超过下述限值或者2mil(密尔)。

②美国西屋公司标准规定，对于300 MW机组，其轴绝对振动的规定值见附表9。

附表9　美国西屋公司对300 MW机组标准

品　质	良　好	合　格	报　警	停　机
轴绝对振动位移/mil	＜3	＜5	＞5	＞10

3)德国VDI 2059标准规定了三个极限值：

良好界限值为
$$S_{P-P\max A}=\frac{4\ 200}{\sqrt{n_{\max}}}\mu\text{m}$$

报警界限值为
$$S_{P\text{-}P\,\max B}=\frac{7\ 875}{\sqrt{n_{\max}}}\mu\text{m}$$

停机界限值为
$$S_{P\text{-}P\,\max C}=\frac{11\ 550}{\sqrt{n_{\max}}}\mu\text{m}$$

式中　$n_{\max}$——最大工作转速。

在我国机械行业协会制定的标准 JB 4057－85 中对工业汽轮机也参考了 VDI2059 标准。

参考文献

[1] 吴建军,朱晓彬,程玉强,等.液体火箭发动机智能健康监控技术研究进展[J].推进技术,2022(01):7-19.

[2] 周磊,朱子环,耿卫国,等.美国液体火箭发动机试验中健康管理技术研究进展[J].导弹与航天运载技术,2013(05):20-25.

[3] 刘昆,张育林.液体火箭发动机健康监控系统中的传感器技术[J].推进技术,1997(01):61-64+72.

[4] 夏鲁瑞.液体火箭发动机涡轮泵健康监控关键技术及系统研究[D].国防科学技术大学,2010(05).

[5] 刘向阳,冷春雪,黄启陶,等.自动测试技术在航天中的应用现状及发展趋势[J].宇航计测技术,2018(01):1-5.

[6] 张振臻,陈晖,高玉闪,等.液体火箭发动机故障诊断技术综述[J].推进技术,2022(06):20-38.

[7] 邸乃庸.图解世界载人航天发展史(三十二)[J].太空探索,2018(12):70-73.

[8] 邸乃庸.图解世界载人航天发展史(三十一)[J].太空探索,2018(11):72-75.

[9] 邸乃庸.图解世界载人航天发展史(三十):成功解救事件(下)[J].太空探索,2018(10):70-73.

[10] 邸乃庸.图解世界载人航天发展史(二十九)[J].太空探索,2018(09):72-75.

[11] 邸乃庸.图解世界载人航天发展史(二十八)[J].太空探索,2018(08):76-79.

[12] 邸乃庸.图解世界载人航天发展史(二十七)[J].太空探索,2018(07):70-73.

[13] 邸乃庸.图解世界载人航天发展史(二十六)[J].太空探索,2018(06):72-75.

[14] 邸乃庸.图解世界载人航天发展史(二十五)[J].太空探索,2018(05):72-75.

[15] 邸乃庸.图解世界载人航天发展史(二十四)[J].太空探索,2018(04):72-75.

[16] 张振鹏.液体发动机故障检测与诊断中的基础研究问题[J].推进技术,2002(05):353-359.

[17] Zhang X, Kang J, Bechhoefer E, et al. Enhanced bearing fault detection and degradation analysis based on narrowband interference cancellation [J]. International Journal of System Assurance Engineering and Management. 2014, 5: 645-650.

[18] 黄晨光,张兵,易彩,等.高速列车轴箱轴承多故障滚动体振动模型及其缺陷定位方法[J].振动与冲击,2020,39(18):34-43.

[19] Feng Z P, Liang M, Chu F L. Recent advances in time-frequency analysis methods for machinery fault diagnosis: A review with application examples [J]. Mechanical Systems and Signal Processing, 2013, 38(1): 165-205.

[20] 胡越.机械系统健康监测的自适应时-频特征增强方法研究[D].上海:上海交通大学,2019.

[21] Wang H Q, Chen P. Fuzzy diagnosis method for rotating machinery in variable rotating speed [J]. IEEE Sensors Journal, 2011, 11(1): 23-34.

[22] He Q, Wang X. Time-frequency manifold correlation matching for periodic fault identification in rotating machines [J]. Journal of Sound and Vibration, 2013, 332(10): 2611-2626.

[23] Boggiatto P, Carypis E, Oliaro A. Local uncertainty principles for the cohen class [J]. Journal ofMathematical Analysis and Applications, 2014, 419(2): 004-1022.

[24] Yang Y, Peng Z, Zhang W, et al. Parameterised time-frequency analysis methods and their engineering applications: A review of recent advances [J]. Mechanical Systems and Signal Processing, 2019, 119: 182-221.